与一带一路欧洲 650 年名校匈牙利（国立）佩奇大学共同探索教授治学
Exploring the Education Teaching with the European 650-Year-old University of Pécs of Hungary(National) Under the One Belt and One Road

价值九载
NINE-YEARS VALUE

2017 创基金·四校四导师·实验教学课题
2017 Chuang Foundation · 4&4 Workshop · Experiment Project
中外 16 所知名院校建筑与环境设计专业实践教学作品

第九届中国建筑装饰卓越人才计划奖
The 9th China Building Decoration Outstanding Telented Award

主　编	Chief Editor
王　铁	Wang Tie
副主编	Associate Editor
张　月	Zhang Yue
彭　军	Peng Jun
巴林特	Balint Bachmann
段邦毅	Duan Bangyi
陈华新	Chen Huaxin
潘召南	Pan Zhaonan
周维娜	Zhou Weina
金　鑫	Jin Xin
郑革委	Zheng Gewei
阿高什	Akos Hutter
陈翊斌	Chen Yibin
陈建国	Chen Jianguo
刘星雄	Liu Xingxiong
刘　岩	Liu Yan
贺德坤	He Dekun
韩　军	Han Jun
梁　冰	Liang Bing
汤恒亮	Tang Hengliang
王小保	Wang Xiaobao
冯　苏	Feng Su
刘　原	Liu Yuan

中国建筑工业出版社

图书在版编目（CIP）数据

价值九载 2017创基金·四校四导师·实验教学课题 中外16所知名院校建筑与环境设计专业实践教学作品／王铁主编. —北京：中国建筑工业出版社，2017.12

ISBN 978-7-112-21528-7

Ⅰ. ①价… Ⅱ. ①王… Ⅲ. ①建筑设计－作品集－中国－现代 ②环境设计－作品集－中国－现代 Ⅳ. ①TU206 ②TU－856

中国版本图书馆CIP数据核字（2017）第284898号

本书是2017第九届“四校四导师”环境艺术专业毕业设计实验教学的成果总结，含括16所院校学生获奖作品设计的全过程，从构思立意到修改完善，再到最终成图，对环境艺术等相关专业的学生和教师来说具有较强的可参考性和实用性。

责任编辑：唐 旭 杨 晓
责任校对：王 烨

价值九载 2017创基金·四校四导师·实验教学课题

中外16所知名院校建筑与环境设计专业实践教学作品

第九届中国建筑装饰卓越人才计划奖

主 编：王 铁

**副主编：张 月 彭 军 巴林特 段邦毅 陈华新
潘召南 周维娜 金 鑫 郑革委 阿高什
陈翊斌 陈建国 刘星雄 刘 岩 贺德坤
韩 军 梁 冰 汤恒亮 王小保 冯 苏
刘 原**

排 版：孙 文 王一鼎 康 雪

会议文字整理：刘传影

*
中国建筑工业出版社出版、发行（北京海淀三里河路9号）
各地新华书店、建筑书店经销
北京锋尚制版有限公司制版
北京富诚彩色印刷有限公司印刷
*
开本：880×1230毫米 1/16 印张：28¼ 字数：990千字
2018年2月第一版 2018年2月第一次印刷
定价：288.00元
ISBN 978－7－112－21528－7
（31190）

感谢深圳市创想公益基金会及 CAMERICH 锐驰
对 2017 四校四导师实验教学的支持

CAMERICH 锐驰

深圳市创想公益基金会，简称“创基金”，于2014年在中国深圳市注册，是中国设计界第一次自发性发起、组织、成立的公益基金会。

创基金由邱德光、林学明、梁景华、梁志天、梁建国、陈耀光、姜峰、戴昆、孙建华及琚宾十位来自中国内地、香港及台湾的设计师共同创立。创基金以“求创新、助创业、共创未来”为使命，秉承“资助设计教育，推动学术研究；帮扶设计人才，激励创新拓展；支持业界交流，传承中华文化”的宗旨，致力于推动设计教育的发展，传承和发扬中华文化，支持业界相互交流。

2017年，CAMERICH锐驰成为创基金公益战略合作伙伴，并定向捐赠2017创基金・四校四导师・实验教学项目，一同助力设计教育的发展。

课题院校学术委员会
4&4 Workshop Project Committee

中央美术学院建筑设计研究院
王铁 教授 院长
Central Academy of Fine Arts , Architectural Design and Research Institute
Prof. Wang Tie , Dean

清华大学美术学院
张月 教授
Tsinghua University , Academy of Arts & Design
Prof. Zhang Yue

天津美术学院 环境与建筑设计学院
彭军 教授 院长
Tianjin Academy of Fine Arts , School of Environment and Architectural Design
Prof. Peng Jun , Dean

佩奇大学工程与信息学院
阿高什副教授 、金鑫博士
University of Pecs , Faculty of Engineer and Information Technology
A/Prof. Akos Hutter , Dr.Jin Xin

四川美术学院 设计艺术学院
潘召南 教授
Sichuan Fine Arts Institute , Academy of Arts & Design
Prof. Pan Zhaonan

山东师范大学 美术学院
段邦毅 教授
Shandong Normal University
Prof. Duan Bangyi

山东建筑大学 艺术学院
陈华新 教授
Shandong Jianzhu University , Academy of Arts
Prof. Chen Huaxin

西安美术学院 建筑环艺系
周维娜 教授
Xi'an Academy of Fine Arts , Department of Architecture and Environmental Design
Prof. Zhou Weina

广西艺术学院 建筑艺术学院
江波 教授
Guangxi Arts University , Academy of Architecture & Arts
Prof. Jiang Bo

吉林艺术学院 设计学院
唐晔 教授
Jilin college of the Arts , Academy of Design
Prof. Tang Ye

湖北工业大学 艺术设计学院
郑革委 教授
Hubei University of Technology , Academy of Arts & Design
Prof. Zheng Gewei

江西师范大学 美术学院
刘星雄 教授
Jiangxi Normal University , Academy of Arts
Prof. Liu Xingxiong

广西艺术学院 建筑艺术学院
陈建国 副教授
Guangxi Arts University , Academy of Architecture & Arts
A/Prof. Chen Jianguo

中南大学 建筑与艺术学院
陈翊斌 副教授
Central South University , Academy of Architecture & Arts
A/Prof. Chen Yibin

吉林艺术学院 设计学院
刘岩 副教授
Jilin College of the Arts , Academy of Design
A/Prof. Liu Yan

湖南师范大学 美术学院
王小保 副总建筑师
Hunan Normal University , Academy of Arts
Mr. Wang Xiaobao, Vice Chief Architect

内蒙古科技大学 艺术设计学院
韩军 副教授
Inner Mongolia University of Science & Technology , Academy of Arts & Design
A/Prof. Han Jun

青岛理工大学 艺术学院
贺德坤 副教授
Qingdao Technological University , Academy of Arts
A/Prof. He Dekun

曲阜师范大学 美术学院
梁冰 副教授
Qufu Normal University
A/Prof. Liang Bing

苏州大学 金螳螂建筑与城市环境学院
汤恒亮 副教授
Soochow University , Gold Mantis School of Architecture and Urban Environment
A/Prof. Tang Hengliang

大连艺术学院 艺术设计学院
刘岳 助教
Dalian Art College , Academy of Arts & Design
Mr. Liu Yue

深圳市创想公益基金会
冯苏 秘书长
Shenzhen Chuang Foundation
Mrs. Feng Su , Secretary General

中国建筑装饰协会
刘晓一 秘书长 、刘原 设计委员会秘书长
China Building Decoration Association
Mr. Liu Xiaoyi , Secretary-General ; Mr.Liu Yuan , Design Committee, Secretary-General

北京清尚环艺建筑设计院
吴晞 院长
Beijing Tsingshang Architectural Design and Research Institute Co.,Ltd
Mr. Wu Xi , Dean

佩奇大学工程与信息学院

University of Pecs

Faculty of Engineering and Information Technology

“四校四导师”毕业设计实验课题已经纳入佩奇大学建筑教学体系，并正式的成为教学日程中的重要部分。课题中获得优秀成绩的同学成功考入佩奇大学工程与信息学院攻读硕士学位。

The 4&4 workshop program is a highlighted event in our educational calendar. Outstanding students get the admission to study for master degree in University of Pecs, Faculty of Engineering and Information Technology.

佩奇大学工程与信息学院简介

佩奇大学是匈牙利国立高等教育机构之一，在校生约26000名。早在1367年，匈牙利国王路易斯创建了匈牙利的第一大学——佩奇大学。佩奇大学设有十个学院，在匈牙利高等教育领域起着重要的作用。大学提供多种国际认可的学位教育和科研项目。目前，每年我们接收来自60多个国家的近2000名国际学生。30多年来，我们一直为国际学生提供完整的本科、硕士、博士学位的英语教学课程。

佩奇大学的工程和信息学院是匈牙利的最大、最活跃的科技高等教育机构，拥有成千上万的学生和40多年的教学经验。此外，我们作为国家科技工程领域的技术堡垒，是匈牙利南部地区最具影响力的教育和科研中心。我们的培养目标是：使我们的毕业生始终处于他们职业领域的领先地位。学院提供与行业接轨的各类课程，并努力让我们的学生掌握将来参加工作所必备的各项技能。在校期间，学生们参与大量的实践活动。我们旨在培养具有综合能力的复合型专业人才，他们充分了解自己的长处和弱点，并能够行之有效地表达自己。通过在校的学习，学生们更加具有批判性思维能力、广阔的视野，并且宽容和善解人意，在他们的职业领域内担当重任并不断创新。

作为匈牙利最大、最活跃的科技领域的高等教育机构，我们始终使用得到国际普遍认可的当代教育方式。我们的目标是提供一个灵活的、高质量的专家教育体系结构，从而可以很好地满足学生在技术、文化、艺术的要求，同时也顺应了自21世纪以来社会发生巨大转型的欧洲社会。我们理解当代建筑；我们知道过去的建筑教育架构；我们和未来的建筑工程师们一起学习和工作；我们坚持可持续发展；我们重视自然环境；我们专长于建筑教育!我们的教授普遍拥有国际教育或国际工作经验；我们提供语言课程；我们提供国内和国际认可的学位。我们的课程与国际建筑协会有密切的联系与合作，目的是为学生提供灵活且高质量的研究环境。我们与国际多个合作院校彼此提供交换生项目或留学计划，并定期参加国际研讨会和展览。我们大学的硬件设施达到欧洲高校的普遍标准。我们通过实际项目一步一步地引导学生。我们鼓励学生发展个性化的、创造性的技能。

博士院的首要任务是：为已经拥有建筑专业硕士学位的人才和建筑师提供与博洛尼亚相一致的高标准培养项目。博士院是最重要的综合学科研究中心，同时也是研究生的科研研究机构,提供各级学位课程的高等教育。学生通过参加脱产或在职学习形式的博士课程项目达到要求后可拿到建筑博士学位。学院的核心理论方向是经过精心挑选的，并能够体现当代问题的体系结构。我们学院最近的一个项目就是为佩奇市的地标性建筑——古基督教墓群进行遗产保护，并负责再设计（包括施工实施）。该建筑被联合国教科文组织命名为世界遗产，博士院为此做出了杰出的贡献并起到关键性的作用。参与该项目的学生们根据自己在此项目中参与的不同工作，将博士论文分别选择了不同的研究方向：古建筑的开发和保护领域、环保、城市发展和建筑设计，等等。学生的论文取得了有价值的研究成果，学院鼓励学生们参与研讨会、申请国际奖学金并发展自己的项目。

我们是遗产保护的研究小组。在过去的近40年里，佩奇的历史为我们的研究提供了大量的课题。在过去的30年里，这些研究取得巨大成功。2010年，佩奇市被授予欧洲文化之都的称号。与此同时，早期基督教墓地及其复杂的修复和新馆的建设工作也完成了。我们是空间制造者。第13届威尼斯建筑双年展，匈牙利馆于2012年由我们的博士生设计完成。此事所取得的成功轰动全国，展览期间，我们近500名学生展示了他们的作品模型。我们是国际创新型科研小组。我们为学生们提供接触行业内活跃的领军人物的机会，从而提高他们的实践能力，同时也为行业不断增加具有创新能力的新生代。除此之外，我们还是创造国际最先进的研究成果的主力军，我们将不断更新、发展我们的教育。专业分类：建筑工程设计系、建筑施工系、建筑设计系、城市规划设计系、室内与环境设计系、建筑和视觉研究系。

佩奇大学工程与信息学院

院长　巴林特

University of Pecs

Faculty of Engineering and Information Technology

Prof. Balint Bachmann，Dean

23th October，2017

前言·价值九载

Preface：Nine-Year Value

中央美术学院建筑设计研究院院长　博士生导师　王铁教授

Central Academy of Fine Arts , Prof . Wang Tie

环境艺术设计专业教育几经变轨，阶段性完成了专业定位，锁定名称“环境设计”，全国高校同步共享其名招生已五年有余。面对专业更名，执教师资结构维持不变，招生依然是艺考生群体的现实，环境设计专业如何发展的问题摆在中国高校面前，也许4X4实验教学课题能够为国内院校设计教育提供有益参考案例，坚持以学科带头人为理念的教授治学原则，拉开打破院校间壁垒的探索大门，成为课题组成员坚持九载的动力。

伴随中国40年的开放成长，在中国高等学校无数专业发展中，环境设计学科是中国特色设计教育板块在高等教育中新兴的实践平台，伴随开放40年的中国共同成长完成了学科建设第一步，第二步如何发展，第三步如何规划已成为学科教育不得不思考的问题。翻开诸多中国高校教学大纲浏览一下，会发现培养目标与教学大纲课程设置存在不协调的问题，特别是课程设置与时间分配平衡、可控课程环形架构知识掌握评价体系方面显得无序，无法鉴定学生已学习过的课程质量，掌握课程深度和成果的验证方法，对接前后上下课程立体教学架构尤其不透明。模糊不清、缓慢前行、维护专业教学的常态招生，成为学科自然发展而不可控的业态，如此发展下去将加速终结几十年来探索设计教学的研究。时下融入新的教学理念，提高教师综合素质是学科继续发展的方向，可以肯定的是环境设计教育专业已完成第一阶段历史价值，把握不准确方向将成为过渡，提前消失在广域的设计教育的海洋里。

伴随中国主要矛盾转移、综合国力的提高、国民素质的提高，今天中国价值新审美在高等院校课程体系里正在微妙地发生变化，只停留在换新叫法而不换人的环境设计教学板块，再发展五年也是依然停留在原地打转，到时候环境设计专业捆绑师资自然消失，也许4X4实验教学课题成果是撬动研究教学的杠杆之一。

不可阻挡的3D打印施工技术正在一步一步走向成熟，环境设计教育在智能科技不断加速的驱动下，能否独自建立学科，与其他一级学科共同发展？从办学建科的学理架构理性看高等学校设计教育教师群体与学苗，再放大到国际间一流名校进行比较，传统单一学科设计教育方式将自动找到自己的历史牌位成为过去。在智能科技大数据营养环境中，进入广域设计教育板块的空间设计，已悄然拉开新主题交响乐章舞台的大幕，融入新设计学科“空间设计”将成为旧版环境设计教育的替代者。

坚持九载公益教学探索实践成果首先感动的是教师自己，然后是感动学生，发展到感动学校领导，折射到社会环境中。在受益群体的鼓励下，在参加学校领导的支持下，新伯乐精心耕种的土壤，连年结出丰硕果实，无私贡献成为设计教育实践教学品牌，反衬出的成就使4X4实验教学课题成为环境设计教育的关注点，促使课题教师深入思考。2017年8月28日在一带一路国家匈牙利（国立）佩奇大学工程与信息科学学院，全体参加课题的中外师生完成2017创基金（四校四导师）4X4实验教学旅游风景区人居环境与乡建课题第四阶段终期答辩。伴随颁奖典礼上佩奇大学校长热情而肯定的讲话，一带一路城市文化研究联盟牌上的彩色蒙布在佩奇大学校长的手上缓缓露出，全场沸腾的同时又拉开了中国高等院校教师设计与绘画展、学生课题成果展仪式的大幕，此时工程信息科学学院大厅里的全体课题师生收获了值得骄傲的春华秋实，这是对全体课题组导师不懈努力的回报。

回想课题发展的九年，参加课题院校教授和学生的教育背景不同，师资和学生专业基础也有所差别，如何建立完整而立体的架构一直是课题主要的问题核心。摆在面前的困难是学习建筑设计、景观设计、室内设计的学生，在前期各自学校基础教学中获得知识点的不同步，如何克服重重困难成为重点。针对实际问题课题组提出，进入选题之前责任导师必须要为学生补课，同时教师也需要武装自己。注重综合知识体系下技术性表达的主线，强调在相关知识基础上构建审美广域理念，借鉴佩奇大学的长处完成实验教学课题。

2017创基金4X4实验教学特点是在总结八年以来共同指导本科毕业生教学经验的基础上，适当加深课题深度，强调直接选用设计研究机构的项目，探索硕士研究生研二教学实践板块，对接毕业论文与专业设计打通指导，探索硕士研究生向博士研究生学业迈进的尝试，联动思考从本科毕业生到硕士研究生步入博士研究生教学导链，启发参加课题的年轻教师传承4X4实验教学精神，为继续探索研究国际间校际联合教学，建立下一个九年的合作教学。

2017创基金4X4 实验教学课题已经结束，发现问题、提出问题是“四校四导师”实验教学课题走向严谨教学的一小步。课题价值在于反复强调16所学校的共同课题绝不是比赛，是相互学习、取长补短、共同进步，共享成果是团队精神原则。为保证课题质量，本次课题要求全体教师严格执行教学大纲提出的规定，对于课题过程中出现一些当前无法解决的现实问题，要以原则为主线，发挥教师的知识结构优势互补的优势，聘请一线设计研究机构专家共同研究，坚持知识与实践教学理念，鼓励教师自我更新能力意识，提高专业综合知识水平，在打破壁垒的实验教学课程中探索合作价值与教授治学走向国际间的尝试，架起导师间相互学习无障碍探讨教学的桥梁，指导硕士研究生在研二阶段进入论文写作尝试阶段，学生提前融入设计研究机构的真实项目，为研究型论文与实践相结合增添活力。

总结是为下一个九年实验教学积累经验，为严谨的教学规范奠定可行性基础。九年的实践教学受益的不仅仅是500多名学生，其综合影响是深远的，责任导师在互补中放松前行，相信坚持探索研究是中外课题责任导师职业生命中不变的价值观，培养优秀人才是目的，探索中再探索，坚持开放实验教学，永远在路上。

2017年10月26日于北京方恒国际中心

目　录

Contents

佳作奖学生获奖作品

2017创基金·四校四导师·实验教学课题

2017 Chuang Foundation · 4&4 Workshop · Experiment Project

责任导师组

中央美术学院
王铁　教授

清华大学美术学院
张月　教授

天津美术学院
彭军　教授

四川美术学院
潘召南　教授

山东师范大学
段邦毅　教授

山东建筑大学
陈华新　教授

西安美术学院
周维娜　教授

佩奇大学
巴林特　教授

佩奇大学
金鑫　助理教授

湖北工业大学
郑革委　教授

中南大学
陈翊斌　副教授

湖南师范大学
王小保　副总建筑师

佩奇大学
阿高什　副教授

广西艺术学院
陈建国　副教授

吉林艺术学院
刘岩　副教授

曲阜师范大学
梁冰　副教授

青岛理工大学
贺德坤　副教授

苏州大学
汤恒亮　副教授

2017创基金·四校四导师·实验教学课题

2017 Chuang Foundation · 4&4 Workshop · Experiment Project

课题督导

刘原

实践导师组

孟建国

于强

吴晞

姜峰

琚宾

林学明

石赟

戴昆

裴文杰

特邀导师组

韩军

曹莉梅

参与课题学生

孙文

Torma Patrik

陈静

张彩露

张梦雅

吴剑瑶

彭珊珊

王丹阳

参与课题学生

李书娇

葛　明

莫诗龙

张永玲

Fruzsina Czibulyás

刘竞雄

史少栋

Hajnalka Juhasz

获奖学生名单 The Winners

一等奖 The Frist Prize:
1. 孙文 Sun Wen
2. Torma Patrik Torma Patrik

二等奖 The Second Prize
1. 陈静 Chen Jing
2. 张彩露 Zhang Cailu

三等奖 The Thrid Prize
1. 张梦雅 Zang Mengya
2. 吴剑瑶 Wu Jianyao
3. 彭珊珊 Peng Shanshan

佳作奖 The Fine Prize
1. 王丹阳 Wang Danyang
2. 李书娇 Li Shujiao
3. 葛明 Ge Ming
4. 莫诗龙 Mo Shilong
5. 张永玲 Zhang Yongling
6. Fruzsina Czibulyás Fruzsina Czibulyás
7. 刘竞雄 Liu Jingxiong
8. 史少栋 Shi Shaodong
9. Hajnalka Juhasz Hajnalka Juhasz

一等奖学生获奖作品

Works of the Frist Prize Winning Students

风景旅游区地景建筑设计应用（1）

昭山风景区潭州书院建筑设计研究

The research of Landscape Architecture in Tourist Area—Take Tanzhou Academy for Example

昭山风景区潭州书院建筑设计（2）

The Architecture Design of Tanzhou Academy in Zhaoshan

中央美术学院建筑学院　孙文

China Central Academy of Fine Arts，Academy of Architecture, Sun Wen

姓　名：孙文　硕士研究生二年级

导　师：王铁　教授

学　校：中央美术学院 建筑学院

专　业：风景园林

学　号：12150500027

备　注：1. 论文　2. 设计

潭州书院鸟瞰

风景旅游区地景建筑设计应用

昭山风景区潭州书院建筑设计研究

The Research of Landscape Architecture in Tourist Area—Take Tanzhou Academy for Example

经济的繁荣，促使旅游景区的增长、旅游人数的上升以及旅游建筑设计的发展三者之间呈现出不相匹配的状态。旅游景区内的建筑如何更好地协调于自然环境，为游客创造出更开放的空间体验，甚至成为原有景观中的有机组成，使旅游开发和环境保护相得益彰，这些问题往往是旅游景区建筑设计中最常遇到的挑战。

针对以上问题，地景建筑作为一种新型的建筑类型，如果将其设计方法应用于风景旅游区，可以提供一种新的解决上述矛盾的方法。本文对昭山风景区潭州书院地景化设计进行相关研究与实践，分析了建筑地景化的设计方法在风景旅游区的特殊适应性，同时也将地景建筑的理念应用于风景旅游区休闲服务类建筑的设计，做出了新的尝试。

地景化建筑通过其水平延展的形体与大地形态相融合，甚至创造性地重塑了地表，将其自身形态整合同一于大地系统与景观系统之中。将这种方法应用于风景旅游区的建筑设计中，将能够对风景区的景观风貌的统一、建筑复合功能的应用给予极大的帮助，从而实现建筑与环境的共存，同时由于地景建筑独特的建筑形态以及空间形式，能够为风景旅游区创造丰富的体验性、交互性，创造出更多事件的可能性。

关键词：地景建筑；风景旅游区；潭州书院

Abstract: With the rapid development of economy,The architecture development of tourist area is deformed,because the number of tourist area ,the increase of tourist numbers,the development speed of architecture design,which three are unbalanced.However,architecture design in tourists area always encounters some common challenges,such as how to coordinate building in scenic spots with natural environment and make them an important part in the original landscape in order to make tourism development and environment protection complement each other.

With regard to the above challenges,in me opinion ,a new type of architecture ,landscape architecture can considered as a solution to the problem. This paper makes a new attempt about the specific adaptation of landscape architecture in the tourist area.

Landscape architecture can rebuild the landscape with its unique method such as horizontal extension form,overlying roof and so on.And landscape architecture can also help to create composite building function,abundant spatial experiment,and interactivity space.In a word,it could make coexistence of architecture and environment.

Keywords: Landscape Architecture，Tourist Area，The Academy of Tanzhou

第1章 绪论

1.1 研究背景

社会经济的发展带来了旅游产业的空前繁荣（表1-1），风景旅游区不仅成为人们缓解日常工作生活压力的场所，而且日益成为人们宜居生活的标准之一。旅游市场的急速扩张，必然需要与之相配套的服务性建筑的大肆兴建，如游客接待中心、餐饮酒店、特色商业建筑等。然而我们面临的风景旅游区的现状却是：

1.1.1 风景旅游区生态环境破坏

旅游资源的开发具有一定的时效性，而风景旅游区的猛增必然导致其开发不能够对各个方面进行正确的评

国内旅游人数情况（作者自绘） 表 1-1

年份（年）	国内旅游总人次数（亿人次）	总人口数（亿人）	出游率（%）	比上一年增长率（%）
2000	7.44	12.95	57.4	
2001	7.84	12.76	61.4	5.3
2002	8.78	12.84	68.4	12.01
2003	8.70	12.92	67.3	-0.9
2004	11.02	13.00	84.77	26.6
2005	12.12	13.08	92.7	10.0
2006	13.94	13.14	106.1	15.0
2007	16.10	13.21	121.9	15.5
2008	17.10	13.28	128.8	6.3
2009	19.00	13.35	142.3	11.1
2010	21.03	13.41	156.8	10.6
2011	26.41	13.47	196.0	13.2
2012	29.57	13.54	218.4	12.0
2013	32.62	13.60	239.9	10.3
2014	36.11	13.67	264.2	10.7
2015	40.00	13.74	291.1	10.5

根据中国旅游业统计公报统计数据绘制出游率为国内旅游总人次数比上国内总人口数

估，旅游者数量与旅游资源的极端矛盾也迫使开发商不能够做到低影响开发、可持续性开发，这种对旅游资源的过度开发和浪费导致旅游区生态环境遭受到不同程度的破坏。譬如人们对于漓江旅游资源的开发超过了地区承载力，导致了漓江水体的严重污染。

1.1.2 旅游景区的整体风貌的破坏

多数旅游景区中现有的服务型建筑不能够满足人们的需求，因而大量未经过关于视线、尺度等设计要素的研究与探讨的建筑设计便呱呱坠地，从而导致风景区整体建筑风貌七零八落。一个风景旅游区失去了统一的建筑风貌，便失去了完整的印象。

1.1.3 城市建筑设计手法的生搬硬套

建筑师往往用城市设计的经验与手法来设计旅游建筑，忽略了风景旅游区特有的地形地貌、气候水文，既造成了生态环境的永久性破坏，又带来了经济的损失。

综上所述，急需一种建筑设计理论与方法，既能够满足当下旅游业发展完善的功能需求，营造出统一的旅游区整体风貌，使建筑与环境融为一体，同时又能够缓解开发所导致的环境破坏。

1.1.4 风景旅游区建筑设计功能过于单一

传统的自然风景旅游区出于游览路线、商业价值、用地效益等方面因素的考虑，常将旅游区以简单的功能区分划分区域，再通过线性旅游路线串联各个功能区。旅游区内部的建筑常常冠以单一的功能来向旅游者开放，旅游者通常需要在某一特定的区域中居住、就餐、乘车。

如果将复合型的功能注入旅游景区的建筑设计中，将会最大化地利用旅游区土地资源，减少生态环境的破坏；

也极大限度地为游客提供更多的选择，缓解旅游资源与游客数量之间的巨大矛盾。

1.2 研究目的及意义

1.2.1 研究目的

针对本文第一章第一节研究背景中对于风景旅游区建筑设计现状问题的阐述，本文将在以下篇幅重点探讨在风景旅游区地景建筑的实际性应用，其研究的主要目的在于：

（1）理论指导实践：通过追溯地景建筑设计理论的起源，研究其发展的脉络，归纳总结出地景建筑的设计理念、设计手法等，在建筑设计中充分地理解与应用，针对风景旅游景区的现状问题，找到理论应用于实践的适应性。

（2）实践验证理论：通过对现有地景建筑设计案例的研究，对不同要素条件下地景建筑设计进行分析探讨，从而形成更加完备的地景建筑设计理论体系，以期提出一些新的地景建筑类型、设计手法，积累一定的设计经验。

（3）地景建筑设计手法的实际操作：深入学习了解地景建筑设计手法，结合场地实际情况，将设计落于实地，并且从建筑设计要素出发，研究地景建筑设计手法如何具体解决风景旅游区建筑设计的现实性问题。

1.2.2 研究的理论和实际应用价值

本文将地景建筑的理论进行归纳性研究总结，并应用于湖南省昭山风景旅游区潭州书院的建筑设计中，具体有几点的意义作用：

（1）理论应用价值：由于地景建筑理论发源于西方，国内对于地景建筑理论的研究也是对国外理论的转述，现实意义中地景建筑的设计概念研究篇幅较少，国内对于其实际应用的研究，尤其是实践项目的设计探讨更如凤毛麟角，少之又少。本文的赘述不但能够丰富地景建筑理论的研究成果，更能够得到其理论的适应性与可操作性。

（2）现实应用价值：将地景建筑理论应用于风景旅游区建筑设计的实践中去，用地景建筑的设计手法创造出适用于风景旅游区的特殊性建筑中，针对国内旅游区的现有问题，试图从建筑与环境共生的角度探讨地景建筑设计方法的可行性原则。

（3）自我突破：本人由于风景园林专业领域的特点，对于风景旅游区的设计将其理解为一个生态体系，通过对旅游区景观基础设施的营造和完善，将风景园林各个设计要素相互协调统一，将功能设施和历史文脉有机地结合起来。在“景观都市主义”作为全局性的前提之下，将建筑理解为景观设计要素之一，在这种大的背景之下，深刻理解地景建筑设计原理，研究地景建筑在风景旅游区的实践应用。其次，地景建筑强调打破建筑、景观、环境的边界，这一点恰恰与景观都市主义一脉相承。而秉承这样的研究目的，对于笔者来说是一个不小的挑战。

1.3 国内外研究现状、文献综述

1.3.1 国外研究现状

20世纪60年代的大地艺术、水平巨构建筑形式对地景建筑影响深远。真正的地景建筑热潮始于20世纪80年代末，以彼得·艾森曼等为代表的一批建筑师，在西方掀起一股新的建筑浪潮，他们以建筑与场地同质化作为基本走向，强调建筑与城市景观的连续性和界面统一性。查尔斯·詹克斯最早提出“Landform Architecture”（地景建筑）一词，受到关注，相关研究也随之展开。理念和实践中呈现多极化趋势，建筑师将个人的观点融入其中（表1-2）。

国外地景建筑研究现状（作者自绘）　　表 1-2

建筑师 / 事务所	项目名称	建造年份（年）	核心思想
伯纳德·屈米	拉维莱特公园	1982	景观都市主义
EMBT 事务所	巴塞罗那圣卡特里娜市场改造	1990	以覆盖形式创造城市景观、提炼自然地形以作基地，进行体量化处理
MVRDV 事务所	印度城市公寓 Ballast pit	1991	“数据景观”
FOA 事务所	日本横滨国际客运码头	1992	重塑地表、反预设、系统发生论

1.3.2 国内相关研究现状

地景建筑研究发源于西方，国内研究还处于起步阶段，国内还没有相关地景建筑的理论专著，而国内对于地景建筑理论的研究大致分为两个方向，一方面是对于西方地景建筑理论的转述，研究的方式较多以论文和学术期刊的方式呈现出来。在硕士论文方面，目前在文献中可以查阅到带有“地景建筑”的硕士论文共有18篇，笔者将其中具有较高阅读量的期刊论文的题目以及论文主要内容与观点总结如下（表1-3）：

国内地景建筑研究具有较高阅读量的期刊主要内容（作者自绘） 表1-3

作者	论文	发表刊物	主要内容与观点
李明娟、孟培	地景建筑理论基础刍议	中国包装工业	游牧理论、场域理论、巨构理论
李明娟	分形思想在地景建筑形态生成中的转译	中国包装工业	非线性理论指导地景建筑形态
黄文珊	当代地景建筑学科内涵探究	规划师	地景建筑定义、多元化
刘逸飞	地景建筑设计初探	智能城市	建筑与大地的关系
闫启文、吴维霞	浅析地景建筑与环境的融合	美术大观	地域人文、建筑材料、功能形式
李颖	地景建筑设计理论初探——以敦煌莫高窟游客中心为例	江西建材	中国传统地景建筑思想与西方空间营造方法的结合
佟裕哲、刘晖	中国地景建筑理论的研究	中国园林	中国地景建筑的发展

具有较高热度的论文罗列如下（表1-4）：

国内地景建筑研究具有较高热度的论文主要内容（作者自绘） 表1-4

作者	论文	主要内容与观点
陈煜彬	《当代地景建筑形态生成研究》/ 华南理工大学	地建建筑的形态研究
唐恺	《基于场所精神的城市地景建筑研究》/ 西南交通大学	场所精神对地景建筑的影响
王晓艳	《地景建筑设计研究》/ 北方工业大学	地景建筑设计方法
王晶	《当代城市地景建筑的设计策略研究》/ 大连理工大学	城市地景建筑设计方法
周瑞	《基于非线性的当代地景建筑形态设计研究》/ 湖南大学	非线性理论下的地景建筑研究
张帆	《城市环境下的地景化建筑研究》/ 哈尔滨工业大学	城市地景建筑研究

另一方面对于地景建筑的研究领域较多地集中在中国传统园林建筑与环境的关系，创造性地解决城市建造中的问题，如：佟裕哲的《中国地景建筑理论的研究》一文；王维仁的《从都市合院主义到建筑地景》，他结合自己对合院的理解与研究，将对场地的理解贯彻于设计中，最终形成生动的地景建筑。

关于旅游区建筑设计的相关论文：华南理工大学鲍小莉《自然景观旅游建筑设计与旅游、环境的共生》，大连理工大学刘石磊《风景旅游区度假酒店设计的地域性表达》。

实践项目：崔愷认为再造地景是本土设计的重要策略之一，代表作品有敦煌莫高窟游客中心、殷墟博物馆、杭帮菜博物馆；另有马清运的青浦浦阳阁图书馆（表1-5）。

国内地景建筑主要实践（作者自绘） 表 1-5

设计者	项目名称	所在地	所处环境
马清运	青浦图书馆	上海青浦	城市郊区
崔愷	敦煌莫高窟游客中心	敦煌	沙漠
崔愷	凉山民族文化艺术中心	凉山彝族自治州西昌市	城市郊区
都市实践	大芬美术馆	深圳龙岗大芬村	城中村

1.4 研究内容

1.4.1 研究边界限定

旅游资源包括自然风景旅游资源和人文景观旅游资源两个主要方面。其中，自然风景旅游资源涵盖了地貌、水文、气候等内容。人文景观旅游资源包括名人历史文化古迹、乡土风情、娱乐设施等。而本文所涉及的旅游区是以自然风景资源为主要内容、人文景观旅游资源为次要内容的风景旅游区。而实践研究案例——湖南省昭山旅游区则是以丘陵（昭山）、江河（湘江）为主要旅游资源的自然风景旅游区。

地景建筑发源于西方，当代则具有多元化的趋势，而本文对于地景建筑的研究主要是讨论建筑与环境的关系、地景建筑设计手法两方面内容。

1.4.2 研究内容

本论文共分为五部分：

第1章：对课题研究的背景、目的及意义的阐述以及课题研究对象的界定，提出论文研究方法。

第2章：理论分析部分以及相关概念阐述。梳理地景建筑的起源与发展、理论基础、设计特征。

第3章：分析地景建筑在风景旅游区建筑设计的应用。提出风景旅游区建筑设计的特殊性、地景建筑在风景旅游区的适应性原则。结合建筑设计要素，探讨风景旅游区地景建筑设计手法如何统一建筑与环境。

第4章：理论指导实践，实际项目设计研究。从实际项目的基础概况出发，运用地景建筑理论进行湘潭书院总体理念设计，运用地景建筑设计手法具体营造湘潭书院的建筑空间。

第5章：实践验证理论。由实践设计项目过程所引发的对于地景建筑设计理论的反思与总结，从而总结风景旅游区地景建筑设计的一些方法与经验。

1.5 研究方法

本文的研究方法主要包括：文献研究法、比较分析法、案例研究法、实地调研法、归纳分析法五类。

论文第1章——研究的缘起和背景主要运用“文献研究法”，对地景建筑的相关文献资料进行归纳总结。

第2章主要采用“文献研究法”、“比较分析法”、“归纳分析法”，对地景建筑的理论以及设计手法进行梳理。

第3章运用“归纳分析法”重点分析讨论地景建筑理论以及设计手法在风景旅游区的适应性。

第4章采用“案例研究法”、“实地调研法”对湘潭书院建筑设计进行设计研究。

第5章运用“归纳分析法”总结设计过程中发现的问题、对问题的分析，以及对地景建筑在风景旅游区应用性问题的展望。

1.6 研究基础

1. 通过书籍资料、互联网查阅、实地考察等方式发现关于现存风景旅游区的建筑设计相关问题。

2. 通过对国内外相关理论著作的阅读和理解，对地景建筑设计理论有了初步的了解，为选题的开展奠定了良好的理论基础。

3. 实地考察湖南省昭山风景旅游区，对基地有了比较全面的资料整理。

1.7 论文框架

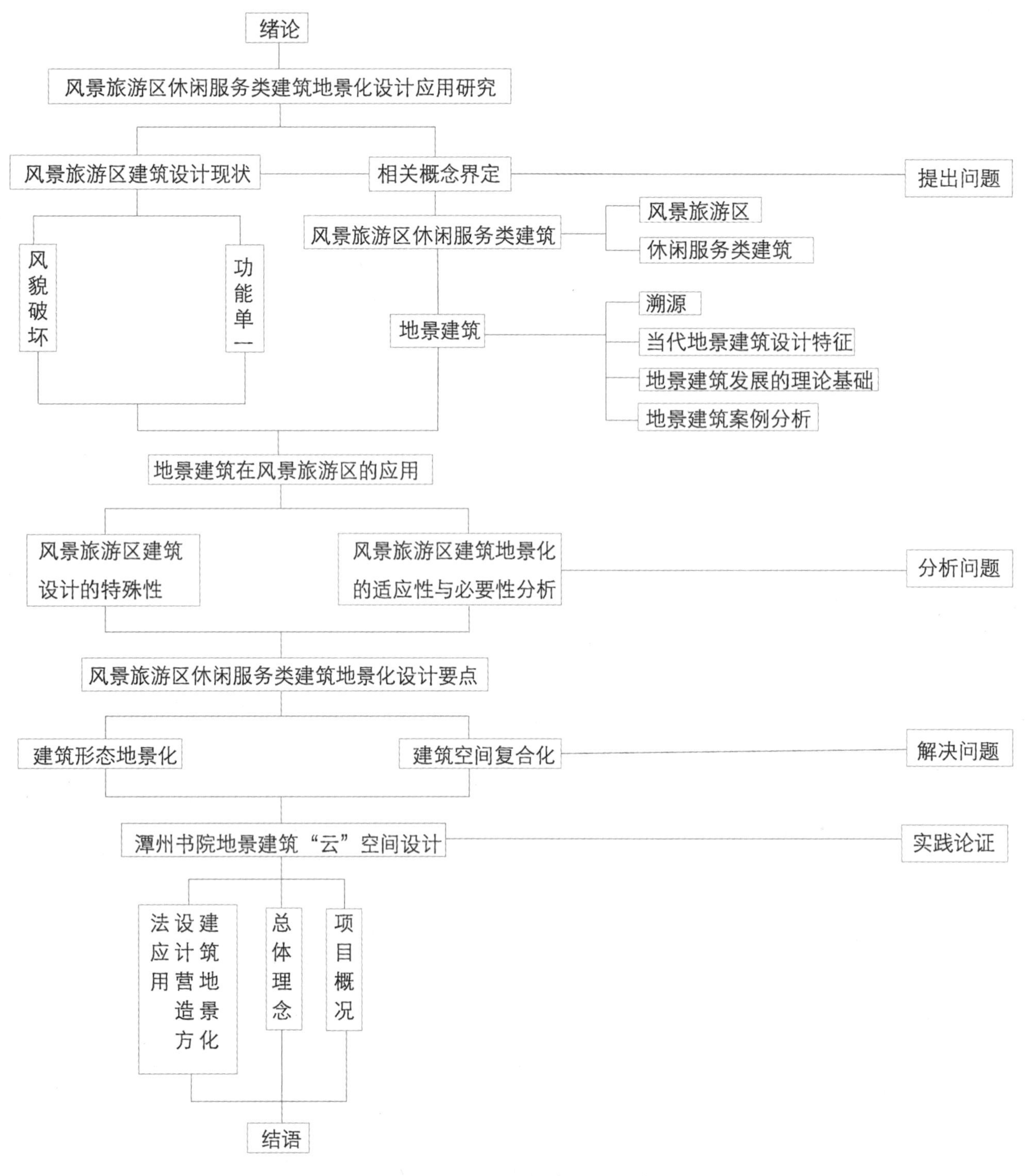

图1-1　论文框架（作者自绘）

1.8 预期结论

论文首先从风景旅游区现有的实际情况提出问题，并根据此问题的特殊性试图采用地景建筑的设计方法打开解决问题的思路。其次，着重研究了地景建筑的产生和发展的过程，分析其不同历史阶段的表现形式以及理论基础，结合不同时期的地景建筑案例的研究，探讨地景建筑在建筑形态、环境认知、功能三个方面的主要内容。再次，采用实地调研、案例研究、比较分析等方法探讨地景建筑设计方法在风景旅游区的特殊适应性以及必要性。预期希望通过研究能够运用地景建筑的设计方法处理好旅游景区内的建筑与自然环境之间的关系，为游客创造出更开放的空间体验，使旅游开发和环境保护相得益彰。地景化建筑通过其水平延展的形体与大地形态相融合，甚至创造性地重塑了地表，将其自身形态整合统一于大地系统与景观系统之中。将这种方法应用于风景旅游区的建筑设计中，将能够对风景区的景观风貌的统一、建筑复合功能的应用、丰富建筑体验与交互性给予极大的帮助，从而实现建筑与环境的共存。

第2章 地景建筑概述

2.1 地景建筑产生的背景

2.1.1 早期的地景

早期的地景主要指的是一个区域范围或者一个国家范围内的地理特征。西方于15世纪文艺复兴时期出现了描绘地景的绘画作品，而这一绘画作品的出现被认为是地景一词的起源。19世纪，近代地理学的主要创始人德国科学家亚历山大・冯・洪堡对地景做出了最早的较为简明的定义：地景是在地理学科的基础之上又加入了美学因素、社会学因素、文化因素等的综合概念。现如今，对于地景的研究已经有了较为系统、明确的规模，并且地景逐渐成为包含了多学科的综合学科。

而地景建筑学属于地景学科中的一个分支，随着城市化进程的发展，地景的多样性、特殊性以及场所感正在慢慢消失。而地景建筑学是从建筑的角度研究如何保护和发展地景的特殊性和多样性，同时又能够创造出宜居的建筑环境。

2.1.2 地景建筑的产生

地景建筑换言之即建筑地景化，它是一种大地景观，它的产生离不开早期地景艺术或者说是大地艺术对其的巨大影响。

大地艺术开始于19世纪60年代的美国，是当时绘画、摄影、雕塑等艺术门类的一些前卫的艺术家不满足于固有的艺术表现形式，试图创造出一种新的打破常规的形式表现。因此，他们离开室内，来到大自然中去感受荒漠、山川、泥土、草原带给自己的直观冲击力，从而进行大量的较大尺度的艺术创作，他们常常运用自然中易得的材料，以大地作为艺术载体，进行自然化的艺术实践。他们的作品常常与自然亲密无间，形态为单纯的几何形式，具有动态的效果。而这些都影响了地景建筑的发展（图2-1～图2-3）。

图2-1　Jim Denevan沙滩作品图

图2-2　螺旋防波堤

图2-3　克里斯托夫妇包裹岛屿
（图片来自于百度）

20世纪70年代之后大地艺术逐渐没落，慢慢地转化为建筑的地景化创作，地景建筑便应运而生了。地景艺术在城市设计、建筑设计、景观设计等领域得到了继承和发展。地景艺术倡导融入自然的特点在地景建筑中得到了很好的体现，具体表现为建筑设计本身能够与自然融合、运用自然的材料、作品具有人文关怀。

2.2 早期地景建筑的形式

2.2.1 覆土建筑

远古时期，穴居、崖居是古人类对大地形态的探索与挖掘，金字塔、巨石阵体现了个人对自然的崇拜所创造出来的防御性建筑。这些均对大地形态做出了适当的改造，使其建筑形态与所属大地环境相融合。

2.2.2 漫步建筑

勒·柯布西耶提出“建筑是居住的机器”，这在他的萨伏伊别墅中得到了很好的体现，他采用一条坡道将三层空间串联起来，直接通往屋顶花园，人们可以通过步道感受整个建筑空间。步道在这里将人们从室内引向室外，从地面到屋顶，能够实现人从微观到宏观的体验性的转变。

赖特在古根海姆博物馆中同样地将坡道引入室内，作为一个游览路径引导人们参观整个建筑空间，呈现出更加自由、独特的观感体验。

2.2.3 毯式建筑

20世纪50年代，“Team 10”小组提出了毯式建筑的建筑类型，其建筑形态具有水平延展、竖向尺度较小、运用相同的单元不断重复形成整体肌理等特点。“Team 10”小组成员之一的史密斯夫妇是毯式建筑的主要提出者和实践者之一，其主要代表作品是考文垂金巷住宅区，凡·艾克的阿姆斯特丹孤儿院等（图2-4）。

毯式建筑由于提出之初定义较为模糊，建筑类型不明确，并且其建筑作品的水平延展性、竖向高度受限制的特点也受到场地的影响，在20世纪70年代很快即被后现代建筑取代。

当代地景建筑的产生和发展继承和发展了毯式建筑的形态，例如艾森曼的莱布斯托克公园建筑设计等作品均具有水平延展性、竖向尺度较小的特点。地景建筑是在毯式建筑的基础之上，融合了地景艺术的一些特点，解决了毯式建筑定义模糊、类型模糊、形态受局限的问题，因此，地景建筑更加适合当代建筑的要求。

2.3 地景建筑理论

地景建筑以毯式建筑为雏形，受到大地艺术的影响，随着建筑理论研究的不断发展，地景建筑理论逐渐完善起来，建筑研究者也做出了相关的实践研究，不断地对地景建筑理论做出完善和补充。

2.3.1 场所精神

挪威的建筑学家诺伯舒兹于1979年提出了“场所精神”的概念，他认为：自然界中的地景是作为场所的主要要素之一。场所包含自然场所和人为场所，这两者相互依托，相互影响。

同时，彼得·卒姆托深入探讨了建筑与人之间的关系，注重建筑给人们身体上、感官上带来的直接体验性。他试图将自己的建筑作品与所处的场所发生直接的关系，涉及建筑的形式、场所历史以及人们的感官体验，并且通过此试图阐释建筑立足于场地之上的必然性。他的实践作品瓦尔斯温泉浴场（图2-5）对其理论做出了实践上的验证。

因此，我们不难发现，地景建筑设计直接将场地作为创作对象，其本质受到了场所精神理论的影响，即建筑和场所之间应当存在着深入而深刻的联系。

2.3.2 负建筑理论

日本建筑隈研吾提出的负建筑理论指的是：建筑应当是内敛的，对自然没有敌意，建筑应当是实用的，建筑应当尊重场地，尊重历史。建筑在场地中不应当是拔地而起的侵略者，也不是占据空间的专制者，建筑反而应当是服务者，处于附属地位。负建筑理论正是从理论上指导了地景建筑隐匿于环境之中，注重建筑室内外负空间的设计。

图2-4 阿姆斯特丹孤儿院
（图片来自于百度）

图2-5 瓦尔斯温泉浴场

2.3.3 游牧空间理论

建筑学中的“游牧空间”的概念来自于吉尔·德勒兹。游牧空间区别于永恒的、稳定的、不变的传统空间，它是一种多元化的、差异性的动态空间。以扎哈·哈迪德的建筑作品来举例，因其建筑形式具有自由、开放、无边界的特点符合游牧空间，具有游牧建筑的特点。这类建筑通常需要综合考虑场地环境的各种条件，需要借助参数化设计的理论和方法，从而达到建筑与环境的融合。地景建筑受到了游牧空间理论的影响，其形态表现为追求自由、流动的建筑空间。

2.4 本章小结

本章主要讨论了地景建筑产生的背景、早期的建筑形式以及主要的建筑理论。其背景主要是早期大地艺术的兴起和衰落在很大程度上影响了地景建筑的发展。地景建筑形式的发展也受到了早期建筑与大地相同融合的各种形式的影响，其发展过程中受到了覆土建筑、漫步建筑、毯式建筑等建筑形式的影响。如今地景建筑的发展融入了场所精神理论、负建筑理论、游牧空间理论等各种建筑理论的精髓。21世纪，科技的发展和技术的支持，计算机参数化设计为地景建筑进行复杂的形体以及施工提高了效率。

第3章 地景建筑理论在旅游区建筑设计的应用

3.1 风景旅游区建筑设计的特殊性

风景旅游区建筑主要构成要素为：休闲建筑、商业建筑、酒店建筑、游客中心、交通服务设施、景观小品等。旅游者的需求不断增加与旅游资源有限之间的矛盾不断激化，旅游建筑的设计需要在满足功能的前提之下，充分考虑环境要素。因此，如何做好风景旅游区建筑设计，促进风景旅游区建筑与环境的协调以及功能的适应性是需要解决的问题。

3.1.1 生态保护要求

风景旅游区是依托山川、湖泊、河流等自然风景为主要观赏对象，而这些资源属于不可复制、不可再生的，因此，对于旅游区建筑的布局规划，应当提高土地利用率，这样就可以尽可能少地进行开发，对风景旅游区的自然地貌的破坏也可以降低到最小化。从而保护场地原有的自然地貌环境。

3.1.2 环境协调要求

建筑设计的好坏不单单取决于功能性，而更多的在于将建筑置于环境之中看其体量是否适当，立面是否引人入胜。不少风景区的建筑设计违背这一原则，不考虑建筑的各种要素，也不顾及环境的承载能力和协调性，以一种近乎粗暴的方式将巨大的建筑体量安插在原有的自然环境之中，全然忽视环境盲目发展，给环境协调带来了巨大的破坏性。位于山西省晋中市的省重点风景名胜区和国家AAAAA旅游景点介休绵山，风景区内山石环绕，古木参天，在这样的环境中云峰墅苑酒店依岩壁拔地而起（图3-1），全然不顾周围环境要素，对景区整体风貌造成了巨大的破坏。其巨大的中式传统屋顶与整个建筑体量比例不协调。立面的材料质感粗糙，不假思索，使整个建筑与环境格格不入。

相反，在马里奥·博塔设计的瑞士滑雪圣地圣莫里茨温泉酒店（图3-2），以其独特的造型在视觉上与周围山体完美融合。他将建筑的主体部分放置于山体之中，其上部分用钢架结构和玻璃幕墙模拟出高低不平的山体形象。温泉酒店建筑面积为27000m^2，首层的花岗石外墙和几个外露的玻璃窗，剩余部分完全置于山体之中，这样安排极大地削弱了建筑的体量。游客可以通过玻璃幕墙欣赏室外的景物，享受山林带来的安静和自然风情。博塔巧妙地处理了建筑、环境和人之间的关系，在不破坏山体环境的前提之下，充分利用了环境与建筑的优势互补，创造出了好的建筑空间体验。

因此，风景旅游区的建筑应当呈现一种消失于环境之中的附属地位，建筑应当是内敛的、弱势的，与环境的界限应当是模糊的。建筑的营造应当满足生态保护的要求，采用最小干预的态度处理建筑与环境的关系，尽量保持场地原有的地形地貌、河流走向，从而维持原有的风景旅游区的肌理，使建筑与环境协调，景观风貌相统一。

3.1.3 景观视线要求

拥有良好的景观视线是风景旅游区建筑设计中需要重点考虑的要素之一。人处于不同的角度和距离看待建筑

图3-1　山西省晋中介休绵山云峰墅苑酒店

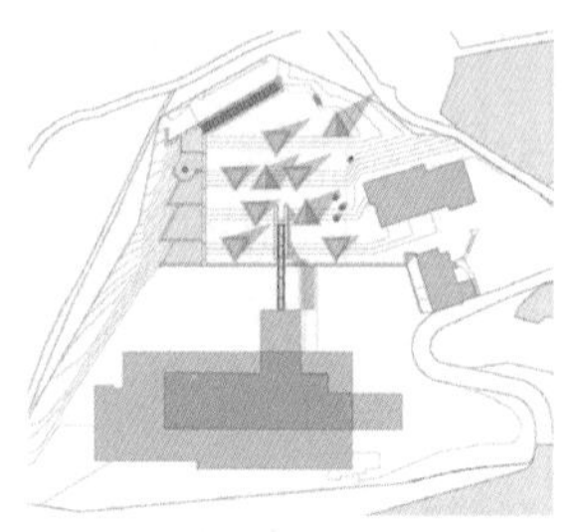

圣莫里茨温泉酒店平面图

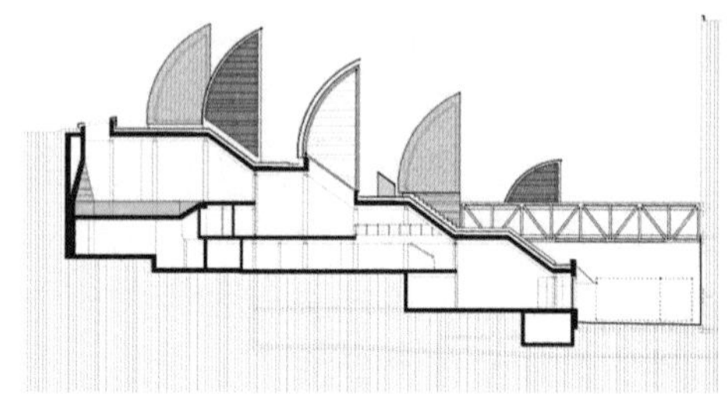

圣莫里茨温泉酒店剖面图

图3-2　马里奥·博塔设计的瑞士滑雪圣地圣莫里茨温泉酒店（图片来自于百度）

会呈现出不同的画面，随着观赏者的移动，景观视线的多样性也会随之体现。传统的明代园林艺术能够通过在一个小场地中叠山置石，营造出一步一景、藏与露等视觉感受，风景旅游的建筑布局应当利用场所的地貌他点，合理布局，以构造出丰富的景观视线要求。其次，景观视线也应当营造出视觉冲击力，在统一中产生对比，为人们带来丰富的视线体验感受。

建筑师王维仁在白沙湾海水浴场游客中心设计（图3-3）中，将建筑融入环境之中又保持着建筑的特点。建筑形式采用覆土屋面，建筑主体一层，局部两层，使整体上有比较好的适应性。景观视线上，建筑随着起伏的覆草屋面、广场映入眼帘而又消失不见。随着建筑的起伏，便来到了建筑入口处，当身处咖啡厅时，整个视线推向对面的大海和广阔的景观。

3.1.4 空间尺度要求

建筑的空间尺度、体量要求需要根据环境和功能的不同而定。在风景旅游区内，当周围的环境空旷广袤无垠时，建筑设计需要将周围的山林、湖泊等要素纳入整体设计的范围之内，当周围环境比较局促的时候，则小范围内的微环境与建筑体量的大小就起到了决定性的作用。

因此，风景旅游区拥有优美的环境，要实现建筑与环境的协调，建筑体量、空间尺度就起到了重要的作用，当场地环境尺度较小时，建筑应当尽可能水平方向延展，呈现分散式布局方式；但如果场地空间尺度较大，那么建筑体量就需要做出相应的调整，需要有所突破。

3.1.5 建筑功能要求

传统的自然风景旅游区出于游览路线、商业价值、用地效益等方面因素的考虑，将旅游区以简单的功能划分区域，再通过线性旅游路线串联各个功能区。这样为旅游者带来单一的稳定的旅游路线。如果将复合型的功能、

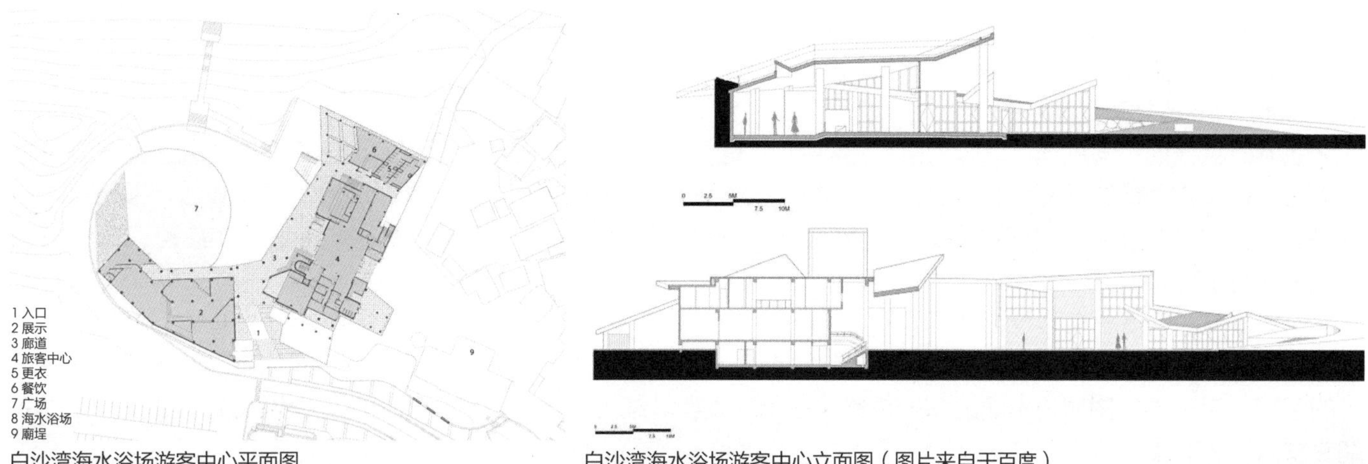

白沙湾海水浴场游客中心平面图　　白沙湾海水浴场游客中心立面图（图片来自于百度）

图3-3　白沙湾海水浴场游客中心设计（图片来自于百度）

图3-4　隈研吾竹屋（图片来自于百度）

空间注入旅游景区的建筑设计中，那么旅游区的土地将能够被最大化地利用，不仅能够减少生态环境的破坏。同时还能够为旅游者带来不同于以往的游览体验。

3.1.6 建筑材料的选择

建筑材料根据不同用途可以分为结构材料和装饰材料。不同材料的运用能够表达出不同的建筑感受，同时也能够为人们带来不同的感官体验。例如，木材的温暖、石材的凝重、刚材的坚固、玻璃的通透简洁。根据建筑不同空间的需求选择不同的建筑材料能够达到丰富多变的空间体验。对于不同建筑材料的选择，应当遵循就地取材、美观耐用的原则。

日本建筑师隈研吾在为长城脚下的公社创作的竹屋（图3-4）则是将竹子这种材料的特点发挥到了极致。在他的竹屋中，他要通过运用不同密度的竹制格栅达到分割空间的效果，同时还能够产生不同的光影效果，竹子所带来的不同的空间感受同时也影响着每一位参观使用的人群。施工队将竹子进行了防腐处理以及耐热处理，这样就能够发挥竹子的最大特性了。

3.2 风景旅游区地景建筑的适应性分析

地景建筑通过其自身特有的大地艺术的特点，以及融合了早期不同的建筑形态，能够对场所进行重构，建筑以一种弱势的态度与周围环境景观融合为一体，从而使建筑成为场地环境的延续。地景建筑常常以拓扑形态连续变化的形式与场地环境形成呼应，并与环境融合，且其水平伸展的方式更能够与环境形成同构，地景建筑不是以一种强势突兀的姿态傲立于环境之中，恰恰相反，它能够将自身形态与场地景观系统融为一体；另一方面，地景建筑对于界面的处理方式更能够适应风景旅游区特有的环境因素，地景建筑的复合功能也能够满足旅游区的需求。

3.2.1 与环境实现同构

地景建筑在风景旅游区的最大适应性之一在于能够与环境实现同构。主要显现在：地景建筑形态的生成是基于对其所处的场地的分析与研究的基础之上的，对场所内在的联系能够做出不同层次的理解与运用。其一，建筑的边界轮廓常常随着场地的高低起伏顺势布置。其二，建筑大小体量之间能够形成内在的疏密关系，其外在周围环境也能够形成开敞或者封闭的空间。建筑的营造，同时也深刻影响着场地环境，两者既能够相互弥补，又能够在对比中产生差异性。

崔愷工作室设计的敦煌莫高窟游客中心（图3-5），建于沙漠戈壁滩上，其位置距离莫高窟15km，其间是宏伟的沙山和连绵起伏的沙丘。在这种环境中，作者用沙丘的语言形式塑造游客中心，建筑用若干条流动的曲线形态呼应广袤的沙滩。建筑总面积为11000m^2，在这里巨大的建筑体量和尺度恰好与沙漠地景交相呼应，成功地将游客中心结合地景建筑理论再造地景，创造出一个起伏的沙丘横亘在戈壁滩上。建筑内部功能空间在一字形的平面上分布展开，将接待大厅和主入口设置在建筑的中段位置，不同的功能区水平蜿蜒布置。

在建筑的细部上，将两侧设置为树下停车场，保持沙丘的地势状态。建筑起伏的屋顶也可以使人们自由行走。在这里，建筑跟沙丘相关联，借助于场地高程的变化，呈现出与大地相关联的深层关系，利用场地的地形处理，使建筑呈现出一种自然特性。

3.2.2 协调场地，重构地表

建筑是在场地基础之上生成的，场地地形地貌等内在的形态特征对于建筑具有限制或者控制的作用，地景建筑常常通过随形、嵌入、靠色、顺势、延伸、点景等方式利用或者协调场地，重构地表。由于地景建筑注重地形与建筑之间的微妙关系，从而得到了建筑师更多的关注与实践。

韩国首尔纪念公园由Haeahn Architecture（图3-6）设计，公园处于植被丰富的自然风景区内，为了使建筑不破坏这种安静的环境，建筑物的主体部分被嵌入地下，作为人们主要使用的游览交通空间穿插在随着地势起伏的建筑物，公园的中心围绕着池塘，使人们沿着游览路线不仅能够欣赏到建筑，同时也能感受到大自然的朴实无华。

丹麦国家海事博物馆（图3-7）是由BIG建筑事务所创作的作品，其与韩国首尔纪念公园有着异曲同工之妙，采用覆土的方式将建筑顶界面模糊化，与环境共生。传统意义上的屋顶消失后，以拓扑形态实现与其他界面的转换。将整个展区布置在地面之下，三级交通道路贯穿其中，在不同方向联系博物馆和城市。

图3-5　敦煌莫高窟游客中心（图片来自于百度）

图3-6　首尔纪念公园

图3-7　丹麦国家海事博物馆（图片来自于百度）

3.3 地景化建筑设计在风景旅游区不同层面的应用

3.3.1 自然风景层面

（1）构建风景区网格体系

风景旅游区建筑设计以及区域规划是以一定的逻辑关系呈现的，这种逻辑关系可以是河流的走向、地形的起伏延展、风向的物理影响以及光照等自然因素为主，从场地原有的自然地貌入手，研究其内在逻辑中的变量之间的关系，以这种逻辑关系为出发点，结合风景区具体的空间功能以及使用者的行为，衍生出符合场地内在逻辑的建筑形态与规划网格布局体系。

AA建筑学院的一个设计实践——自足城市，方案通过研究自然变量，提炼出影响城市的形态与结构。由于这种系统的逻辑是通过提炼自然变量的方式形成适应于场地的方案形态，这样建筑设计不需要刻意运用生硬的现代主义设计手法或者是模拟自然形态，便可以衍生出与场地同构并且蕴含场地精神的建筑形态，使建筑与环境、场所协调。

（2）维护自然原有地貌

地景建筑另一种回馈自然风景的方式是，维护自然原有地貌，具体方法是建筑与道路等元素应顺应自然风景原有的形态布置，建筑与风景区规划应尽量维护自然风景原有的地形地貌，尽可能地消除建筑等人工化的元素对风景区自然地貌的干扰与破坏。

AA建筑学院设计的地景建筑方案能够体现地景建筑维护自然风景地貌这一特点，设计师对长江三角洲附近新兴的重工业城市临港进行了构想性的规划设计。方案的设计出发点同样是从自然入手，通过分析河流的流动与走势，设计了一套不破坏河道的城市道路系统。在这个基础上通过地景化的建筑设计手法，对地表运用折叠、切割等手法形成建筑形态。城市的发展完全地保留了自然地貌原有的形态特征，成了丰富自然地貌的构成元素。维护自然风景地貌这一原则与构建风景区网格体系不同的是，它并不是从自然的变量逻辑中生成一种全新的有机形态或者设计语言，而是在风景区原有自然地貌的基础之上，将建筑、道路、基础设施等人工元素尽可能地顺应自然地貌。在满足风景旅游区功能的基础之上，能够使旅游者尽可能地欣赏到风景区地原始地貌。

3.3.2 建筑层面

（1）缝合风景区建筑肌理

自然风景区建筑的营建在一定程度上都会对原始的自然地貌造成破坏，这种破坏同时也造成了对风景区自然肌理完整性的极大的影响。由于地景建筑产生于场所的自然地貌之中，通过其自身的建筑形态实现与场地的同构，其本身就是对本区域场地破坏的一种修补与恢复；宏观上，由于自然风景区各建筑体衍生于周边环境，因此能够使景区内部各建筑体之间产生同构，从而避免自然风景区由于人们的开发而造成的自然肌理的破坏。

（2）创造复合空间

地景建筑通过按压建筑体量或折叠地表等手段，使建筑形态与旅游区中的一些通行功能相复合。复合空间的注入能够使自然风景区的土地利用率增高，减少对场地地形地貌的破坏，这一点符合自然风景区开发最小干预的政策。同时，空间的复合化，能够使人们在同一空间中增加事件发生的可能性。

自然风景旅游区的开发受到生态环保的限制，应采用最小干预的手段进行保护性开发，任何程度的开发都势必造成风景区一定程度上的破坏，因此，风景旅游区建筑设计更应该采用集约化设计手段。而地景建筑由于自身独特的建筑空间在这方面恰巧能够满足风景旅游区建筑设计的要求。风景旅游区地景建筑复合化功能可以充分利用顶界面、垂直面、水平面的空间，能够把交通空间和使用空间结合，将零散的辅助性空间加以适当的合并，在用地方面显示出巨大的优势。

（3）形成体验空间

由于地景建筑本身所具有的形态的连续性和易与景观结合的优势，使得这种通行还能带来丰富的体验感受。借由建筑本身丰富的空间变化来增加景观的趣味性，同时提供了在建筑中活动的时候接触景观的机会。这种空间更具有探索性和趣味性。

3.4 本章小结

自然旅游景区的特点造成了景区内建筑需要在设计过程中对建筑的景观视线要求、环境协调要求、体量适宜要求，以及材料选用要求等因素都要进行综合考虑和分析。

地景建筑对旅游景区建筑设计要求的特殊适应性首先主要表现在其弱化建筑领域、营造缓冲界面、消隐建筑形态，便于与景区形态形成和谐共构的建筑环境关系；其次，地景建筑通过按压建筑体量或折叠地表等手段，能够提高土地使用率从而满足旅游建筑对复合功能的需求。这些特点都体现了地景建筑对旅游景区具有特殊而又卓越的适应性。

第4章 风景旅游区建筑地景化设计要点阐述

地景建筑设计在风景旅游区具有必然性和广大的适应性，那么，地景建筑在风景旅游区的设计方法应该如何更加符合风景旅游的要求，如何通过地景建筑的设计手法解决人与场地的矛盾关系，是风景旅游区地景建筑设计需要重视的问题。

4.1 建筑空间复合化

空间复合化，指的是对建筑功能进行重新组织，对建筑空间外延部分进行设计，形成多层次、多元化的复合功能。风景旅游区地景建筑具有多元化功能的特点，同一空间同一时刻能够容纳多种多样的功能，即功能的共时性复合；同一时空不同时间能够容纳多种多样功能，称为功能的历时性复合。

4.1.1 功能的共时性复合

建筑功能的复合并非是“量”的积累，而是将各个功能进行优化组合，创造出复合化空间。风景旅游区建筑地景化更能够整合建筑与周围环境，使建筑与环境形成积极对话，在空间中容纳多种行为事件的同时，使功能之间相互激发与促进，满足人们丰富的需求。

4.1.2 功能的历时性复合

建筑是创造时间发生的空间，建筑本身也是由不同的事件组成的，地景建筑同一空间随着时间的流逝，具有不同的实用功能。

JSD建筑事务所设计的北京绿色游客中心，位于一个可持续性工业园区内，设计师在这里创造出了一条模糊性的交通空间。将建筑的屋顶下压，使之成为一个室外的露天走道，人们在这种上升和下降的路径中能够产生一种穿越感。建筑在这里创造出了一种非正式的空间领域感，使交通空间与非正式空间的领域处于模糊的状态，起伏的屋顶在冬季能够阻挡强风，夏季可以增进通风。建筑的屋顶空间不仅满足交通功能，同时还能够为人们带来更多的事件发生的可能。

4.2 创造丰富的体验性

体验是指人们运用视觉、触觉、听觉等感官感受去体会与感知建筑物带给我们的直接感受。地景建筑由于其挤压的屋面、连续的坡道系统和可上人屋顶，常常能够带来一种其他建筑不具有的行为活动，从而形成独有的事件体验。人们处于这种充满丰富事件的空间之中，能够激发丰富的联想体验。人们在空间中的各种体验活动以及由此产生的感受称为事件体验，地景建筑设计强调与人的生活联系，将使用者作为建筑空间的主体。

丹麦建筑事务所BIG设计的哥本哈根商比港的海上青年之家，这个建筑由帆船俱乐部和青年中心共同使用，在这里建筑师要处理两个截然不同的需求之间的矛盾，青年中心需要为儿童提供玩耍的室外场地，而帆船俱乐部需要有大量的场地来停泊船只。设计者综合考虑了两者之间的需求，设置了一个可以活动的甲板，甲板平台升到足够的高度，在其下停放船只，由此形成了连绵不断高低起伏的平台，为儿童提供了活动场地。通过空间的复合化，创造复合功能，同时满足不同人群的要求，功能既不会相互影响，又可以最大化地实现空间效益，同时又能够产生丰富的体验性。

BIG建筑事务所设计的SK2-树林火葬场，位于植被茂盛的树林之中，功能性上不仅要满足焚烧等基本功能，还要提供告别等仪式性功能。建筑从选址、体量、形态等方面入手，用地景化的手法创造出具有丰富联想体验的建筑。建筑分为两部分，地面以下部分是主要用于焚烧的功能空间，地上部分处理为三个高度不同的三角体，相互错落，整体形态似乎是要爆发的火山，起翘的形体具有强烈的升腾感，这与周围树木的安静形成强烈的对比，营造出肃穆的氛围，从而使使用者能够找寻内心的平静。

风景旅游区建筑地景化处理过程中，建筑师需要通过建筑单体设计、建筑整体布局、建筑细部设计等方面充分考虑能够随使用产生事件体验、联想体验的空间，从而实现对建筑功能的延伸。

4.3 创造交互性

建筑设计希望通过空间的开放性邀请更多的人参与空间，从而产生更多事件发生的可能性，为旅游者创造丰富的空间体验，促进人与人、人与空间的交流互动。

风景旅游区建筑设计需要通过路径的设置，将不同的人流汇聚到同一停留场所，人们可以通过停留发生交互。

例如BIG建筑事务所设计的Cube Krydset，将建筑功能分区向不同的方向延伸，形成不同的体块同时向下倾斜连接地面，创造出一种自然的、充满生机的空间，人们可以在这里驻足交流，建筑地景化的方式为使用者提供更多的可能。

4.4 本章小结

本章主要结合地景建筑设计手法在风景旅游区的应用，提出建筑设计中应当满足风景区建筑设计的基本要求之外，需要进一步注意的设计要点，针对提出的问题进行设计方法论的概述，希望能够在营造建筑地景化的过程中，注重风景旅游区的设计要求，注重建筑空间与使用者，建筑实体、建筑空间与场地环境，使用者与场地环境之间的关系，创造出具有复合功能、体验性、互动性的地景建筑空间。

第5章 湖南省昭山风景旅游区潭州书院地景建筑设计

5.1 项目概况

项目位于中国湖南省长沙市昭山风景区（图5-1）内，昭山风景区比邻湖南省岳麓山风景区、洋湖湿地及大陆山风景区、株洲神农城等（图5-2）。昭山风景区为山市晴岚文化旅游项目，位于由山市晴岚小镇和昭山核心景区一起组成山市晴岚新画卷。集中布局白石画院、安化茶庄、古窑遗韵等湖湘非物质文化遗产，更有各类行业会馆与小镇商街，营造氛围浓郁的小镇风情。

书院基地地块面积为7500m^2，建筑面积指标为3000m^2。地块中相对高差小，呈现北高南低的趋势。南面主要面向昭山二级道路，设计中应考虑道路与书院之间的关系，采用适当的方法，顺势处理坡地与坡地的关系以及如何处理建筑是设计应主要解决的问题。坡度对建筑物的建设和植物生长均产生较大影响。小于25°适宜建筑建设以及植物生长。基地坡度缓和，北部0°~8°，大部分为15°～25°，南部局部在25°～42°。基地大部分地块为南坡和东坡。南坡能充分接受光照和逆风，有利于植物的生长。

基地周边仅有一条二级道路，内部步行交通有待统一规划，且需要与西北的禅修酒店产生联系。基地自然植被丰富，建筑的营造需要尽量较少土方量，减少对现有植物的破坏。功能上不仅需要满足书院建筑必备的功能，且需要满足餐饮、休憩、售卖等商业性旅游的功能。建筑不应打破原有低矮的丘陵山地的天际线，需要实现对原有地表的重构与同构。

5.2 总体理念

5.2.1 构建风景区文化地标

潭州书院建筑项目在昭山风景区定义为呼应基地所在湖南书院文化，在此希望能够通过潭州书院建筑展现书院文化气息，同时又能够为游客提供售卖、咖啡、就餐等休闲娱乐服务。因此，潭州书院的建设将能够为昭山风景区带来具有文化气息的休闲服务空间氛围。

通过地景建筑的设计手法，书院建筑将休闲设施、文化艺术功能融合在大地景观尺度的场地之上，项目通过建筑体量与周围环境的对比，将山地地形考虑到设计中去，使建筑融于环境，又能够突出于环境，成为昭山风景区的标志。

建筑与外部环境是对立统一的关系，建筑既可以被看作是外部环境的一个组成部分，它们之间相互补充，又可以看作是地景的延伸。潭州书院位于风景区中部，北侧为安静的菩提酒店，南侧为古窑遗韵等商业活动中。地块北、东、西面地势较高，南面较低，成为闹市中很好的屏障，属于闹中取静的区域。

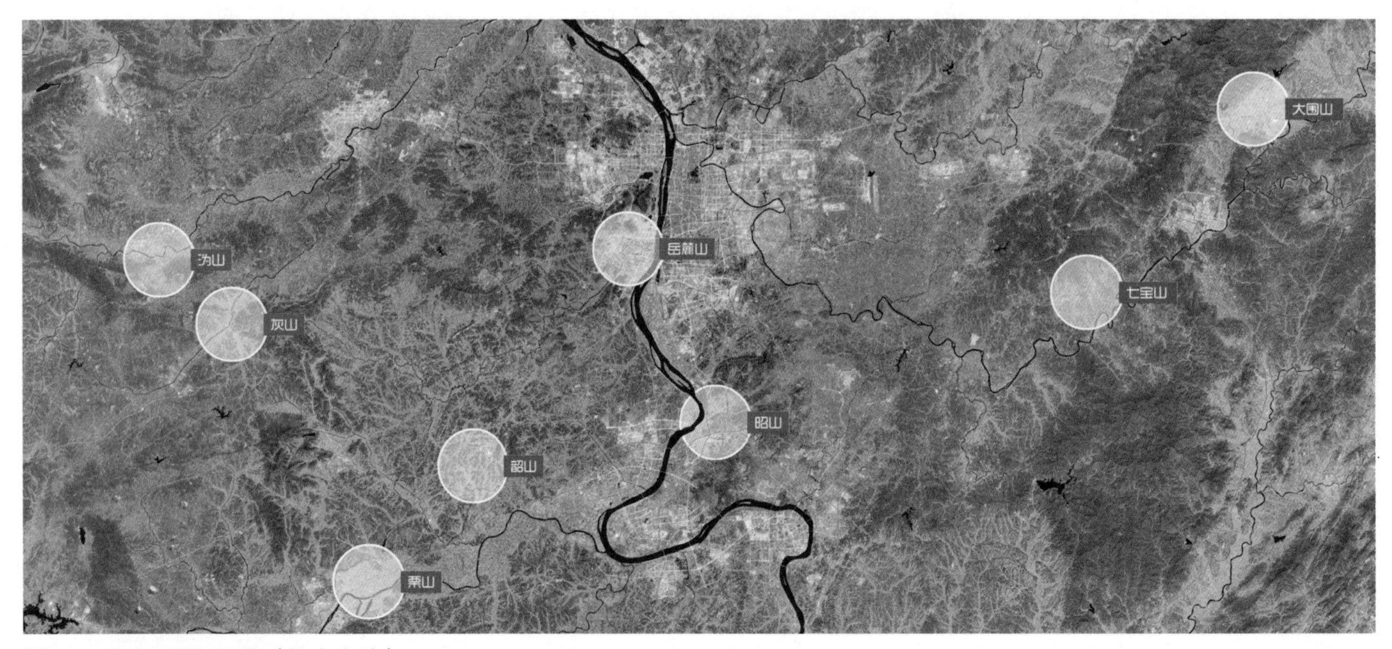

图5-1　昭山风景区区位（作者自绘）

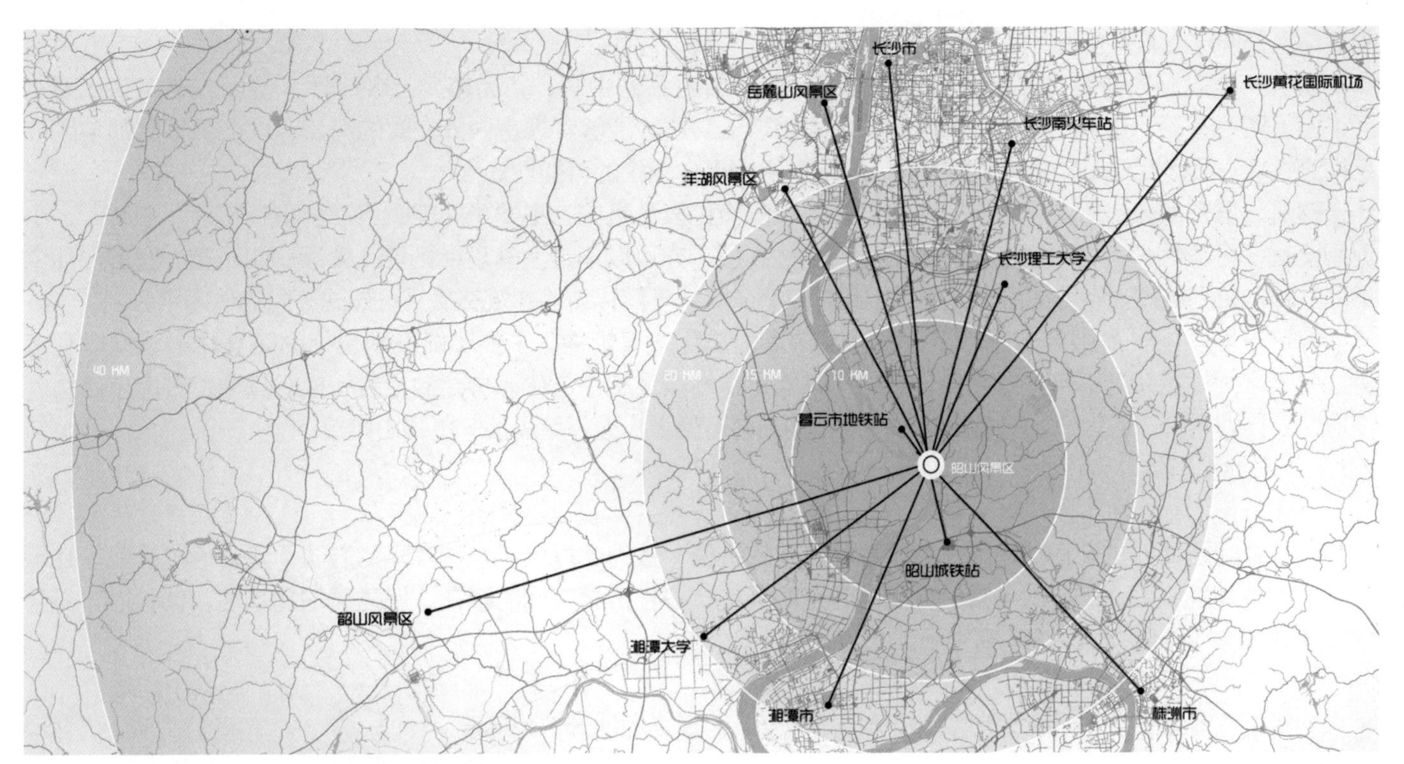

图5-2 昭山风景区与周边旅游资源关系（作者自绘）

书院南侧为道路，游客由东往西而来，道路的动态性能够为观赏建筑提供足够的场地。因此，建筑主入口确定为基地的南侧。

以下将从近、中、远景与站点之间的关系进行分析。

远景：主干道向北包括北向的山脉以及菩提酒店最高峰建筑。

站点：主干道绿地。

分析：潭州书院以水平延展的形式匍匐于场地，与周围山地相融合，并不能够清晰地看出建筑的细部，只能看到建筑整体轮廓与山体的关系。

中景：主干道往北150m处。

站点：主干道与基地辅路交叉位置。

分析：此时能够清晰地看到各个建筑体量之间的关系，与周围的山体交相呼应。

近景：书院主入口。

站点：辅路与建筑道路交叉口。

分析：建筑体量呈现在视线之中，能够看到建筑屋面的指向性和动态性，建筑立面细部材料、颜色与覆草屋面的对比，带来强烈的视觉冲击力。

5.2.2 与场地山体实现同构

将建筑融入环境之中是地景建筑主要的特征之一。在设计之初，就考虑到书院建筑应顺应周围山体态势，甚至强化场地环境。

昭山风景区的地形最高度不超过180m，南方盆地，蜿蜒伸展，层叠环绕，且基地周高中低，处于场地之中能看到西侧的菩提酒店。为了保留这种自然地形带给人们的感受，希望将建筑分割成较小的体量，以原有基地环形围绕的逻辑关系布局。根据风景区道路位置、山坡走向确定主入口、主要动线以及视线位置。根据各参数将基地划分为较小的面，再将各平面根据功能空间关系整合梳理，最终确定建筑总平面。

5.3 设计营造方法

5.3.1 形态生成手法

将小体量的建筑顺应地形趋势布置，拾级而上。建筑通过折叠地表和按压屋顶的形态生成手法，使通行空间、休息空间这类公共空间形成界限上的模糊。

建筑一层以服务游客为主布置各功能空间，包括游客服务中心、礼品售卖、咖啡厅、餐厅、书院文化展览厅、游客影音室等。建筑一层的垂直平面较多采用玻璃材质，能够实现室内外空间的可流通性。折板屋顶与墙体互相穿插，一层因此保留较多的游牧空间，增加了空间事件发生的可能性。

建筑二层空间较多服务于书院工作者以及特定的文化教育机构，主要功能空间包括小型的餐厅、咖啡厅、小型阅览室、客房等。人群可以通过室内的步梯到达二层，亦可以通过室外直梯到达，餐厅一阅览室一客房，几个不同的功能空间通过一条流线贯穿，可以实现与游客分流。不同体量的建筑交叉又可形成不同的休闲平台。

建筑三层空间较多服务于书院工作者以及特定的文化教育机构，主要功能空间包括书院文化的教室以及客房。两者之间通过眺望塔形成的平台连接，可以较方便地实现工作与休憩功能的相互转换。其中，客房东西两侧设置两处休闲平台，可为建筑功能空间的室外延伸，亦可登上折板覆草屋顶一览昭山风景。

5.3.2 地形地貌再生

（1）折叠

建筑中间区域为主要活动场地，地景建筑特有的折叠手法为此提供了一种实际的方法。建筑通过折叠，暗示了不同控件属性，营造了层次丰富的休闲游憩空间环境，多种折叠空间的存在，使建筑的趣味性、体验性、交互性、景观性实现转化，创造出丰富空间。

（2）覆土

地景建筑覆土的设计手法，能够使建筑自身消隐，再现场地地形地貌环境。

5.3.3 体量尺度

潭州书院地景建筑处理体量与尺度的方式如下：

第一，地景建筑水平延展性这一特征决定建筑水平方向体量较大，为解决这一问题，潭州书院将大体量建筑根据功能、视线、路径等需求划分为几个不同体量的较小的部分，再通过折叠按压屋顶，使分割后的体量能够与山体相呼应，同时也能够保证交通的可达性，提供较多的观赏平台。

第二，建筑的尺度以周围场地环境的跌宕起伏为基础，产生丰富的层次感的同时也能够在尺度上与环境同构。

5.3.4 界面的消隐性

建筑的顶界面采用覆土的形式，屋顶与地面的边界比较模糊，使空间具有连续性。开放的屋顶界面能够为使用者提供活动空间，远眺昭山风景区的环境。

垂直面上，建筑立面简洁化，使用通透的玻璃材质，尽量使建筑室内外空间实现有效的过渡。

5.4 本章小结

本章较为系统地介绍了潭州书院地景建筑在设计中的营造手法，该方案同构了场地环境，隐喻环境特征采用了折叠、下嵌、覆土等策略，并且结合服务类建筑功能的要求处理建筑体量、比例、尺度关系。折叠的屋顶构造、开放屋顶界面是方案的主要特点之一，将屋顶最为主要的景观中心以及交流空间、展览空间、售卖空间、餐饮空间都纳入其中。

第6章 结语

6.1 主要研究结论

旅游景区建筑地景化的设计，建筑的生成策略应当关注环境本身内在逻辑关系，以及人自身的行为要素与建筑之间的密切关系。对旅游景区环境的整体性把握和建筑与环境的有机联系是地景建筑在风景旅游区应用的切入点之一。只要把握地景建筑设计的根本原则与态度进行设计，未来旅游风景区内的地景建筑将会向更加完善的方向发展。

6.2 展望

地景建筑的可持续性、生态性、地域性等得到了越来越多人的关注，但是，如何处理好建筑形式与功能之间的关系是建筑师需要解决的问题，片面地将地景建筑理解为流动性、曲面等分表面符号是不可取的，应当看到“地景”的深刻内涵，不过分地应用和表达“地景”，才能使地景建筑在良性的道路上发展。风景旅游区地景建筑的应用通过正确的表达，不仅能够解决一些实际的问题，更能够使风景旅游区建筑为使用者提供更多的便利。

参考文献

1. 专著

[1]（日）进士五十八，（日）铃木诚，（日）一场博幸. 乡土景观设计手法［M］. 李树华，杨秀娟，董建军译. 北京：中国林业出版社,2008.

[2] 伯纳德·鲁道夫斯基. 没有建筑师的建筑［M］. 高军译. 北京：天津大学出版社,2011.

[3] 彭一刚. 传统村镇聚落景观分析［M］. 北京：中国建筑工业出版社,1992.

[4] 陈威. 景观新农村［M］. 北京：中国电力出版社,2007.

[5] 王铁等. 踏实积累——中国高等院校学科带头人设计教育学术论文［M］. 中国建筑工业出版社,2016.

[6] 舒尔茨著. 存在·空间·建筑［M］. 尹培桐译. 北京：中国建筑工业出版社,1990.

2. 学位论文

[1] 陈煜彬. 当代地景建筑的形态生成研究［D］. 华南理工大学硕士学位论文，2010.

[2] 唐恺. 基于场所精神的城市地景建筑研究［D］. 西南交通大学硕士学位论文，2013.

[3] 王晓艳. 地景建筑设计研究［D］. 北方工业大学硕士学位论文，2013.

[4] 周瑞. 基于非线性的当代地景建筑形态设计研究［D］. 湖南大学硕士学位论文，2013.

3. 学术期刊

[1] 李明娟，孟培. 地景建筑理论基础刍议［J］. 中国包装工业，2014（22）.

[2] 李明娟，孟培. 分形思想在地景建筑形态生成中的转译［J］. 艺海，2014（12）.

[3] 黄文珊. 当代地景建筑学科内涵探究［J］. 规划师，2004，20（4）.

[4] 刘逸飞. 地景建筑设计初探［J］. 智能城市，2016（5）.

[5] 李颖. 地景建筑设计理论初探——以敦煌莫高窟游客中心为例［J］. 江西建材，2016（14）.

昭山风景区潭州书院建筑设计

The Design of Landscape Architecture ——Tanzhou Academy

区位介绍

湖南省长沙市昭山风景区比邻湖南省岳麓山风景区、洋湖湿地及大陆山风景区、株洲神农城等，为山市晴岚文化旅游项目，集中布局白石画院、安化茶庄、古窑遗韵等湖湘非物质文化遗产，更有各类行业会馆与小镇商街，营造氛围浓郁的小镇风情。

场地照片

昭山风景区区位

基地概况

地块面积

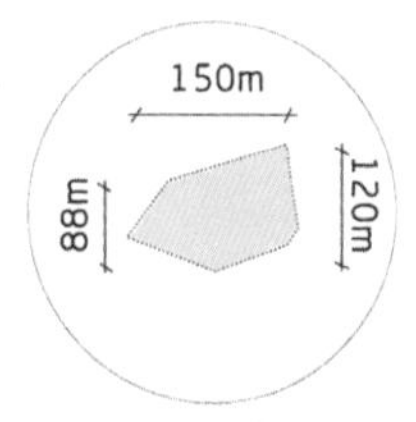

地块面积：7500m²
地块尺寸如图
任务书建筑面积：
2000 ~ 3000m²

地块高程

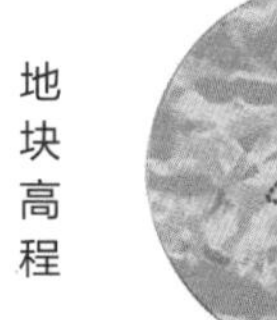

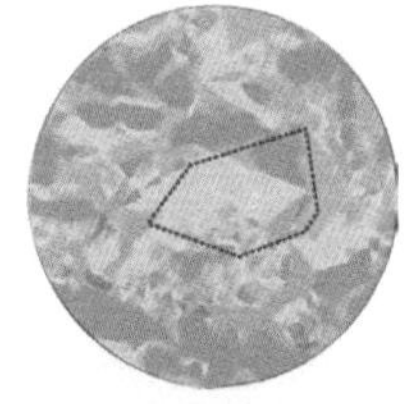

地块中相对高差小，呈现北高南低的趋势。南面主要面向昭山二级道路，设计中应考虑道路与书院之间的关系，采用适当的方法，顺势处理坡地与坡地关系以及如何处理建筑是设计应主要解决的问题。

< 25° 基地分布

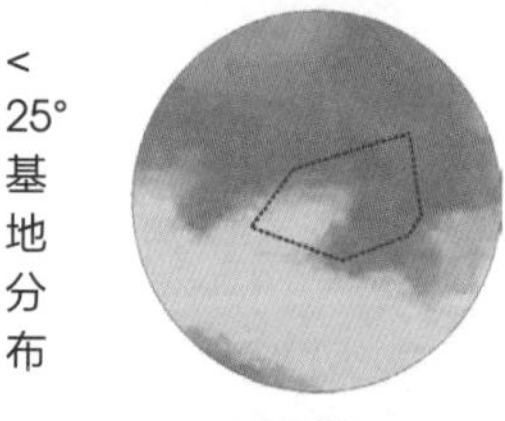

坡度对建筑物的建设和植物生长均产生较大影响。小于 25° 适宜建筑建设以及植物生长。基地坡度缓和，北部 0° ~ 8°，大部分为 15° ~ 25°，南部局部在 25° ~ 42°。

地块坡向

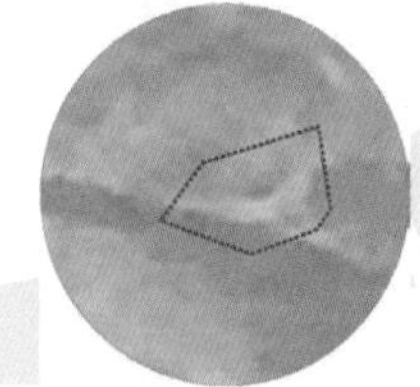

南坡能充分接受光照和逆风，有利于植物的生长。基地大部分地块为南坡和东坡。

基地问题

基地周边仅有一条二级道路，内部步行交通有待统一规划，且需要与西北的禅修酒店产生联系。

基地自然植被丰富，建筑的营造需要尽量减少土方量，减少对现有植物的破坏。

功能上不仅需要满足书院建筑必备的功能，且需要满足餐饮、休憩、售卖等商业性旅游的功能。

建筑不应打破原有低矮的丘陵山地的天际线，需要实现对原有地表的重构与同构。

基地与昭山风景区关系

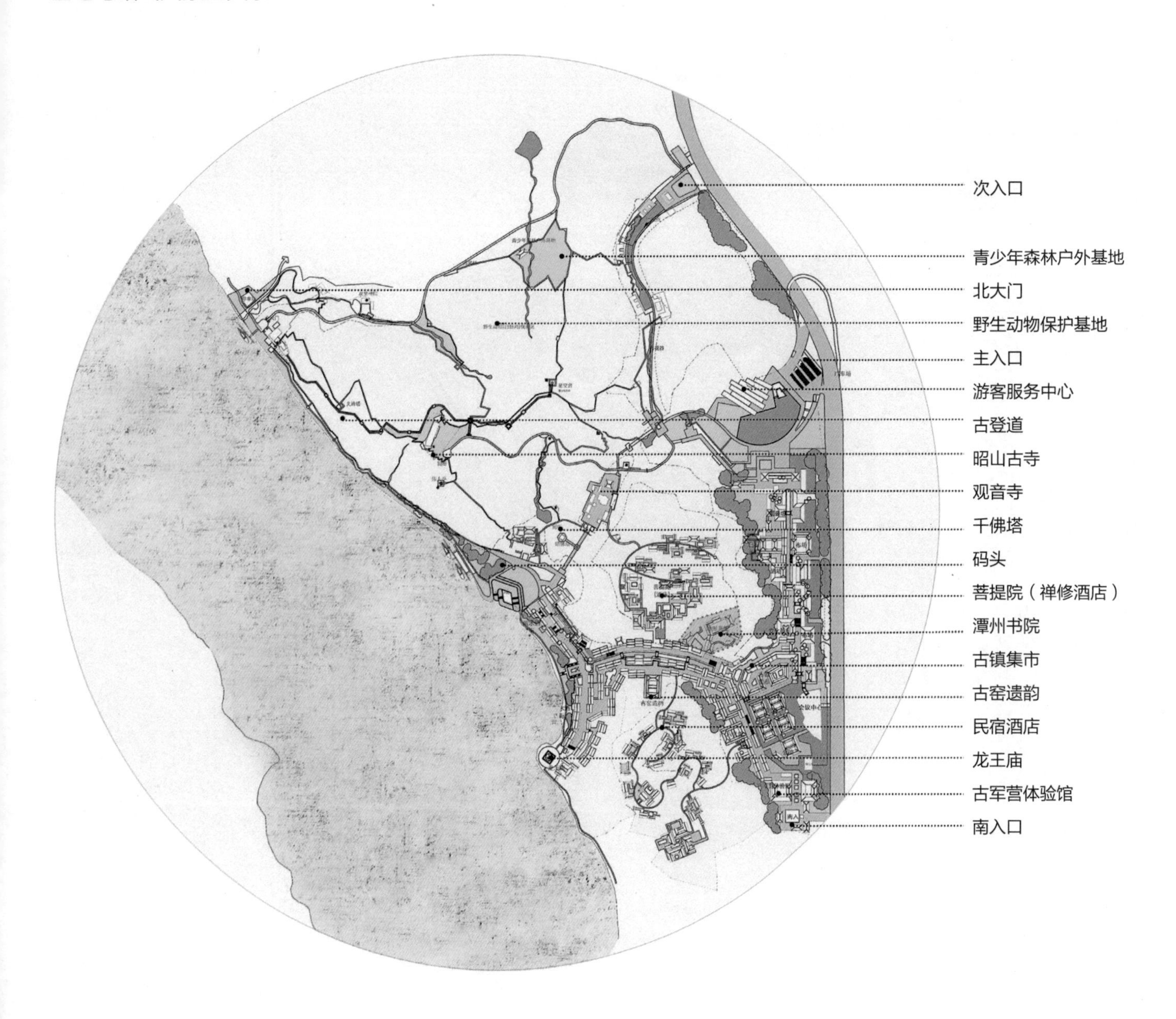

基地与周围环境的关系

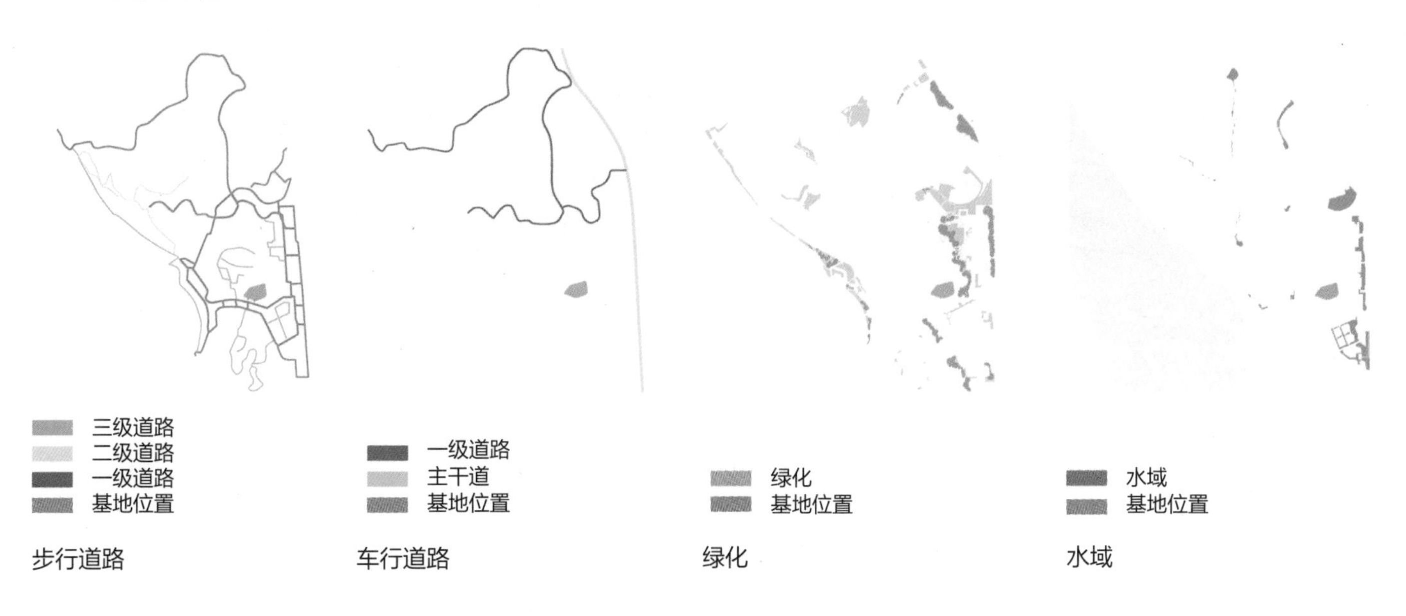

方案设计

重塑地表

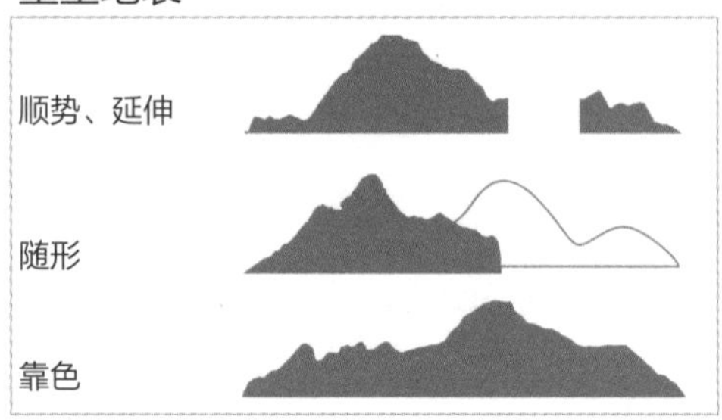

地景建筑能够根据不同的场地选取不同的设计思路，通过随形、嵌入、靠色、顺势、延伸、点景等手法实现重塑地表或者与场地同构。

模糊边界

建筑不可能复制自然，同样的，地景建筑也不是简单地对自然形态的模仿，它是梳理自然内在的逻辑关系，试图从这种逻辑关系中，找到适用于特定场地的建筑形态以及空间组织方式。

复合功能

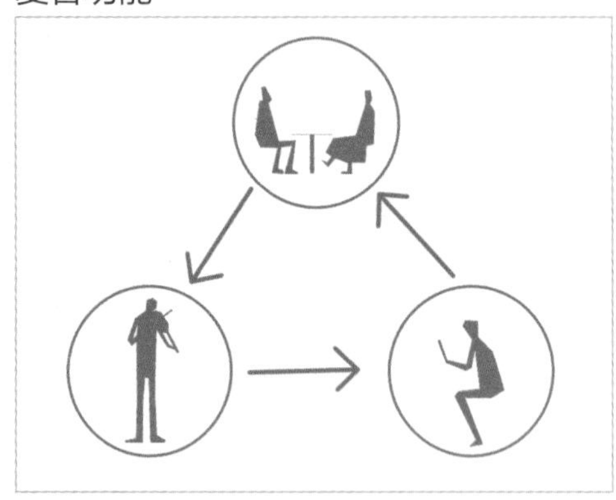

地景建筑共时性和历时性使建筑功能复合化，通过覆土、毯式建筑的方式模糊界面、模糊边界，实现空间的非限定性。

平面生成

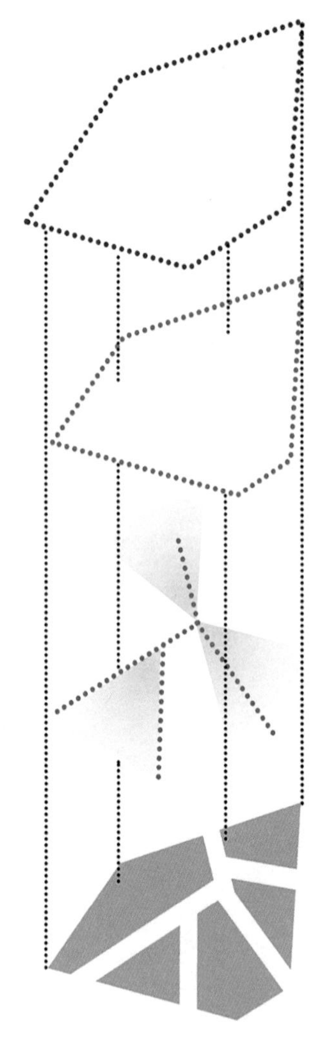

基地红线范围

道路退后 20m 形成场地的范围边界。

根据风景区道路位置、山坡走向确定主入口、主要动线以及视线位置。

根据各参数将基地划分为较小的面，再将各平面根据功能空间关系整合梳理，最终确定建筑总平面。

模型生成

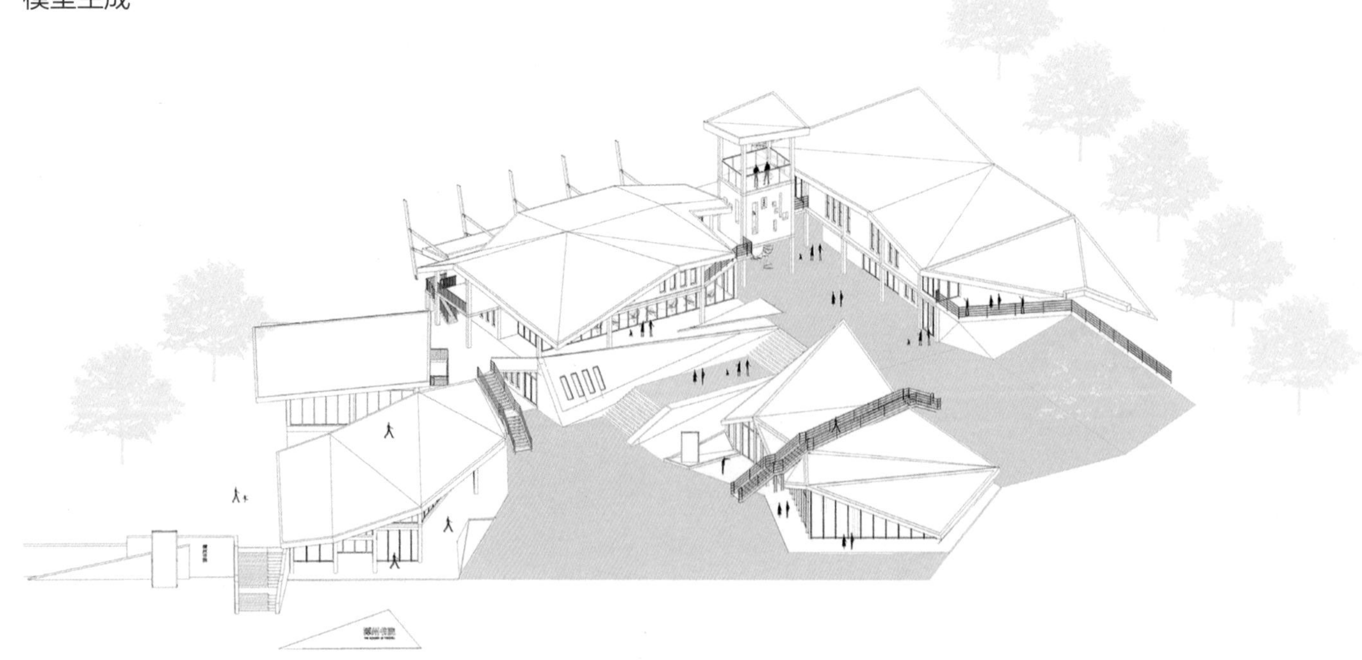

建筑总平面图

建筑平面加强其水平延展性，将其形态与大地融合，重塑地表，将其形态整合统一于大地系统与景观系统之中，为风景旅游区建筑设计创造更多事件发生的可能性。

通过对建筑地景化设计方法的研究，使潭州书院建筑设计具有以下特点：

1. 建筑界面的消隐性；
2. 空间的体验性、交互性；
3. 功能的共享性。

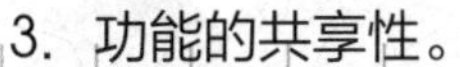

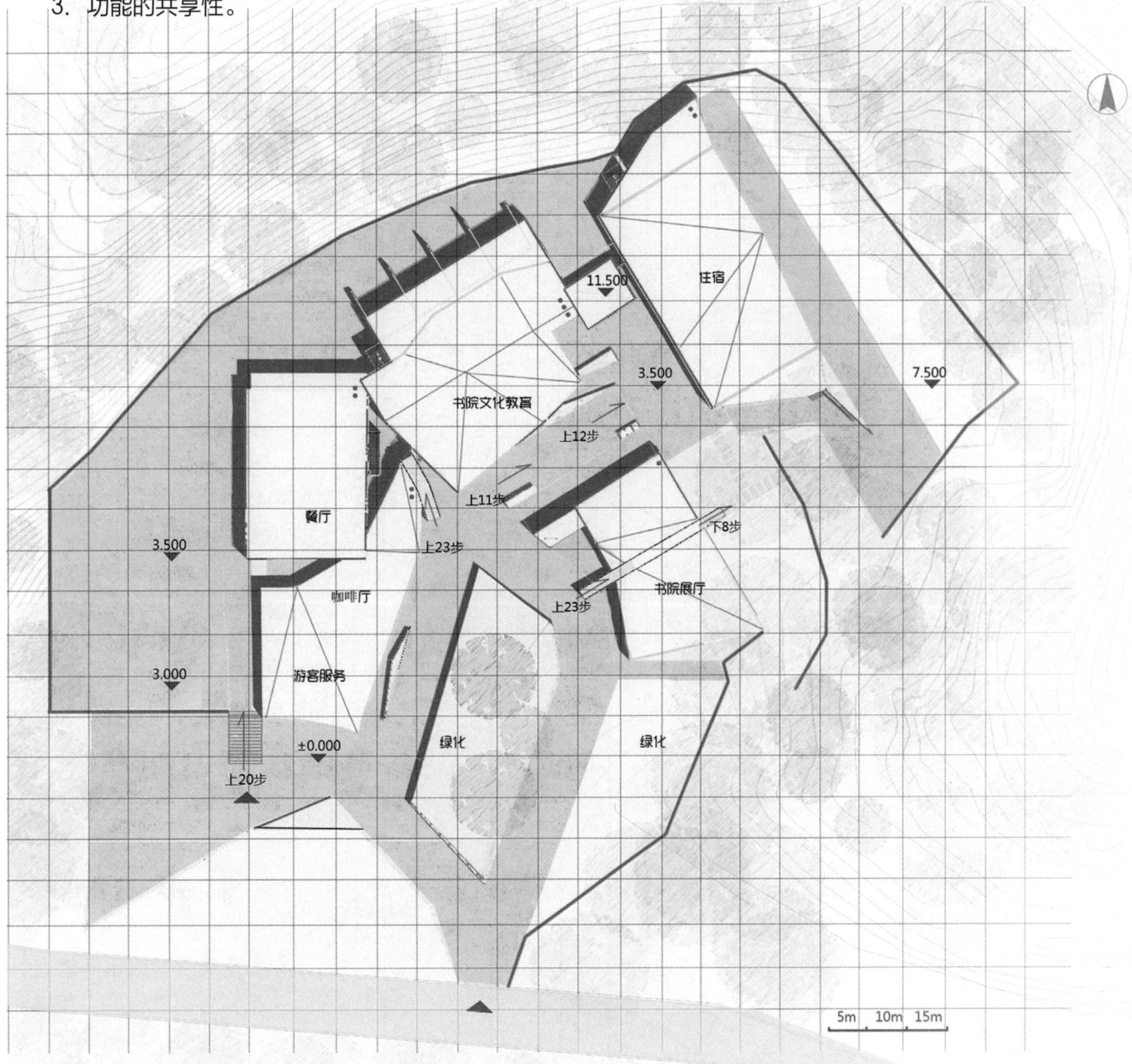

建筑经济技术指标

建筑面积：	$2258m^2$				
占地面积：	$980m^2$	卫生间：	$125m^2$	客房：	$477m^2$
一层建筑面积：	$605m^2$	餐厅：	$328m^2$	覆草上人屋顶：	$370m^2$
一层建筑面积：	$700m^2$	员工休息间：	$83m^2$	书院展厅：	$260m^2$
一层建筑面积：	$960m^2$	文化教育空间：	$925m^2$	休闲平台：	$60m^2$

建筑人流动线

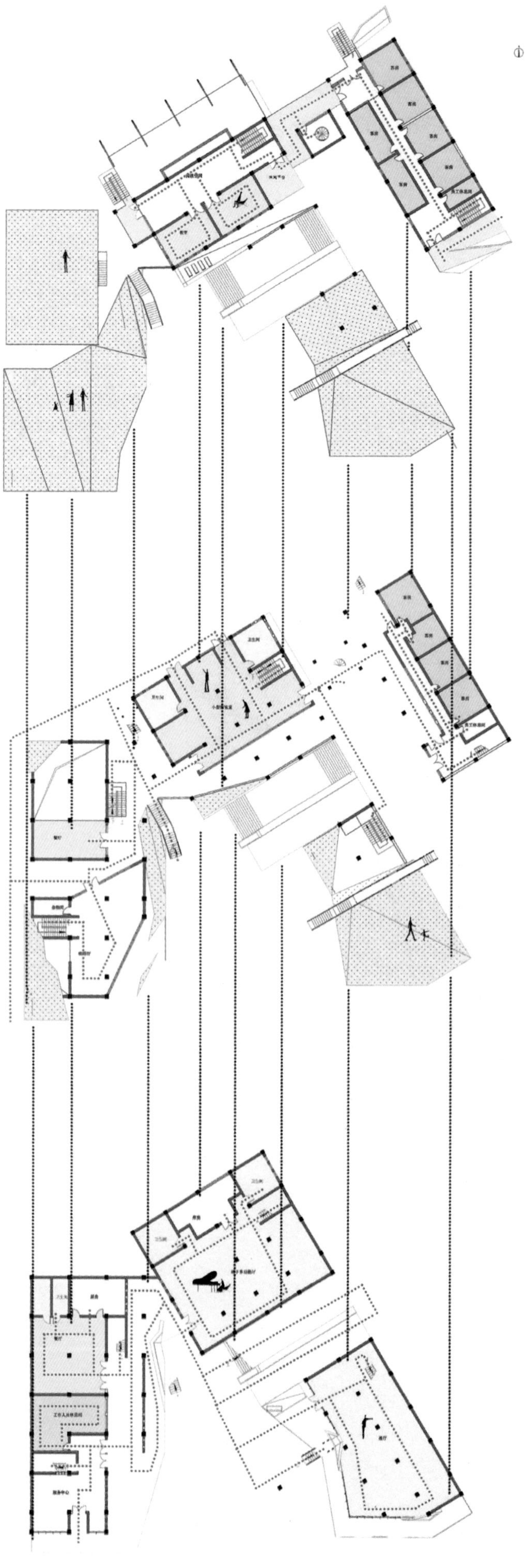

潭州书院三层平面

建筑三层空间较多服务于书院工作者以及特定的文化教育机构，主要功能空间包括书院文化的教室以及客房。两者之间通过眺望塔形成的平台连接，可以较方便地实现工作与休憩功能的相互转换。其中，客房东西两侧设置两处休闲平台，可为建筑功能空间的室外延伸。亦可登上折板覆草屋顶一览昭山风景。

潭州书院二层平面

建筑二层空间较多服务于书院工作者以及特定的文化教育机构，主要功能空间包括小型的餐厅、咖啡厅、小型阅览室、客房等。人群可以通过室内的步梯到达二层，亦可以通过室外直梯到达。餐厅—阅览室—客房，几个不同的功能空间通过一条流线贯穿，可以实现与游客分流。不同体量的建筑交叉又可形成不同的休闲平台。

潭州书院一层平面

建筑一层以服务游客为主布置各功能空间，包括游客服务中心、礼品售卖、咖啡厅、餐厅、书院文化展览厅、游客影音室等。建筑一层的垂直平面较多采用玻璃材质，能够实现室内外空间的可流通性。折板屋顶与墙体互相穿插，一层因此保留较多的游牧空间，增加了空间事件发生的可能性。

卫生间
餐厅
员工休息间
书院文化教育空间
客房
覆草可上人屋顶
书院展厅
休闲平台
人流动线

建筑图纸

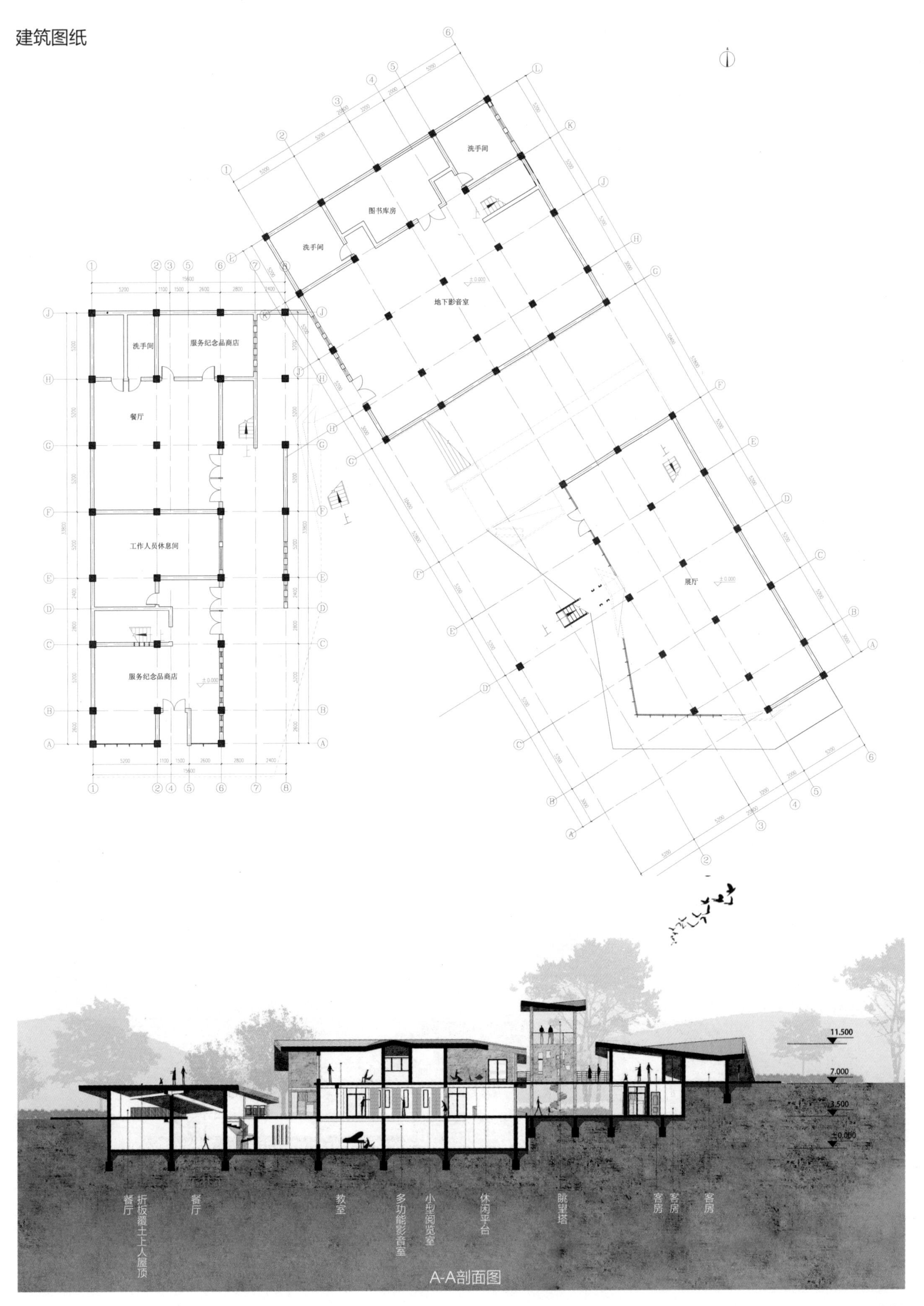
洗手间
图书库房
洗手间
地下影音室
展厅
洗手间
服务纪念品商店
餐厅
工作人员休息间
服务纪念品商店
11.500
7.000
3.500
±0.000
餐厅
折板覆土上人屋顶
餐厅
教室
多功能影音室
小型阅览室
休闲平台
眺望塔
客房
客房
客房
A-A剖面图

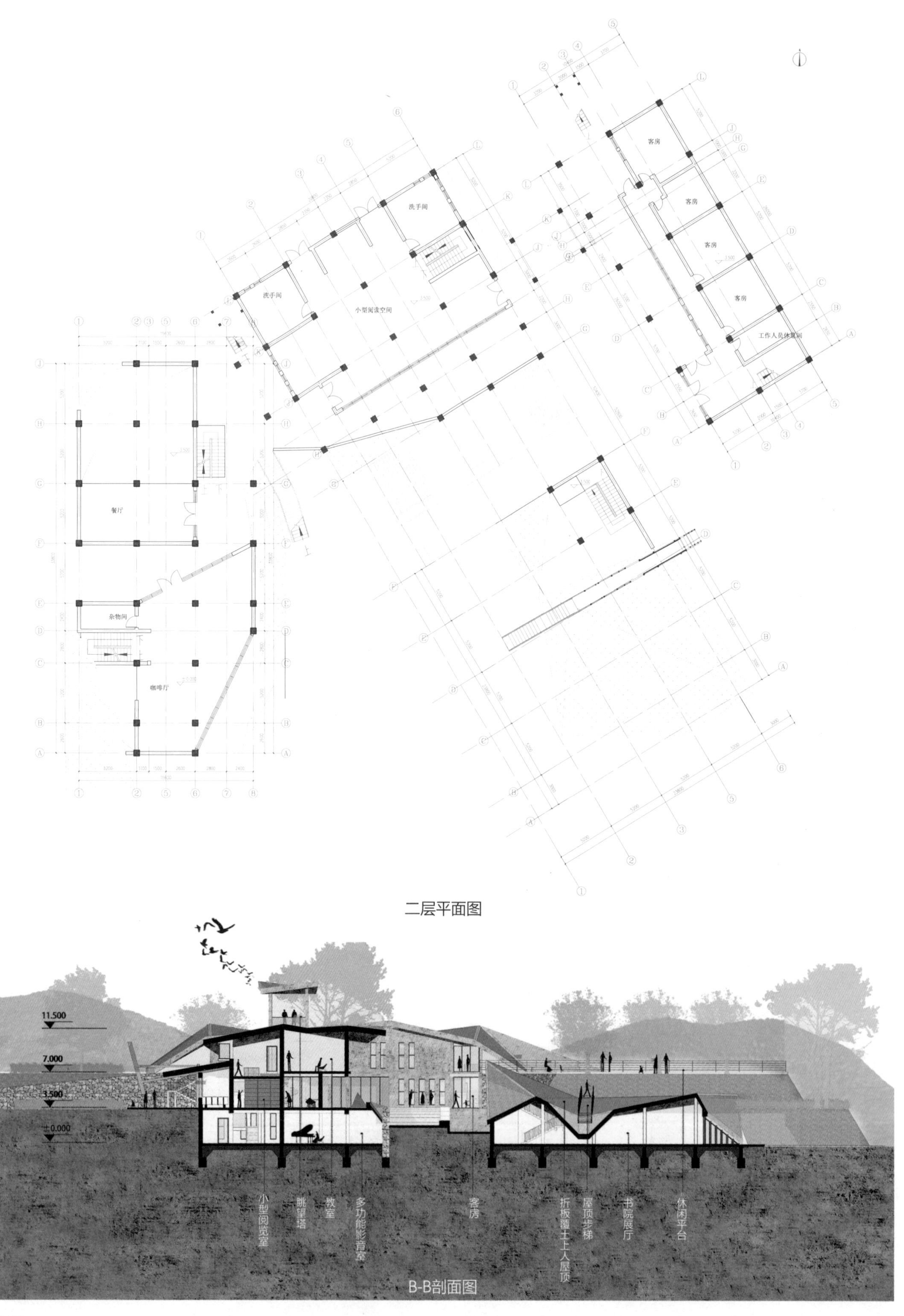
客房
客房
客房
客房
工作人员休息间
洗手间
洗手间
小型阅读空间
餐厅
杂物间
咖啡厅
11.500
7.000
3.500
±0.000
小型阅览室
眺望塔
教室
多功能影音室
客房
折板覆土上人屋顶
屋顶步梯
书院展厅
休闲平台

二层平面图

B-B剖面图

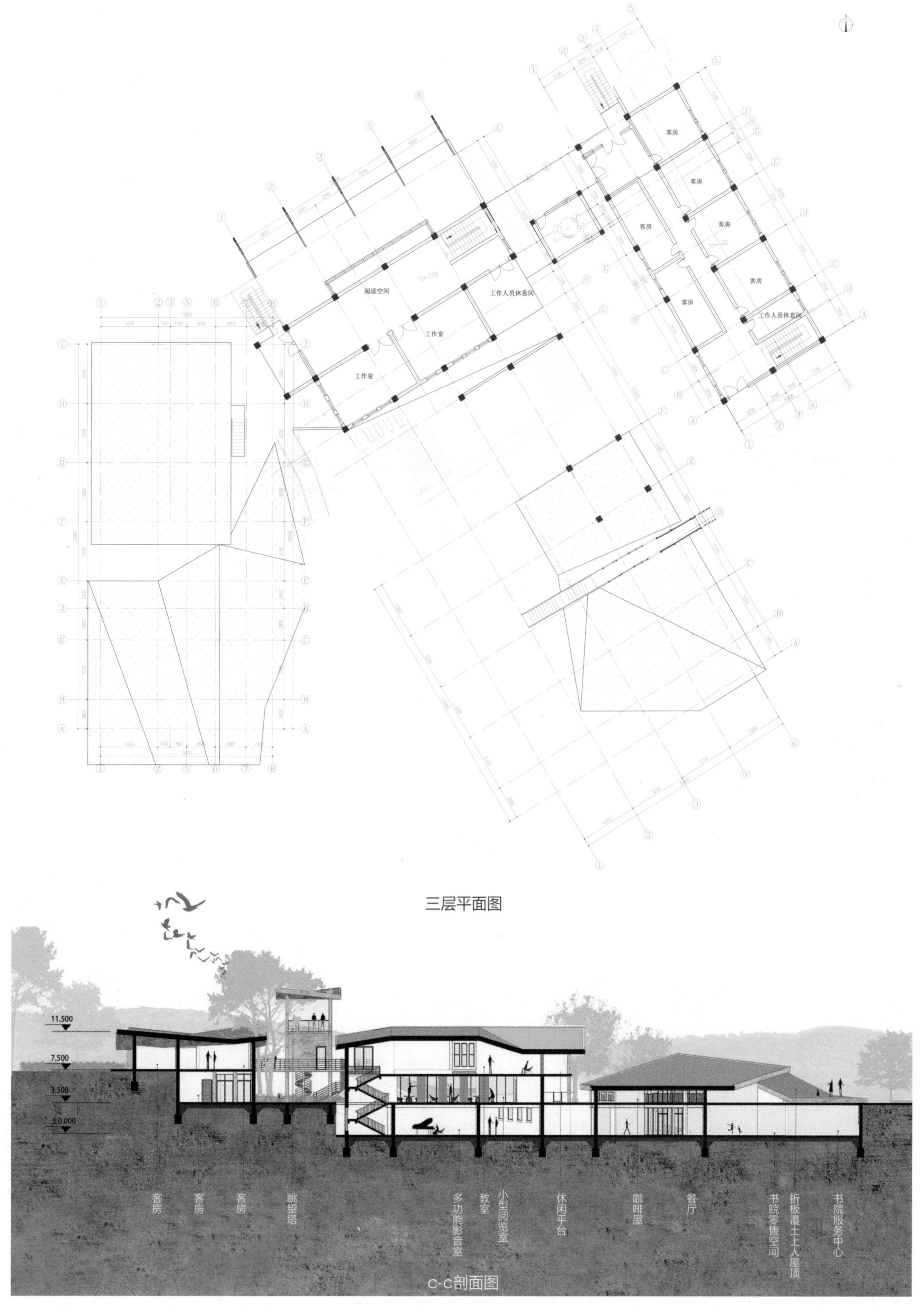
阅读空间
工作室
工作室
工作人员休息间
客房
客房
客房
客房
客房
客房
工作人员休息间
11.500
7.500
3.500
±0.000
客房
客房
客房
眺望塔
多功能影音室
教室
小型阅览室
休闲平台
咖啡屋
餐厅
书院零售空间
折板覆土上人屋顶
书院服务中心

三层平面图

C-C剖面图

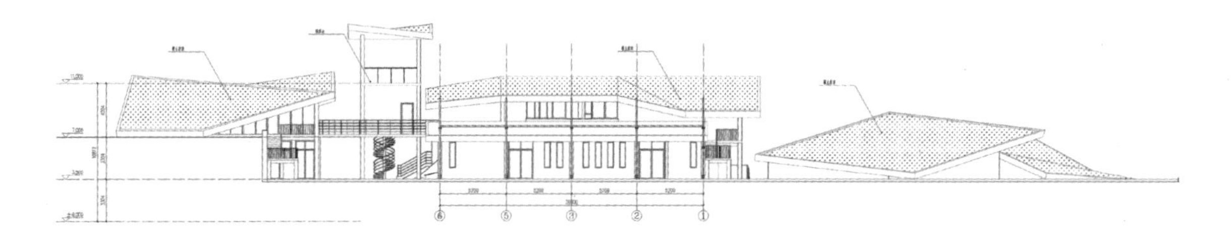

6-1立面图

6-1彩色立面图

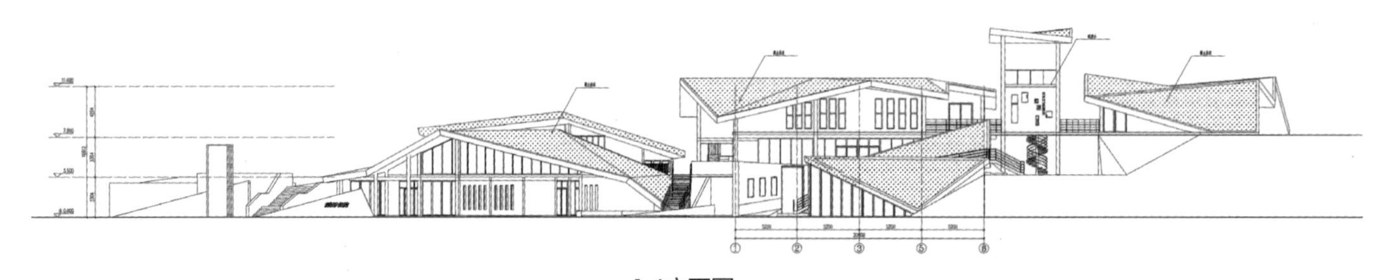

1-6立面图

1-6彩色立面图

潭州书院主入口

建筑西侧入口

折板屋顶

中心活动区域

发展Orfű唤醒农场重生

Develop the Village of Orfu, Reborn the Troat Farm

匈牙利佩奇大学工程与信息科学学院

University of Pécs, Faculty of Engineering and Information Technology,

Torma Patrik

姓　名：Torma Patrik

导　师：Ildiko Sike

学　校：University of Pecs, Hungary

专　业：MIK Institute of Architecture

Impression Drawing 农场感知效果图

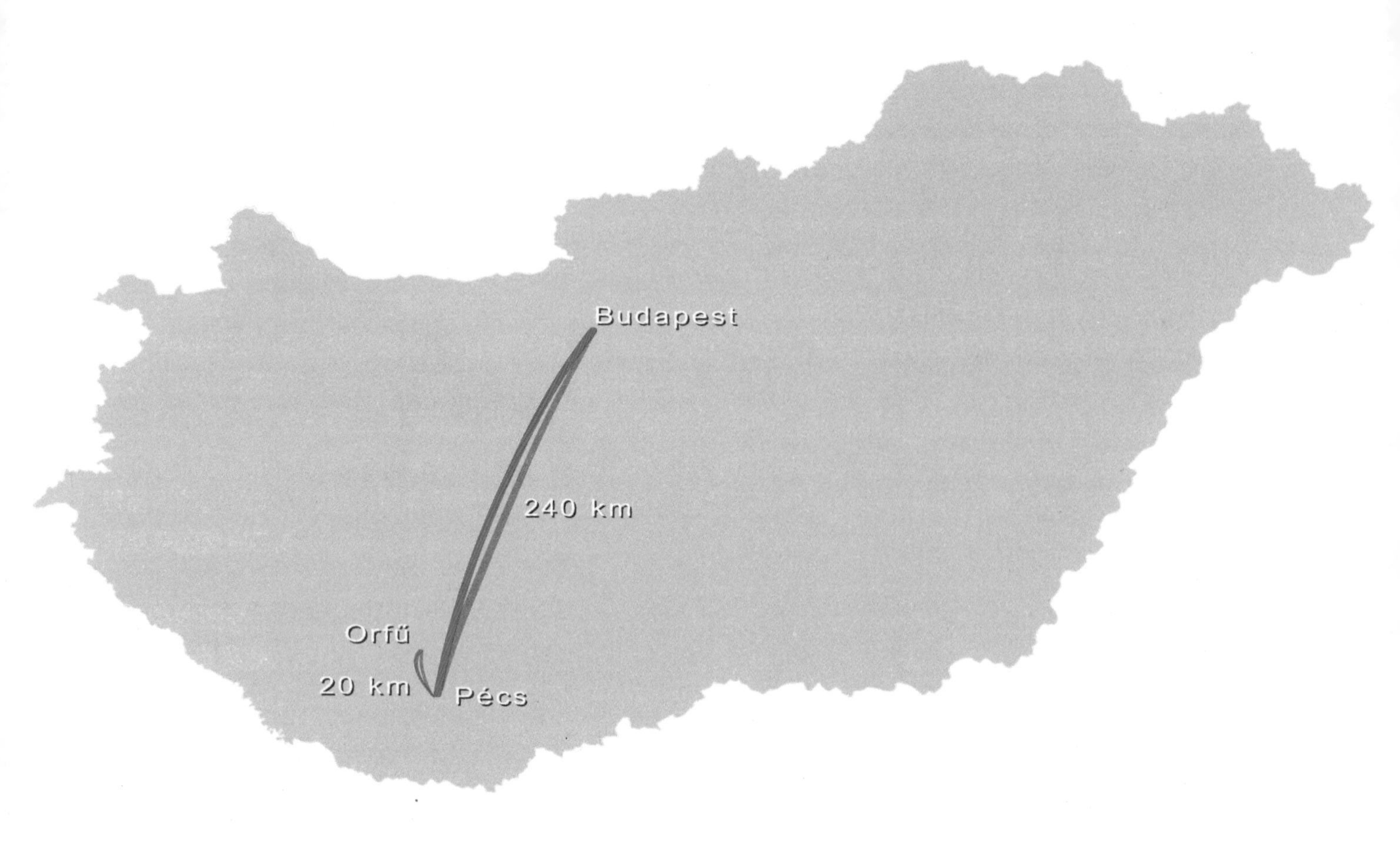

Location Map区位示意图

首先，从中国到匈牙利距离超过8000公里。那里的人口比中国城市的人口少。然后，你来到了世界上最美丽的城市——佩奇。你只需要一周穿过麦加山，就能到达Orfű，获得能量。这是一个放松的好地方。

First you travelled more than 8000 kilometers from China to Hungary. Where the population is less than your city.After that, you arrived at the most beautiful city on the world, city of Pécs. The only need to go through the Mecsek hills to Orfu after a long week to charging up with energy. It is a wonderful place for relaxing.

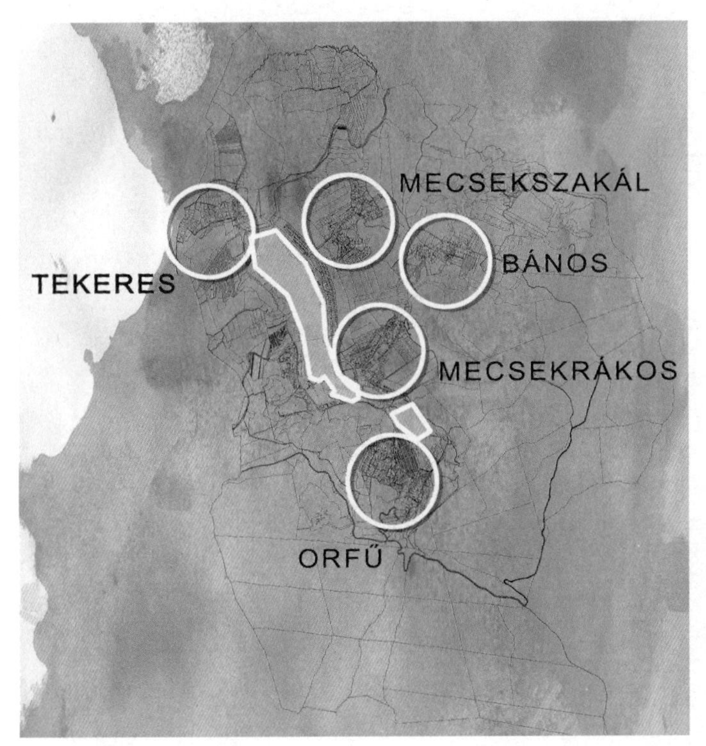

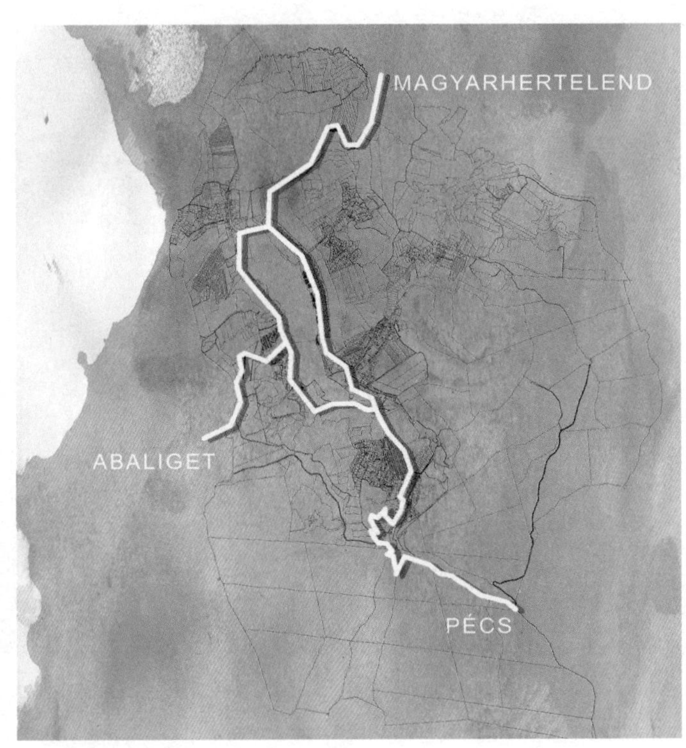

Orfű Map Orfű地图

这是Orfű的地图。驾车你有三条路线可以达到这里。乘公共汽车去也很容易。我最喜欢的是在山间漫步。湖泊周围有五个入口。这是一个政府行政管理下的社区。它的成因是为发展旅游业。我们管全部的村落区域叫作“Orfű”。这里的人们认为他们居住的地方就像是在史前时代。自然的景观，有特色的山脉，山谷中有丰富的溪流，使这个地方适合安定下来。罗马的路线和今天的路线大致相同。前三个定居点在14世纪开始增长。但在土耳其占领期间，这一地区的人口减少了。重建工作在18世纪开始缓慢进行。人口仍然增长缓慢，今天超过一千人。

This is the map of Orfu. You can go on three different road by car. It is easily to get there by bus too. My favourite option is the bikeroad through the hills.There are five little population around the lakes. This is a community under the one administration. The reasons of this jointment is the tourism. We called the all village with one name, Orfu. People in the area lived in the pre-historic times yet. The nature features of the landscape, the mountains, the valleys are rich in streams, which made the area suitable for settling down. The Roman routes were roughly the same as those used today. The first three settlements was growing int he 14th century. But during the Turkish occupation the landscape was depopulated. The reconstruction started slowly at the 18th century. The population is still growing slowly. Today it is over more than one thousand.

Orfű主要景点是湖泊。在夏天你可以去海边钓鱼。在冬天滑冰是他们最受欢迎的运动。还有一个节日。在Orfű被称为钓鱼节。这是一个另类的音乐节。

The main attraction of the Orfu is the lakes. In summer you can go fishing on the beach. In the winter the ice-skating is the most popular sport on them. There is a festival too. It called Fishing in Orfu. It is an alternative music festival.

老城区紧挨着我的规划区。在那里的建筑面向主要街道，它们后面有很长的院子。

The old town is next to my planning area. At there the buildings are facing the main street and they have long yard behind them.

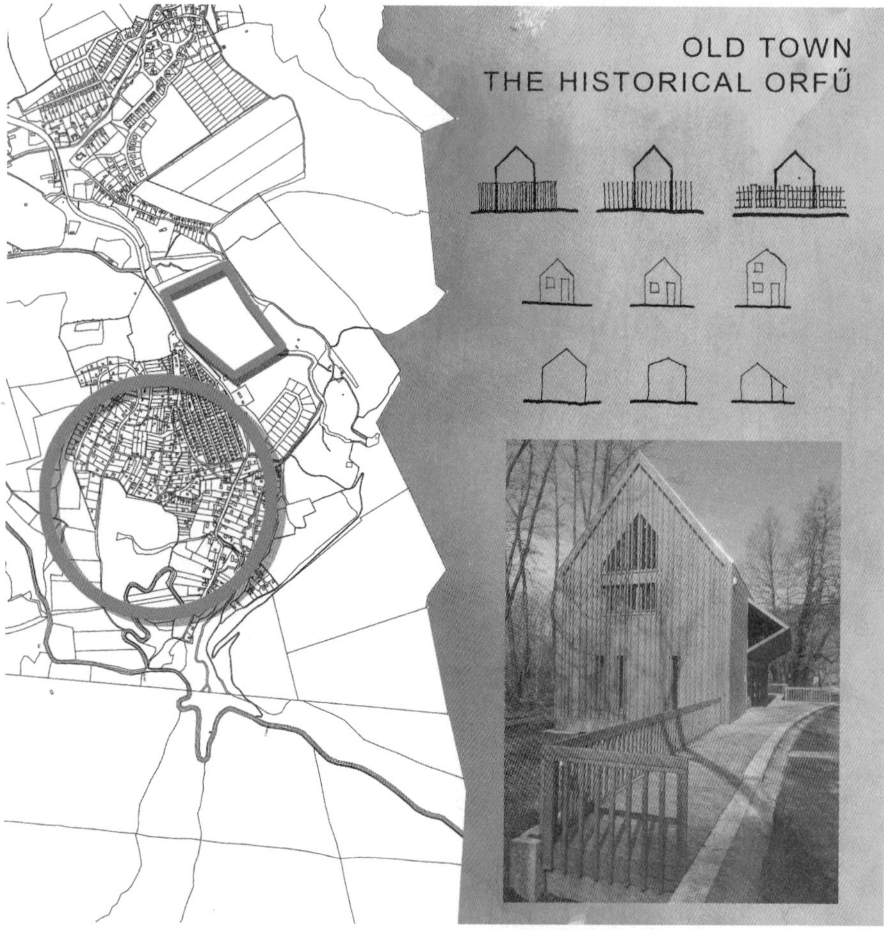

有沥青坡屋面的小型建筑物。如果是在匈牙利，那是典型的农村地区。

Small scale buildings with pitch roof, which is topical rural side if hungary.

自然赋予的旧材料。木、石、砖。

The used materials that the nature has given. Wood, stone, brick.

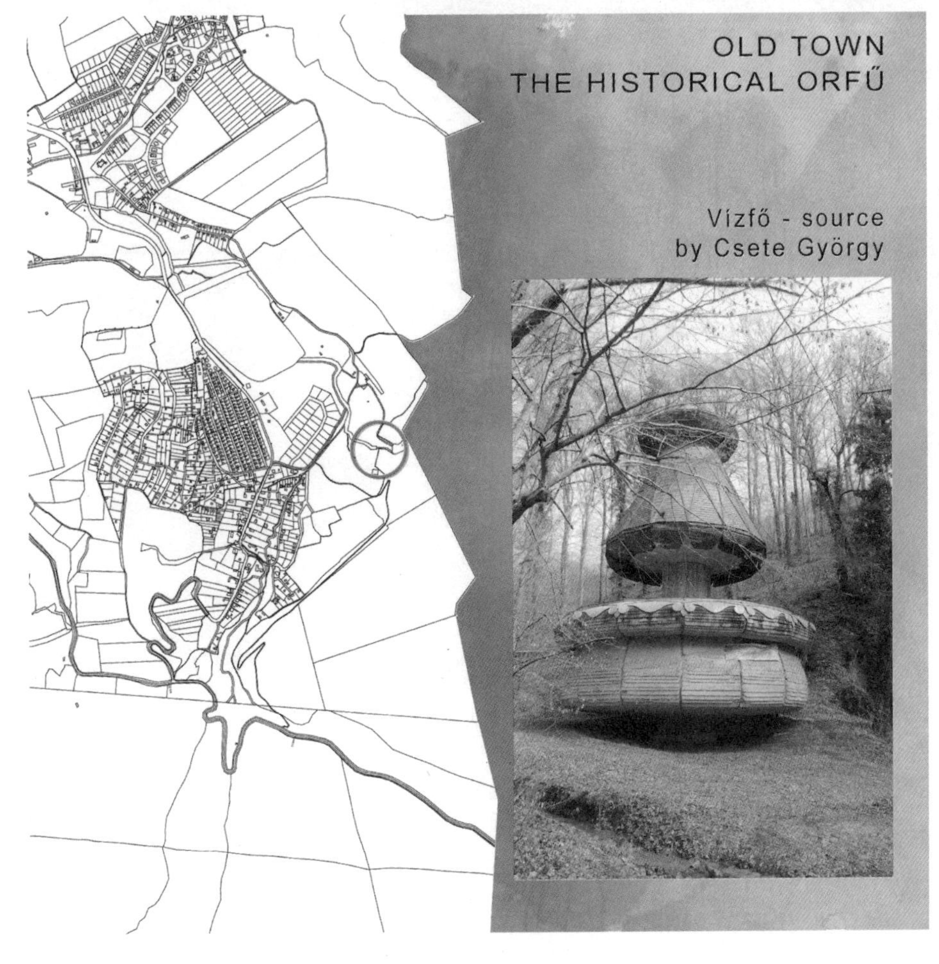

这里有一个重要的旅游景点，由Csete Gyorgy创建。他是一名匈牙利建筑设计师，他探索有机设计。

There is an important tourist view Virfo-source, created by Csete György. He was an hungarian architecture who searched the organic design.

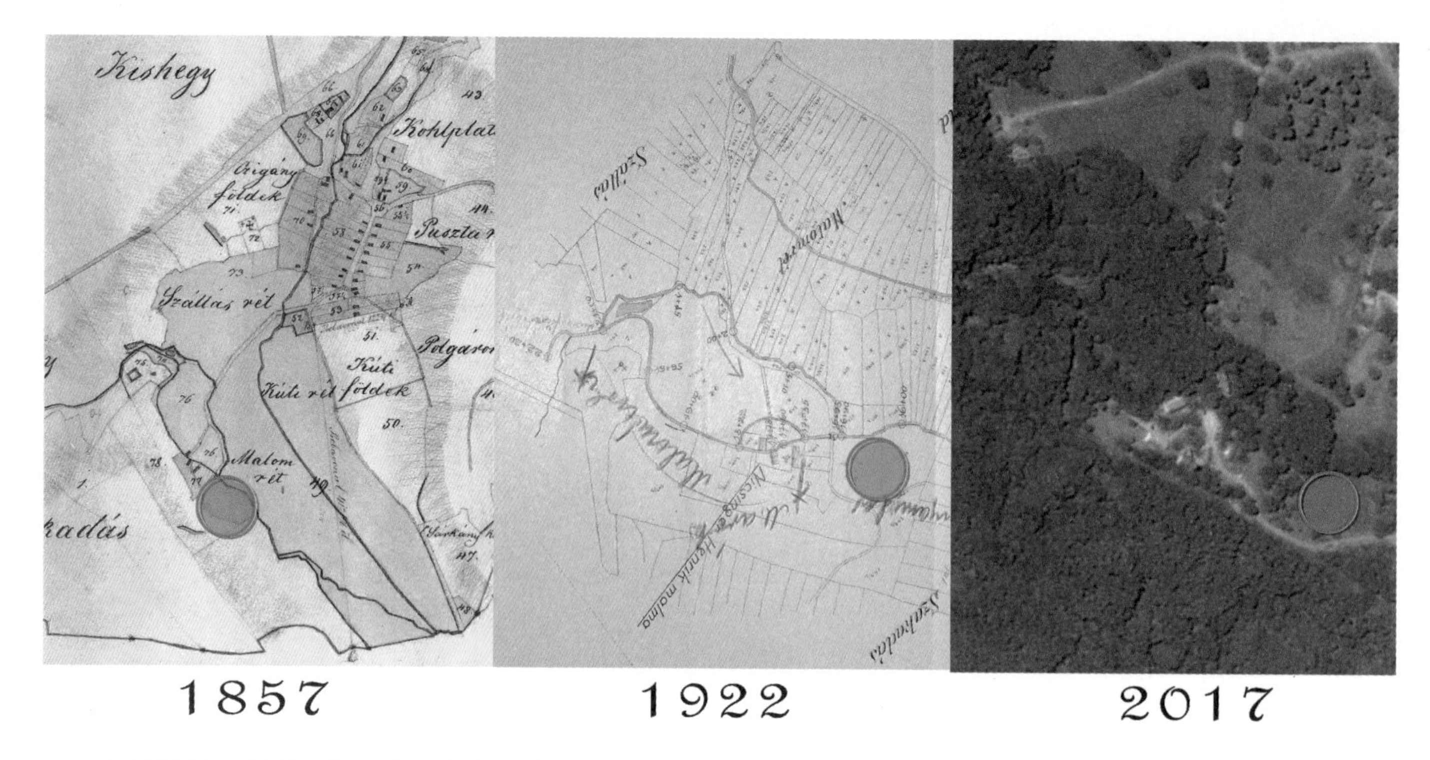

在18世纪，小溪旁的森林里也有磨坊和鳟鱼农场。在18世纪，大自然在这个地区占据着主导地位。在19世纪，村庄为人们创造了更多的标签。但在马希土地上，自然赢得了胜利。

At the 18th century in the forest next to the stream there were mills and a trout farm too.At the 18th century a nature is dominating above the area. At the 19th the village created more parcels for people. But on the marchy ground the nature won.

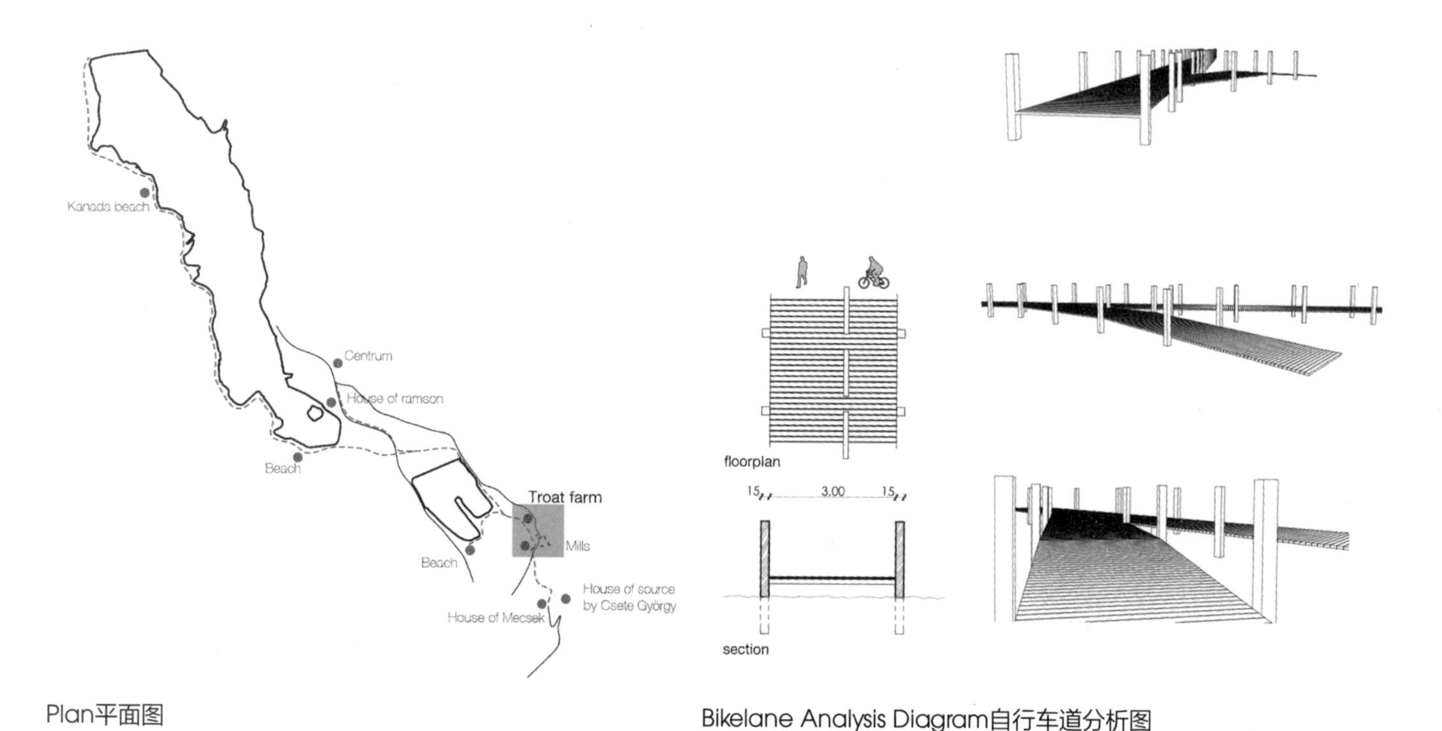

Plan平面图

Bikelane Analysis Diagram自行车道分析图

我的项目的重点是如何将这个分离区重新融入乡村生活。所以我创造了一个自行车车道，让它与旅游检查站联系起来。其中之一就是我的区域。在森林中部分采用自然步道。它由木头制成，从地面升起。

The important point of my project is how to integrate this saperate area back to the village life.So I create a bikelane which is in touch with tourist checkpoints. One of these is my area.In the forest part is combined with a natural trail. It is made by wood and lifted up from the ground.

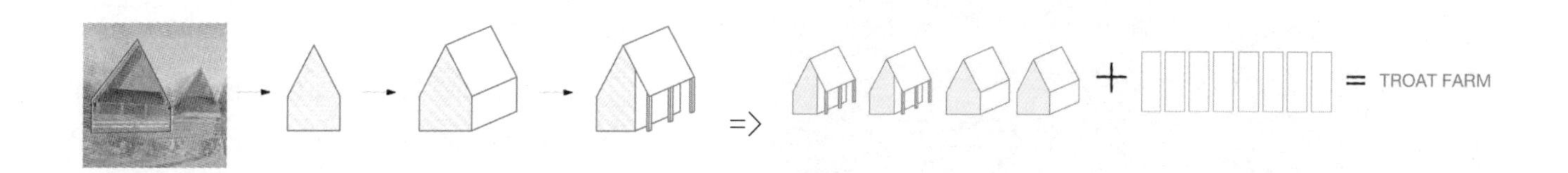

我采取了一个基本的形式，使其更表皮化。两种最终形式。在公共建筑上，你可以到达屋顶。

I took a basicly form. Make it more skinier. Two type of the final form. At the public building you can go throw under the roof.

我的设计有4个功能建筑和8个水池。

I have got four buildings for four functions and eight pools for the trouts.

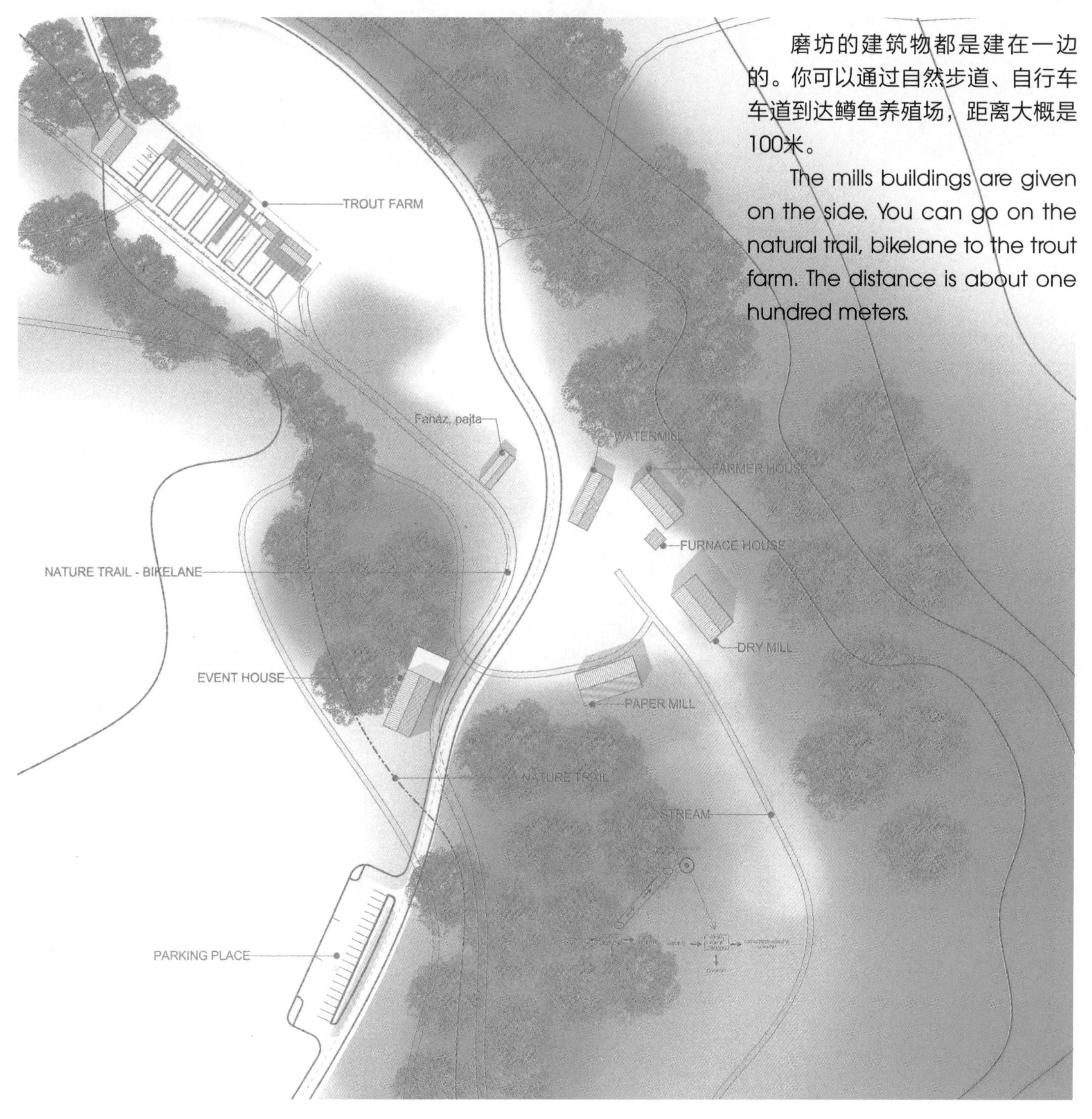

磨坊的建筑物都是建在一边的。你可以通过自然步道、自行车车道到达鳟鱼养殖场，距离大概是100米。

The mills buildings are given on the side. You can go on the natural trail, bikelane to the trout farm. The distance is about one hundred meters.

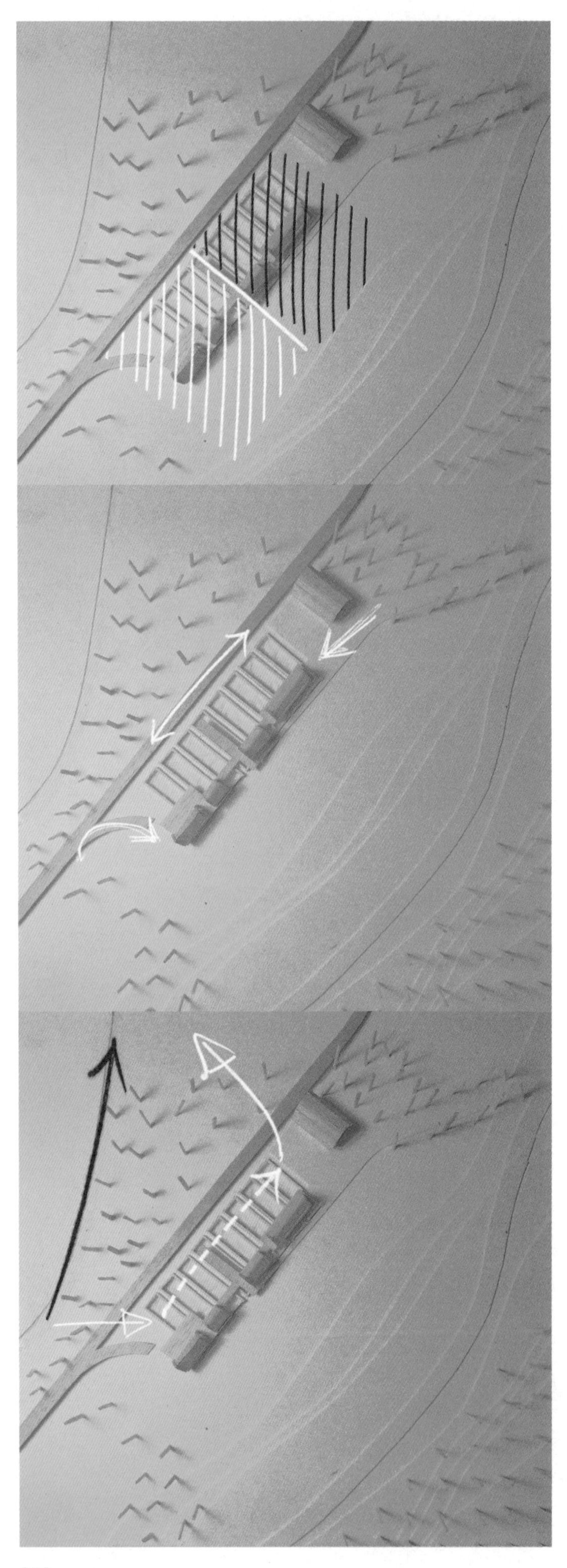

鳟鱼农场有两个部分。公共区域比工厂离磨坊更近。

There are two part of the trout farm. The public area is closer to the mills than the factory part.

各部分的入口是相反的。池子里的水可以从小溪里提取淡水。

The entries of the parts is opposite way.The pools water can get fresh water from the stream.

在公共部分有一个小餐馆，你可以在那里品尝炸鱼和使用洗手间。在工厂区域有一个办公室，还有一个鱼加工厂和一个食品储藏室。你可以自由行走。

On the public part there is a small restaurant where you can taste fried fish, and a restroom. On the factory area there is an office, and fish processing building and a food storage. And you can walk free on the piers.

建筑物在水池的上面留有1米。它是站在腿上的——核心是木结构。

The buildings are above the pools with one meter. It is stand on legs. The core is a wood structure.

墙壁是隔热的木墙。混凝土做成的水池。几乎所有的东西我都用木头制成。屋顶是用木瓦做成的。

The walls are insulated wood walls.The pools made by concrete. I used wood for almost everything. The roof shell made by shingle.

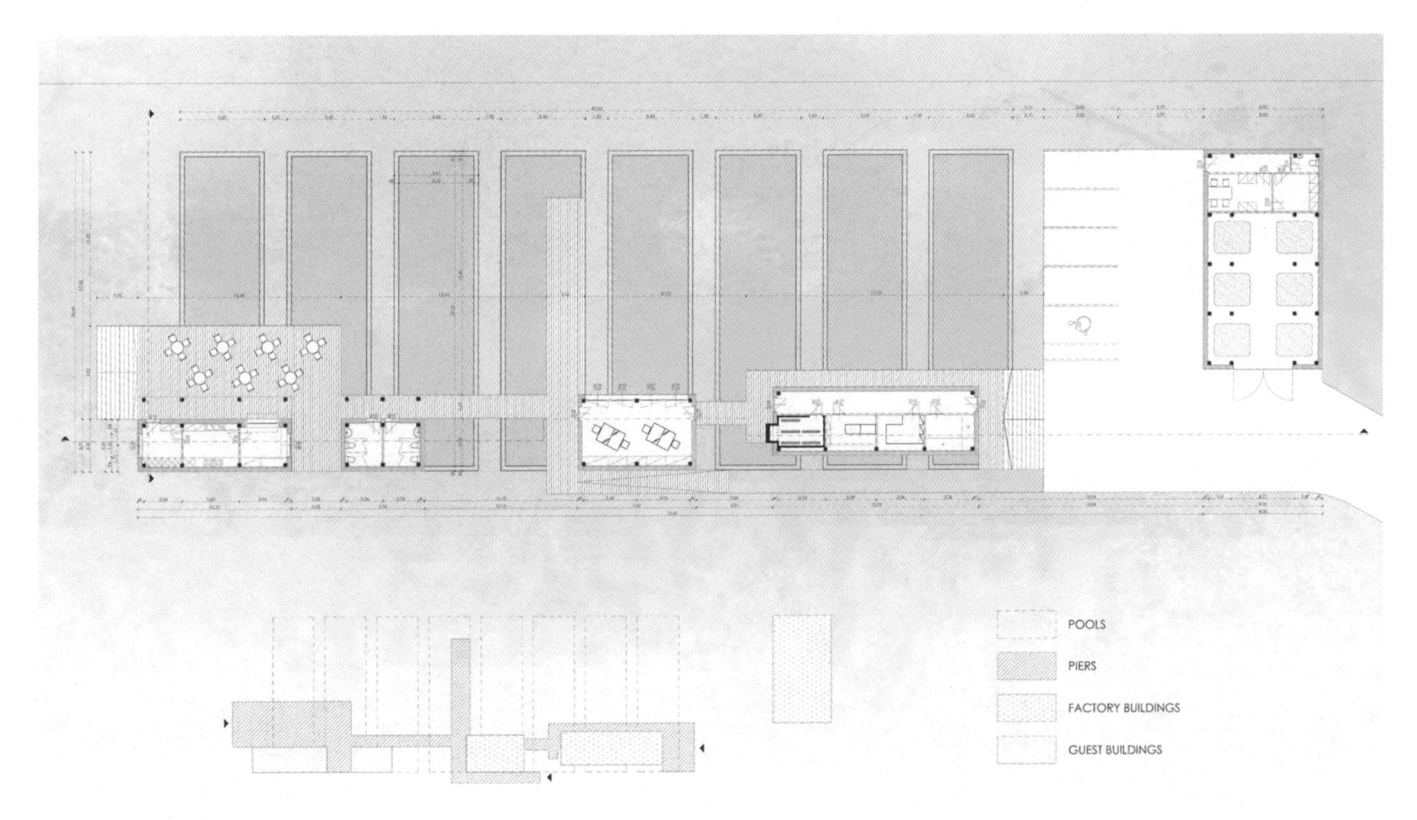

Floor Plan 平面图

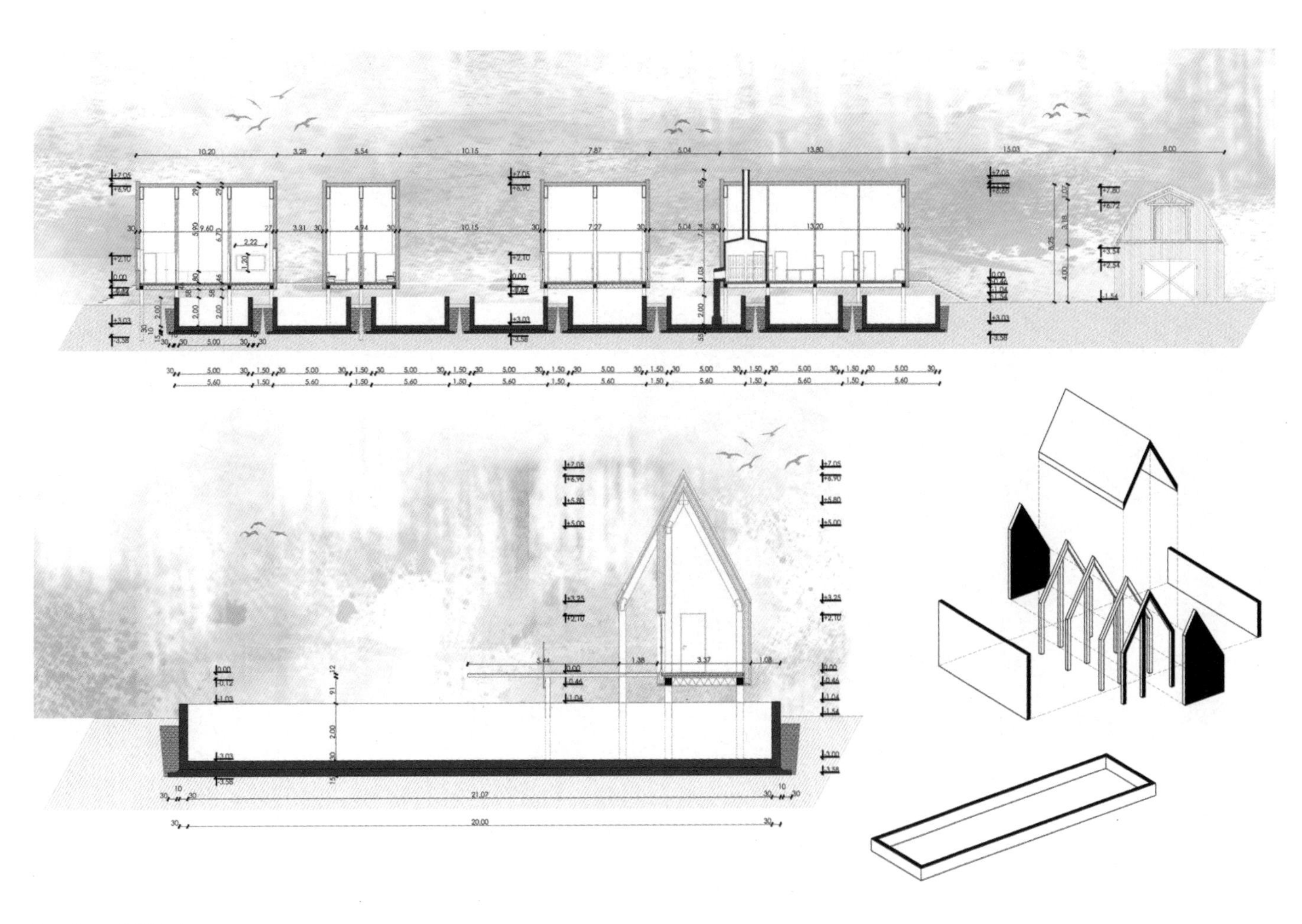

Section 剖面图

Impression Drawing 效果图

二等奖学生获奖作品
Works of the Second Prize Winning Students

风景区文化建筑研究（1）

湖南省昭山风景区白石画院建筑设计

Research on Design of Cultural Buildings in Mountain Scenic Area—The Design of Baishi Painting Academy in Hunan Province

昭山风景区白石画院建筑设计（2）

The Design of Baishi Painting Academy

广西艺术学院　陈静

Guangxi Arts University,

Chen Jing

姓　名：陈静　硕士研究生二年级

导　师：陈建国　教授

学　校：广西艺术学院

专　业：风景园林

学　号：20151413378

备　注：1. 论文　2. 设计

白石画苑鸟瞰图

风景区文化建筑研究
湖南省昭山风景区白石画院建筑设计

Research on Design of Cultural Buildings in Mountain Scenic Area—The Design of Baishi Painting Academy in Hunan Province

摘要：我国幅员辽阔，土地自然资源丰富，其中国土面积的三分之二属于山地丘陵，故而山岳型风景名胜区是我国最具有代表性的风景名胜区类型。随着国民经济与旅游业的不断增长和发展，人们的旅游方式更注重于对文化精神的追求，所以山岳型风景区由于其丰富的人文内涵而受到人们广泛推崇。山岳型风景区的文化建筑作为景区的文化名片，是传承和传播风景区独特“山岳文化”的重要媒介和途径，对于提升风景区形象和知名度有着不可忽略的作用，而其独特性也让风景区中的文化建筑设计有别于其他类型建筑。因此系统地研究山岳型风景区文化建筑的设计方法，对指导山岳型风景区的环境建设有着深远的意义。

山岳型风景区文化建筑类型多样，本文以湖南省昭山风景区白石画院建筑设计为例进行文化建筑具体研究和设计，立足于传统建筑文化的元素提取和当代建筑文化的设计启示。根据昭山风景区的客观条件，在科学合理的发展思想和法律法规指导下提出白石画院的建筑设计方法，从而有助于昭山风景区环境效益、社会效益、经济效益获得提高。

全文主要内容共有六章。第一章阐述了研究选题的背景、现状、相关概念、研究方法、内容和框架。第二章对山岳型风景区文化建筑及画院的形成与发展、功能及布局进行了概述。第三章针对湖湘传统建筑与白石画院建筑的关系进行了分析，并提出湖湘传统建筑和江南传统建筑因为文化的相互影响产生许多相同建筑特点，其特点对白石画院建筑设计有一定影响。第四章分析了中国传统水墨画对白石画院建筑设计的影响，提出充分理解使用者对传统文化和书画艺术的情感是白石画院建筑设计的前提条件。第五章通过优秀案例的分析得出设计启示，并为白石画院建筑设计提供必要的理论基础。第六章在前面的理论和画院建筑的相关规范指导和支撑下，提出白石画院的设计策略，包括建筑与昭山的关系、建筑与周边的关系、项目定位，功能定位、空间布局、交通组织、庭院景观设计、植物设计等方面来验证理论研究的可操作性。

关键词：山岳型风景区；文化建筑；画院建筑；昭山风景区；白石画院建筑设计

Abstract: With the continuous growth of the national economy and the development of tourism, people pay more attention to pursuit for cultural spirit, so the mountain scenic area is widely respected by people because of its rich cultural connotations, The cultural building is the culture card of mountain scenic area and also the important media and way to inherit and spread the unique “mountain culture” in the scenic area. It has a significant role to enhance the image and popularity of the scenic area and its uniqueness distinguishes cultural building in the scenic area from other types of buildings. Therefore, the systematic study of the cultural buildings in mountain scenic area has profound significance for guiding environmental construction in mountain scenic area.

Since the cultural buildings in mountain scenic area are various, this paper takes the designed buildings in Baishi Painting Academy in Zhaoshan Scenic Area in Hunan Province as the example for specific study and design of cultural buildings and abstracts design points of modern building culture based on elements of traditional building culture. Based on the objective conditions of Zhaoshan Scenic Area, the building method of Baishi Painting Academy is proposed under the guidance of scientific and reasonable development thoughts, law and regulations which are helpful for environmental benefits, social benefits and economic benefits in Zhaoshan Scenic Area.

The entire paper is divided into six chapters, Chapter 1 describes the background, current situation, related concepts, research methods, content and framework of the selected topic. Chapter 2 summarizes the formation and development, function and layout of cultural building and painting academy in mountain scenic area. Chapter 3 analyzes the relationship between traditional buildings in Hunan Province and buildings in Baishi Painting Academy. It is also proposed that there are many similarities of buildings between traditional buildings in Hunan Province and regions south of the Yangtze River due to mutual cultural influence. Such characteristic has definite influence on design of buildings in Baishi Painting Academy. Chapter 4 analyzes the influence of traditional Chinese ink painting on the design of buildings in Baishi Painting Academy and it is proposed that sufficient understanding of the user's emotion for cultural and painting art is the precondition for design of buildings in Baishi Painting Academy. Chapter 5 gets the design points through analysis of excellent cases and provides the necessary theory foundation for design of buildings in Baishi Painting Academy. Chapter 6 proposes the design strategy for Baishi Painting Academy under the guidance and support of the previous theory and related stipulation regarding buildings in the academy, including relationship between buildings and Zhaoshan Mountain, relationship between buildings and the surrounding, project positioning, functional orientation, space layout, traffic organization, and expounds shaping space theme of the academy, building material, landscape design in the courtyard, plant design, and support with proper technologies, etc. Finally, detailed art design is expressed with plane and vertical shapes and node of the buildings to prove the operability of studied theory.

Key words: Mountain Scenic Area, Cultural Building, Buildings in the Painting Academy, Zhaoshan Mountain Scenic Area, Designed Buildings in Baishi Painting Academy

第1章 绪论

1.1 研究背景

我国风景名胜区（以下简称风景区）内容广泛，依托于山岳、湖泊、河流等形成多种类型。由于我国国土总面积的三分之二属于山地丘陵，故而山岳型风景区是众多风景区类型中最具有代表性的类型，其优美的自然景观和独特的人文景观使其形成独一无二的“山岳文化”吸引着世人的目光。而山岳型风景区中的文化建筑是风景区文化精髓的直接体现，其独特性也让风景区中的文化建筑设计有别于其他类型建筑，是风景区“山岳文化”传承和传播的重要载体和途径，对风景区文化建设具有重要意义。随着人均GDP的不断增长以及工作方式和休假制度的改善，我国已经进入国民休闲旅游的时代，人们更加注重景区的文化和精神，随之而来的是许多风景区文化建筑建设的空前热潮。与山岳型风景区相伴而生的画院作为风景区文化建筑类型之一，是齐聚文化传承与交流、书画展览与交易、休闲体验等功能于一身的特色建筑，有着不可忽视的地位。但是传统画院的本身具有很大的局限性，例如建筑空间的表现形式和功能等与现在的社会情况和需求有极大的矛盾，同时画院建筑随着风景区的一些不合理开发也产生了更多的相关问题。因此，解决画院建筑的现状问题可以使山岳型风景区的文化建筑得到更好的文化传承。

1.2 研究的目的和意义

1.2.1 研究目的

笔者以湖南省昭山风景区白石画院建筑作为切入点，对山岳型风景区文化建筑行了深入的研究和分析，通过完善使用功能以及结合山岳型风景区建筑特质运用到实践设计项目中，使得齐白石文化得到保护和发扬。设计中进行深入的分析、合理规范的艺术性设计，让白石画院随着经济的发展以及文化旅游的需求，使昭山风景区更具文化魅力，成为湖湘“名山”，让湖湘文化焕发光彩。

1.2.2 研究意义

本文研究意义从三个方面阐述：

1. 理论意义：从文化的角度出发，将白石画院和深厚的文化底蕴相结合，采用理论研究和实践设计相结合的方法，系统地对传统画院建筑进行深入分析，为风景区文化建筑的理论研究提供相应的参考。

2. 现实意义：画院所处的昭山风景区有着深厚的文化底蕴和历史特色，为了保持乡土的地域特色，论文中分析和总结了湖湘文化特有的地域特点及符号，又结合设计理念，满足了当代文化旅游发展的趋势。

3. 实践意义：本文对于昭山风景区白石画院建筑的新建和文化传承具有指导意义。由于昭山风景区的建设尚未完善，必须建设良好的文化旅游目的地，以激发风景区的经济活力和历史文化。在实践研究阶段，笔者对昭山景区的特色和问题进行了详细的分析和思考。通过相应的案例分析，笔者提出对昭山风景区白石画院的建筑建设要遵循“可持续发展”原则，并且重视空间布局、山体联系、建筑质量、视觉环境的改善。昭山风景区白石画院建筑设计研究有利于为今后山岳型风景区提高综合竞争力，为提升文化内涵提供实践基础。

1.3 相关概念界定

1.3.1 山岳型风景区

《风景名胜区分类标准》中指出山岳型风景区是以山地为主要风景资源和构景要素的具有美感的地域综合体山岳型风景名胜区，也是湖南省国家级风景名胜中数量和分布最多最广的一类风景区。周维权在《山岳型风景名胜区的建筑》中提到，山岳型风景区除了优美的自然景观之外，以佛教和道观为主体的建筑、摩崖石刻、洞窑石景、神话传说等所构成的人文景观包罗万象，涉及史学、文学、社会学、民俗学、宗教学、园林学、建筑学，以及雕刻、绘画、书法等多方面领域，形成一种特殊的世界上独一无二的“山岳文化”。

1.3.2 湖南省山岳型风景区概述

山岳型风景区是湖南省风景名胜中数量最多的风景区类型，自然景源和人文景源类别多样，有特色。通过对湖南十大名山的调研分析得出以红色文化和佛教文化为主题的山岳型风景区众多，以湖湘文化为主题的山岳型风景区较少。可以推测湖南省山岳型风景区的人文景源在历史发展过程中，形成了很多相似的文化，但是由于各地历史不同，人文环境也有所差异。下文分别对湖南十大名山做了归纳整理（图1-1、表1-1）。

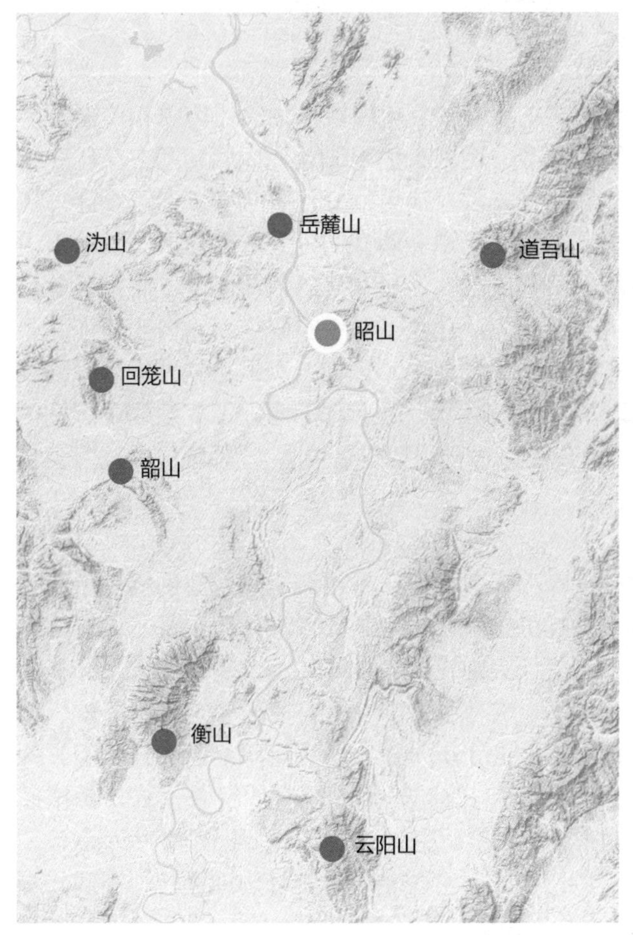

图1-1 湖南十大名山分布（表格来源：笔者自绘）

湖南十大名山一览表（表格来源：笔者自绘） 表1-1

山名	面积 / 高度（km^2/m）	景区等级	主要旅游资源	景区特色
岳麓山	$36km^2/300m$	国家AAAAA级旅游景区	麓山、橘子洲、岳麓书院、新民学会	湖湘文化+名人文化
大围山	$17km^2/1608m$	国家森林公园	玉泉寺、栗木桥、七星岭、白面石、锦绶堂古建筑群，白沙上坪会议旧址	佛教文化、红色文化
韶山	$247km^2/518.9m$	省级风景名胜区	毛泽东故居、毛泽东诗词碑林、毛氏宗祠、滴水洞、韶峰	红色文化
东台山	$370km^2$	国家森林公园	文塔、八角亭、白云观、引凤桥、松涛亭、望风亭、凤凰寺、旭日阁、凤凰寺韶峰	红色文化
回龙山	$30km^2/365m$	全国百大名山	千年古刹白云寺	佛教文化
沩山	$190km^2/927m$	省级风景名胜区	密印寺、青羊湖、千佛洞、沩山漂流	佛教文化+青铜文化
道吾山	$15km^2/786m$	国家AAAAA级旅游景区	祖师岩、冷泉井、回龙桥、引路松、老龙潭、莲花峰、兴华寺、白龙泉、	佛教文化
南岳衡山	$640km^2/1300.2m$	国家AAAAA级旅游景区	中国“五岳”之一、祝融峰、祝融殿	佛教文化+道教文化+福寿文化+书院文化
云阳山	$8491km^2/1130m$	国家森林公园	云阳仙、五雷池、云阳山道观、白云寺	佛教文化+佛教文化+神农文化
昭山	$10km^2/185m$	省级风景名胜区	山市晴岚、刘锜故居遗址、古蹬道、伟人亭、昭阳寺、古碑刻、古树、魁星楼、观音寺	佛教文化+红色文化+湖湘人文

1.3.3 文化建筑

文化建筑是指允许人们参与、游嬉，对国民提供素质教育的场所，包括多样性的博物馆、科技馆，不同规模的图书馆、剧院、音乐厅、美术馆、画廊、酒吧、游乐园、体育场馆，负有盛名的学府以及重要的可见的历史遗迹。在国际上，文化建筑的类型、数量和质量是评价城市发展水平的指标之一。

1.3.4 画院

官署名。在中国古代宫廷中掌管绘画，除为皇家绘制各种图画外，还承担皇家藏画的鉴定和整理及绘画生徒的培养，后来也指中国现代美术的创作和研究机构。宫廷画院始于五代，盛于两宋，后蜀蜀主孟昶创立的翰林图画院是中国历史上最早出现的画院。宋时徽宗富绘画才能，为画院订立了一套完整制度，以自己的鉴赏趣味和创作方法来要求画院画家的创作，宣和画院遂成后代画院的典范，对两宋绘画的繁荣起了很大作用。至元，画院传统中断。明复置，清废。20世纪50年代，北京画院成立，随后北京荣宝画院等画院相继设立，各省、市、自治区陆续建立画院，但其创作画种已超出了中国画的范围，包括油画、版画、雕塑等画种。当代的画院普遍意义上所指的是具有创作、展示、研究、收藏、办公等功能的美术机构。

1.3.5 中国白石书画院

中国白石书画院是以著名中国绘画大师齐白石的名字命名的画院，创办于90年代初，经湘潭市文化局批准于1995年正式成立，是从事非营利性社会服务的专业书画院。其宗旨是“弘扬白石文化，继承白石老人的艺术精神”。书画院收藏有齐白石书画作品，并聚集有名家国画、版画、书法、雕塑等门类高水平艺术作品。书画院下设组联部、人力资源部、宣传策划部、学术研讨部、展览部和保安部。成立以来，先后在北京、深圳、北海、景德镇、醴陵（中国白石书画院湖南醴陵釉下五彩创作中心）等地成立了分院。

1.3.6 白石画院

白石画院设立在湖南省湘潭市昭山风景区的昭山商业小镇内，其功能和宗旨与中国白石书画院有相似之处，但是区别在于白石画院的经营性质是营利性的专业画院，除了有创作、收藏、展示、办公的基本功能外，还具备书画作品交流交易、画院相关纪念品销售等功能。

1.4 国内外研究现状

1.4.1 文化建筑的相关研究

随着我国改革开放和社会经济的不断发展，文化软实力受到更高的重视，文化建筑作为文化传承和传播的重要途径和载体，有着不可忽视的地位，因此，其建筑设计往往受到较多关注。20世纪50年代以后，西方文化建筑发展向多元化思潮，例如密斯的西柏林美术馆、史密森夫妇的亨斯特顿学校、吉芭欧文化中心等，建筑设计师注重构思结合地方特色，使建筑具有历史感和文化感，使建筑的发展脱掉了乏味、单调的外壳。相对于国外而言，中国的文化建筑经历了一段曲折的探索之路。我们中国有着深厚的文化底蕴，但是文化建筑却还是发展不足，有的建筑一味地仿古，有的偏执西化，丧失了本该反映中国特色的文化建筑。在众多学者的研究下，也找到了许多解决中国问题的方法和理论。对于文化建筑方面研究比较系统的著作有：何境堂 、海佳、郭卫宏的《从选择到表达——当代文化建筑文化性塑造模式研究》、饶维纯的《文化建筑与建筑文化》、陈英华的《以审美角度浅析文化建筑的环境艺术设计》、杨诚的《文化铸就建筑灵魂》、卢峰的《文化建筑——回到城市生活》、任坤的《从审美心理角度看文化建筑的环境艺术设计》等。

1.4.2 画院的国内外相关研究

画院是中国传统文化历史的产物，在如今指中国现代美术的创作和研究机构，是收藏、陈列或销售美术作品的场所，展览的属性与国外的美术馆、画廊有很多相同之处。从文献检索和资料收集的情况看，国外对于美术馆、画廊一类的研究甚多，但是在画院的研究方面处于缺失状态。近年来由于科技发展和人们需求变化，许多画院的布局、功能、建筑形式等已经不被人们所接受，在这样的前提下，许多画院的文化空间形式、展览形式、功能布局等都在发生转变。特别是西方文化的引进后更多的画院已经演变成了美术馆、博物馆等文化建筑，相关的研究更多的是针对这一类馆，对画院研究甚少。在画院研究方面也更多的偏向于传统画院的经营模式、考核模式、制度等，例如张小妹的《北宋翰林图画院研究》、梁田的《两宋画院制度研究》、顾平的《明代画院探究》等。自20世纪50年代开始，以北京画院和上海中国画院为代表的新型画院创立，全国各地也陆续出现画院，在现代画院建筑的研究方面主要是以实体项目的期刊为主，例如姚宇澄的《四明山庄——江苏省国画院》、冼剑雄《艺术村落文化山脉——广东画院方案设计》、王扬的《广东画院新址工程》、高贞的《浅析河南荥阳市书画院规划设计》等。

1.5 论文研究内容和方法

1.5.1 论文研究内容

山岳型风景区文化建筑作为风景区山岳文化传承与传播的载体对风景区文化建设和旅游发展具有重要意义，而传统画院作为这个载体的一部分，在建筑形式、功能布局等方面和当代人的文化需求及审美已经产生了很大的矛盾，在文化传承和传播上受到了极大的限制。本文以昭山风景区白石画院的功能和建筑形式作为出发点，仔细分析山岳型风景区画院的功能和建筑形式，研究传统画院建筑如何满足山岳特质和使用要求而形成自身特点，同时对使用者的生活模式和中国传统书画文化的理解予以研究，找到衔接点，在设计中进行功能的优化和取舍，对昭山风景区白石画院重新定义，使其符合当今社会的需求。同时在设计中提取传统书画文化艺术运用到建筑中，找到最极致的文化传承和传播方法，使建筑成为一个更宽广的平台，与当代人生活模式紧密结合。

1.5.2 论文研究方法

（1）文献研读法：通过互联网、图书馆等相关途径收集和阅读文化建筑和画院的建筑、功能、形式、文化元素的运用等理论文献和国内外相关文献资料。

（2）实地调查法：在项目地进行实地调查，对项目地的地形地貌、水文、人文、建筑等进行资料收集和数据整理，为研究背景提供理论依据。

（3）对比分析法：通过对国内现有山岳型风景区文化建筑和画院建筑的实例进行各项综合对比，总结出现有的问题和不足之处，以及可借鉴的优点，便于在设计中得到启示。

（4）设计实践法：理论结合设计，对收集到的资料进行详细分析，在前期工作的指导下，对出现的问题进行实质的研究，并提出见解和解决方法。

1.6 论文框架

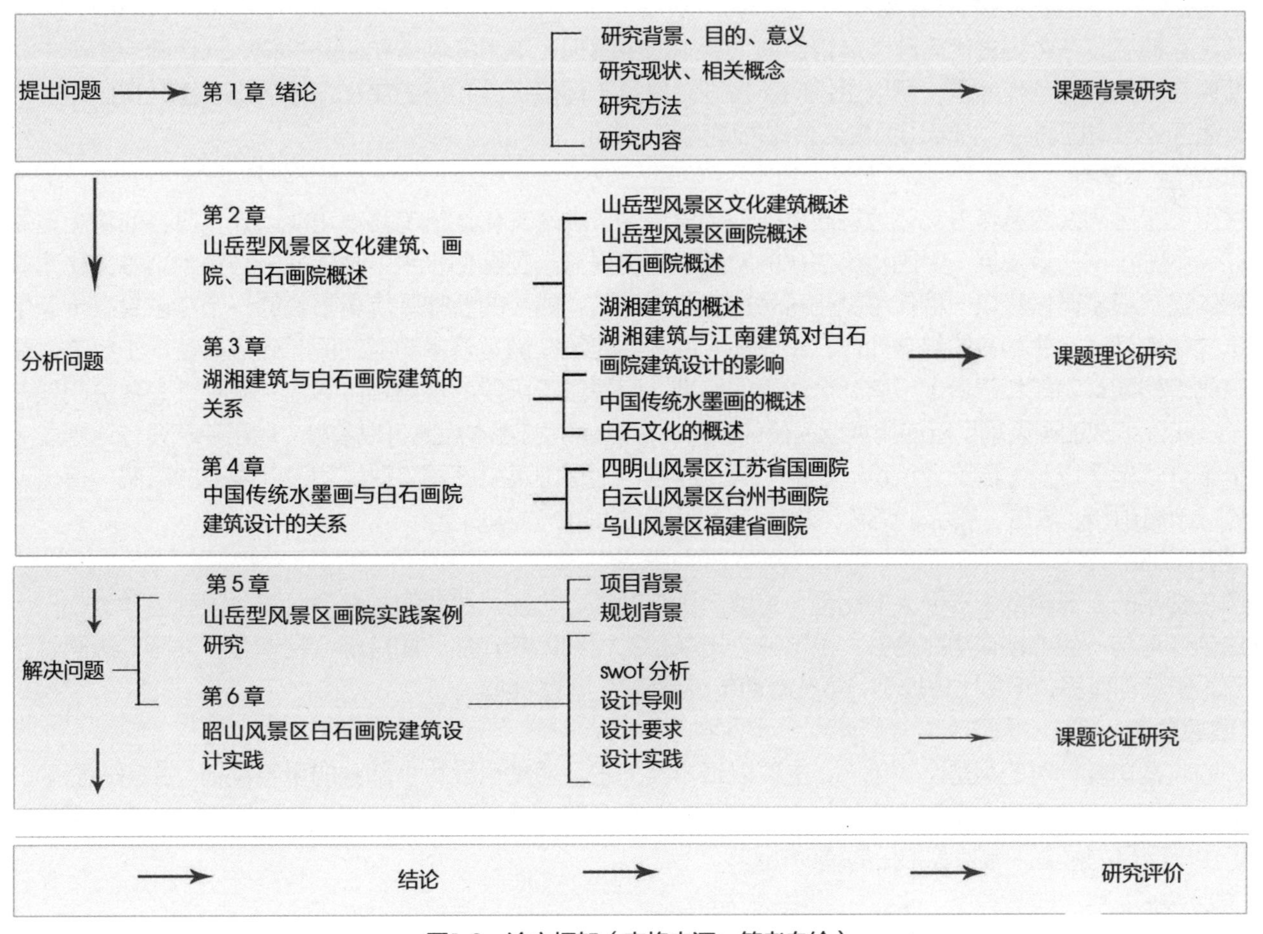

图1-2　论文框架（表格来源：笔者自绘）

第2章 山岳型风景区文化建筑、画院、白石画院概述

2.1 山岳型风景区文化建筑的概述

2.1.1 山岳型风景区文化建筑的形成与发展

周维权在《山岳型风景名胜区的建筑》中对山岳型风景区建筑的形成与发展进行了详细的解释。两晋南北朝以来，佛教和道教兴盛，僧侣、道士们纷纷来到风景优美的山岳进行宗教活动。于是，山岳风景通过宗教力量得到开发建设，其中大多数发展成为地区性的宗教活动中心，成为所谓的“名山”。以宗教信徒为主的香客和以文人墨客为主的游客纷至沓来，形成原始的旅游。于是，又陆续出现文人名士居住的山庄、讲学授徒的书院以及为山区提供服务的山民聚落分布在各处。这些构成了山岳型风景区的全部建筑，其中寺观建筑、书院建筑、文人名士居所等人文景观成为了风景区的文化建筑。

2.1.2 山岳型风景区文化建筑的功能

文化建筑类型多样，只要能够给民众提供文化、游乐活动的建筑场所都可以称为文化建筑。山岳型风景区作为“名山”，其景区内的文化建筑不可忽略的功能是山岳文化的传承和传播，其次是每类文化建筑本身的具体功能，例如湖南岳麓山以中国古代著名“四大书院”之一的岳麓书院和晋初佛教入湘最早的麓山寺而出名成为湖湘名山，其山岳文化就是书院文化和佛教文化，书院和寺庙建筑成为传承和传播文化的重要载体。

2.1.3 山岳型风景区文化建筑的设计理念

中国传统山岳型文化建筑的设计思想源于崇尚自然的哲学观。孔子进一步突破自然美学观念，提出“知者乐水，仁者乐山”。这种“比德”的山水观，反映了儒家的道德感悟，实际上是引导人们通过对山水的真切体验，把山水比作一种精神，去反思“仁”；表达出人与山水环境相互依存的共生关系，建筑与环境相得益彰，与现代社会人们妄图征服自然的“人本论”相反。

2.2 画院的概述

2.2.1 山岳型风景区画院的形成与发展

画院是官署名，在中国古代宫廷中掌管绘画。后来指中国现代美术的创作和研究机构。现代画院由于主要使用者对绘画艺术的绘画创作需求，所以更倾向于将画院建置于环境优美和历史文化深厚的山岳型风景区内。例如四明山风景区江苏省国画院、白云山风景区台州书画院等。

2.2.2 画院的基本功能

山岳型风景区画院建筑作为文化建筑载体的一部分，除了满足文化建筑的基本功能以外，自身的功能更需要满足。如今中国经济飞速发展，中国传统文化的发展趋势也更倾向国际化水平，画院逐渐被美术馆等文化建筑所替代。画院建筑很多时候是以一种传统文化符号的功能存在着，如今的新建画院更重要的一个需求是在传承中国传统绘画文化的同时产生相应的经济效应，所以现今的画院建筑在满足基本功能的同时还应具备产生经济效益的功能。在画院的建筑功能和建造上没有一个明确的标准，但是由于画院的性质和美术馆、博物馆等建筑相似，以及通过一些实际落成的画院项目所使用规范的研究，得出画院建筑的基本规范可以参考《民用建筑设计通则》、《博物馆建筑设计规范》以及《展览建筑设计规范》等，通过对山岳型风景区画院建筑和设计规范的研究，得出现代画院建筑应该有创作、收藏、展示、交流、办公、商业服务这六个功能。

1. 创作功能

创作在画院的业务构成中占很大的比重，是整个画院的核心功能。早期的画院多以各类国画画种为部门，篆刻和书法创作可与一般的创作功能合并，也可独立出来。20世纪90年代后，画院综合性增强，油画、版画等艺术门类也归为画院创作里，但是比重较小，意在辅助传统绘画在当代的创新。

2. 收藏功能

画院的收藏功能针对的类型比较单一，主要以纸本类为主，通常也会有小部分的金石篆刻、文房、器形、油画、版画、雕塑类作品收藏。有不少画院也会定期收购名家字画，并召开收藏画评会等交流会议。在收藏的功能之后又衍生出藏品的修复、装裱等相关的辅助功能。

3. 展示功能

最早的画院公共性不强，没有常展的空置期会临时用于大画创作、会议室等。如今由于对文化重视程度的提

高，一些藏品储备丰富的画院还根据自身特色设置了常展、临展的展厅，体现了画院展示功能的专业性特征。

4. 交流功能

画院作为中国绘画艺术的创作和研究机构，代表的是国家的美术形象，与国内外同行业以及同行之间业务交流密切，所以传统画院的交流功能主要是各类展事、学术会议以及公益性交易会议。

5. 办公功能

画院的办公功能与一般机构有很大差别，因为画院的人员组成和结构的不同。按照性质可以把画院的工作内容分为创作类、文案类、技术类。创作类包括创作、研究等。文案类包括策展、档案、编辑、财务管理等。技术类包括修复、装裱、保安监察等。

6. 相关商业服务功能

画院的附属商业功能包括销售画院相关商品的商店、商业画展、餐饮商店三部分。商业画展供画家展示并出售作品。纪念品商店出售各类以画院和风景区为主题的纪念品、画册、书籍等（图2-1），是宣传画院和传统绘画艺术的窗口。体验厅以各类绘画创作体验为主。餐饮商店一般配套茶室、餐厅、咖啡厅等，供前来参观的人员休憩、交流。总体而言，这些都是以营利为目的的服务功能，也是现今市场经济时代的产物（图2-2）。

图2-1　北京画院书店（图片来源：百度图片）

图2-2　北京画院咖啡厅（图片来源：Artron.Net）

2.2.3 画院建筑的功能特点及空间布局

1. 创作区

中国国画创作室有别于其他画种创作空间，国画追求画中的意境和神似，不求形准，更多采用散点透视，很少依赖外物，同油画创作常围绕写生台和静物布置画架的方式不同，国画的创作空间完全是以书画桌案为功能核心。创作室在功能上独立而内向。由于画院人员流动性小，画家会常年使用同一间创作室，不会随意更换，二人共用一间创作室的情况也为数极少。画作在完成发表之前都属于画家的隐私，不会轻易对外展示，画家们的交流大多时候也只是止于心得和技法的方面，很少对个人作品进行评价，所以同画院的画家共事多年没有进过他人画室的情况实属正常。总体上看，画院创作室是带有强烈个人色彩的私密空间，适合单独设立个人创作室。创作室又分为小型创作室、中型创作室、大型创作室。小型创作室面积较小，一般20m^{2}左右，室内功能以书画桌案为核心，满足日常最基本的创作需求。中型创作室面积比小型画室稍大，在满足创作需求的同时还会有辅助功能空间，例如卧室、会客厅、书房、卫生间等。 大型创作室是为满足尺寸巨大的作品创作而产生，作品常常根据使用者量身定做，有不同的画作尺寸，例如大型山水、人物等题材的组画、长卷等。这就决定了大型创作室的室内净高应匹配于标准展厅的净高尺寸，同时横向尺度也需达到足够的长度。中国画的主流始终都是四尺以下的中小幅作品为主，古之无大画，各类小品、手卷、折扇、团扇、斗方等呈现的方式都是小尺寸的画幅，脱离了传统手工装裱技艺精神的国画失去了一部分艺术价值。画院中小幅作品占到创作总量的大部分，因此以书画桌案为核心的中小型创作室成为画院创作区域空间构成的主体，在数量上一般占到全部创作室的95%以上，余下的为其他门类的创作室和大型创作室。大型创作室对室内尺寸、硬件和设备要求较高，在空挡期还可能闲置很久，由于其高投入、低利用率的特点，小型画院一般可不设。

2. 收藏区

收藏区一般分为藏品区和藏品技术区，其中藏品区包含库前区和库房区，库前区是藏品入库和出库之前进行登记停留和分门别类的区域，库房区按收藏类别和注意事项进行储藏。藏品技术区包括清洁晾置、干燥、装裱等功能在内。藏品区要与展厅之间有便捷的通道，尽量避免与参展人员流线互相干扰，在藏品区前应设置运输平台方便入库和出库运输前的装卸工作。在藏品从外进入藏品区前，也应设置装卸平台方便货车卸货。

3. 展示区

展示区主要分为临展和常展，其中临展为主，常展为辅。画院办展的主要目的是向社会展示创作近况、研究成果。不同于一些藏品丰富，以常展为主、临展为辅的大型美术馆或者博物馆，画院的展厅需要具备较大的灵活性。展厅的布局有集中式和分散式。当采用分散式布局时，展厅可以是建筑物的一个组成部分。这类展厅展线短，面积较小，可以不设独立出入口，存在观展流线和业务流线交叉干扰的情况，但是便于管理。采用这类布局方式的画院有福建省画院、浙江画院、常州画院、广东画院（图2-4）（旧址）等。当画院用地面积较大时可采用集中式布局（图2-3），展厅通常独立成馆，藏品区和办公区等往往也会独立出来。这类布局展厅面积较大，采用这类布局有岭南画院、国家画院、北京画院等较大型的画院。

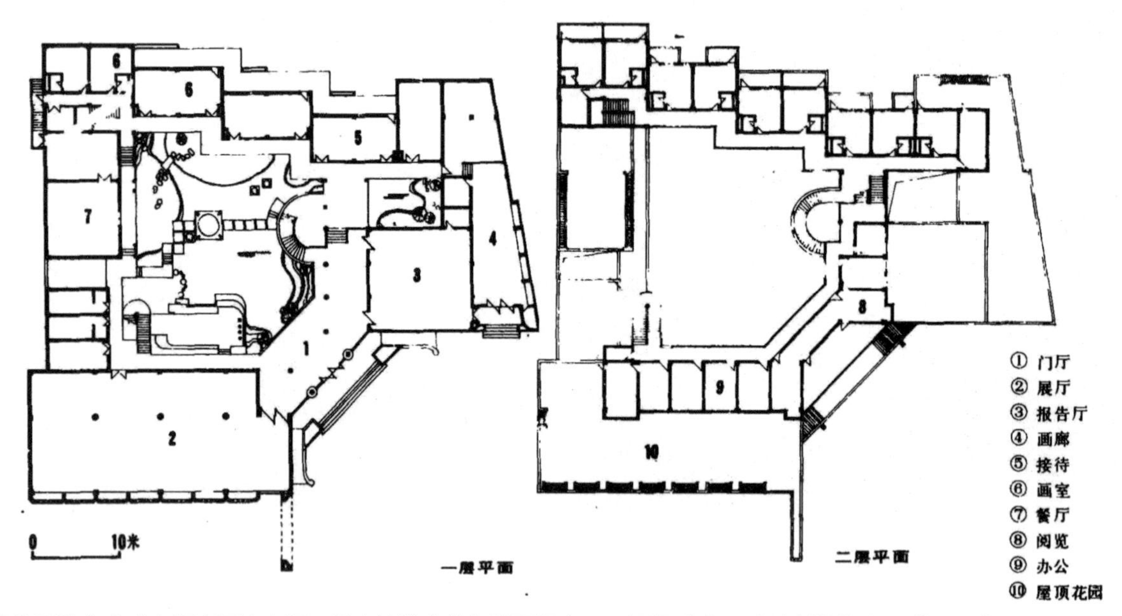

图2-3　福建省画院集中式布局（图片来源：新建筑地方特色的再探索——记福建省画院的创作构思，黄汉民）

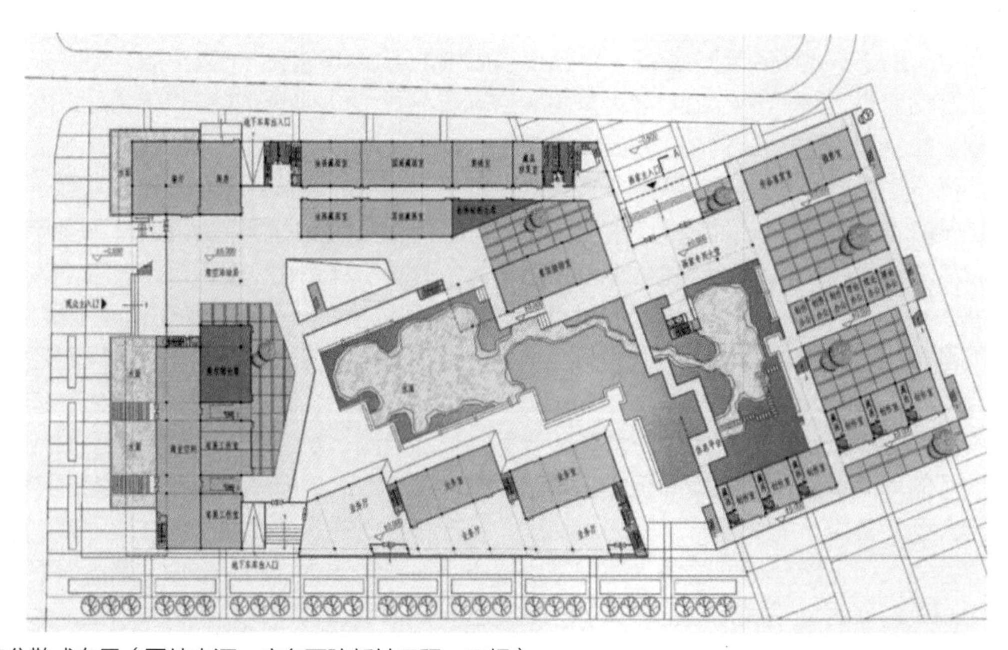

图2-4　广东画院分散式布局（图片来源：广东画院新址工程，王扬）

4. 办公区

画院的办公区可分为独立办公组团的整体性方式和拆分布置方式。整体性方式着重体现的是办公空间的内部联系，综合性较强。拆分布置式是将办公室分散布局在不同的功能区，强调的是办公空间和其他功能空间之间的联系，如布展、策展相关的办公用房结合展厅空间，研究空间结合藏品空间等。

5. 相关商业服务区

商业服务区一般包括画院相关纪念品商店、业余美术培训室、咖啡厅、茶室、餐厅、便利店等。纪念品商店可结合画院公共门厅布置，也可以作为展厅的附属功能空间。业余美术培训室主要是供有意向了解和体验绘画创作的成人和儿童陶冶情操的空间，一般与展厅等公共活动空间保持密切的联系。同时，为了保证儿童在画院参观互动时的安全，儿童美术培训空间应尽量设置在公共区域的醒目位置。另外，为了便于监护人的照顾，儿童和成人培训空间应该尽量靠近并保持视线通透。

2.2.4 画院建筑的流线

1. 观展流线

观展流线的人员为绘画专业师生、艺术爱好者、业余研究者、普通民众、儿童及其监护人。他们的活动范围往往被限定在以展厅空间和商业空间为核心的功能区，一般情况下不能进入核心业务空间，观展人员流线涉及整个画院公共性区域。常展展厅除特殊情况外，人员流动基本平稳。临展展厅因展事更新多而人流波动较大。

2. 创作流线

一般情况下，画家在画院的停留时间有很多不定因素，例如外出采风、学术交流、作画时间习惯不同等。所以创作流线所涉及的内容变数较大，画院无法以一种模式化的规范去管理画家，而是需要提供自由、开放的创作场所去满足画家的需求。由此可见创作流线具有全时性的特点，需要考虑一条流线使画家在画院公共空间关闭时也可便捷地进入创作室。

3. 藏品流线

藏品区需要独立设置藏品出入口和装卸平台，入库藏品由此进入库前区进行入编、整理信息，之后分类进入库房。在收藏期可能涉及对藏品的修复、装裱等方面的藏品技术业务，所以藏品库区应该和技术区保持便捷的流线关系。藏品出库出口应该设置运输平台，方便藏品装车运到各展厅，同时运输流线应尽量少穿越其他功能区。

4. 办公流线

画院的办公人员由在院画家和工作人员组成，需加强创作空间和办公空间之间的联系。同时与公共流线保持明显的界分，二者独立成片区，出入口分别设置，保证办公流线和观展流线互不干扰。

2.3 白石画院的概述

2.3.1 白石画院的形成与发展

2008年，底长株潭获批“全国资源节约型和环境友好型社会建设综合配套改革试验区”。在规划中湘潭市的昭山被划分为5个示范区之一，为昭山示范区，产业定位为优先发展都市休闲与文化旅游、湖湘文化创意、自然山水生态度假旅游。齐白石先生的故乡位于湘潭，他是湖湘的文化名人，与湖湘文化有着水乳交融的关系，故而白石文化是示范区打造文化旅游与湖湘文化创意必不可少的。白石画院是以齐白石名字命名的画院，将白石画院设立在昭山风景区内的商业小镇内，希望能通过白石画院弘扬湖湘文化，同时改善昭山风景区旅游环境，提高经济效益。

2.3.2 白石画院的功能定位

20世纪50年代画院开始兴盛后，许多画院选址在山岳型风景区内，目的是借助风景区优美的自然环境和深厚的人文环境供画家更好地进行艺术创作，例如四明山风景区江苏省国画院、白云山风景区台州书画院、乌山风景区福建省画院等。白石画院的经济政策指导和地理条件虽然决定了其经营性质是营利性的专业画院，但是昭山风景区的自然和人文环境等优势能更好地激发画家的创作，单纯以展览和交易为主要功能将造成极大的资源浪费，丧失画院的文化本质。故而普通画院最重要的创作功能在这里也是必不可少的，而有了创作的同时必然会涉及藏品的收藏，所以白石画院除了书画作品交流交易、画院相关纪念品销售等商业功能外，还具备创作、收藏、展示、办公的基本功能。

第3章 湖湘建筑与白石画院建筑的关系

3.1 湖湘传统建筑的概述

3.1.1 湖湘传统特色

湖湘传统建筑主要有湘西南、西北地区的干阑式建筑（图3-1），俗称“吊脚楼”，以及湘中南地区的砖木结构（图3-2）府第式建筑。湘西南、西北地区多山，且湿热，所以采用一层架空、二层居人的建筑形式。湘中、南地区多大户，聚族而居，多采用明清两代的砖木府第式建筑。

图3-1 干阑式建筑（图片来源：笔者自摄）

图3-2 砖木结构府第式建筑（图片来源：笔者自摄）

3.1.2 湖湘传统建筑的空间布局

湖湘传统建筑空间主要有三种形式：

第一种形式为L形双开间空间，两开间大小不同，采用双坡屋顶，天井采光，通常与周边建筑空间交叉。第二种形式为单开间空间，进深长，通过狭长通道连接各居住空间，天井采光，通常沿街，前店后宅。第三种形式为合院式空间，是由多户住宅或建筑围合成共同的庭院空间，通常建筑空间进深较大。

3.2 湖湘传统建筑与江南传统建筑的渊源

“江南”最早在湖南所在地楚国得名，广义的江南指整个长江中下游长江以南的地区，包括狭义的江南、江西以北、湖北长江以南和湖南北部地区。但福建有些地区有时也被称为江南。广义的江南在古代较多使用，如杜甫《江南逢李龟年》，是写在长沙市的事。江南三大名楼（武汉市的黄鹤楼、岳阳市的岳阳楼和南昌市的滕王阁）中所说的江南为广义上的江南。现在特指的江南为狭义的江南，是指以南京至苏州一带为核心地带，包括长江以南安徽省（图3-3）、江西省、浙江省（图3-4）的部分地区。无论古今还是地域，湖湘文化与江南文化在历史的长河里都相互影响着，建筑特色也由于文化的互相影响产生了很多相似之处，例如粉墙黛瓦和马头墙。

3.3 湖湘传统建筑对白石画院建筑设计的影响

白石画院是以中国绘画大师齐白石的名字命名的，齐白石先生是位植根传统的国画大师。他把前人“妙在似与不似之间”的道理体会得很深刻，其画以文人画为根基，开掘民间传统，探讨雅俗结合。以他命名的白石画院建筑特色首要特点应该具备白石文化精神，中国传统书画意境淳厚朴实，造型简练生动。而湖湘传统建筑的黑瓦、白墙、砖石木构等元素所组合而成的建筑往往犹如一幅动人的水墨画，充满着传统诗画意境。故而湖湘传统建筑

图3-3　徽州民居（图片来源：笔者自摄）

图3-4　淮扬民居（图片来源：笔者自摄）

图3-5　湖湘民居（图片来源：笔者自摄）

（图3-5）意境与白石画院建筑所需意境不谋而合，在白石画院的建筑设计中可以提取湖湘传统建筑元素特色，用现代的技艺进行意境化表达，使画院建筑在拥有传统意境的同时又充满现代感。为了让画院建筑与精神环境结合，研究地域传统建筑的人文背景，在新的历史条件下，有所扬弃，有所涉取，达到传承、延续、发展的目的。

第4章　中国传统水墨画与白石画院建筑设计的关系

4.1　中国传统水墨画对现代文化建筑的影响

中国水墨画历史源远流长，水墨画集传统文化精神之大成，不但是中国文化的瑰宝，在世界艺苑中也独具特色。其意境和空间感先天地具有与建筑融合的潜质，尤其是绘画中“天人合一，道法自然”的绘画思想和“计白当黑”的绘画技法成了许多现代建筑师们建筑设计的灵感来源。例如贝聿铭先生将米芾、米友仁、李可染、何海霞、吴冠中等传统水墨大师之意境运用到建筑之中。所谓初看山似山，再看山非山，三看山还是山。神似而非形似或有名无实，被奉为现代建筑之圭臬。

4.2　中国传统水墨画画家对现代文化建筑的影响

在画院设计中应考虑到绘画文化背景和画家们的习惯及喜好。借助建筑环境向画家们提供一个喜闻乐见、易于激发出创作灵感的绘画环境，同时让观展者感受到画家本土化的绘画环境。

在涉及传统建筑的绘画作品中，有各类的艺术化表达。齐白石画中的建筑往往朴实又简洁明了。著名绘画大师吴冠中先生的创作中，用大量的留白自然勾勒天空与屋檐的分界，简单几笔抽象意味的黑色线条画出了江南小镇的厚重与沧桑。吴冠中作为留法的西画家，他有深厚的中国文化和优秀的“文人画”传统功底，他将西方的“抽象美”、“形式美”通过民族化、水墨现代化等艺术手法形成了中国的、现代的吴冠中艺术。在邹德侬的《吴冠中艺术给建筑师的启示续》中提到：吴冠中现代艺术之路，应该引起建筑师的关注，他的艺术是“中国的”、“现代的”，这正是中国广大建筑师所认同的“有中国特色的现代建筑”的目标。

4.3 中国传统水墨画对白石画院建筑设计的影响

白石画院建筑设计不同于其他类型的公共建筑，它是现代建筑与传统文化艺术的综合体。齐白石堪称中国传统水墨画画家的杰出代表，而白石画院以其为主题，传统水墨画意境是建筑中必不可少的。充分满足现代使用者的功能需要是创造新地方特色的基础，功能有物质功能和精神功能。对于画院建筑，人们要求有文化性、意境化，具有水墨画的特点，做到这一点才能满足精神功能。而为画院创造理想舒适的创作、展览、销售环境才能满足物质功能。所以了解和满足书画艺术创作者和观展者的精神需求和功能需求是白石画院建筑设计的前提。

4.4 白石文化的概述

白石画院的宗旨与白石书画院一样弘扬白石文化，继承白石老人的艺术精神。白石文化包括齐白石的绘画文化、艺术文化、精神文化。“学我者生”不仅是学齐白石的技法、技巧，更重要的是学齐白石的精神。从他的画作和待人待事的原则可以看出，齐白石有甘愿寂寞、不求名利、深入生活、观察生活、不囿于古人、另辟蹊径等精神，这些也是白石文化的精华所在。

4.5 白石文化对白石画院建筑设计的影响

白石画院以弘扬白石文化、继承白石老人的艺术精神为宗旨，那么在建筑中一定要有所表现。通过对白石文化的解析，可以从他的画作技法、艺术精神、创作特点、常用绘画素材方面提取元素，并进行简单化、抽象化、意境化的艺术表达。

第5章 山岳型风景区画院实践案例研究

列举国内典型的山岳型风景区画院建筑案例，通过对地形、文化、功能、布局、经济等方面研究昭山风景区白石画院建筑设计的方法。

5.1 四明山风景区江苏省国画院

江苏省国画院（图5-1）是继北京画院、上海画院之后，全国最早成立的三大画院之一，1957年由著名国画大师张文俊筹建。因为建在南京市西城区四明山上又被称为“四明山庄”，是一组江南古典园林式的建筑群。画院基地范围内丘壑起伏，树木茂盛，建筑依山就势，高低错落。场地依据山势划分为主要的三个台地，每级台地以一座主要建筑为核心组织各小型单体建筑和园林小品。第三层台地以展厅为主要功能，连廊接通院外，区域内是依据山势和等高线走向自由排布的小型单体建筑。展示空间的对外入口在半山的一条小路的尽头，比较隐蔽，画展期间只有展厅前院的空间对外开放，公共性不足。江苏省画院比较注重各种意境的营造，一个园林被划分为多个景区，每个景区的意境互不相同，达到移步换景的传统园林造景效果，入画院大门后的接待空间营造追求宁静安谧的意境，接待室后是追求营造山林野趣的意境，展览区是追求高洁儒雅的意境。江苏省国画院在中国大力发展传统文化的特定时期里，结合江南园林而建成的仿古建筑最大力度地弘扬了中国传统文化。但是在当今社会，仿古的建筑形式、布局已经不能适应当代人的需求和审美，而且仿古建筑材料与建造方式等已经被现代化材料和科技所替代，要用回老材料和建筑方式就会造成人力物力的浪费。何境堂在《从选择到表达——当代文化建筑文化性塑造模式研究》谈到当代的文化建筑对于传统文化和历史文脉的解读和再现，不再拘泥于对历史厚重感的简单“复述”，而是呈现出更加简约化、抽象化、多元化的发展趋势。

图5-1 江苏省国画院实景图（图片来源：百度图片）

5.2 乌山风景区福建省画院

福建省画院（图5-2、图5-3）于1991年落成在福州市中心的乌山山麓，白马河畔。基地是填池而成的不大的方形地块，总建筑面积4100m^2。当时画家们对画院评价为有新意、有特色、实用、简朴、大方、典雅。福建省画院的建筑设计与自然环境、人文环境、场所精神紧密结合。功能布局上结合居中的开敞内廷呈围合式布局，增加了各功能空间直接的联系。另外，精神功能方面，站在使用者的角度看问题，合理地设置画家创作活动的空间，为画家创作了舒适的构思与创作环境。在画院建筑设计时充分考虑文化内涵的传承与发展，借鉴福建民居的建筑形式与空间布局，使用当地空间内向性的儒家观念。符合当地的气候环境，为当地人所习惯和喜爱，但是又不拘泥于传统空间内向性的完全继承，在观景平台、阳台、屋顶花园等空间加强了空间的外向性，适应了当代使用者的要求，反映了当代人新的心态与观念。建筑形式的设计中对地域传统建筑元素进行了抽象化、简约化的艺术表达，同时将建筑构件的造型进行了简化运用到画院建筑中，使得新的建筑特色得到了认同，也满足了人们对现代感的追求。而画院建筑中利用福建产的无釉面砖作为外墙贴面，以及充分利用当地盛产的花岗石做花池、铺地、台阶、勒脚等，在反映地域特色的同时又富有现代感。在色彩和装饰的选择上也采用了福建传统建筑外墙装饰手法进行创新。整个建筑显示出一种文化气质，使建筑具有时代感和地方特色。

图5-2　福建省画院大门（图片来源：百度图片）

图5-3　福建省画院建筑（图片来源：百度图片）

5.3 白云山风景区台州书画院

台州书画院（图5-4、图5-5）设计于2001年，位于台州市椒江区的白云山旁，建筑总面积7820m^2，功能包含创作、展陈、办公三个分区。在围合式布局的基础上有了更新的探索。画院基地为三角形地块，设计者将建筑靠近主要道路，使建筑与山体自然围合，而围合的空间作为人工到山体自然的过渡。建筑形体以较大体量的功能体块组合成错落有致的建筑群体，以开放连廊沟通三大功能分区，使建筑实体呈现出曲折多变的“L”形半开放式，将山景引入院中。

图5-4　台州书画院建筑实景（图片来源：百度图片）

图5-5　台州书画院建筑鸟瞰图（图片来源：百度图片）

第6章 昭山风景区白石画院建筑设计实践

6.1 白石画院项目背景

在昭山风景区“山市晴岚”文化旅游项目整体概念性规划中，概念规划分区为“一核两区十园”，“一核”是主入口核心，“两区”是昭山景区与小镇区，“十园”分别是昭山景区中的渔市、青少年户外活动基地、佛教文化区、万花文创谷、宗祠文化，小镇区中的禅修酒店、集市文化、滨水酒吧街、会馆区、精品民宿酒店。白石画院位于规划中的“一核”与小镇区交界处的集市文化中非物质文化遗产区，周围分布有作酱坊、酒坊、布坊等非物质文化遗产。项目规划结构为“三轴四门”，“三轴”为湘江文化带、昭山拜佛带、小镇生活带（图6-1）。“四门”为主门、北门、山门、水门。白石画院位于主门进入小镇生活带主街道上的第一个建筑单体，地理位置和交通位置十分优越。

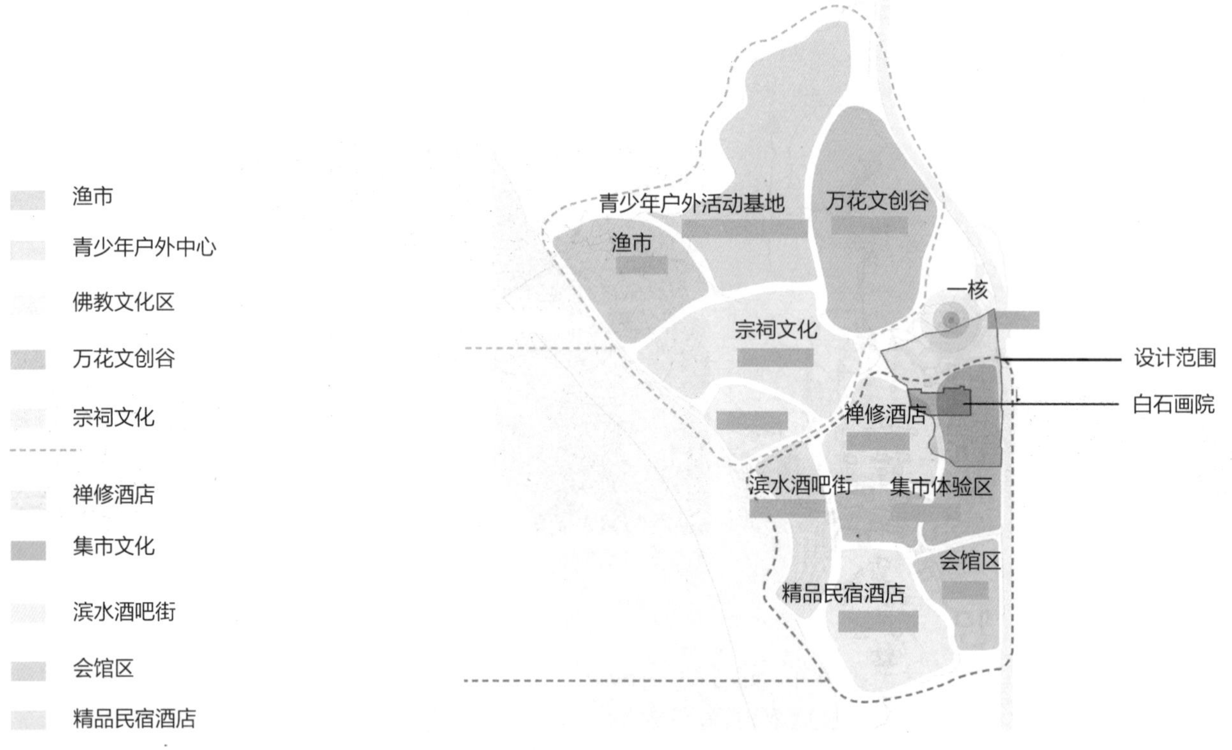

图6-1 昭山旅游项目规划结构（图片来源：笔者自绘）

6.2 昭山风景区白石画院基地概况

6.2.1 场地概况

白石画院位于湘潭市西塘区昭山风景区内，地处长、株、潭三市中心，距离三市均约20km，半小时内可以通达，享有湖南“金三角”之美誉。长三角、珠三角、武汉城市群等外省大型经济圈也在2小时辐射范围内。上瑞高速与京珠高速在此交会，并设有互通出入口；107国道与320国道纵横交错；城际轨道通过并设站；设计范围内由风景区主入口的景观道路和次要景观道路进入，白石画院位于小镇北入口的主街道上，交通位置十分优越。

6.2.2 自然要素

昭山风景区属亚热带季风性湿润气候，温和湿润，植被茂盛。季节变换明显，冬寒夏热，春秋短促，冬夏绵长。年平均气温17.2℃。1月最冷，平均气温4.7℃，历史上最低温曾达-11.3℃。7月最热，平均气温29.4℃，历史最高温曾达43℃。雨量充沛，年平均降水量1360mm，年均相对湿度80%左右，年日照时数达1677小时。全年无霜期平均275天，积雪日为6天，植物生长周期长。

昭山位于长衡丘陵盆地中部（图6-2），属湘中丘陵至湘南山地的过渡地带，岩层属第三纪衡阳红系砂岩、页岩、砾岩。区域内地区域内分布最广的是红壤，为地带性土壤。100m以下为石灰岩层，地下水在地表10m以下，周围无高山，地表平缓开阔，地震基本烈度为6度。

通过地理信息系统（GIS）得出昭山风景区的高程，其中最高点笔架峰185m，整个地块相对高差较小，呈中高周低的大体格局，主要以山体、谷地为主，在设计范围内属山麓位置，地形相对平缓。

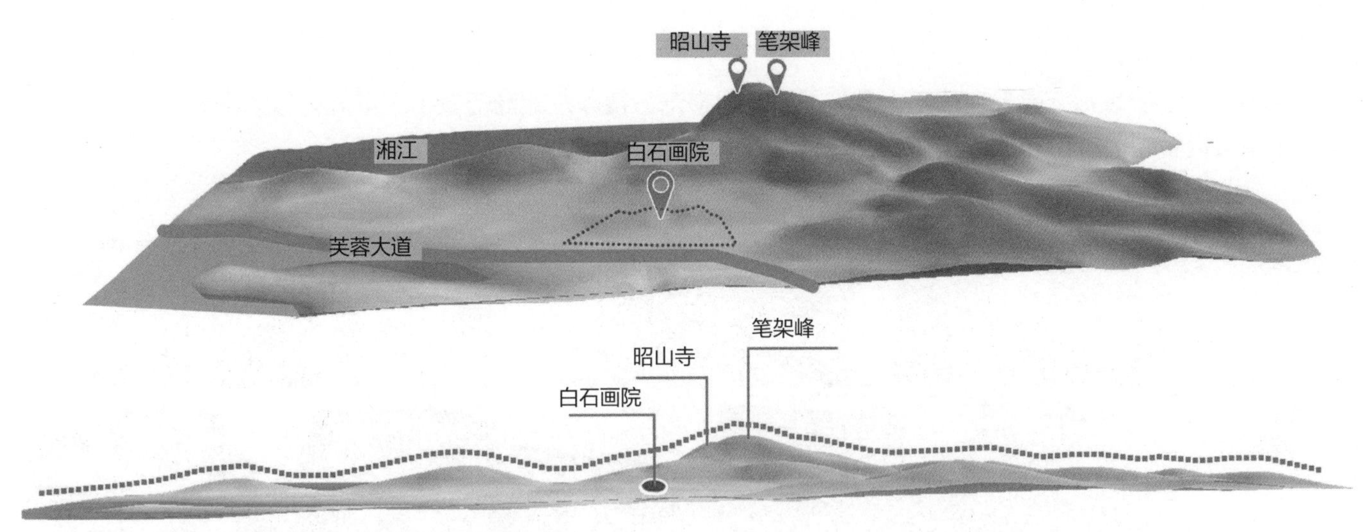

图6-2　昭山山体三维模型还原（图片来源：笔者自绘）

6.2.3 人文要素

昭山风景区文化底蕴深厚、人文资源丰富，既有宗教文化，又有革命文化；既有古代文化，也有近现代文化。山上有建于唐初的昭阳寺。山下有与岳飞齐名的北宋抗金名将太尉刘琦的故宅；有著名的民主主义革命家、鉴湖女侠秋瑾灵柩停厝处及秋瑾亭；有近代民主革命先驱黄兴生母罗氏夫人和继母易氏夫人的合葬墓；有一代伟人毛泽东青年时代下榻的伟人亭；有“横刀立马”的军事家彭德怀元帅1921年遇难脱险的将军渡，还有楚昭王南征、抗金名将岳飞妻（李氏）儿（岳雷）流放岭南的足迹和纪念地；有北宋著名书画家米芾和南宋著名理学家、湖南学派创始人张轼，以及近代绘画大师齐白石等的画作和题诗。而昭山，作为长株潭地区的名山，耸立在湘江之畔，海拔185m，被列为“潇湘八景”之一（图6-3）。“山市晴岚”是指潇湘八景之一的昭山风景。“山”指昭山，“市”指易家湾集市，“晴岚”指雨后初晴，水汽在阳光的照射之下，在山间弥漫流动的自然景观。直观展现了光晕照射下的昭山动态之美，体现了以昭山为承载的中国文化艺术。北宋著名书画家米芾在《山市晴岚图》上的描绘可以看出昭山在宋时已是繁华之地，缘起于北宋宋迪、米芾，元代逐渐推广并不断融入民间艺术，历经千年发展辐射至东南亚多国，在景观艺术设计上具有深远影响。同时齐聚了湖湘各地民俗文化，如：槟榔文化、诗画文化、制酱文化、会馆文化、灯芯糕铺、湖南腊菜、浏阳豆豉、永丰辣酱、安化黑茶、古窑遗韵……

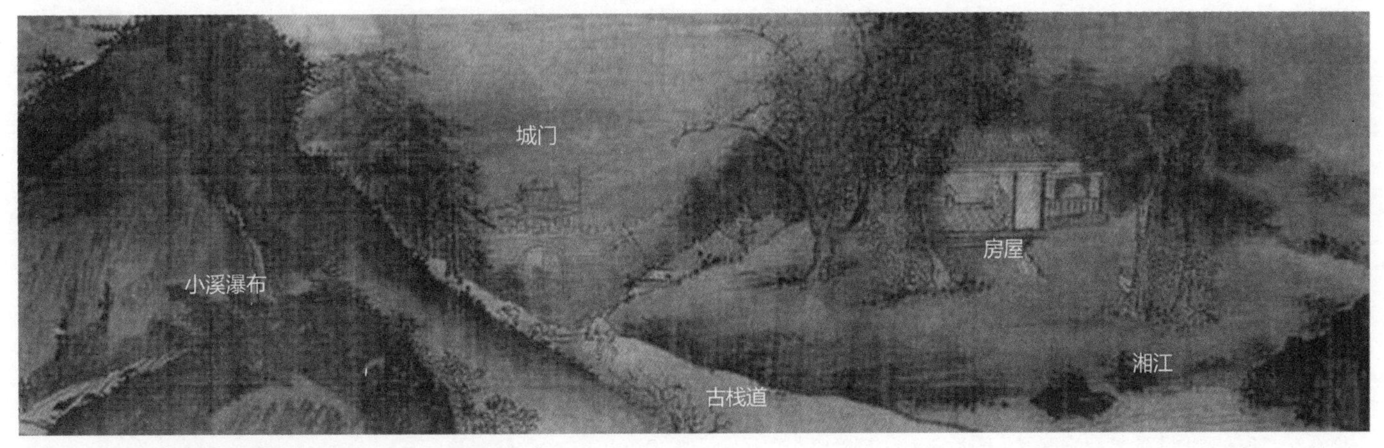

图6-3　张远《潇湘八景图》（图片来源：百度图片）

6.2.4 昭山名人齐白石

我国杰出的艺术大师、世界文化名人齐白石是湖南省湘潭县白石乡人。他于1864年1月1日出生于湘潭农村一贫苦农民家。8岁时，跟其外祖父入私塾，读书仅半年，而后在家砍柴、看牛、自学绘画。15岁开始学木工雕刻和绘画。27岁后成为当地著名木匠和画家。27岁开始，他正式弃斧学画、习文，参加诗社雅集活动。37岁时，他的诗、词、书画、篆刻齐头并进，成为一代画家和诗人。早年常随老师王闿运在昭山小住，“五出五归”时每次都会经过昭山，和诗朋画友登临山顶、吟诗作画。昭山跟白石大师有着不可忽视的关系。如今昭山的文化旅游发展正在通过白石画院的建立得到传承与发展。

6.2.5 建筑分析

1. 周边建筑分析

无论是古代的昭峡铺还是现在的昭山都与周边的易家湾古镇以及湘潭历史街区窑湾有着紧密的联系，从建筑的形式上也可以看到很多相同之处（图6-4）。

易家湾古镇：
砖木结构建筑

易家湾古镇：
砖混结构建筑

窑湾老街：
砖木结构建筑

图6-4 易家湾古镇建筑（图片来源：谷歌地图）

2. 长株潭地区建筑空间形式分析

长株潭地区大宅院多，以正屋为主体，中轴对称。厨房、厢房等均衡展开，内部又有大大小小的庭院，共同组合成一个建筑院落（图6-5）。

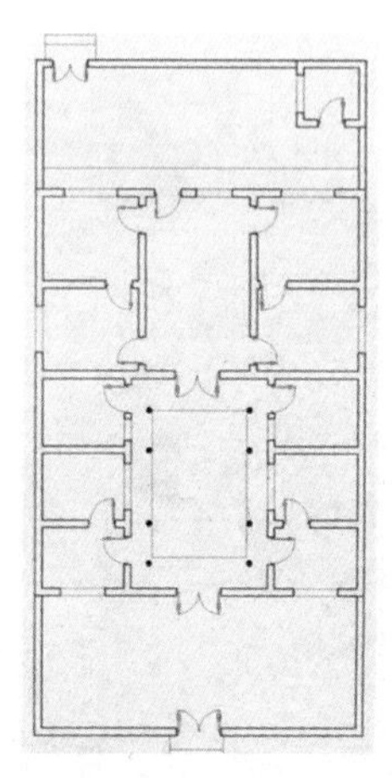

四合院式平面

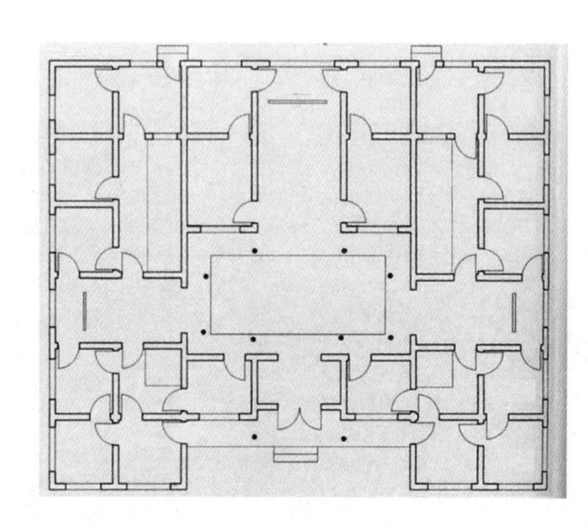

“口”字形平面

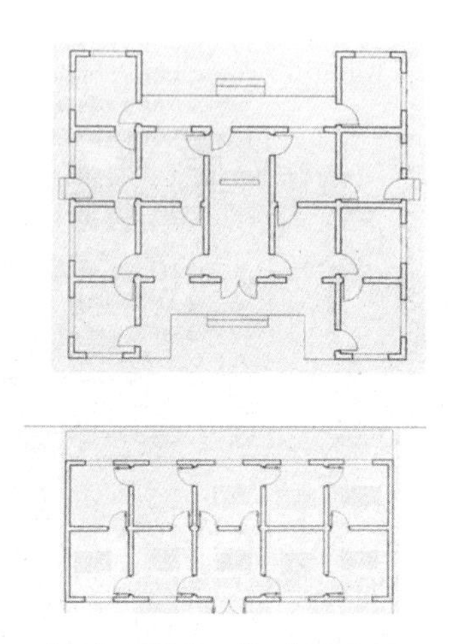

“工”字平面、“一”字平面

图6-5 长株潭地区建筑空间形式（图片来源：笔者自绘）

3. 建筑气候划分标准

根据建筑气候划分标准GB50178-93中建筑气候划分指标，得出湖南属于Ⅲ区中的ⅢB区（表6-1）。根据气候特性与第3.4.3条中的规定，该区建筑应符合下列规定：

（1）该区建筑物必须充分满足夏季防热、通风、防雨要求，冬季可不考虑防寒、保温。

（2）单体设计和构造处理宜开敞通透，充分利用自然通风；建筑物应避西晒，宜设遮阳物；应注意防暴雨、防洪、防潮、防雷击。

一级区区划标准（笔者自绘） 表 6-1

Ⅰ	1 月平均气温≤ -10℃ 7 月平均气温≤ 25℃ 7 月平均相对湿度≥ 50%	年降水量 200 ~ 800mm 年日平均气温≤ 5℃的日数≥ 145d	黑龙江、吉林全境，辽宁大部，内蒙古中、北部及陕西、山西、河北、北京北部的部分地区
Ⅱ	1 月平均气温 -10℃ ~ 0℃ 7 月平均气温 18℃ ~ 28℃	年日平均气温≥ 25℃的日数 <80d 年日平均气温≤ 5℃的日数≥ 145 ~ 90d	天津、山东、宁夏全境，北京、河北、山西、陕西大部，辽宁南部，甘肃中、东部以及河南、安徽、江苏北部的部分地区
Ⅲ	1 月平均气温 0℃ ~ 10℃ 7 月平均气温 25℃ ~ 30℃	年日平均气温≥ 25℃的日数 40 ~ 110d 年日平均气温≤ 5℃的日数≥ 90 ~ 0d	上海、浙江、江西、湖北、湖南全境，江苏、安徽、四川大部，陕西、河南南部，贵州东部，福建、广东、广西北部和甘肃南部的部分地区
Ⅳ	1 月平均气温 >-10℃ 7 月平均气温 25℃ ~ 29℃	年日平均气温≥ 25℃的日数 100 ~ 200d	海南、台湾全境，福建南部、广东、广西大部以及云南西南部和元江河谷地区
Ⅴ	1 月平均气温 <10℃ 7 月平均气温 0℃ ~ 13℃	年日平均气温≤ 5℃的日数 0 ~ 90d	云南大部、贵州、四川西南部、西藏南部一小部分地区
Ⅵ	7 月平均气温 <18℃ 1 月平均气温 0℃ ~ -22℃	年日平均气温≤ 5℃的日数 90 ~ 285d	青海全境，西藏大部，四川西部，甘肃西南部，新疆南部部分地区
Ⅶ	7 月平均气温≥ 18℃ 1 月平均气温 -5℃ ~ -20℃ 7 月平均相对湿度 <50%	年降水量 10 ~ 600mm 年日平均气温≥ 25℃的日数≥ 120d 年日平均气温≤ 5℃的日数≥ 110 ~ 180d	新疆大部，甘肃北部，内蒙古西部

6.3 白石画院SWOT分析

6.3.1 优势（STRENGTH）

（1）位于昭山风景区，整体生态环境优越；（2）交通区位优越，自然环境优美；（3）文化底蕴深厚，湖湘建筑多样且地域特色浓郁；（4）齐白石家喻户晓，容易吸引游客。

6.3.2 劣势（WEAKNESS）

（1）缺乏休闲性项目和宣传，配套设施低端；（2）季节性差异明显，游客量季节性差距大；（3）现状道路系统连续性差，东西南北关系脱节；（4）地域特色缺失。

6.3.3 机遇（OPPORTUNITY）

（1）示范区先行先试的政策优势，有力保障昭山未来的快速跨越发展，先行先试的政策优势使得白石画院拥有明显的比较优势；（2）世界各国旅游业蓬勃发展，我国经济快速发展，随着人均GDP的提高，人们对旅游的需求越来越多，特别注重文化的体验与追求。政府对文化旅游发展的高度关注，给白石画院的发展也带来了机会。

6.3.4 挑战（THREAT）

（1）白石文化是中国传统文化，如何将传统文化和湖湘传统建筑与现代建筑完美结合是白石画院建筑设计的一大挑战；（2）昭山风景区历史文化底蕴深厚，“山市晴岚”的自然风景美不胜收，如何让建筑与昭山和谐共处、创作良好的旅游环境是建筑设计的另外一大挑战。

6.4 白石画院建筑设计概念分析

白石画院的主题是“借山寄白”，齐白石别号中有借山翁、借山老人、借山吟馆主者、借山老叟、借山老子等，他的闲文印章画作中也有不少与借山有关，如“绕屋衡峰七十二”、“望白云山家南舍”、“连山好竹人家”、“故里山花此时开”等，他家附近有晓峡峰等，于是齐白石将自己的住所命名为借山吟馆。他对借山的解释为：“山不是我所有，我不过是借来娱目而已。”他不仅借家乡之山，也借他乡之山，并把所画所游之境整理编入《借山图卷》。

建筑也可以是一幅水墨画展品，借昭山之势若隐若现地在环境中展示着自己，同时建筑内部又借昭山之美景娱目和造景。这样一来，建筑、昭山与展品相辅相成。自古书画名人常寄情于山水之中表达对自然生活的向往。齐白石因为频年旅寄，同萍飘似的，所以取寄萍、寄园、寄萍堂主人等别号自慨。而齐白石作为湘潭人，将白石文化寄托在最有影响力的昭山示范区内的白石画院，能最大力度地弘扬白石文化。另外也有给后人寄予希望之意。白即代表白石文化，同时“白”又是颜色，能无形中诱发人们的想象，创作美妙的艺术境界。“计白当黑”的中国书画表现方式与建筑的表现方式相通，在设计中不需借助实物来显示空间，排除累赘的装饰，可使无景处成妙境，使建筑如同一张白宣纸，留给人们对白石文化无限的情感想象。

6.4.1 建筑形式的推演

充分理解使用者对传统文化和绘画艺术的理解是设计的前提，通过对中国绘画大家的作品品读，从吴冠中先生绘画作品中得出设计灵感，在现代人甚至后世之人与传统建筑的矛盾中借助吴冠中先生的现代艺术绘画理念，对历史文脉进行解读和再现。做到不拘泥于对历史厚重感的简单“复述”，而是呈现出更加简约化、抽象化、意境化的建筑形式。提取吴冠中画作中的建筑元素进行剥离、解构，再生成具有传统绘画意境和现代感的建筑语言。而建筑位于昭山麓位置，风景优美，适合观景，设计中结合画院的创作功能，最大限度地使建筑各方位都能领略到昭山美景，最大力度地激发创作灵感。建筑外立面的少量屋顶适应了周边建筑形式，同时也如同昭山山体风貌线的起伏错落，在昭山的环抱下展示着白石文化的同时，也展示着昭山美景与建筑本身（图6-6）。

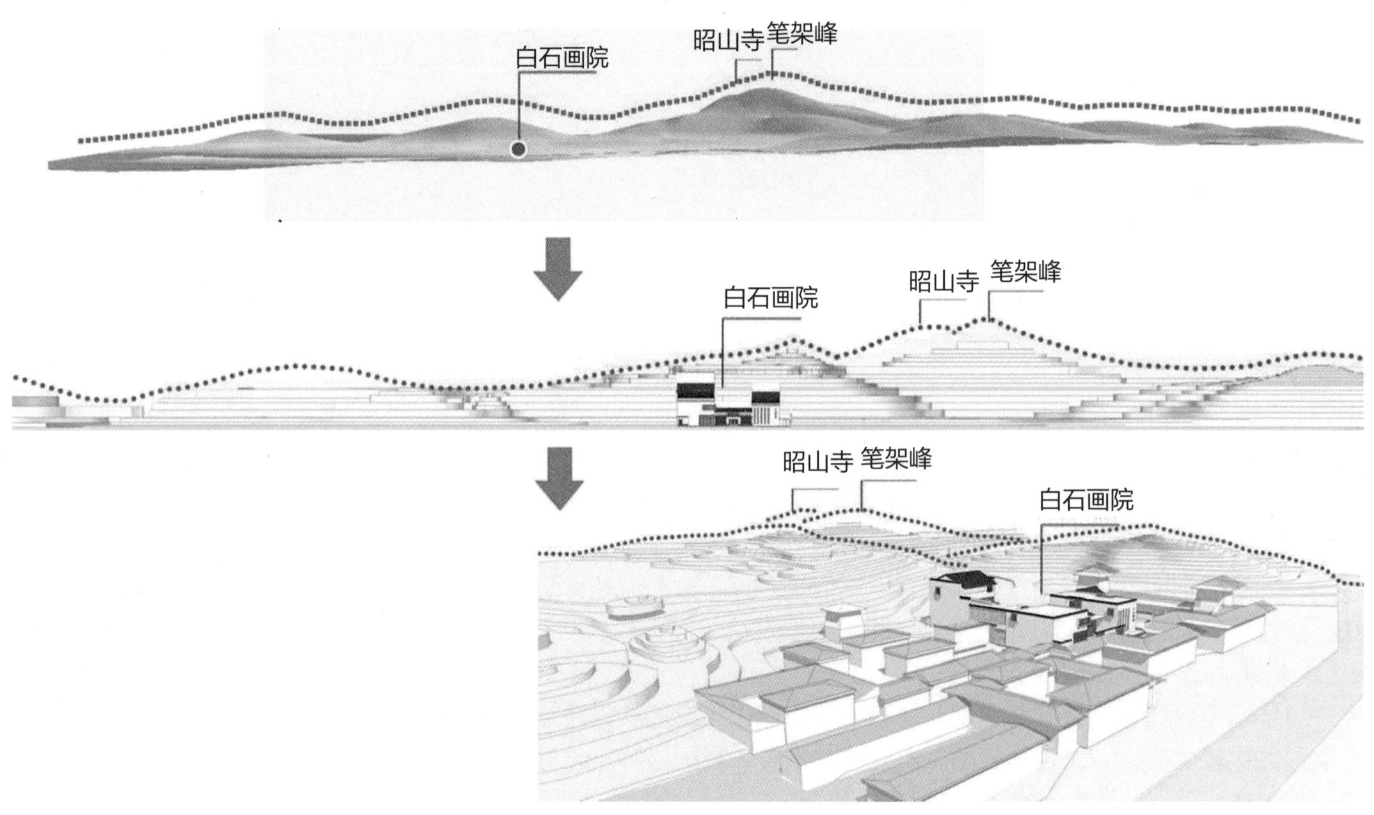

图6-6 白石画院与山体关系（图片来源：笔者自绘）

6.4.2 建筑形态的推演

1. 在山岳型风景区中，建筑过高会导致观景视线受阻，以及风貌线遭到破坏，在任务书的面积要求下根据建筑设计规范，画院类建筑展厅净高不宜低于4.5m，同时根据昭山风景区山体与人和建筑三角距离计算出当建筑不超过4.5m时可以在街上看到山体，所以将建筑中间体块控制在4.5m以下。

2. 根据建筑气候划分标准要求昭山地区建筑物必须充分满足夏季防热避西晒以及开敞通透的要求，所以西面通过建筑高差增加二层活动平台的阴影面积，达到夏季避晒的功能。

3. 通过地理信息系统计算出建筑西北方向观景位置极佳，利用场地优势，首先切割西北部分体块预留出后庭的观景空间，再切割二层西北方向体块预留二层观景露台，使以建筑为观察点的山景可视范围达到最大。

4. 根据建筑密度以及画院功能要求，建筑主入口需有集散空间，由此在满足建筑基本功能面积的情况下切割入口处体块预留集散空间。最后为了达到绘画意境中的山水向往以及弱化建筑生硬感和降低室外温度，在建筑周围增加水域使建筑更加灵动。

6.5 白石画院功能布局设计分析

白石画院处于风景区风情小镇内，由于政府经济政策指导和风景区商业街的地理位置决定了其经营性质是营利性的专业画院，使用者为画家、员工以及游客。其功能除了商业功能占比重比一般画院大以外，其他功能与大部分当代画院功能相同，包括创作、收藏、展示、交流、办公、商业的功能。

6.5.1 白石画院创作区布局

创作区主要由画家的创作室构成，白石画院以齐白石命名，画院的画种方面无疑是以国画为主，其他画种为辅。国画在创作空间以书画桌案为功能核心，在国画中一般以四尺以下的中小幅作品作为主流，同时国画创作空间私密性较高，人员流动少，适宜单人一间创作室。所以白石画院的创作区空间构成以中小型为主体，面积控制在20m^{2}左右。虽然中小型画作创作较多，但是由于白石画院的商业性质，往往会承接大尺寸的画作创作，例如酒店大堂或者办公及会议区背景墙等。这就要求有面积的创作室进行创作，大型创作室对室内尺寸、硬件和设备要求较高，按照《民用建筑设计规范》一般的建筑净高规定，画院创作室建筑净高宜控制在4.5m。在建筑中，画院创作区的空间与其他功能区区分，独立设置在建筑二层西南角，面积272m^2，在二层基础上将创作空间延伸至建筑三层，面积同样为272m^2，三层建筑可通向二层屋顶，形成一个画家独享的观景露台，无论在室内或是室外都能感受到昭山，激发创作灵感（图6-7）。

图6-7 白石画苑效果图（图片来源：笔者自绘）

6.5.2 白石画院藏品区布局

根据《展览建筑设计规范》（JCJ218-2012）规定藏品区面积不小于总建筑面积的8%，所以白石画院的藏品区面积不应小于200m^2。因为藏品区涉及藏品装卸和布展运输等问题，故而设置在靠近小镇街道的建筑空间内，室外出入口设置在主街上，便于货车装卸。同时与其他功能分区有明显区分，但是又与各个展厅有较便捷的联系，所以室内出入口设置在电梯旁，既便于二层展厅的藏品运输又与一层展厅有便捷联系。藏品区因为画种以国画为主，藏品的库房与技术用房皆以国画内容为主，且两区相邻便于沟通协作。藏品库房分为库前区，主要功能是登记出入白石画院的藏品，并分门别类。白石画院画种以国画为主，所以设置2间库房，分别放置国画与其他画种的藏品。每个库房根据不同画种分别做安全储藏措施。藏品技术区包括清洁晾置、干燥、装裱等功能在内，其中装裱所占空间最大，主要围绕装裱工作台进行活动，而装裱台一般以长方形为主，所以整个技术区空间呈长方形。

6.5.3 白石画院展览区布局

根据《展览建筑设计规范》(JCJ218-2012)中小于5000m^{2}的小型展厅陈列展览区及藏品库区面积占总建筑面积的45%~75%，所以白石画院展厅的面积设置在1200m^2，展厅包括常展展厅和临展展厅。由于临展展厅展品流动性大，所以布局在一层，方便藏品区经常运输藏品，而常展展厅布局在二层。

6.5.4 白石画院商业服务区布局

商业服务区包括与画院相关的纪念品商店、绘画体验室、便利店、茶室等。纪念品商店结合了主入口门厅设置，可以使仅购买纪念品和不观展的游客方便进入。绘画体验室设置在中庭公共区域旁，主要供有绘画意向的成人和儿童使用。众所周知，由于儿童的认知较少，很难全程配合家长观展。设置儿童体验室可以让儿童对国画有一定认知，生动的绘画可以让观展家长的孩子心甘情愿待在此，给了家长观展时间。同时为了保证儿童安全，儿童体验室设置在公共区域的醒目位置，靠近休闲空间并保持视线通透。

6.6 白石画院交通流线设计分析

交通流线包括画家创作流线、游客游览流线、员工活动流线、藏品运输路线、食品运输路线、交流交易路线。画家活动特点具有全时性，但是又与办公空间需要紧密联系，所以二者独立成片区但是又有较便捷的通道联系彼此，并且设置专门的入口能够在画院公共空间关闭时便捷进入创作室。游客游览流线基本涵盖了画院整个公共空间，同时与办公流线及创作流线有明显区分。藏品运输流线设置独立出入口及装卸平台，方便货车装卸及运输藏品到各展厅，在《建筑设计防火规范》5.4.8条中建筑内部的会议厅、多功能厅、展览厅等人员密集的场所，宜布置在建筑首层、二层或三层。一个厅、室的疏散门不应少于2个，建筑面积不宜大于400m^2。第5.5.8条中规定观众厅、展览厅、多功能厅、餐厅等其内部任意一点至最近疏散门或安全出口的直线距离不应大于30m。疏散门和安全出口净宽度不应小于0.9m，走道和楼梯净宽度不小于1.1米。首层外门净宽度不应小于1.2m，观众厅及公共空间密集场所疏散门不小于1.4m。综上所述，在白石画院中，每个展厅及人员密集的空间皆设置2个疏散门。建筑的西面与北面分别设置了2个安全出口。而建筑内每个房间距离最近安全出口的距离都保持在30m以内。疏散门的净宽度设置为双开门1.6m，安全出口的净宽度设置为双开门1.8m。疏散走道的净宽度设置为2m。

6.7 白石画院庭院设计

白石画院的庭院空间分为主入口前庭区、公共活动中庭区、观景后庭区，每个分区由建筑围合而成。庭院内的植物配置上使用了齐白石先生常绘植物题材中适宜昭山种植的乡土植物，例如石榴、鸢尾、枫树、海棠、荷等，以及具有“君子比德”思想的梅、兰、竹、菊、松等植物，营造了一个水墨意境的庭院空间（图6-8）。

图6-8　三楼画家观景露台效果图（图片来源：笔者自绘）

第7章 结论

至此，本文对以湖南省昭山风景区白石画院建筑设计为例的山岳型风景区文化建筑的文化传承和功能设计对策进行了论证，基于笔者对国内成功案例的调研分析以及设计实践，分析并探讨了当前画院建筑发展及现状的相关问题和解决办法。通过大量画院建筑实例的归纳总结和对比，笔者认为：

（1）山岳文化和自然环境是影响画院建筑形式的制约因素。在进行建筑设计时应尊重历史文脉和山体地貌，利用有利的条件，使建筑各空间得到最舒适的环境，同时将建筑与环境自然结合，形成视觉上的统一。

（2）山岳型风景区中的画院建筑，其建筑单体规模不宜过大。高度应控制在景区建筑平均高度。对自然环境的尊重是文化建筑最重要的设计原则。

（3）传统的画院建筑在功能和运营模式上已经不能满足现代社会发展的需求。画院建筑的功能布局应该以画院的功能和运营模式作为设计出发点，探究传统画院的空间布局如何满足功能需求而形成自身特点，同时再结合现代人的生活模式和社会需求进行研究，对传统画院和现代需求之间进行取舍。

（4）画院的主题影响着画院的建筑元素，例如以画家名字或地名等命名的画院，其建筑元素则不能脱离主题，应该适当地提取画院主题的文化内涵与元素进行抽象化、简约化表达，再运用到建筑设计中，使建筑成为更广阔的文化传承和传播媒介。

（5）画院作为我国历史悠久的文化机构，其建筑形式深受传统文化和建筑形式的影响。但是作为新世纪的画院建筑，应该是适当地提取传统文化元素，而不是盲目的克隆，做到不拘泥于对历史厚重感的简单“复述”，而是呈现出更加简约化、抽象化、意境化的建筑形式。

本文侧重研究了山岳型风景区画院建筑设计，以中国水墨画文化表达和画院功能布局为基点，分析建筑形态、文化、景区地形地貌、生态等方面，并通过与画院相关的优秀案例的结合，系统地总结了山岳型风景区文化建筑设计的可行性，并以此来指导具体的设计实践工作。

参考文献

[1] 周维权．山岳型风景名胜区的建筑[J]．建筑学报，1987-05-31.

[2] 陈英桦．以审美角度浅析文化建筑的环境艺术设计[J]．武汉：设计艺术与研究，2011.03.

[3] 杨诚．文化筑就建筑灵魂．山东：青岛理工大学学位论文，2013.6.15.

[4] 周维权著．园林·山水·建筑[M]．天津：百花文艺出版社，2006：366.

[5] 黄汉民．新建筑地方特色的再探索——记福建省画院的创作构思[J]，建筑学报，1993.01.

[6] 吕思训．中国传统水墨画在现代建筑中的表现[J]．上海工艺美术，2014.09.15.

[7] [日]进士五十八，[日]铃木诚，[日]一场博幸．乡土景观设计手法[M]．李树华，杨秀娟，董建军译．北京：中国林业出版社，2008.

[8] 伯纳德·鲁道夫斯基．没有建筑师的建筑[M]．高军译．北京：天津大学出版社，2011.

[9] 彭一刚．传统村镇聚落景观分析[M]．北京：中国建筑工业出版社，1992.

[10] 陈威．景观新农村[M]．北京：中国电力出版社，2007.

[11] 王铁等．踏实积累——中国高等院校学科带头人设计教育学术论文[M]．北京：中国建筑工业出版社，2016.

[12] 西蒙兹．景观设计学[M]．俞孔坚译．北京：高等教育出版社，2008.

[13] [苏]阿尔曼德．景观科学理论基础和逻辑数理方法[M]．李世玢译．北京：商务印书馆，1992.

[14] 芦原义信著．外部空间设计[M]．尹培桐译．北京：中国建筑工业出版社，1985.

[15] 孙筱祥．园林设计和园林艺术[M]．北京：中国建筑工业出版社，2011.

[16] [美] 克莱尔・库珀・马库斯，[美] 卡罗琳・弗朗西斯．人性场所：城市开放空间设计导则 [M]．俞孔坚译．北京：中国建筑工业出版社，2001.
[17] 周维权．中国古典园林史 [M]．北京：清华大学出版社.
[18] [英] 杰弗瑞・杰里柯，[英] 苏珊・杰里柯．图解人类景观：环境塑造史论 [M]．刘滨谊译．上海：同济大学，2006.
[19] 舒尔茨著．存在・空间・建筑 [M]．尹培桐译．北京：中国建筑工业出版社，1990.
[20] 盖尔著．交往与空间 (第四版) [M]．何人可译．北京：中国建筑工业出版社，2002.
[21] 朱文一．空间・符号・城市 [M]．北京：中国建筑工业出版社，1993.
[22] 麦克哈格著．设计结合自然 [M]．黄经纬译．天津：天津大学出版社，2006.
[23] 肯尼斯・弗兰普顿．建构文化研究 [M]．王骏阳译．北京：中国建筑工业出版社，2007.
[24] 刘昊．黟县美溪乡打鼓岭风景区内建筑与环境的关联性研究 [D]．安徽：合肥工业大学，2012.
[25] 郑晓程．乡土树种在长沙城市园林绿化中的应用及评价 [D]．中南林业科技大学，2015.
[26] 马晓鸣．平凉市崆峒山"泾水旅游小镇"建筑形式设计研究 [D]．西安建筑科技大学，2016.
[27] 柳静．湘潭窑湾文化旅游街区建筑与环境设计研究 [D]．湖南大学，2016.
[28] 张小妹．北宋翰林图画院研究 [D]．河北大学，2013.
[29] 王望．以史为鉴借古开今——宋代画院的范式对当代中国画院建设的启示 [D]．陕西师范大学，2016.
[30] 卢强．复杂之整合——黄山风景区规划与建筑设计实践研究 [D]．清华大学，2002.
[31] 白雪．乡土语境中的建筑创作——九华山风景区建筑设计研究 [D]．清华大学，2002.
[32] 冼剑雄．艺术村落　文化山脉——广东画院方案设计 [J]．园林规划与设计，2013.
[33] 李敏．景观建筑在旅游风景区中的应用前景展望 [J]．黑龙江：科技信息，2015.
[34] 王婷．文化旅游小镇的景观设计探索——以陵水黎族自治县黎安风情小镇为例 [J]．城市规划，2014.
[35] 周厚均．湘潭昭山示范区生态环境建设规划研究 [J]．中外建筑，2012.
[36] 左建桥．昭山风景旅游资源及开发总体设想 [J]．中南林业调查规划，2001.
[37] 宋焱．昭山自然保护区生态旅游业发展的SWOT分析 [J]．当代教育理论与实践，2011.
[38] 姚宇澄．四明山庄——江苏省国画院 [J]．建筑学报，1987-09-28.
[39] 王杨．广东画院新址工程 [J]．城市建筑，2007．09．20.

昭山风景区白石画院建筑设计

Expression of Qi Baishi's Culture through Mountains —Architectural Design of Baishi Painting Academy in Zhaoshan Scenic Area

基地概况

白石画院位于湘潭市西塘区昭山风景区内，地处长、株、潭三市中心，距离三市均约20公里，半小时内可以通达，享有湖南“金三角”之美誉。长三角、珠三角、武汉城市群等外省大型经济圈也在2小时辐射范围内。上瑞高速与京珠高速在此交会，并设有互通出入口；107国道与320国道纵横交错；城际轨道通过并设站；设计范围内由风景区主入口的景观道路和次要景观道路进入，白石画院位于小镇北入口的主街道上，交通位置十分优越。

区位分析

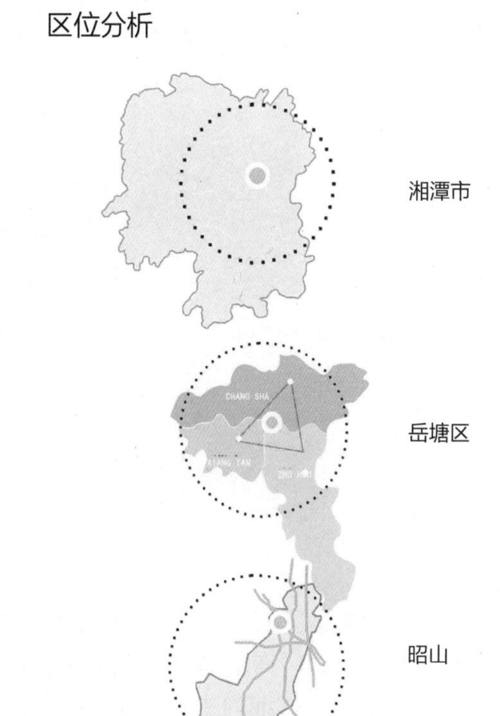

交通分析

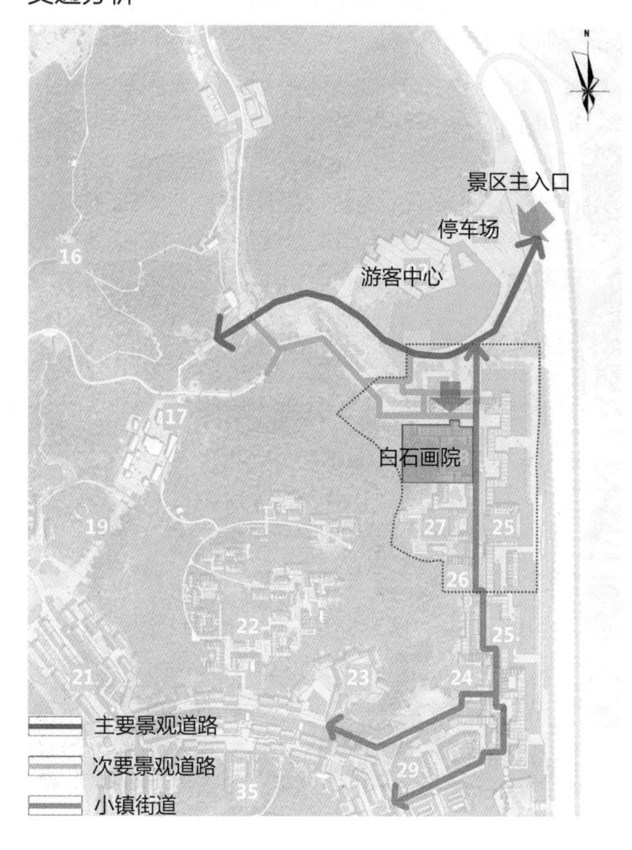

坡度分析

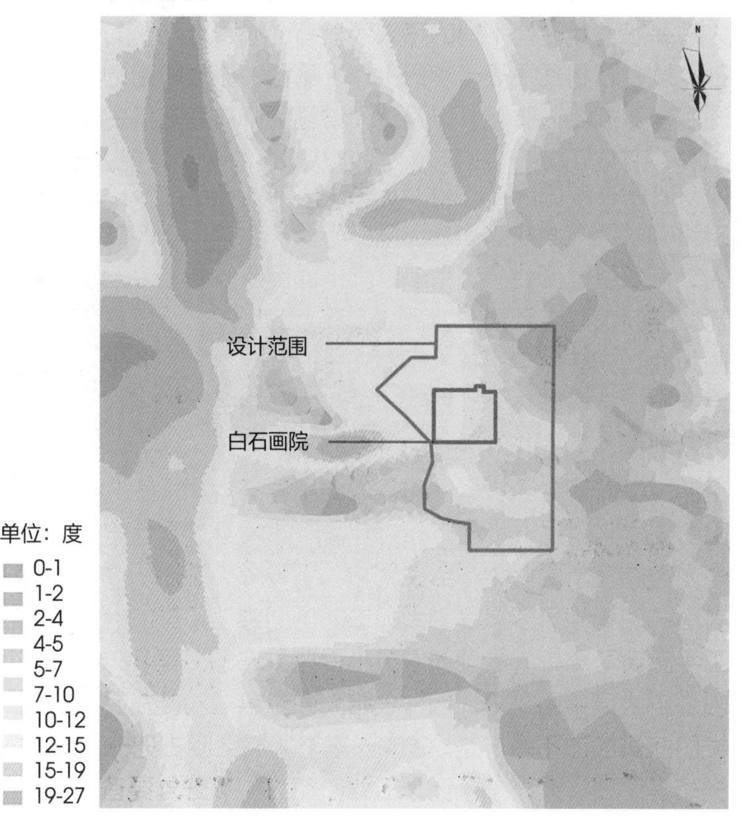

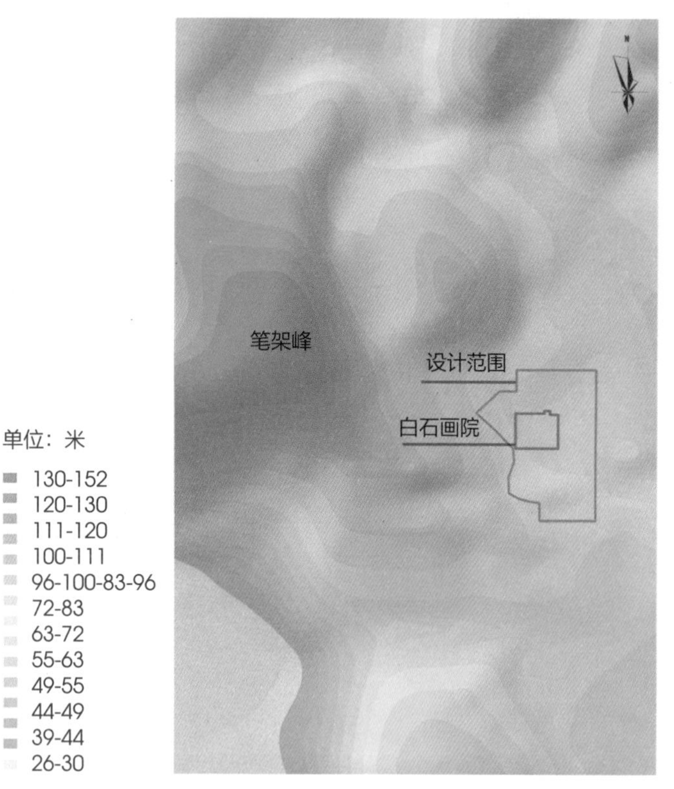

高程分析

可视性分析

昭山风景区属亚热带季风性湿润气候，温和湿润，植被茂盛。季节变换明显，冬寒夏热，雨量充沛，通过地理信息系统（GIS）得出昭山风景区的高程，其中最高点笔架峰185米，整个地块相对高差较小，呈中高周低大体格局，主要以山体、谷地为主，设计范围内属山麓位置，地形相对平缓。当白石画院为观察点时，可以计算出建筑的可视范围。由此可以得出建筑西北方向能看到昭山风景区最高峰，观景位置极佳，可以设计观景平台、玻璃窗等。

昭山风景区文化底蕴深厚、人文资源丰富，既有宗教文化，又有革命文化；既有古代文化，也有近现代文化。山上有建于唐初的昭阳寺。山下有与岳飞齐名的北宋抗金名将太尉刘琦的故宅；有著名的民主主义革命家、鉴湖女侠秋瑾灵柩停厝处及秋瑾亭；有近代民主革命先驱黄兴生母罗氏夫人和继母易氏夫人的合葬墓；有一代伟人毛泽东青年时代下榻的伟人亭；有“横刀立马”的军事家彭德怀元帅1921年遇难脱险的将军渡。还有楚昭王南征、抗金名将岳飞妻（李氏）儿（岳雷）流放岭南的足迹和纪念地；有北宋著名书画家米芾和南宋著名理学家、湖南学派创始人张轼，以及近代绘画大师齐白石等的画作和题诗。而昭山，作为长株潭地区的名山，耸立在湘江之畔，海拔185米，被列为“潇湘八景”之一。这里齐聚了湖湘各地民俗文化，如：槟榔文化、诗画文化、制酱文化、会馆文化、灯芯糕铺、湖南腊菜、浏阳豆豉、永丰辣酱、安化黑茶、古窑遗韵……

昭山古寺

千手观音寺

魁星楼

宋代 张远《山市晴岚》

齐白石

刘锜

秋瑾

毛泽东

彭德怀

白石画院建筑设计概念分析

“借山寄白”，是由齐白石别号中的借山联想而来，他对借山的解释为：“山不是我所有，我不过是借来娱目而已。”他不仅借家乡之山，也借他乡之山，并把所画所游之境整理编入《借山图卷》。

建筑也可以是一幅水墨画展品，借昭山之势若隐若现地在环境中展示着自己，同时建筑内部又借昭山之美景娱目和造景。这样一来，建筑、昭山与展品相辅相成。

自古书画名人常寄情于山水之中表达对自然生活的向往。齐白石因为频年旅寄，同萍飘似的，所以取寄萍、寄园等别号自慨。而齐白石作为湘潭人，将白石文化寄托在最有影响力的昭山示范区内的白石画院，能最大力度地弘扬白石文化，另外也有给后人寄予希望之意。白即代表白石文化，同时“白”又是颜色，能无形中诱发人们的想象，创作美妙的艺术境界。“计白当黑”的中国书画的表现方式与建筑的表现方式相通，在设计中不需借助实物来显示空间，排除累赘的装饰，可使无景处成妙境，使建筑如一张白宣纸，留给人们对白石文化无限的情感想象。

建筑形式的推演

充分理解使用者对传统文化和绘画艺术的理解是设计的前提，通过对中国绘画大家的作品品读，从吴冠中先生绘画作品得出设计灵感，在现代人甚至后世之人与传统建筑的矛盾中借助吴冠中先生的现代艺术绘画理念，对历史文脉进行解读和再现。做到不拘泥于对历史厚重感的简单“复述”，而是呈现出更加简约化、抽象化、意境化的建筑形式。提取吴冠中画作中的建筑元素进行剥离、解构，再生成具有传统绘画意境和现代感的建筑语言。而建筑位于昭山麓位置，风景优美，适合观景，设计中结合画院的创作功能，最大限度地使创作者在建筑各方位都能领略到昭山美景，最大力度地激发创作灵感。建筑外立面的少量屋顶适应了周边的建筑形式，同时也如同昭山山体风貌线的起伏错落，在昭山的环抱下展示着白石文化的同时也展示着昭山美景与建筑本身。

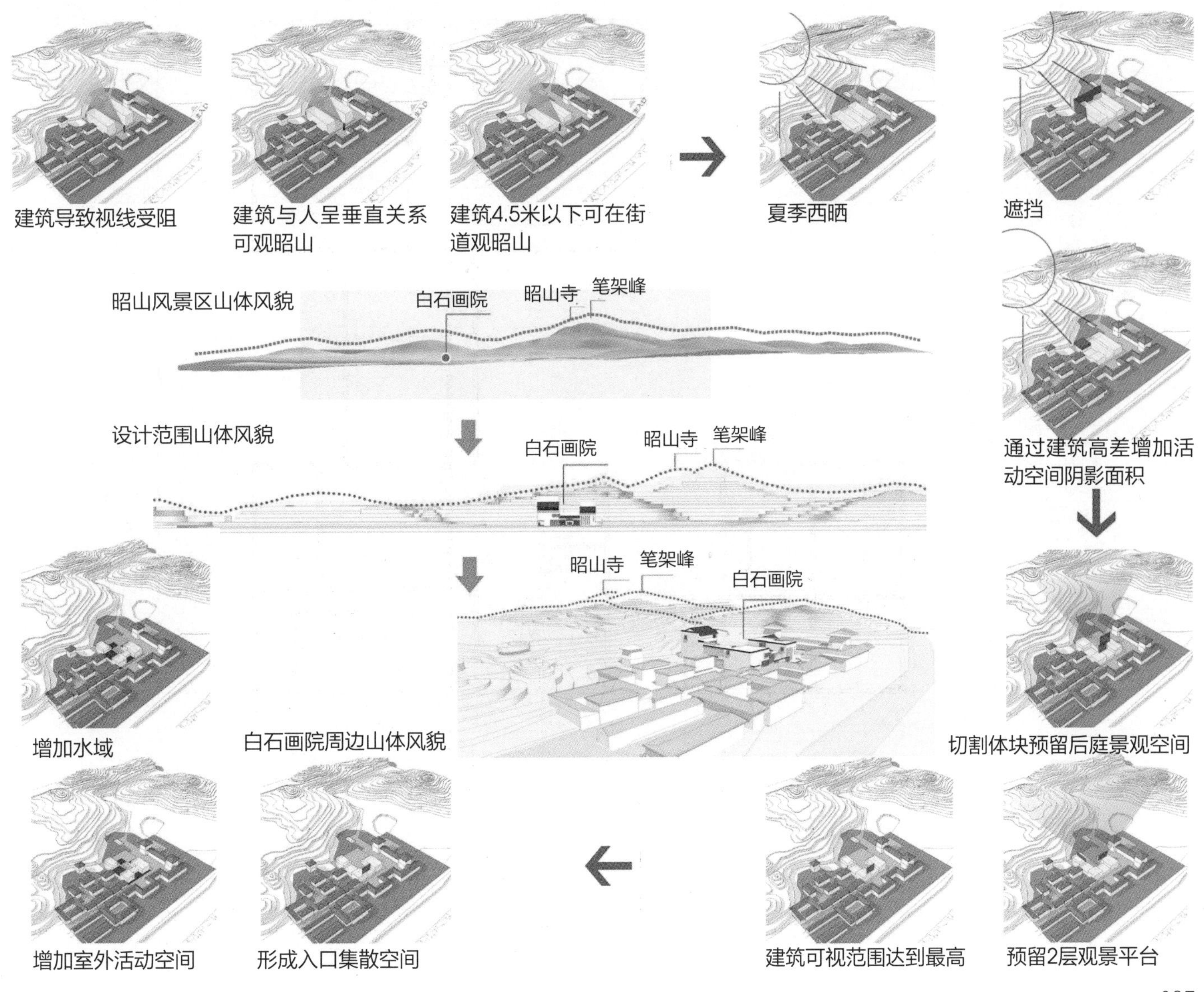

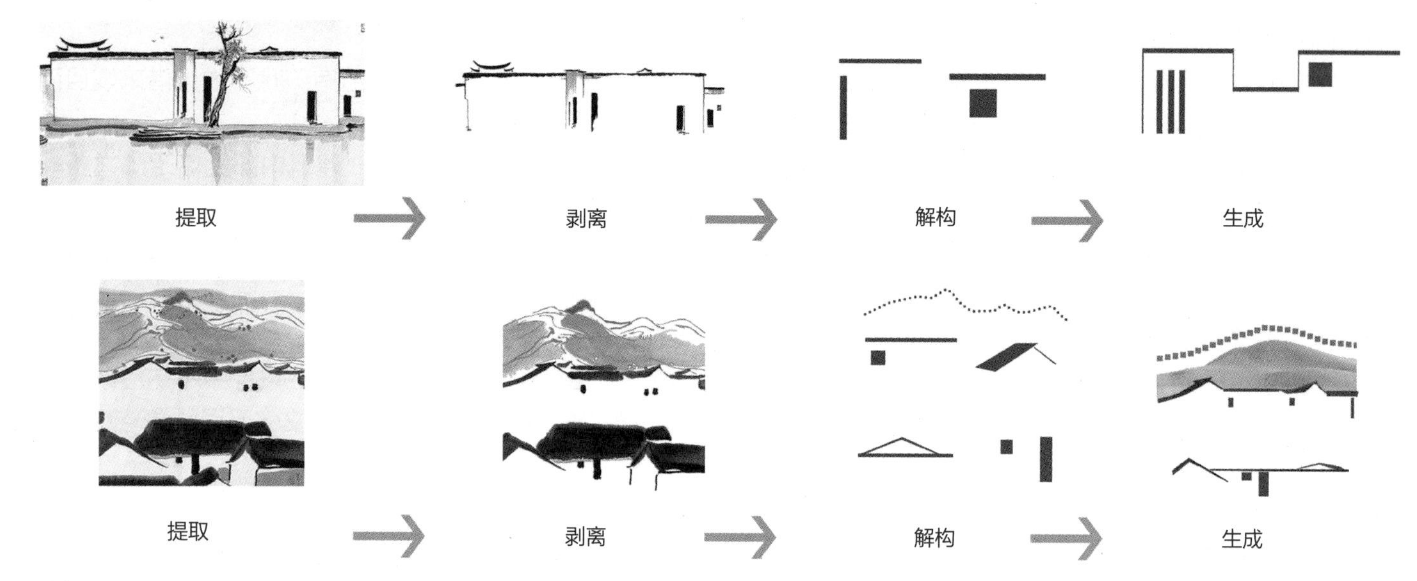

建筑形式的推演分析

白石画院一层平面图

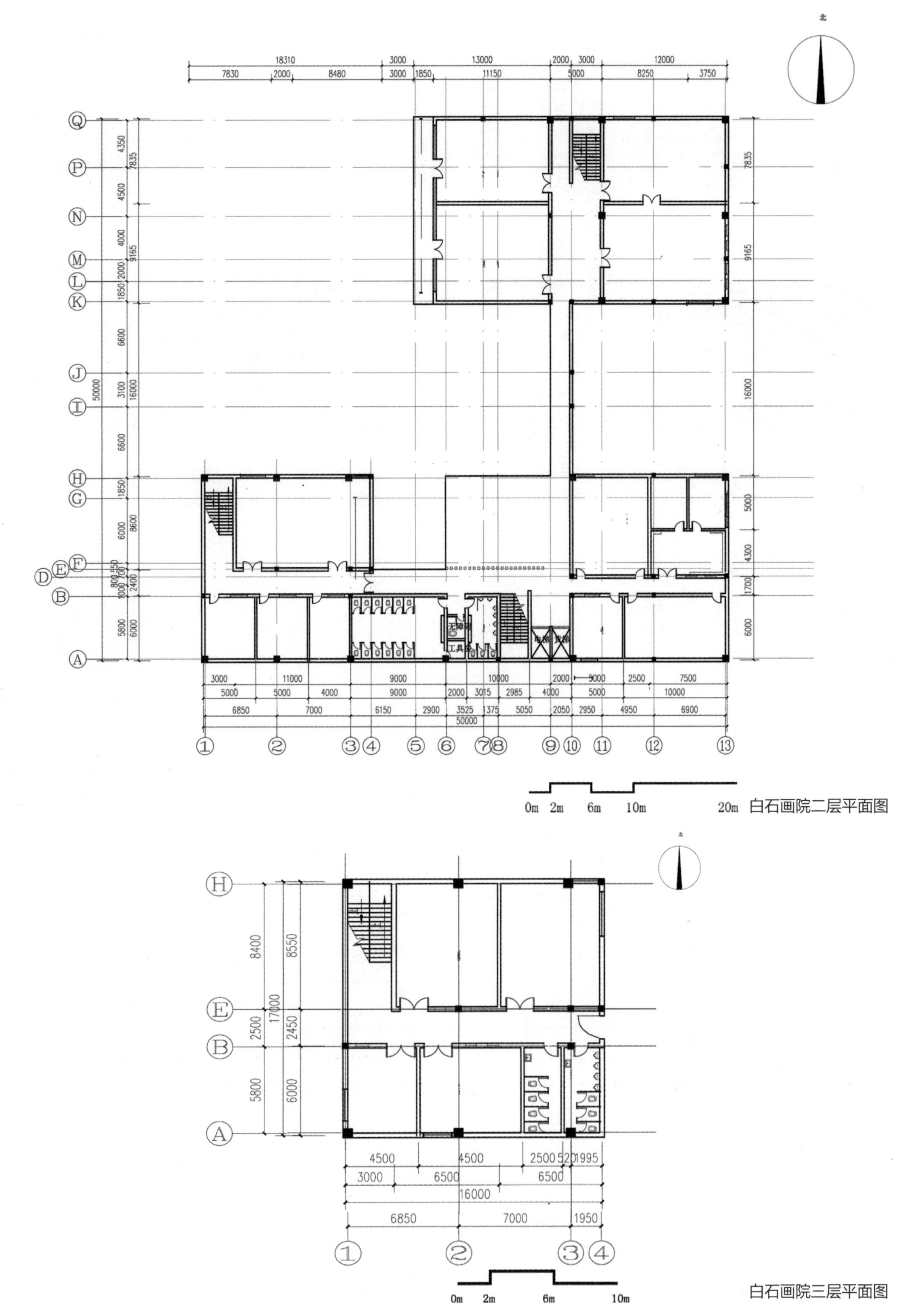

白石画院二层平面图

白石画院三层平面图

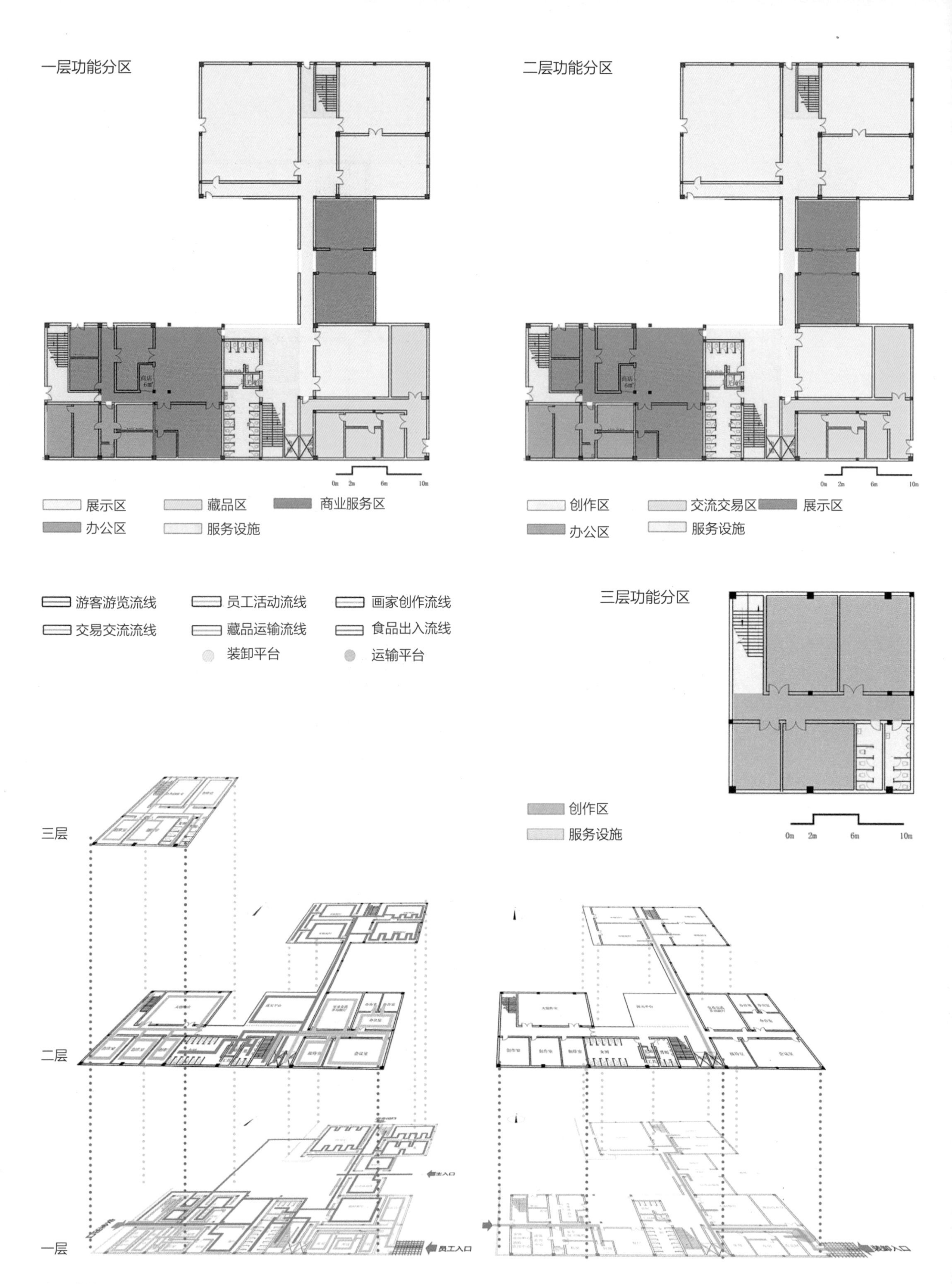
一层功能分区
0m 2m 6m 10m
展示区
藏品区
商业服务区
办公区
服务设施
二层功能分区
0m 2m 6m 10m
创作区
交流交易区
展示区
办公区
服务设施
游客游览流线
员工活动流线
画家创作流线
交易交流流线
藏品运输流线
食品出入流线
装卸平台
运输平台
三层功能分区
创作区
服务设施
0m 2m 6m 10m
三层
二层
一层
主入口
员工入口
装卸入口

交通流线分区

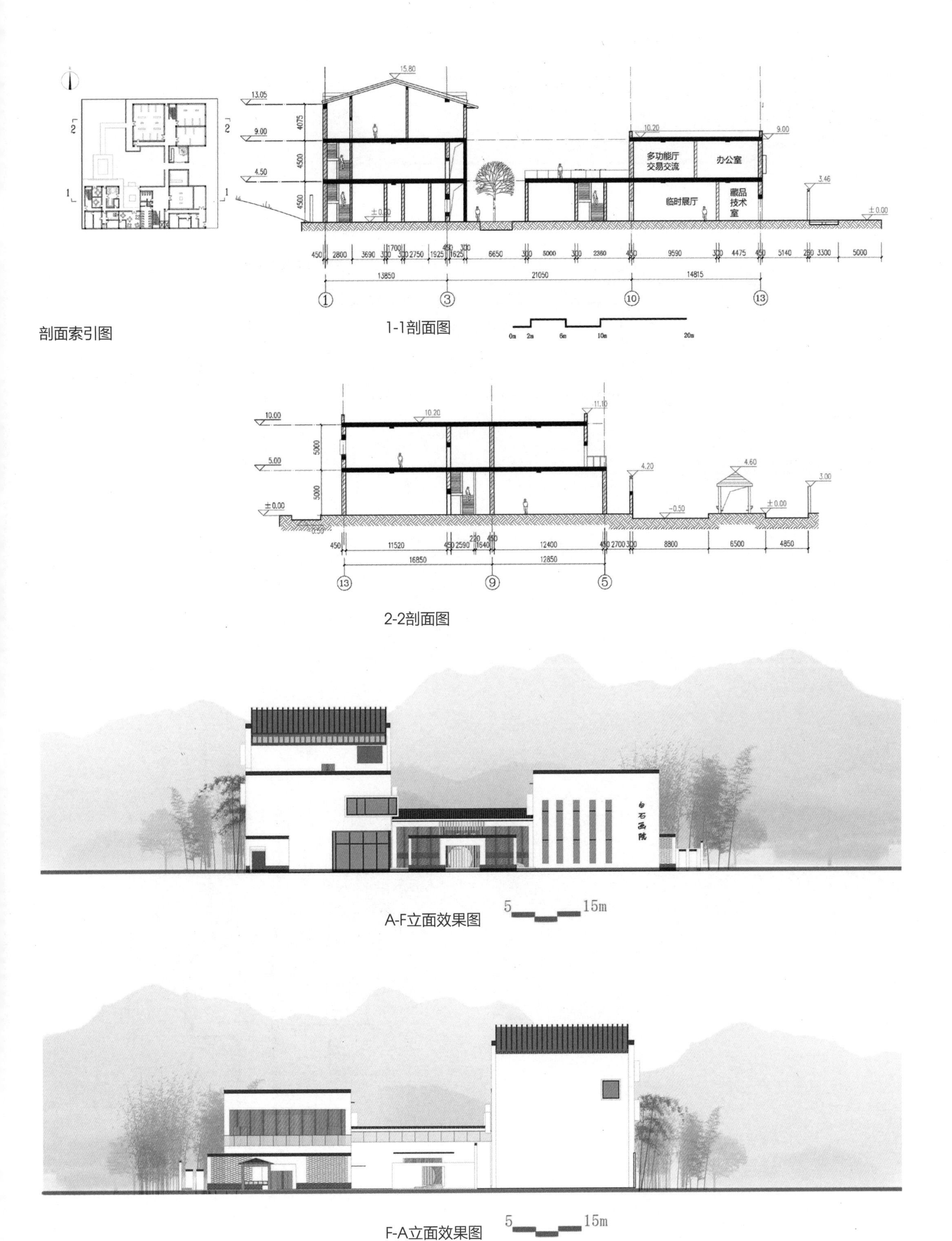
1-1剖面图
2-2剖面图
A-F立面效果图
F-A立面效果图
剖面索引图
多功能厅
交易交流
办公室
临时展厅
藏品
技术
室

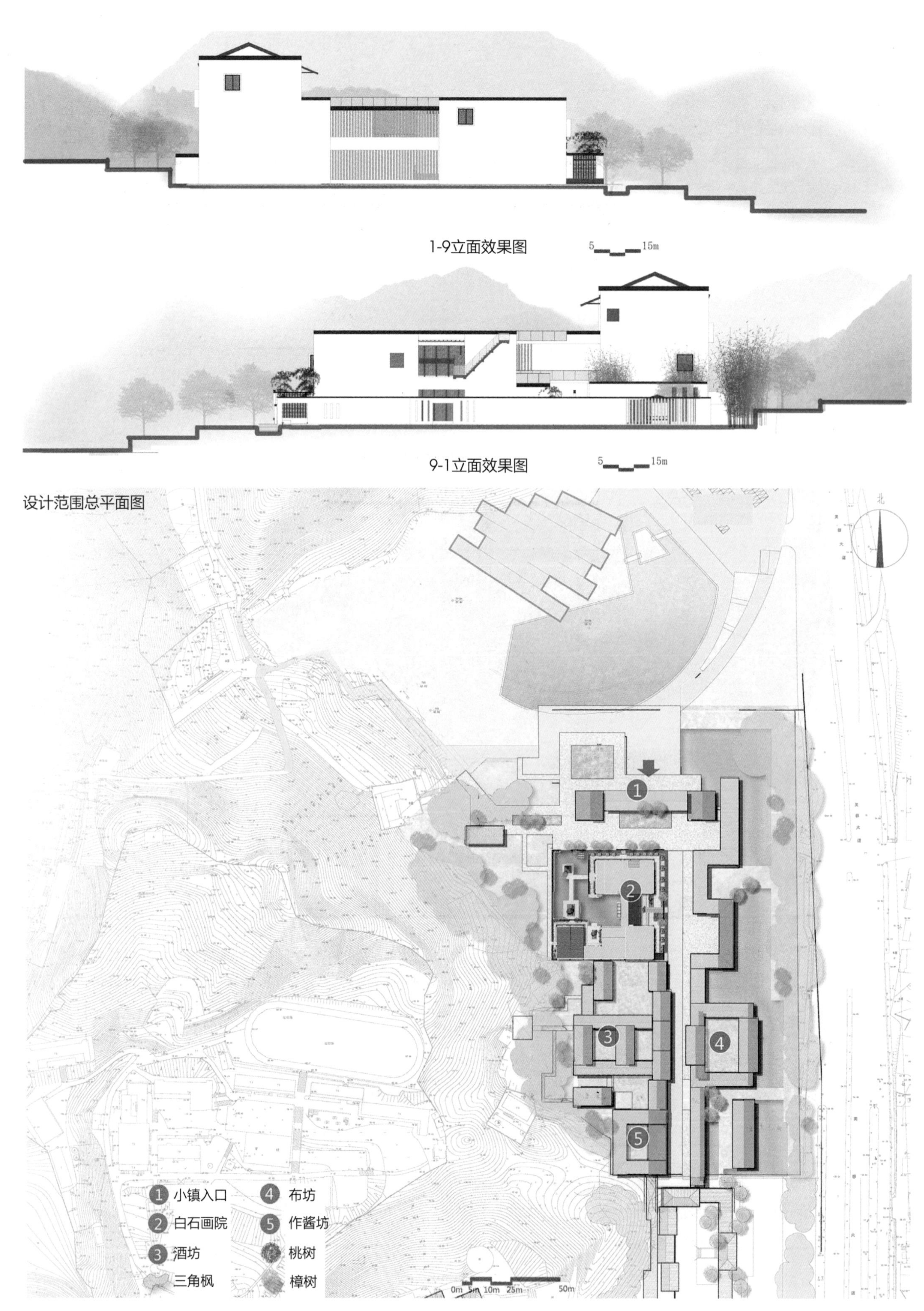

1-9立面效果图
5
15m
9-1立面效果图
5
15m
设计范围总平面图
1 小镇入口
2 白石画院
3 酒坊
4 布坊
5 作酱坊
桃树
三角枫
樟树
0m 5m 10m 25m 50m

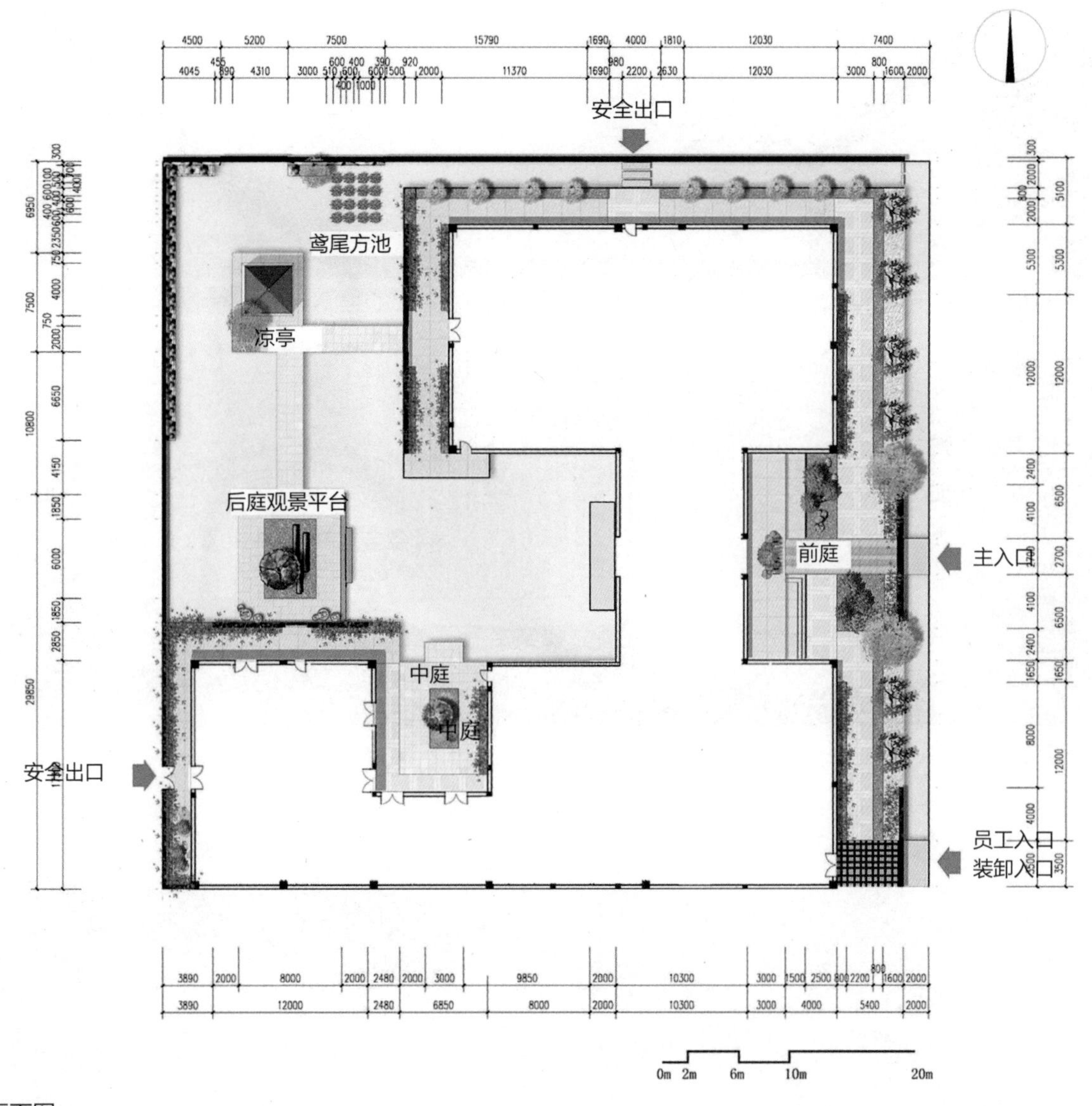

白石画院总平面图

白石画院鸟瞰图

入口大门效果图

中庭效果图

二楼休息露台效果图

后庭效果图

昭山上俯瞰白石画院效果图

二楼展厅外露台观景效果图

湖湘书院空间形态研究（1）

潭州书院建筑设计

Application Research in the Space Design of Modern Academy in Hunan Culture The Design of Tanzhou Academy

昭山风景区潭州书院建筑设计（2）

Architectural Design of Tanzhou Academy in Zhaoshan Scenic Spot

青岛理工大学艺术学院　张彩露

Qingdao University of Technology Academy of Arts，Zhang Cailu

姓　名：张彩露　硕士研究生二年级

导　师：谭大珂　贺德坤

　　　　张　茜　李洁玫

学　校：青岛理工大学

专　业：工业设计工程

学　号：160852373453

潭州书院效果图

潭州书院，位于昭山文化小镇，提炼之后，认为在设计上要把握住它的自然要素和书院本身具有的文化底蕴，将设计重点突出在隐于山市的建筑形态特征和显于情岚的湖湘文化情怀上。

湖湘书院空间形态研究

潭州书院建筑设计

Application Research in the Space Design of Modern Academy in Hunan Culture

——The Architecture Design of Tanzhou Academy

摘要：书院作为我国古代一种重要的文化教育场所。历史上，书院建筑与景观为满足其“教育、藏书、祭祀”这三大事业的需求，形成了其特有的空间布局与形式，也集中反映了中国古代文人的环境建设理念和景观审美要求。随着时代变迁，书院文化、建筑、功能等虽已发生了转变，但书院文化在文化教育、历史传承、建筑景观等众多方面仍影响深远。与其他文化建筑相比，书院建筑可以更加鲜明地反映出中国传统文化中的优秀思想，更加直接地展现优秀文化中的精髓，更加紧密联系人、文化、建筑空间的关系。书院建筑无论在选址、形态还是建筑空间的营造上都注重秩序与和谐这两大方面，充分地体现了我国书院文化中的“礼”“乐”制度和寓教于景的教学情怀，而这在今天愈发具有研究价值。

湖湘地区是我国古代书院分布最为密集、文化影响力最大的区域之一，有过光辉的书院发展史。本论文以湖南潭州书院为研究对象，通过查阅史料和实地调研，对湖湘文化的研究以及湖湘文化影响下传统书院的空间组成序列和空间形态、书院建筑的构造及装饰手法等多方面进行分析、对比并提出问题。在潭州书院建筑空间设计中，结合当地的人文环境和自然环境，运用现代的设计手法去表现传统空间秩序，注重设计空间功能的多样化，注重人与空间之间的互动性，注重建筑和景观的协调关系，突出建筑景观空间公共性和开放性的特点，力图让不同的社会群体可以更加直接参与其中，并从中感悟蕴含其中的中国传统文化精神。

关键词：湖湘文化；潭州书院；空间形态；建筑设计

Abstract: Academy of classical learning was an important cultural and educational institution in ancient China. The history of College of architecture and landscape to meet the need of the education, books and worship "the cause of the three demand, formed the space layout and its unique form, also reflects the concept of environment and landscape aesthetic requirements of the construction of China ancient literati. With the change of times, academy culture, architecture and function have changed, but academy culture still has far-reaching influence on culture, education, history, architecture and landscape. Compared with other cultural buildings, academy building can be more vivid reflect Chinese excellent ideas of traditional culture, more directly reflects the essence of excellent culture, closer contacts, culture, relationship of architectural space. The architecture in the location, regardless of form or building a space to order and harmony of these two aspects, fully embodies the Chinese Academy Culture of "Li" and "Yue" system and teach and scene teaching feelings, which today has more research value.

Hunan area is one of the most densely distributed and influential areas of Ancient Academy in China. It has a glorious history of academy development. This paper takes Hunan Tanzhou College as the research object, through access to historical data and on-the-spot investigation of Hunan culture research and culture under the influence of traditional academy space structure and decoration sequence and space form, academy construction and other aspects of analysis, comparison and put forward the problem. In Tanzhou academy building space design, combined with the local cultural and natural environment, using modern design techniques to the performance of the traditional spatial order, pay attention to diverse functional design space, focusing on the interaction between people and space, focusing on coordination between architecture and landscape, highlight the characteristics of landscape architecture and open the public space and try to get the different social groups can be more directly involved, and sentiment contains one of the China from the spirit of traditional culture.

Keywords: Huxiang Culture, Tanzhou Academy, Space Form, Architectural Design

第1章 绪论

1.1 研究背景

1.1.1 社会背景

中华文化底蕴深厚，书院作为我国古代最重要的教育形式之一，曾在文化传播、推动社会进步等方面起到关键的作用。作为一种传统的教育方式，它在教育中的重要影响已随时间的推移而削减，但书院所蕴含的书院文化已成为现代社会精神文明的重要构成。特别是随着习近平总书记在全国思想工作会议上，指出“中华优秀传统文化是中华民族的突出优势，是我们最深厚的文化软实力。”深刻明确了文化产业实力是衡量国家富强、民族振兴的重要标志。因此，书院作为我国书院文化的重要载体应得到足够的重视，延续其在社会、文化、经济等方面的价值，是保护这种独特建筑类型、文化现象的重要途径，同时也是增强文化国际竞争力的必由之路。

1.1.2 文化背景

湖南是我国古代书院分布最为密集、文化影响力最大的区域，湖湘文化作为中华文化的重要分支且占据着显著地位。湖湘文化历史悠久，造就了“中兴将相，什九湖湘”的盛誉，除此之外，湖南教育在全国也具有极高的地位，湖南书院作为承载文化教育的载体，以一种历史悠久的、古老的、多功能的文化建筑形态呈现在我们面前。

近年来，国家政府在弘扬中国文化软实力的浪潮推动下，开始把关注的焦点重新放到了书院的规划建设中，但随着时代的不断发展，传统书院保守性、单一性和私密性的空间形态受自然因素、社会因素以及人们活动思想转变的制约，无法更好地将人、文化、建筑空间三者紧密地联系在一起，从而阻碍了优秀传统文化的发扬。

1.2 研究目的及意义

1.2.1 社会意义

书院作为历史积淀下产生的文化建筑，对传承发扬中国传统文化起着至关重要的作用。对于书院外部宏观空间环境的研究以及对微观空间序列的变化和组合、空间形态的特征和构成、空间层次、空间类型的研究，以小见大，由表及里地嵌入深层结构来阐述书院空间形态的物质层面和精神层面的内在规律，针对其缺乏公共性、开放性的特点，提出符合现代人们需求的建筑空间，创建一个更好的文化传承和传播的平台，这对于现代书院的发展具有重要的意义。

1.2.2 文化意义

书院是古代传统文化和儒家思想传播与创新的基地，是各级地区文化教育的中心，历史的记忆需要借助文化的架构，书院在古代文化历史发展中有着重要贡献。湖南地区的传统书院是湖湘文化的摇篮和发源地，与当代湖南地区的地域文化息息相关，传统书院空间布局相对严谨，不够灵活，本文力图从书院建筑形态进行创新和尝试，通过对于现代书院空间形态的重新排列组合，保留其空间原有的功能，结合当地地域因素、人文因素，不断完善空间功能作用，使人身入书院便能切身感受到湖湘文化中“寓教于景”、“寓教于乐”的文化内涵，引发人们更深层次地思考书院精神，同时有利于弘扬传统文化，增强民族自信。

1.2.3 经济意义

在国家深化文化体制改革下，乡建旅游日趋发展，书院借助乡旅这一平台，在当代价值的实现方式和传播方式中起着重要作用，在强调书院文化的同时，兼顾书院相关产品服务的经济属性和产业功能，增强乡建旅游的文化气息和综合体验，促进其业态发展，为地方文化、经济的发展塑造新品牌。

1.3 国内外相关研究综述

1.3.1 国内研究现状

我国古代对书院有相当丰富的记载，普遍出现在地方志和文集中。此类文章多对该书院的时代背景、建造状况、运营状况等进行记载与描述，多以书院个体为记。明清时期书院普及，对书院的专著逐渐增多，如明代周汝登的《论书院》，至清末，伴随封建社会瓦解、西方文化侵入，书院这一教育制度面临终结，这一时期也迎来了一系列对书院的总结性研究，例如1934年中华书局出版的《中国书院制度》，详述了我国书院的起源、发展与废替（表1-1、表1-2）。

近年来，人们对于书院的研究开始进入一个新的阶段，在教育界、文学界和史学界同时对书院展开广泛的调查，逐步形成了一个新的概念——“书院文化”（表1-3、表1-4）。邓洪波先生则在《中国书院史》中，从书院文化功能的角度解释书院是“中国古代人享受新的印刷技术，在儒、佛、道融合的文化背景之下，围绕着书，开展包括藏书、读书、教书、讲书、修书、著书、刻书等各种活动，进行文化积累、研究、创造与传播的文化教育组织”。对于书院的解释，教育史家王炳照先生认为书院是指“私人创建或主持为主，收藏一定数量的图书，聚徒讲学，重视读书自学，师生共同研讨，高于蒙学的特殊教育组织形式”。

湖南历代书院数量及全国排名　　表 1-1

朝代	全国总数	湖南总数	全国排名
唐	50	8	1
宋	515	70	4
元	406	44	4
明	1962	133	6
清	5836	378	7

湖南四大流域历代书院分布　　表 1-2

朝代	湘江		资江		沅江		澧江	
	数量	比例	数量	比例	数量	比例	数量	比例
唐	6	75%	0	0	1	12.5 %	1	12.5 %
北宋	11	91.67 %	0	0	0	0	2	8.33 %
南宋	48	78.69 %	3	4.92 %	8	13.11 %	2	3.28 %
元	31	70.45 %	3	6.82 %	2	4.55 %	8	18.18 %
明	89	66.92 %	13	9.77 %	21	15.79 %	10	7.52 %
清	253	66.93 %	27	7.14 %	75	19.84 %	23	6.08 %

石鼓书院历代主要建造设施一览表　　表 1-3

建造设施	宋元	明	清	现代	功能
朱陵洞	▲	▲	▲	▲	遗迹
栈道	▲	▲	▲	▲	游憩
合江亭	▲	▲	▲	▲	游憩
流杯池	○	▲		△	游憩
敬义堂	○	▲	△	△	教学
号房	○	▲	△	△	斋舍
讲堂	▲	▲	▲	大观楼	教学、藏书
圭静斋 定性斋	○	▲	△	△	斋舍
先师燕居堂	▲	大成殿	▲	孔子像	祭祀
诸葛武侯祠	▲	▲	▲	▲	祭祀
李忠节公祠	△	▲	▲	▲	祭祀
广益堂	○	▲	△	△	祭祀
陈公祠	○	▲	△	△	祭祀
四贤祠	○	▲	△	△	祭祀
二守祠	▲	▲	△	△	祭祀
白石讲院	○	▲	△	△	教学、祭祀
仰高楼	▲	▲	△	△	游憩
风零亭	▲	▲	△	△	游憩
禹碑亭	○	○	▲	▲	遗迹

注：▲有 △没有 ○不确定

城南书院古代主要建造设施一览表　　表 1-4

建造设施	宋	清	功能	建造设施	宋	清	功能
禁蛙池	△	▲	入口	听雨舫	▲	▲	游憩
牌坊（岳峻、湘清）	△	▲	入口	蒙轩	▲	▲	
兰蓝升庭	△	▲	教学	蒙轩亭	▲	▲	游憩
讲堂	▲	▲	教学	柳堤	▲	○	游憩
礼殿	△	▲	祭祀	月谢	▲	▲	游憩
文星楼	△	▲	祭祀	濯清亭	▲	○	游憩
南轩祠	△	▲	祭祀	西屿	▲	○	游憩
文庙	△	▲	祭祀	琼挣谷	▲	▲	游憩
名宦乡贤祠	△	▲	祭祀	梅堤	▲	○	游憩
船山祠	△	▲	祭祀	纳湖	▲	▲	游憩
书楼	▲	御书楼	藏书	东渚	▲	○	游憩
丽泽堂	▲	▲	斋舍	咏归桥	▲	○	游憩
花厅	△	▲	游憩	船斋	▲	○	游憩
东西斋舍	▲	▲	斋舍	兰涧	▲	○	游憩
山长居	△	▲	斋舍	采菱舟	▲	▲	游憩
监院署	△	▲	管理	南阜	▲	▲	游憩

注：▲有 △没有 ○不确定

与此同时，建筑学界对书院建筑的研究也取得了很大的进展，湖南大学建筑系的杨慎初教授撰写了较多关于书院建筑的专著，如《中国建筑艺术全集书院建筑》，系统地介绍了全国各地书院建筑在环境的选择与建设、布局方法、建筑形制、装饰格调的辉煌成就。《中国书院文化与建筑》则从书院的沿革历程、文化特色，特别是建筑特征、研究保护方面深层次地介绍了书院建筑的情况，运用历史图片资料等，生动、客观地展示出书院建筑的哲学意蕴、营造程式和艺术风格。杨慎初教授的三位研究生也曾从事书院建筑的研究。如汤羽扬硕士论文《湖南书院建筑的发展及特点》、童峰硕士论文《书院建筑环境艺术》、张卫硕士论文《文人建筑——中国古代独特的建筑类型》，都以不同的视角对书院建筑进行了论述（表1-5）。

"书院建筑研究"主要成果一览表　　表 1-5

序号	研究成果	作者	成果类型	成果时间
1	《中国书院文化与建筑》	杨慎初	著作	2002
2	《中国建筑史》	梁思成	著作	1998
3	《建筑空间组合论》	彭一刚	著作	1994
4	《中国古代书院发展史》	白新良	著作	1995
5	《中国书院史》	邓洪波	著作	2012
6	《建筑环境与建筑环境心理学》	石谦飞	著作	2001
7	《岳麓书院》	朱汉民	著作	2011
8	《关中书院建筑文化与空间形态研究》	吕凯	硕士论文	2009
9	《湖南南岳书院建筑空间形态与文化表达研究》	冒亚龙	硕士论文	2003
10	《嵩阳书院研究》	李珊珊	硕士论文	2008
11	《书院文化建筑空间设计》	崔威	硕士论文	2014
12	《中国传统书院"天一阁"建筑群研究》	朱力	硕士论文	2009
13	《简论书院建筑的艺术风格》	万书元	期刊	2004
14	《谈谈中国传统的书院建筑》	张卫	期刊	1993
15	《山西省书院建筑初探》	王金平	期刊	2007

1.3.2 国外研究现状

当今中国物质文明社会发展迅速，精神文明与之脱节的现象日益严重，另一方面，在延续中华文明优秀文化的道路上出现严重断层。针对这一问题，建立一个传播优秀文化的平台显得尤为重要。书院作为传承与传播的媒介，是一种非常有效的途径。但是随着行为意识和思想的转变，传统书院在空间形态、功能分区、运作模式上都已不能被现在的人们和社会所接受。为了解决文化传播的受限问题，现代书院在建设中就必须要转变它的建筑空间形态和文化展现形式，使进入空间的人们能够通过自己的感受切身体会到文化的精髓。

日本大师隈研吾极力探求的“负建筑”就包含诸多体验式建筑的思想，从建筑单体的刻意性无序与混乱到建筑群体巧妙地融合于自然，将人、建筑、文化、自然之间的关系巧妙地联系在一起，“体验精神”越来越浓郁。

书院作为文化的载体，可以被认为是文化建筑，是城市中非常重要的公共建筑，不少城市文化中心的建筑方案设计往往会邀请一些世界知名的建筑师或团体进行参与设计，最终确定选用的方案也是力图通过建筑的造型及材料方式将设计出来的文化建筑作为城市形象及时代特征的象征。一些文化历史悠久的城市会在建筑的形态设计及细节处理上呼应城市传统文化，通过现有的文化内涵来提升整个城市的内涵。

从国内外的研究现状上可以看出，在越来越多的城市文化中心规划设计与建设中，已经不是孤立地停留在只考虑文化中心本身的层面，而是将整个地域的环境因素、人们生活习惯因素加入到了考虑范围内，将城市文化以城市的视野进行全面考虑，使文化与环境相互契合。通过对建筑的空间形态进行研究分析，并折射出物化于空间的文化内涵，从而使其能够充分发挥对城市的经济、艺术、文化等各方面的作用。

1.4 研究方法

1.4.1 文献查阅法

湖南书院拥有悠久的历史，必须通过全面的文献调查工作掌握其准确的历史状况。文献研究是了解我国湖湘文化、书院发展历史、建筑空间的基础资料，同时也给论文研究提供了方法和手段。它为中国书院建筑空间形态的研究提供了理论上的支持和各种丰富的素材。综上所述，查阅文献是此次研究的前提和基础。

1.4.2 实地调研法

通过实地调查，一方面可以更加直观地了解湖南书院的现状情况，身临其境的感觉书院文化气息及建筑空间序列，另一方面可以通过实地考察查漏补缺文献资料的不足，加以补充。通过对现场的辨识、拍摄、调研，深入了解实际情况并对文献资料进行验证。湖南作为书院大省，书院含量众多，无法全部调研，也缺乏一定的必要性，主要有三方面原因：一是因为书院数量庞大，分布广泛，无法明确每个书院的地理位置，调研不方便。二是因为随着经济的快速发展，有相当一批书院因缺乏有效的保护而遭到了拆除和破坏，全面调研易出现劳而无获的。三是因为有些书院时代特征不明显，调研缺乏针对性，研究结果不具有说服性。因此，本文会重点研究历史悠久、具有研究价值的代表性书院，并对潭州书院进行实地考察调研分析。

1.4.3 图表分析法

通过图形分析的方法把不同而又具体的建筑空间形态转换为平面的图形，清晰明白地揭示每个空间的连贯关系，帮助研究者对史料中关于书院空间布局的图片进行分析，同时展示以潭州书院为例的现代书院的空间形态、建筑布局，运用表格的方式整合研究数据，明确规范要求，直观地展现出具体的空间逻辑。

1.4.4 归纳对比法

归纳总结的结果将是进行对比分析的前提，也是最终空间模型生成的基础。本研究对湖南的湖湘文化、书院空间形态、功能方面进行总结，从而使湖南书院建筑空间艺术独立完整。对比是连接个体研究对象的基本方式，研究将基于传统的湖湘文化对现在书院的空间形态及潭州书院的建筑布局进行比较研究，目的是为了提出现代书院空间形态的设计方式，为今后书院建筑发展提供借鉴。

1.5 研究内容及研究框架

该课题针对湖湘文化中现代书院空间形态的研究内容进行六大方面的介绍：

第一章：绪论。本章主要介绍了研究的背景、目的及意义，国内外相关研究的概况，对书院发展做了概括的分析，同时提取了论文研究的内容、方法及框架结构。

第二章：书院的历史沿革及文化发展。本章主要从四个层面来进行详细论述：第一个层面是中国书院的起源与发展概述。通过对书院的起源、发展、嬗变的历史历程研究，了解书院整个的发展过程。第二个层面是中国书院建筑文化探源。在对书院有一定了解的前提下深刻探索书院建筑方面的文化内涵。第三个方面是中国古代书院功能。对书院教学功能、藏书论著功能、祭祀功能等方面进行研究分析。第四个方面是湖湘文化及书院概述。详细研究湖南湖湘文化的精神和内容，挖掘其对书院的影响。

第三章：湖南书院的发展与建筑空间分析。本章主要以岳麓书院为例进行了空间形态与尺度、功能整体布局、景观与建筑的协调性关系三方面的分析，通过对比研究其他书院的选址、功能、建筑布局以及现状等方面，总结归纳提出传统书院功能形式单一、建筑形态灵活性弱和文化传播不显著三方面的问题。

第四章：潭州书院“体验式”建筑空间设计。本章作为论文的重点章节，在理论的指导下展开对潭州书院建筑设计方案的分析论证。针对上一章现状问题，引入“体验式”建筑新理念，通过对传统建筑空间的重新解读，提取整理书院元素，对潭州书院的建筑空间进行规划设计来解决书院的现存问题，创建一个更好的文化传承和传播的平台。

第五章：结语。本章主要总结性阐述潭州书院对现代书院空间形态发展的启示，对论文研究内容进行了后期小结，最后对未来书院发展方向提出了展望。

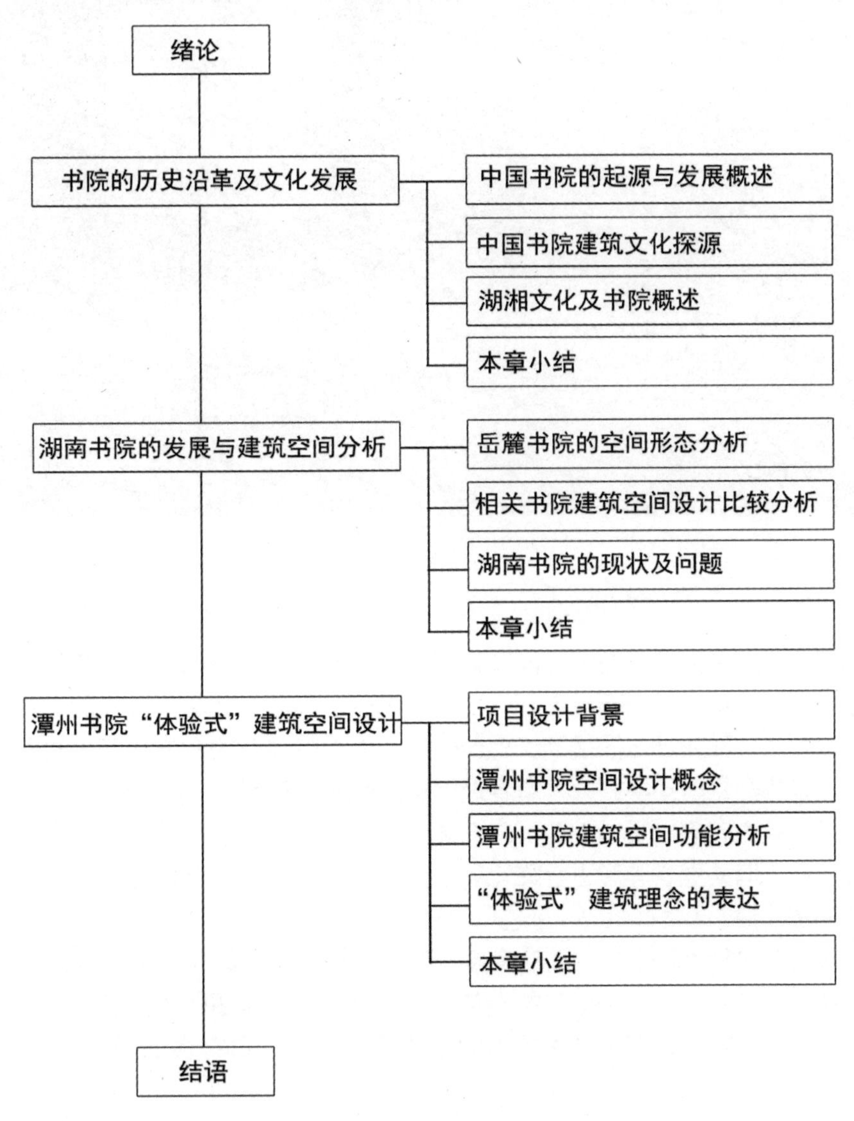

图1-1　论文框架图（资料来源：作者自绘）

第2章　书院的历史沿革及文化发展

2.1　中国书院的起源与发展概述

2.1.1　起源

书院一词，始于唐代。清代诗人袁子才在《随园随笔》中写道：“书院之名起唐玄宗时，丽正书院、集殿贤书院皆建于朝省，为修书之地,非士子肄业之所也”。最早的书院是由唐代官府创立的丽正修书院，此时的书院并非是文化教育的场所，只仅仅作为政府管辖区域内一个可以藏书、校勘的场所，当然，同时它们也承担着专业学术研究和文化知识积累的一个职责。除此之外，随着时间推移，唐代民间也陆续出现私人创办的书院，这些创办者多为隐退的儒家学者，他们喜欢将书院建立在风景秀丽之地，作为其独善其身的安居之所。这类书院较之官办书院功能设置相对自由，除藏书、校书之外，教书讲学、学术交流以及游览宴请也逐渐融入书院文化之中，服务的人群也从个人面向社会大众，逐步向后来的正式书院靠拢（图2-1）。

图2-1　教书讲学

2.1.2 兴盛

两宋是中国优秀传统文化发展的高峰时期，同时也是书院发展的鼎盛时期。北宋初年，政府无力兴办官学，于是全力辅助书院蓬勃发展。岳麓书院、石鼓书院、白鹿洞书院、嵩阳书院等为代表的“北宋四大书院”受到官方支持和资助，在发展教育、培养人才方面起到了重要作用。而书院真正的发展在南宋时期最为兴盛，在这一时期，宋代出现了如朱熹、张载等众多理学大师，随着理学思想被政府认可后，理学思想化作一股强有力的力量注入书院文化建设中，书院制度的完善以及书院与理学一体化的产生皆促进了书院的成熟发展。与此同时，教学成为这一时期书院的主要功能，借助理学思想进行文化的研究和传播，以一种文化的状态成为影响政治领域、思想领域的各地学术研究的关键。

在这一时期，书院祭祀的对象也逐渐摆脱政府官学思想对其的控制，除了儒家先师外，忠臣、乡贤及名宦也被列为了书院祭祀的对象。通过多元化的祭祀对象并越来越注重学术交流切磋的教学方式，再加上有了固定的经济支持，种种因素都使得书院的学术氛围更加活跃丰富。书院在经历了长时间的储蓄阶段后，终进入飞速发展时期。

2.1.3 嬗变

明朝初期近一百年间，教育的重点在发展和完善各级官学上，这使得官学在发展上得到了极大的帮助，但随着程朱理学逐渐成为一种僵化的官方哲学理念，各级学校所传习的理学思想，早已成为一种应付科举取士的章句之学时，此时的书院，作为士大夫们追求文化创新的教育场所，显示出了其不能为官学所取代的、具有独特价值的角色。为达到“明学术、变士风，以成天下治”的目的，挽救思想僵化、学术空疏、道德虚伪所带来的弊端，以王阳明、湛若水为代表的儒家学者，纷纷复兴书院，利用书院培养所需人才，并借助书院传播自己的学说，在其共同的努力下，书院恢复了以往的自由讲学，成为当时社会最重要的学术基地。

清朝文化繁荣，国力昌盛，学者义士层出不穷，这一时期书院呈现数量众多（总数达到了 504 所，为历史最高）、分布最广、规模最大，有名师分科授课，讲学内容丰富。但随着鸦片战争的开始，西学东渐，书院逐渐跟不上社会发展的速度，开始走向灭亡，取而代之的是新式学堂，直到发展成为今天的大学、中学以及小学。

2.2 中国书院建筑文化探源

2.2.1 天文学下的“天人合一”

中国传统的文化具有独特的哲学思想，在它的理念里认为天、地、人世间的关系是相互依存的。建筑作为传统文化传承的重要承载者，必然会受到中国传统文化的影响，不仅使得华夏建筑在建造的过程中更加注重环境、建筑和人三者之间的协调关系，还要更加符合传统文化的内在要求。所以，我认为对中国传统书院的深入了解会更加促进我们对书院的建筑形态及其建筑文化的理解。想要体会到书院建筑文化的实质精神内涵，就必须熟悉华夏文化中的内在思想源泉。

从中华文明的原始形态开始，便是一种对天的崇拜，它将人们的注意力集中到天和人的关系上，形成了“天人合一”的思想理念。农业生产需要对天体运行进行观测、对时令推移规律进行掌握，而对巍巍苍穹的崇拜和体悟，成为中华文化历史源远流长的源头。

历史上，华夏民族形成以北极帝星为中心，二十八星宿为主干的天象体系，以四面八方四象五官的形式拱卫于主体周围，构成天国的主体框架。天上的北极星相当于帝王，各地封侯便为二十八宿，满天的繁星则是黎民百姓。而这种与天同构的国家政体被视为完美无缺的理想结构。在《易经》中，作者将天、地、人视为一个整体并且称之为“三才之道”。在“天人合一”的哲学思想中，人与天象、自然的统一得到了高度概括，如“天地人，万物之本也。三者相为手足，合以成体，不可一无也。”“天人合一”成为中国文化的根本精神和最高境界，由儒家进一步展开，同时被儒家尊为“经”的典籍。不仅在内容上阐发天道，成为经天纬地的准则，而且将《六经》的创作附会在日月星辰等“天之六物”，加强了其在中国人心目中具有“天经地义”的崇高地位。在这种“天人合一”思想的支配下，建立了层层相套的社会制度，并催生了“礼”的诞生。

2.2.2 儒家学派下的“礼乐相成”

书院遵循我国传统的礼乐精神和尊师重道的文化品格，“礼乐相成，斯文宗旨”是书院建筑文化的精髓。“礼”作为古代中国的立国之本，深深影响到国家发展的前途和命运，故有云“礼，经国家，定社翟，序民人，利后嗣者也。”“礼，所以守其国，行其政令，无失其民者也。”“礼”的实质就是天象所呈现的秩序与和谐，它在人间表现为宗法等级制度。它所提倡的君惠臣忠、父慈子孝、兄友弟恭等的社会秩序切合了当时阶级统治的需要，成为社会伦理道德的标准。而儒家所提倡的“君君、臣臣、父父、子子”的伦理思想正是以“礼”为核心，后被董仲舒概括为“三纲”、“五常”之道，直到发展为宋朝理学。“礼”就好似一张无形的绳索，控制着人们的思想和生活。

中国传统建筑在“礼”的影响下，通过或具象或抽象的结构形式，表达出了“与天同构，天人合一”传统文化思想。

（1）居中为尊

“王者，必居天下之中，礼也”。因此便有了居中为尊这一传统建筑观念的形成，从古代到现代，从庭院到建筑，皆以力求中者为尊。严格的空间秩序，均衡的空间布局，通过轴线层次序列，以别尊卑、上下、主次、内外，以达到序而有制，这就是建筑对儒家“礼”的最好的诠释。院落中以“北屋为尊，两厢次之，倒座为宾”，通过中轴线建立了尊卑有序的空间序列，形成和中有序、序中有和的和谐整体。

（2）左庙右学

中国传统文化建筑往往采用“中轴对称”、“左学右庙”的平面布局方式，“左学右庙”实际上是对儒家“礼”的一个延伸。在岳麓书院中，讲堂处于书院正中，为核心地位。御书楼则位于中轴线的最后，地势最高的地方，从这一点我们也可以看出御书楼在书院中同样拥有重要的地位，而中轴线的西侧就是以文庙为主的祭祀场所，这种逐一推进的布局方式不仅突出了书院以讲学为中心的教育功能，同时也体现了书院祭祀学派先贤的文化意图，突出体现了中国尊师重教的优良传统。

2.2.3“寓教于景”下的书院建筑

书院作为一个承载民族文化积淀的重要场所，其建筑周边环境的营造也尤为重要。书院重视“寓教于景”的体验和感悟的治学方针，寄情山水，崇尚自然。纵观中国古今书院，一部分多在依山傍水、风景秀丽之地、另一部分地处山林与佛道交往。书院建筑形象大多朴实无华，色彩清新淡雅，在摒弃繁琐装饰的同时着重表现在朴素自

图2-2　书院选址

然的文化韵味上。书院园林既没有皇家园林的磅礴气势，也少见私家园林的玲珑氛围，其大多风格儒雅、朴实，给人带来沉静、优雅、轻松又严谨的空间体验（图2-2）。

而所谓的“寓教于景”，顾名思义就是把文化教育的思想，充分渗透到建筑、庭院、自然景观中，尽可能地运用场地的自然条件，建造池塘廊亭，以浑然天成的自然环境来修养士子心性，以一种潜移默化的方式让书院中的学者们能够悟身、悟心，并通过多层次的布局方式突出教育功能性和书院精神，来达到学者大夫对于文化的追求以及审美的要求。

2.3 湖湘文化及书院概述

2.3.1 湖湘文化的基本精神

湖湘文化历史悠久，造就了“中兴将相，什九湖湘”的盛誉，湖湘文化以儒学为正统，被称为“潇湘洙泗”。在思想学术上，儒学是湖湘文化的基础来源，岳麓书院讲堂所悬的“道南正脉”匾额，显示着湖湘文化所代表的儒学正统。通过研究我们不难发现，湖湘文化中的儒学正统思想以正统的孔孟之道为目标。湘人受到儒家道德精神的修炼，故而能表现出一种人格的魅力，而湘人刚烈、倔劲的个性则是与楚文化相互渗透的结果。这两种文化的相互交融，深刻地体现出湖湘文化所具备的最根本的精神基础。

2.3.2 湖湘文化内容概述

湖南作为我国古代书院分布最为密集、文化影响力最大的区域，从唐代起始，经历了发展、兴盛和落寞，主要以藏书、论著、祭祀、讲学为主。湖湘哲学思想是以理学的道德精神与经世致用的实事实功二者组合而成。

（1）湖湘史学

所谓湖湘史学是以经义作为批判历史的最高依据，通过批判以往来达到针砭时弊的作用，检讨兴盛败亡所带来的教训，目的为总结国家中兴和救亡图存的方法，以此为鉴。

（2）湖湘教育

湖湘教育，兴盛于宋，历时千年，形成了流芳百世的独有传统。古有“学而不思则罔，思而不学则殆”的学习理念，它注重学思同步、知行并重的教育思想，提倡个人的独立思考和理性判断，此地域现存的著名书院——岳麓书院就很好地诠释和验证了这一方面。

（3）湖湘宗教

湖湘地区对宗教文化采取了“兼容并蓄”的态度，取其精华，去其糟粕，主张“入世”、“实学”，并坚持“学以致用”。从社会角度的认识论出发，对宗教信仰进行客观的评价。

（4）湖湘民俗

湖湘的民俗祭奠是我国各族文化覆盖最广的地域之一。在经过岁月的沉淀，各个民族通过历史变迁、居住地域、生活方式以及宗教信仰的不同，皆孕育出了各种各样丰富多彩的民间习俗和民族风情，又通过相互渗透、彼此影响的方式，融汇成一份独具鲜明个性特征的民族风俗文化（表2-1）。

湖湘文化表格分析　　表 2-1

文化代表	北部楚文化，西部、南部苗蛮文化和百越文化，中原儒学文化
基本精神	“淳朴重义”、“勇敢尚武”、“经世致用”、“自强不息”
文化内容	哲学思想、文学艺术、史学、教育、宗教、民俗民风、科学技术
代表人物	周昭王、杜甫、米芾、曾国藩、左宗棠、黄兴、蔡锷、毛泽东、彭德怀
代表作品	《楚辞》、《鹏鸟》、《太极图说》、《通书》、《海国图志》、《曾国藩全集》

2.4 本章小结

中国书院的建造历史悠久，通过本章节的研究，我们重点解决了以下几个问题：第一，清晰地了解了书院从古至今的发展历程，起源于唐，发展于宋，兴盛于元，衰落于明，消失于清。第二，在对书院历史了解的基础上探索书院建筑蕴含的优秀传统文化，在独特哲学思想的理念下探究“天人合一”、“礼乐相成”、“寓教于景”三方面的文化精神，结合书院布局形态领悟书院建筑文化特征。第三，对书院聚集范围最密集的湖湘地区进行深入探源，优秀的湖湘文化将楚文化与儒家思想有机地结合在了一起，使其在文化传承方面二者紧密联系，相辅相成，经久不息地从古发展至今。

第3章 湖南书院的发展与建筑空间分析

3.1 岳麓书院的空间形态分析

3.1.1 空间组织与表达

岳麓书院在建筑空间分布上有一条从前门至御书楼的十分突出的空间序列轴线，中轴线贯穿于整个书院，主要功能皆分布在这条主轴上。

进入建筑群落前的引导空间是整个书院建筑重要的前奏部分，对书院起着烘托气氛和引领向导的作用。因为山野丛林位于郊外野地，在设计构成上运用坚忍不拔的松树作为引道设计的元素，并不断采用连续重复的方式，增加整个松道的导向性，给游人学者留下深刻的印象。而松树高风亮节的品质也在一定程度上起到了隐喻的作用。

岳麓书院以一个横向的大广场为引导空间和书院建筑主体空间的交接点，它既是前一个空间结束前的高潮，同时又是接下来书院主体空间的开端部分。作为整个建筑序列的重要转折点，以赫曦台为中心,以书院大门为对景,将相对狭长的引导空间和开敞的广场形成鲜明的对比，从而营造整体建筑序列的节奏感（图3-1）。

建筑遵循“礼乐合一、情理并重、天人不二、以人为本”的空间布局总体原则，依据地形，结合功能，把主要的建筑空间有序地布置在主轴线上，主轴的左右两侧分布着园林与文庙，这样的规划布局既体现了在建筑上“动静相宜”的原则，同时也满足了古人的“阴阳调和”之说，文庙园林不仅方位上对应，功能也是如此。园林以游览为主，为动；文庙以祭祀为主。为静。二者同时反映了建筑中的礼乐思想（图3-2）。“礼”的原则是差别，是把建筑按照等级区分成各个层面，已达到尊卑有序的建筑空间序列。而“乐”则是合同，是不同身份人在一起和谐一致，强调统一。

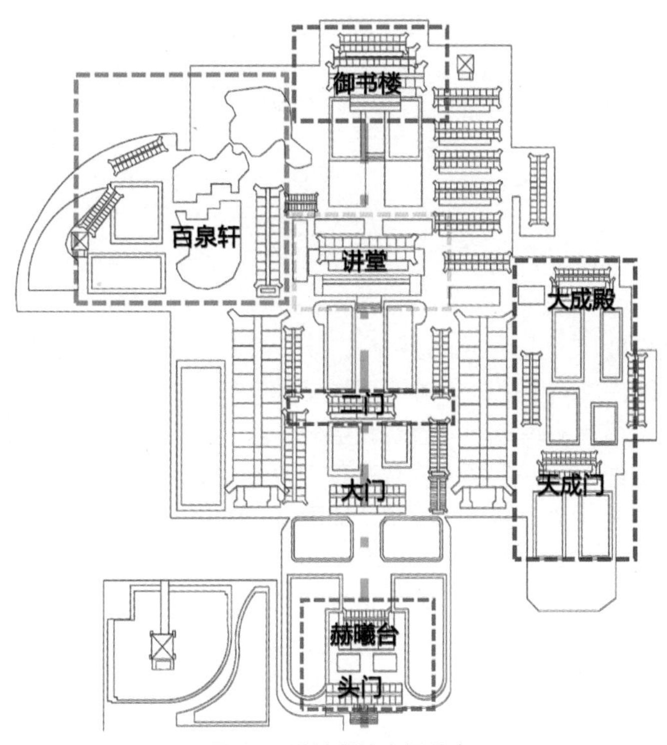

图3-1 岳麓书院空间分布

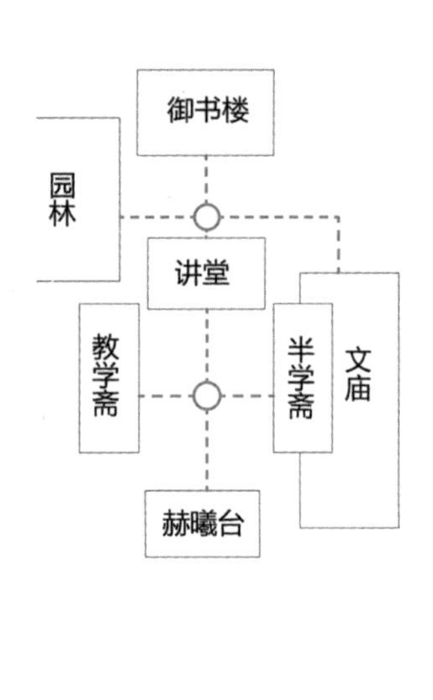

图3-2 园林文庙空间划分图

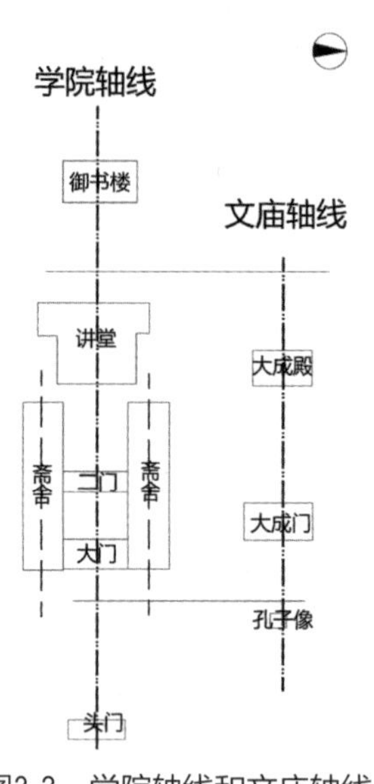

图3-3 学院轴线和文庙轴线

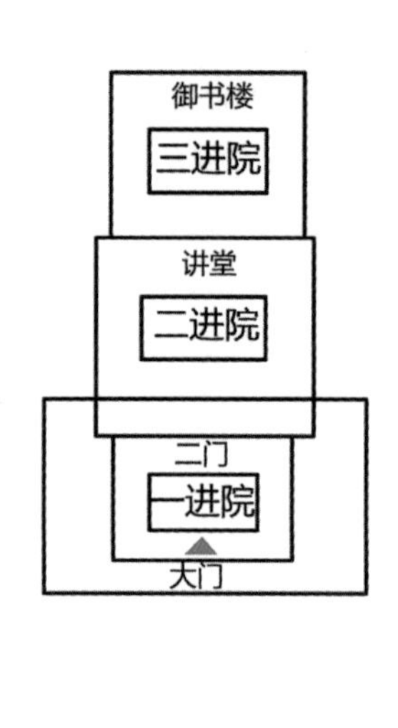

图3-4 三进制院落

从头门到大门，再到二门和讲堂，最后到御书楼形成了五进制模式，这也是岳麓书院整体建筑空间中最为重要的学院轴线（图3-3）。讲堂前的空间序列以及赫曦台广场的空间序列皆围绕纵向主导空间中心横向展开，以主从关系构成书院的主体格局模式。在院落的设计上，主轴分为了三进院（图3-4），其中二进院为主院落，大门与二门之间有意设置了缓冲院落，体现了我国古建筑藏而不露的建筑形式特点（图3-5）。岳麓书院依山而建，重视地形，依次叠进，错落有致，廊亭与植物元素的灵活运用丰富了建筑立面此起彼伏的空间序列。

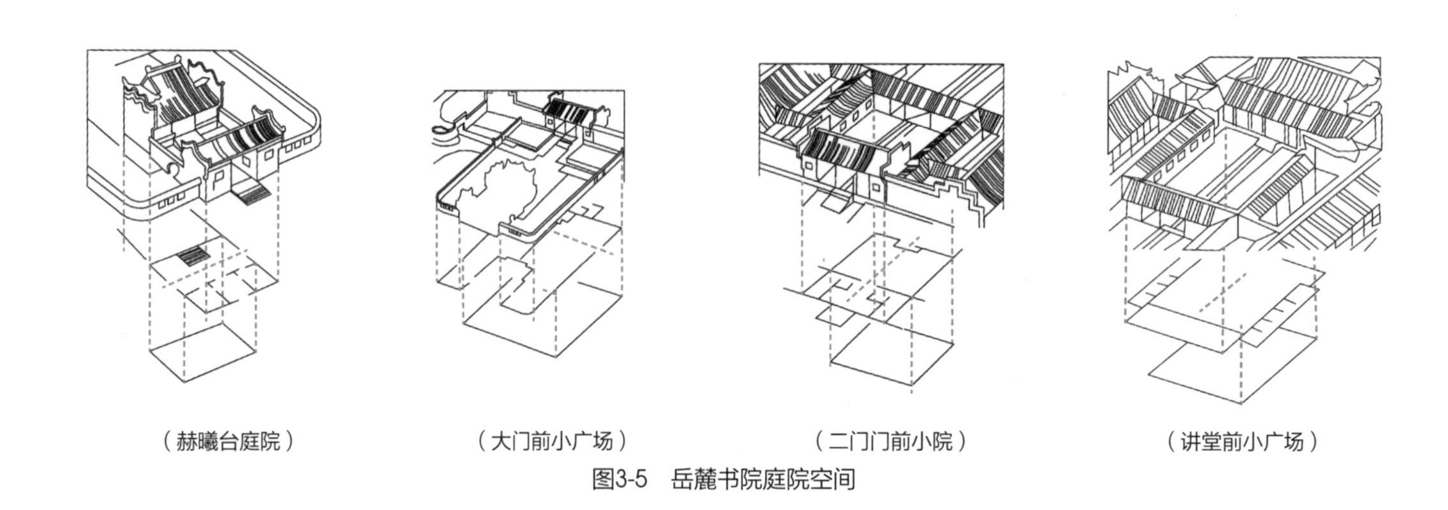

（赫曦台庭院） （大门前小广场） （二门门前小院） （讲堂前小广场）

图3-5 岳麓书院庭院空间

3.1.2 空间功能与环境分析

应历史文化的要求，书院形成了三大功能，分别为讲学、藏书、供祀，与这三大功能一一对应的书院主要建筑则为讲堂、祠堂与藏书楼。除主要功能之外，书院还为文人学者的生活、休闲娱乐、学术交流提供相应场所。如若按照功能划分，岳麓书院所具有的基本功能有五大部分：第一，以讲堂为核心的教学区。这个区域位于整个书院的中心地带，作为重点的交通枢纽，主要建筑有五开间讲堂、湘水校经堂。第二，以收藏和整理经籍为主的藏书区。藏书区坐落在讲堂正后方，由藏书楼、前庭、拟兰亭、汲泉亭及两侧复廊组合而成。第三，具有以表达“尊师重教”的祭祀区。庞大的祭祀建筑空间反映出了岳麓书院至尊无上的地位，将孔庙单独设置，并建有先圣祠庙和纪念，体现岳麓书院对理学发展的重视。第四，设有供先生和学者们居住生活的斋舍区，主要建筑有半学斋、教学斋、百轩斋等，此区域位于中轴线上大门至讲堂这段距离的两侧，同大门、讲堂围合了核心的空间。第五，供学生学习之余进行休憩及学术交流的景观区。儒家认为山清水秀之地为理想的办学地方，而园林作为书院文化建设的重要组成部分，自然是注重将儒家思想中的自然之理与人伦道德紧密联系在一起，注重人与自然之间的协调关系和自然环境给人们带来的心理教育作用，通过赋予自然景物以道德伦理性，以寓教于景的方式强调自然环境的感染力。

岳麓书院背枕岳麓山，凤凰山，天马山对峙在左右两侧，东临湘江，三面环山，拥有规整有序的建筑环境格局。园林以御书楼及讲堂以南的园景为主要园林景观，中轴突出的古建筑群因地制宜、错落有致、山墙起伏、林木遮掩，很好地与大自然景色取得神采互发、相得益彰的效果。依照元素与属性的区别，岳麓书院中的园林景观可以分成林八景，它们分别是“柳塘烟晓”、“曲涧鸣泉”、“桃坞烘霞”、“风荷晚香”、“竹林东翠”、“桐阴别径”、“碧沼观鱼”和“花墩坐月”，为历代理学大师们及士子们进行诗词歌赋提供场所。

3.1.3 空间形态与细节分析

岳麓书院的大门前立有方柱一对，整个门在设计上采用南方将军门式结构，建筑较为厚实，大门两侧放有汉白玉材料的鼓形石，两旁悬挂着写有“唯楚有才，于斯为甚”字迹的对联，字里行间散发着古朴、雅致的气质。建筑主体色调以灰白为主，白墙青瓦，朴实稳重的色彩和质感在建筑的表现上显得尤为厚重，豁达是大智慧，建筑材料运用自身的原貌，折射出湖湘学派正确的德行观。

由仁人志士而兴，为仁人志士服务的书院，在建筑色彩和装饰上也反映出了古人在建造书院时的审美观念。岳麓书院建筑的形象大多古朴，采用颜色大多清新淡雅，与山水石同色，常常通过淡雅之色来表达其书院内在底蕴与象征意义。此外岳麓书院在尺度的把握上也尤为严谨，以书院讲堂内部的空间尺度为例，院训及朱熹手写的石碑尺度均高于正常男性身高，以此来显示其庄重和威严感。建筑外两个立柱之间的间距为5.25米，立柱距离的设立结束了原本开场的空间，区分处理人行区和听课区两大区域。将讲台高度设为0.6米，先生坐高为1.28米，学生距讲台之间的距离是2.7米，这样的尺度设置保证学生们席地而坐后，也能达到良好的视听效果。在后门通道上采用较小的尺度，暗示了即将通往空间的私密性（图3-6）。

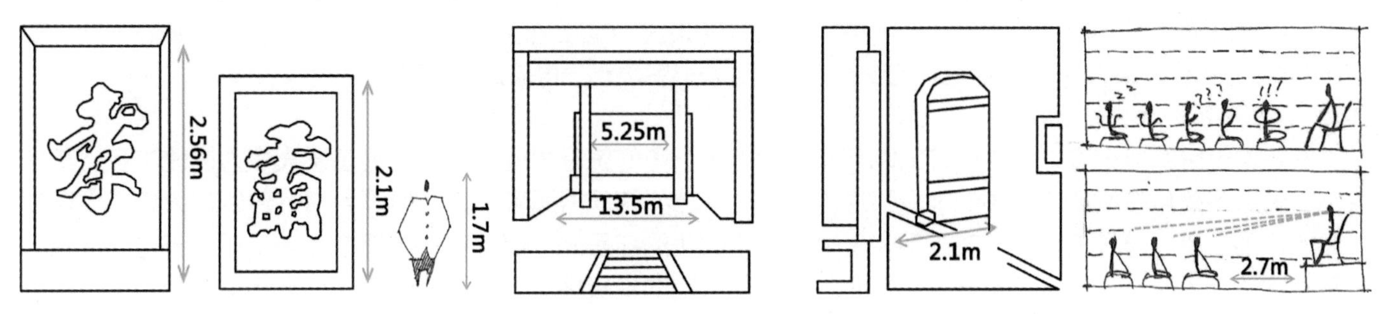

图3-6　岳麓书院空间尺度

在岳麓书院园林景观植物的选择上多采用具有装饰性的植物，如梅、竹、桃、松、莲等。身为岁寒三友的竹、松、梅皆被世人视为花中高品、人格之典范。蜡梅临寒绽放，苍松刚劲顽强，山竹坚韧挺拔、节节高升，三种植物临冬不凋，独傲霜雪，向世人传递着中华民族的优良品格。除此之外，景观中的山水植物多以莲花作为其点睛之笔，莲花，出淤泥而不染，濯清涟而不妖，洁身自好，纯白无瑕，向世人展现的优良品质应是在污浊的社会环境中人们所要具有的高尚情操，这其中隐含了深刻的人生哲理。

3.2 相关书院建筑空间设计比较分析

3.2.1 传统书院空间特点分析

岳麓书院主体建筑非常突出，整体布局采用五进制模式，逐层递进，直至清风峡山坡，书院左侧的文庙轴线进制层数少于主轴线，突出了书院的教学功能。书院从东往西顺应岳麓山的整体地势逐渐抬升，凸显了御书楼的高大恢宏。

石鼓书院因坐落在两江汇流的石鼓山上而命名，书院用地狭长，空间布局呈带状分布。书院终端的合江亭既可以俯瞰岩壁，又可以遥望两江，建筑布局顺沿石鼓山的山势，从山脚经长桥、盘山腰、登山顶和悬山壁，有起有落，极大地体现了传统书院因势利导、因地制宜的建造特点。

绿江书院布局相对前两个书院较为灵巧自由，除了主轴线上的大门、讲堂、大成殿外，藏书楼与大成殿并排将书院轴线向左侧延伸，而斋舍也不在统一的纵轴线上，而是错位安置，然后由一组体量庞大的祠庙建筑将左路轴线的前端向外扩展，将书院空间组合成一个变化有序的有机整体。

3.2.2 现代教育建筑空间营造分析

中国现代大学前期主要采用的都是西方校园建筑的设计方法和理论，是西方的舶来品。因此对于现在所产生的人文精神缺失问题，实质是文化断代的原则性问题。西方建筑观多采用减法原则，使建筑最终形成雕塑感很强的形态。然而中国建筑规则与之相反，它多采用加法原则，将建筑本身融入整个自然环境中，形成一个环境体系。

现代校园场所受到时代变化的影响，建筑在空间的设计和营造上与中国传统建筑观已出现断层。传统书院空间注重文化精神层面，而现代大学校园则更注重空间功能层面，两者的侧重点已然不同。书院空间场所营造以人为核心来进行规划创作，关注人深入书院中的所思所感所想，力图营造出来源于场所需要表达的精神文化氛围，使深入场所中的人都能够深刻感受到书院文化，它通过文化观的指导，采用人文艺术的表现手法建立起场所与精神文化间的纽带。现代校园在建筑空间的表达上多停留在建筑物质本身的层面，主要考虑功能因素，以此来满足人们需求，在一定层面上没有注重精神层面的引导。在建筑空间营造的思考模式上，书院是先通过选择的具有特色的场所为先决条件，通过思考建筑与环境的关系问题之后再合理地营造建筑空间序列。现代校园的公共空间则是先设计建筑物的空间分布，再去思考建立与环境之间的关系。

3.3 湖南书院的现状及问题

3.3.1 功能形式单一

随着时代发展进步，传统书院的功能布局已经不能够满足当今人们的文化需求，在历史上，传统书院的讲学、藏书、祭祀作为三大主要功能，支撑着书院文化的发展。书院作为传承百年的文化建筑拥有它不可磨灭的文化传承作用，它记载着从古至今文人学者所遗留下来的优秀传统文化，是历史文脉的承载者。现如今，随着人们对于科学观念的认识，逐渐淡化祭祀这一功能，而讲学和藏书功能也被划分为学校和图书馆两大主体。一成不变的功能形式使得它无法更好地适应时代的变革。由此导致书院建筑一再被人们忽视。

3.3.2 建筑形态灵活性弱

书院建筑空间序列多以中轴对称的院落式结构为主，受传统思想的影响，建筑基调大多为白墙黑瓦、灰砖青瓦，屋顶多采用传统四合院中的坡屋顶形态，以一种古朴纯质的面貌示人。但因为书院建筑在人们心中逐渐淡化的原因，单一厚重的建筑形态虽能体现书院建筑文化的庄重感，但却在一定程度上缺少了建筑的灵活性，千篇一律的建筑空间形态无法更好地调动起人们游览书院的积极性，因此导致中国传统文化传承受到大大小小的阻碍。

3.3.3 文化传播不显著

实际上，全球化的发展逐渐与所在地的文化和经济日益脱节，当一个地方的文化没有明确的发展方向和自强意识，不能很好地进行保护和发展，就有可能丧失其文化的创造力和竞争力，淹没在世界文化趋同的大潮里。书院建筑作为一种古代文化教育和研究场所，是传统文化悠久历史的见证者，反映了儒家文化历史进程的兴衰演变。但书院随着历史的发展，已经退出了历史的舞台，除了书院文化建筑研究者和爱好者外，大多数人们很难直接感知书院的历史价值和文化内涵。从文化传承的角度来看待这个问题，原因是对文化传承的重视度不够，宣传活动脱离了群众，人们不能充分地参与其中。从文化宣传的角度来看，书院在文化旅游中形象不突出，宣传力度不够，在对文化资料整合方面不到位，没有利用高强度的传播手段对书院文化精神进行有效的传播。

3.4 本章小结

本章主要以岳麓书院为例，对书院建筑进行了空间整体布局的探索，并对功能和现状展开了深入研究，研究发现，书院的空间秩序和层次是建立在人类空间需求的本能上的，它对空间功能的使用具有重要的意义。传统书院利用轴线的导向来组织空间秩序，在书院所承载的文化内涵下强化建筑间的主次、尊卑关系，从而避免造成形式层次与空间层次的脱节。在研究的过程中提出湖南书院发展功能形式单一、建筑形态灵活性弱、文化传播不显著这三个现状问题，并在下一章节潭州书院的设计上给予解答。

第4章 潭州书院“体验式”建筑空间设计

4.1 项目设计背景

4.1.1 设计选址

昭山位于长沙的最南边，湘潭的最北边靠近湘潭市东北20公里的湘江东岸，为长株潭三市交界处。中部的机场平均每年达1600万次人流吞吐量，机场到昭山大约25公里远，同时也是高铁枢纽，京广、沪昆两条铁路交会穿过。它具有两小时的经济圈，辐射了周边武汉城市群、成渝经济区、长三角经济区、海西经济区和珠三角经济区，五大城市经济区。常住人口4亿多，人均GDP约1万美元。昭山景区在湘江的中部，北有岳麓山风景区、洋湖湿地和大王山旅游区，南有株洲神农城，旅游资源丰富。整个昭山被分为了昭山景区和文化小镇两大部分，西临湘江，东临芙蓉大道，有107国道穿过，交通便利。

我们所规划涉及的范围在文化小镇区域，项目总占地面积约2500亩，项目总建筑面积约15万平方米，设计单体建筑面积1500～3000平方米，主要是进行特色建筑设计及周边景观区域研究，我所研究设计的潭州书院处于整个小镇中部位置，北有禅修酒店，南有古窑遗韵，东有古镇集市和安化茶庄，位于小镇主干道上，面朝水系有一块开敞的景观区。同时它也位于主干道景观节点的中心位置，由此可见，书院作为文化建筑在整个旅游小镇中所处的地位是非常特殊的（图4-1）。

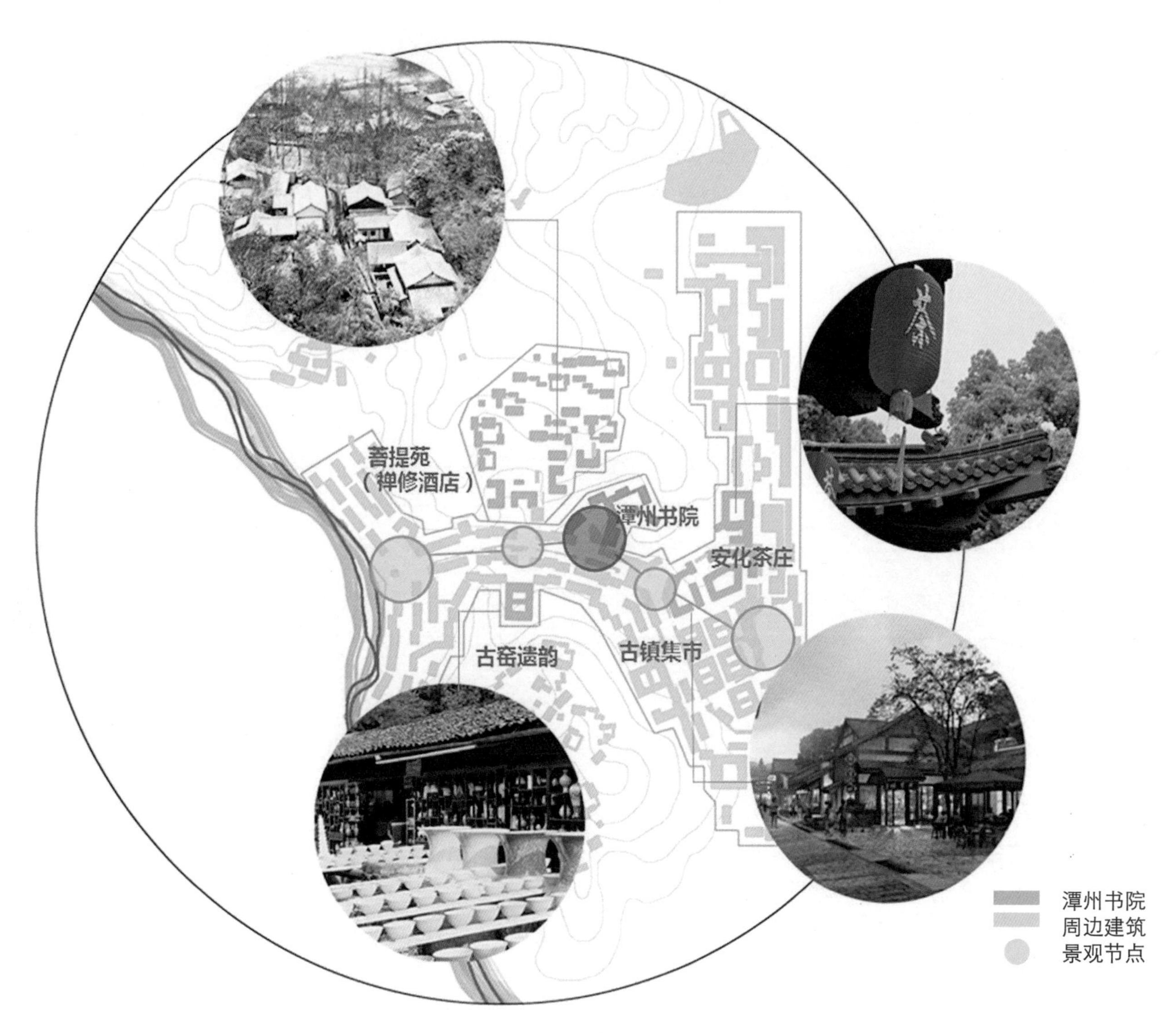

图4-1　书院周边环境

4.1.2 自然环境

小镇地理位置、气候条件、地形地貌等自然要素直接影响着小镇的自然和人文景观，尤其是对小镇景观的基本内涵与特质、居民的基本生活方式与生活习俗等，起着决定性的影响作用。根据调研分析，昭山的自然要素特征归结如下。

（1）地形地貌分析

潭州书院选址位于昭山，昭山地形地块呈中高周低大体格局，东南部相对西北部较平缓，主要以山体、谷地为主，最高点笔架峰 185m，书院的位置处于谷地之中，西面、北面、东面有山体环绕，南面开放，面朝小镇主要街道，最大高差10m。在对用地适应性进行分析后发现，书院所处基地坡度不超过25%，比较容易开发建设。

（2）气候与光照分析

整个区域处于亚热带季风气候，春暖多变，夏季炎热暑期长，秋季凉爽，冬季寒冷，但寒期短。四季分明，年平均气温17.5°，年平均降雾日为20天，多发生在春冬雨季，最长持续时间为3小时。无霜期的天数为年平均280天，平均日照时数1262.9h（图4-2）。

（3）降雨量与水资源分析

昭山濒临湘江，水资源比较丰沛，整个湘潭地区水资源总量为40.92亿立方米，其中地表水34.62亿立方米，地下水6.3亿立方米。湘江及其支流涟水、涓水三条主要河流年径流总量为581.34亿立方米。夏湿冬干，雨量丰富，年平均降雨日152天，降雨多集中于4～6月，相对湿度81%，湿度相对较大。每年的11月至次年3月为降雪期，平均降雪天数12.9天，最大积雪厚度为25厘米（图4-3）。

（4）风向分析

主要风向以7～8月的东南风为主，从城市吹向山体，平均风速为每秒1.9米，频率为39.1%，最大风速每秒20米（图4-4）。

（5）土地与矿产资源分析

全市拥有耕地面积为120960公顷，人均0.043公顷，可利用的土质类型包括水稻土、红壤、菜园土。矿产资源总量较贫乏，主要矿种是煤、锰、石灰石，以锰矿最为出名，曾有“锰都”之称。

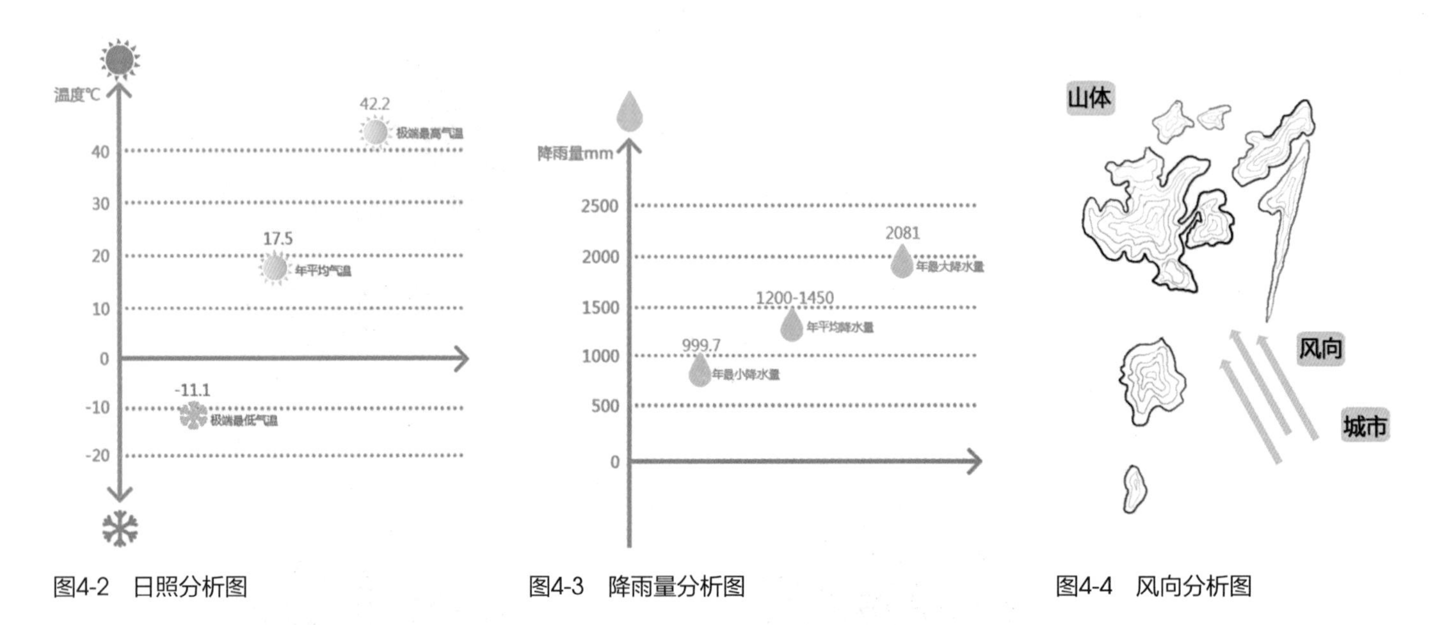

图4-2　日照分析图　　图4-3　降雨量分析图　　图4-4　风向分析图

4.1.3 社会人文环境

整个项目定位是国家级的文化小镇，其中包括国家级的游客中心，国家级的宗教文化设施，以及众多特色文化建筑，这个小镇的规划结构为三轴四门，分别为山门、水门、北门、东门，意在将山体和水更好地相融，将内部的小镇和湘江更好地相融。针对这一点，我对社会人文环境进行了详细分析。

（1）针对人群分析

整个旅游区的受益人群主要由小镇居民、长株潭常住人口以及外来旅游人员三大部分组成，其中小镇居民约6万人，长株潭常住人口约1426万人，外来旅游人员每年约1600万人次，同时我还对不同的人群按照从早到晚的时间做了生活行为分析，更好地了解不同层次人的需求状况。

（2）区域战略分析

国家对湖南进行战略扶持，力图将其打造为经济强市、城乡服务中心、文化旅游名城及生态宜居城市。

（3）业态分析

小镇整体业态形式丰富，依山为郭，列肆为铺，通过招商引资吸引众多优秀品牌入住小镇，从而丰富旅游区经济产业形态。

（4）小镇道路分析

项目中可以很明确地看到南边是特色小镇，北边是4A级风景区，内部交通和外部交通进行了很好地衔接，设置拜佛游线、古迹观光游览线、休闲步道线、户外拓展和古镇风情等多条游览路线。小镇道路分为步行道和车行道，主游道长约7200米，一级道路7205米，二级道路5142米，三级道路4033米。廊道1262米，电瓶车道3097米，每300米设置停靠点。提供绿色电瓶车线，采用电力系统车辆落实绿色旅游理念，降低废气排放。

（5）建筑肌理分析

小镇的建筑肌理通过分类归总可以划分为三类，一是围合型院落肌理，二是半围合型院落肌理，三是穿越型院落肌理，分析发现，小镇建筑形态多以坡屋顶院落式结构为主，传统建筑单体灵活性差，实体感较强且封闭，单体建筑仅仅通过街巷空间连接，室内外联系不紧密，户内交流少。

4.2 潭州书院空间设计概念

针对上述对项目所处基地——昭山的深入调研，以及在第三章节中对岳麓书院和其他书院的研究分析所提出的功能形式单一、建筑形态灵活性弱、文化传播不显著这三个问题，给出了相应的解决措施。

在潭州书院建筑空间的设计上以书院文化为切入点，结合周边地形气候，通过提取文化元素和对建筑院落构成的新思考，力图打造一个既与环境相融合又能凸显文化底蕴的雅俗共赏的体验式书院。通过提取地形特征，结合生态环保理念提出被动式建筑设计理念；根据周边环境需求，扩展建筑空间，重构功能布局；部分采用架空处理并运用山墙、护坡来解决多雨潮湿问题；在传统的建筑肌理上置入虚空间，作为交流、过渡空间，满足多种功能用途。

在建筑的整体设计上，力图把握住它的自然要素和书院本身具有的文化底蕴，将设计重点突出在隐于山市的建筑形态特征上和显于情岚的湖湘文化情怀上。

4.2.1 隐于山市的建筑形态特征

所谓“隐于山市”，意在提取周边环境因素，以去繁化简的方式，用最简单的几何语言表达建筑的整体外形，让建筑消隐在自然山景之中。在潭州书院建筑空间形态表达上，在主体建筑的一层平台中散落三个灵活的玻璃盒子，并在上方架空一个长方形体块，加入虚空间元素，增强建筑的灵活性，将一层和三层做推拉处理，从而凸显三层空中书阁的形态。提炼小镇的整体屋顶特征，给建筑加入传统的坡屋顶元素并运用连廊连接三个建筑空间，在景观设计中延续山体形态，将景观叠层处理，从而模糊了建筑与山体的边界，使其更好地融入自然。

4.2.2 显于情岚的湖湘文化情怀

一个文化建筑的底蕴并不是体现在它多么奇特的造型上，而是体现在它所承载的文化思想与内涵，并将这些优秀的文化融入建筑的表达中。在潭州书院的建筑特征表现上，提取传统书院文化中的建筑基调，以淡灰色为主，乌石黑、白石白为辅，湘莲绿、韶山红点缀。在材料的运用上采用当地传统的灰砖黑瓦，建筑外立面加入木质元素，点缀色金属调节建筑整体氛围。削弱书院本身的建筑外形，重在显现潭州书院所蕴含的厚重的湖湘文化情怀。

4.3 潭州书院建筑空间功能分析

4.3.1 休闲功能

临近主街道的入口处为休闲区，设置了游客中心和咖啡吧，引入商铺进行纪念品售卖，因建筑设置在主游道中部位置，临近街道的咖啡吧可以给游览至此的客人提供休憩场所，同时吸引游客进入，增加游客浏览量。

4.3.2 教学功能

遵从传统书院院落的布局结构，整体建筑布局的中部位置主要以教学为主，在其中设置特色教室及国学讲堂，满足传道授业的功能需求，另外将此建筑单独设立入口，可以在游览淡季作为教学空间，给有需求的学校提供特色文化教学活动。

4.3.3 藏书功能

藏书区作为整个书院的核心，坐落在院落最后方的主体建筑一层位置，方便书籍的运输和整理。

4.3.4 展示功能

在主体书院建筑的主入口处设置了串联式的多功能展厅，以多种方式来展示中国传统文化的魅力。

4.3.5 阅读功能

书院的第三层主要以阅读空间为主，将阅读区设置为高层，有效地避免了景区中喧闹的噪音，在其中设置了开敞的阅览区和休闲书吧，为游客提供自由阅读空间，同时使其在阅读累的时候也能欣赏到美景。

4.4“体验式”建筑理念的表达

4.4.1 三色玻璃廊道设计

在潭州书院的设计中，我运用一条连廊连接三个建筑，让其原本孤单的建筑个体串联成为一个整体。长条形的连廊随着地势起伏，终点连接着主体书院建筑的侧门，具有强烈的道路引导作用，并在中部设置了提供休息和观景的景观台，作为建筑和景观区的缓冲平台。在连廊的设计中我采用色彩鲜艳的红黄蓝三色有色玻璃搭配原木框架，与灰墙黑瓦的建筑形成鲜明的对比，跳跃的颜色成为整个书院中最为亮丽的风景（图4-5）。

4.4.2 空中书阁规划设计

整个潭州书院的建筑空间设计想要营造的氛围皆体现在“乱峰空翠晴还湿，山市岚昏近觉遥”这句诗里。主体建筑采用方盒子体块架空处理，建筑中间加入虚空间作为中部庭院处理，一层与山体融合，二层采用玻璃材质，达到消隐，从而突出三层空中书阁。

4.4.3 梯田景观空间营造

在面对主干道的开敞地形上设置了一个湖心景区，围绕中心湖区将地形做成层层递进的抬升关系，与山体走向融合，形成独具特色的梯田景观。

4.5 本章小结

在本章节中，主要将前几章对书院的研究分析所得到的一些信息经过提炼，运用在湖南昭山小镇潭州书院的设计中，在对当地区位条件和人文风俗有了正确的认识后，以一种简洁恰当的语言方式，概括表达出在现代生活中，人们所期望的书院发展的样子，以一种全新的方式去表达建筑的空间形态、空间布局，以及建筑的功能划分，使其在空间的运用上更能符合当下人们的需求。

图4-5 三色连廊效果图

第5章 结语

5.1 对现代书院空间形态发展的启示

我国传统建筑文化历史悠久，有着光辉灿烂的文化底蕴。不同类型的建筑在不断变化的发展过程中凸显各自的特色。书院作为承载着我国五千年优秀文化历史的重要建筑，对整个文化传承起着至关重要的作用，本文基于湖湘文化历史的影响，对传统书院从唐代到现今的发展过程以及建筑承载的书院文化精神和功能作用进行了深入探索，提炼得出书院在"天人合一"、"礼乐相成"、"寓教于景"三个重要思想的相互作用、相互影响下，使得书院建筑、文化和人三者之间相辅相成、和谐统一。

此外，通过分析影响力最大的岳麓书院了解到书院建筑群落以独有的布局形式来充分体现儒家学派所确立的理论思想。整个书院建筑设计不仅在整体布局和建造手法上不拘一格，而且还注重于营造环境氛围和追求意境，提倡崇尚自然、尊重环境，强调自然美和意境美在书院中的表达，以一种自然的方式达到诗情画意般的境界。

一切理论都需要实践的支撑，本文在对书院文化建筑研究分析中提出，如若想让中国文化得到更好的传承，必须学会去陈出新，以一种全新的视角去思考书院建筑在现代社会的存在方式。秉承这一理念，在湖南昭山的潭州书院中，在保留传统书院建筑空间序列的同时，将书院中最重要的藏书功能区和阅读功能区做了合并开放处理，在建筑造型上运用传统的坡屋顶造型，并加以现代几何方盒子形态，削弱建筑本身的厚重感，保留书院弥留至今的淳朴特征，让深入书院的人们更能深入感受到书院本身所具有的文化气息。

西方的学者已经注意到中国建筑文化这一独有的特点，他们把目光转向古老的中国传统建筑文化，将理性主义哲学思想与其相融合，力图朝着一个新的自然主义前进。而我们在对现代书院空间形态的设计上，也要努力做到将中国传统与西方的现代自然生态的理念结合起来，在批判中继承优秀的民族文化，并在此基础上进行创新，只有这样，中国文化才能更好地传承下去，在世界大放异彩。

5.2 对未来书院发展的展望

在书院建筑文化传承中要把握其核心价值，设计有特色、符合当代人审美取向的建筑空间。现代建筑在设计中应当汲取传统书院"礼乐相成，寓教于景"的长处，将建筑同美学和儒家文化思想有机结合起来，将自然元素融入现代建筑空间设计实践中，从而达到儒家严格的"礼乐"布局以及人们对审美的需求。通过提取文化元素和对建筑院落构成的新思考，力图打造一个既与环境相融合，又能凸显文化底蕴的雅俗共赏的体验式书院。

参考文献

[1] 杨慎初. 中国书院文化与建筑 [M]. 武汉：湖北教育出版社，2002.

[2] 谷嘉，邓洪波. 中国书院史资料 [M]. 杭州：浙江教育出版社，1998.

[3] 胡佳. 浅议我国古代书院的营造艺术 [J]. 规划师，2007,8.

[4] 万书元. 简论书院建筑的艺术风格 [J]. 南京理工大学学报，2004,4.

[5] 梁思成. 中国建筑史 [M]. 百花文艺出版社，1998.

[6] 李珊珊. 嵩阳书院研究 [D]. 河南：河南大学，2008.

[7] 崔威. 书院文化建筑空间设计 [D]. 昆明：昆明理工大学，2014.

[8] 朱力. 中国传统书院"天一阁"建筑群研究 [D]. 武汉：湖北工业大学，2009.

[9] 彭一刚. 建筑空间组合论 [M]. 北京：中国建筑工业出版社，1994.

[10] 白新良. 中国古代书院发展史 [M]. 天津：天津大学出版社，1995.

[11] 冒亚龙. 湖南南岳书院建筑空间形态与文化表达研究 [D]. 昆明：昆明理工大学，2003.

[12] 曾孝明. 湖湘书院景观空间研究 [D]. 重庆：西南大学，2013.

[13] 朱汉民. 岳麓书院 [M]. 长沙：湖南大学出版社，2011.

昭山风景区潭州书院建筑设计

Architectural Design of Tanzhou Academy in Zhaoshan Scenic Spot

基地概况

昭山位于长沙的最南边、湘潭的最北边，为长株潭三市交界处，中部有机场和高铁枢纽，辐射了周边五大城市经济区。

周边资源

昭山景区在湘江中部，北有岳麓山风景区、洋湖湿地和大王山旅游区，南有株洲神农城，旅游资源丰富。

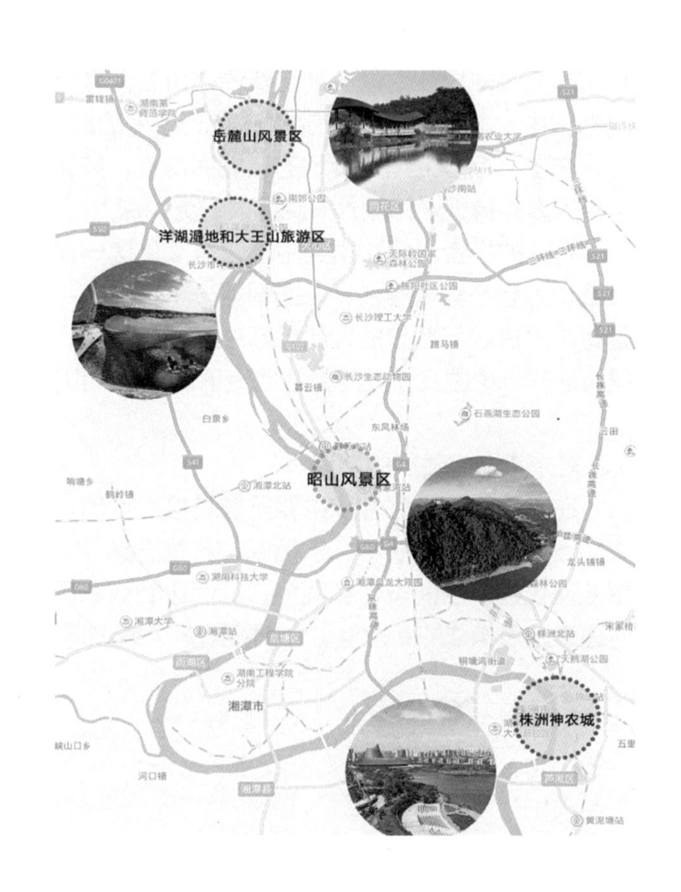

现状解读

周边环境分析

地形高差分析

用地适宜性分析

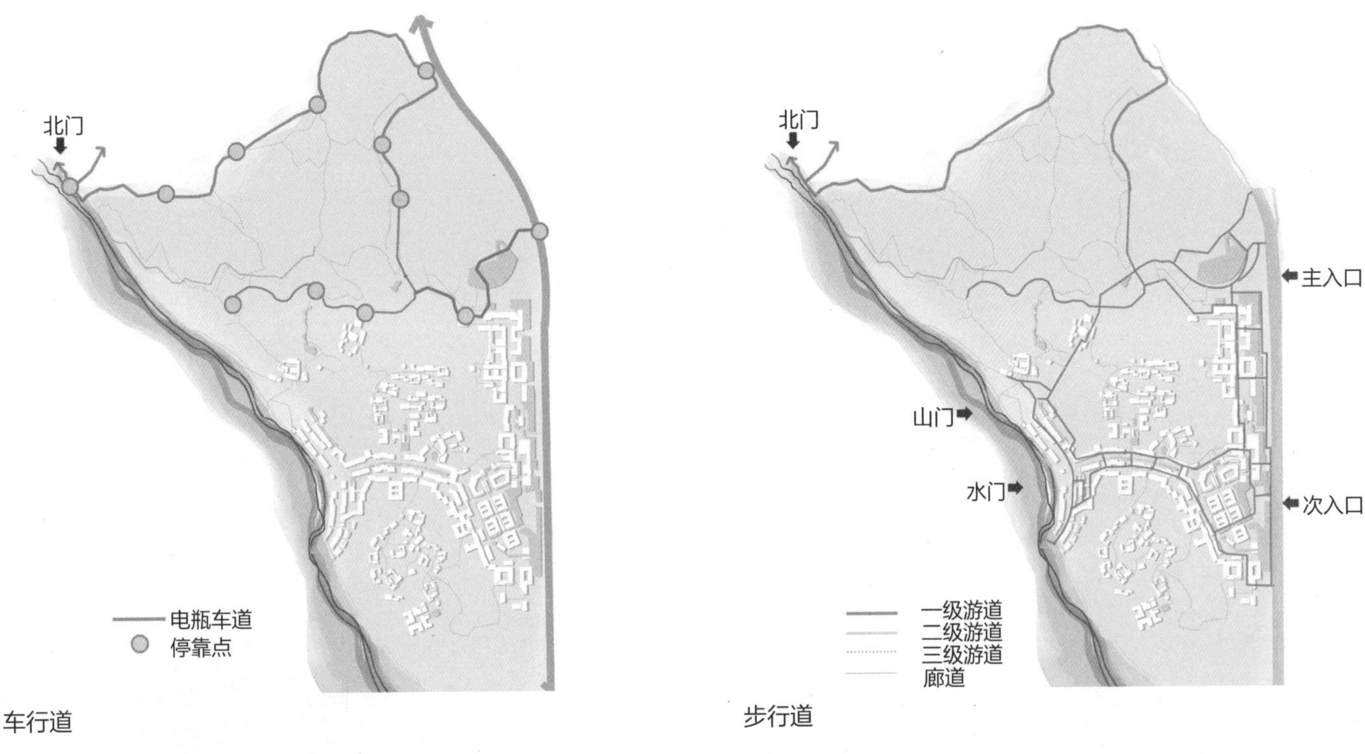

车行道

步行道

潭州书院选址位于昭山，昭山地形地块呈中高周低的大体格局，东南部相对西北部较平缓，主要以山体、谷地为主。书院的位置处于谷地之中，西面、北面、东面有山体环绕，南面开放，面朝小镇主要街道。

小镇道路分为步行道和车行道，主游道长约7200米，一级道路7205米，二级道路5142米，三级道路4033米。廊道1262米，电瓶车道3097米，每300米设置停靠点。

小镇传统建筑单体灵活性差，实体感较强且封闭。针对地理位置、功能单一、湿度过高、建筑形态灵活性弱这四种问题，相应的解决方法如下：

一是提取地形特征，结合生态环保理念提出被动式建筑设计理念。

二是根据周边环境需求，扩展建筑空间，重构功能布局。

三是部分一层采用架空处理，并运用山墙、护坡来解决多雨潮湿问题。

四是在传统的建筑肌理上置入虚空间，作为交流空间、过渡空间，满足多种功能用途。

以书院文化为切入点，结合周边地形气候，通过提取文化元素和对建筑院落空间构成的新思考，力图打造一个既与环境相融合，又能凸显文化底蕴的雅俗共赏的体验式书院。

基地现状

潭州书院空间体块推演

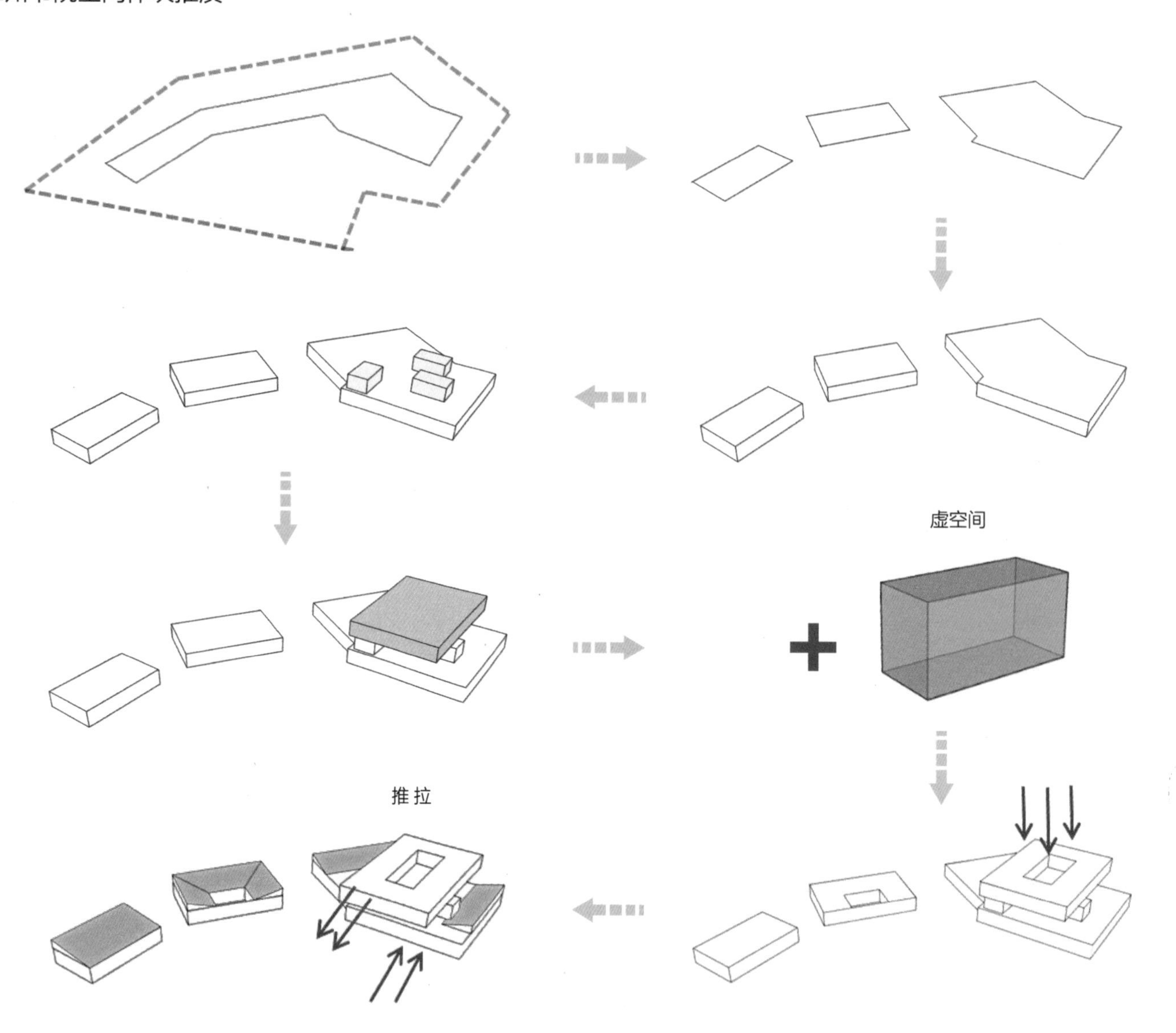

在红线范围内明确了功能范围，依照各功能划分为三个体块，在主体建筑的一层平台中散落着三个灵活的玻璃盒子，并在上方架空一个长方形体块，加入虚空间，增强建筑的灵活性，将一层和三层做推拉处理，凸显三层空中书阁的形态，提炼小镇整体屋顶特征，加入坡屋顶元素，运用连廊连接三个建筑空间，在景观设计中延续山体形态，进行景观叠层处理，模糊建筑与景观的边界，使其更好地融入自然。

潭州书院空间体块

彩色平面图

一层平面图

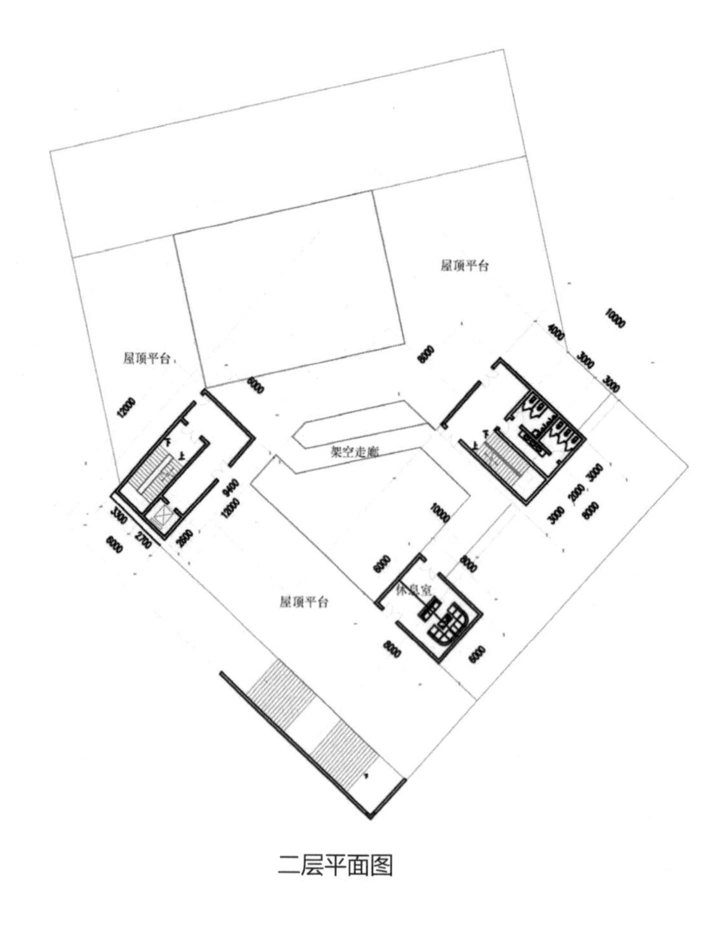

二层平面图

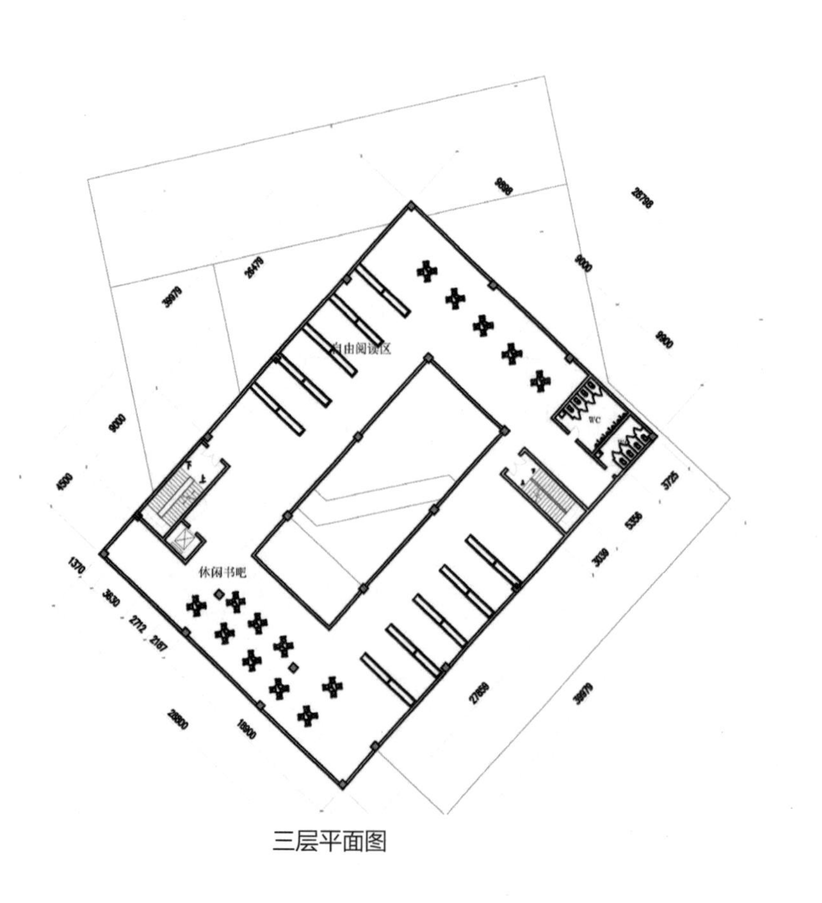

三层平面图

内部功能分区

- 纪念品售卖区
- 咖啡吧
- 国学教室
- 文学讲堂
- 景观庭院
- 入口门厅
- 藏书室
- 展厅
- 办公室

一层功能分区图

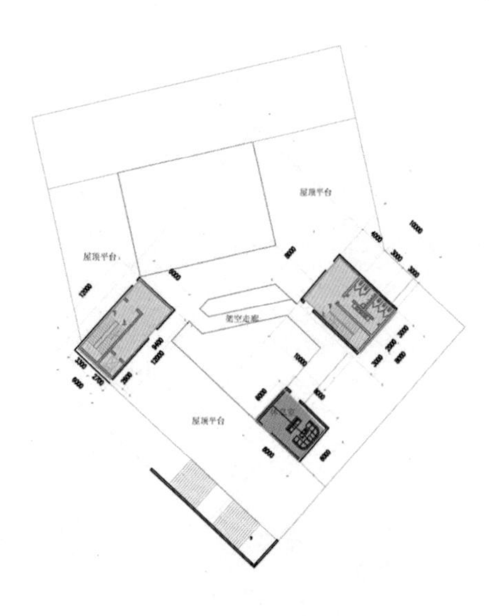

- 交通区
- 休息室

二层功能分区图

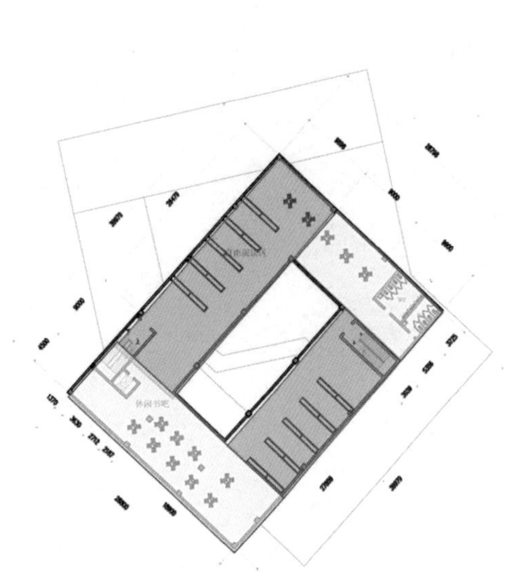

- 休闲阅览室
- 图书摆放区

三层功能分区图

流线分析图

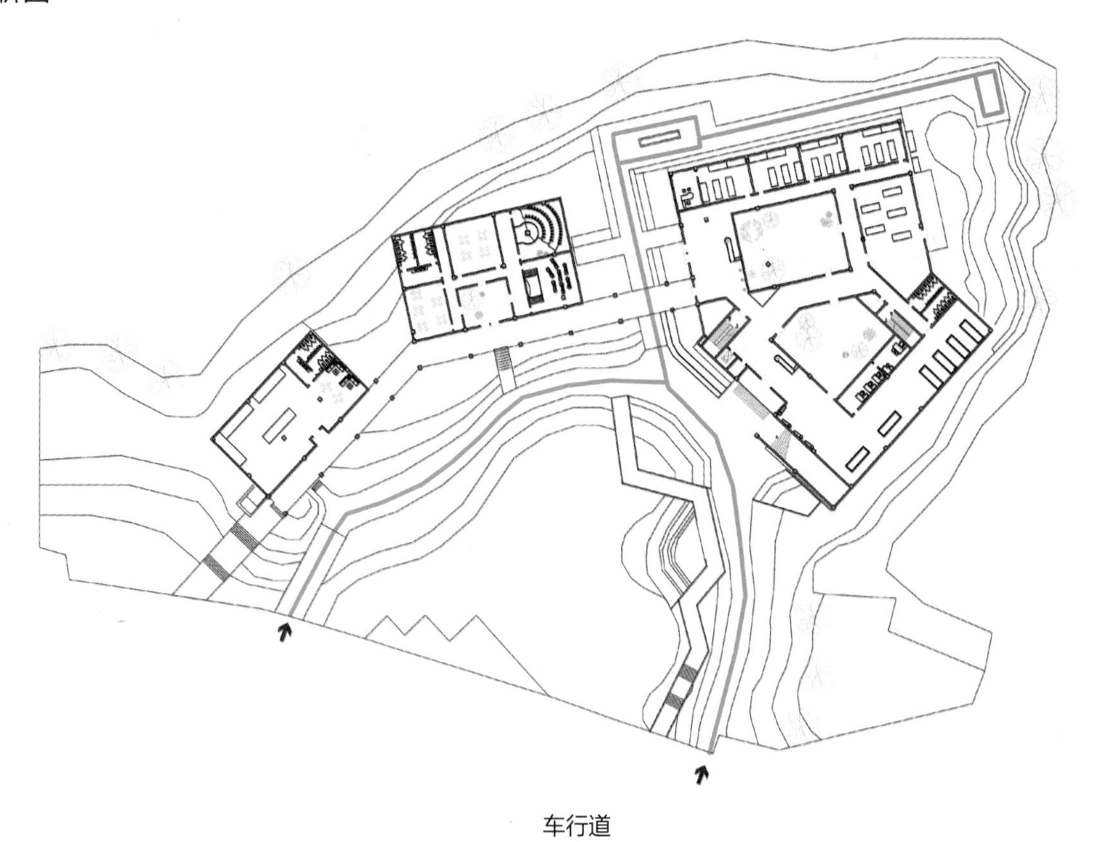

车行道

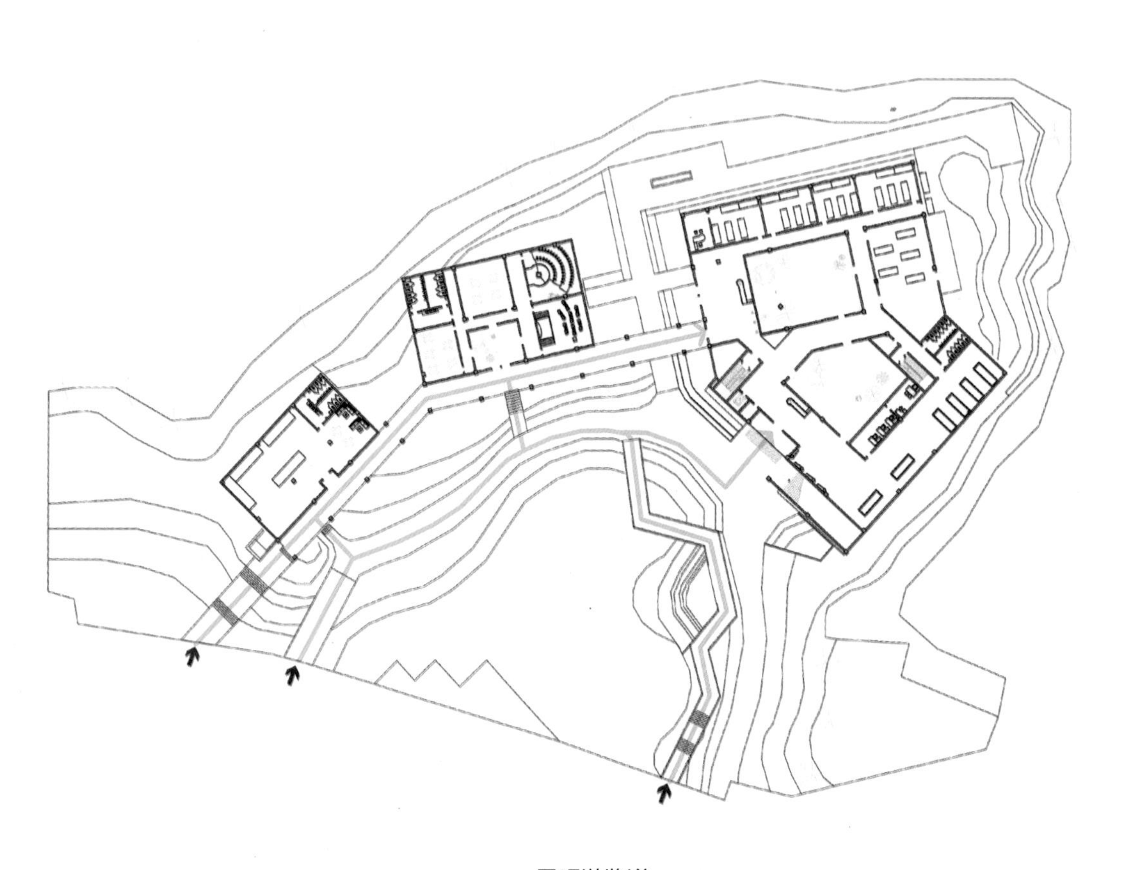

景观游览道

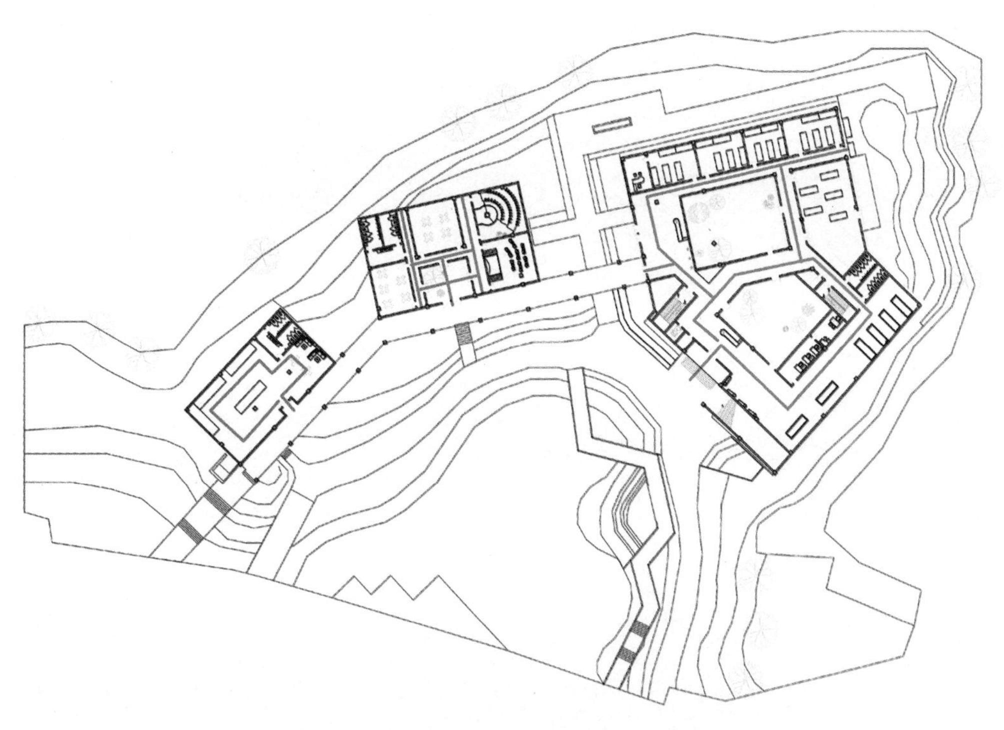

一层人流动线

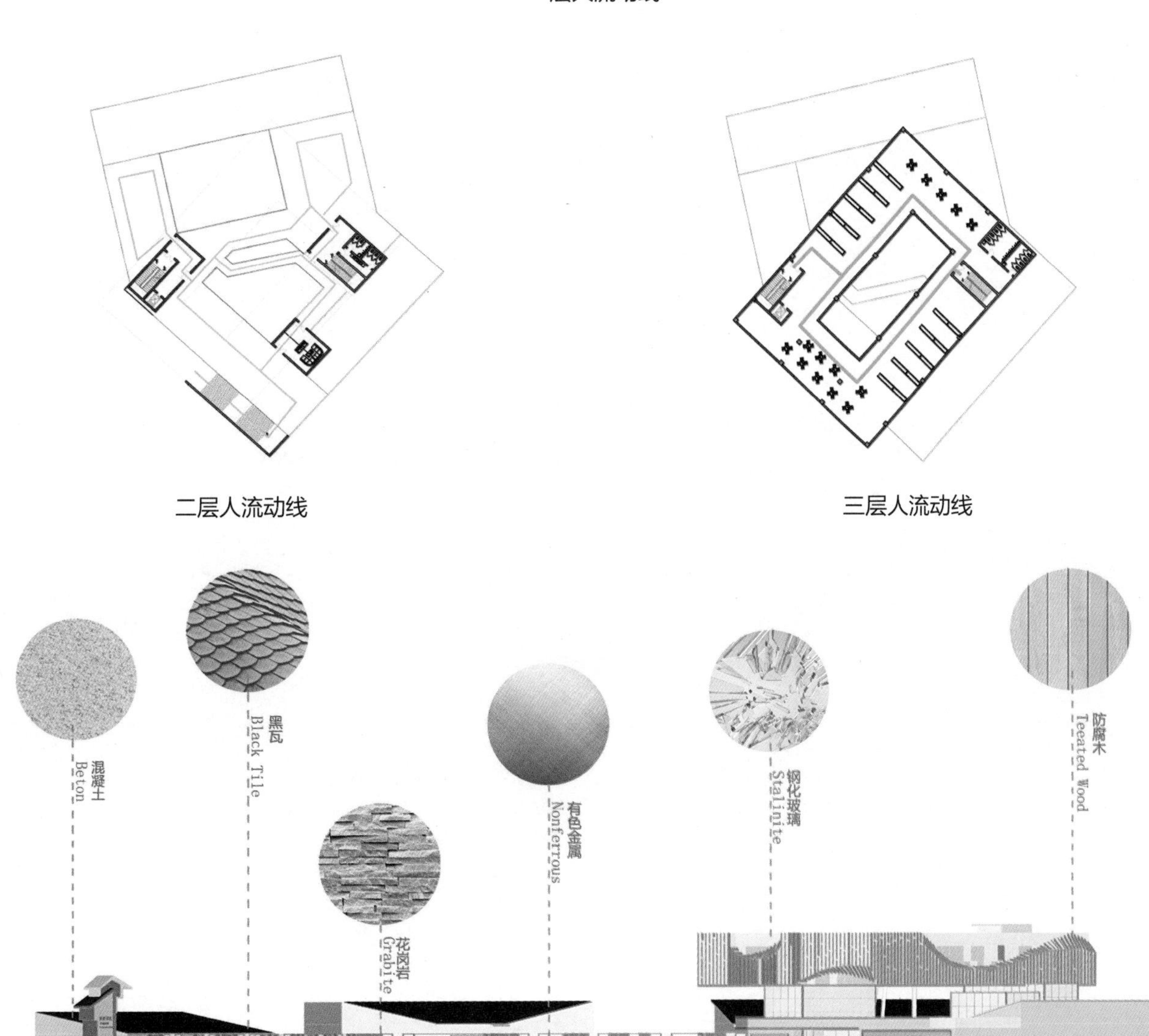

二层人流动线

三层人流动线

材质分析图

立面图

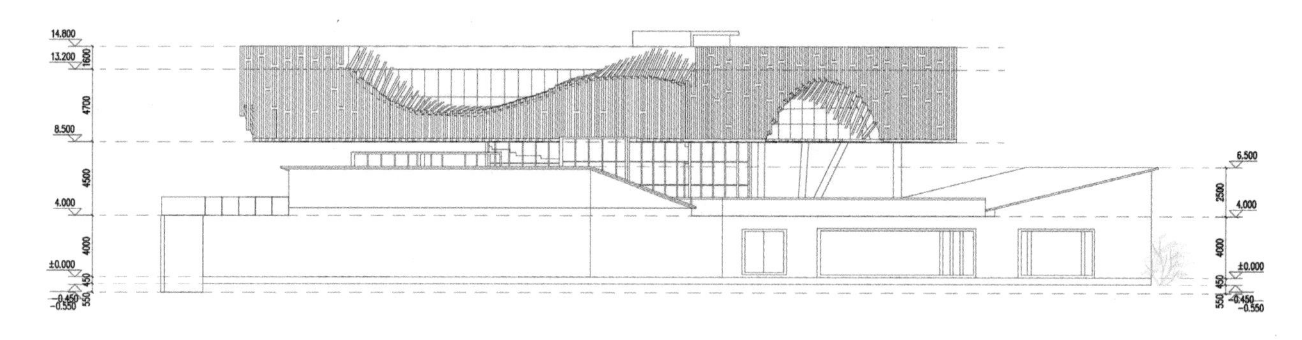

东立面图

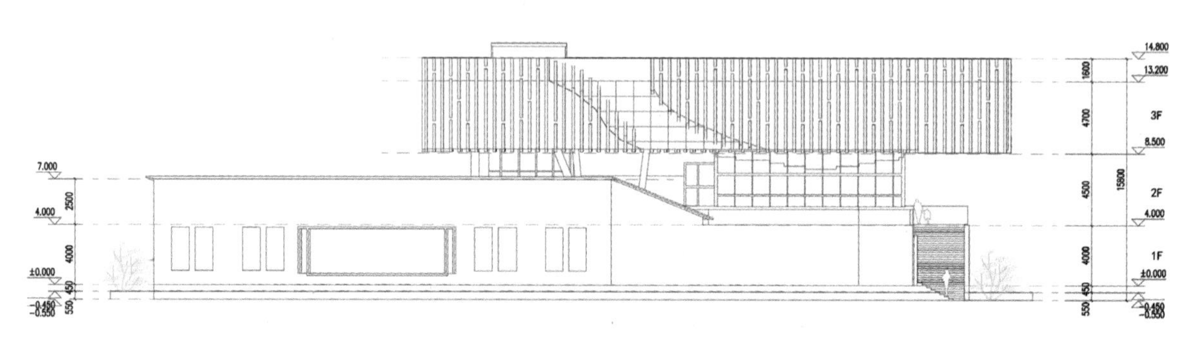

西立面图

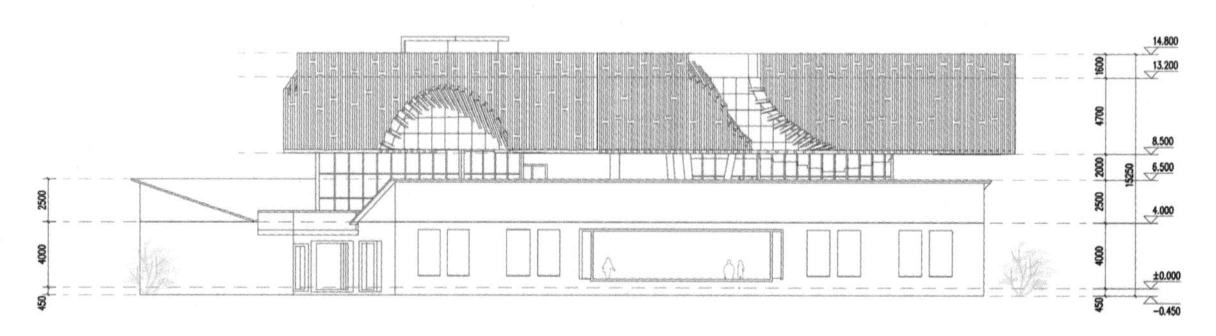

北立面图

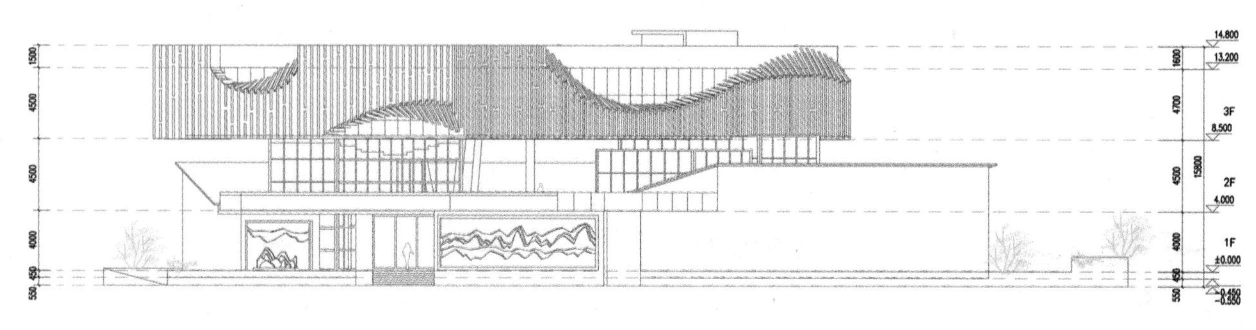

南立面图

剖面图

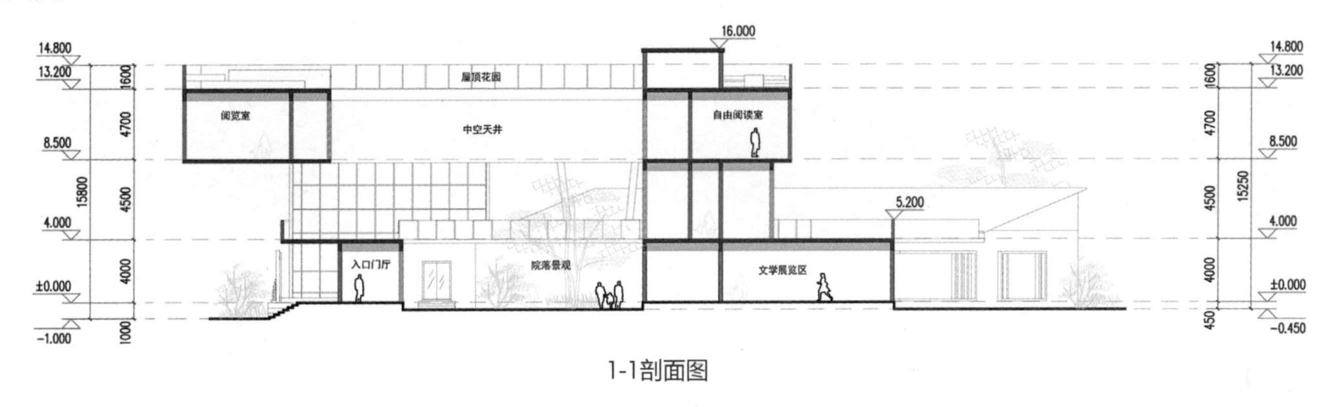

1-1剖面图

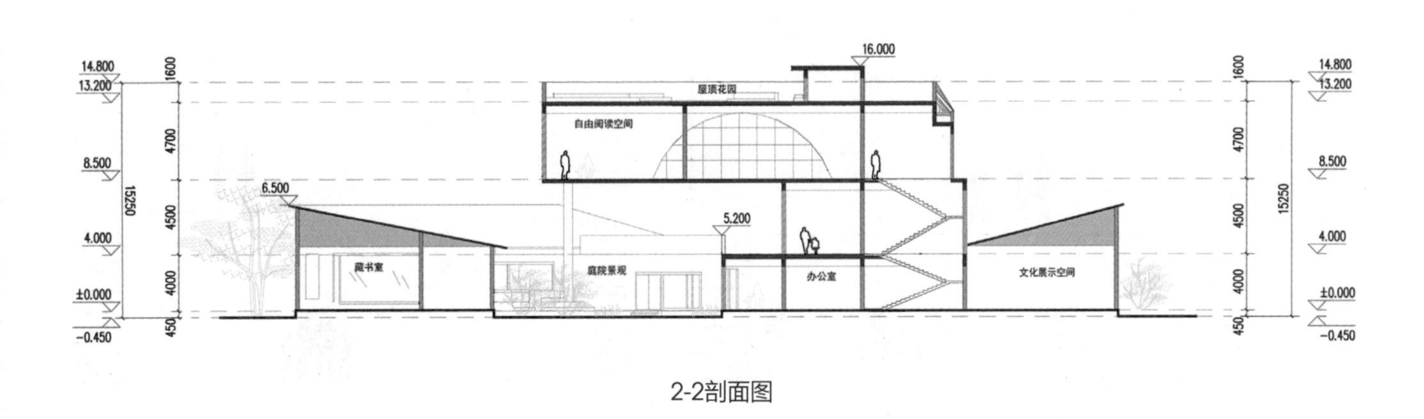

2-2剖面图

视点分析图

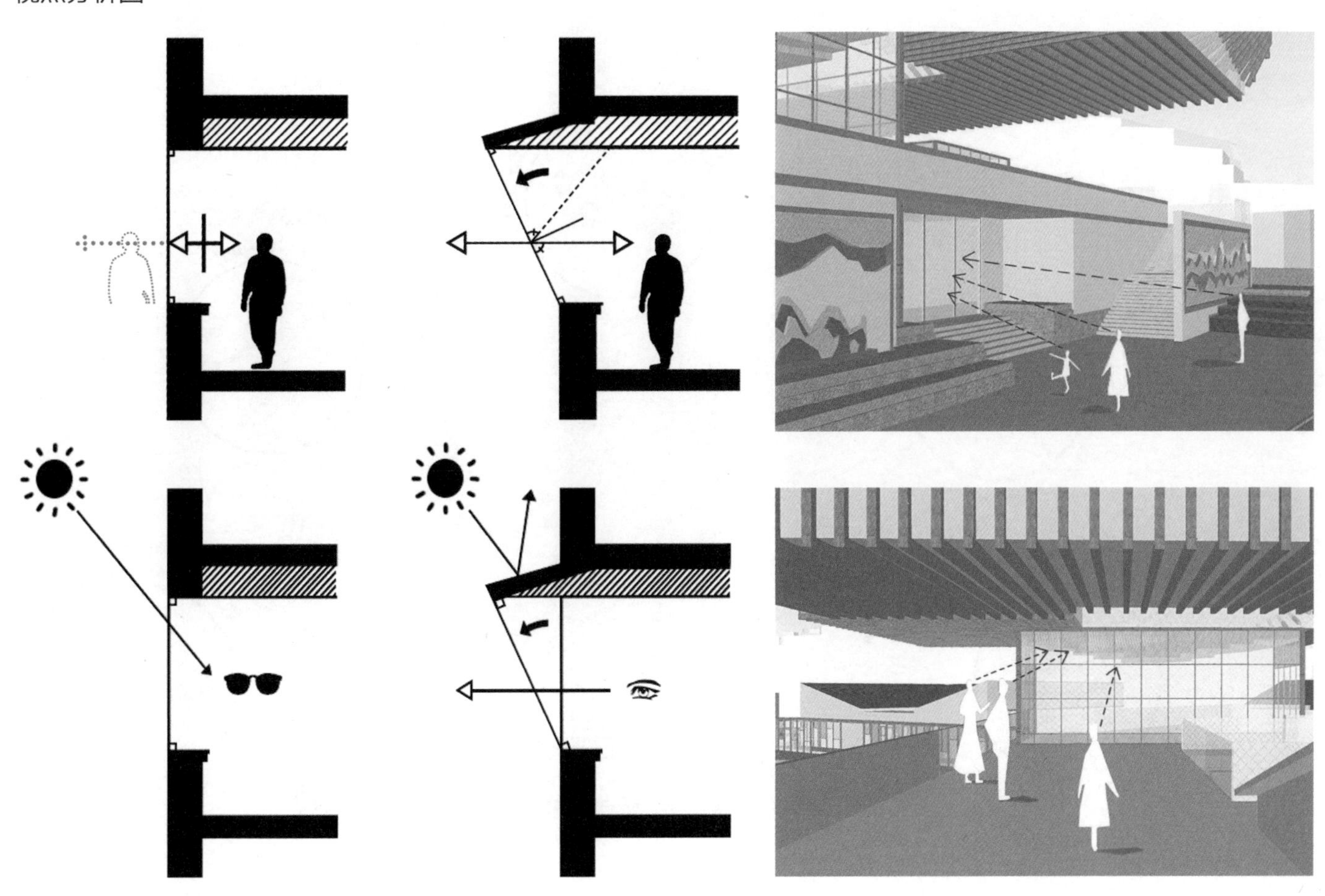

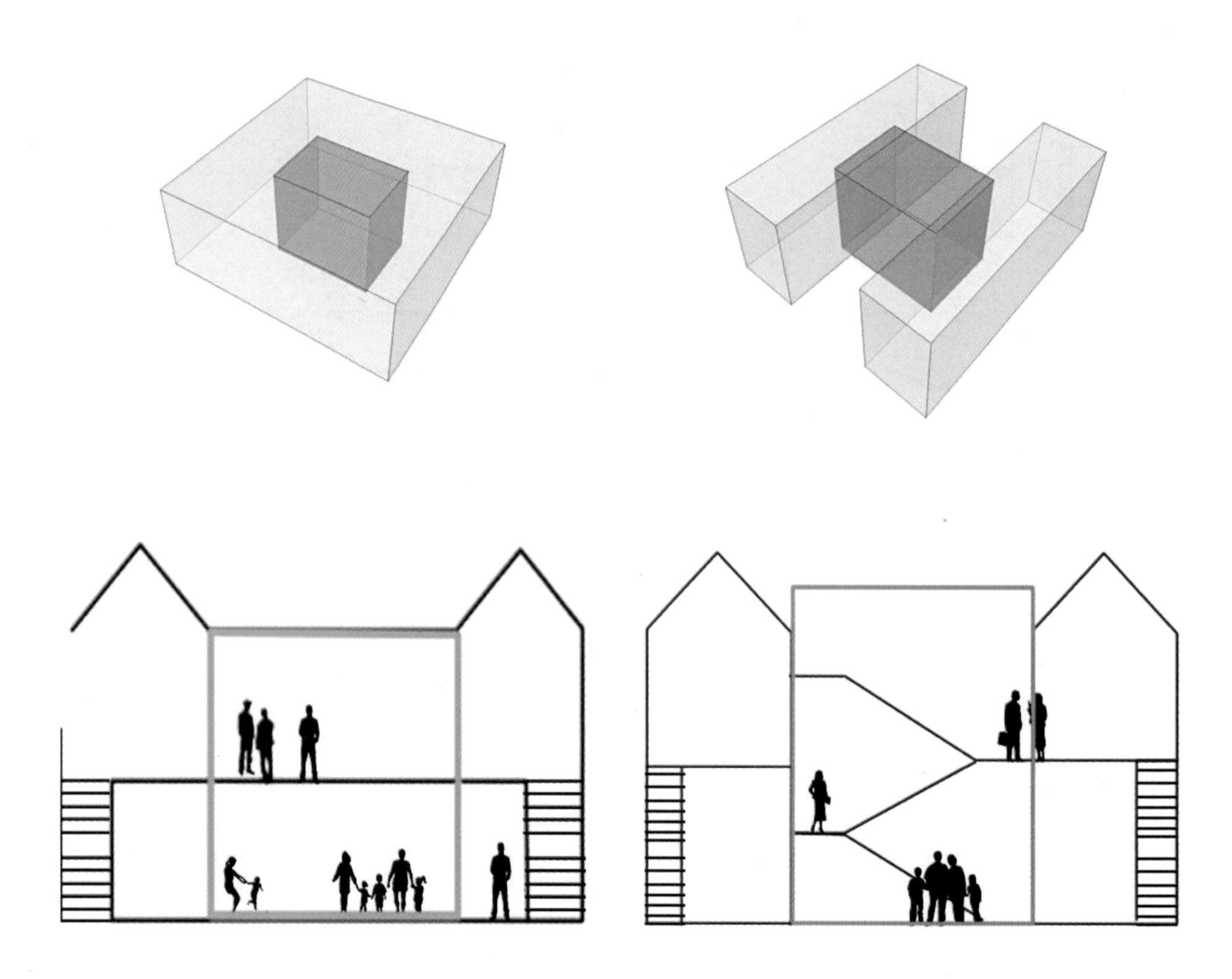

虚空间分析图

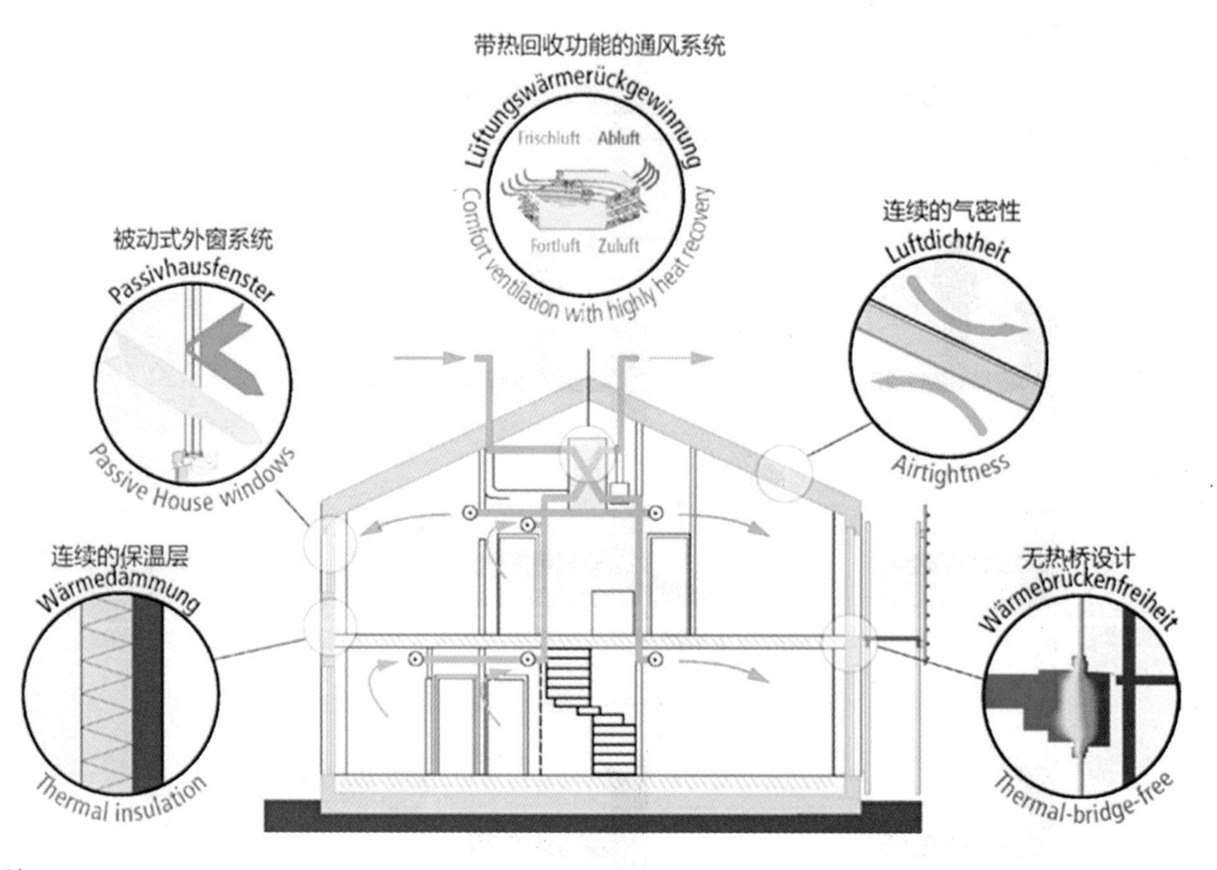

被动式建筑设计

乱峰空翠晴还湿，山市岚昏近觉遥。正值微寒堪索醉，酒旗从此不须招

体验空间

书院景观

潭州书院景观

潭州书院鸟瞰

三等奖学生获奖作品

Works of the Third Prize Winning Students

昭山潭州书院研究（1）

The Design of Tanzhou Academy in the Scenic Spot of changsha,Hunan

昭山风景区潭州书院设计（2）

The Design of tanzhou Academy in the Scenic Spot

山东建筑大学 艺术学院 张梦雅
Shandong Jianzhu University of Art,
Zhang Mengya

姓 名：张梦雅 硕士研究生二年级
导 师：陈华新 教授
学 校：山东建筑大学
专 业：艺术设计
学 号：2015065113
备 注：1. 论文 2. 设计

湖南昭山风景区潭州书院效果图

昭山潭州书院研究

The Design of Tanzhou Academy in the Scenic Spot of Changsha,Hunan

摘要：在新媒体发达的信息时代，受全球经济一体化、信息化和科技文明进步的影响，建筑地域差异在缩小，城市建筑的特色在消失。为了解决这一危机，研究特定文化背景下的地方建筑形式，挖掘地区建筑文化，使之成为既是地方的，又属于全球多元文化的一部分，是一道有效的途径。书院作为中国传统儒家传道授业的“大学”之地，历经千年，遍及华夏，在源远流长的中国文化与教育史中居于重要地位。作为古典文化传播与传承的教育机构，书院历经千年已然形成内涵丰富的重要文化力量，影响着古代中国教育与政治文明。

本研究着眼于湖南昭山风景区，希望借助景观资源，打造旅游风景区，解决宜居问题，带动当地经济的发展。通过合理设计建筑与自然景观、文化历史的关系，解决乡村宜居问题。湖南韶山风景区是我国著名的文化风景胜地，是学者盘桓、人文荟萃、书院罗布的地方，有着丰富的人文历史资源。从设计研究的角度具体分析：一、深入研究书院的产生与演变进程、书院建筑的特征和书院文化探源，系统地讲述书院文化与理学、书院文化与士文化，探讨了“礼”制文化主导下的书院展示空间解析；二、书院文化的产生发展、书院建筑的特征和空间特点在现代书院中应用的研究现状；三、探讨了现代书院与书院文化、传统书院的空间布局、建筑装饰与色彩、人文意境的建造、审美空间精神内涵的改造；四、以潭州书院设计研究为例，从建筑功能设计、设计原则、装饰、陈列等环境营造的视角分析了书院文化与当地人文地理资源的融会贯通，验证了特色建筑在推动传承书院文化中的效用，以此思考现代建筑设计与中国书院文化的关系。

通过湖南昭山风景区潭州书院的设计研究，重塑了书院文化的教育职能以及书院文化的传播，从而推动了传统文化的传承。

关键词：书院建筑；传统文化；现代书院；潭州书院

Abstract: In the information era with developed new media, because of global economic integration, informatization and development of science and technology, the differences between architectures in different regions are narrowed, and the characteristics of urban architecture are disappearing. In order to solve this crisis, it is an effective way to study the local architectural form under the specific cultural background and dig the regional architectural culture, making it a part of both local and global culture. As the “ university ” where traditional Chinese Confucianism preached, academies played an important role in the long history of Chinese culture and education. As an educational institution of classical culture communication and inheritance, academies have formed a rich and important cultural power in the past thousands of years, affecting the ancient Chinese education and political civilization.

This study focuses on Hunan Zhaoshan Scenic Area, hoping to use the landscape resources to create tourism scenic spots, solve the problem of livability and promote the local economic development. Through the rational design of the relations between architecture and natural landscape, culture and history, this paper seeks to solve the problem of rural livability. Hunan Shaoshan Scenic Area is a famous cultural scenic spot in China. It is a place where scholars and officials live, with rich cultural and historical resources. This paper has four parts. First, this paper conducts research on the emergence and evolution of the Academy and the characteristics and cultural origin of the Academy, and introduce academy culture, Neo-Confucianism and Chinese ancient scholar culture, exploring the space analysis of academy under the "rites" system culture. Second, this paper reviewed related literature in this area. Third, this paper explores the modern academy and academy culture, the traditional academy of the spatial layout, architectural decoration and color, the construction of artistic conception and the transformation of aesthetic content. Fourth, this paper uses Tanzhou Academy as an example, analyzing the integration of the academy culture and local geographical and humanity resources from the perspective of architectural function design, design principles, decoration, display, etc., verifying the role of characteristic architectures play in promoting the culture heritage of the academy culture, in order to consider the relations between modern architectural design and the Chinese academy culture.

By studying the design of Tanzhou Academy in Shaoshan Scenic Area, Hunan Province, this paper helps reshape the educational function of academy culture and the spread of academy culture, thus promoting the inheritance of traditional culture.

Key Words: Academy Architectures, Traditional Culture, Modern Academy, Tanzhou Academy

第1章 绪论

1.1 研究背景

1.1.1 课题研究的背景

书院历经千年，遍及华夏，作为中国传统儒家传道授业之地，在源远流长的中国文化中居于重要地位。在如今大力发展文化旅游产业、推动社会主义文化大繁荣的时代背景下，中国书院的旅游价值也被重视起来。庐山五岳峰下白鹿洞书院、岳麓山下岳麓书院、河南商丘睢阳古城应天书院和中岳嵩山南麓嵩阳书院被并称为中国四大古书院，早已成为著名的旅游景点。这既是文化旅游产业的一种发展形式，也是弘扬中华民族优秀传统文化的方式。发展中国书院建筑在乡村旅游风景区内的文化特色，使之成为既是地方的又属于全球多元文化的一部分的任务迫在眉睫。因此，湖南长沙风景区潭州书院设计是一个探索新时代背景下书院设计策略的绝佳命题。

追溯中国的教育思想的来源，定是古代的书院，那里是培养人才、发展学术的圣地；是儒家士大夫实现自己理想抱负的教学场所。它的出现最早可以追溯到唐代，由民间知识分子或是官方创立，并招收学生、钻研学问，具有教育、文化传播等功能。它作为中国传统思想的传播基地，其建筑形制与布置不同于一般的府邸宅院，讲求“文以载道”，追求朴实无华、质朴庄重，亦称之为“文人建筑”。但随着时代的进步，社会迅速发展，多形式的教育建筑也如雨后春笋般在各地拔地而起。为荟萃中国书院精髓并传承书院文化，也为现代书院设计提供丰富的历史积淀与设计元素，正是本文的研究背景。

1.1.2 课题研究的目的意义

书院具有特殊的文化价值，是重要的历史文化遗产，它的稀缺性和不可再生性，决定了它不同于一般的古代建筑，对于书院的保护及利用，我们首先要考虑让这些文化遗产满足现代社会的需求，得以丰富人们的精神生活，提高潭州书院所在地的文化内涵和生存的活力。对潭州书院建筑进行研究，从挖掘建筑文化、繁荣建筑创作、丰富全球建筑文化的角度看，这具有文化价值、科学价值、实用价值、艺术价值和经济价值。

就目前来说，文化传承相对较为薄弱，潭州书院作为一所综合体现代书院，是这种传承的良好媒介，它可以运用现代理念与手段将书院文化发展历程与丰富内涵生动形象地展现给观者。潭州书院设计将在文化气息的基础上，运用现代手段，深入挖掘精神内涵，重塑书院文化的教育职能以及书院文化的传播，从而推动传统文化的传承。

1.2 研究内容与方法

采用比较分析的方法，针对潭州书院与具有对照性、典型性的其他几座书院，集中对书院文化、建筑形态等进行综合剖析，总结中国书院发展规律，并结合当时的社会历史文化背景，探索其所映射的文化内涵。通过阅读与查阅书院相关的科研及综述文献，并进行相关的理论研究，了解书院的文化背景及历史，通过实地调研、测绘，绘制出书院的平、立、剖面图，进行实例分析等。

1.2.1 文献研究法

通过文献研究法，对目前已有的研究趋势及现状进行了解，掌握现阶段国内外对于本研究课题方向的研究现状，并选择把握自身的研究重点。本研究主要搜集整合了如下三方面的文献资料：

1. 通过了解掌握不同书院类型中的“原型”，在现有的基础上扩展类型转换的方法。
2. 中国传统书院建筑环境设计案例。
3. 传统书院的现代诠释作品。

1.2.2 实地调研法

通过实地调研走访，深入现场，观察走访，以书院博物馆、岳麓书院等实际作品为调研目标，通过实地感受、照片拍摄、图纸资料收集等方式掌握第一手资料，真实感受传统书院的空间氛围，建立起对于传统书院和当代重构作品的感性认识，为原型的研究和对比提供真实客观的资料。

1.2.3 实例分析法

针对传统书院丰富的群体组合和空间要素类型，运用设计类型学的理论和方法对其进行提炼，采用类型转换的方法手段对表层结构进行重组和变形，借用图构系统将其实体化，以可视化的角度对其进行分析与比较，同时针对现有不足加强原型的总结与衍生变形，并且与重构以后的作品进行横向比较。

1.3 研究框架

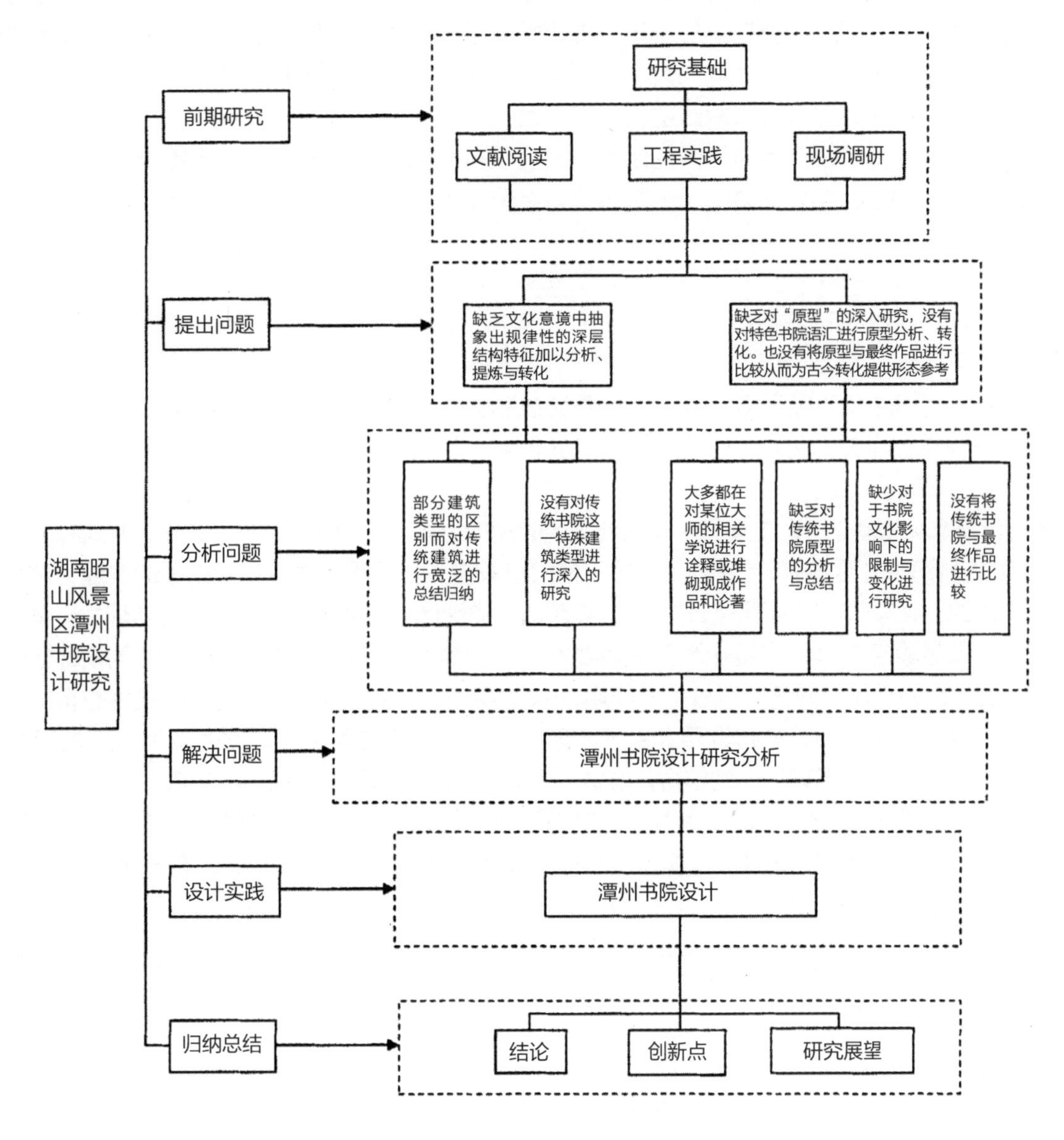

图1-1 本文研究框架图

（图片来源：作者自绘）

第2章 中国书院的概述

2.1 中国书院的产生与发展

2.1.1 中国书院的产生

书院原指用土墙围合起来的藏书之地，似乎即古代的图书馆，仅是藏书的地方，有的只是私人读书治学之所。唐代便已有不少私人创建的书院，《全唐诗》中提到的就有11所。始于唐玄宗开元间，官府是较先使用书院之名的地方，对书院的肇始可上溯到唐开元六年，唐代创建了丽正修书院，而后改名为集贤殿书院。丽正修书院以编校整理经籍和收藏书籍为主，不少学者认为这就是中国书院的开端。

溯源书院文化的发展历程，始于唐代，宋代渐入繁荣，历经明清两代发展而成为文化史上的奇观。清朝政府光绪二十七年命改书院为学堂，在政治上失去了存在继续根基，终而退出历史舞台。历经千年曲折的演变进程，其鼎盛时期，遍及全国城乡，甚至走出国门，传入日本、马来西亚等周边国家，这正是中国文化的象征。

2.1.2 中国书院的发展概述

书院是中国古代的教育机构，以教学为主，兼有祭祀的功能，其办学与官学并行，但是教育体制上又具有相对独立的特点。其教学模式具有某种社会办学的特点，这点也不同于一般的私塾。

自丽正修书院成立后，更名为集贤殿书院，开创中国书院建筑之先河，五代时中国书院在唐代的基础上又有了进一步发展，适应了当时社会的需要从而受到重视。直至北宋时期，官学未兴，数量很少，未能适应社会的发展以及平民阶层的文化需求，因而为补官学之不足，书院得以进一步发展，与官学并立，正是在北宋时期发展形成了一批在国内较为著名的书院，如白鹿洞书院、岳麓书院、嵩阳书院、应天书院等。元代蒙古族入中原，采用汉文化的文教政策，尊孔重儒，对书院采取鼓励及保护政策，书院的发展得以进一步延续。在明代复杂的政治战争中书院默默地曲折发展，为了适应当时不同的条件，出现了多样化的类型特点。到清代时，书院进一步普及，清末学者们试图革新引进西方新学，同时继承书院传统，希望做出改变来适应时代，最终在复杂的政治斗争中被近代官办学堂所取代。

2.2 书院文化探源

2.2.1 书院规制与儒学

书院在其千年发展历程中，不断革新，形成了一整套成熟的体系。这个独特的体系足以反映中国古典教育的价值观。其发展与一般私塾有较大区别，它是教育制度的创新，是传统书院文化结合儒家思想的成果，在层次上更进一步推动了教育的发展。

儒学作为中国传统文化根基之一，塑造了中国古典文人的精神世界。于内而言，此人群追求精神修炼，注重“修身”；于外而言，此人群追求社会贡献，注重“治世”。他们在双重人生理想中寻找自我价值的实现，这也就是儒学所崇尚的“道”。书院结合儒家“道”的理论研究，追求完善自我道德体制。通过自我完善，再实现社会体制的完善。

书院文化与儒学有着紧密联系，它是一个至关重要的平台，其办学宗旨、教学内容、教学形式与教学方法遵循着儒学的规制，儒学也重视这一教育职能机构的作用。它在儒学的各个分支之间搭起了一座思想桥梁。

书院的办学理念谨遵儒家思想，教材选用、人才方案、办学目标等方面无不以此为依据。重视对儒家经典的研习，如《四书》、《五经》等，用其身心的结合，强调“本心”。名师荟萃的书院，在教育功能之外，也承担着研究与交流工作，为儒学的发展不断注入新的活力。一座书院往往能因其辐射作用而形成一个区域的儒学中心。比如岳麓书院一千多年来一直代表着湖湘学派。知识分子阶层是儒学影响力的脚下基石。在一定程度上也为国家培养了许多人才，促进了社会的发展。

正是由于书院文化与儒学文化之间的相互促进作用，为中国文化奠定了学术基础，也为研究儒家文化铺平了道路，其发展占据了中华传统文化的主导地位。

2.2.2 书院学统与佛道

从书院文化传承角度抑或从教育、祭祀与选址方面，不难发现其发展与文化的繁荣都与佛教有着非常密切的关系。在宋朝，尤其是北宋时期，文化的高度繁荣为书院营造了良好氛围，书院的发展规模已超于唐朝以来的总和，数量高达70余座；而且书院文化也越来越开放，特别是开始受到宗教的影响，出现一定程度的文化融合。宋太祖在建国初期重视儒学，进而又重视佛教，其利用宗教来巩固封建统治；政治的改革令社会产生相对宽松和谐的政治氛围，促进了文人学者的思想共鸣。随着科举制度的开放，文人的增多，平民百姓也可以通过自己努力学习考入官阶，书院表现出了极大的包容性，各教派文化相互渗透，儒、释、道文化各得其所长。以程朱理学为主，许多大家学派的创立与书院的著述，都被打上了佛道思想的印记。在如此浓厚的文化氛围中，书院也在快速成长，其思想不断深化，外延不断拓展。社会在儒家与佛道的相互碰撞下发展，形成了书院学制的思想。

2.2.3 书院精神与理学

"理学"是中国古代儒学在一定时期发展得出的历史产物，它是结合了传承文化与古时书院精神发展过后所产生的。其思想内涵丰富，将中国传统的道家、儒学、佛学思想有机结合起来。它将哲学与信仰融合为一，将古代各种思想文化进行综合，代表了儒、道、佛的思想学术体系，密切了我国文化与国外文明的交流。

理学代表了一种国家意识形态，理学精神，不断追求新的知识，讲究"知行合一"；书院精神与理学的融合，不仅有安身立命的需求与人文信仰的精神，也满足儒生积极好学的氛围。

2.2.4 书院文化与士文化

古代的"士"是指介于庶民与大夫之间的阶层，"士人"更多是指古代的读书人与知识分子。他们一方面强化礼制思想，维护传统礼教，另一方面背负着创新文化思想的重任，其追求修身养性，超凡脱俗，特别是失意退隐之士，以清高自居，将对现世的不满寄情于山水，潜心学术。

而传统书院多由士人参与建设，因此在建筑形态上更多的反映了士人们的审美观点，其不同于宫廷官式建筑追求富丽雄伟，也不像民间世俗建筑追求实用安逸，他们追求典雅自然，表现出含蓄、质朴、高雅的特点，反映出士人清高的生活情趣与建筑观点，具有鲜明的士文化特点，被称为"文人建筑"。

2.3 中国书院的演变进程

书院的出现，是隋唐推行新的印刷技术使国人围绕着藏书、刻书、校书、著书、修书、教书等文化研究、积累、传播的必然结果，是中国历时千余载的独特教育机构。唐代书院有40余所，遍布全国各风景名胜之地。唐代书院主要分为三类：一是读书人自己藏书与研读之地，类似于以往的书斋；二是中央的集贤书院、丽正书院，它是由中央管理书籍的乾元殿演变而来的，集藏书、校书、讲书等于一体；三是讲授、用于教学的教育机构。

五代之际，是人称"天地闭,贤人隐"的离乱时代，但书院仍在兵荒马乱之中传承着传统文化。文人志士们在远离战火的深山处讲学，故钱穆先生在其《五代时之书院》中说："五代虽黑暗，社会文化传统未绝，潜德幽光，尚属少见，宜乎不久而遂有宋世之复兴也。"

宋代时全国创书院605所，是书院得到较大发展并获取显赫声名的时期。书院发展至南宋时最为昌盛，主要是由于书院与理学的一体化及书院制度的完善。书院与理学互为表里，隐显同时且盛衰共命，书院成为各学派的基地。宋代出现了一批如程颐、周敦颐、张载、朱熹等理学大师，自此我国教育呈现出了官学、书院、私学三轨同时并行的体制。但书院作为一种文化制度，它代表的是儒、释、道三家文化整理融合的结果。

在元朝统一全国的前后,忽必烈曾多次下颁法令保护书院和庙学，后来又将书院视为官学。据统计，元代不到百年的时间里就恢复或修建各类书院408所，可见书院在元朝时期的兴盛。

明代以官学结合科举制度推行程朱理学而不重视书院。故明初近百年间，虽有若干书院创建修复，但从整体上讲，书院处于发展低谷，这也是处于中国学术思想文化低谷期。于是到明正德、嘉靖年间,王守仁等思想家就以书院为阵地，发起了一场思想解放运动，书院从而再度辉煌，形成一股鼎盛之势。据统计，明代书院的数量远远超过唐宋元三朝的总和，共建书院达1599所，而大多都是在这一时期内兴建的。

天启年间，宦官专权腐败，朝纲风气不正，本着强烈的社会责任感的书院讲学之文人，从钻研学术转而关注政治，评议朝政，裁量人物，从而招致大祸，天下书院禁毁。遭此一劫，明代书院败落，再未兴起。

清初书院常有百人聚讲议会的事情发生，被顺治皇帝视为大忌，故下令"不许别建书院"。康熙皇帝虽已文采过人，但也始终不愿撤回禁令。最终，在雍正时代，其诏令各省创建书院。但在文字狱的影响下，又有控制的文化政策，书院被迫改变了学术追求，以一种实事求是但远离时政的态度去考究经典的学风终于形成。禁令即开，清代全国城乡建有书院3604所，书院得到长足发展，其产生的文化普及的巨大作用不可忽视。

清光绪年间书院由于与"新学"、"西学"结合，是书院发展的重要时期，赋予了它新的生命力，但这种过渡尚未来得及完成，就在戊戌变法中被令改书院为学堂，但变法失败之后，慈禧太后复令学堂改回书院。光绪二十七年，在“新政”的浪潮中，清政府再次下令将各省县级书院改为大、中、小三级学堂，也就形成了现在的学校。

2.4 中国书院的空间布局

2.4.1 礼乐融合，以乐和礼

《礼记·乐记》中说：“乐者，天地之和也；礼者，天地之序也。和故百物皆化，序故群物皆别。”因而，在传统文化中礼是天地间最重要的秩序，乐则是人性与道德的彰显。

礼也是作为当时理学道德观念的基础。传统书院的基本空间单位采用的是合院制，体现出对外的封闭。合院群通过主次轴线依次分布，主体建筑遵循轴线通过轴线层次序列展开布局，越是往后，其隐私性越强，地位也就越高，以别主次尊卑。此外，大门、讲堂、藏书楼等主要建筑在中心主轴线上依次设置，斋舍等次要建筑则分布于两侧次要轴线上，充分体现出尊卑有序的主次礼制秩序。

然而，理学家认为尽管礼制有利于维护封建秩序等级，但是过分抑制并非维系社会和睦的好方法，因而“和乐精神”被引入。虽然这种分布方式体现了严肃的等级秩序，但却也因其相对封闭的庭院内生活，而体现出温情的一面。

总之，传统书院在空间形态布局上既融入了和乐精神的表达又尊重了礼制的等级秩序，成为礼乐精神的折中体现。

2.4.2 以理为准，情理并行

传统书院的空间形态在构成过程中通过比例与模数对形式的生成作了详尽的规定，体现出逻辑与理性。然而，在此限定下的空间形态并非只有实用功能的意义，传统书院充分利用本身的形态特点，运用联想与类比的方法使得建筑形态产生了超越一般使用功能的精神内涵，营造出某种象征意义。例如，书院中通过碑廊、牌坊、碑亭象征着书院的历史、文化底蕴；匾额与对联等符号元素象征了书院的文化追求与治学成果；多种非建筑单体元素呈现文化内涵与其历史感：具有历史感的入口装饰与牌坊、多处带有名胜古迹的亭台楼阁、排列整齐的林木雕塑等。

因此，这种运用联想与类比的方法，借助书院空间形态的具体形象来表现某种思想感情或是抽象概念，使得传统书院也具备了超出实用与技术功能之外的象征含义，被赋予了精神内涵。

2.4.3 中国书院空间形态中的士文化

传统书院的空间形态与造型因受到士文化的影响，所以表现为朴素庄重、典雅大方，集中表现在以下两点：

1. 结构表现

传统书院的结构表现更多的是汲取民间特色，令人感到更加朴实典雅。其结构一般以砖木为主，抬梁与穿斗的构架相结合，突出封火山墙，起伏连续，轮廓线随山势高低变化而变化，结构装饰较少，强调以清水结构体现其木质本色，更加体现出其自然质朴之美，士文化的审美观念得以显示。

2. 材料表现

书院建筑受士文化影响，其材料表现不追求华美的雕饰。书院外部粉墙黛瓦，清水山墙，内部没有繁琐的绘画与装饰，而是显露其清水构架，以简驭繁。材料表现不像民间的世俗堆砌也不像官式的繁琐雕饰，体现了文人建筑特点的反映。

隐逸思想是士文化中特殊的一部分，它从观念到生活方式都影响着古代文人。传统儒学中的“学而优则仕”、“达则兼济天下”都鼓励着文人学子学成之后走上仕途取得成就，然而仕途之路并不宜走，往往变化不定，状况百出。于是在漫长的求名道路上，古代士人逐渐形成了一种超然不羁的洒脱人生观，这是古代知识分子隐逸的思想基础。

士文化中对于道德的追求体现于“山水比德”，将人的某些美好品德与自然山水中的元素进行类比，如“上善若水，上德若谷”、“智者乐水，仁者乐山”等等，体现出士人对高尚情操的向往与对自然山水的热爱，是士的道德之完善。

由此可见，这两种思想共同构成了书院择址于山林胜地的深层原因，结构朴实自然、空间静谧含蓄，同时也体现出士人寄心志于自然的思想观念，对中国书院空间形态的形成和发展起到了重要作用。

2.4.4 中国书院空间与自然生态观

传统书院重视选址周边环境的选择。其与周围环境相互依托，自身也为环境增色，成为风景中的一部分。依山傍水的择址与书院内部园林景观的设计蕴含着古人朴素的自然生态观，他们对自然山水的追求是一种人与自然相和谐的反映，力求达到“物我合一”的境界。

因此，“物我合一”反映到空间上，不难发现尽管传统书院规模较为庞大，但其依托地势，化整为散，错落有致，内部施以楼阁衬托、庭院绿化、林木遮掩，山墙起伏错落，外部充分利用自然资源，巧于因借。同时，自然景观还可作为课堂，带有教育意义。书院重视风景环境的建设，使风景能为人所用，如岳麓书院中的“书院八景”，使得景观与教育巧妙结合，将环境变为书院的室外课堂。书院与自然环境有机结合，以“物我合一”求得“虽由人作，宛自天开”。

此外，书院建设中颇多堪舆记载。选址讲求“气”与“势”，以择吉凶，靠山近林，背山面水颇合“居阳背阴”、“山环水绕”之势。

建筑与环境，人工与自然，往往不易相合。时至今日，人与自然，风景与建筑的有机结合仍然是当代建筑设计的重要课题。传统书院朴素的自然生态观与“物我融合”的设计理念仍然值得借鉴研究。

2.5 中国书院建筑的细部特征

中国书院建筑具有一定的空间细部特征与要素构成，两者共同构成了书院的空间形态特质。书院建筑的可识别性不单依靠群体间的整合效果，即轴线、院落及书斋的围合等，还依赖于边庭、内院、狭缝、引桥等这些元素的精心组织，既丰富了书院建筑的空间形态，又体现出不同于其他传统建筑的特点。

2.5.1 阶台

台阶空间通过台地、踏步等阶梯元素来化解地形高差，通过阶台空间的交通与汇聚作用，可以联系各个功能分区，形成场所间的呼应和场地与外部环境之间的融合。

传统建筑中的阶台空间最初为眺望与祭祀之用。书院中的阶台主要分为阶梯式、承台式两种。在古代建筑中通常利用台阶来抬高建筑，以烘托建筑的威严和体现有序的等级制度。另一类是顺应地形自然而成的平台，山地建筑中沿山坡开出平台，使建筑和自然环境相融合。

2.5.2 桥

桥是一种架空的人造通道。搭建桥梁主要是为了解决越谷或者跨水的交通，随着现代材料的多样化，桥的结构形式与表现形式也逐步丰富，这使桥梁在满足功能需求的同时，被赋予了美学的意义。

传统建筑中的桥按功能分，主要分为三类：景观型、功能型、过渡型。在传统书院中，桥的形式以功能型和景观型为主，景观型桥通常与环境相结合，常见于园林与风景名胜之地，以蜿蜒的形态或者飞虹的拱形成为景观的一部分，将自身形态融入周围环境以达到美学意境的营造，抑或者具有一定的象征意义，例如书院中的状元桥，寄托了人们的美好的向往，为桥带来了多一份的浪漫色彩。

2.5.3 庭院

庭院空间是指由房屋建筑本身或者由房屋与院墙进行围合而形成的相对封闭的空间，其本质在于围合。庭院空间是中国传统建筑中的重要形式，其独特的围合性有利于塑造归属感与内聚的功能，在传统书院中往往通过多个庭院的组织来联系与扩展建筑群体，体现出极强的空间弹性。此外，由于庭院在密集的建筑群体中打开了室内外渗透的环境，不但有利于通风采光、生风换气、收集雨水，还能停歇休憩、纳凉或聚会，具有独特的生态意义，同时也形成了独特的院落文化。与传统民居的庭院不同，书院中的庭院强调渗透性与互动性，常围绕天井院落组织一些连廊，强调其开放性与公共性。

2.5.4 天井

传统书院的院落与天井较为多见，事实上院落天井的组合是传统书院的基本构成方式，天井与庭院的属性有相似性，都是以围合的形态来解决建筑中采光通风的重要方式，成为建筑生态化的重要手段。然而与庭院不同的是，天井具有竖井形态，尺度较小，深度较大，通常被看作小型化的庭院。传统建筑中的天井在功能上具有通风、防火、采光、组织空间等作用，空间深且通风效果好。天井区别于庭院的另一方面在于因其空间尺度较小，天井承担的交往功能较少，多以景观和生态功能为主，在其中种植植物，形成室内景观。

第3章 中国书院建筑设计分析

3.1 现代书院设计案例分析

3.1.1 冯骥才文学艺术研究院（北洋书院）

1. 项目概况

冯骥才文学艺术研究院是由天津华汇的周恺设计。当冯骥才在天津大学任教期间，将其命名为“北洋书院”，同时招收研究生，举办系列讲座，传播人文艺术理念。其建筑面积约5800平方米，坐落于天津大学校园内青年湖东侧的一块方地上，远眺的视线可以观望至整个湖面，东临天大校园的主干道，为一栋整体式公共教学建筑，总建筑面积约6300平方米。

该建筑具有较强的人文特质，在现代的形式下能体现出东方意境，与中国人的居住理念相吻合。而天津大学作为传统的工科院校，引入了一个“人文因子”，自然引出了一个关于人文建筑与周边环境是开放还是封闭，是协调还是对比的议题。该项目四边以凿有空洞的大尺度的墙板院墙围合，形成内部的内向型院落，以此围合出相对封闭的院子。既尊重了天津大学原本的校园空间秩序，也营造出幽深宁静的书院意境（图3-1）。

2. 平面及功能分析

北洋书院的功能布局以体块为单位进行划分，主体功能块横跨于底层东西侧的底座之上。该主体功能块由一个中庭切分为南北两个矩形的体块，其中庭通高三层。北面由于天光采光稳定，用来安排层高较高、空间较大的展厅部分体块，南面便放置要求临窗需采自然光的小开间研究室体块，中庭的设置使两者既联系又分隔，功能分区较为明确（图3-2）。此外，因功能的要求同时带来了立面的差异。北面展厅的立面相对较为封闭，它同时又作为场地主入口的底景，以硬质留白衬托着软质的景观布置。与之不同的是南面形体立面上带有分隔线的浅窗，看上去有几分立体派的构成效果。

首层以门厅、茶室与部分辅助用房为主要功能，其中茶室独立存在，漂浮于水面之上，以大玻璃与庭院景观完成对话，成为庭院的主景与视觉的中心，成为大尺度水院的点睛之处。二层、三层以展厅与小开间研究室为主，此外，还有一个校史陈列展厅，位于整个场地的西南角处，设有单独入口。

该建筑中庭的设计与庭院的处理为其亮点。庭院的处理：其设计点在于它改变了传统书院的围合方式。传统书院中的院子以建筑作为围合对象，院与院之间通过建筑单体和连廊进行相互联系。但在该设计中，由于湖景被周边环境所遮挡，使得不得不偏转建筑来争取最大的可视景观面，如此一来，产生的结果便是院子被建筑从中部打断，为了消除这种打断的情况，架空与水院被引入，一同组成了此方案的主体框架。水院能连接南北两个梯形的院子，建筑的院墙与建筑主体构成的夹角增强了入口处观者透视的纵深感。较为高大的院墙通过各个大小不一的洞口消除了庞大的体量感，从外面看：透出的部分内景能够吸引行人的目光及好奇心，从内部看：将建筑内部包围成为借景与框景。场地中保留下原有的树木被重新赋予了历史意义，成为此场所记忆的载体与见证。

庭院的变化处理仍然能看出传统书院从前的原型，是类型转换手法应用的典型案例。直跑楼梯：该建筑的主入口开设在架空层下面的西侧，进入之后跟随光线通过一个小踏步便能够到达由一整面大玻璃收纳眼底的湖景，前述的偏转建筑的意义便在于此。分割主体建筑中间部分的长条中庭是整个设计的核心，黑色大理石楼梯连接上

图3-1　冯骥才文学艺术研究院外墙

图3-2　冯骥才文学艺术研究院室内

下，不仅起到了交通空间的作用，更是承担起了阶梯教室的作用。

3. 空间布局

从总图上看场地的形状为规整的正方体，设计以一条长条体量的中庭指向西侧湖畔，与湖景产生关联的同时将规整的基地“裁切”为两个梯形。这两个梯形的空间由院墙与建筑实体所围合，为了打通两个院子的关系，巨型洞的架空被引入进来，又在总图上形成了另外两个虚体的梯形，若干几何体的重叠联系使空间丰富。大尺度的院墙几近将整个场所包围了起来，取其安静内向之意象。通过院墙围合之后在外部看起来平静、朴素，然而走入院内，引桥、架空、绿地、水体结合着整个建筑形态则呈现出丰富、蓬勃的气氛，与室外感受形成鲜明对比，安静中蕴含精彩。

3.1.2 万松浦书院

1. 项目概况

万松浦书院位于山东省龙口市北部海滨万亩松林中，因其坐落在港栾河入海口（江河入海口为“浦”）周边，故而称之为“万松浦书院”。它的院长认为该书院是中国建国之后兴建的第一座现代书院，它具有中国传统书院应有的所有基本元素，例如独立院落、游学讲学及研修和藏书的功能、弘扬和传播我国传统文化的抱负及恒久决心等。

2. 平面及功能分析

万松浦书院所在的基地面积近110亩，书院建筑面积9000余平方米，建筑密度较低。建筑风格为具有中式传统符号的现代风格，也带有部分西式风格（图3-3）。接待处有客房28间，容纳60人的小型会议室一间，可容纳100人的大型会议室一间，海浴馆一座，可以举办中型学术会议。总体面积为4500平方米。书院办公楼的面积为2200平方米，包含办公室、阅览室、座谈室、藏书阁及同声译会议厅。整个办公楼呈“同”字形结构，布局设计汲取了传统建筑典雅古朴的特点，同时也借鉴了西式建筑的长处。

3. 空间布局

万松浦书院的第一研修部与第二研修部坐落在松林之中，均为三层别墅式建筑，灰砖青瓦藏身于松林当中。其内部设置有办公室及独立起居单元，以供专家学者研修所用。一楼建有健身房，三楼带有景观平台：极目远望，北侧松林尽收眼底，北望则是大海。

学生和员工公寓以及茶屋、书店是万松浦书院的附属配套设施。公寓建在书院北侧的疏林之中，为保护原生树木，墙基会根据其走势，不时凹进，使树木与建筑融为一体。公寓入口处有10株大松环列一侧，天然成趣。茶屋与书店位于北院的东南角，面河而建。书店内新书名著琳琅，墨香诱人，与茶屋毗邻。院内有黑松林20余亩，林内有两条黑色玄武岩小径交织回环。工作之余，漫步林间，呼吸天然氧吧的新鲜空气，欣赏林中雀鸟啾啾声，让人感受得到回归自然之乐趣。书院艺术村作为二期工程，占地50余亩。艺术村为书院的有机部分，使其学术功能进一步延伸与拓展（图3-4）。

万松浦书院作为一个独立的教育机构，藏身于城市外围，周边自然植被丰富。建筑占地面积大且密度低，自然植被书院获得了地方人士与当地政府的支持，具有接待、会议、讲学、研学等多种功能。同时还与高等院校开展科研与教学合作。其整体布局自由，建筑形制具有中式特色而又不失现代感，其为现代书院的运营与建筑模式提供了可贵的参考价值。

图3-3 万松浦书院外观

图3-4 万松浦书院环境

3.2 中国书院现有的改造案例——中国书院博物馆

1. 项目概况

在2004年，国务院中央编制委员会办公室及国家文物总局批准在岳麓书院旁筹备建设“中国书院博物馆”，并终在2012年正式开馆迎客，成为岳麓书院内重要的文化展示媒介，荟萃中国古书院精髓和传承书院文化。

选址位于原柳士英先生设计的临时校舍“静一斋”。其建筑面积为4736. 8平方米，陈列总面积约3180平方米。地上2层，地下l层，主要功能包括藏品展示、文物鉴定与修复、办公、学术交流等。

2. 平面及功能分析

书院博物馆的地下一层以临时展厅为主，壁画展厅与库房位于地下一层的西南角，以一处封闭楼梯间跟上层相互联系。一部开放型的直跑楼梯与中庭布置相结合，此直跑楼梯与踏步相结合形成复合型特点，既可以以交通作用联系上下，又可以将其作为临时展厅的演讲座席。此外，这部楼梯结合竖向通高两层的中庭，为底层带来充沛采光的同时，也使得复合型直跑楼梯的功能特点得以发挥。

书院博物馆的首层设计平面图很有特点。入口处结合引桥布置，并非正中对称，而是偏居一隅，起到隔绝喧嚣的作用，也体现出藏纳低调的个性。首层平面的观展流线大体呈环形，入口处的照壁起到了烘托与遮挡的作用，需要掉头走过一段小坡道方能进入到展览序厅，开始正式观展。与地下一层相似的是直达二层的直跑楼梯，成为立面景观的一部分。首层最有特色的设计在于内院、中庭、天井三种不同空间特点与规格的院子，被同时整合后放入了同一个平面。除此之外，中庭又被分成了两个通高不相同的部分，靠西边的中庭则连通了首层与二层，东边贯穿了整个地下一到地下二层，前者的体量较小，后者的体量较大，这也是与其空间高度有紧密联系的，以此避免了小尺度空间大深度竖向的形态，二者间用一条走道相连接。在中庭旁的是通高三层的天井，一部三跑楼梯将天井环绕中央，楼梯的其中一跑将天井与中庭分开，通过庭院与立体交通的结合，在观者竖向交通过程中对不同庭院的感知，为人们提供了立体的空间体验，在动态中体验庭院变化。第三个院子则以内院的形式呈现。此内院不但为用房带来了采光与通风的功能，更是所有院子中唯一一处能够进入直接接触到自然的空间。二层平面以一层为主，局部去掉楼板形成矩形垂拔。

从传统书院的角度看，多重院落天井组合的同时又连接了主要的使用空间，从空间形态类型而言可以将其归为书院式空间形态，然而具体空间营造的现代设计手法被运用进来，对院落这一传统形式进行了转变，丰富了空间效果。多轴线的空间仍然存在，由并列的形体所承担。在传统韵味十足的造型内部，中庭等现代建筑语言被融汇进来，但其传统组织方式却仍然保持，引发了人们对传统的联想。

3. 空间布局

中国书院博物馆空间布局采取了由北向南的行列式布局，若干“斋”形长条状单体并置。岳麓书院中的主次轴线并置反映在中国书院博物馆中，由中庭与天井所组织。天井院落相互连接，同时又与书院南北次轴线形成了互相对位关系，使空间肌理得以延续。此外，为了突出中国书院博物馆的谦虚感，该设计并没有采用中轴对称与大台阶的入口形式，而是利用下沉广场，以及同建筑山墙平行的空中连桥作为建筑入口，“侧身”进入博物馆，体现书卷之气。

4. 建筑细部特征

阶台：中国书院博物馆为表达其谦逊的文人态度，并没有采用大踏步台阶的常规入口形式，而是将这一传统书院空间构成要素进行了类型置换，利用边庭直跑楼梯联系上下交通，同时修饰立面，或者与狭缝空间相结合，以一个更加内敛的方式隐喻阶台空间。

桥：在中国书院博物馆中，桥横跨的并不是普通的水体而是虚空间，其位置与入口相结合，同建筑山墙相平行，空中连桥作为其建筑入口，从侧面进入博物馆，既有隔绝外部喧嚣的含义，又体现书卷之气。

庭院与天井：中国书院博物馆中的庭院尺度相对较小，主要以中庭或天井的形态呈现，将各个单体展厅进行有机串联，形成一个序列空间。外部以实墙为主，借助天井导入自然采光，对外封闭，塑造安静的空间氛围。

第 4 章 潭州书院设计解析

潭州书院的设计过程是以前文所研究的中国传统书院形制结合现代书院设计案例为理论指导，从选址、环境等分析开始，逐步在潭州书院项目中进行实践。

4.1 潭州书院项目介绍

4.1.1 潭州书院项目背景

潭州书院设计项目主要基于湖南省设计研究院提供的昭山山市晴岚文化旅游项目，其位于湘潭占山示范区昭山风景区，由山市晴岚小镇和昭山核心景区一起组成山市晴岚新画卷。项目总占地面积约2500亩，总投资约20亿元，预计年接待游客300万人以上。

规划秉承生态优先，景观与文化先行的理念，合理处理建筑与自然景观、文化与历史的关系；运用创新的思维，匠心经营，打造具有国际影响力的文化旅游特色项目。

该项目总建筑面积约15万平方米，总体规划结构为“一核、两区、十园”。山市晴岚文化小镇，以集市为脉络，串联会馆、商街、禅修、山居与宗祠文化等多个功能体块，打造集“市、渔、礼、禅、居、艺”的湖湘文化魅力小镇。集市布局白石画院、安化茶庄、古窑遗韵等湖湘非物质文化遗产，更有各类行业会馆与小镇商街，营造氛围浓郁的小镇风情。

4.1.2 潭州书院选址

书院环境选择受传统堪舆术的影响，历代书院对选址极为讲究，多依山傍水，师法自然。中国四大古书院的选址都在著名的风景区。潭州书院选址也遵循传统书院的选址观念，追求“山环水抱、贴近自然”，同时，也加入考虑基地自身的特质与风水朝向。

湖南昭山因北宋大书画家米芾曾将此绘成《山市晴岚图》，列为潇湘八景之一而名声大振。潭州书院项目主要坐落于长沙、湘潭、株洲三市交界处的昭山风景区内，卧于湘江东岸，昭山膝下，临江而建，宽广的河道空间使整个景区的视野开阔，使观者身临其中，面江而立，自然身心畅然。“秀起湘岸，挺然耸翠，怪石异水，微露岩萼，而势飞动，舟过其下，往往见岩牖石窗，窥攀莫及”，乾隆在《长沙府志》中如是描述。

昭山风景区自然环境优越，气候温和，降水充沛，春温变化大，夏初雨水多，伏秋高温久，冬季严寒少。每逢雨后新晴，或是旭日破晓，万丈霞光撒在山间，雨气氤氲，色彩缤纷，美而壮观。是适宜游玩放松的绝佳之处。

潭州书院位于景区核心，地处昭山脚下，位置极佳，三面环山，依山而建，群山相拥，静谧怡然。项目基地交通发达，芙蓉大道、G107国道贯通南北，京广、湘黔铁路在此设有车站。长沙黄花机场距基地仅有20分钟车程，湘江穿境而过，水陆空交通十分便利。

4.1.3 潭州书院功能分析

现代书院的功能与传统书院有所不同。根据本项目实际情况，笔者将功能变革列举如下：

讲学功能：根据现代建筑形式，不再设置位居建筑中心的讲堂，而是将讲堂通过类型区分，设置功能不一且大小不同的研学场所：将原有的中心区域转变为展示性的公共空间与活动。

藏书功能：跟随时代发展的脚步，顺应社会需求，将传统书院的藏书功能转变为网上电子书阅览与实体书籍阅览相结合的多功能信息空间，并增设出版编辑功能，从而使潭州书院延续现代书院对于社会的文化传播功能。

祭祀功能：将传统的祭祀功能取消，转变为仪式性的功能。其中包括了室内的历史文化展示空间、室外的仪式性空间。

休闲功能：依据现代书院在乡村旅游风景区内的运作定位，在保证书院原始功能的同时，考虑到游客需求，在书院中增加咖啡休闲区及书友会区域。供观者在学习游玩之余休憩交流。

笔者在潭州书院设计中增加了会议活动功能与展陈功能。另一方面，因项目基地周边有住宿区域，所以将传统的居学住宿功能移除。

4.2 潭州书院设计策略

书院建筑一方面作为儒学知识活动的媒介，提供了各种功能场所，另一方面也能传达出儒学文化的思维。中国人利用传统大小木作系统，从建筑结构、形制、装饰、内部空间等方面来表达这种文化思维。那么潭州书院的建筑设计，就从文化成果展示的角度出发，反向推导手法与策略去重塑书院建筑与其场所氛围。

4.2.1 建筑形制——兼容并蓄

现代社会生活方式已然不同于过往，现代书院的建筑形制已不适合于再照搬传统纯木作建筑，然而驱使人们建立现代书院的又是传统的国学文化。因此笔者认为潭州书院的设计应该是一种传统工艺与现代手法结合之后产生的结果。从传统建筑及人们传统的生活方式中汲取灵感，注重对湖南本土文化体验的研究，运用当今时代的新视角、新方法和新技术去重新配合传统文化，再现传统意境之美而不是传统的表象。

笔者认为，日本建筑师隈研吾与我国建筑师王澍的设计作品可以带给我们一些灵感上的启发。比如，隈研吾从传统文化角度出发，为传统材料与要素再现于现代建筑之中做了大量的尝试工作。这种设计手法，都是从现存的社会文化脉络结构出发寻求设计灵感，在最终呈现的完整设计的建筑主体形态上往往都是简洁的几何性质，甚至是消隐于周遭环境中。再比如王澍在杭州设计的中国美院象山校区，重现的就是一种传统大合院的主题，其设计中也多有考虑到传统建筑对于山、环境和自然的共存关系。但呈现在建筑中却使用了许多传统的材料、工艺和手法，使得传统建筑中“天人合一”这个经典的理念在现代社会建筑设计中得以重生，革新出一个个既隶属于当地传统文化又能融入新时代背景的优秀作品。

4.2.2 建筑材料——自然真实的表现

除了外围护界面的当地块石材料之外，潭州书院在设计中还采用了当地常见的木材、冷摊瓦、卵石等，这些地方性质的材料在使用时注重真实性的表达，以满足实用功能为主，不作过多的修饰，从而喻示着治学行为的求真善简；而玻璃、钢材、混凝土等现代建筑材料同样出现在主体建筑之中，特别是玻璃幕墙的运用使得部分主体建筑显得轻盈，不至于太过沉重。

中国传统材料是具有自然亲和力的，书院也是一个融入自然环境的场所。那么对于潭州书院材料的组合与表现性上，就要更加注重于传达出自然、有机的特性，使得建筑不与自然产生割裂与独立感。

4.2.3 建筑色彩——低调素雅

儒学是一种低调的修身养性之学，自古书院几乎没有浓墨重彩，大多注重的是质朴素雅的熏陶意味。传统书院的色彩多是取自于其材料自身的颜色及纹理质感。因而在潭州书院设计中，注重材料自身色彩与纹理的真实性表达，不作过多表面修饰。基础色以冷色调为主，潭州书院的建筑色彩依旧遵循“低调素雅”的设计准则，保留当地木材原色，配合玻璃幕墙及当地大理石贴面，使建筑令观者感受到那份自然庄重与沉着静谧。

第5章 结论

中国书院是中华文明的宝贵产物，它承载了近千年的教育文化，在建筑界有其继续留存的丰富价值。近年来社会上对于重修书院的呼声渐多，新建的现代书院也渐渐在崭露头角。作为设计人员的我们有责任也有义务为民族传承、发扬我国博大的传统建筑文化，再将其与现代社会文化需求结合起来，重新演绎创新出属于当下时代背景下的现代书院。本文正是基于这一目的而写作的。

本文本着正确看待与研究传统书院的建筑内涵与文化特质的态度，结合现代的设计观念与手法去协调整合各个设计因素之间的关系，然后以延续、演绎和重现的方式重新进行设计，从而继承了传统书院的精神本质，重塑其建筑样貌与环境氛围，满足当代社会观者的需求并实现现代书院的价值。

如今有许多现代建筑的设计手法，对于传统建筑的现代演绎也有许多不同的设计方向与方式。因本项目坐落于湖南昭山旅游风景区，笔者所选取的是带有地域性特质与乡土气息的设计手法，书院本身即源自民间演绎出的建筑，是民居的社会产物，自然会带有地域与乡土特性。如此，才可能避免出现流于表面形式的符号化设计成果。进而也能提升潭州书院在景区内的自身价值，使景区文化全面化，增强地方文化自豪感，提升文化品位。

传统书院在乡村旅游风景区中的当代重塑作为中国传统建筑的现代重塑中的一部分，现在正属于热门的设计研究方向。国内外目前已有许多对于传统建筑和中国传统书院的深入研究的理论基础，然而现代书院的建成案例还不算多。所以笔者希望自己能通过在“湖南昭山风景区潭州书院设计研究”这一项目上的理论研究与设计实践成果，对“现代书院”这个名词下一个较为准确的定义，为现代书院在旅游风景区的设计提供一点理论研究基础，对现代书院设计实践提供一份参考案例，最终为中国传统建筑的重塑之路贡献自己的一份绵薄之力。

参考文献

[1] 朱汉民. 中国书院文化简史 [M]. 上海：上海古籍出版社，2010.

[2] 王雁冰. 中国大学新型书院研究——基于大学书院案例分析 [D]. 苏州大学，2014.

[3] 朱汉民. 岳麓书院 [M]. 湖南大学出版社，2004.11.

[4] 肖永明. 儒学·书院·社会 [M]. 商务印书馆，2012.10.

[5] 白新良. 中国古代书院发展史 [M]. 天津大学出版社，1995 (5).

[6] 朱汉民. 岳麓书院与中国知识群体的精神历程 [N]. 光明日报，2006.05.

[7] 焦爱新. 传统建筑装饰文化对现代建筑装饰的影响作用分析 [M]. 中国包装工业，2014.07.

[8] 周景春，朱兴涛. 中国书院教育的理念及其现代启示 [J]. 现代教育科学，2009.03.

[9] 魏冰娥. 为道与为学之间：传统儒学德育内容演变 [J]. 教育评论，2013 (01): 139-140.139.

[10] 吴光. 一道五德：儒学核心价值观的新表述 [J]. 青岛科技大学学报（社会科学版），2010 (01): 44-47.

[11] 耿有权. 儒家教育伦理研究——以西方教育伦理为参照 [M]. 北京：中国社会科学出版社，2008: 240-241.

[12] 郑萍. 村落视野中的小传统与大传统 [J]. 读书，2005 (7): 11-19.

[13] 丁钢，刘琦. 书院与中国文化 [M]. 上海：上海教育出版社，1992.

[14] 张劲松. 书院的边界与早期教育书院的构成要件略论 [J]. 河北师范大学学报（教育科学版），2008 (11): 21-25.

[15] 胡青. 书院的社会功能与其文化特色 [M]. 武汉：湖北教育出版社，1996.

[16] 汪昭义. 书院与园林的胜境：雄村 [M]. 合肥：合肥工业大学出版社，2005: 24.

[17] 吴良镛. 关于人居环境科学 [J]. 城市发展研究，1996，1: 77.

[18] 吴良镛. “人居二”与人居环境科学 [J]. 城市规划，1997，3: 4-9.

昭山风景区潭州书院设计

The Design Of Tanzhou Academy in the Scenic Spot

区位分析 LOCATION ANALYSIS

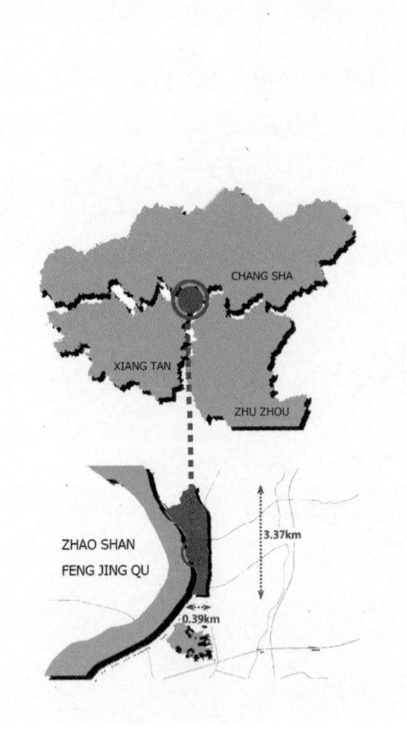

项目位于湘潭昭山示范区昭山景区，昭山风景区位于湖南省湘潭市岳塘区，坐落于湘潭市东北20公里的湘江东岸，为长沙、湘潭、株洲三市交界处。

概念图 CONCEPT MAP

项目总建筑面积约15万平方米，总体规划结构为“一核、两区、十园”。

概念总图 - 景点

01 主入口
02 旅游服务中心
03 水景
04 万花谷
05 次入口
06 青少年森林户外基地
07 野生动物保护基地
08 双泉禅院
09 北大门
10 魁星楼
11 文峰塔
12 古蹬道
13 滨江步道
14 昭山古寺
15 文化长廊
16 星空台
17 观音寺
18 宗祠区
19 千佛塔
20 码头
21 风情酒吧街
22 菩提苑（禅修酒店）
23 潭州书院
24 安化茶庄
25 布坊
26 酒坊
27 白石画院
28 制酱坊
29 古镇集市
30 会馆
31 六艺馆
32 古军营体验馆
33 南入口
34 民俗酒店
35 古窑遗韵
36 龙王庙

概念图 CONCEPT MAP

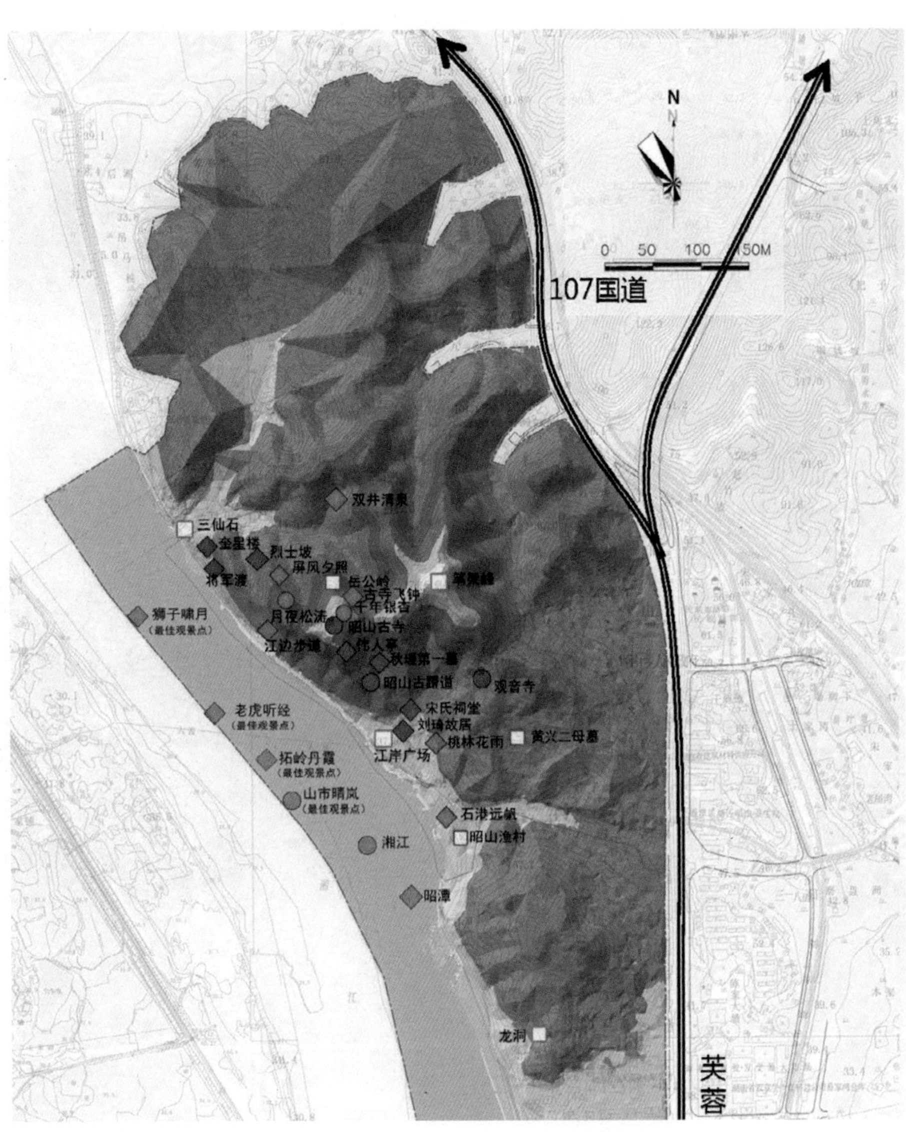

功能分区

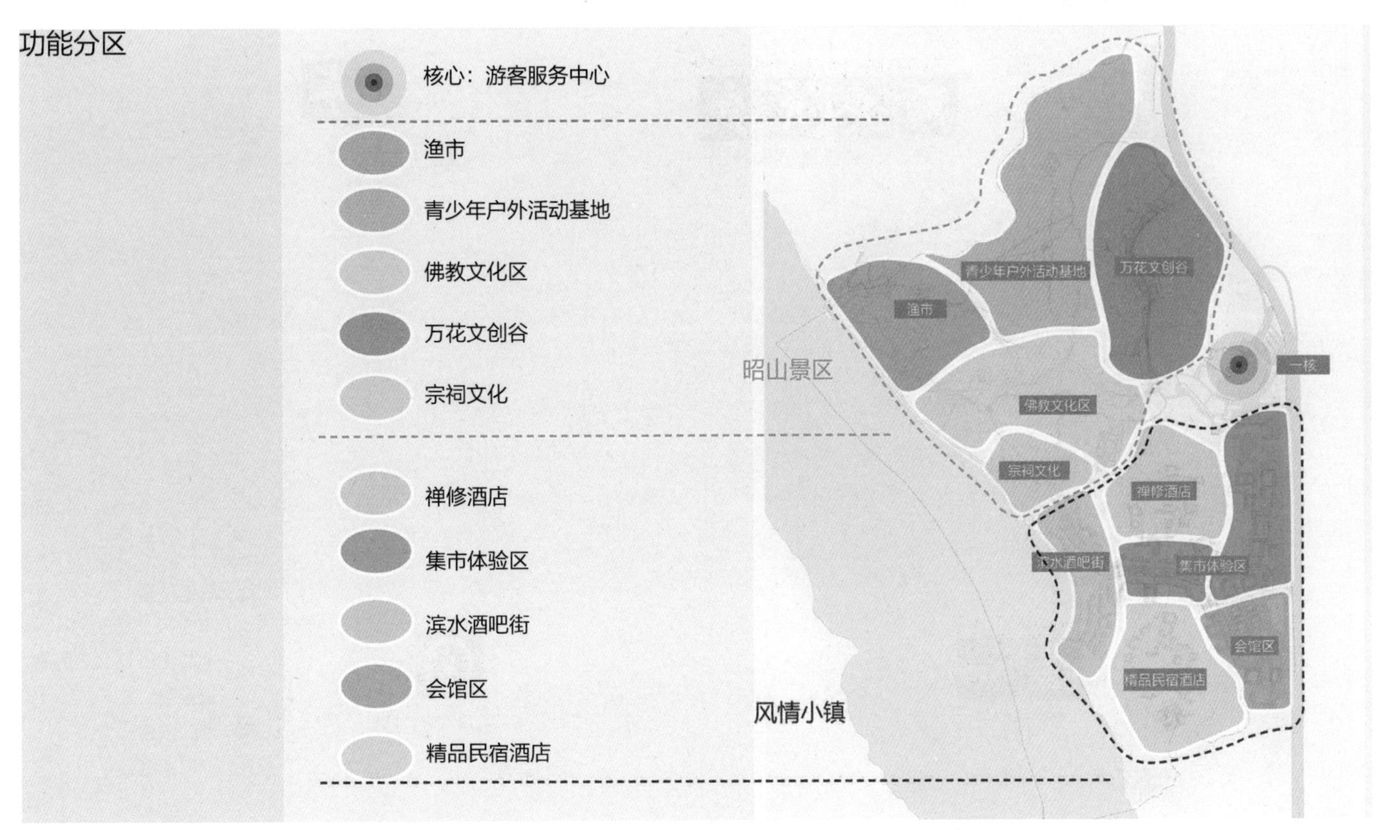

基地交通 TRAFFIC ANALYSIS

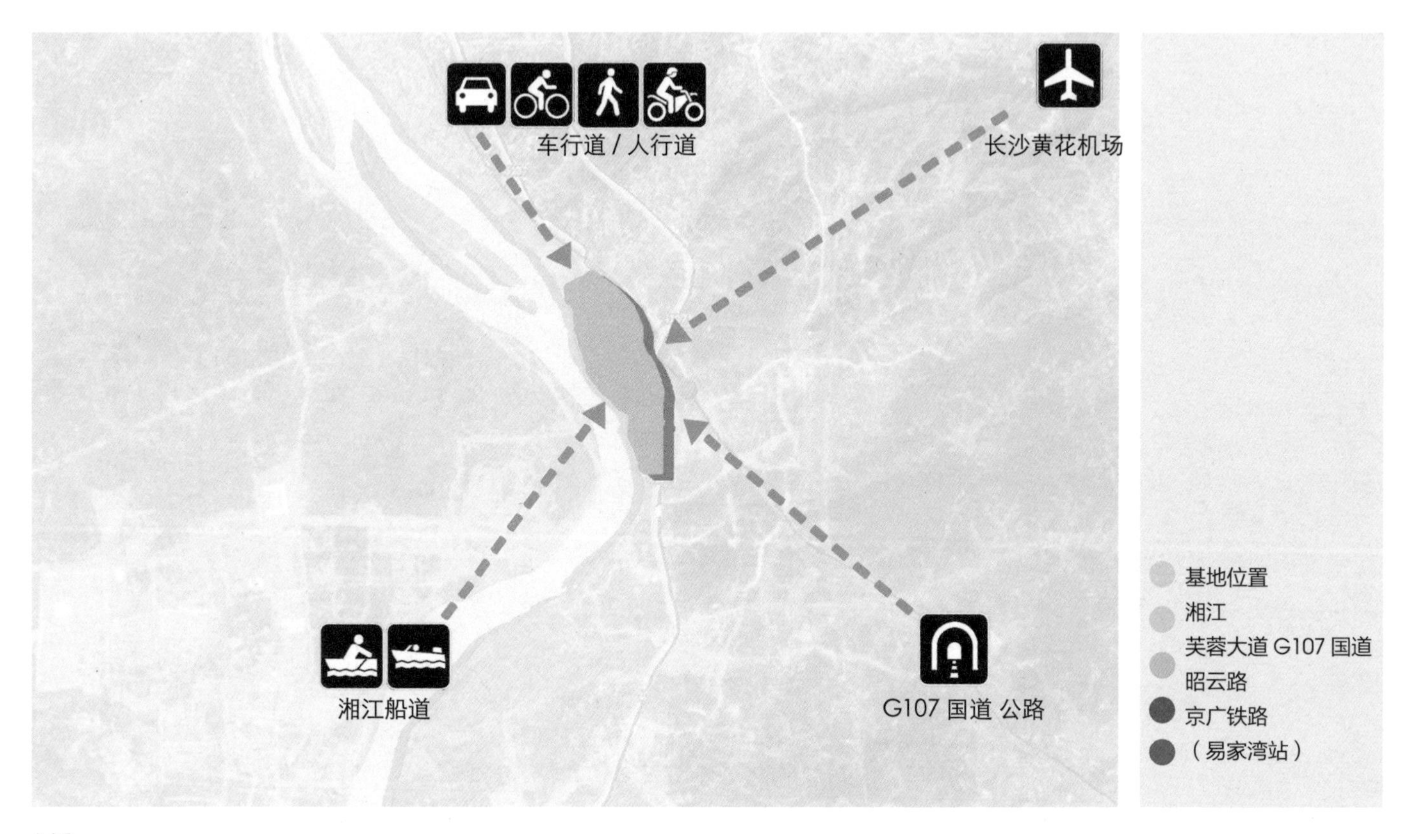

问题一：
地形起伏大，南北景区联系被割裂。

问题二：
入口少且位置差，停车场位置仅一条主要道路可进入景区。

问题三：
“绿心”垃圾成堆，缺少景区管理，废弃房屋影响游客游玩兴致。

问题四：
历史非物质文化遗产多，物质遗存少，体验业态少，游客难以驻足停留，即游即走居多。

历史文化 HISTORIC CULTURE

历史典故：周昭王南征蛮邦，结果死于山下深潭，因此得名昭山。
北宋大书画家米芾曾将此绘成《山市晴岚图》，列为潇湘八景之一，昭山自此声名大震。

历史古迹：岳麓书院、长沙窑遗址、马王堆汉墓等。

文化遗产：湘绣、棕编、菊花石、中国红瓷器等。

自然环境 NATURAL ENVIRONMENT

气候：地属亚热带季风气候，气候温和，降水充沛，雨热同期，四季分明。夏冬季长，春秋季短。
春温变化大，夏初雨水多，伏秋高温久，冬季严寒少。

降水：市区年均降水量1361.6毫米，各县年均降水量1358.6～1552.5毫米。
3月下旬至5月中旬，冷暖空气相互交绥，形成连绵阴雨、低温寡照天气。

土壤：可划分9个土类、21个亚类、85个土属、221个土种，总面积1366.2万亩，其中以红壤、水稻土为主，分别占土壤总面积的70%与25%。其余还有菜园土、潮土、山地黄壤、黄棕壤、山地草甸土、石灰土、紫色土等，适宜多种农作物生长。

基地分析 SITE ANALYSIS

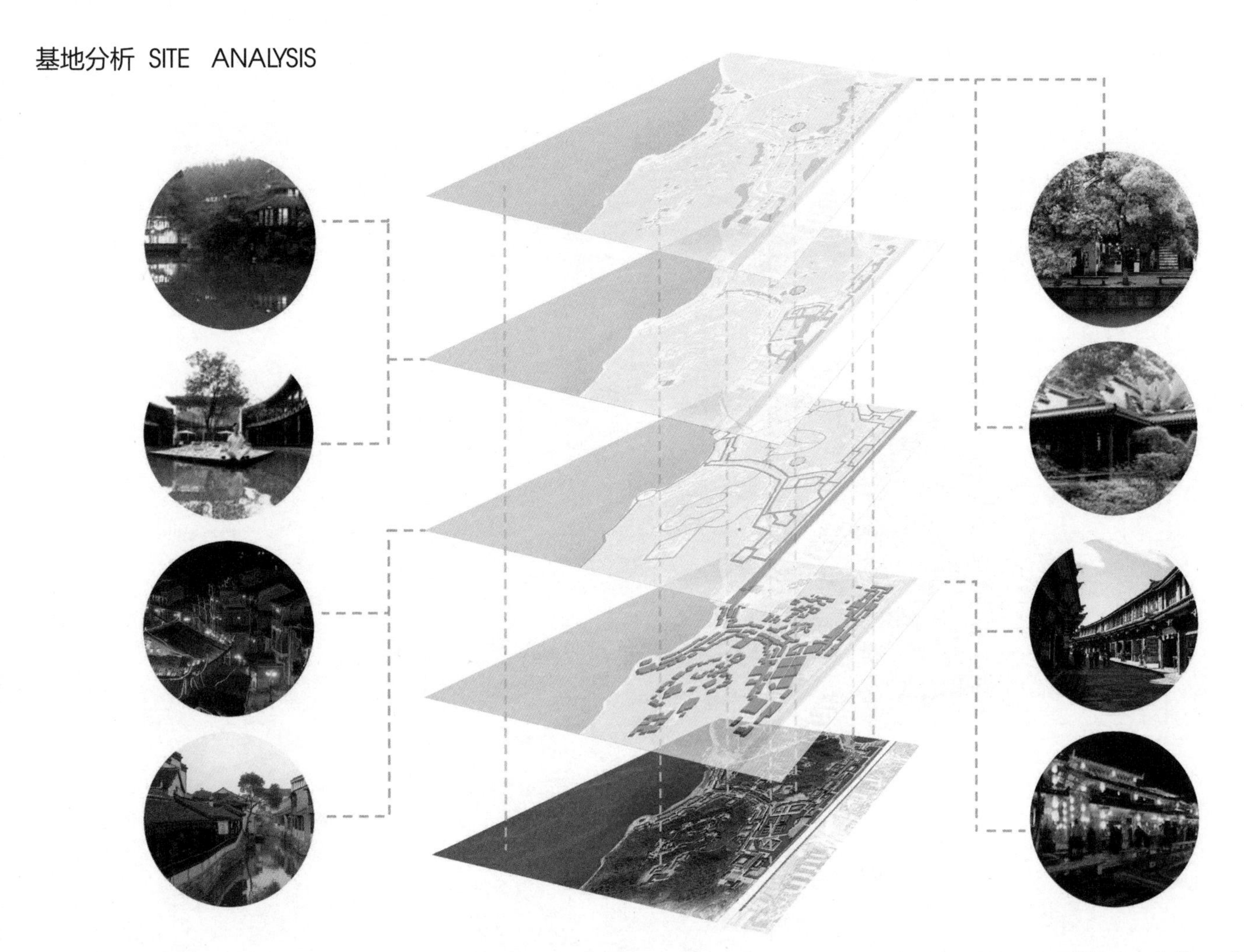

建筑、道路、水体与绿化。规划后的景区最大限度地保留了原有的地形和植被，并且适量增加了水体，也提供了多样化的游览路径，提高了游客的建筑参与感。

地形分析 TERRAIN ANALYSIS

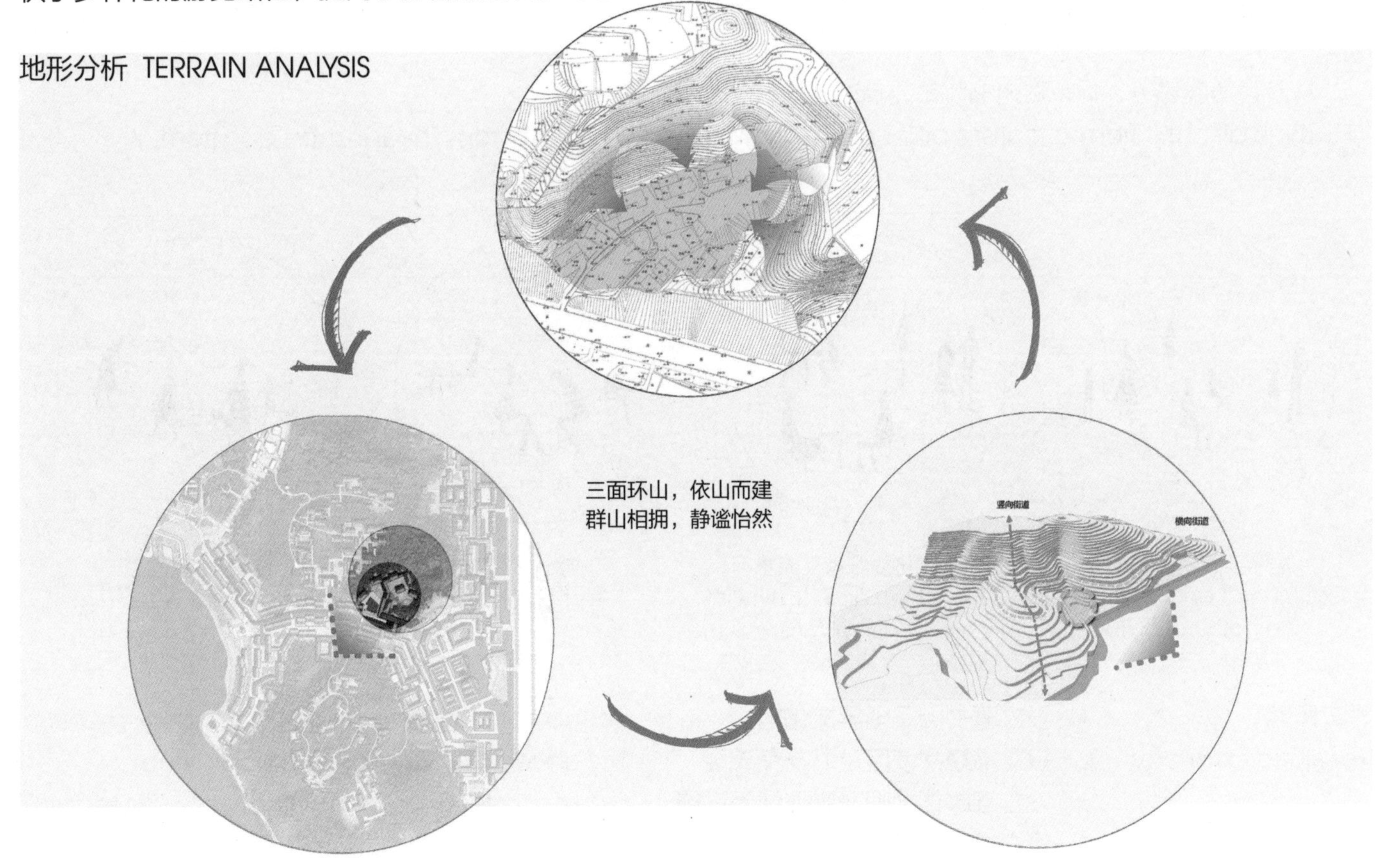

环境分析 ENVIRONMENTAL ANALYSIS

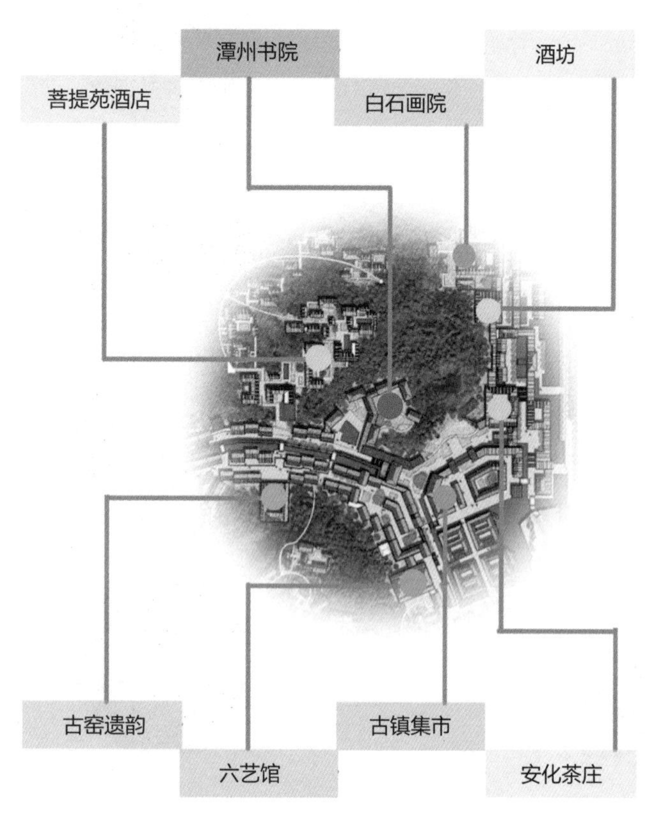

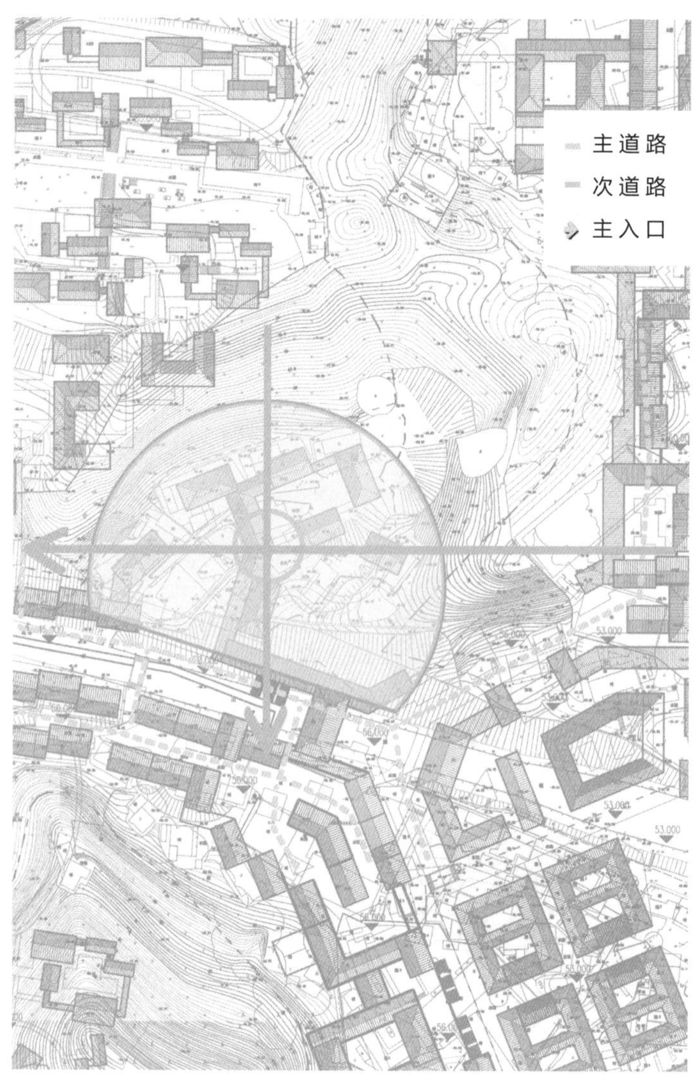

游客需求思考 TOURIST DEMAND THINKING

从游客角度思考：你来潭州书院想要什么？

Think about it from a tourist's point of view：What do you want from the tanzhou academy?

体验与学习国学文化
Experience and learning of the national culture

与文化爱好者交流学习
Exchange and study with cultural fans

旅途中的休息
Rest of the journey

带纪念品回家
Bring home a souvenir

解决策略：
Resolution strategy:

1. 设立藏书阁及国学文化馆 Set up a library and a national culture museum
2. 设立书籍阅读区及书友交流会 Set up reading corner and book club
3. 设立咖啡休闲吧及室外休闲设施 Set up coffee lounge and outdoor leisure facilities
4. 设立书籍及纪念品销售店 Set up shop for books and souvenirs

总平面图 THE TOTAL FLOOR PLAN

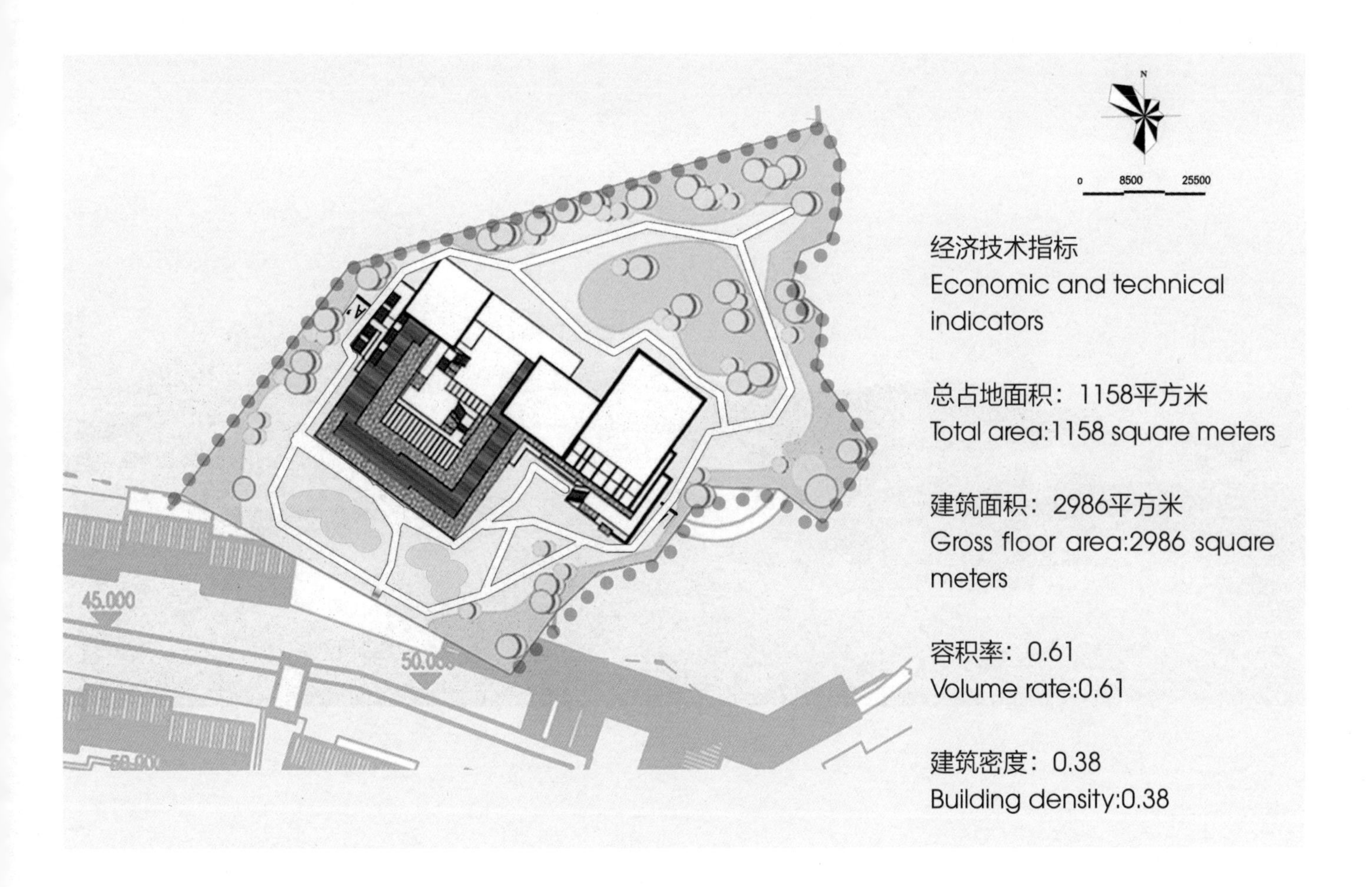

建筑生成 BUILDING GENERATED

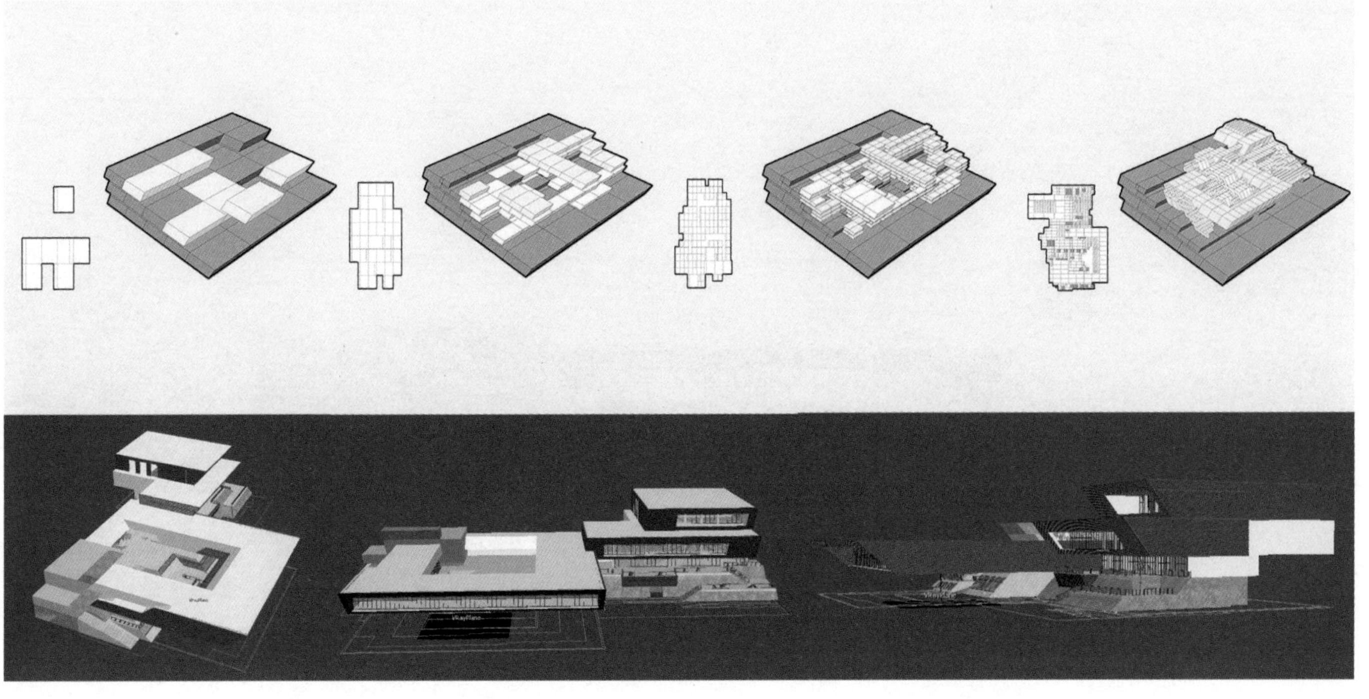

建筑外观效果图 ARCHITECTUAL APPEARANCE RENDERINGS

建筑外观效果图 ARCHITECTUAL APPEARANCE RENDERINGS

大堂效果图 HALL RENDERINGS

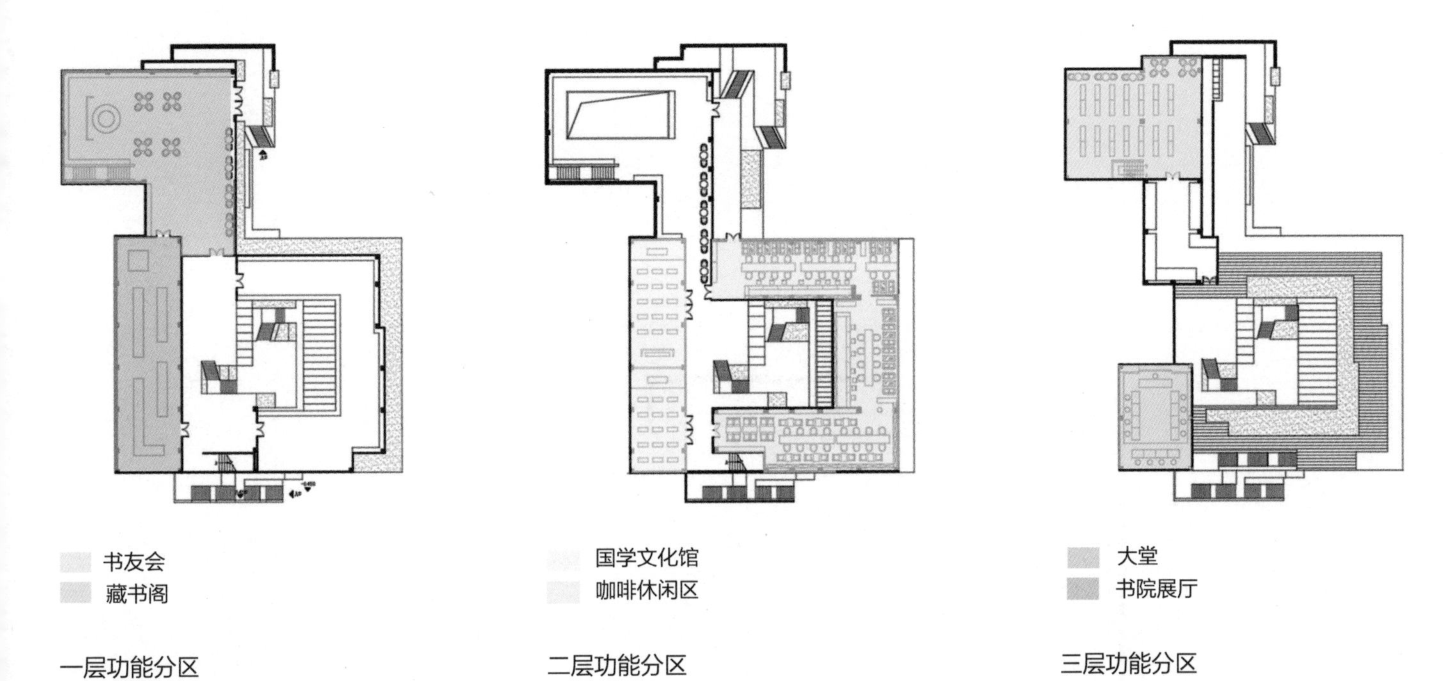

一层功能分区　二层功能分区　三层功能分区

大堂效果图

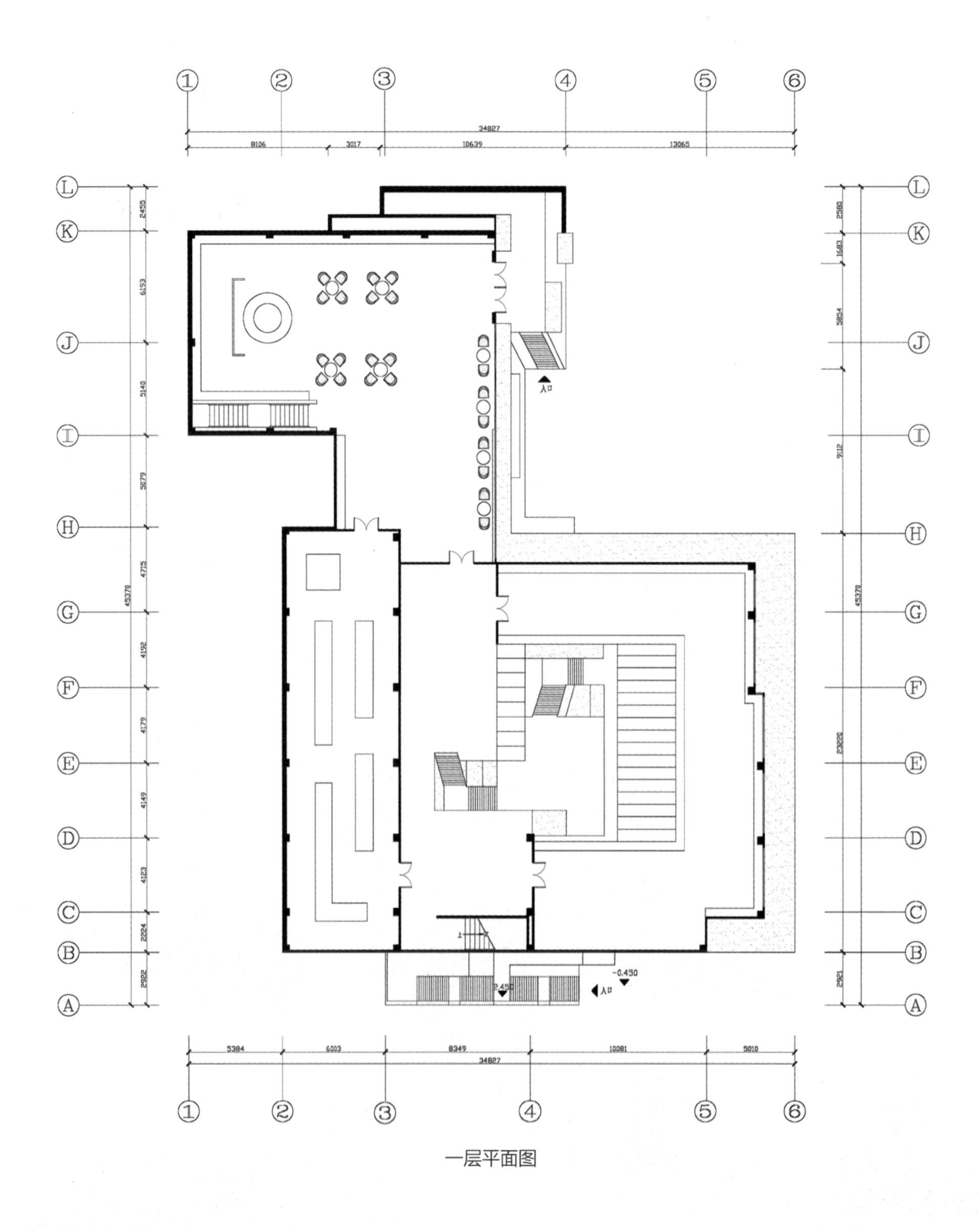

一层平面图

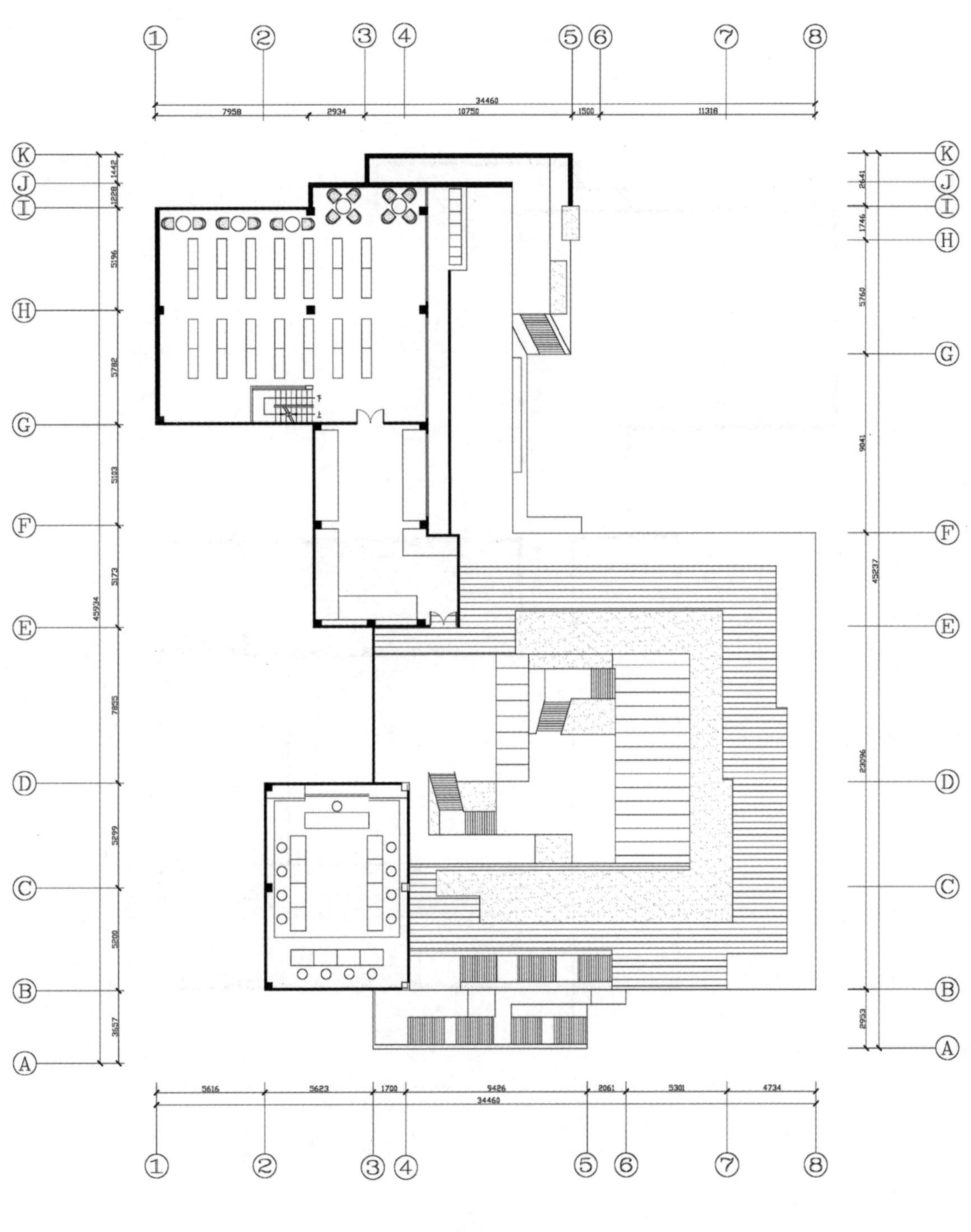
34460
7958
2934
10750
1500
11318
5616
5623
1700
9426
2061
5301
4734
45934
45237

二层平面图

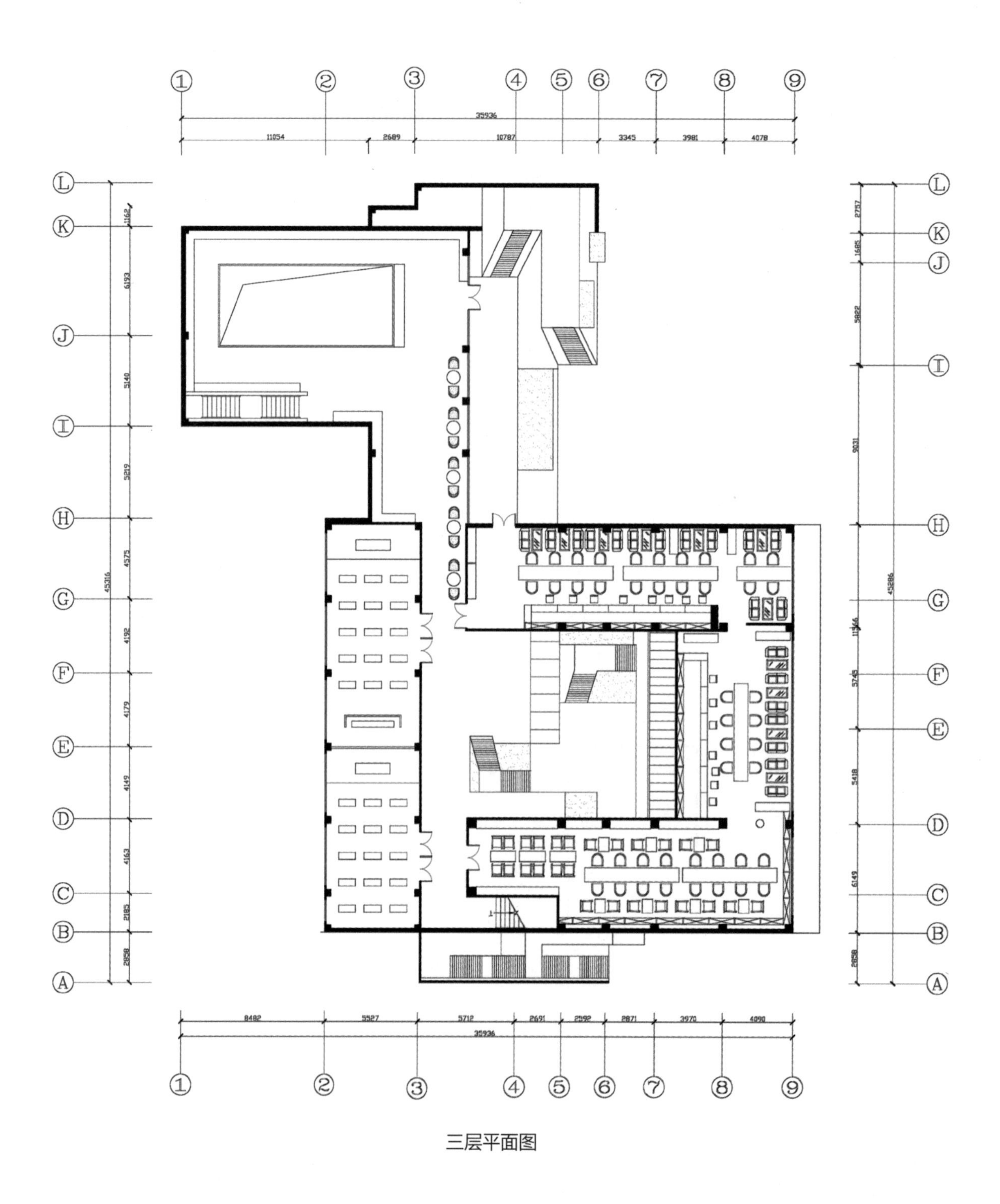

三层平面图

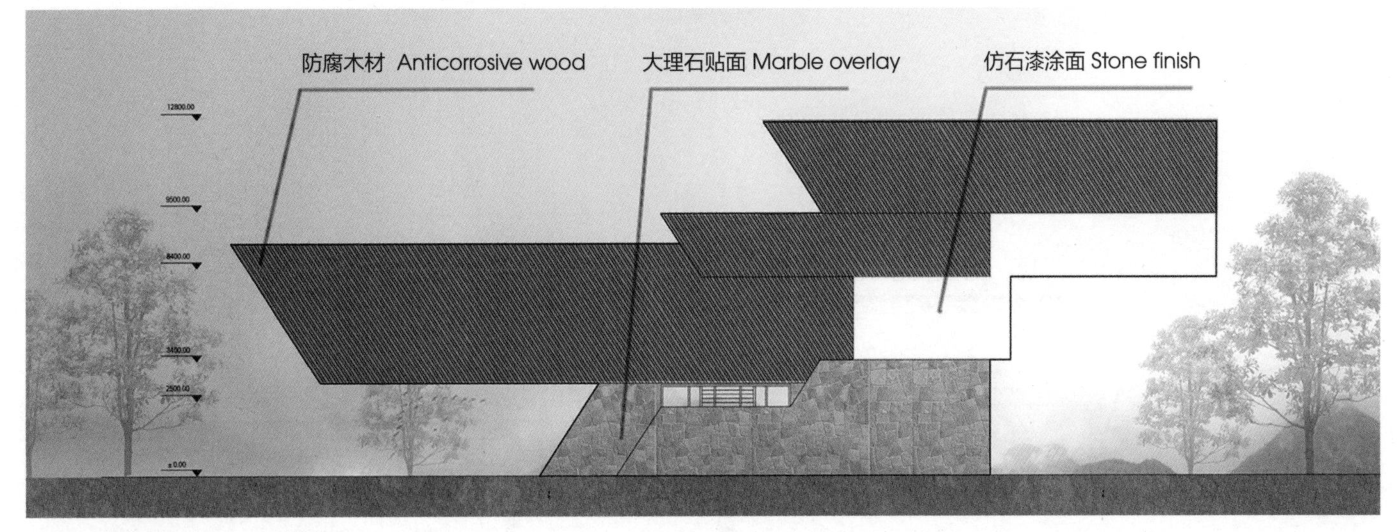

彩色东立面图 EAST ELEVATION

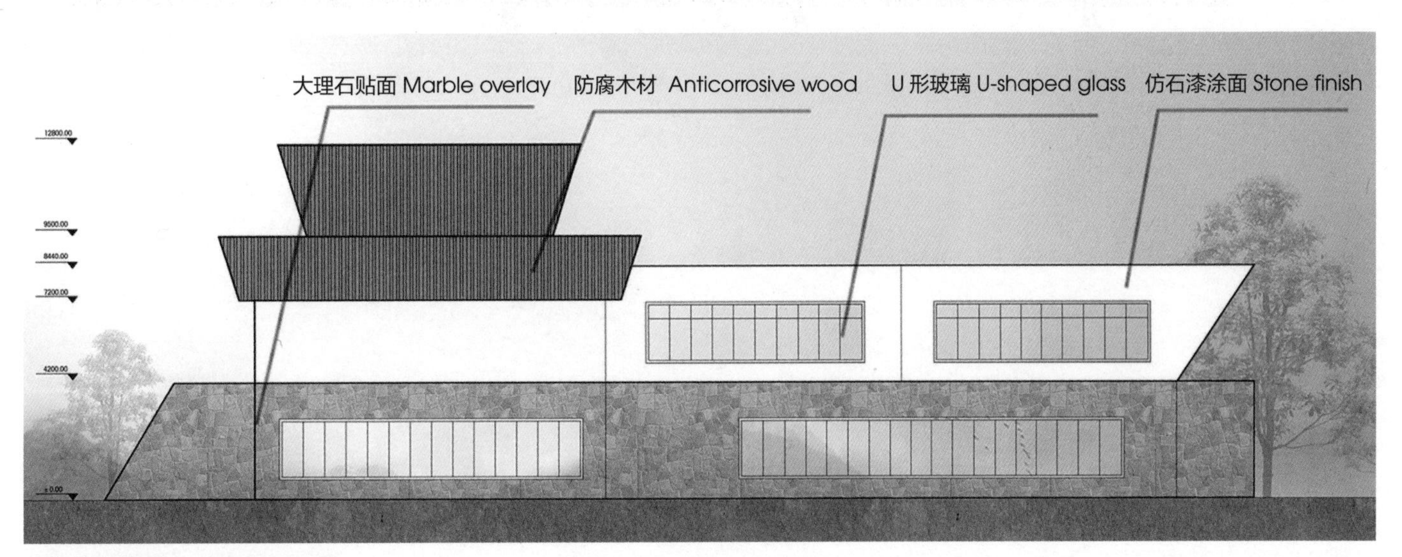

彩色北立面图 EAST ELEVATION

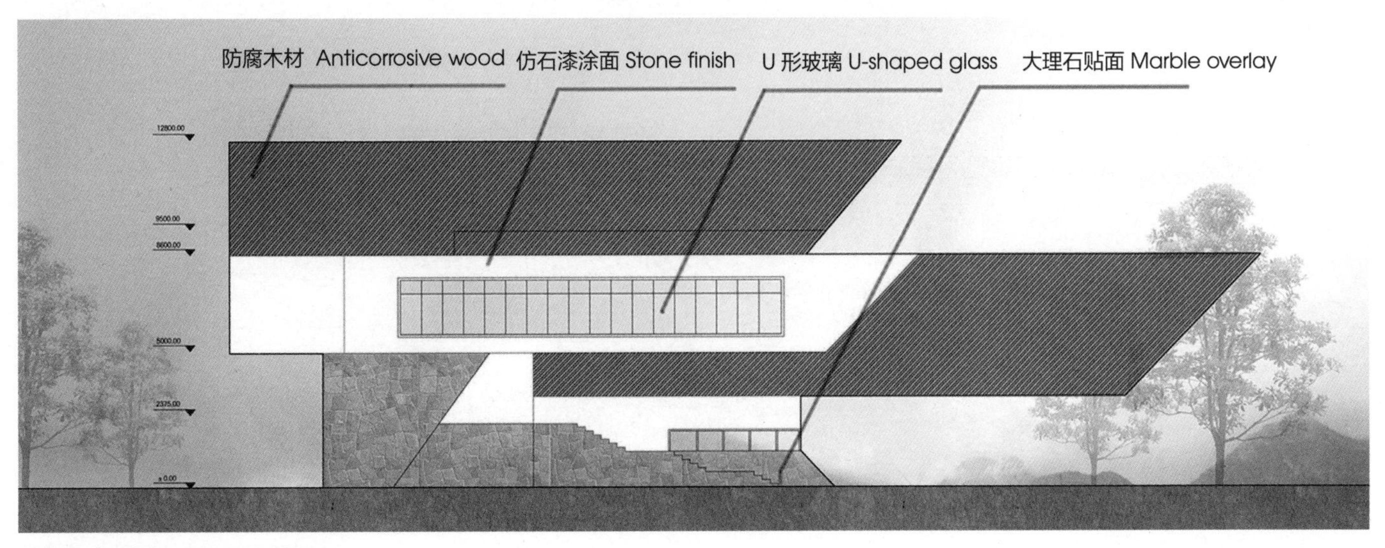

彩色西立面图 WEST ELEVATION

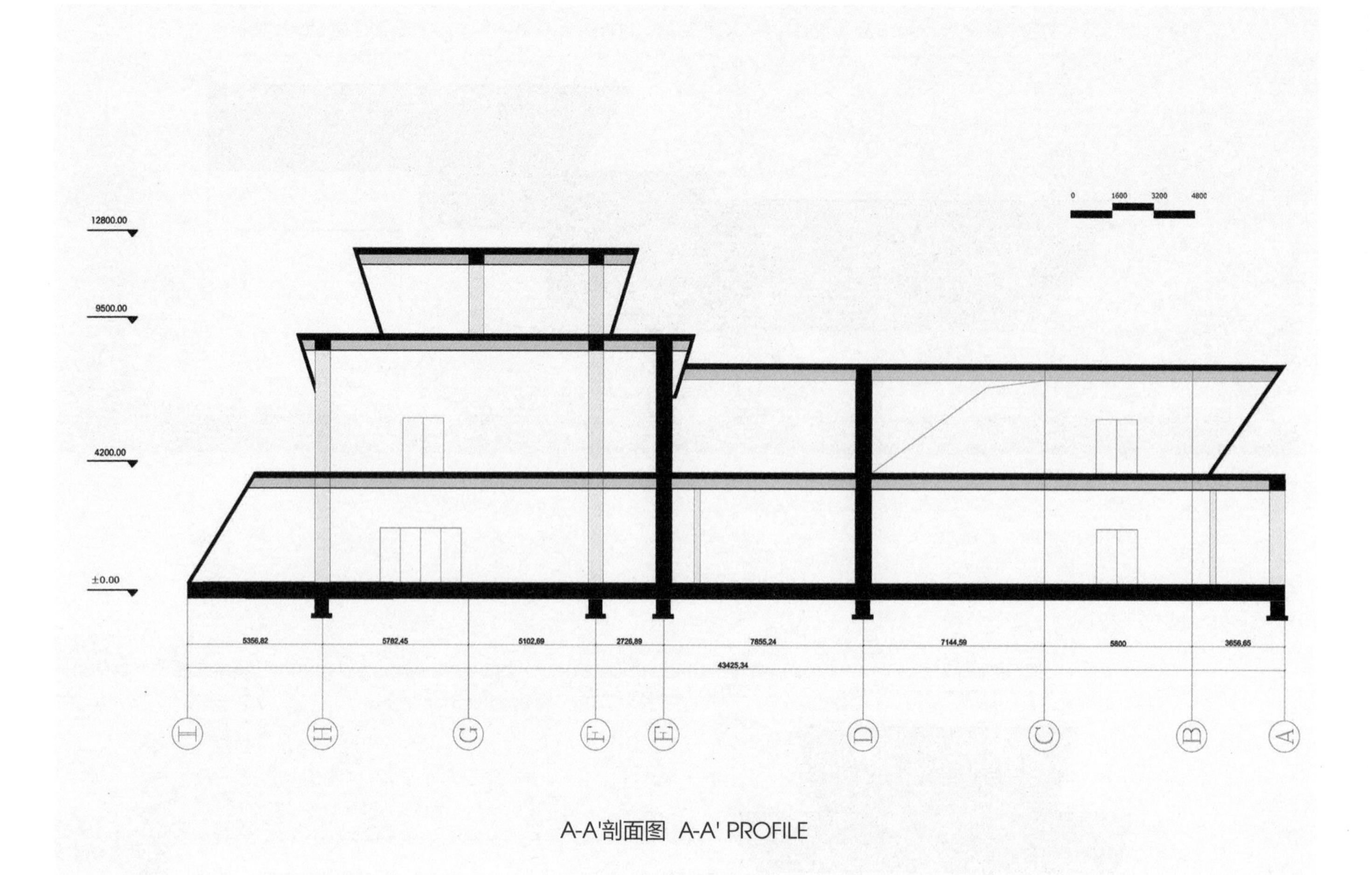

A-A'剖面图 A-A' PROFILE

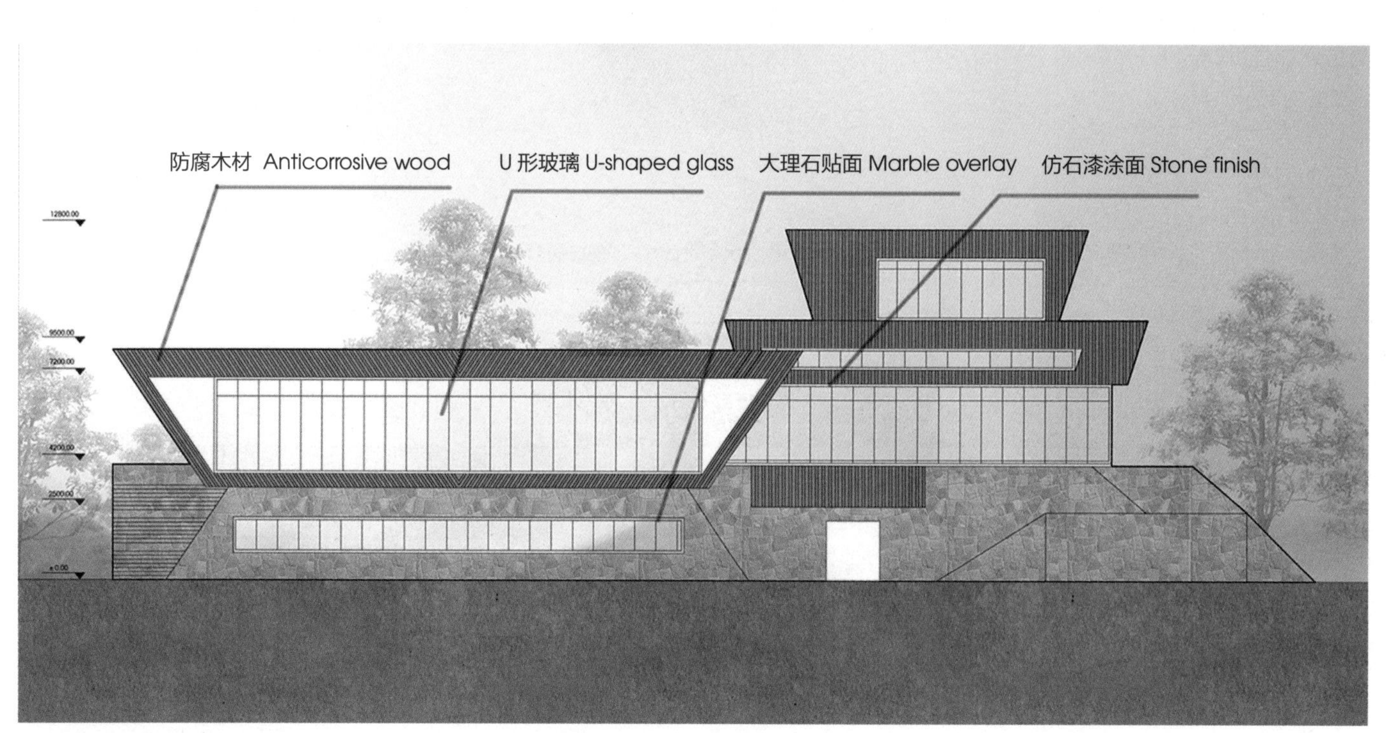

彩色南立面图 WEST ELEVATION

流线分析 FLOW LINE ANALYSIS

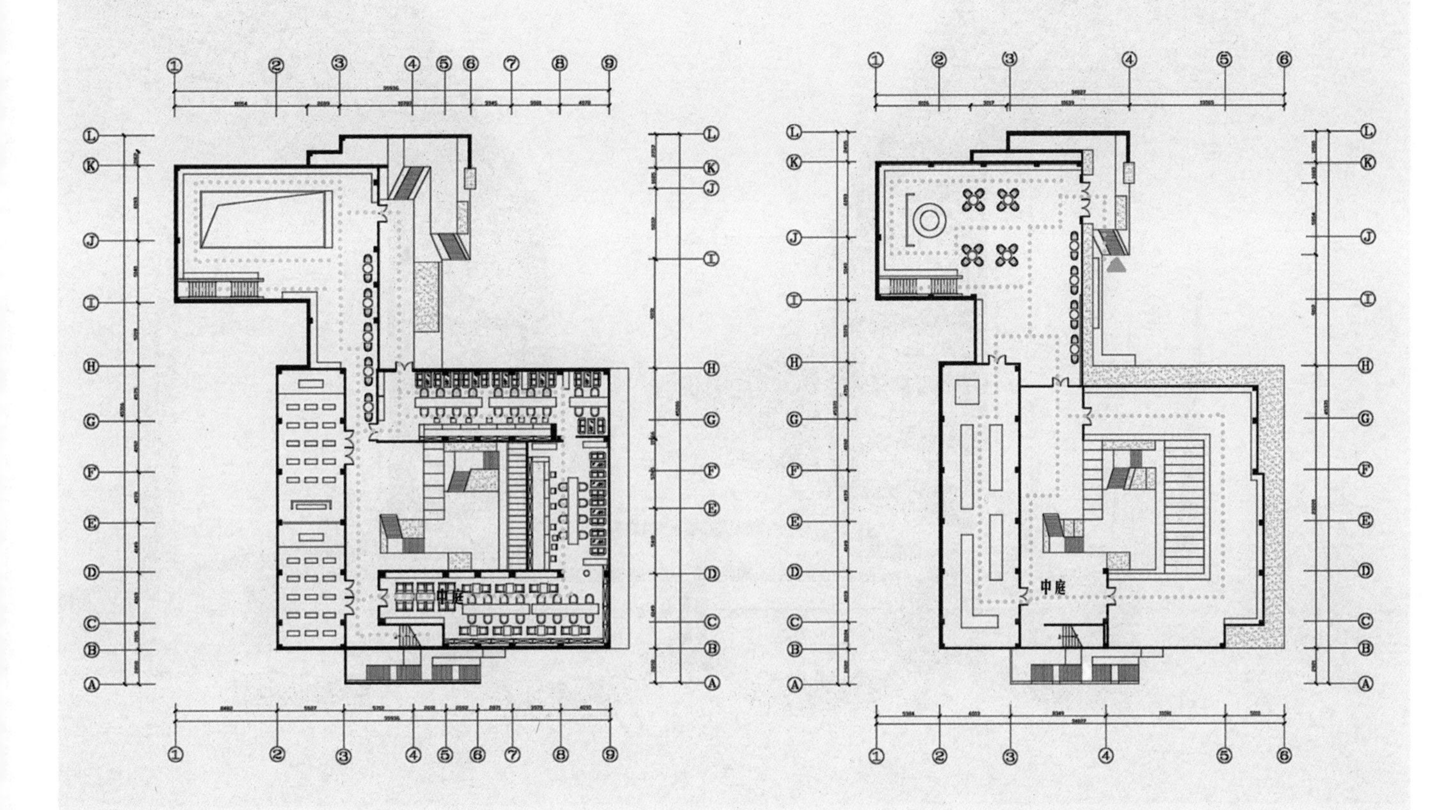

书院建筑一方面作为儒学知识活动的媒介，提供了各种功能场所，另一方面也能传达出儒学文化的思维。

中国人利用传统大小木作系统，从建筑结构、形制、装饰、内部空间等方面来表达这种文化思维。那么潭州书院的建筑设计，就从文化成果展示的角度出发，反向推导手法与策略去重塑书院建筑与其场所氛围。

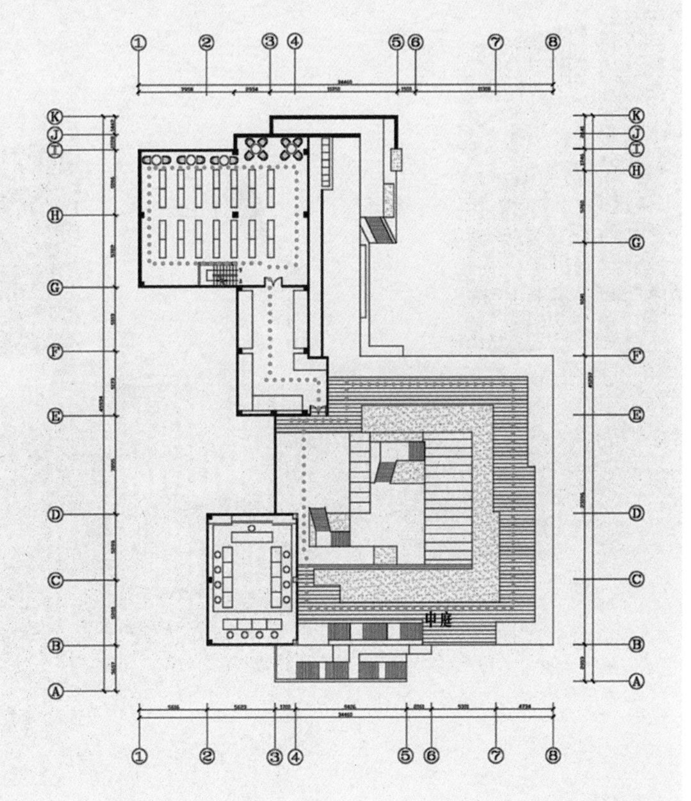

主入口
Main entrance

次入口
The second entrance

国学馆效果图 SINOLOGY ROOM RENDERINGS

大堂效果图 HALL RENDERINGS

国学馆效果图 SINOLOGY ROOM RENDERINGS

国学馆效果图 SINOLOGY ROOM RENDERINGS

国学馆效果图 SINOLOGY ROOM RENDERINGS

国学馆效果图 SINOLOGY ROOM RENDERINGS

藏书阁效果图 SCROLL ROOM RENDERINGS

藏书阁效果图 SCROLL ROOM RENDERINGS

现象学空间场所营造（1）
昭山风景区古窑遗韵建筑设计
From the Perspective of Phenomenology
——Creating the Place of Behavior Space
Architectural Design of Ancient Kiln in Zhaoshan Scenic Area

昭山风景区古窑遗韵建筑设计（2）
Architectural Design of Ancient Kiln

吉林艺术学院　吴剑瑶
Jilin University of Fine Arts
Wu Jianyao

姓　名：吴剑瑶　硕士研究生二年级
导　师：刘岩　董赤　教授
学　校：吉林艺术学院
专　业：环境艺术空间形态研究
学　号：2015283
备　注：1. 论文　2. 设计

昭山风景区古窑遗韵建筑效果图

现象学空间场所营造

From the Perspective of Phenomenology
Creating the Place of Behavior Space

摘要：从20世纪50年代末期开始，西方工业社会已大致完成战后重建。人们对建成环境的要求已不再局限于用地成本、高速建造的房屋来满足人的生理功能，开始提出人在社会、文化、心理等方面的各种需求。人的活动中包括了筑与居，思是这些活动中的根源，观察它们是如何“存在起来的”，这个就是海德格尔在《筑、居、思》中主要想表达的。场所精神在其最深刻的形式上，是一种对特定的场景的联系，即为一个特殊环境，与之比较起来，所有其他与场所相关的联想只包含有限的意义。人的行为使得人与建筑之间的关系更为密切。通过现象学的视角研究和描述建筑活动，即人类各种类型的“建造”活动，此“建造”活动包括与建筑相关的行为、语言和意识。通过现象学来发现建筑与人之间的意义结构，实现人类的价值，使我们更好地担当起自己的职责。

关键词：居住；生活世界；现象学；场所精神；“建造”活动；行为背景

Abstract: Since late 1950s, Western industrial society has completed post-war reconstruction mostly. The requirements on environment is no only limited to the cost of land, but also includes construction of housing on physiological functions of people in society, culture, psychology and other needs. Building and living is the human activity and root of the activities, how they “exist” is what Heidegger wants to express in “building, home, thinking”. The spirit of the place is the connection to particular scene in deepest form and a special environment. In contrast, all other related associations contain limited meaning. Human behavior makes the relationship between people and architecture more closely. Under phenomenological perspective, research and description of architectural activities is various types of “construction” activities of mankind that include construction-related behavior, language and consciousness. Through the phenomenology, discover the meaning structure between building and human, and realize value of mankind, undertake responsibility better.

Keywords: Live, Living World, Phenomenology, Genius Loci, Construction Activities, Behavior Background

第1章 解题

从最初20世纪50年代末期到西方工业社会已基本完成第二次世界大战后的重建。人们对建成环境的诉求早已不再束缚于用地成本、高速建造的房屋来满足人的生理功能，并且着手建立各种人在社会、文化、心理等方面的满足。筑与居是人的活动，思是这些活动中的活动根源，看它们是如何“存在起来的”，这是海德格尔在《筑、居、思》中主要想表达的。场所精神在其最深刻的形式上，是一种对特定的场景的联系，即为一个特殊环境，与之比较起来，所有其他与场所相关的联想只包含有限的意义。人的行为使得人与建筑之间的关系更为密切。通过现象学的视角研究和描述建筑活动，即人类各种类型的“建造”活动，此“建造”行为包括与建筑相关的行为、语言和意识。用现象学来发现建筑与人之间的意义结构，实现人类的价值，使我们更好地担当起自己的职责，也就是我们该如何存在于生活世界中。

本文的第一部分是提出问题，场所的缺失。今天的住房有良好的布局，便于管理，价格宜人，空气清新，光照充足，但是，住房本身就能担保一种居住的发生么？场所的本质又是什么？

第二部分将会从行为背景和现象学理论介入到场所的本质，从而形成认同和定位。场所的意义犹如建筑性格是内在的、平稳的，它并不会随着外在的改变进行大的变动，但是也会随着人们生活方式的转变而进行着自我的更新，那么这些生活方式的改变则取决于人们的日常。日常生活方式的类化会反映到建筑上，从而形成认同感，场所的意义也就自然而成了。

第三部分主要从一些案例来表述营造活动也就是生活的世界。第一节主要涉及梅洛庞蒂的知觉现象学。按照梅洛庞蒂主张，建筑是从感官上来体验建筑。从材料、气味、绘画等方面来体验建筑。第二、三节概述认同感，场所意义的内在精神结构。建成环境的行为发生促进认同感。它包含环境对建造活动的选择、对环境的归属，及作为主体的人的生活方式和价值判断。

第四部分则是通过以上内容，对场所的意义的一些影响要素进行整理。主要有行为、心理、社会、物质要素，并对生活世界的构成进行概述。对传统居住空间的扬弃，面向现象学式的设计思路形成特定的模式语言。

1.1 问题提出

1.1.1 场所的缺失

从最初的20世纪50年代末期到西方工业社会大致上完成第二次世界大战后的重建。人们对建成环境的要求已不再局限于用地成本、高速建造的房屋来满足人的生理功能（如早期“现代建筑”运动所提出的解决方案），人们不再满足社会、文化、心理等方面的需求，或者是“建筑的美学功能”。在人们的日常生活中，场所既不是独立的经验，也不是可以用地点或外在表面的单一描述所能界说清楚的个体，而是在场景的敏感度、地景、仪典、日常生活、他人、个人经验、对家的关心，与其他场所的关系中被感觉到的。瑞尔夫在《场所与非场所》中，从以上几个方面去理解场所的本质。

场所的特质的持续性明显地与我们经营的改变和自然的改变两者有关。场所随着时间的流逝而在“消耗”，一些传统的礼仪、仪式、神话失去了意义，当外表与活动的改变失去了任何意义时，传统就绝不是重要。场所本身就是过去的经验、时间和未来的希望的当前表现。场所本身在时间线上具有连贯性。许多传统村落的再发展往往是通过旅游开发获得快速经济效益，从而导致许多场所只是表面上的保存。它是一种僵硬的文化，旅游服务的对象往往是来自大中小城市或者其他地区的游客，而一些传统习俗沦为游客欣赏的节目。当商业资本介入于其中，其本质上是对文化上的商业同化，最终导致的结果就是古镇如出一辙，场所僵化继而死去。

1.1.2“无家可归”

人们所关心的场所基本都是关怀的场域，它安放了我们过去拥有的许多经验。但是关切一个场所包含了超过基于某些过去的经验与未来的期待的关心，同时也包括一个对地方的真实责任与尊重，为了场所本身、为了你认为的场所，同时也为了他人。事实是在对那个场所有一个完整的承诺，这个承诺是像任何人所能做到的一般深刻，因为关切确实是“人与世界的关系之基础”（Vycinas,1961,p.33）。

这样的承诺和责任促成海德格尔宣称的“宽恕”（Sparing）（Vycinas,1961,p.266），宽恕是让事物，或在此脉络场所中以自己的方式自处；是对事物本质的一种包容，并透过建造或培养使其不受到人类一直的宰制而关心它们；宽恕是一种意愿，让场所独立且不突然任意的改变；亦不剥削。关怀和宽恕在海德格尔所举的黑森林中的农夫家里，关于大地、天空、神明和人的例子中，有很恰当的说明——对海德格尔而言，这是四层人类存在本质的面向：

“当一个人把家盖在靠近泉水且面朝南方的山坡上，可不受寒冷的北风之苦，那是大地自身引导了这栋房屋的构成，而人以开放的存在形式面对大地的召唤时只是一个回应者，当他将屋顶经过前面远远向下延伸时，即考虑过了风暴频繁的冬天气候，且可能估算了屋顶所能承受的雪量，显然这里的气候决定了建筑物的结构。为祈祷者修建的一个角落，是对上帝的回应，一个为摇篮和棺木所设置的场所则反映了有限生命的人”。

只有经由这种类型的宽恕与关怀，“家”方能适当地被实现，同时有一个家也是去定居（dwell）——此乃海德格尔（1971）所谓人存在的本质以及所有的基本特性。

场所的地景对我们而言是重要的，或许它是一种透过时间对场所持续性的唤醒，或是一个在这儿被我们所知道和认识的事实，或是一种我们生活中最具有意义的经验。但如果我们真的将根留于一处，且依属它，如果场所真是我们的家，那么所有这些情景都是深具意义且不可分割的。假设家的场所是人存在的基础，不仅仅是提供所有人类活动的环境，并且也保证了群体的共同认知与团体的安全性与认同感，那么它与场所保有一种深层关系是必需的，也许是不可避免的，就好像与人们的亲近关系一般；人类存在倘若没有了这层关系，也许就丧尽其意义了。

1.1.3“乡愁”

在1678年“乡愁”（nostalgia）一词为瑞士医学系学生所造，他叫侯弗（Johannes Hofer），描述一种如被不眠症、食欲减退、心悸、恍惚、热病等征兆所表征的疾病。特别是持续性地思念家乡（McCann 1941）。“乡愁举出了依属场所的重要性，一度被很清楚地指认出来。”“我们最被托付的地方，或许就是我们生活的中心，但它们也可能使人窒息和局限。”“有一种真正单调的苦闷的场所，即无情地紧紧束缚于这个地方的感觉，一种被建构的场幕、象征和日常工作所束缚的感觉。”“故人与场所之间不仅有一种融合，同时还有一种张力存在于其间。”瑞尔夫在《场所与非场所》（place and placelessness）中提出场所的苦闷，认为场所的意义与人之间是有联系的，“我们的场所经验，特别是有关家的经验是辩证的，在要留下却又希望逃脱之间达到一个平衡点。当在此之中有一个需求太易达成时，人们会因乡愁与失去内心的家园的感觉而受苦，或有因伴随着场所而来的一种梗塞感和局促感的担心而苦闷。”

场所的本质就是场所的意义，并不仅仅是来自其所在的场地（也就是位置），也不是来场所具备的服务功能，更不是来自栖居其中的社会和浅薄的生活经验。根本上，每一个人会认识到我们出生、成长、活在当下或之前有过特殊动人体验的场所，并且与之有着紧密的联系。人与文化的认同及安定的活力源泉是需要场所、时间和经验的互相联系的，这也是我们在生活世界中去定位的出发点，定位是为了便于我们有家可归，或者说是落叶归根。

1.1.4 小结

在城市快速发展的中国，城市在不断地侵蚀周围的空间，一些依存于历史、地景、文化的场所在不断地破坏。城市千篇一律，逃离城市的现象在愈演愈烈。居住面积的困顿和居住情况的恶化是现代社会一直需要面对的问题。然而在另一个被人忽视的地方却依然保持着完整的场所、文化。场所的意义在乡土村落中并未完全消失。但是在这过程中，许多村落也在慢慢地消失。本文重点是阐释“家”这一场所，阐述家这一人的栖居之所，因为即便是解决了居住面积与居住环境，也不一定能够解决栖居的真正困境。通过现象学方法这一途径来更深入地了解“家”这一场所的本质，以期能在无场所性的今天提供一个新的思路，而在设计方法上运用类型学关注其居住方式表现形式，为其提供了可行性。

1.2 理论背景

本节将梳理现象学的概念，这个理论框架将以海德格尔的《存在与时间》为主要研究中心，并参考现象学领域的其他现象学家的研究。如胡塞尔、梅洛庞蒂、舍勒、巴什拉等现象学家，从现象学的角度发现“家”的构成，探索其场所精神或者说是场所意义的形成，并引用阿莫斯·拉普布特的一些研究，如《建成环境的意义》、《宅形与文化》，为现象学的探讨提供理论依据。在设计手法上引用建筑类型学方面的理论来提供设计思路，为其在“家”、聚落、地景这一环境中寻找一条理论与设计的可行性。

1.2.1 与“场所”概念相关的研究

1. 现象学

现象（Phenomenon）是一个最初来自希腊文的拉丁词，它在中古德语与现代德语中的相对词（Dependent）是Erscheinung。在启蒙运动之前，“现象”首先是一个神学词汇。

“现象学”的词源可上溯至18世纪法国哲学家兰伯尔以及德国古典哲学家G.W.F.黑格尔的著作，但其含义均与胡塞尔的用法不同。胡塞尔给“现象”的定义是指人们意识中经历种种事件的发生并记录也就是经验意识的“本质”，这种本质现象是具有逻辑和因果性的，它是现象学还原法的结果。

现象学是关于本质的研究，它的哲学思想就是：尝试提供给我们如同经验一般的直接描述，而不考虑心理学的起源以及因果上的阐述。现象学主要目标就是深入地研究认知上的主观和客观的问题。它试图对康德的哲学进行挑战，为科学提供更坚实的基础，也为当时的哲学所面临的危机提供一种新的思路。现象学本质上是一门方法论。它分为三个步骤：一是现象学的还原。指的是事件的发生经过意识的转变成经验的现象，这里特别需要强调的是直观，不掺杂任何其他的东西，如心理学等。二是本质还原，它指的是将现象的本源完整地呈现出来，而与之无关系的就暂且悬置它，并通过前面的本质只管去了解现象本源上的组成部分。到了这一步就是物的本身。三是超越还原，在领会现象构成的前提下反向思考，针对是什么构成现象进行思考。然而这一步最终使得胡塞尔一直无法摆脱二元论的结果，也就是主观上的不断循环。那么胡塞提出的现象学有以下几个观点：意向性、主体性、生活世界这三个部分。下文会主要对生活世界进行一些论述。胡塞尔的现象学是在现象中发现其本质，现象是现象，是实体映射构造意识；本质是现象，是去掉主观经验的内在直视，通过第一印像的直觉对现场和本质进行描述。胡塞尔运用他的想象学方法对空间意识进行了描绘和阐发。虽然他没有涉及建筑现象学的可能性，但他在方法层面上提供手段，内容层面上做了一定的基础工作，也就是空间意识现象学的工作。那么有几个问题就需要我们去思考：我们怎么感知到空间？各种形式空间意识是如何产生的？空间与事物的关系是怎样产生的？为什么不同的人对空间的感受不一样？为什么不同的空间形式会给我们多种不一样的感受？等等。

而在胡塞尔的学生海德格尔那里，现象学就开始走向现象学的解释学了。胡塞的现象学无法摆脱二元论的阴影，海德格尔则是将现象学引向了生命哲学，使得现象学不再是形而上的，它更加的切合，海德格尔虽然肯定了胡塞尔现象学“面向事情本身”的口号，但是海德格尔对面向哪一种“事情本身”提出了疑问。海德格尔的现象学目的是要解释现象就是人的当下本己的在场方式（存在方式）的先行显现，它是现在的，现象学意味着思的启明与理清之可能性和思的新的问题向度。

现象学的提出对生活世界的研究提供了一种方法，这生活世界就是我们当下体验着并不断更新着的日常生活世界，我们无法对它进行定义、分类或者是反思。它不是“游戏世界”、“虚拟世界”等具体的概念名词，它是我们时刻经验着的世界。现象学提供给我们的是让我们有方法和提供给我们敏锐的洞察力去观察和体验日常生活世界，使我们与生活世界的联系更加的紧密和直观。现象学的目的就是把日常生活经验的意义更加直接地呈现在我们面前。它的目的是实现人类的价值，使我们更好地存在于这个世界，向死而生，活在当下。

2. 建筑现象学

对于建筑现象学，其基本思想约略可分为两块，第一块是现象学思想家们的著作，特别是海德格尔、梅洛—庞蒂和加斯东·巴什拉的著作。就目前来看，在这些作者当中，海德格尔的影响最为直接。而梅洛—庞蒂的《知觉现象学》也具有现实意义，建筑师斯蒂芬·霍尔在后期的思想中大部分偏向“身体—知觉—空间”的维度，在实际应用当中也具有指导作用。

第二块是来自建筑理论家及人文地理学家们的著作。据目前所了解的，主要有加拿大地理学家爱德华·雷尔夫（Edward Relph）的《场所与非场所性》(place and placelessness 1976)，美国建筑学长大卫·西蒙（David Seamon）的《生活世界的地理学》(1979)、《居住、场所和环境：走向人与世界的现象学》(1985)，以及诺伯格—舒尔茨的《场所精神：走向一种建筑现象学》、《存在、空间、建筑》等。

现象学与建筑之间的关联从某种意义上来说是紧密的，它以建筑艺术为自己的描述分析和探讨的目标。那么最初要有建筑艺术，然后才有建筑现象学。现象学的直观体验使得我们对生活世界的理解更加的直观。而建筑是建成环境的一部分，是生活世界多种定义集合的其中一分子。现象学引领我们直观建筑的本源，直面建筑的本质，人的行为与环境的关系是互补的一种状态。

建筑外在于人类的本体，与此同时建筑也是人类自身物化了的存在，成为独立存在的、外在的、不得不接受的客观对象。历史、文化、共同记忆与情感的载体则是寄托于人的构筑物上——建筑。建筑作为人类生存环境当中的一部分，我们直观体验并感知着建筑所聚集的场所特性，建筑是社会、自然、科学、文化、时间等因素综合影响的结果。

1.2.2 与“行为空间——家”相关的研究

筑造与居住这些人为的活动为什么会出现，我们运用现象学的方法反过来去追思这些问题，思考它们是怎样存在起来的。这是海德格尔在《筑·居·思》中所主要阐述的思想。在海德格尔看来只有通过筑造我们才能够真正地居住，是以居住为目标的建造活动。然而并不是所有的建筑构造物都是能够居住的，它们具有特定的行为，如发电厂、羽毛球馆、会议厅等它们都是建筑物，但并不一定是人的居住之所。这里海德格尔所指的居住并不是表面意义上的居住，而是人的存在。居住不仅仅只是与住房有关系，更是与人的活动场所有关的建筑物有关，哪怕人们不住在这些建筑物中，比如宗祠、寺庙、教堂等建筑物。那么，依据海德格尔的思考，在现今房价猛涨的势头下，有一处能睡觉的地方就已经让很多人满足了。而住宅还可以提供更好的布局与功能。但是当这些都满足的情况下，人真的能居住在住房当中么？住房本身是否能保证居住的产生？

家是我们既为个人，也为社会成员的统一性基础，是存有的居住场所。家不单是你曾住过的房子，它不是某种可以在任何地方，或者可以交替互换的事物；而是一个不可取代的具有意义的中心。

从事实层面上看，家屋首先是一个几何对象，是原初的、可见的、可触摸的。然而家屋是被认为是让人安心和私密的空间，家屋人性的这种换位就立刻显像了，在理想之外展开了梦的场域。生活体验中的家屋，被居住的空间实际上已经超越了几何学的空间。即使失去客观存在的住房，家还是持续生活在我们的心里。家屋在内心中坚持着，期待成为我们存在的补遗，思忖着过去，懊悔没有好好地生活在老家屋里面。为什么我们满足于活在老家屋里的幸福呢？为什么没有延长那些转瞬即逝的时光？因为某些东西超越了现实，尚未被满足。梦境往回走得深远，童年的家屋明晰的回忆似乎与我们隔了一层薄膜，遥远的回忆会以幸福的意涵、幸福的光晕来召唤它们，戳破这一层隔膜。记忆本质上是处于我们个人历史和难以言说的前历史之间的灰色地带，而凑巧是这样，童年的家屋走进了我们的生命。在巴什拉看来，家的空间不能仅仅以尺度和形式来度量。帕拉斯玛也同样在《肌肤之目》中提到，“人们过去醉酒引人注目和过目不忘的视觉形象的建筑类型大行其道……建筑变成了同存在的深度和真挚情感相脱离的视觉产品”。那么家屋到底是什么？家更多的是对于回忆的想象与联想，当我们身处于这个家的空间时候，它给我们带来的不仅仅是尺度上的空间感，更多的是人在这个空间中发生的行为，吃饭、睡觉、聚会、休息。它构成了一系列的动作，而又存在于我们的前历史与现历史中。所以家屋是现在与过去的统一体，用马克思的话来说就是主观与客观的矛盾统一。家既是客观的，但是家也是无限的，因为它触发了我们的想象，让我们回到童年的回忆当中。

1.2.3 与“生活世界”相关的研究

胡塞尔欧洲科学危机和超验现象学是其晚年重要的著作，同时也是作者对整个世界哲学发展的理性反思。胡塞尔认为生活世界指的是作为唯一实在的，通过知觉实际地被给予的、被经验到并能被经验到的世界，也就是我们的日常生活世界。日常生活世界简单地说就是围绕着人的日常生活而展开的一系列的活动。

胡塞尔提出生活世界的目的，是要把科学世界的逻辑抽象性还原为生活世界的直观丰富性，同时也是将科学所设定的自然实体世界还原为相对于主体的意识而呈现的先验主观世界，将个人的偶然经验还原为普遍的先验意识。而哈贝马斯则对生活世界提出了进一步的思想，他认为生活世界一般分为三个层次：文化、个性和社会。哈贝马斯认为生活世界是互动行为运行在其中的境域。他以工地上工作的工人人群为例子，分析了工人如何在生活世界的背景下进行交往活动。环境是一个论题限制的生活世界的片段，而交往活动的话题背景则是由“环境”的诸多定义共同组成的。

哈贝马斯通过上述泥瓦工的例子得出，行为的“环境”构成人与人能够互相理解的实际需求和行为本身的可行性得以在环境上起作用的基地范围。生活世界本质上由知识构成，行为参与者在上面做出他们对环境的理解，并且组建他们的行为。由此看来，人的行为建构背景是基于日常生活世界的，人与人之间的交往行为、人与物的行为交织在一起共同构成了生活的世界。

1.3 研究的目的、意义、思路与方法

1.3.1 研究目的

现象学为获得日常生活体验的本性或意义作更深刻的理解提供了一种新的视角。而类型学代表了一种生活的意象。经过对类型的多重抽取和转换，建筑同时具备了对从前的记忆和对现代的感知。建筑类型学既代表了建筑与过去之间的关联，也展现了建筑与现在及未来的互动。论文主要是在现象学视角下，通过类型学的方法讨论使人的本质上的“定居”与建筑如何产生联系，使人真正地栖居于其中。

同形中环境与行为相互决定的关系就是一种“认同”，“认同”是相互的“认同”，它包含环境对建造活动的选择即identification，对环境的归属即 belonging，及作为主体的人的生活方式和价值判断即 identity。也就是说，据生态心理学的交互原则，场所精神理论交叉使用、含混矛盾的概念被统一起来，为同形中先在的精神结构。

1.3.2 研究的理论价值

1. 论文将探讨“现象学”在设计当中的实际运用，在场所体验中如何描述场所精神，并获得更深刻的理解。

不再局限于理论探讨理论，更多地将现象学理论过渡到实践当中。

2. 不再拘泥于现象学的哲学背景，从地理学、人类学、社会学、心理学、绘画、摄影等多角度切入。寻求一个动态易于实践的方法，回归现象学所要描述的本质，也就是如何体验生活的世界。

3. 现象学更多是意象上的获取，并不能具体地指导如何营造场所，类型学为场所的营造提出了可行的可能。论文以现象学为指导、类型学为手段，对场所的营造寻求一种可行性。

1.3.3 研究方法

研究方法分为两个层面：策略层面、技术层面。

策略层面：

1. 问题中心：研究围绕“当代语境下既有理论与现实的矛盾”展开。

2. 比较研究：对既有理论和通过引入“行为背景”产生的新的场所理论做系统的比较，提出生活世界的营造对当下生活具有重要意义。

技术层面：

1. 直接调查法：采取个案调查的短文形式，报告作者对某个或某地方的直接调查。如David Van Lennep《旅馆房间》。

2. 间接调查法：对别人的体验及文化体系的理解，如段义孚的《空间与地方》、《恋乡感》，巴什拉的《空间的诗学》。

3. 案例分析法：通过案例分析来对提出的理论进行论证。

1.3.4 研究方案

WHAT? 提出既有问题，场所的缺失给人造成了什么样的影响?

HOW? 问题转换，为什么场所精神的产生能让人栖居于其中?

WHY? 问题研究：当代建成环境中研究并运用类型学营造具有意义的场所。

HOW? 问题上升到方法：通过实际的设计案例来验证场所感的营造是可以通过上述理论来做事指导实践的。

1.3.5 研究思路

课题研究共分三个部分。研究采取“现实——理论——现实”的基本结构：

1. 论述在现象学视角下的传统民居建筑是如何营造其场所意境的，场所感是什么。

2. 讨论类型学为什么能够在现象学的指导下营造场所意境。

3. 在前两者理论的指导下，实践完成场所的营造。在现有缺乏现象学实践的情况下进行实践探索。

第2章 当下的“生活世界”

2.1 认同与定位，场所迷茫

2.1.1 镜头一，城市与城市，场所迷茫

现如今的场所在更大的形式中被淹没或失去意义，比如大型工厂、大厦、公路等，我们迷失于其中，如果我们不认真地去辨别路牌与地图可能就分辨不出北京、上海、西安之间的区别。城市被巨形所掩盖，让置身于其中的人不知所措。但是紧跟着城市建设的日新月异，一个个熟悉的环境变得不再那么易于辨认，城市空间的统一化，失去地方特色，老建筑和老街区的感情随着时间的增长而增强。对场所的情感表达是蕴涵着美的，或者也可以说是乡愁。它成为了人与建筑之间一种独特的情感连接。

场所的本质独立而毫无关联的经验，也不是可以用位置或者外在表面的概括描述所能解说明白的个体，它是在场景的敏感度、地景、仪典、日常生活、他人、个人经验、对家的操心挂念，以及与其他场所的关系中被感觉到的。乡愁是传达一种易于他处的本土认同感与环境归属感。场所的单一化就会导致人与地理空间建立的关系单一，使人迷失，也就是“方向感”与“认同感”的缺失。而这些造成的往往是人们精神家园的缺失，也就是意义的缺失。用海德格尔的话来说，就是人们失去了他们精神居住的家园，而被迫沉沦在生活世界中。

2.1.2 镜头二，当代视角下的农村

笔者在2016年8月10日参加了由京都府立大学博士陈国栋组织的黔东南侗族调研，期间地扪生态博物馆任馆长与我们讨论了旅游发展的问题。关于保护地扪这个传统村落，保护的往往不是古建筑而是村子本身的文化。在保护传承村落上会出现几个问题：

1. 当地村民认为农村人就是不如城市人，去城市发展才是最佳选择。
2. 大量的农村人口涌入城市，村落老龄化严重。
3. 旅游发展，外界资本强势介入，破坏传统村落文化构成。
4. 对自身文化的不自信。
5. 盲目地跟从城市，认为城市的就是好的。

人们对家的“依属感”是随着时间的增加而增加的，人与人之间的互动，与周围环境其一般经验到的讯息与象征，形成集体性的场所意识，构成场所自身所具有的认同感。简言之，人们就是他们的场所，而场所就是他们的人们，人们虽然在概念上容易分开，然而在经验上则否。场所（公共的）——透过一般经验并融入一般象征与意义中，它们被创造出来并且得到谅解。场所以地方性的物理、象征品质来理解的话，像区域领土与围墙、城中广场、墙城和中心村都提供了一种存在于其场所中的特殊经验。

同样的，十字路口、中心点或焦点、地标，无论是人为的或自然的，不仅能为它们自己引起注意，且表示出它们自己是周遭环境的场所。但是场所正在被工业化取代，大型公路、工厂正在掩盖它们。而具有代表性的城墙、寺庙、小道、篱笆等具有地方特征的场所在不断地消失。

2.1.3 建筑现象学的“场所精神”

场所精神的直观概念先是由诺伯格·舒尔茨在19世纪50年代提出，它指的是一个城市地点的特殊属性，它蕴含于不同的环境要素之间的独特关系。它是人在具体发生行为与在建成环境背景下所建构的一种复杂联系。这种联系成为一种包含回忆的情感经验，或者说它是人们一起所体验的，并在这体验的记忆基础上与空间共同形成一种集合的情感连接，场所不仅仅是客观上的地方或者地理方位概念，它具有想象的延伸，是人与自然环境共同触发的一种情感体验，是具有意义的集合。

由于它们的中心性或清晰的形式、非凡的尺寸、不寻常的建筑或异常的自然特征，或是因能与重大事件联想在一块：像是英雄的出生或逝世、战死，或签署条约，这类场所具有高度想象性（Lynch,1960），并非一种固定的或绝对的性质，而往昔有意义的场所其可能被更大的形式淹没或失去其意义，像是许多中古世纪的教堂尖顶失落在19世纪的工厂烟囱中，而这二者在20世纪的摩天大楼中又显得非常渺小，但具有高度想象性的公共场所却创造一个持续不断的聚焦点——莫斯科红场、尼加拉瓜瀑布、雅典卫城，在经过许多的潮流和政治系统和信仰的改变后，都还是吸引着大众的注目。

2.2“栖居”，正在的居住

2.2.1居住，筑的生活

居是指住所、停留、处于、占位、继续、平时、生意等意。居安思危中居字位于首字，具有重要的意义，它代表着有家可归的人们，如果家不家、国不国，一切都是漂浮着的，那么这个世界也就乱了它本应有的秩序了。

启蒙主义带来的“人本主义”表面上伸张“人是目的”——“人为自然立法”，一切为人服务；而今天“人”被“知识即理论——知识即功利”变成了“个人主义——工具理性主义——自由主义”新三位一体的信奉者。这实际上破坏了“四重整体”而将“人”独大出来，将其他三方降解为“工具性的功利使用”。例如西方形而上学的“本体”或“最高存在”从“上帝”让渡到人的“权力意志”，又让渡到“技术科学”的“自我成证”——“技术如此，自然也如此”。技术成为“无主体的主体”，完成了后者取代前者的现代性危机三级跳：“自然”——“人”——“技术”，从而使人类陷入空前的生存两难：“伟大的科技”——“神圣的罪业”，结果是地球从人到自然的全面生态破坏。

古希腊罗马的现实生活是建立在理性上的，到现代科学从伽利略开始就慢慢地走向以数学符号为主的学问，哲学渐渐地远离了人们，人们不再追问事物的本源，用自然科学的现实取代了它，科学就好像没有灯塔指引的帆船在大海上迷茫地漂浮。科学的理性被过度放大，人们的世界被科学技术所填满，人文学科与科学技术的天平产生了倾斜。哲学、理性它们的根源是生活世界，而不是空洞的数学符号，人渐渐地失去了想象和创造力。科学技术对人的物化使人不再具有丰富的创造性而成为技术支配的客观上的人。

海德格尔对建筑的追思，就是回到栖居中寻找，栖居的基本特征是保护人与事物的原始存在方式，使得在其存在中原生的自由自在。比如海德格尔提出的四重体的概念，即栖居是让天、地、神、人相遇而合一，也就是说以相互跨域必要间隔的方式来引起四重体的聚集，并在此守护，以便于人与物的存在可能在此不断地发生。以桥这个建筑物为例，桥跨越了河流沟壑，使人能够顺利地达到彼岸，人与桥这个物之间就不断地发生着关系。桥搭载着人，人过着桥，人与自然的关系顺理成章地形成一种和谐关系。这就是四重体合一从而便于人与物不断发生关系并守护着的地方。当然四重体也就是天、地、人、神，并不能单从字面的意思去思考，而是借此来概述那种不可描述的语义。“栖居”深化了建筑的含义。也就是说，原本的建筑不是去建造仅仅字面意义上居住功能的“住房”、交通功能的“交通工具”，它是在创造一种原本的“之间”，物与物之间、物与人之间的关系。物在其中，让出了位置，物的存在让天、地、人、神聚集在一起从而引发物与物、人与人之间的关系。当然这里物是海德格尔在《存在与时间》中提出的一个概念，并不能简单地视之为客观意义上的物。那么“建筑——物”的意义就开始明了了，桥是一个位置。作为这样一个物，桥提供了一个能让天、地、神、人聚集的空间。没有这样的物，人的本性就无法实现，人就无法成为真正意义上的人。“栖居”的追问，也就是追问如何让人成为真正意义上的人，从而有家可归。

这样去思考，就能理解栖居之所——建筑。人的栖居是能够想象的，家屋的回忆是绵延的，它能追溯到我们的童年、直到未来的想象，是能够创作的而不是现成的（只是关注建筑物本身的尺度）。诗意的栖居更是意味着“在发生中采取尺度”，也就是构成贯通大地与天空之间的维度。是以尺度不再是常规意义上的数量，而是物集合天、地、神、人引发人们对于物的现象学联想，物的自明性就自然地呈现出来了，从而形成人的生存结构。

对栖居的追思是现象学式的。因为它悬置了对于建筑的现有的对象和建筑者的关注，从而让我们直面建筑的本源，也就是出于人的实际生活的需要的建构，由此才有具体的建筑物、建筑理念、建筑设计和建筑对象。

2.2.2 文化断层，生活世界的不完整

胡塞尔提出生活世界的目的，是要把科学世界的逻辑抽象性还原为生活世界的直观丰富性，同时也是将科学所设定的自然实体世界还原为相对于主体的意识而呈现的先验主观世界，将个人的偶然经验还原为普遍的先验意识。这就是胡塞尔提出显现学的原因。人过于倾向于理性从而形成理智成功过度膨胀，这种“理智成功”在东方人手中自发膨胀甚至更胜于产生它的西方人的手中。这就是我们看到今天那些代表了西方现代空间观念的摩天大厦的建造中心正移向东方国家的深层原因。

在这里生活着的人们，在精神上比西方人更加远离了家园。西安的古城墙、北京的故宫、苏州的园林等，但那些东西其实已经脱离了人的栖居，成为死的符号。这与我们在欧洲看到的情况，即那些古典建筑仍然是大多数人民的栖息地，是不一样的，甚至可以说是文化的断裂。古典建筑在生活中荡然无存，使得东方人，特别是中国人真正成为一群无家可归的人们：他们漂泊着，心中几乎没有存留一点儿对家园的记忆。这才是一群最为可悲的流浪者。 西方人在建筑中，与其精神的演变相一致地构造了一种超越的、外在于人的、几何度量的空间。在这个空间当中，透视规则将天、地、神、人交融的灵韵驱除殆尽。 天空和大地失去了本有的生机，神与人终止了心理的对话，这是几何度量空间在人类空间意识发展中的自我否定的逻辑发生作用的结果。苏州园林所代表的传统中国人建筑与栖居观念中的空间，本质上乃是生动的、非均质的、非透视的和非度量的。中国的建筑对应着的便是所谓写意的形象艺术，它表达的诗的体验空间，是内在的空间。然而，整个东方在近代殖民化的过程中，失去了自身文化演变的连续性而被拼接了强势的西方文明。这种外在的文化拼接造成东方民族文化心理的断裂。东方人在无准备的情况下被迫地、生硬地接受了西方文化的改造。由于自身文化根系被切断，东方人甚至无法自然地通过自身文化中潜在的根源来约束后来发展出的“理智成功”。同样，在西方人那里，统一空间观念由于内在的逻辑而产生的否定方面，也一样在东方国家中引起高度热情：北京的“鸟巢”就是一个典型的例子。 因此，我们回到问题的核心：如何回到身心统一的家园。人的栖居物化表现为建筑。建筑与人的栖居关系之深层根据在于大地——肉体的空间。这种空间绝非几何学度量的、透视的、均质的空间。

2.2.3 天、地、神、人，家的居住

前文提到的天、地、神、人是海德格尔在《筑·居·思》中提到的，海德格尔试图对居住和筑造做出思考。

其本质问题也是如胡塞尔提出生活世界的初衷是一样的。胡塞尔提出的目的，是要把科学世界的逻辑抽象性还原为生活世界的直观丰富性，同时也是将科学所设定的自然实体世界还原为相对于主体的意识而呈现的先验主观世界，将个人的偶然经验还原为普遍的先验意识。简单来说就是胡塞也好，海德格尔也罢，对于技术科学、对哲学的危机他们是担忧的。而海德格尔在胡塞尔的基础上更进一步，对生命哲学进行了探讨，从而摆脱了胡赛尔的生活世界不断在精神层面上徘徊的困境。

海德格尔认为现在的人们从来没有思考过自己的存在问题，所关注的只是对客观事物的具体的存在，所以人在生活世界的沉沦中将自己的存在遗忘，而把自己作为存在着的各种具体活动顶替了自己的存在，乃至最终把人自己搞得“四分五裂”。自从第一次社会大分工以来，人就开始把自己在大地上的居住逐渐变成了人的存在的单纯手段，把自己的家变成了越来越陌生的、有待于自己去操控和利用的对象。人也就失去了家园和生活的目的。

我们该如何居住？怎么样向我们展示出来？天、地、神、人四重体的提出或许为我们提供了思路。

大地承担一切，使我们能够居住。当我们在大地之上的时候我们就已经在天空的下面了，我们遵循着自然的规律，日出而作、日落而息，出门观天象，做事看时辰，自然规律决定了人们的居住方式，人们倾听并期待着纯朴的诸神从而使人不至于绝望而沉沦，对生活充满着信心。最后人承担着死亡，向死而生，人在自己一生中护送着自己是有死者的本质而好好地活着，最终迎向死亡。人纯朴地保护着天、地、神，最终走向死亡。这是对天、地、神、人的基本理解。我们的居住一般看不到这种纯朴性，只有诗意的居住才能挖掘和解释这种纯朴性。居住以隐藏的方式守护者四重体。家在其最深刻的形式上，是一种对特定的场景的联系，即为一个特殊环境，与之比较起来，所有其他与场所相关的联想只包含有限的意义。这是我们为自己定向并拥有世界的出发点。不容易保持这种附着于家场所的联系是当代社会的特征。 海德格尔用过去式对家进行宣传：“在今天家是一种扭曲、脱轨的想象，仅等同于一个房子；可以是在任何地方。它屈从于我们；并且能够简单地以金钱价值的数目来衡量与表示”。在时隔五十多年后的中国，海德格尔所说的可能都是真的，即现代人是许多哲学家和社会学者所言——无家的存有——且普遍丧失了对家这个场所的依属感。

维尔（Simoney Weil）在《对根源的需要》（The Need for Roots, 1955, p.53）中写道：“扎根也许是最重要的，起码乃是人类灵魂所承认需要的，这是最难以界定的一种，一个人依靠其真实的、活跃的且自然地参与邻里生活而得其根源，它在生活层面上保存了对未来一定的具体期望。这一种自然的分享感觉是被场所、生育的条件、职业和社会环境所自动带引出的。每一个人需要有许多的根源。”

在场所中，有根使我们面对世界时有一个起点，且让个人在事物秩序中稳固地掌握了自己的位置，且对某些特殊地方产生具有意义的精神、心理上的爱慕情怀。筑造活动或者是建筑物的构筑行为使得这个“物”存在，空间让出了位置，人与物之间形成的空间因为这些构筑物的置入而被给予和展开。物与物、人与物、人与人之间的几何关系交互形成多样化的“空间”概念，并在时间的维度上继续延伸，事件的发生、行为的集合使得人们更加直观地体验着居住的想象。巴什拉在《空间的诗学》中指出，空间不再是几何意义上的空间，而是存于白日梦中带有无限意义和遐想的空间。

海德格尔的“栖居”思想，使研究传统住宅具有哲学上的存在意义，现如今现代社会的人们“无家可归”，即使有优越的环境和适当的居住面积，但人无法真正意义上寻找到“家”，而乡愁和民宿概念不断流行，从而隐含着一个问题，现代都市的人无法安居在城市之中。研究住宅及其当地文化、气候、地景、技术等多方面因素去探究家的本质。运用现象学的方法描述家的场所构成，为其以后的设计提供一个“原型”。

人们往往对建成环境的“大头”视而不见，对木骨泥屋或无足轻重的茅棚更是不屑一顾……这就招致了两种建筑标准，一个是针对“重要建筑”，另一个是针对“次要建筑”及其构成环境，得以看出以前的建筑学只存在于高级建筑中。这就区分了民房与生存的设计传统，虽然建筑不单单是两个概念就能概括的，但大体上的趋势是如此。在上层设计的传统的历史纪念建筑中，是向平民百姓炫耀其主人的权利，或者跻身上流社会设计师的聪慧和雇主的上好品位。然而普通民众的盖房习惯是把文化价值的追求和价值，综合愿望、梦想以及人的情感的表达为建筑的外在形式。

第3章“行为背景”的介入

3.1 生活的类化

我们每天都生活在其他人们之间，我们行动时考虑别人也与别人合作，同时我们认同别人如同与我相似的自我，因此主体性变成互为主体性，而行动则变成互动。在互为主体的经验中，群体的成员借着面对面的关系而注意到彼此，并和谐地共享着每个人的生活。胡塞尔的“生活世界”与社会学者及其他社会科学家所建立的“社会世界”概念做了清晰的比较：生活世界是独立的，并且先于所有社会学理论与建构。生活世界之中，理所当然的，其他人所面临的是同一个世界，一个互为主体的世界，以及就像我们一般的现世存在。

“类化”发生于当人们在生活世界中遭遇到一种情况的时候，为了在特定的处境下有效地行动，人们必须自己去把这种处境描绘下来，汤玛斯（Willam Thomas）认为这种描绘为“处境的定义”（The definition of the situation）。

在“我们关系”（we-relationship）中，我们通常与人们的交往并非真正的行为者。举个例子，我们并不特别认识一个是教授的人，我们已经有足够相关于教授这一类型的人的知识沉淀于我们脑海中。类化有三个特征：

1. 对于出现并再出现于个人经验中的事物的个人化命名。
2. 不仅与未来的遭遇，也同时与个人持续的生活经验发展有关的变化倾向。
3. 事物是整体地而非残缺地被掌握。

类化是现象学式的，现象学的定义是对于生活世界的连续性与重复性的主观理念化。曾经做过胡塞尔助理的史崔赛（Stephen Strauss）指出有三种不同的类型学，它们分别是归纳式类型学、推演式类型学、现象学式类型学。归纳式类型学是建立在最大量个案的经验性勘察与其性质分析基础之上，然后研究者把个例划分至典型个例中，如此类型学从个别的发展到普遍的，而有效的类型性是一个“相同性的表现”。

推演式类型学是一种概念的形式所产生，其建立在其他类型的明确而抽象的关系上，此类型学推演式地发展与其类型的内涵，从较贫乏到较丰富的概念。

现象学式的类型学不是我们普遍意义上的抽象概念的综合，也不是特征之间的交错复杂的关系，而是某一具有相似的原型的外在显示。正如许志认为的，类化是一种现象学类型学。这现象学式类型学与类化的第二个特征不谋而合，它不走向死路并倾向于持续寻找更多的本质而考量脉络的改变与其他的可能性，也就是说，现象学类型学是进化的，并且是对探究工作开放的。

人类的生活世界处于一种进化的情况下，很明显地就会有新的可能性产生。第一次工业革命、第二次工业革命给我们的生活带来了重大的变化。某种意义上来说，对现代主义思想的鼓吹不再会淹没于一种对进步的盲目信仰，我们不能否定的是现今的历史主义对于重新了解并再发现过去具有极大的贡献。不过人类注定要去面对未知，因此对新事物的探索是不可避免的，我们不再执着于旧有的过去，而是在继承历史的前提下去发展、创新未来。在这样的一种看法下，现象学类型学的“类化”便具有了生命力，且不受任何制约，能够借着自助的类化行动强化类型化的能力，以呈现其本质。同时，探求本质的特性必然会为未来的建构提供可靠的基础。

3.2 内与外，现象学与类型学

探寻建筑的本源是类型学与现象学共同追求的，当一种类型与一种生活行为方式集合时，建筑的本质就是凝聚了人类最根本的生活方式，即使这些类型的具体形态不同，会有许多差异。“生活在城市中人们的集体记忆，这种记忆有人们对城市空间和实体记忆的组成。记忆反过来影响人们塑造未来城市形象”，罗西对城市类型的定义其本质上还是以人的生活世界为本，类型学的作用是对建筑本质的追问，它的目的是探究建筑形式与人的行为方式之间的一种联系。类型具有内在的同一性，就好比桥，不管是木桥、石拱桥、铁桥，还是跨海大桥等等，它具备的功能都是连接此岸与彼岸，让人能够达到目的地对面。类型代表了建筑与过去之间的连接，展现了建筑与现在及未来的互动。类型解释了建筑背后的原因，生活方式的建立与文化形式上的继承具有一定的相似结构。通过对类型的提炼和演变，建筑具备了对过去的继承与对未来的发展的功能。建筑类型学目的是普遍性和整体相关性。尽管各式各样的场所进行了对场地和形态学和类型学分析。建筑的内涵是文化传承的结果，文化经过编译表现在形式中，如古建筑中的斗栱、藻井都是对礼制等文化的外在表现。建筑不是自我的呈现，是行为背景下的相似性唤起人们的“集体记忆”。真正的类型概念是变化的和转化的，正如罗西所说，类型就是人们生活的类型，也是一种关于行为的类型，它不是后现代主义对于符号的拼凑，更多的是对记忆的连接。

3.3 行为背景下的“同形”与“认同”

1968 年巴克提出“生态心理学”（ecologicalpsychology）这个概念，而生态心理学作为当代心理学理论的一个重要分支，其生态学取向是心理学研究的一个重要趋势 ，是以“物理环境与人相互作用的可预测模式”为研究对象的。 生态心理学就是涉及生态学的心理学，其基本思想是：强调背景性因素在心理现象中的关键作用，并以多元的和交互的因果性取代单一因果性和对事件的单向解释。生态心理学研究的代表人物有吉布森、巴克、奈瑟（Ulric Neisser）、布朗芬布伦纳（Urie Bronfenbrenner）等。生态心理学研究最重要的原则是“交互作用原则”（principle of reciprocity），所谓“交互作用”，指可区别而又相互支持的现实：人的生活方式和环境一起组成了一种交互作用的统一的生态系统；生命功能（知觉、行为等）必然包含一种环境，而环境特性也包含人的生活方式——此为生态心理学的“生态性”。“行为背景”将人与建成环境的互动作为一种“现象”，以此代表建成环境的“自明性”，从而“此在”与对象具有了根本上的联系。

“行为背景”理论是巴克最重要的理论贡献，成为生态心理学和社会心理学研究的基本理论。巴克在中西现象场站所做的研究在某种意义上是社会心理的研究，从对儿童的现场（而非实验室的）研究开始。在这个过程中，得到了几个非预期的发现：

1. 当从一个区域（region）进入另一个区域的时候，儿童的行为特征常常发生显著的改变。

2. 在同一个区域中的不同儿童的行为，不同儿童在不同区域中的行为更具相似性。

3. 儿童行为的全过程中和行为发生的特殊场所（locate）之间的一致性大于部分行为和场所中的特定部分之间的一致性。

巴克认为生态的环境与生活空间不同，有先在的客观事实，及时间和物理的属性，表现为具有边界的单元（bounded unit），“包含人的模式行为的生态的环境、模式环境（molar environment），由具有边界的和物理—时间属性的场所，及多样化但稳定的集体行为模式组成。”这些单元或模式环境，为“日常生活的普遍现象”，被称为“行为背景”。

行为背景同时具有结构（structural）和动态（dynamic）属性。在结构方面，行为背景由一个或多个“行为—环境固定模式”（standing pattern of behavior-and-milieu）组成，环境（milieu）围绕行为并与行为是同形的（synomorphic）。在动态方面，行为背景关于行为—环境（behavior-milieu）的部分，称作“同形”（synomorph），它们有一定的相关性（interdependence），并且远大于它们同其他行为背景中同形的相关性。

行为背景有几点重要的属性：

1. 一个行为背景具有一个或者多个固定的行为模式（ standing pattern of behavior）。固定的行为模式是作为意义明确的、有时间—空间坐标的行为整体，一种超个人的（extra-individual）行为现象，特征不随参与人员的改变而改变。

2. 它由行为—环境固定模式组成。行为模式依附于众多非行为现象。城镇的人工环境（建筑、街道、篮球场等）和自然风貌（山、湖等）都可成为行为背景的环境（milieu）或者躯干（soma）。环境是综合时间（times）、场所（places）和物（things）的复杂整体。

3. 环境围绕（be circumjacent）行为，circumjacent 与 surrounding、closing、veironing、passing 同义。

4. 环境与行为是同形的。同形意味着结构上的相似。例如，环境与行为有相同的边界（boundary）。

5. 关于行为—环境的部分，“同形”，以巴克的观点，有两种科学，是有关无行为（behavior-free）的物体与事件的科学，是有关离开地理场所（geophysical loci）和属性的现象的科学，“同形”作为行为与围绕行为、同形于行为的环境的整体，二者统合起来。行为背景在结构上就是一系列同形。

6. 同形之间具有一定的相关性。

7. 同一行为背景中同形间的相关性远大于它们同其他行为背景中同形的相关性。

建筑参与创造了一个“环境”（milieu），就是人类活动的有意义的框架。建造的任务即包含了与我们相关的环境的方面。《西方建筑的意义》中写道，一个有意义的环境形成了一个有意义的存在的必需的、本质的部分。由于意义是一个心理学的问题，能仅仅通过生产和经济的控制来解决。筑，这个词汇从本意上看，该与现代人有着根本的联系。

行为—环境固定模式暗含了生活方式与环境特性的交互作用，或者说在行为与生活的类型上有着关联。从前面关于类型学的特点中我们可以看出，一个或多个环境固定模式形成了行为背景，那么其所包含的共同或典型的行为特性就会成为类型，这具有共同点。行为是人生活中表现出来的生活态度以及具体的生活方式，简而言之是在建筑中的种种“发生”(what takes place)。它可以是一个动作或一系列动作的集合：骑着自行车去菜市场买菜；在咖啡厅里悠闲地喝着咖啡；去酒吧参加朋友聚会。行为是可以单独参与或者多人参与的动作。在行为背景理论中，巴克提出的生态心理学不仅仅指上述行为的发生，它摘除了传统心理学真实环境和直觉、行为之间的“心理环境”，而是将人的心里活动过程和行为本身看作一个整体去考虑的。而不论是动作还是心理，其许多因素都与建成环境有关联。

环境(milieu)，作为围绕(be circumjacent)行为的背景要素，将其理解成具体的建成环境。城镇的人工环境(建筑、街道、篮球场等)和自然风貌(山、湖等)都可成为行为背景的环境(milieu)。那么行为—环境固定模式就如前面所说，是指特定的建成环境就会容纳特定的行为，而特定的行为集中在特定的建成环境中。就好比我们参加庙会、一起去看戏会搭戏台、去理发会去理发店等。类型本质上它是内在结构的相似性，而行为的发生也就是日常生活的形成。那么生活类型与行为—环境固定模式就形成了关联。类型学，特别是当代第三类型学(新理性主义类型学)所说的类型是指可类型化的集体记忆、生活方式、历史事件在无意识中的凝聚与沉淀，是文化的深层结构，外现于城市和建筑；而行为—环境固定模式则包含了这个心理要素，在行为背景中，环境不仅能够唤起某种记忆，且能够引发行动，具有现实性并能主动实现“类型转换”。

行为背景关于行为—环境(behavior-milieu)的部分，行为—环境固定模式中对象和关系的整体被称作“同形”。行为背景是同形的集合体；同一行为背景中的同形具有一定的统计意义上的相关性，且远大于它们同其他行为背景中同形的相关性。

“同形”(synomorph)在建成环境中形成了大大小小的“生态系统”的同时，成为更大的“生态系统”的一部分，由人、人的行为和心理和它们代表的生活方式、建成环境，及作为行为主体的人与建成环境的交互作用所构成。同形的空间性或“方向性”(orientation)，需赘言，如上所述，包含特定行为，有“吸引力”的相对稳定的物质环境的结构、“生态系统”的框架，或说“背景”(setting)。

“认同”是场所对一种先在精神结构的表达。建成环境和空间及场所的关系有其唯一性，原因在于建筑与场所的一致性和统一性，由此形成场所意义的基础。历史的、文化的、气候的和形而上的紧密关联也正是需要建成环境来表达的，这种场域的意境经过人们的体验转换为场所的意义，如果建筑脱离了场所，远离了人与历史、文化、气候的联系，就会切断场所的精神。建筑只剩下单纯的建筑构造而不再具有意义。那么场所就不再具有意义了。

空间的“包”被“有”所界定，简单的结构相似性是自然的与人为的场所之间的重要关系。一般的边界，尤其是墙，使得空间结构明显地成为连续的或不连续的扩展、方向和韵律。集中性、方向性、韵律感是具体空间具有的主要特质。在特性上暗示着一般的综合气氛，是具体的形式和空间界定元素的本质。任何客观的存在与特性都有着密切的关联。如“保护性的”住所、一间“换了的”舞厅、一座“庄严的”教堂。场所都具有特性，特性就是生活世界境域的情感体验。从某种意义上来说场所的特性就是世界的函数，随着四季变换、东升西落，是气候及阳光所照射出的光等因素的综合。特性是由场所中物的存在和人的行为背景的集合所决定。

场所的要素，这种先在的结构被聚集到了一起，与此同时明示了这种结构，表现出一种“吸引力”。而“同形”中人与环境的交互作用，环境与行为相互决定的关系，恰是一种先在的结构：在什么样的环境中就会发生什么样的行为，此规律不随具体对象的不同而有所改变。

3.4“同形”，场所特性的营造

人的行为发生使建成的环境与人的关联更加紧密，而反过来，建筑限定了空间，也同时在督促人们行为的发生。我们所指的场所代表的意义是由具有物质的本质、形态、质感及颜色的具体的物所组成的一个整体。这些物的综合决定了一种“环境的特性”，亦即场所的本质。“特性”是诺伯格·舒尔茨在《场所精神》中提到的。舒尔茨认为特性是世界的基本模式，是物的聚集，最终形成整体环境的意义。

场所精神是在人与具体的生活环境尤其是建筑环境建立起的一种复杂联系的基础上，所形成的一种充满记忆的情感体验，一般指人对空间为我所用的特性的体验，或者说是一种在共同体验、共同记忆基础上与空间形成有意义的伙伴关系。舒尔茨认为场所不是抽象的地理位置或场地（site）概念，是具有清晰的空间特性或“气氛”的地方，是自然环境和人造环境相结合的有意义的整体。场所精神在古代主要体现为一种神灵守护精神（guardian spirit），现代则表示一种主要由建筑所形成的环境的整体特性，体现的精神功能是“方向感”和“认同感”，只有这样人才可能与场所产生亲密关系。“方向感”（orientation），简单说是指人们在空间环境中能够定位，有一种知道自己身处何处的熟悉感，它依赖于能达到良好环境意象的空间结构；“认同感”（identification）则意味着与自己所处的建筑环境有一种类似“友谊”的关系，意味着人们对建筑环境有一种深度介入，是心之所属的场所。在诺伯格·舒尔茨看来，人必须归属于一个场所，并与场所建立起以“方向感”和“认同感”为核心的场所感。这就是诺伯格·舒尔茨有关场所问题的基本思想脉络。而同形作为场所精神中的特性就有以下几个特点：

第一，同形包含了建成环境的特质。在同形中，为可被经验到的整体背景的建成环境选择了背景中的行为和事件；而离开了背景，相应的行为和事件就不会持续发生。同形具有的背景因素是“独特”的。

第二，同形包含了“意义”的关系系统。同形的核心乃是行为与环境的交互作用，主体和对象的意义均通过这种交互作用体现出来，是“获得多方面的满足的场所”，另一面环境执行了它在生活世界中的功能。同形并非一定“集结”很多背景之外的物，如自然结构、宇宙规律等，取决于背景之外的物与行为所代表的生活方式是否具有意义。

第三，同形具现了生活世界。同形意味着人的活动自然发生，并在人与环境的相互选择中维持下去，每一个同形都是建成环境这个“托盘”上的“壶”，为环境互动，即类似“倾倒”的禀赋。

同形作为建成环境的特性，比“场所精神”理论中的“特性”更为具体，实际上更关注人的行为和感受，并不是空间的结构和建筑的形式，此在某种意义上说也更为根本。

行为背景作为场所，体现了建成环境的特性并具现人的生活方式及其背后的社会文化，保有并持续着生活世界（包括主体和现象）的意义。“行为背景”可以在此意义上走得更远，将行为、生活方式、社会文化与建成环境通过同形联系起来，就是将“设计建筑就是设计生活”的思想具体化，提供“观察”这个方法，因此设计师能够说他在城市中设置（set）了一个场所，不是空谈“场所感”。

第一，“行为背景”提供了在日常生活世界中认识“场所精神”的方式。

第二，“行为背景”使“场所精神”在设计中具有可描述性和可表达性。

行为背景中的场所精神，是场所中行为—环境的先在互动关系，是生活方式与建成环境交互作用的规律，是主体和现象关于彼此的“意义”的集合体。以最简单的话说，乃是“有什么样的环境就会有什么样的行为”，人“自动”地生活于场所之中。“行为背景”将心理过程与行为划归为一体，因此“感觉”不是空泛的，而落实到具体的定居行为之中；相应地，“集结”不再是哲学和语义上的表述，而是通过行为—环境的互动关系明确地呈现出来。同形中环境—行为的互动关系即为“认同”，它包含环境对建造活动的选择（identification），人对环境的归属（belonging），以及作为主体的人的生活方式和价值判断（identity），从而将既有理论中的概念统一起来，并作为同形中先在的精神结构。“同形”作为建成环境的“特性”，包含了建成环境的特质，包含了“意义”的关系系统，并具现了生活世界。“同形”较既有理论中的“特性”更为具体，实际上关注了人的行为和感受。“行为背景”为“场所”，即“特性”的表现方式：呈一个稳定的生态系统，包含了行为—环境互动的先在规律，具有可描述的空间性和时间性，“发现”了场所即可以预测普遍的行为。在理论上，“行为背景”提供了在日常生活世界中认识“特性”的方式，提供了一条描述和表达“场所精神”的途径。从“行为背景”的角度将“场所精神”理解为场所中行为—环境的先在互动关系、生活方式与建成环境交互作用的规律、主体和现象关于彼此的“意义”的集合体，即“人‘自动’地生活于场所之中”；“场所精神”由此落实到具体的定居行为中。 作为关注特殊的、具体的、“小”的“意义”的“行为背景”理论，更适应当代城市与建筑多元化、复杂化的特征和场所的语境转换。

参考文献

[1] Edward Relph. Place and Placelessness, London，1986：29-43.
[2] 冯契，徐孝通. 外国哲学大辞典 [M]. 上海辞书出版社，2008.
[3] 巴什拉. 空间的诗学 [M]. 上海译文出版社，2009.
[4] 胡塞尔. 欧洲科学危机和超验现象学 [M]. 张庆熊译. 上海：上海译文出版社，1988.
[5] 彭怒，支文军，戴春. 现象学与建筑的对话 [M]. 同济大学出版社，2009：240-248.
[6] 梁亚娟. 回归生活世界——从胡塞尔《欧洲科学危机和超验现象学》谈起 [J]. 西北农林科技大学学报（社会科学版），2006，6（2）：127-130.
[7] 季铁男. 建筑现象学导论 [M]. 桂冠图书股份有限公司，1992：263-273.
[8] Camille B. Wortman，Elizabeth F. Loftus，Mary E. Marshall. Psychology. 3 ed. New York：Knopf，1988.
[9] Noel W. Smith. 当代心理学体系. 郭本禹，等译. 西安：陕西师范大学出版社，2005.
[10] Roger G. Barker. Ecological Psychology：Concepts and Methods for Studying the Environment of Human [21] Behavior. Stanford，Calif：Stanford University Press, 1968.

昭山风景区古窑遗韵建筑设计

The Pleasure of the Ancient Kiln in Zhaoshan of Hunan Province

基地概况

昭山位于长衡丘陵盆地中部，属湘中丘陵至湘南山地的过渡地带，岩层属第三纪衡阳红系砂岩、页岩、砾岩。区域内地层多为风化岩残积层土壤，100米以下为石灰岩层，地下水在地表10米以下；周围无高山，地表平缓开阔。本地区地震基本烈度为6度。

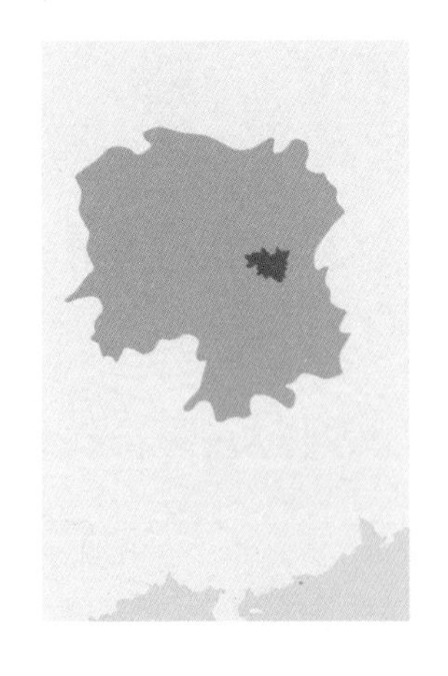

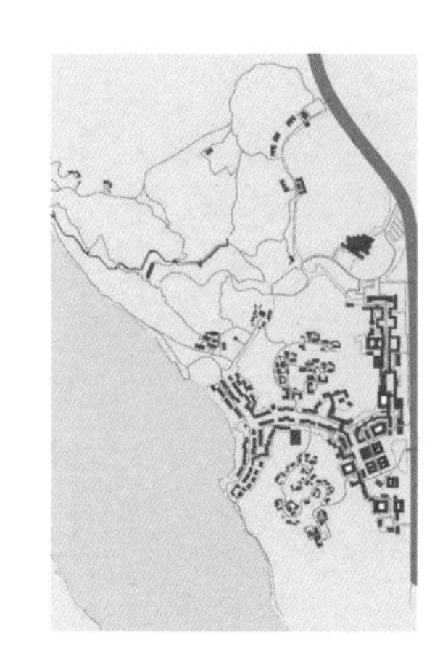

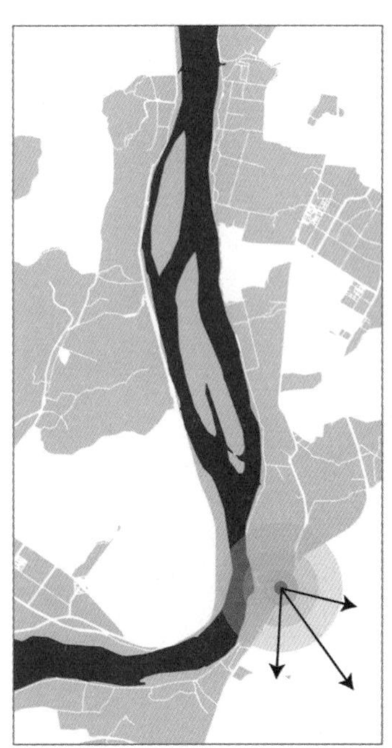

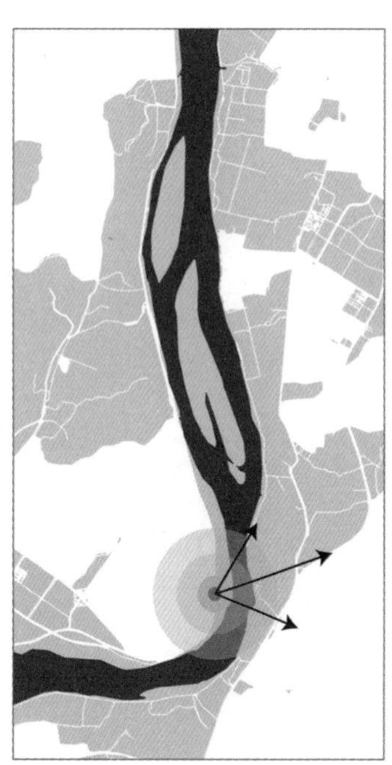

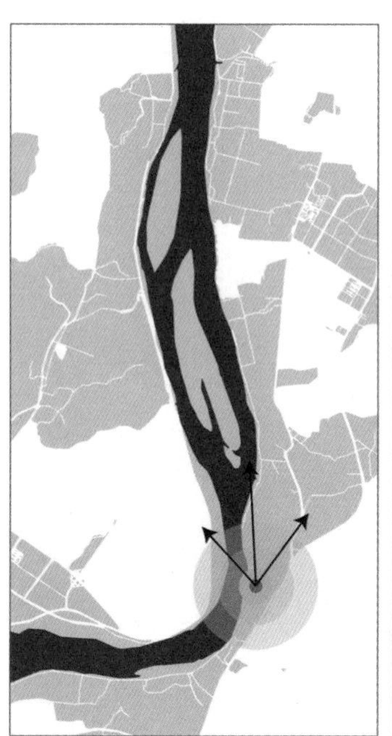

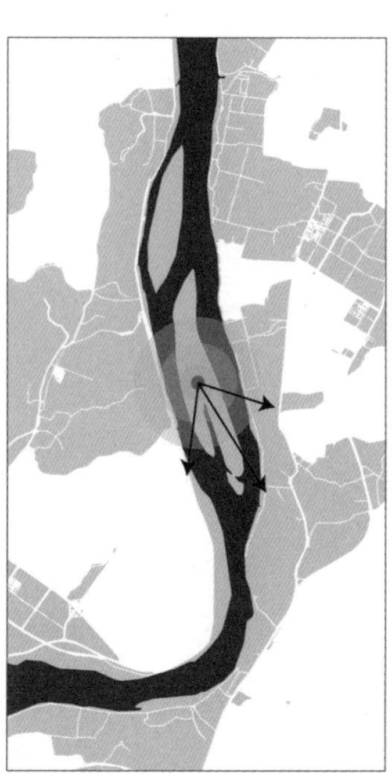

基地区位分析

昭山地处于湘潭与长沙之间，位靠湘江。昭山风景区有四个辐射点：

1. 位于昭山对面的平原地带。该地带视野宽广，交通便利。
2. 位于昭山上方的兴马州，在湘江中兴，连接长株谭之间，水陆交通位置极佳，适合作为旅游路线中的中转站。
3. 昭山位置紧靠芙蓉大道，连接长株谭，往来密切，无疑为昭山风景带来人口基数。
4. 项目处于主要流动路线的交叉口，无论是通过芙蓉大道进入还是通过湘江登陆，都必然会经过项目位置，因此项目位置是人的聚集点之一。

交通分析 TRAFFIC ANALYSIS

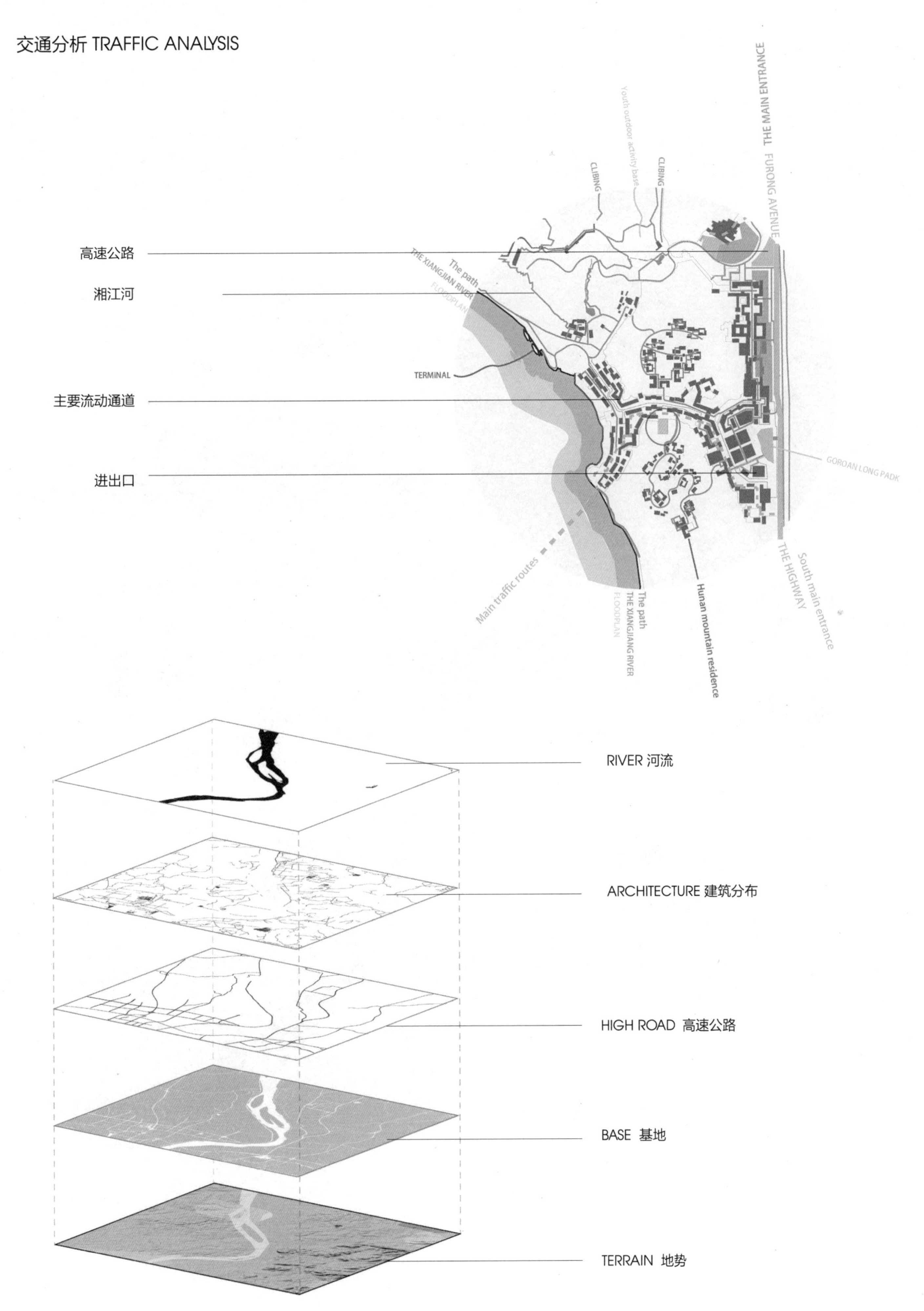

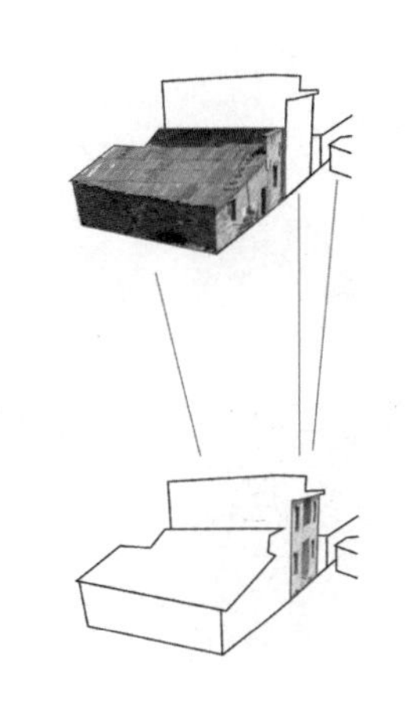

建筑的时间性表达建筑的生长过程，同时也是人对建筑价值取向的渐变。斜屋顶是与山的呼应，新的建筑遵从旧有环境中的规则，遵从建筑“二要素”——坚固、实用。建筑材料也出现变化，从夯土变为水泥。

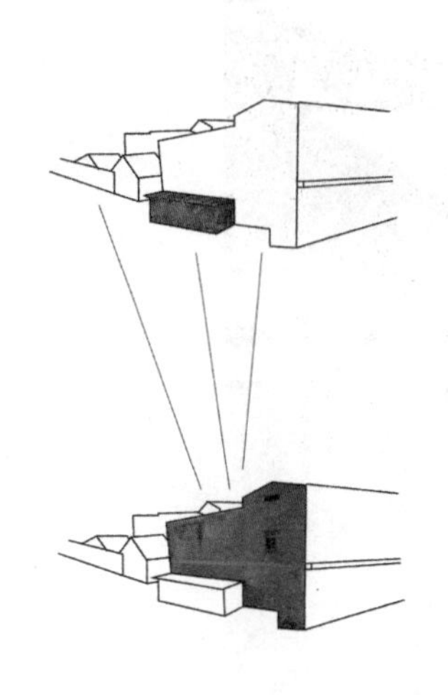

主体建筑与附属建筑的关系，表现建筑的多样性。形式上的变化具有关联性。

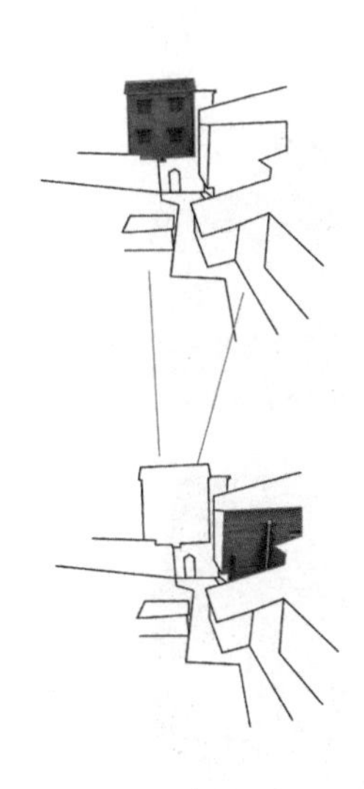

虽然建筑材料用的是新材料，坚固实用。但在形式上还是保有了旧有的规则，如果把建筑高度拉低也就跟原来的建筑相差无几。

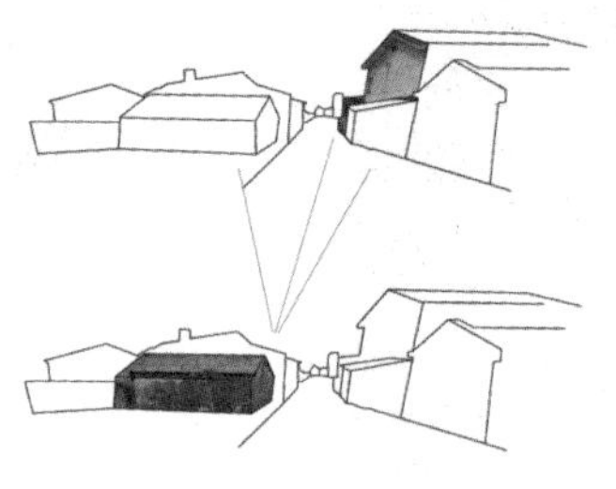

图中的建筑遵从一定的大家共同认同的规则，因此在形式上保持着一定的相似性。建筑与建筑之间的对话更多。具有场所性与归属感。

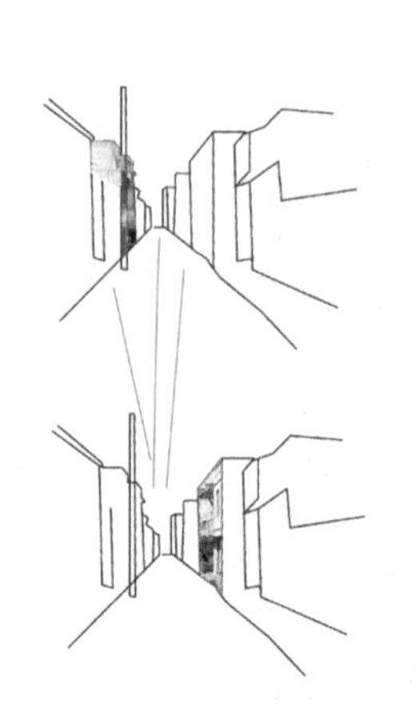

建筑与建筑之间的对话就是人与人之间的对话，建筑形式更是人活动的外在体现，街道上的建筑还留有原有的建筑结构。

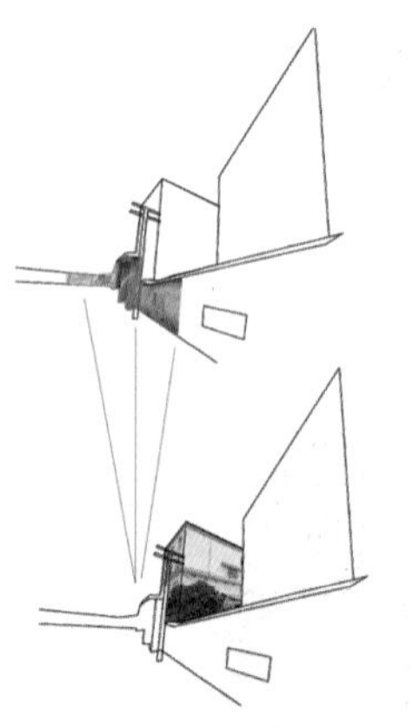

围栏限定了空间，划分了界限。在昭山下昭山湾的民居建筑具有一定的私人性。建筑已经脱离原有的结构，但还是能从起建筑装饰作用的屋檐上看出一丝痕迹。

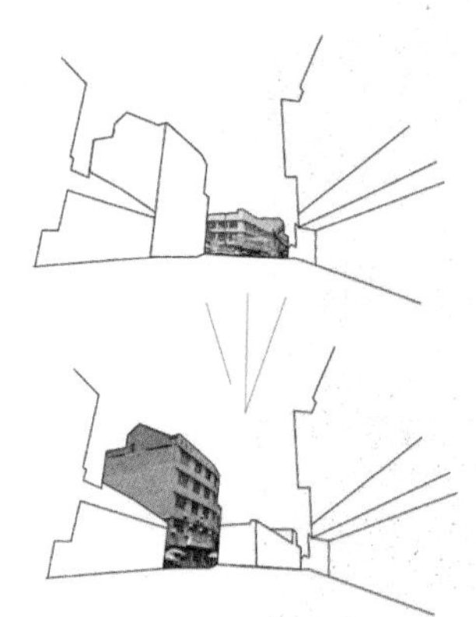

人按照对自然环境和宇宙规律的认识去构建生活空间，反映了人本身的行为需求。如浴场可以满足洗浴和交流的场所。

建筑限制和促进人的行为发生，同时形成共同的日常行为发生的类型与认同感的表达。这些交织在一起形成了生活的世界。

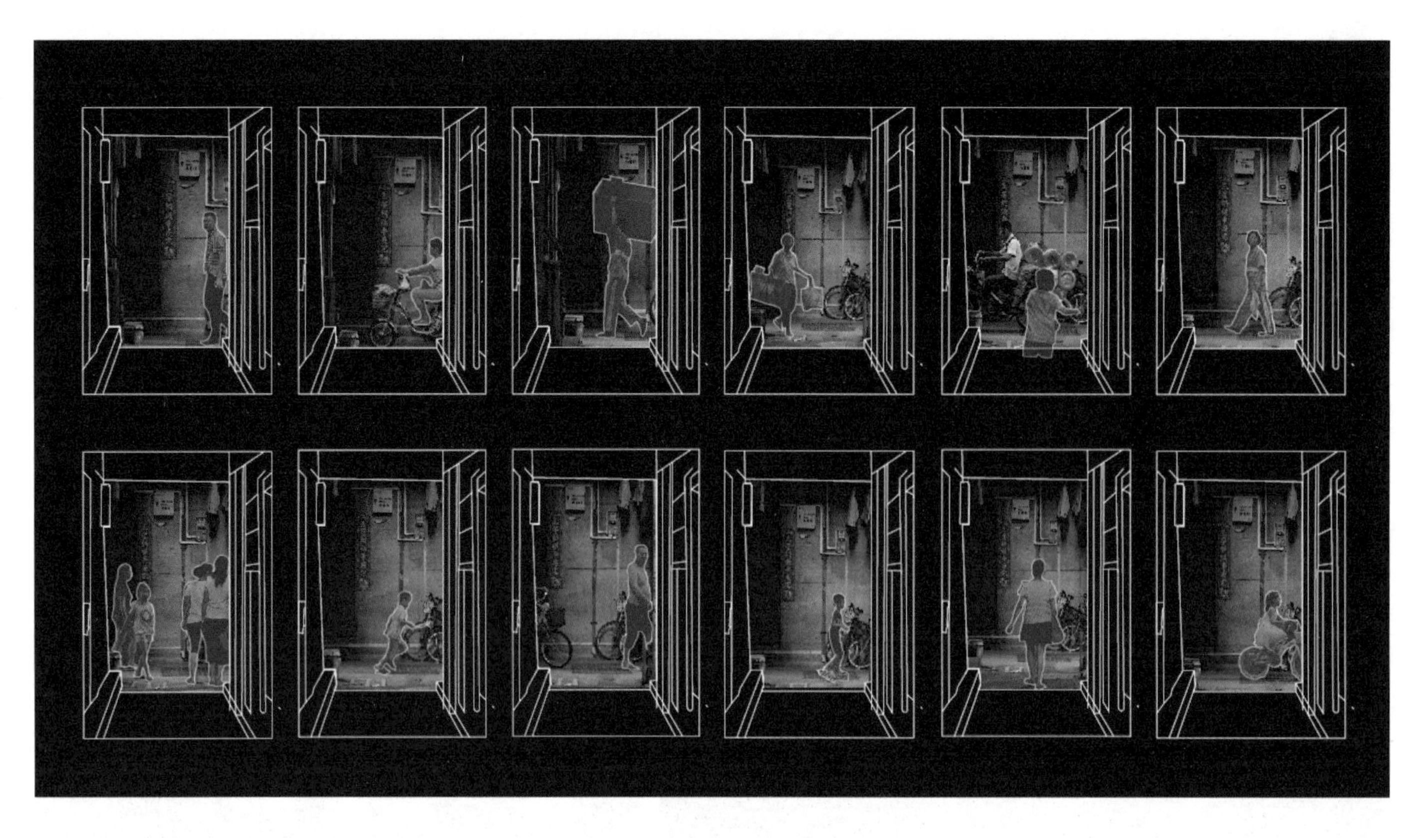

当人在建筑中活动时，人们会自然地形成一种同形与认同，具现了生活世界。建筑物的功能从各方面具现或“揭示”了生活。

建筑多与自然结合，如依山而建，建筑与自然关系密切。现代的材料的运用，如玻璃使得空间的界限变得模糊，使得建筑与自然之间的关系更为暧昧。

从画中，我们可以看出，昭山的建筑多以民居与寺庙为多。建筑选址也非规则形，而是根据地形、建筑意义的不同而不同。寺庙多坐落于山腰或山顶。住宅则坐落于山脚下，临水而居。

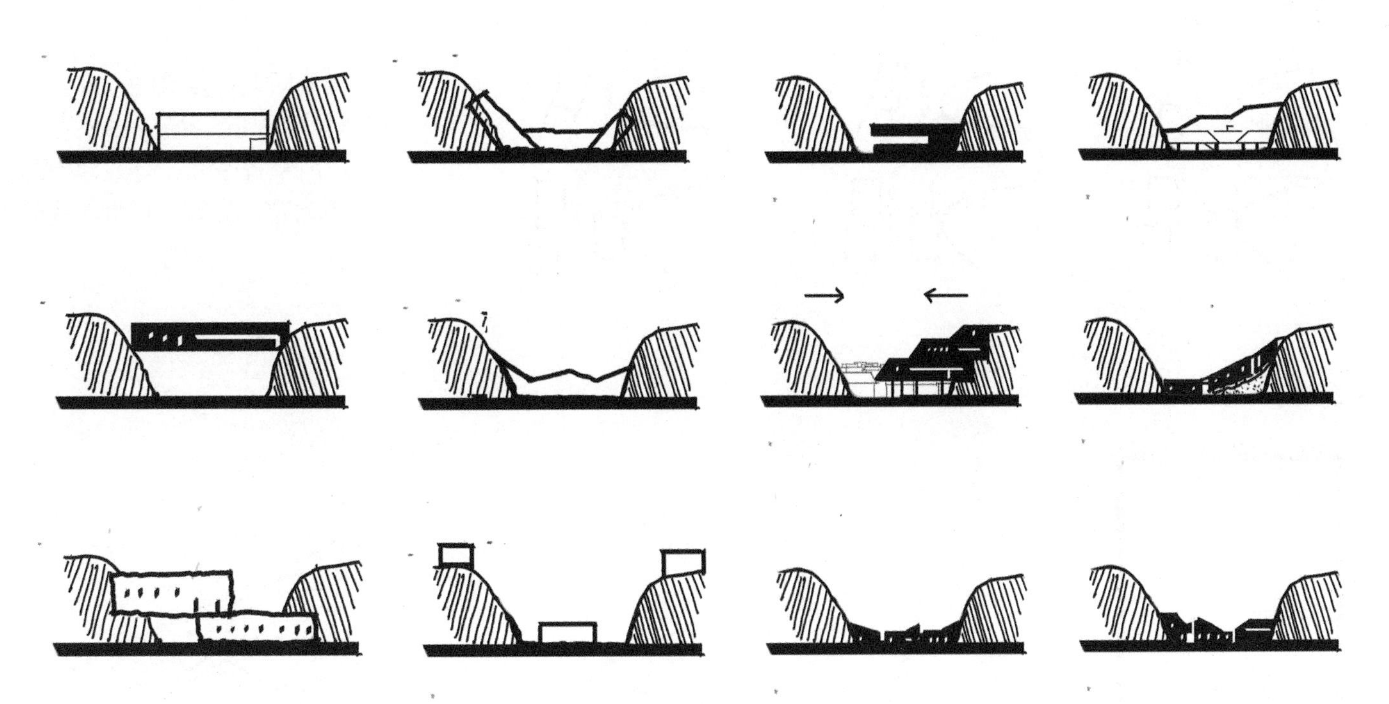

建筑与山直接的对话

设想建筑与山之间的更多对话，从中寻找出最适合的关系。

建筑单体演变

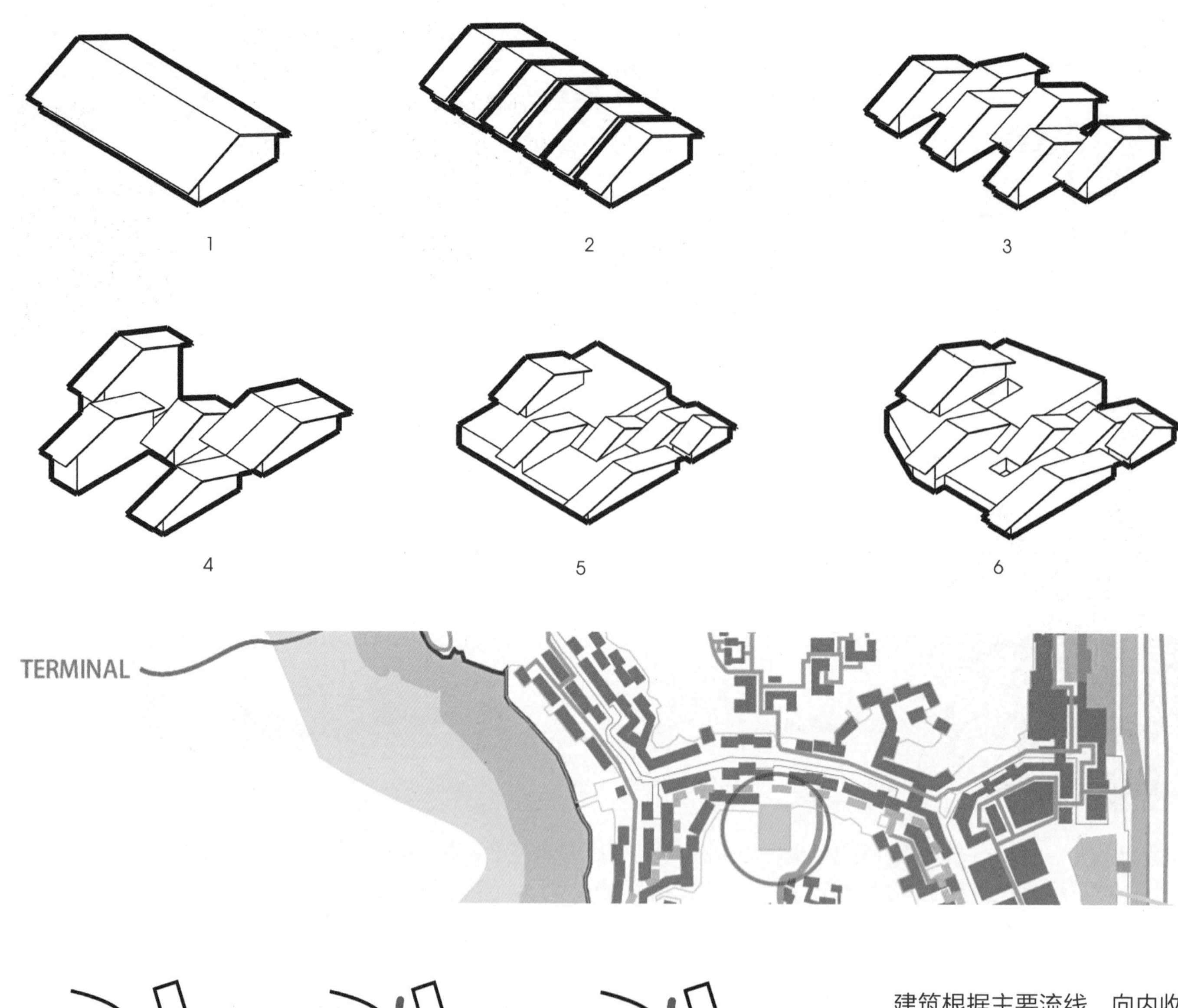

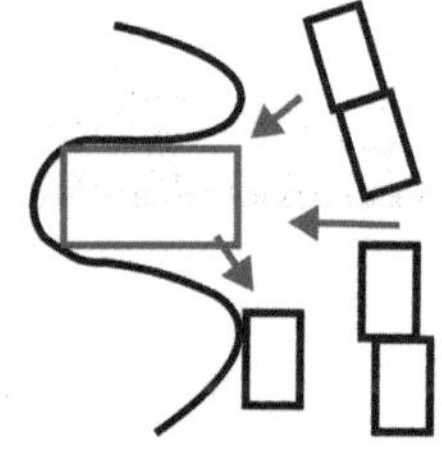

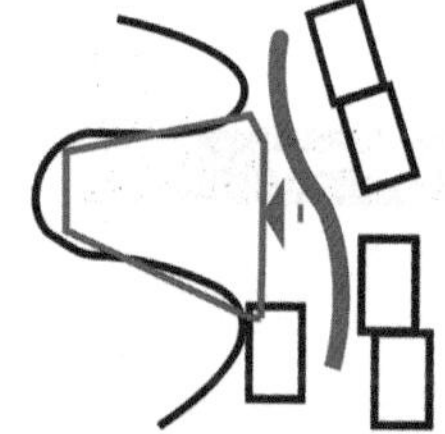

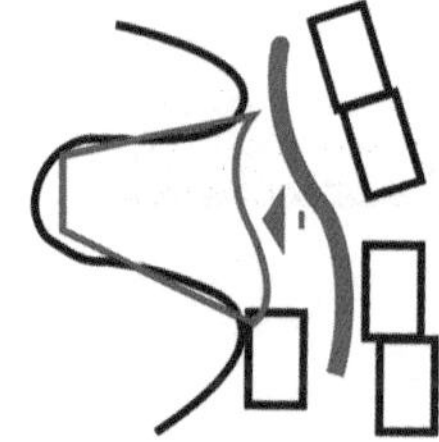

建筑根据主要流线，向内收缩并与背后的山形结合。

形成聚集空间，有效地提高建筑功能的人流量，并引入建筑体内。

屋顶推演ROOF CHANGE

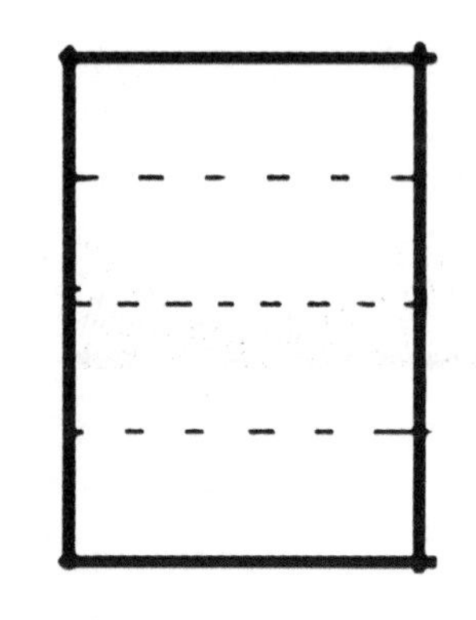

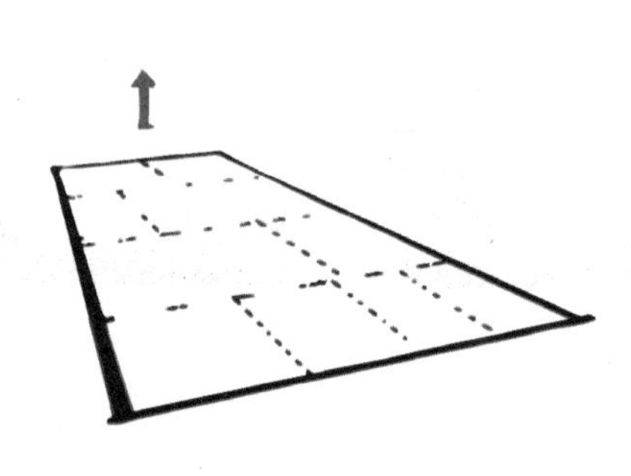

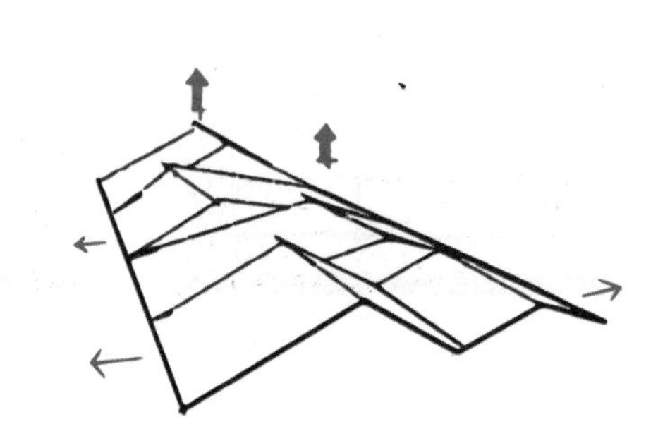

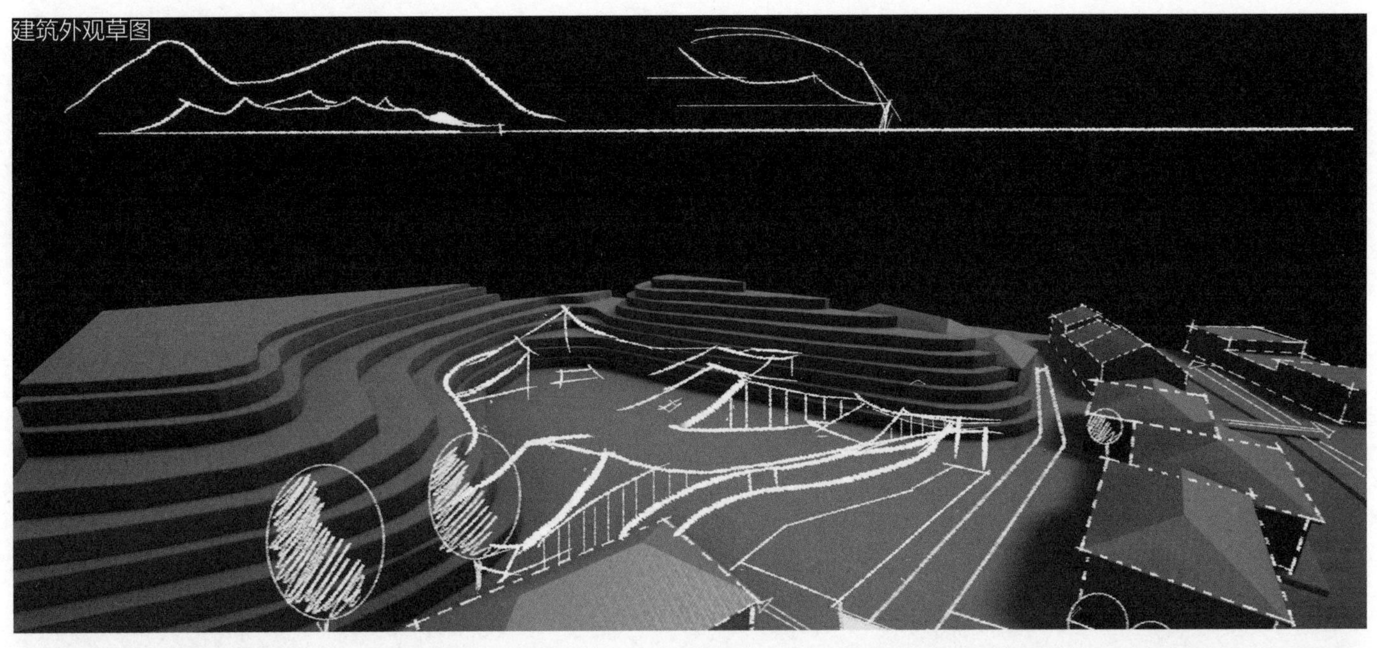
建筑外观草图

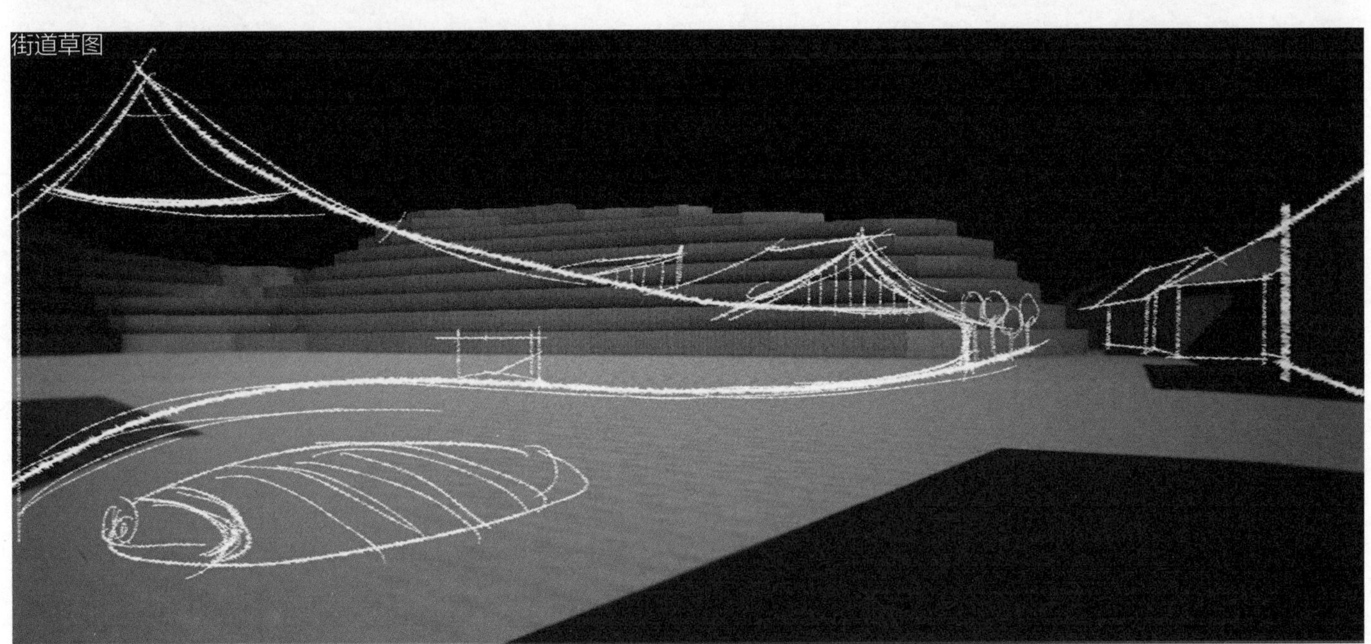
街道草图

建筑立面草图

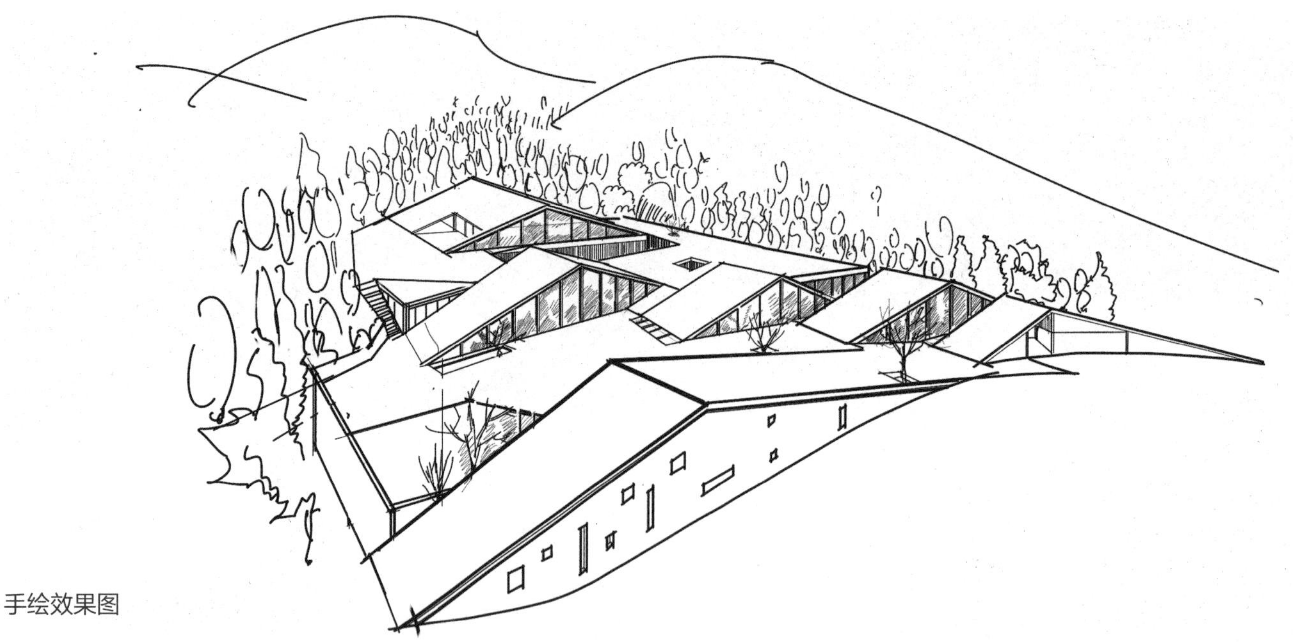

手绘效果图

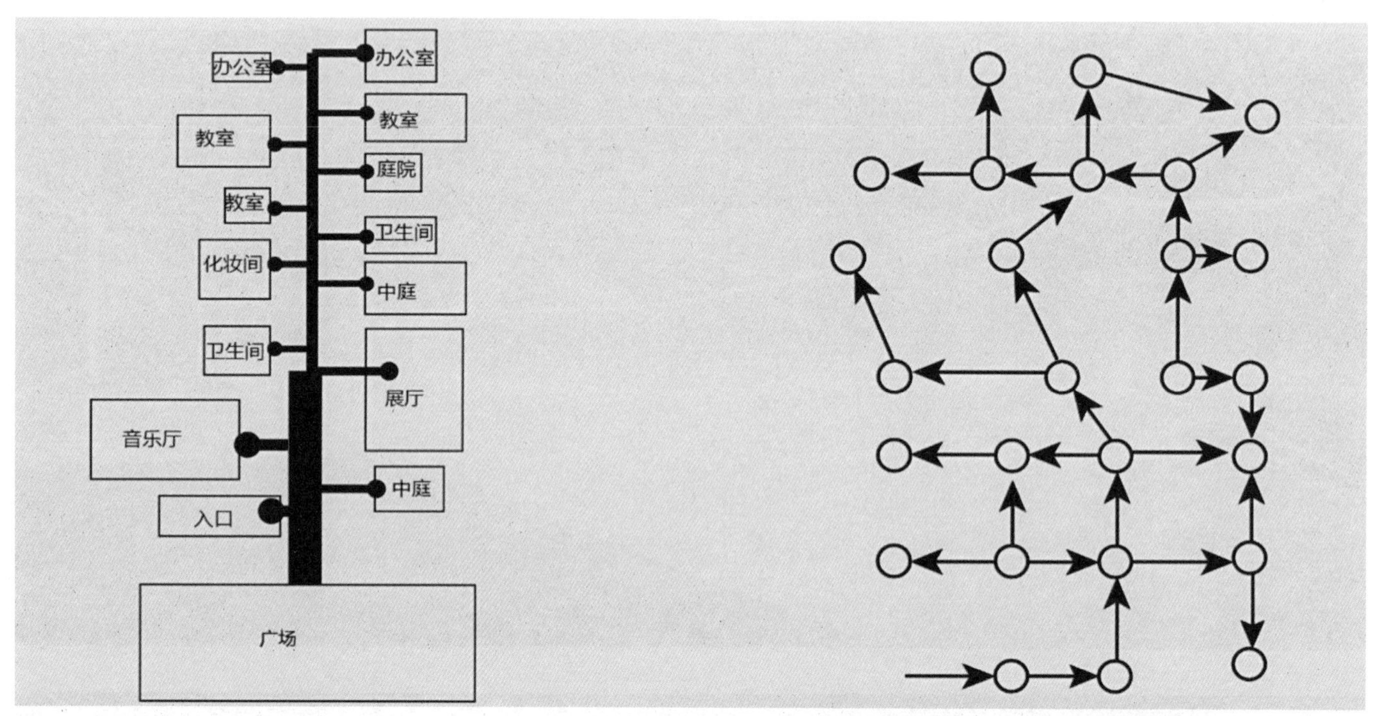

功能关系 FUNCTIONAL RELRTIONSHIP

移动路线 MOBEMENT ROUTE

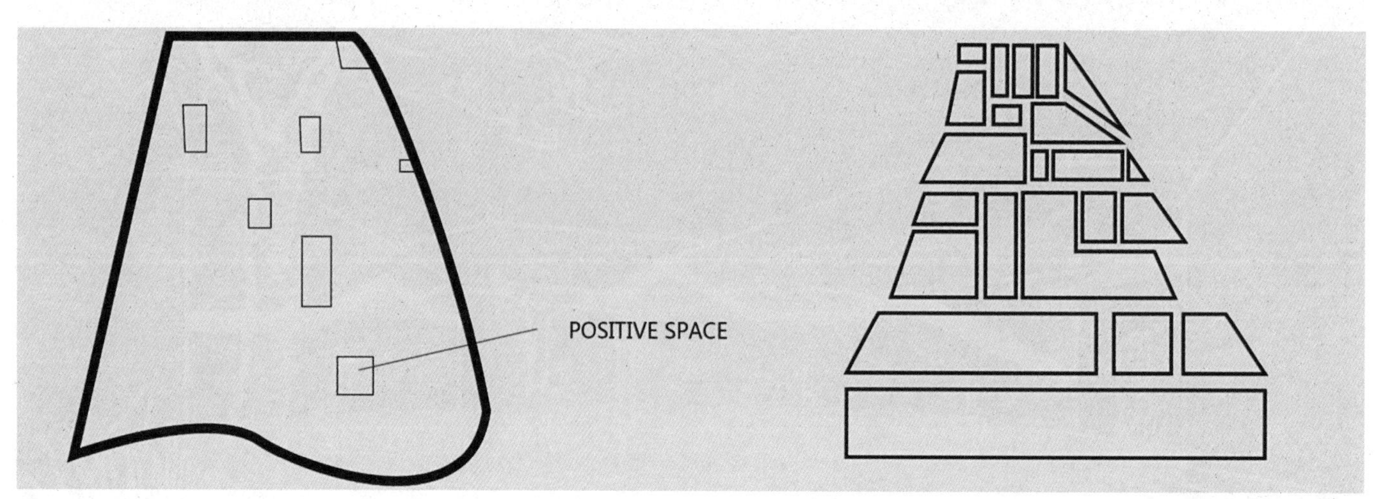

加入外部积极空间 JOIN POSTIVE SPACE

平面初步设计 PLAN PRELIMINARY DESIGN

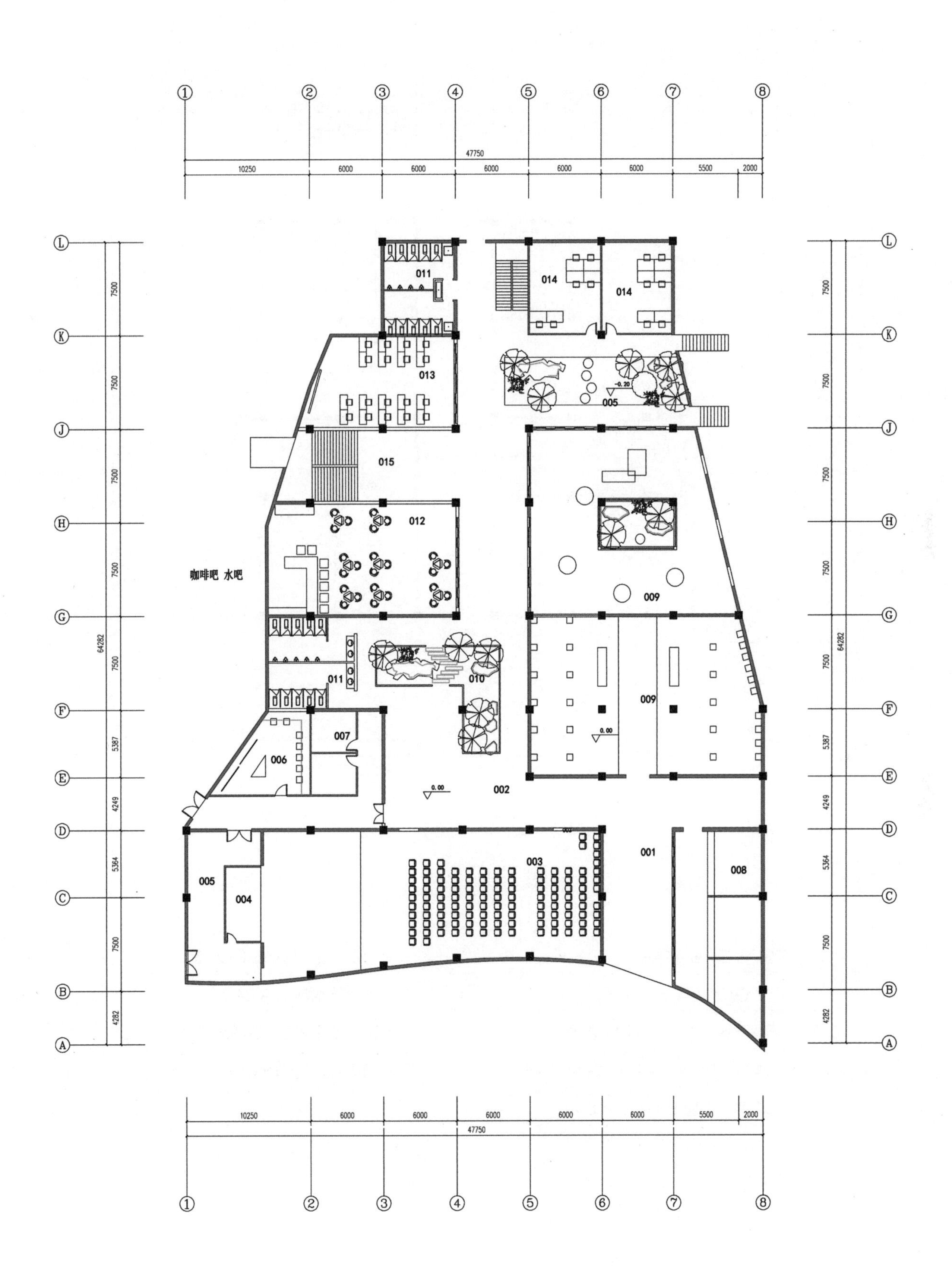
咖啡吧 水吧
001
002
003
004
005
006
007
008
009
010
011
012
013
014
015
47750
10250
6000
5500
2000
64282
7500
5387
4249
5364
4282

建筑平面一层

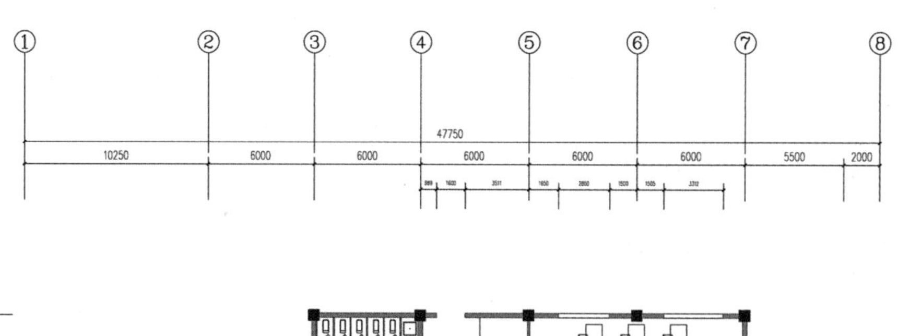

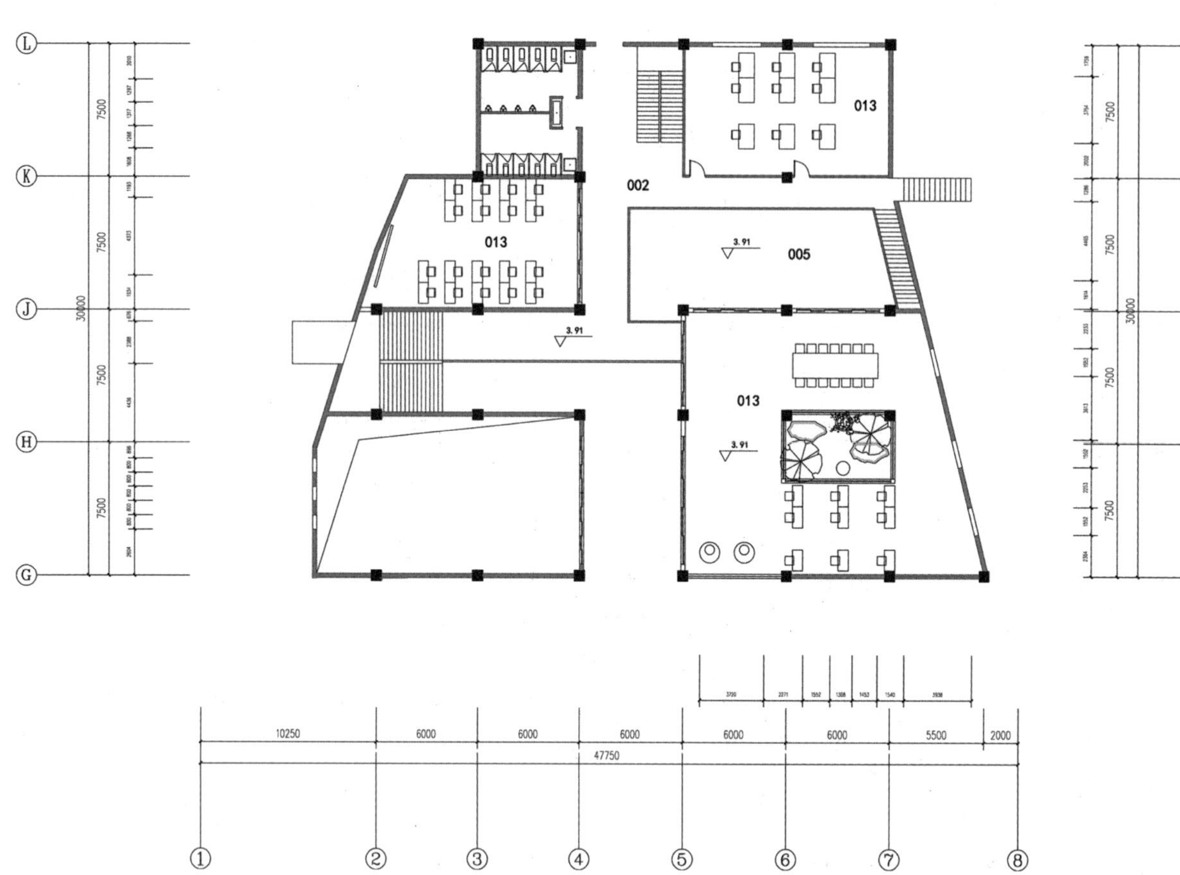

建筑平面二层

001 入口　ENTRANCE

002 过道　AISLE

003 演奏厅 CONCERT HALL

004 舞台操控间CONTROL ROOM

005 逃生通道 ESPACE PASSAGE

006 化妆间 DRESSING ROOM

007 VIP等候室 VIP ROOM

008 乐器销售 INSTRUMENT SALES

009 展厅 EXHIBITION HALL

010 中庭 STALLS

011 卫生间 WASHROOM

012 茶水吧 TEA BAR

013 音乐教室 CALSSROOM

014 办公室OFFICE

功能分区

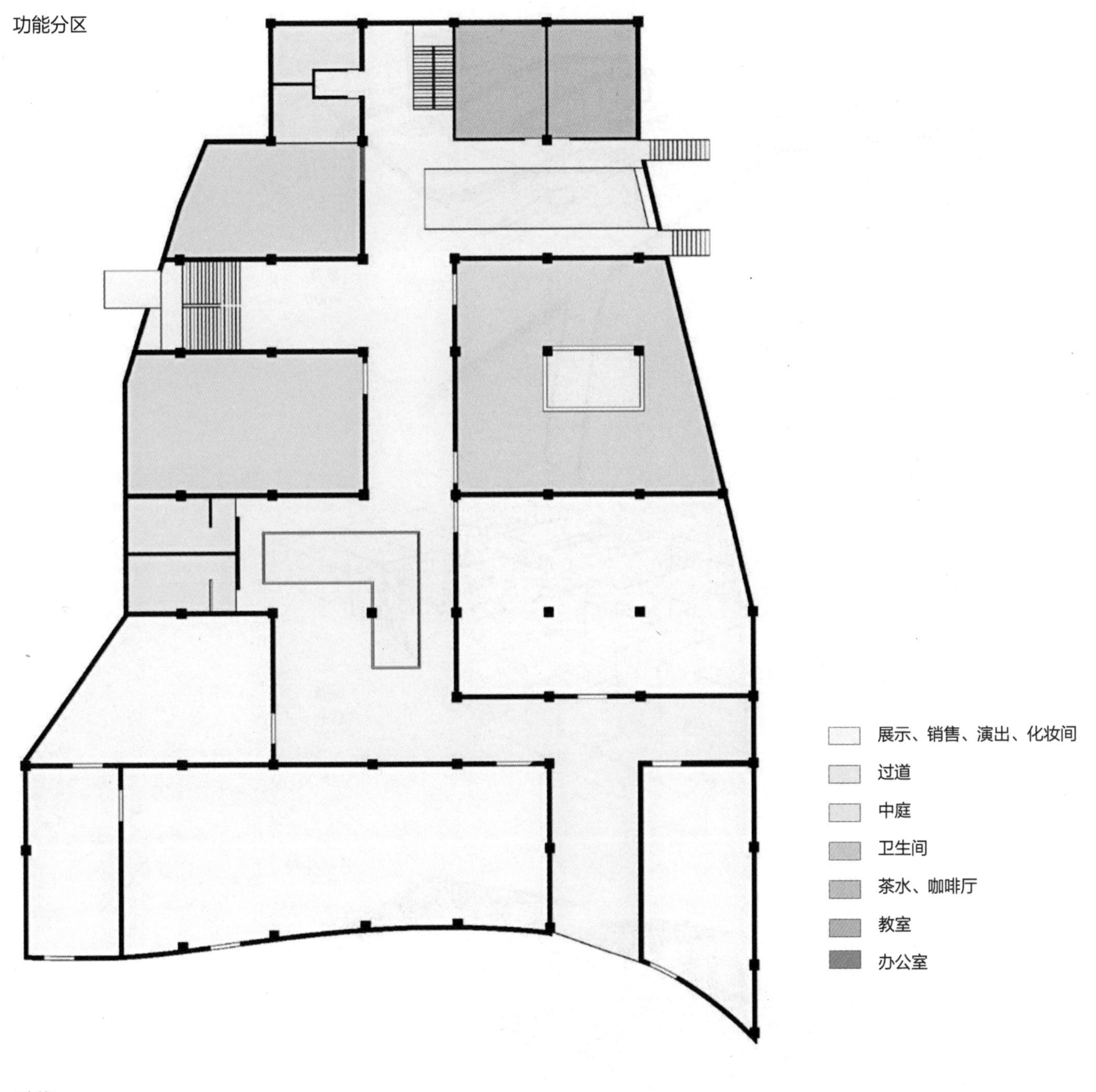

动线

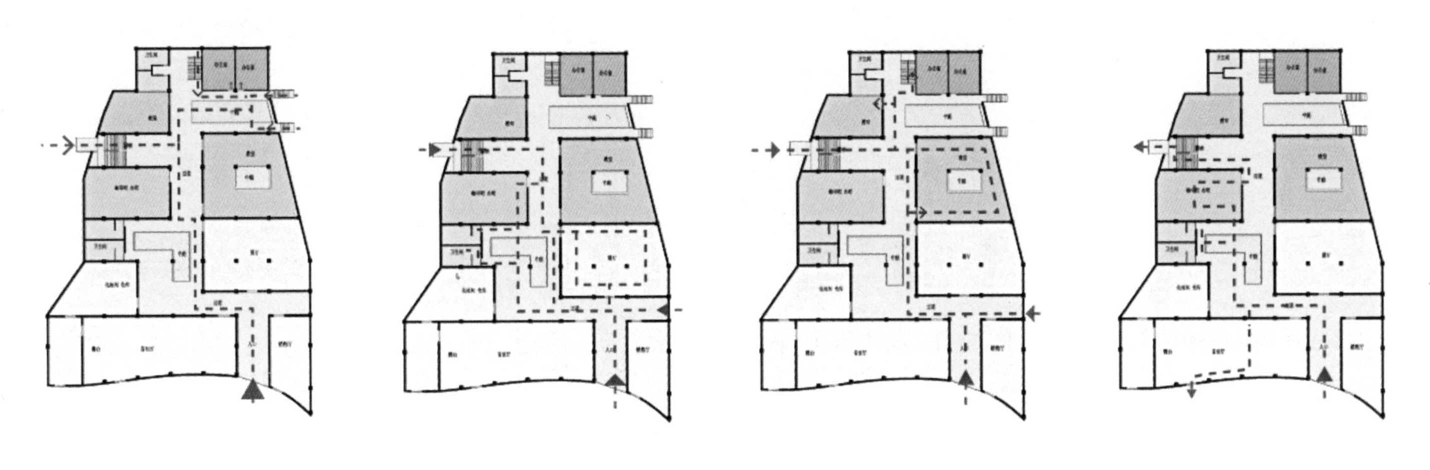

办公路线　展览路线　上学路线　演出路线

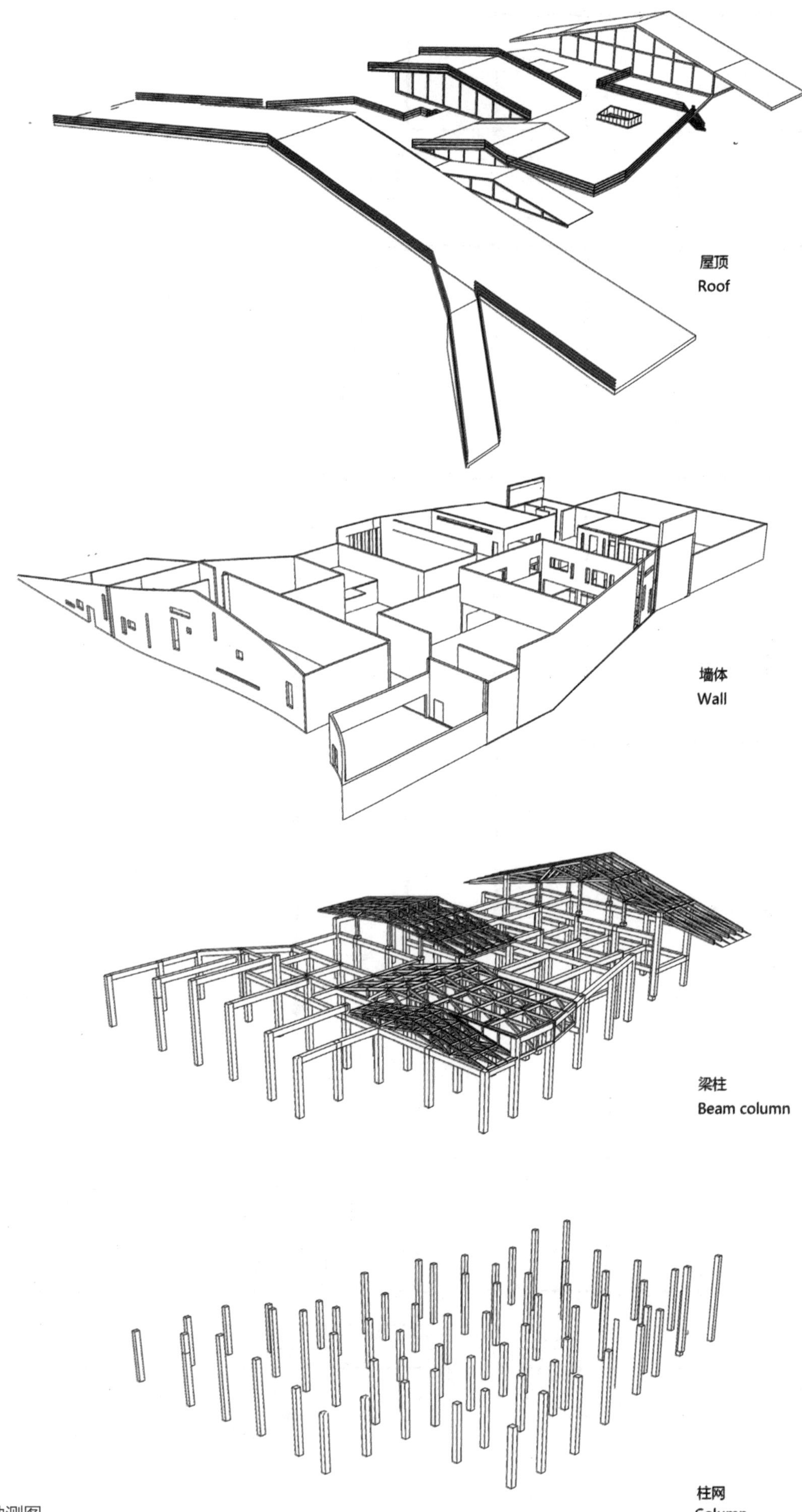

结构轴测图

立面图

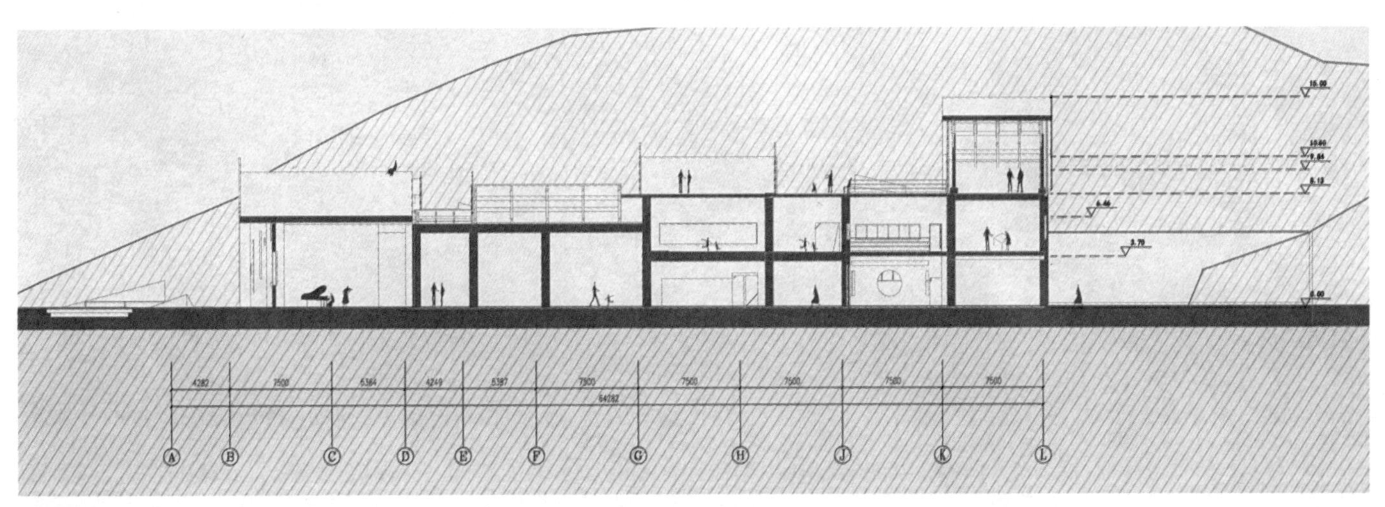
剖面图

古窑遗韵效果图

古窑遗韵效果图

古窑遗韵效果图

古窑遗韵效果图

坡地建筑设计策略及运用研究（1）
湖南昭山风景区白石画院建筑设计

Study on Design Strategy and Application of Slope Land—Take BaiShi Art Architectural Design as an Example

昭山风景区白石画院建筑设计（2）

Architectural Design of Baishi Art in Zhaoshan

湖北工业大学 艺术设计学院　彭珊珊

Hubei University of Technology College of Art and Design, Peng Shanshan

姓　名：彭珊珊　硕士研究生二年级

导　师：郑革委　教授

学　校：湖北工业大学

专　业：环境艺术设计

学　号：120151460

备　注：1. 论文　2. 设计

昭山风景区白石画院建筑设计

坡地建筑设计策略及运用研究
湖南省昭山风景区白石画院建筑设计

Study on Design Strategy and Application of Slope Land
Take Baishi Art Architectural Design as an Example

摘要：在中国，山地丘陵约占全国土地总面积的三分之二以上，其中包括高山、中山、低山和崎岖不平的高原等地形，总面积远超平原地形面积。山区地区平面建筑用地面积有限，建筑用地多以坡地地形为主；当下，许多设计师在没有正确理解坡地地形特殊性的情况下，对坡地自然景观进行干预，造成了坡地原始自然景观的严重破坏等问题；随着城市化的推进，人们对于亲近自然、回归自然的愿望越来越强烈，对根植于自然的坡地建筑的研究显得尤为重要。本文在上述背景下，运用实地调研法、系统分析法等研究方法，从中观和微观的角度对坡地建筑设计策略及运用进行研究，以整合坡地建筑设计各方面条件因素为主要观点理论，提出因势利导、最少干预，互为对景、互相融合，文化传承、差别设计，功能形式互相呼应的设计策略，意在促进中国坡地建筑设计的研究发展，为中国坡地建筑的发展贡献自己的微薄之力。

关键词：坡地环境；坡地建筑；设计策略;条件整合

Abstract: In China, mountain hills account for about two-thirds of the total land area of the country, including high mountains, low mountains and rugged plateau, which far more than plain terrain. According to the advantages of various aspects of slope construction, many designers who incorrect understanding of the particularity terrain situation intervene the slope of the natural landscape. Then, their mistake led the protection of the slope of the original natural landscape to a very bad influence. With the development of urbanization, modern society is full of public life, people wish close and return to nature intensively. In this paper, the field research method and system analysis method are used to study the design strategy and application of sloping land from the view of macrocosm and microcosm. Based on the theory of conditional factors integrating the various aspects of slope design, At least intervene, each other on the scene of mutual integration, cultural heritage of different design, functional form echo each other design strategy, intended to promote the development of Chinese slope design research for the development of China's slope to contribute their own modest.

Key words: Slope Environment, Slope Construction, Design Strategy, Conditional Integration

第1章 绪论

1.1 研究背景

中国国土辽阔，地形地貌复杂，山地丘陵面积占到全国国土面积的三分之二以上，山区地区居民为适应地形地貌的现状，建筑一般以坡地建筑为主（图1-1）。随着建筑技术的提高和更新，人类改造自然更为便利，对待自然景观的态度也出现了问题，为方便建筑施工，或为满足建筑的使用功能，而随意对山体进行切削、推平（图1-2），严重破坏了坡地自然景观的原始风貌，造成了地形结构破坏、水土流失等严重的生态性问题；不论何时，人类都有亲近自然的爱好，特别是生存环境质量不如意的现代生活中缺乏自然生活的城市居民，他们对于亲近自然、回归自然、获取山地资源有着迫切的需求，随着人民生活水平的提高，对生活质量和环境质量的要求也越来越高。

坡地建筑概念的出现，为解决上述问题提供了有效的解决方法，坡地建筑因此受到了相关行业专家们的青睐。重庆是一座山城，坡地建筑在重庆的发展研究较国内其他地方更为全面，在此背景下，2016年，各方人员于重庆召开了“中国坡地建筑论坛”，会议指出：亲地形、亲自然的“坡地建筑风”在全国已经受到了专家们的充分重视。随着坡地建筑风的刮起，很多人对坡地建筑认识不清，错误的理解导致国内坡地建筑出现了各种各样的问题。早在1997年9月，在重庆召开的“山地人居环境可持续发展国际学术讨论会”上发表的“山地人居宣言”就指出：目前在城市规划和设计中，出现了明显的照搬平原城镇的片面做法，这种片面性体现在忽视山区条件的多样化，忽视多姿多彩的传统设计和在山区流行的建筑思维。在此基础上，正确认识坡地建筑，基于坡地建筑设计策略和运用研究非常必要。

图1-1　中国某山区建筑
（图片来源：百度图片）

图1-2　某施工现场
（图片来源：百度图片）

1.2 研究目的和意义

1.2.1 研究目的

无论是“中国坡地建筑论坛”，还是“山地人居环境可持续发展国际谈论会”，其出发点和落脚点都是为了营造更为理想的人居环境，本文关于坡地建筑的研究也是基于上述观点，以营造理想的人居环境，满足人们对高品质生活需求为目标：

（1）增强人们对坡地地形以及坡地建筑的正确认识，意识到坡地建筑在现代生活中的重要意义，认识坡地地形及坡地建筑独特的空间特色，体验坡地空间带给人特殊的视觉感受和心理感受。

（2）通过对坡地建筑设计的影响因素的认识和分析，充分认识坡地建筑设计将面对的各方面因素，对积极因素加以利用和扩展，对限制因素正确对待，尽可能实现坡地建筑设计的可持续发展。

（3）通过研究提出切实可行的、明确的设计策略，为坡地建筑设计的健康生态发展提供积极的理论和实践支持。

1.2.2 研究意义

论文研究的现实意义在于总结前人的优秀经验，并进行科学的分析和梳理，使其能够对现代坡地建筑设计发挥积极的指导作用。中国是一个多山地地形的国家，丘陵坡地面积广大，相较于平地地形建筑设计主要考虑平面空间设计不同的是，坡地地形建筑设计在考虑平面空间设计的同时，竖向空间设计更为重要，也是坡地建筑区别于平地建筑的设计要点。然而，无视地形的差别，将平地建筑设计的方法照搬硬抄至坡地建筑的错误做法，在现代设计中屡见不鲜。本文对坡地建筑优秀经验进行系统的分析，结合国内外相关理论研究，总结出坡地建筑的设计方法和原则，为国内现代坡地建筑在空间、环境以及文化等方面指出一条切实可行的道路，并在处理坡地建筑与坡地地形的相互关系上找到一个契合点，为营造更理想的人居环境提供现实的指导意义。

1.3 研究的方法和内容

1.3.1 研究方法

本文的研究方法论以系统观为主，系统观思想是对事物全方位的思考和把握，即整体和部分都作为思考对象，系统全面的考察和设计。每个事物都与其他事物有着不可忽视的关系，每个事物的内在要素之间也相互不可分割，它们都是相互影响、相互渗透的关系，单个要素的改变，必然会对整体产生影响，因此，研究坡地建筑时，应该坚持系统论思想，即强调整体、注重联系。

对坡地建筑设计策略及运用研究而言，确立正确的研究方法，坚持系统论思想主要体现以下两个方面：

（1）研究对象的整体性

研究坡地建筑不应该将眼光仅仅放在坡地建筑上，还应该从建筑所处的环境方面考虑，包括场地的规模、布局、空间关系、水文、植被等。此外，目标建筑与周边其他建筑的关系，与周边道路的关系等都应该纳入研究范围。将建筑放在一个大环境下进行整体的考虑，设计出的建筑才不至于出现突兀、不恰当、狭隘等问题。

（2）研究体系的综合性

基于坡地建筑设计研究的领域非常宽泛，它涉及建筑学、地理学、生态环境学、城市设计学、美学、心理学等各个学科的内容，它们相互联系、相互作用，形成一个完整的设计体系。论文对上述学科简单的分析研究，着重针对坡地建筑相关知识进行综合的梳理和分析，希望将各个学科的相关知识相互融合，相互转化，形成科学、有实际效益的系统输出。

1.3.2 研究内容

论文基于坡地建筑设计策略及运用研究，针对坡地地形以及坡地建筑的基本认识进行研究范围的界定，针对影响坡地建筑设计的各方面因素做出相应的设计策略应对，结合湖南昭山风景区白石画院建筑设计实践，为完成课题的研究内容进行系统的阐述，其研究内容主要分为以下几个部分：首先从课题的研究背景入手，对坡地建筑设计策略及运用的研究目的、意义、主要研究方法及内容等方面内容进行阐述和分析，并在此基础上确定论文的基本框架。其次是对坡地地形和坡地建筑的基本知识的简述，并对研究的具体范围进行了界定，结合国内外专家学者们对坡地建筑的建议和看法，提升研究内容的理论高度，使对坡地地形和建筑之间的相互关系的研究具有前瞻性和现实的可操作性。然后从中观和微观的角度对在坡地地形条件下影响建筑设计各方面因素，包括积极因素和限制因素进行全面的分析和梳理，整合各项条件，强调坡地景观与建筑互相融合的生态理念和发展愿景。并在上述理论分析的基础上，针对在设计中遇到的各项问题，认真探讨坡地建筑设计策略的表达方式和途径，将其上升至具有实践意义的理论层面，指导坡地建筑的具体设计实践。最后通过结合湖南昭山风景区白石画院坡地建筑设计实践，对上述设计策略的运用进行实践意义上的分析和佐证，将上述研究理论成果与实践相结合，着眼于人居环境良性发展的生态理念，在形态上做到建筑与环境的契合，整合区域人文地理特性和坡地环境生态性，强化研究内容的可实践性。

1.4 论文框架（图1-3）

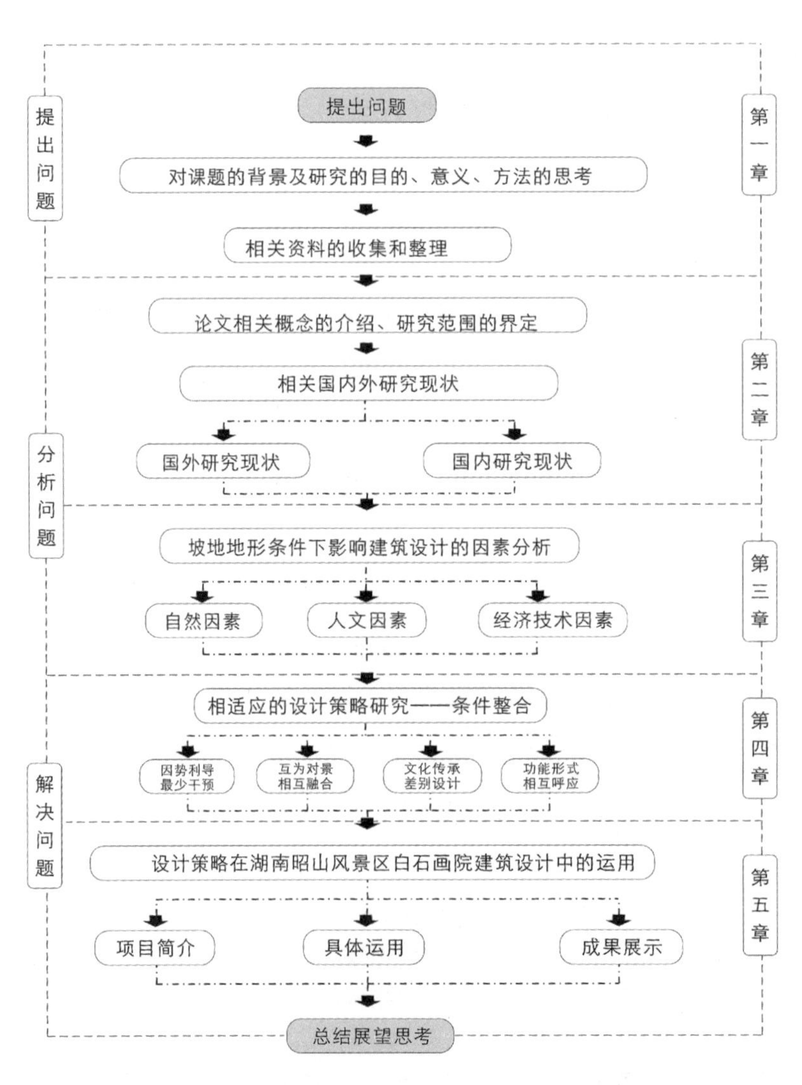

图1-3　论文框架示意图（图片来源：作者自绘）

1.5 本章小结

在人类历史的长河中，人们对坡地建筑进行不断的深入研究和相关经验的总结，在中国，坡地建筑作为一个古老的建筑形式重新焕发新的光芒。在坡地建筑设计中，人们对美好人居环境的追求，对脆弱生态环境的重视和保护意识，都要求我们重视坡地建筑独特的地理特性，注重生态环境的保护和历史文脉的传承，在运用新技术新材料的同时，全方位考虑和综合生态环境、建筑景观、建筑功能与形式、区域特性、人性化等方面的要求，提出适用的设计策略，达到建筑设计目的，以达到与自然环境的和谐共生。

第2章 概念阐述及研究范围界定

2.1 坡地地形的基本认识

坡地是一个狭义的概念，是指由于崩塌、滑坡、蠕动等地质运动所形成的一种起伏的、具有一定的坡度和高差的地貌现象，占中国国土面积的三分之二以上，在坡地开发量极大的今天，其地形特征是相对于平地而言的，这种起伏的地貌造就了坡地地形的竖向变化属性，树立了一个立体的形象。

坡地类型丰富，参考限定坡地地形的三个基本要素：等高线、坡度①和山位，按照视觉造型上坡地的坡度可分为：悬崖坡地（100%以上）、急坡地（50%～100%）、陡坡地（25%～50% ）、中坡地（10%～25%）、缓坡地（3%～10%）和 平坡地（3%以下）六种。换言之将坡地按照坡度3%以上的大小分为大地形、小地形和微地形三类，大地形包括山谷、山峰、悬崖；小地形包括土丘和斜坡；微地形是指起伏较小的坡地。坡度越大，生态越脆弱，开发难度越大，在进行改造时对自然的干预就越多，其中悬崖坡地和急坡地因其坡度过陡、开发难度大、生态敏感性强通常不列入改造范围。按照坡地的形态可分为凹形坡地和凸形坡地，凹形以山谷地形为代表，凸形以山脊为代表，受当地日照、风向、降水等因素的影响，在进行建筑选址时，应尽可能多地选择山凹，避免选择山脊；按照坡地的方向可分为南坡（西南坡）、北坡（东北坡）、东坡（东南坡）、西坡（西北坡），根据太阳的照射方向分为阳坡和阴坡，面向太阳的是阳坡，反之则是阴坡。中国作为北半球国家，阳光从南方照到北方，因此南坡为阳坡，北坡为阴坡，阳坡接收的太阳光比较多，所有生物物种的种类相对于北坡更为丰富，自然景观效果更好。

坡地地形作为研究的对象之一,一方面，坡地地形的立体形象能够创造丰富的自然景观资源，给人以特殊的视觉感受和心理感受，在人们创造空间灵感方面引出无限的启发。另一方面，也代表了坡地地形的环境、生态敏感性较平地更强。随着各种新兴科学技术的进步，人们改造自然的能力得以提升，人类“随心所欲”忽视坡地自然场所感，利用山体爆破、切削、铲平等手段粗暴地化解地形的竖向变化，最终导致山体自然形态的破坏、建筑生态环境的破坏以及人类自身生活环境质量的下降。科学可持续的坡地建筑设计对于坡地地形的改造有着重要意义。

2.2 坡地建筑的基本认识

根据《重庆市坡地高层民用建筑设计防火规范》一书对坡地建筑的定义，坡地建筑是坐落于坡地，其上与坡顶相连接的建筑。坡地建筑是建于起伏较大的地面的建筑。坡地作为占据中国国土面积三分之二以上的地形，是自然界非常宝贵的资源，坡地建筑因其独特的环境和自然资源，往往比平地建筑有更好的视觉感受和心理感受。理想的坡地建筑往往具有良好的生态景观及人文效果。

坡地建筑是原生态建筑，原生态是指自然的原始风貌没有受到人工的破坏，或是受到的干预很小，由于自然性强，周围环境受到的破坏小，能够真正实现建筑与自然融为一体。坡地建筑是景观建筑，坡地建筑一般以山体为依托，将代表自然的元素融入建筑的设计中，建筑与景观相互添彩，视觉感受更强，建筑的加入不对环境产生打扰。坡地建筑是人文建筑，坡地的场所精神和场所文化就是山水文化，中国传统的“天人合一”哲学观，不论是道家从静态方面考虑的“顺其自然”思想，还是儒家从动态方面考虑的“生生之谓易②”思想，都是以自然为中心去思考人与自然的关系，对自然始终保持一个敬畏、谦虚的态度。理想的坡地建筑设计一定是综合考虑各方面因素的综合性设计。坡地建筑的特点是其三维立体的空间概念，较之平地建筑有在空间形态和属性上的优势，特

---

① 坡度：是地表单元陡缓的程度，通常把坡面的垂直高度和水平距离的比值称为坡度。

② 出自《系辞上传》：“富有之谓大业，日新之谓盛德，生生之谓易。”意指生生不息，循环往复，革故鼎新是万事万物产生的本源。

殊的视觉感受和心理感受，导致坡地建筑更能够吸引众人的目光，也是坡地建筑的良性发展的重要原因。

2.3 坡地环境与建筑的关系

坡地建筑的场所环境往往具有独特的空间形态和属性，因此建筑的加入或多或少都会影响坡地环境的场所环境，大致可以分为积极性影响、消极性影响以及隐形影响，建筑体量的大小、建筑材料和色彩的选择与搭配、建筑的使用功能等都会对环境景观产生影响。

就建筑体量的大小而言，在古代中国，受地形和社会条件限制，坡地建筑一般形体较小、功能也相对单一，对于坡地整体的环境的干预较少。随之社会整体技术水平的提升，大体量、综合性的坡地建筑开始大量出现，对于坡地环境也造成很大程度上的干预，如何正确处理好人工建筑与自然环境的相互关系在现代坡地建筑设计中成为新的研究方向。

2.4 研究范围的界定

坡地建筑是一个宽泛的概念，设计涉及领域广泛，内容复杂，坡地建筑因其特殊的地面空间形态、良好的景观视觉效果和心理效果、优质的生态环境受到设计师们的青睐，然而事情都具有两面性，特殊的地形状况，紧接着的是开发难度的提升，随着现代社会技术水平的提升、改造自然能力的增强，对原始地形地貌的破坏行为也接连而来，生硬粗暴的建造手法，造成生态环境的严重破坏，人们生活质量也受到严重影响。经过各方面的考量，本文以坡地建筑设计策略及运用研究为研究对象，通过对坡地建筑设计影响因素的全面深入分析，结合国内外专家学者们提出的重要理论，针对坡地地形条件下的建筑设计遇到的限制性问题，提出实际有效的设计策略，并结合昭山风景区白石画院坡地建筑设计实践，对提出的设计策略进行实践意义上的佐证和分析。

2.5 国内外相关课题研究动态

在中国，坡地建筑作为山水文化的表现手法之一，一直为人称道，中国传统思想流派以道家和儒家为主，针对人与自然的相互关系两派都提出了相应的结论，他们从不同的角度诠释了中国对坡地建筑的研究看法。东方文明以自然为中心，而西方文明则讲究艺术性的刻画，两者从表面上来看似乎侧重点不同，但就自然景观和人文景观的有机结合达成了共识，都认为人类在改造自然、干预自然的同时要注重与自然的和谐共融，要遵循自然的原始风貌，实现建筑与自然环境的共生共长。

2.5.1 国内研究现状

现如今，中国对现代坡地建筑在适用、美观、结构等方面的研究还处于初级阶段，还未形成一个完整的研究系统。中国第一本园林艺术理论专著《园冶》曾写道：“高方欲就亭台，低凹可开池沼”。意思就是要尊重地形特征，因地制宜。清代乾隆所制的《塔山四面记》提出因山构室的结论，它指出建筑应该“因地制宜，因势利导；因境而成，因山就势；相地合宜，构思得体；巧遇因借，精在体宜。”著名城市规划专家黄光宇在其著作《山地城市学（2002）》中提出在规划创作中引入生态学的理念；卢济威、王海松在《山地建筑设计（2000）》中提出对山地规划实践的“天人合一”的哲学观，研究对象、研究体系的系统观，以及生态观和技艺观等重要设计观念。廖祖裔、雷春浓合著的《坡地工业建筑总平面图设计（1972）》和《靠山近水工厂总平面图设计及荒滩地利用研究（1972）》中研究了坡地建筑的相关理论、设计原则、方法以及有关建筑的布置、竖向设计、交通环境等方面的内容。卢峰重庆大学博士论文《重庆地区建筑创作的地域性研究（2004）》基于地域视角，从坡地地形、气候、环境、人文脉络等方面分析了建筑与环境的共生策略。

国内坡地建筑设计研究发展至今，许多专家学者们都陆续提出自己的研究理论成果，大部分学者提出的理论都是实际有效并且具有指导意义的正确理论，为本论文的撰写提供了清晰的前进方向。然而，随着对国内坡地建筑设计各方面研究成果的解读，问题也紧接而来。受时代限制，国内大部分学者对于坡地建筑设计研究都停留在以中国古代山水理论为中心，向外扩展研究，没有形成系统的研究体系，缺少对坡地建筑现代发展的认识，造成了研究理论成果与社会实践的脱节。本论文以此为切入点，对如何实现既有传统文化内涵又能满足现代社会功能的坡地建筑设计提出合理的设计策略，并进行深入全面的分析。

2.5.2 国外研究现状

在坡地建筑环境方面，由理查德·恩特曼和罗伯特·斯莫尔合著的《Site Planning for Cluster House》（1977）

从坡地形态和气候两方面论述了根据自然法则进行建筑环境设计的过程和方法，对于坡地建筑设计的具体手法也有论述。雪莉·多劳德的《Design for Mountain Community-A Landscape and Architectural Guide》(1990)指出理想的坡地建筑应该尊重自然文脉，激发场地内容，能够愉悦居住者，服从于生态、美学和山地环境的限制，实现与自然环境的共生。在坡地建筑设计选址方面，日本著名建筑师芦原信义在其著作《外部空间设计》中提出积极空间和消极空间的概念，他认为："南向的坡因为具有阳光的直射能产生阴影而使空间积极，导致人的愉悦，北向的坡常因没有阳光而使人不快。"

国外关于坡地建筑的研究相较于国内更加的具有前瞻性和全面性，在建筑设计的各个方面都有系统的研究体系，坡地建筑设计理论和实践成果都非常丰富，根据对国外优秀理论和实践的学习，总结归纳其中的有效经验，为本论文的撰写提供了新的思路和突破口。由于历史文化和地域特性的局限，国外坡地建筑相关理论与国内实际情况出入较大，不能够实际地指导国内坡地建筑，也因为地域文化的差别，对于国外相关研究终究不能够全面地理解，学习也只能停留在表面。本论文的撰写将根据对其的解读，以平实的手法将国内外相关研究进行综合分析，希望能为中国现代坡地建筑的发展提供一点有意义的借鉴帮助。

2.6 本章小结

坡地建筑发展至今，人们对坡地建筑的相关理论和实践研究从未间断，人们在总结前人的技术经验和开拓新的发展方向的道路上不断前进。随着现代建筑的发展，人们对坡地建筑的认识不断深入和全面，逐步地走向系统化，坡地建筑设计研究成为现代建筑领域一个联系过去和未来的连续性课题。跟随全球化的脚步，世界各国优秀建筑师们的建筑理念和思想在不断的交流中，逐渐与国际交轨，在对坡地建筑的学习中，可借鉴和学习的知识不再仅仅局限于本国的优秀理论和实践知识。从不同的视角认识坡地建筑设计，人们掌握的相关知识也更加全面和深入。本章节所研究分析的内容，从坡地建筑的宏观视角出发，最终落实到中观和微观的层次，将研究的方向和重点进行具体明确的界定。通过对影响坡地建筑设计的各方面因素的深入分析和研究，在进行坡地建筑设计时遇到的各方面问题都能够提出具体有效的解决方案。

第3章 坡地地形条件下建筑设计的影响因素分析

3.1 自然因素

在任何建筑设计中自然生态因素都是建筑师们需要着重考虑的重要影响因素，在当今时代，可持续发展成为世界各行各业都认真对待的课题以及重要的检验标准，可持续发展同样适用于坡地建筑设计。在中国传统思想观念中，天人合一的自然观被中国各朝各代的建造师们奉为圭臬，是当代可持续发展建筑的重要体现；在中国传统的风水理念中，天人合一的自然观作为核心观念也一直为人遵循；东方人对于自然的态度由此可以得到很好的诠释。与东方"自然为上"的观念不同，西方人注重人的能动作用，认为人是世界的中心，拥有着主宰一切的神权和力量，但在面对自然山地的时候，也表现为顺应自然，主张合理利用自然和保护自然环境不受破坏，与东方天人合一的自然观有着异曲同工之妙。在建造设计时，对于自然因素的考虑都采取谦逊慎重的态度。自然生态因素主要包含地形地质因素、气候因素、水文水系因素、土壤植被因素等。

3.1.1 地形地质因素

山地地区由于平面耕地面积有限，为保证农业的发展，为耕地留出空间和扩展的可能，在建造房屋时，尽量不占或少占平地、优地，因此坡地建筑多建于靠近平地的山地环境（图3-1、图3-2），地形相对复杂，生态环境系统相对脆弱，就通常而言，山地地形按照山体的坡度可分为平坡、缓坡、中坡、陡坡和急坡。其中平坡和缓坡对于建筑的影响较小；中坡和陡坡在建造时则需要灵活变幻，把握好建筑与山体等高线的相互关系；急坡则因为坡度过大，不适宜进行建造工程。地形对坡地建筑的影响是巨大的，建筑物的朝向、形体、竖向高差、道路的分布、走向以及坡地景观的设计都以地形为参照进行布置。

地形地质因素决定建筑基地的承载力和稳定性，也决定了一个区位是否适合建造建筑，一个地形地质条件差的区位，不仅建造时困难重重，在完成后也可能面临很大的问题，滑坡与坍塌等山地自然灾害对建筑以及建筑周边的道路的损害是不可估量的，而地震的发生更是对建筑甚至人都会形成毁灭性的打击（图3-3）。为尽可能地降低地形地质因素对建筑的影响，在建筑前期选址和勘察时，需要的是全方位的分析和调研，认真对待，仔细分析区位特殊地形地质的成因、分布状况以及发育程度，按照建造标准选择合适的建造位置。

图3-1　中国村庄

图3-2　中国村庄

图3-3　山体滑坡

（图片来源：全景网）

3.1.2 气候因素

在山地环境中，起作用的一方面是能够体现当地经纬度的大气候特征，另一方面是该区域中独特的小气候特征，通常，我们将其称之为“微气候①”。山地环境相对封闭的自然空间格局对于良好生态微气候环境的形成有很大的作用，山体的形势、海拔高度、坡地方位角度等对于小区域的日照、温度湿度、风力、降雨产生一定的影响，进而影响到该区域建筑物的采光、通风、采暖等问题。现代建筑发展至今，经过各个时代的建筑师们努力，“绿色建筑”、“生态建筑”、“节能建筑”、“可持续建筑”等各种概念相继产生（图3-4～图3-6），其核心概念或内涵都是以追求人和自然的可持续发展为终极目标，环保意识作为时代的主题之一，越来越深入人心，自然通风、自然采光是建筑设计的重要发展方向，坡地建筑作为生态建筑，秉承可持续发展理念，在建造设计时，要求设计师们考虑到建筑全寿命过程中的各个环节的行为都能以最少的建筑能耗，降低坡地建筑对山地环境的影响。这就要求我们在设计建造时正确认识区域的气候条件，结合各项因素，充分利用自然清洁能源为建筑提供必要的能源供应，减少人工对自然山地环境的破坏，实现坡地建筑真正意义上的可持续发展。

图3-4　绿色建筑

图3-5　生态建筑

图3-6　节能建筑

（图片来源：百度图片/筑龙网）

3.1.3 水文水系因素

传统坡地聚落的选址通常依山傍水，古代中国人民为方便生活生产取水，建筑通常靠近河流、湖泊、海洋等水源，“背山面水，负阴抱阳”是中国传统风水理念中有关于住宅、村落以及城镇选址布局的理想方案（图3-7）。因此，水文水系因素是坡地建筑需慎重考虑的重要因素，主要包含水体的流量、水位的高低、水情动态变化，以及可能发生的自然灾害。水文作为景观的重要组成部分（图3-8、图3-9），能够成为一个节点的点睛之笔，但同样水也会对建筑产生各种不利影响，为了避免水文对坡地建筑的不利影响，水土保持和排水工程工作就必须严格要求到位，排水路径和方式是需要重点考虑的方向，一般为保护水文系统，采用自然排水系统和人工排水系统相结合的方法是值得借鉴的。

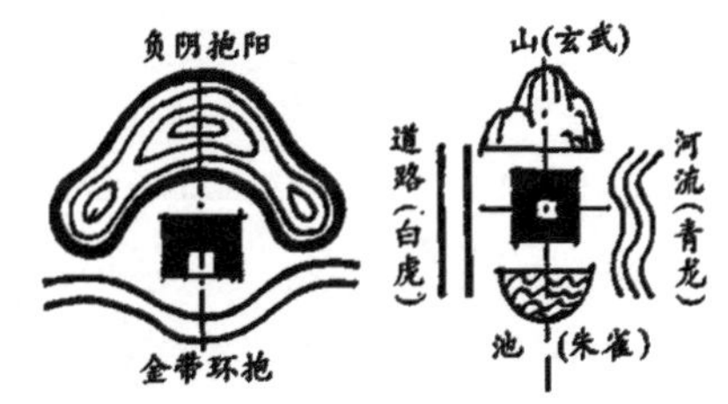

图3-7　住宅选址

图3-8　中国某村落建筑

图3-9　中国某村庄水系

（图片来源：百度图片/筑龙网）

① 微气候：泛指工作场所的气候条件，包括空气的温度、湿度、气流速度（风速）、通透性和热辐射等因素。

3.1.4 土壤植被因素

建造施工的第一步就是人工对自然干预的开始，挖土填土，改造地形地貌以方便工程的施工。优秀的建筑师们明白坡地建筑的形态特征取决于坡地建筑所在的山地环境，在保护山地原始环境的基础上营造建筑景观是尊重自然最基本的工作。土壤植被组成了一个区域的原始地貌，大范围的乱挖乱砍势必会造成原始地貌的破坏、原有植被生物的毁灭，可持续坡地建筑设计的生态性体现在对客观自然的态度，山地环境作为生态敏感性非常强、生态系统脆弱的特殊环境，在建造时必须使地貌尽量保持原有的地形和植被状态，尽可能减少地表的裸露，丰富的植被不仅能够营造良好的景观效果，在涵养水源、保持水土、清新空气等方面也能发挥重要作用。

3.2 人文因素

3.2.1 社会因素

社会作为一个广泛的议题涉及方方面面，本文将民族性和区域性作为主要参考因素进行分析。干栏木楼作为中国古代非常典型的民居建构形式（图3-10），历史悠久，随着文化的不断融合和碰撞，干栏木楼的结构及形式也在不断地发展，沿袭至今的是中国传统民居精神层次上，人与自然环境以及人际交往的和谐关系，人们重视局部的生态平衡，秉承天人合一的自然观，对于土地、水文、植被等自然资源始终秉持节约合理使用，充分发挥乡土建筑材料的天然性能，表现为建筑各个要素的自然随机美（图3-11）。区域性特征是一个地方长期以来形成的能够代表地方特色的各类风俗习惯、宗教信仰、审美观念等（图3-12），区别于大众的本土文化，特殊性的本土性、地域性文化的深度挖掘和充分体现是打破现代建筑大众性、同一性，缺乏自身特色等弊端的重要因素。对自然肌理的开发和利用，打破一味机械式的建筑模板，做到与自然相结合，与当地文化相结合，体现地域特色，区别于世界趋同性。

图3-10　中国民居

图3-11　梯田景观

图3-12　中国民俗文化

（图片来源：百度图片）

3.2.2 文化因素

文化因素作为一个意识形态的影响因素，具体表现为人心理和身体的良好感受。区别于平地建筑空间感的相对静止，坡地建筑的空间感是发散的、多方向的、动态的，地形的高差使建筑的布局错落有致、视线开放、阳光充足、私密性好，更能够使人的心境舒畅。坡地建筑一般拥有天然的、原生态的自然景观，在提供良好视线景观的同时，还能够增强人与自然亲密接触的机会，满足人们对于自然环境的追求，满足人们自身的生理需求和精神寄托，为人们提供一个健康的自然生态活动环境，形成人们心理上对坡地建筑的认同感，实现坡地建筑的人文关怀。

3.3 经济技术因素

影响坡地建筑设计的另一大因素就是经济技术因素，一个建筑项目的具体经济状况、开发潜力、社会整体的技术水平以及建筑师的个人技术能力都能对建筑产生巨大的影响。

经济因素作为贯穿建筑设计始终的重要因素是一个不容忽视的限制性因素，开发商们都希望以最少的经济成本达到最高的经济效益，建筑成本有时候会成为一个建筑项目能否顺利进行的决定性因素。在山地地形上建设，最大的挑战就是经济成本的控制，经济预算的有限以及开发商提出的具体要求，很大程度上都限制了建筑者创意的发挥。建筑的开发潜力在于投入与回报的比例关系，这种关系不仅仅局限于经济上，还体现在与自然的相互关系中，满足各方利益，平衡各方得失，实现效益的最大化是对建筑设计的重要挑战。

随着科学技术的进步、人类文明程度的不断推进，人类在自然界中越来越占据主动位置，改造自然的能力也在历史的长河里不断增强，社会整体技术水平也随着提升。新技术、新材料、新设备的使用，突破了人类对未知环境的恐惧，开始大胆地向自然深处探索，坡地建筑的发展在很大程度上得益于社会科技的进步，利用现代科技手段，建筑的整体形体得到很大的解放，大悬挑结构、大跨度结构、架空结构、屋面防水技术、屋顶绿化技术、覆土建筑技术、高层技术，以及地下、水下空间的充分利用，丰富了建筑的内容和形式，打破了传统坡地建筑形体小巧、功能单一的局面，更能够符合现代生活的需要。信息技术的更新，对于前期场地调研资料的获取方面，航拍技术、遥感技术等信息技术发挥了重要作用，为建筑者提供更直观、更准确的信息资料，在很大程度上降低了建筑者把握现场情况的难度，为后期建筑设计的顺利进行打下了扎实的基础。而需要注意的是人工改造自然的能力提升不应该成为人类破坏原始自然环境的借口，如何实现建筑与自然的和谐共融，优秀的建筑者在总结前人经验的基础上，提出坡地建筑接地形式应该做到减少接地、不定基面和山屋共融，实现人工建筑与自然山体的协调，最大限度地利用山地地形原有的自然景观，减少对自然环境地貌的破坏。

3.4 本章小结

根据上述对坡地建筑设计影响因素的研究可得出：坡地建筑与平地建筑相比，优势与劣势同样明显突出。优势在于坡地地形原有的地形高差和原始的自然景观所带来的建筑空间感受、良好的景观视线和心理感受以及生态绿色的人居环境，限制来源于坡地地形不同高差所带来的建造经济成本的控制问题、道路建筑的规划施工难度以及对原始自然环境的保护和修复。建筑设计应该最大限度地发挥地形的优势，抑制地形劣势，正确处理好建筑与自然的相互关系，做到各方面条件因素的分析整合，有效地降低建造成本，实现各方利益的平衡和最大化。

第4章 基于坡地建筑设计影响因素的设计策略研究

通过对上一章所提到的坡地建筑设计的各方面因素的相关内容的研究与分析，提出整合各方面条件坡地建筑设计的设计策略，主要体现在以下四个方面。

4.1 因势利导，最少干预策略

坡地建筑发展至今，历经时间的考验，在不断地发展与传承中形成了区别于其他类型建筑的建造模式。因其独特的山地地形而产生的地形高差、生态环境等问题一直是建筑者们面临的重要挑战。对于如何利用自然、改造自然以及处理好人工建筑与自然环境的相互关系是坡地建筑者们千百年来都在研究的重要课题。从中国传统的山水文化以及儒道两家对于人与自然的关系的解释都可以很明显地看出国内坡地建筑者们在对待自然环境的问题上一直采取的是敬畏、尊重、谦逊的态度，历经时间的检验也得到一致的肯定。因此，坡地建筑设计也应该沿袭这一优良传统，尊重自然基地地形，尽可能地保留原始的自然风貌，合理地利用自然地形营造自然舒适的人居环境，避免对自然地形的大范围改造，适当地整理地形，实现对自然的最少干预。具体表现为减少建筑的接地面积，以保护原有环境中的地貌特征和植被（图4-1）；合理利用地形高差和山位，以保护山地地形特有的山地空间形式；融入自然，使建筑形体的塑造与山体地段环境相适应，形成建筑形体与自然环境的协调。

4.2 互为对景，相互融合策略

建筑作为一个社会人工的产物，加入自然的环境中，势必会影响原有自然环境的呈现，随着社会整体经济技术的发展，建造技术和方式不断提升和发展，人类在面对复杂地形时的解决能力也得到很大的提高，施工难度已不再是限制坡地建筑发展的最主要因素，随之而来的是建筑形态的不断突破，怪异的建筑造型、新型的建筑材料、先进的机械设备使得建筑不能够与自然环境和谐地融合，形成建筑与环境的对立局面。坡地建筑设计应该注重建筑与环境两者之间的协调关系，做到建筑的加入不破坏自然的整体环境，而成为能够增强环境整体效果的重要节点，环境接纳建筑，建筑使环境增彩，形成互相促进、互相添彩的和谐画面。具体表现为模糊建筑与环境的边界，在建筑材料的选择方面，尽可能地选用当地的建筑材料，保证景观效果呈现的整体性；在建筑形体的呈现方面，建筑的形体应该配合地形的走势，利用建筑的体量强化地形的自然风貌和景观效果；在建筑色彩的搭配方面，注重与周边环境的配合，将建筑融入环境（图4-2）。

4.3 文化传承，差别设计策略

随着全球化的发展，国与国之间交流的不断增进，文化的输出和纳入，世界各地的建筑者们的建筑理念思想也在不断地碰撞和融合，现代建筑的发展进入了一个前所未有的同步时代，各地的建筑正在朝着同一个方向发展，这是时代不断进步的体现，也是地域文化慢慢消亡的体现。近代建筑千篇一律的建筑形态时刻提醒着建筑者们要注重地域本土文化的融合，坡地建筑是生态建筑，也是人文建筑，它应该体现某一个地区在某一个时代所呈现的文化信息，而不是仅仅成为一个造型新奇却毫无文化底蕴的、随处可见的盒子。因此，坡地建筑设计需要对当地本土文化进行深度挖掘，利用现代思维模式将其具体呈现，在实现文化传承的同时，区别于其他建筑，形成人们心理上对建筑的认同感，实现坡地建筑本土性的回归。

4.4 功能形式，相互呼应策略

现代建筑发展至今，不同时代，对于功能与形式两者之间的关系各有定义，最终，“形式总是追随功能①”这一主张得到大众的普遍认可。在传统的坡地建筑设计中，受山地地形、社会整体技术水平、传统文化思想的限制和影响，坡地建筑一般表现为结构简单、功能单一、隐入山体的小型建筑形态。随着时代的发展、人民生活水平的提升，人类对于建筑功能的需求开始多样化，单一功能的建筑已经不能满足当代人的生活和生产需求。伴随着科技的进步、建造技术的提升，大跨度、大体量、多功能的坡地建筑设计已经不是难题，而综合性、复合型的建筑也更能方便现代生活，前提是能够正确处理好建筑的整体形态与环境的相互关系。在满足建筑功能的基础上，对建筑形式进行细致的推敲，营造良好的空间效果、视线效果以及景观效果，满足现代人的生活需要和心理感受（图4-3）。

图4-1　架空结构

图4-2　建筑材料与环境

图4-3　建筑景观

（图片来源：筑龙网）

4.5 本章小结

坡地建筑设计是一个多方位的，涉及领域包含景观学、建筑学、经济学、物理学等多个学科的工程项目，需要的是多方面的配合，以保护生态环境，降低建筑环境负荷，节能节地，实现资源再利用，促成坡地建筑、人、坡地环境三者的协调发展，以人文生态和自然生态的统一为重要目标。以上坡地建筑设计策略的提出在总结前人理论和实践经验的基础上，进行进一步的研究分析和总结。任何理论的提出都需要经过大量的实践认证才能够得以发展，本文通过湖南省昭山风景区白石画院建筑设计实践，希望能够对以上观点进行实践意义上的佐证。

第5章　坡地建筑设计运用实践——湖南昭山风景区白石画院建筑设计

5.1 项目简介

5.1.1 项目背景

1．社会背景

白石画院设计项目位于湖南省湘潭市岳塘区的昭山风景区内，根据资料显示，白石画院建筑设计项目所在基地湖南昭山风景区旅游项目的规划秉承生态优先、景观与文化先行的理念，合理处理建筑与自然景观、文化与历史的关系；运用创新思维，匠心经营，以期能够打造具有国际影响力的文化旅游特色项目。总体规划结构为“一核、两区、十园”。 山市晴岚文化小镇，以集市为脉络，串联会馆、商街、禅修、山居与宗祠文化等多个功能体块，打造集“市、渔、礼、禅、居、艺”的湖湘文化魅力小镇（图5-1）。白石画院作为一个艺术画院建筑，面积为3000平方米左右，主要功能是作品展览和商业交易，主要展示优秀的书画作品以及进行纪念品和书画作品交易。昭山风景区位于湖南省重要的长株潭三角区，服务范围涵盖湖南长株潭三市和周边城市以及湖北省和江西省的部分地区。交通便利，项目附近公路有京珠高速、芙蓉大道、107国道、002县道；铁路有京广线经过；黄金水道湘江傍山而过，水路便利；距离长沙黄花国际机场约40公里，为该项目的后期经营提供有力的通行保障。

① “形式总是追随功能”（form ever follows function），引自路易斯・沙利文 1896 年《高层办公大楼在艺术方面的考虑》。

白石画院所在的昭山风景区位于湘江的下段，本身具有独厚的旅游资源。沿湘江水域一带，目前现有的各大风景区及公园与昭山风景区形成了一个全面的系统的游览胜地，旅游资源丰富，种类繁多，因此能够吸引不同需求的游客前来，满足更多人的旅游观光欲望，在很大程度上为推广和发展该建筑项目提供有力的帮助。另外，通过对昭山风景区的现状分析可知，昭山风景区作为一个拥有巨大发展潜力的旅游节点，景区内自身包含的景观节点多达30余处，且类型丰富多样，能够满足不同受众的需求，保证了景区的客流量。整个景区传统建筑通常以砖房、混凝土结构为主，土房和其他类型建筑并存。根据景区总体规划可知，将对景区内现有建筑进行大规模的改造，大部分闲置、不适合人们活动的建筑将被拆除，并根据景区总体规划，重建区内建筑，以达到符合现代旅游风景区的各项活动需要。景区内现有交通布置紊乱，缺乏合理有效的道路系统，部分路段存在安全隐患，设计将针对景区内的交通进行更为严谨的规划。

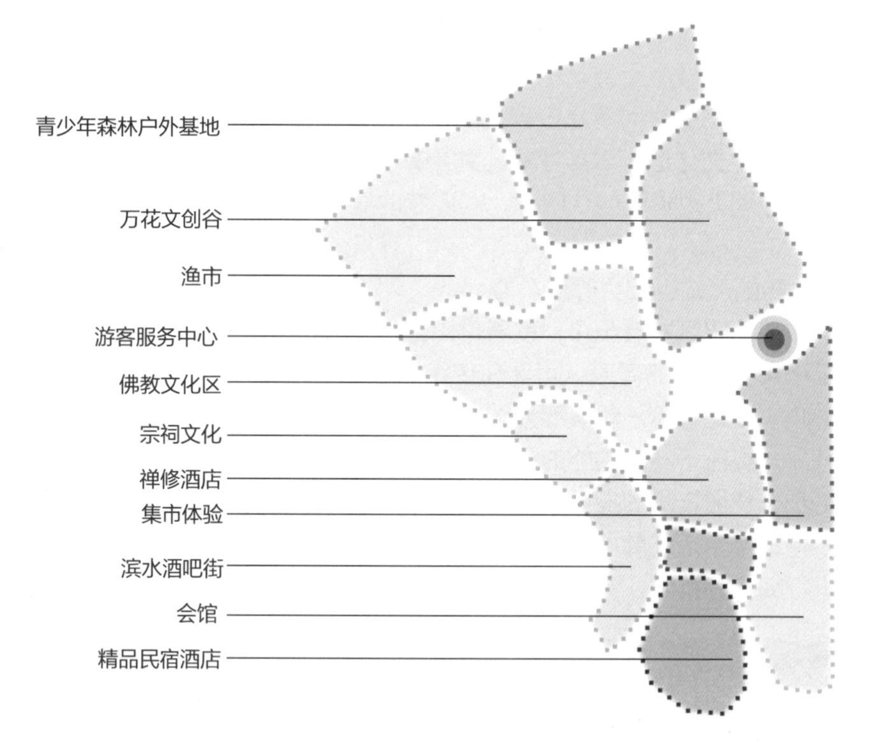

图5-1　昭山景区总体规划结构图（图片来源：作者自绘）

2. 自然背景

昭山风景区地处衡山山脉的小丘陵地带，毗邻湘江，位于湘江的下段，地形以平原、丘陵、岗地为主，总体呈北高南低态势（图5-2），最高峰为185米，部分区域坡度较大，竖向落差较大，水体丰富，植被覆盖率高（图5-3）。且昭山位于中国湖南省的中部地区，属于亚热带季风性气候，全年气候温和，雨量充沛，但季节分布不均，全年变化大，光能资源丰富，热量充足，冬夏时间长，春秋季节短，四季分明。根据所查阅的资料显示，湖南长沙地区，常年主导风向为西北风，夏季主导风向为东南风，年平均气温约为18℃，年平均降水量接近1400毫米。

图5-2　湖南昭山（图片来源：百度文库）

图5-3　昭山自然环境（图片来源：现场拍摄）

在进行坡地建筑设计时，建筑主体的朝向布置对建筑能耗将产生巨大的影响。根据资料显示，长沙地区正东或正西朝向的建筑不能够达到减少能耗的要求，不利于建筑后期的环保节能工作；正南朝向能达到的建筑节能效果也收获甚微；南偏西45°至南偏东45°朝向的建筑较能达到建筑节能的效果。此外，建筑与山体的关系主要分为斜交（图5-4）、垂直（图5-5）和沿等高线排列（图5-6）三种，不同的建筑形态在不同的山地地形地势选择相适应的关系所能到达的效果也不同。因此，在进行坡地建筑设计时，应该充分考虑建筑的朝向问题，结合所在山地的地形地势，选择适合的建筑与山体的相互关系，以达到环保节能的最大效益。

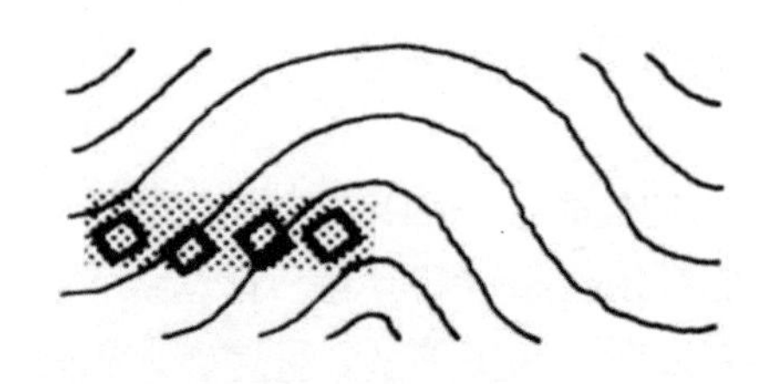

图5-4　建筑物与等高线斜交

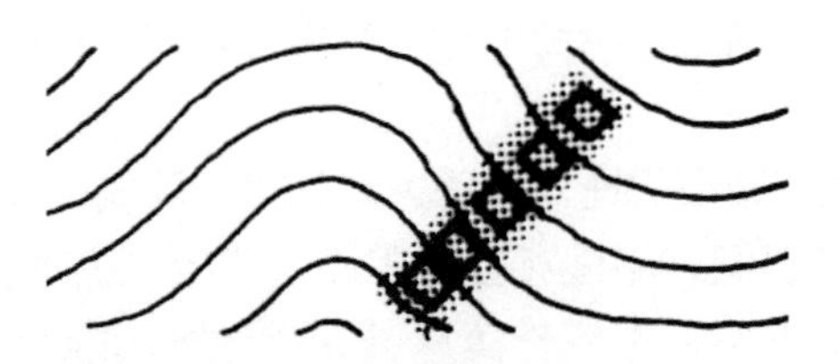

图5-5　建筑物与等高线垂直

（图片来源：百度文库）

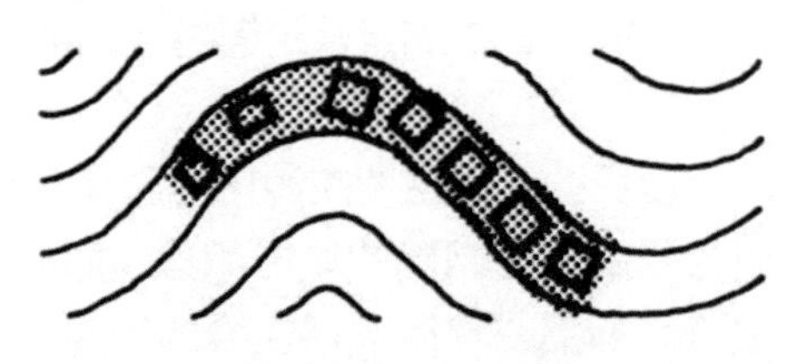

图5-6　建筑物沿等高线排列

5.1.2 小结

总体而言，项目所在地昭山风景旅游区的发展具有非常大的潜力，综合以上研究内容的分析，可以得出项目优势在于良好的地形和自然条件，优越的地理位置，基地的规模适合步行，地形丰富，可塑性强，悠久的历史和丰富的景观元素可以创造很多的文化性景观；项目的劣势在于坡地建筑施工难度较大，山体坡度较大，存在生态破坏的难题；机遇在于项目处于长株潭城市群生态绿心总体规划内，政府对该项目建设的重视，景区内画院的唯一性，以及白石画院本身具有的历史文化信息；最后，项目的威胁则主要来源于自然生态保护的要求，区域内的坡度对建筑的设计的挑战，与国内其他画院的商业竞争以及与景区内其他景观节点和商业节点的竞争和合作。

5.2 坡地建筑设计策略在项目设计中的运用

5.2.1 运用背景

经过多方面的考量，白石画院建筑基址最终选在位于昭山风景区内的万花文创谷内，坐落于山体的南坡和西坡，建筑所在山体坡度约为28°，截面高差为44米（图5-7）。坡地外形为凹形，建筑背靠山体，面对水体，形成背山靠水的风水格局。规划内水体的部分将白石画院建筑与谷内其他建筑相互串联，与景区内的游客服务中心、青少年森林户外基地、观音寺形成动线。根据景区总体规划，谷内以人行道为主，沿河流布置主人行道，次级人行道连接景区内的其他节点（图5-8）。

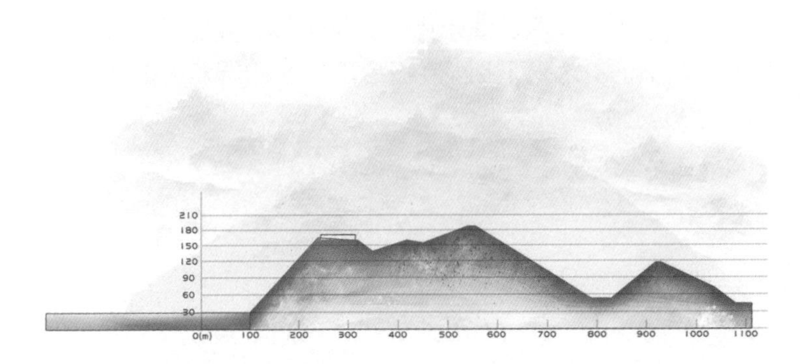

图5-7　昭山地形剖面示意图

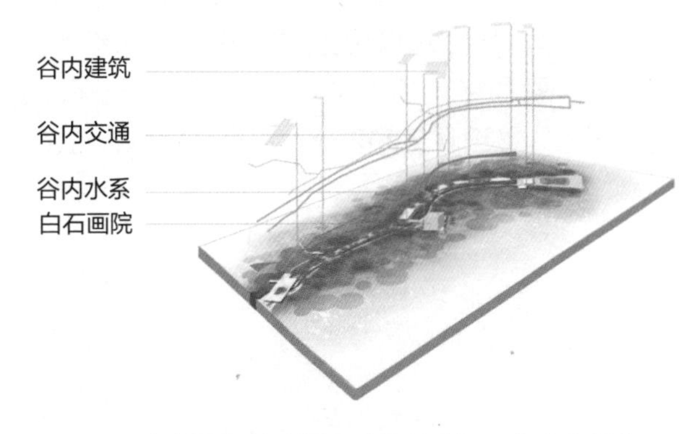

图5-8　文创谷场地分析图（图片来源：作者自绘）

5.2.2 运用过程

1. 功能定位

根据对任务书的解读和自身对项目的理解，白石画院建筑定位为以作品展览和商品交易功能为主，兼具文化体验、艺术创作、艺术收藏、休闲观光等功能的综合性艺术建筑。随着人民生活水平的提高，旅游成为现代人消费、观光和开拓眼界的重要方式，旅游服务业为游客提供的服务也不再局限于景观视野和普通的购物消费。近年来，以感受自然风光、体验自然乐趣，亲身参与旅游项目的旅游需求成为主流。作为一个旅游景区内的建筑，接待游客、满足消费者的消费需求、实现商业盈利是白石画院建筑设计最现实、最主要的目的，结合白石画院的艺术特征，最大限度地满足各方利益，实现建筑的设计目标。

2. 设计构思与理念

昭山位于长沙市的湘潭区，湘潭自古有“莲城”的美称，盛产并蒂莲，莲文化底蕴浓厚；随着现代化进程的推进，湘潭区也紧跟时代的步伐，大力发展现代经济，城市化明显，“八纵八横”的城市规划，具有大时代的特征；设计的构思以湘潭并蒂莲文化和城市特征为主要切入点，结合现代建筑设计理念，以“灼灼荷花瑞，亭亭出水中”

为设计概念，在满足建筑各方面功能的基础上，结合地形地势特征，对建筑的形态进行细致的推敲。

3. 设计来源和策略

设计的元素主要来源于湘潭并蒂莲和城市肌理。并蒂莲既代表“莲城”湘潭，也代表了一种共生共长的状态，结合轮廓清晰明确的城市肌理，形成白石画院平面和立面的基本形态，并蒂莲的共生状态也寓意着白石画院作品展览和商品交易两大最主要的功能之间的共生关系，寓意着现代建筑功能与形式之间的共生关系，寓意着人工建筑和自然环境的共生的协调发展关系。

白石画院作为一个典型的坡地建筑，本次设计运用到的坡地建筑设计策略主要有以下几点：因势利导，最少干预，即尊重基地地形，适当整理，最大限度地保留原始自然风貌，减少对自然的干预；互为对景，互相融合，即建筑与景观相互协调，做建筑型景观，景观型建筑，协调在建筑的色彩、材料、形式等方面的设计与选择，模糊边界，与自然相协调；文化传承，差别设计，即在设计中充分考虑湘潭地域文化、历史因素等方面条件的融合，特殊情况特殊分析，消除无差别设计，建造人文型建筑；功能形式，相互呼应，即充分利用地形地势，营造良好的视觉效果和心理感受，功能形式相结合，适当设计建筑体量和造型，合理分割空间，以满足人的需求为第一目的，实现人性化设计。

5.2.3 运用结果

1. 整体形态

白石画院坡地建筑在设计过程中充分考虑配合周围的水体和山势等各方面自然因素，建筑外立面表现为素色立面，纯洁素雅，像一支亭亭玉立的白石并蒂莲立在绿色的山体之中，配合建筑前方的水体，就如绿色的荷叶中托出一朵白色的莲花，清雅而瞩目，与周边环境完美融合。

2. 空间分布

白石画院作为一个典型的坡地建筑，根据地形地貌，进行建筑竖向空间设计和平面空间设计。建筑主要采用架空式和地下式两种接地方式，既能够保证建筑内部空间的整体性，又能够营造建筑内部空间的无限变化，此外，对于开拓室内活动人员的景观视线，加强建筑内外空间的交流，真正实现在满足现代社会功能的基础上，亲近自然的迫切愿望。建筑分为三大区域，分别对应综合功能区、展览区和连接两者兼作景观视点的连廊区。综合功能区作为建筑最重要的区域，包括商品售卖区、公共及个人艺术创作区、演示厅、休闲区等；展览区主要包括展示区、管理室、艺术品储藏间和设备间等；连廊则作为建筑的主要入口和连接综合功能区和展览区的重要区域，兼有休息和观赏的功能；满足建筑综合性的使用功能（图5-9）。

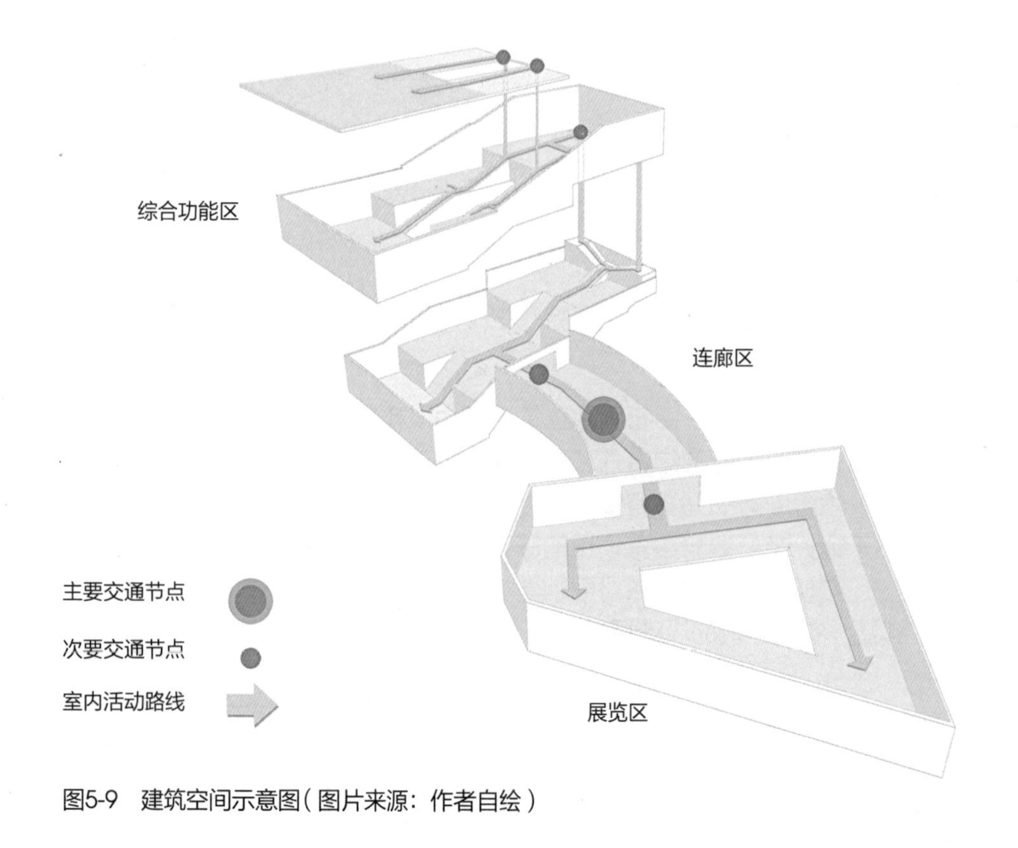

图5-9　建筑空间示意图（图片来源：作者自绘）

3. 材料与色彩

为使白石画院建筑能够与坡地环境更好地融合，实现建筑与自然的和谐共长，在材料的选择方面，多选用湘潭当地的建筑材料，建筑建于山谷当中，建筑所用的石材与木材多就地取材，建筑材料的选择使建筑与自然环境完美融合，整体建筑在靠近山脚的一处凹形场地上，沿山势自上而下，以弧形展开面的形式展落下来，与其下的景观广场衔接。混凝土的本色、玻璃材质的灵透感与木漆的古香就这样和谐混搭，构成了白石画院建筑的主体材料。色彩搭配方面，以能够融合进自然的自然色系为主，为凸显莲花出水清雅的特性，建筑外立面的整体颜色以素色为主，配合建筑周边葱翠的树林和透明的玻璃材质，点缀以自然的木色，使建筑与环境的边界能够更加的模糊，给人一种置身自然无所拘束的自在感（图5-10）。

4. 装饰细节和景观

建筑内部装饰以简洁为主要基调，建筑立面除大面积的玻璃幕墙以外，长条的横向长窗在丰富建筑立面的同时，也为建筑室内提供光线补充。建筑入口处采用混凝土和木条装饰，配合景观绿化，形成独特的入口景观节点，为整体环境添加新的看点。白石画院建筑作为一个营利性的艺术建筑，一切以满足消费者的消费需求为主要出发点，营造符合现代生活需求的人居环境。室内装饰以白色墙面为主，以方便展览和商业经营，深色木纹线条的装饰强化室内空间感，透光的石材和木条丰富室内的光线和视线。

建筑入口景观（图5-11）作为重要的景观节点，一方面要满足建筑内外交通的流畅，另一方面，也需要做必要的景观处理。根据景区整体规划和建筑设计标准，场内交通以人行道为主，考虑到消防安全及货物运输的需要，主人行道设置为5米的路面宽度，方便必要时车辆的通行；次人行道则设置为3米的路面宽度。入口广场景观选用当地野生植物，经过合理的乔木、灌木及地被植物搭配，形成独特的小型景观。

图5-10　白石画院建筑

图5-11　白石画院建筑入口（图片来源：作者自绘）

5.3 本章小结

白石画院建筑秉承坡地建筑设计原则，以场地为先，坚持因势利导、最少干预的设计策略，尊重自然地形，最大限度地减少人工对自然环境的干预，以保证坡地原始的自然风貌；坚持互为对景、互相融合策略，将人工建筑与自然景观完美融合，在建筑材料、建筑色彩、建筑整体形态和建筑景观等方面，加强与周边环境的相互关系，模糊建筑与景观的实际界限；坚持文化传承，差别设计策略，融合湖湘地域文化、湘潭莲文化和现代设计理念，使建筑区别于其他普通建筑，发挥其特有的地域特性，避免陷入现代建筑趋同性的泥潭；坚持功能、形式相互呼应策略，在满足现代社会功能的基础上，在建筑形态上充分发挥建筑者的无限创意，以打造集综合性、复合型、艺术性于一体的现代建筑。

第6章 展望与思考

6.1 坡地建筑未来发展趋势

中国国土辽阔，地形地貌复杂，山地丘陵面积占到全国国土面积的三分之二以上，山区地区居民为适应地形地貌的现状，建筑一般以坡地建筑为主；近年来，随着社会生产力和人民生活水平的提高，人们对生活质量和环境质量的要求也越来越高；随着现代开发技术的提高，人们对于亲近自然、回归自然、获取山地资源有着迫切的需求，也有能力对山地环境进行一定程度上的改造，坡地建筑的选址条件越来越宽泛，规模得以扩大；然而，伴随着人类对山地的开发，不合理的开发手段开始出现在改造自然环境的各个过程中，这严重破坏了自然景观的原始风貌，造成了地形结构破坏、水土流失等严重的生态性问题。坡地建筑的进一步开发已成为必然趋势。随着人们对坡地建筑的认识不断深入和全面，相较平地建筑而言，坡地建筑的优势也开始凸显出来，人们对于坡地建筑的认识和认同感也越来越深。这对于坡地建筑的良性发展提供了前进的动力。

6.2 关于坡地建筑未来设计策略的思考

坡地建筑作为一种典型的地方性的建筑类型，在发展的不同阶段都有学者研究如何能够更加完美地处理坡地建筑的各方面因素的关系。本文意在通过对国内外相关理论和实践研究成果、坡地建筑相关理论知识尤其是影响坡地建筑设计的各方面因素的综合分析和深入研究，为坡地建筑设计领域提出一种新的设计策略方向，着重于对影响坡地建筑设计的各方面因素的综合，整合有利条件和不利条件，最大限度地发挥坡地建筑的地形优势，规避不利于建筑设计的各个限制性因素，实现坡地建筑设计各方利益的最大化。坡地建筑设计所涉及的领域非常宽泛，非笔者一人可以书齐全部，笔者也受认知能力和实践能力的限制，在研究工作中出现很多不足之处，本人也希望，在今后的研究工作中，以此为起点，不断深入学习、深入实践，进一步完善和补充。

参考文献

书籍

[1] 卢济威，王海松 著．山地建筑设计．北京：中国建筑工业出版社，2001.03.

[2] 黄光宇 著．山地城市学．北京：中国建筑工业出版社，2006.09.

[3] 傅抱璞 著．山地气候［M］．北京：科学出版社．

[4] 彭一刚 著．建筑空间组合论．北京：中国建筑工业出版社，1998.10.

[5] 彭一刚 著．传统村镇聚落景观分析．北京：中国建筑工业出版社，1992.12.

[6] 龚静 著．建筑初步．北京：机械工业出版社，2008.01.

[7] 周维权 著．中国古典园林史（第三版）．北京：清华大学出版社，2008.11.

[8] 李必瑜，魏宏杨，覃琳 著．建筑构造（上册）（第五版）．北京：中国建筑工业出版社，2013.09.

[9] ［美］约翰・O・西蒙兹，巴里・W・斯塔克 著．景观设计学：场地规划与设计手册．北京：中国建筑工业出版社，2009.10.

[10]［美］格兰特・W．里德 著．园林景观设计：从概念到形式．北京：中国建筑工业出版社，2004.01.

[11]［丹麦］扬・盖尔 著．交往与空间．北京：中国建筑工业出版社，2002.10.

[12]［美］伊恩・伦诺克斯・麦克哈格 著．设计结合自然．天津：天津大学出版社，2006.10.

[13]［日］猪狩达夫，松枝雅子，古桥宜昌 著．图解建筑外部空间设计要点．北京：中国建筑工业出版社，2011.01.

[14]［日］芦原义信 著．外部空间设计．北京：中国建筑工业出版社，1985.03.

论文

[1] 吕芬．基于坡地地形的建筑外部空间设计研究［D］．湖南大学硕士论文，2009.

[2] 姜莉．坡地建筑形态构成与空间风貌研究［D］．重庆大学硕士论文，2001.

[3] 霍慧霞．山地建筑研究中的场所观初探［D］．重庆大学硕士论文，2006.

[4] 张庆顺．坡地建筑生态文化设计创意研究［D］．重庆大学博士论文，2009.

[5] 周彦喆．重庆地区坡地建筑吊层建筑设计策略探索［D］．重庆大学硕士论文，2009.

致谢

从3月湖南长沙考察开始，历经6月山东青岛开题、7月湖北武汉中期答辩，到8月匈牙利佩奇大学的终期答辩和9月课题收尾，经过了7个月时间的努力，我终于完成整个课题的各项任务，从课题开题到课题结束，每一步对我来说都是新的尝试和挑战，这也将成为我研究生3年期间独立完成的最大的项目。在这段时间里，我学到了很多知识，也有很多感受，从初出茅庐什么都半知半解，到能够独立思考和完成整个课题，整个过程是逐步发现自身不足的过程，认识到自己的不足，才能够有所增进，让自己的思维更加清晰，使自己稚嫩的作品在一步步的学习中完善起来，每一次的改进都是我学习的收获。在这个过程中，首先，感谢课题组能够给我参与本次四校四导师课题的机会，感谢以王铁教授为主的来自16所院校的老师对我的设计给予指导和帮助；其次，在与其他院校学生的交流与学习中也让我收获了很多；最后，郑重地感谢我的导师郑革委教授在我课题的各个阶段给予非常关键的指导和帮助；此外，也非常感谢周围同学朋友为我提供的动力和支持。

到目前为止，我的设计和论文还是有很多的不足之处，但这次的课题将是我学生生涯中最难忘的经历，让我终身受益，也让我能够更加懂得与他人交流学习的重要性，在开拓视野的同时，了解自身的不足，及时改进，有所突破，我也希望这次的经历在今后的学习中能激励我继续进步。

湖南昭山风景区白石画院建筑设计

Architectural Design of Baishi Art in Zhaoshan Scenic Spot

基地概况

设计的项目位于湖南省湘潭市岳塘区的昭山风景区内，地处衡山山脉的小丘陵地带，毗邻湘江，位于湘江的下段，地形以平原、丘陵、岗地为主。根据景区总体规划，将对区内大部分建筑和水域进行拆除重建和设计，打造山市晴岚文化小镇。小镇以集市为脉络，串联会馆、商街、禅修、山居与宗祠文化等多个功能体块，成为集“市、渔、礼、禅、居、艺”的湖湘文化魅力小镇。根据对整个景区的考察和分析，最终选择万花文创谷内的一处凹形区域为建筑的基地。

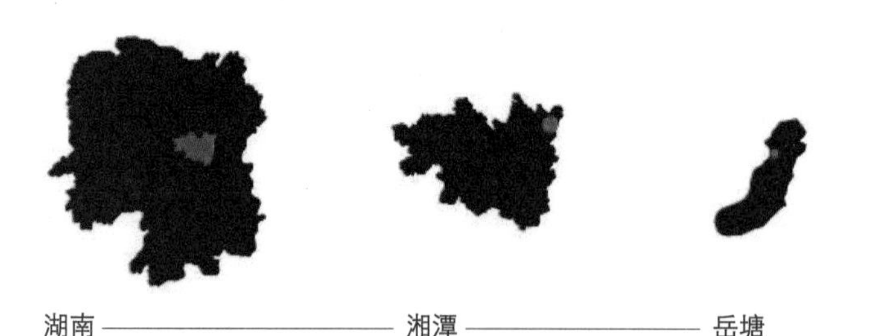

定位分析（图片来源：作者自绘）

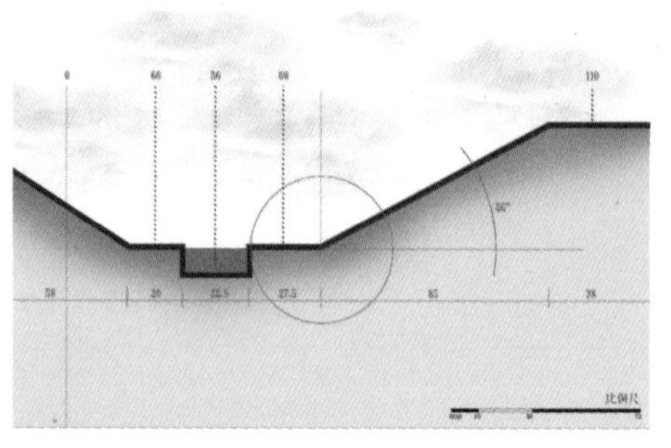

横向地形剖面图（图片来源：作者自绘）

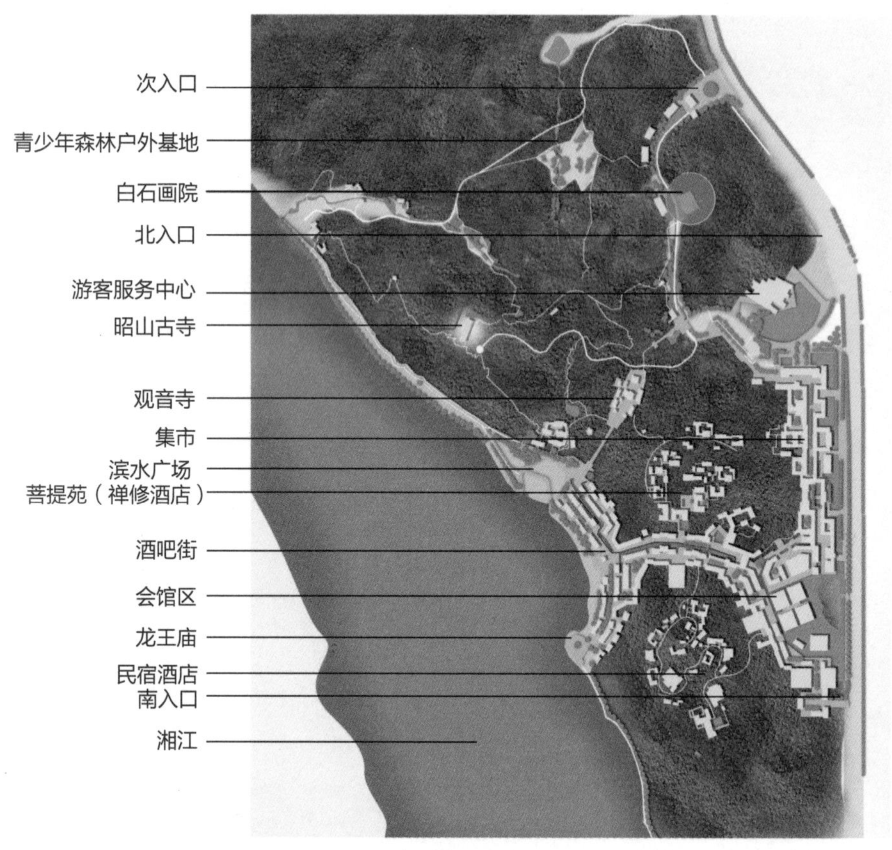

昭山景区总体规划平面图（图片来源：作者自绘）

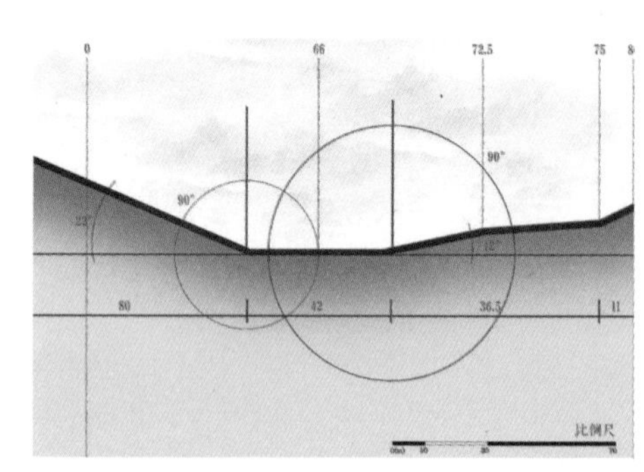

纵向地形剖面图（图片来源：作者自绘）

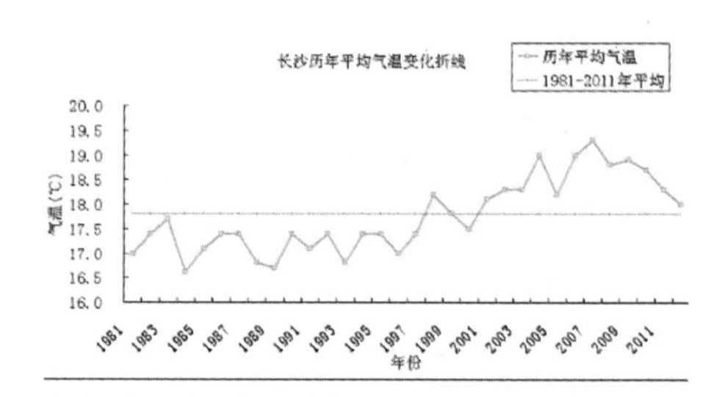

气温变化表（图片来源：百度图片）

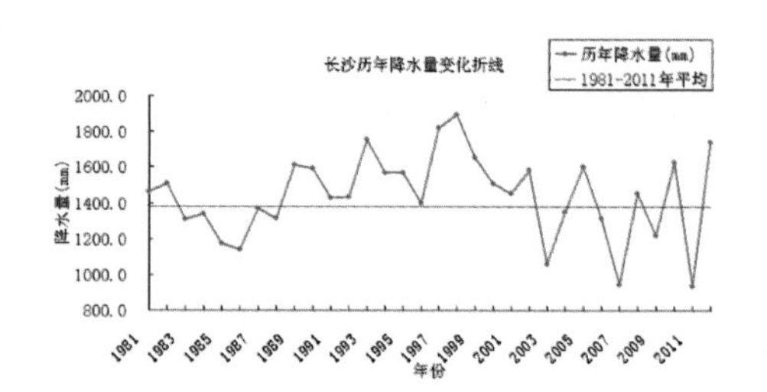

降水量变化表（图片来源：百度图片）

白石画院建筑基址位于昭山山体的南坡和西坡，坡度在12°～26°之间，截面高差为44米。该区域属于亚热带季风性气候，全年气候温和，雨量充沛，热量充足冬夏时间长，春秋季节短，四季分明。根据如下资料显示，该地区常年主导风向为西北风，夏季主导风向为东南风，年平均气温约为18℃，年平均降水量接近1400毫米。

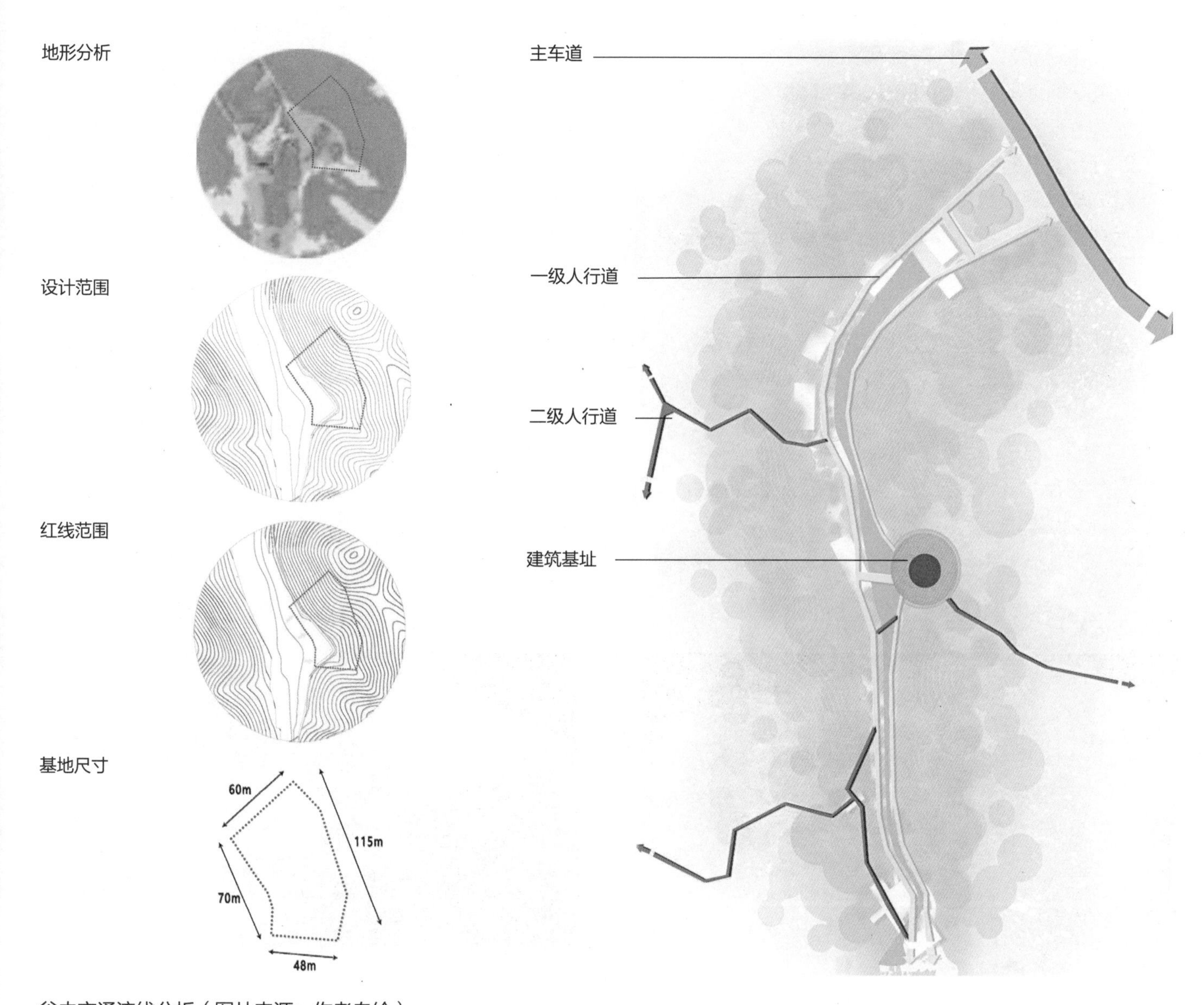

谷内交通流线分析（图片来源：作者自绘）

（图片来源：百度百科）

设计元素来源：

湘潭地区文化底蕴浓厚，“八纵八横”的城市规划，具有大时代的特征。
湘潭又称“莲城”，亭亭而立的莲花既是文人墨客的长谈，也代表着一种高雅的品行。

1. 因势利导，最少干预策略

尊重基地地形，适当整理，最大限度地保留原始自然风貌，减少对自然的干预。

2. 互为对景，互相融合策略

建筑与景观相互协调，做建筑型景观、景观型建筑，协调在建筑的色彩、材料、形式等方面的设计与选择，模糊边界，与自然相协调。

3. 文化传承，差别设计策略

设计中充分考虑区域文化、历史因素等方面条件的融合，特殊情况特殊分析，消除无差别设计，建造人文型建筑。

4. 功能形式，相互呼应策略

充分利用地形地势，营造良好的视觉效果和心理感受，功能、形式相结合，适当设计建筑体量和造型，合理分割空间，以满足人的需求为第一目的，实现人性化设计。

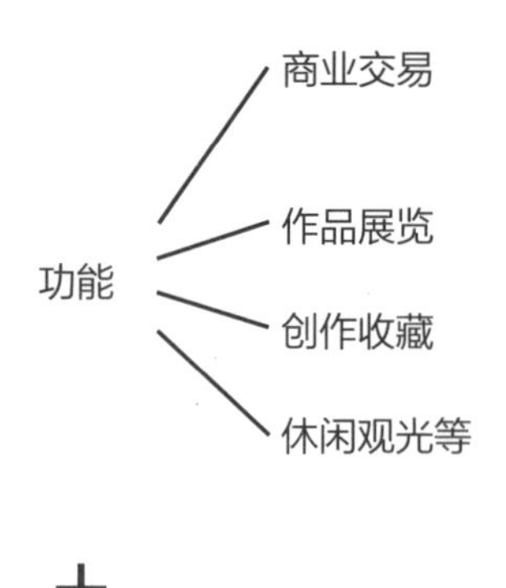

+

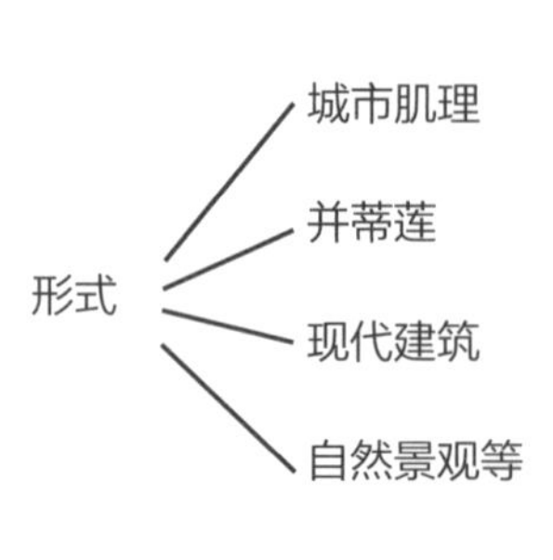

建筑单体初模

（图片来源：作者拍摄）

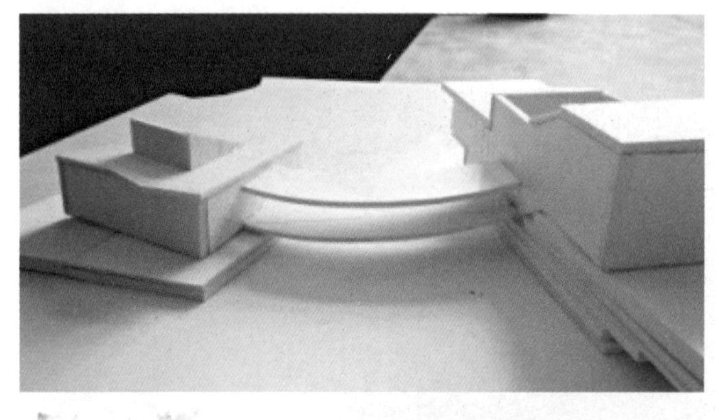

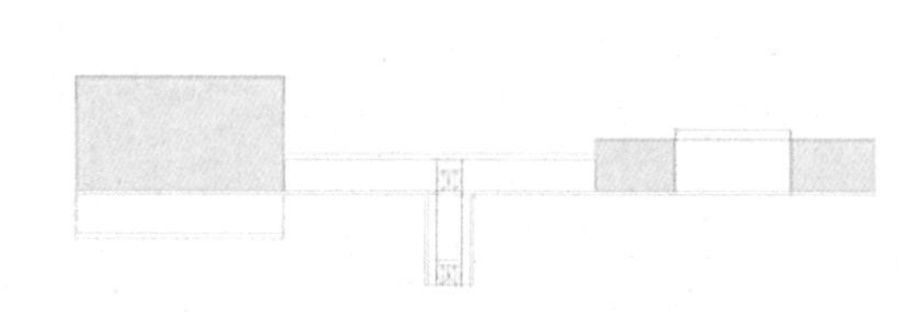

白石画院建筑立面的基本形态

并蒂莲代表“莲城”湘潭，也代表一种“共生共长”状态

湘潭现代城市肌理纵横交错，体块轮廓简单明确

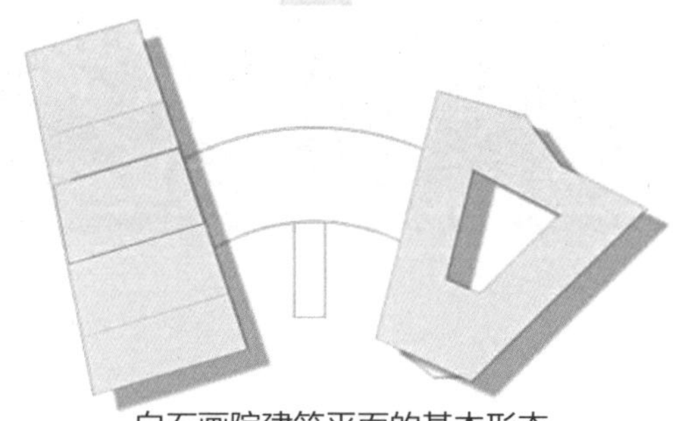

白石画院建筑平面的基本形态

代表着建筑展览与商业两种功能之间的共生关系，代表着建筑与周边环境的共生关系

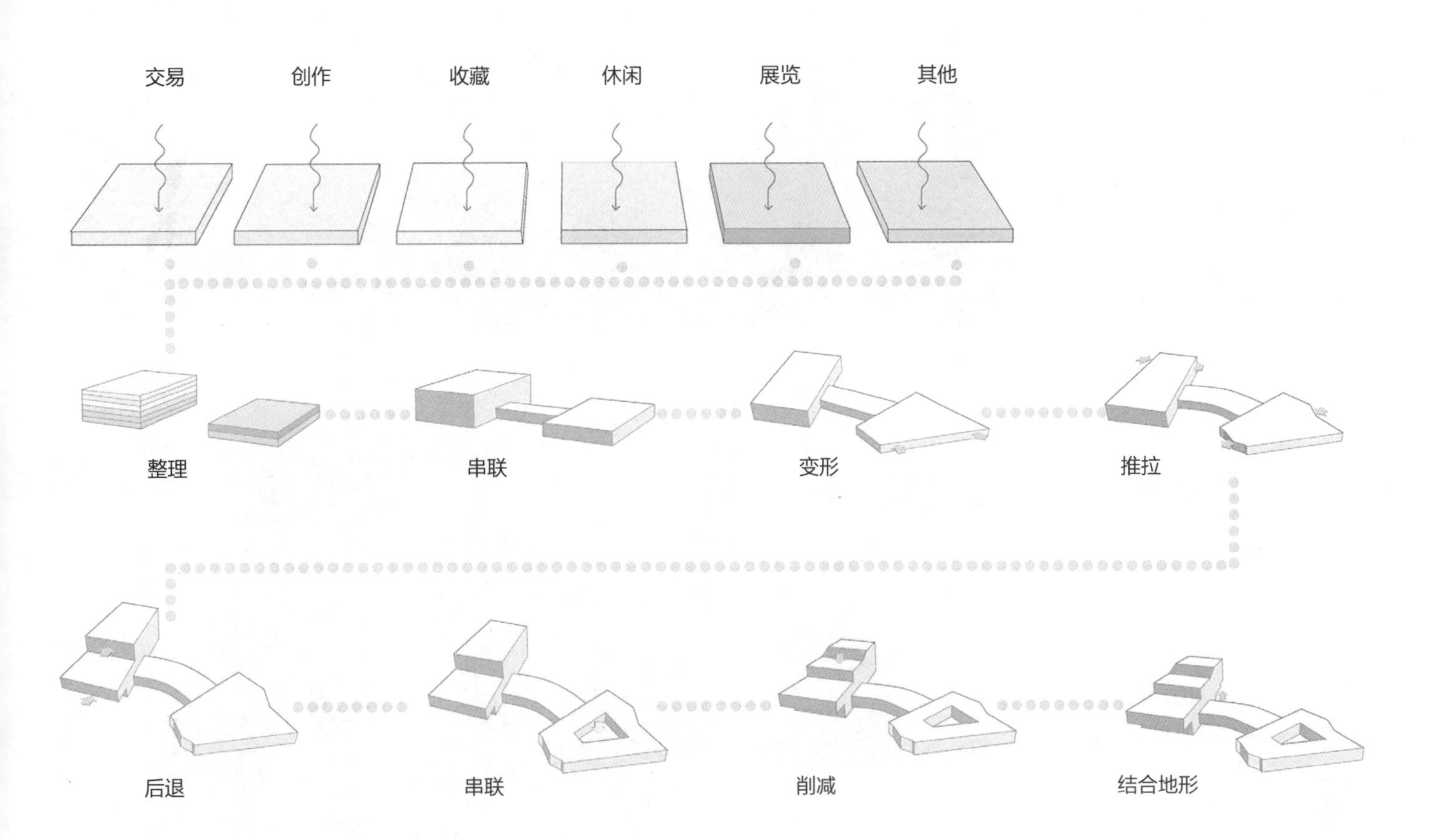

成型

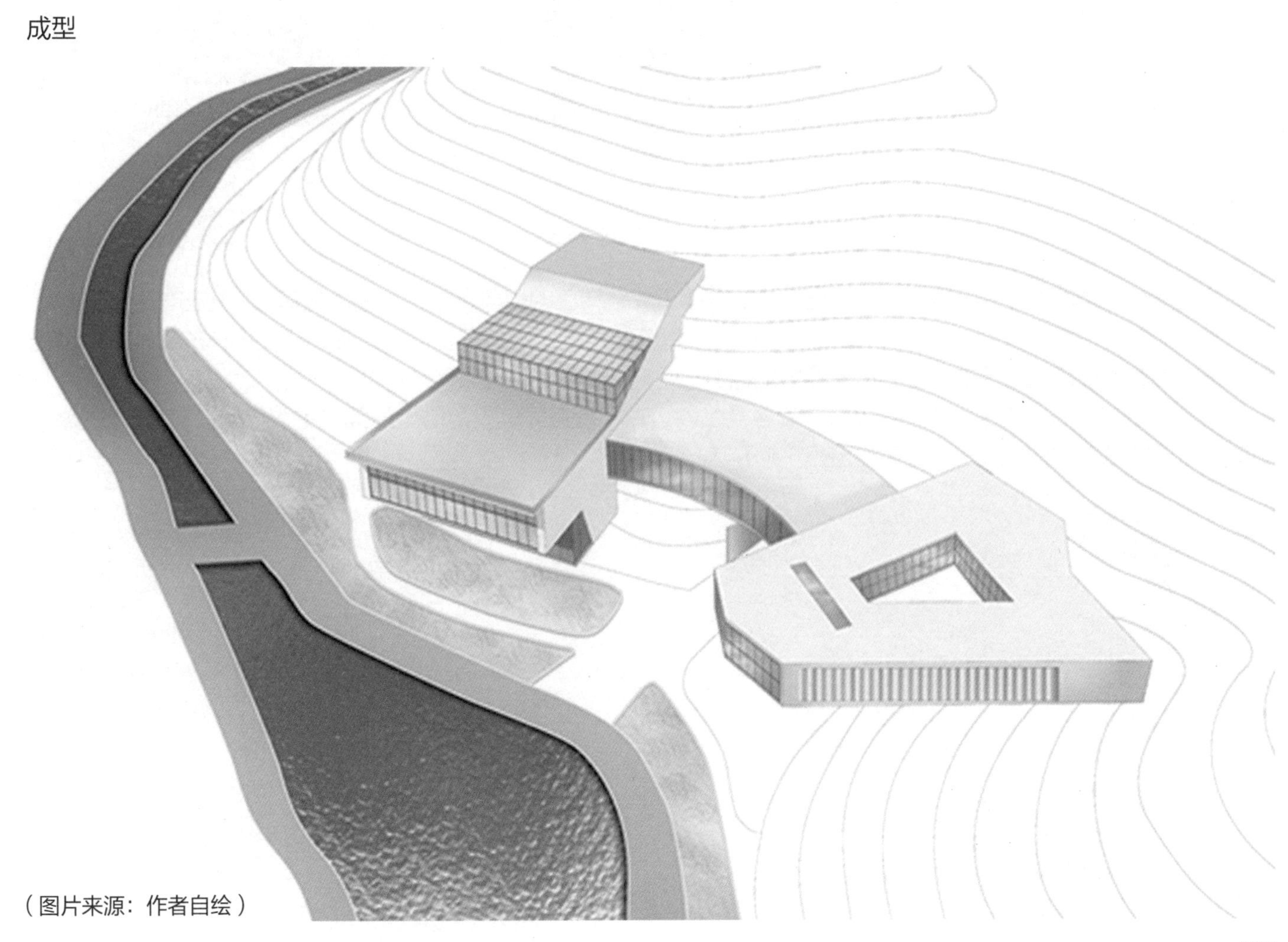

（图片来源：作者自绘）

总平面图

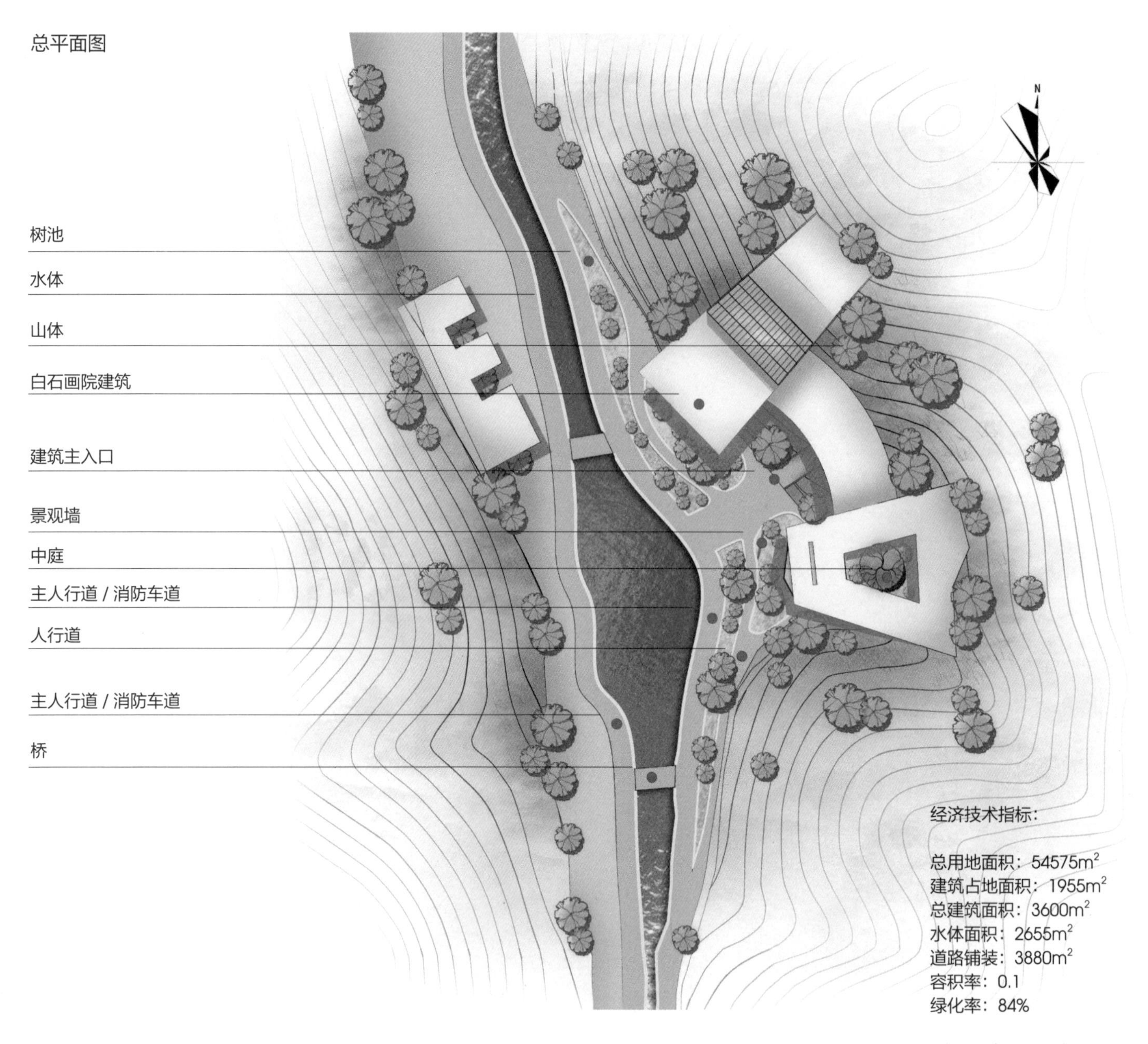

建筑配合周围的水体和山势设计，素色的建筑亭亭玉立在绿色的山体之中，如绿色的荷叶中托出白色的莲花。

建筑朝向为南偏西45°，根据长沙地区建筑朝向与建筑能耗之间的关系，以及太阳光线受山体的影响，可以避免太阳直晒，保证区域气温的稳定，减少建筑能耗。

建筑周边交通以人行道为主，考虑消防安全及货物运输，根据建筑设计防火规范，主人行道设置为5米的路面宽度，方便特殊时期的需要，平时可作自行车道及人行道使用。

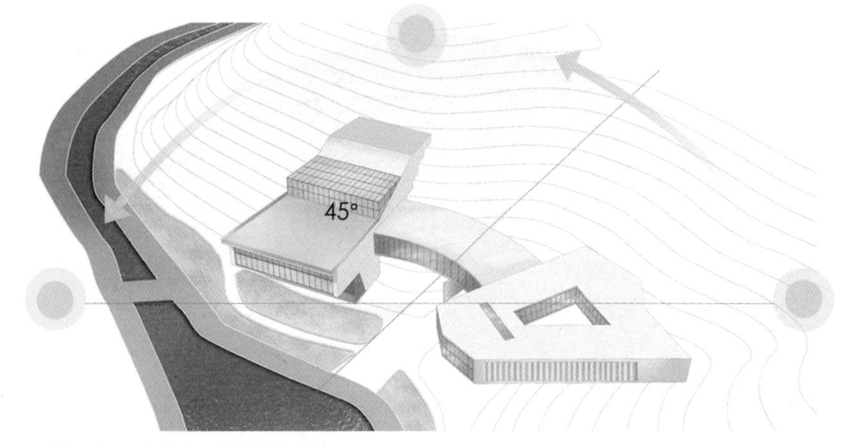

日照分析（图片来源：作者自绘）

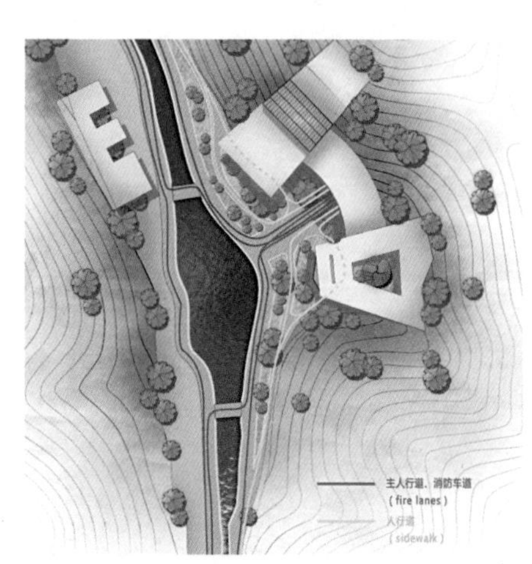

交通分析（图片来源：作者自绘）

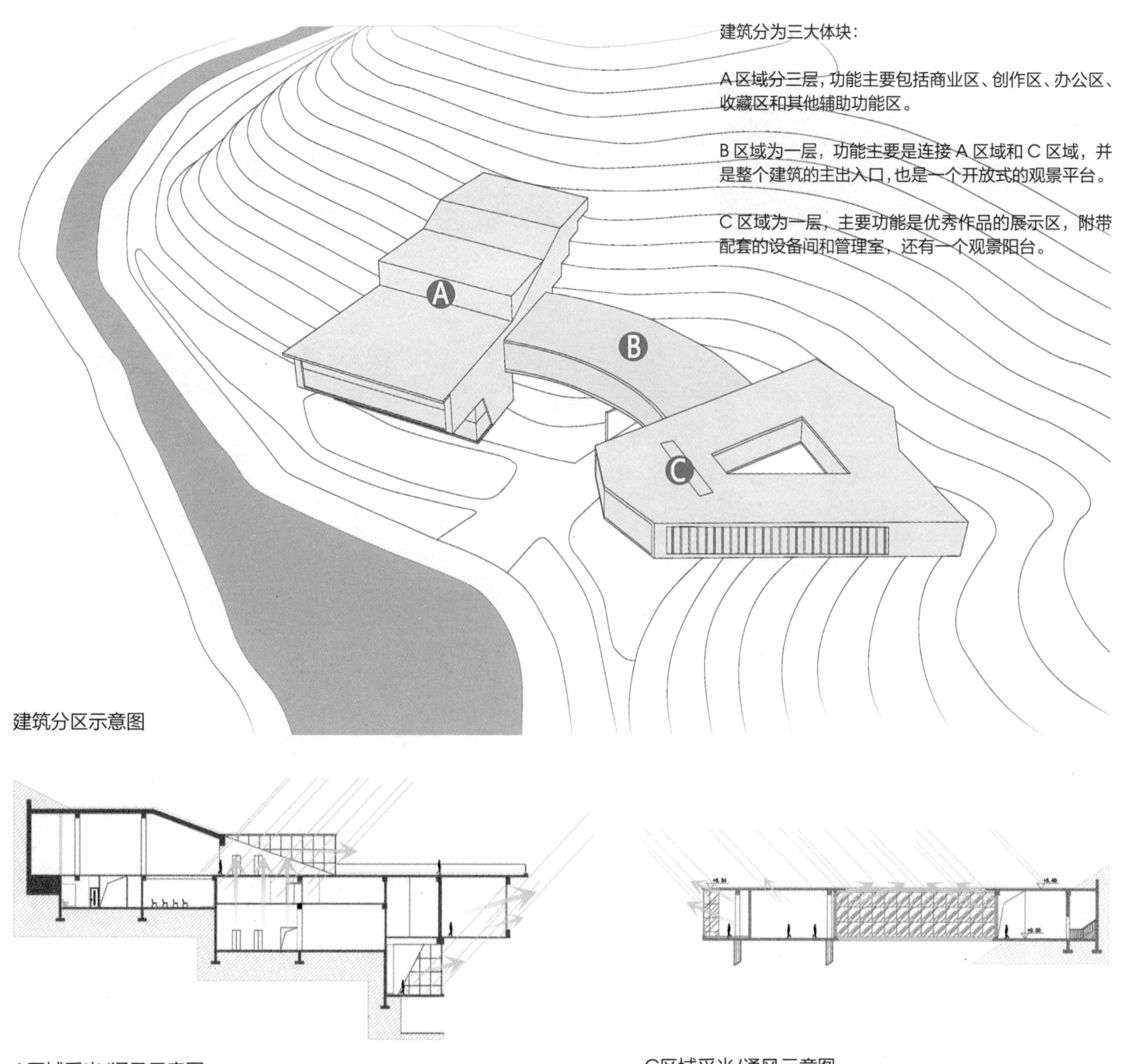

建筑分为三大体块：

A区域分三层，功能主要包括商业区、创作区、办公区、收藏区和其他辅助功能区。

B区域为一层，功能主要是连接A区域和C区域，并是整个建筑的主出入口，也是一个开放式的观景平台。

C区域为一层，主要功能是优秀作品的展示区，附带配套的设备间和管理室，还有一个观景阳台。

建筑分区示意图

A区域采光/通风示意图

C区域采光/通风示意图

白石画院坡地建筑的自然采光及通风效果主要通过采光天井、中庭以及各种形式的玻璃结构来实现，最大限度地利用自然能源，向绿色建筑靠拢。

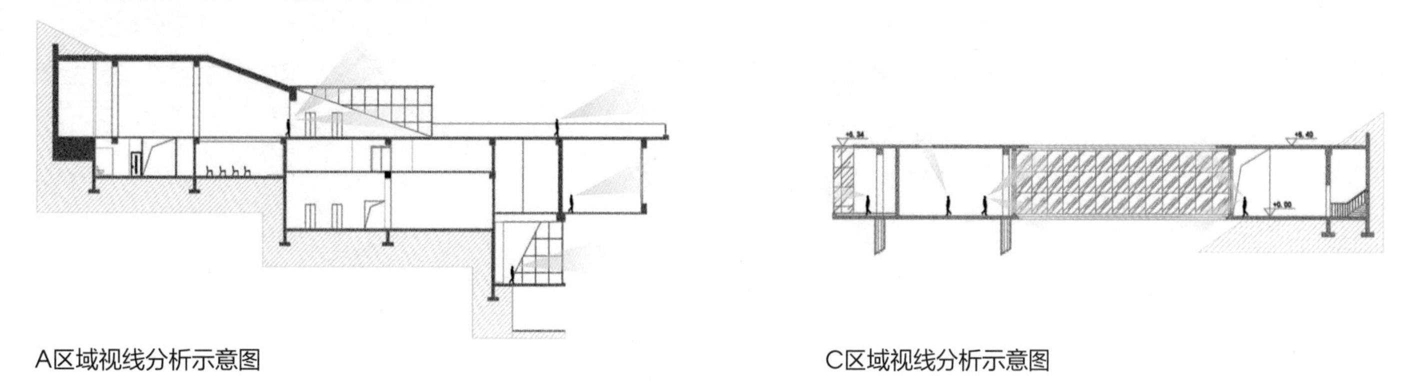

A区域视线分析示意图

C区域视线分析示意图

白石画院坡地建筑的采光天井、中庭以及各种形式的玻璃结构同时也能够达到良好的视线效果，加强建筑内外空间人与自然的交流和互动，满足人们亲近自然的需求。

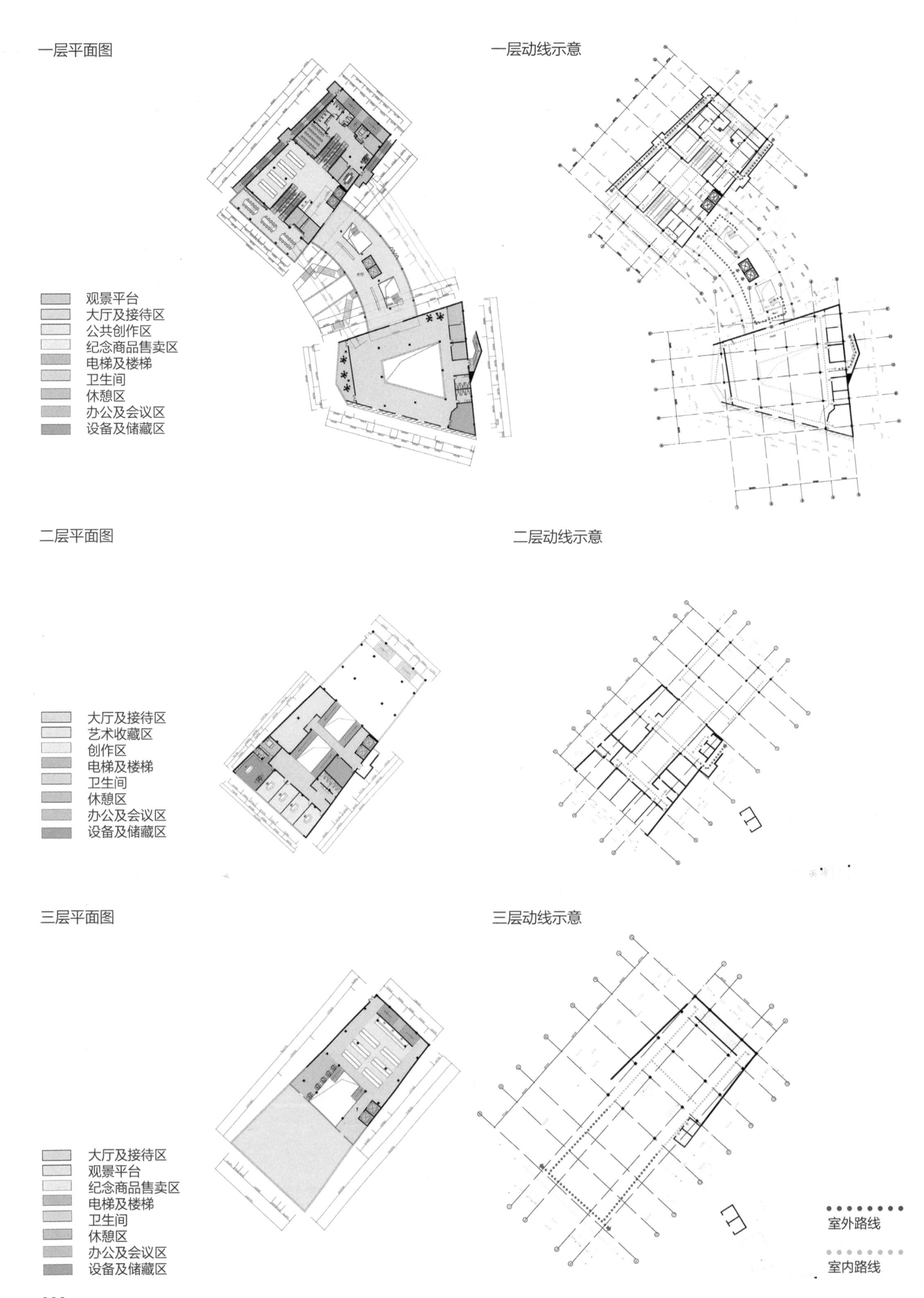
一层平面图
观景平台
大厅及接待区
公共创作区
纪念商品售卖区
电梯及楼梯
卫生间
休憩区
办公及会议区
设备及储藏区
一层动线示意
二层平面图
大厅及接待区
艺术收藏区
创作区
电梯及楼梯
卫生间
休憩区
办公及会议区
设备及储藏区
二层动线示意
三层平面图
大厅及接待区
观景平台
纪念商品售卖区
电梯及楼梯
卫生间
休憩区
办公及会议区
设备及储藏区
三层动线示意
室外路线
室内路线

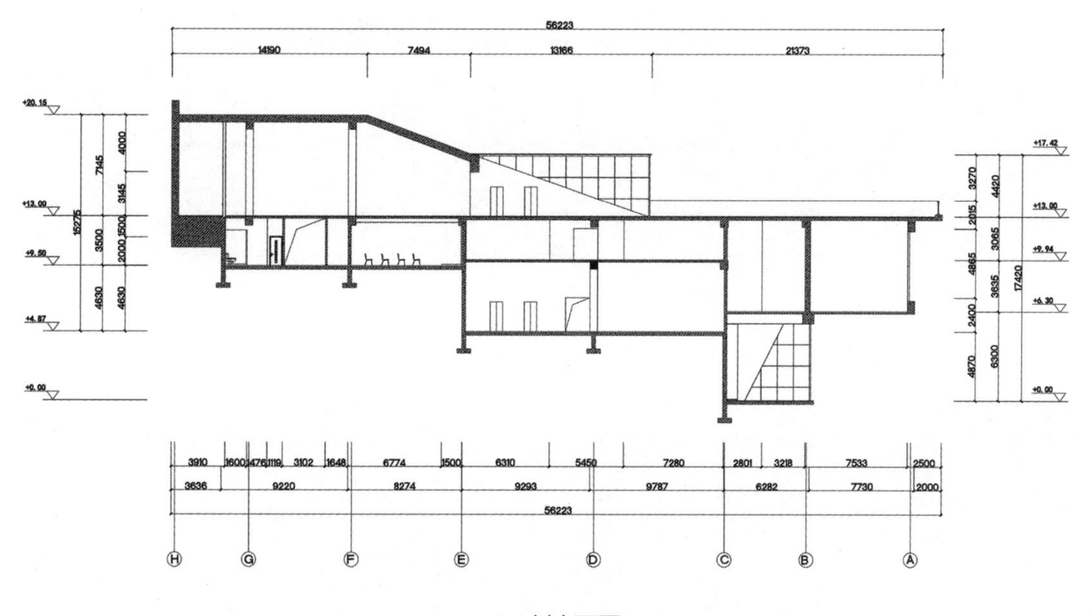

1-1剖立面图

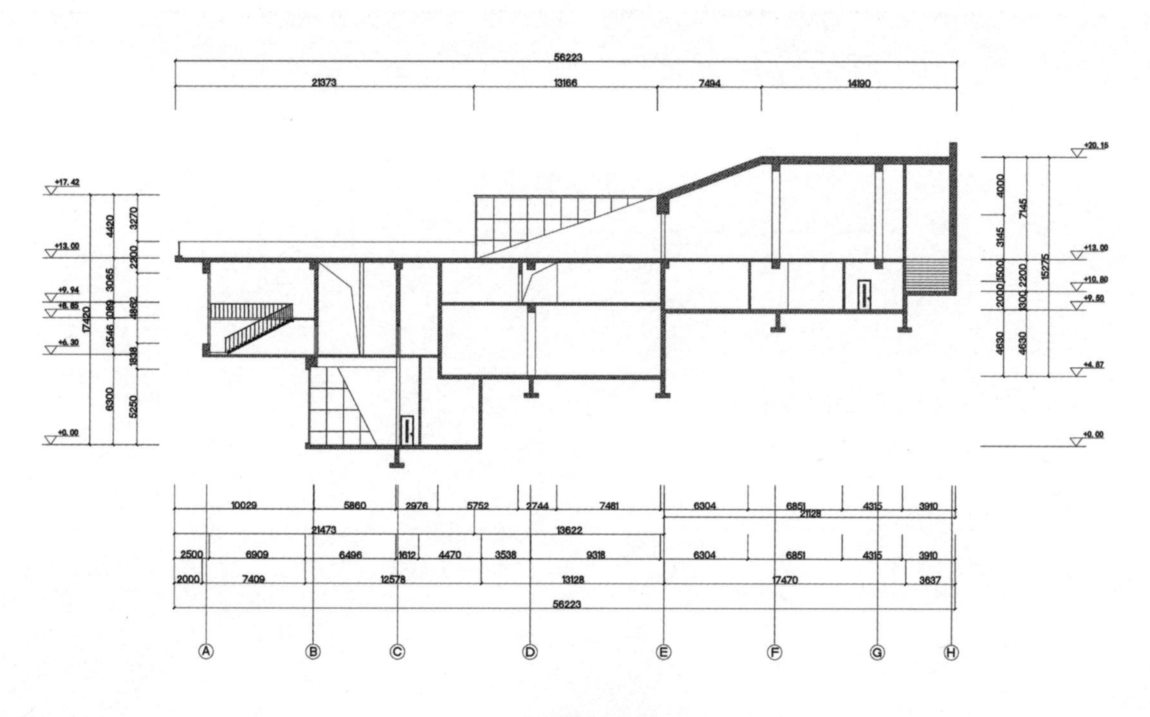

2-2剖立面图

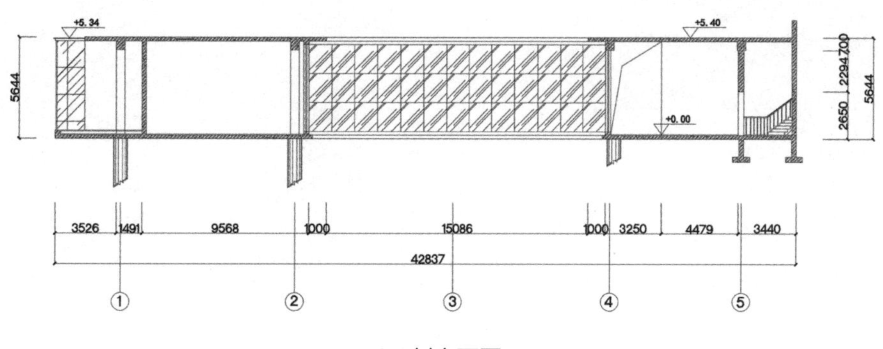

3-3剖立面图

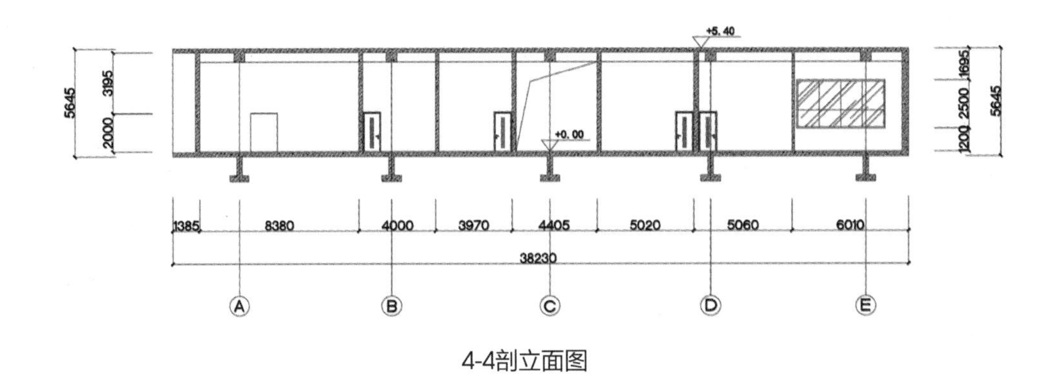

4-4剖立面图

南立面图

西立面图

鸟瞰图

建筑内部空间示意图

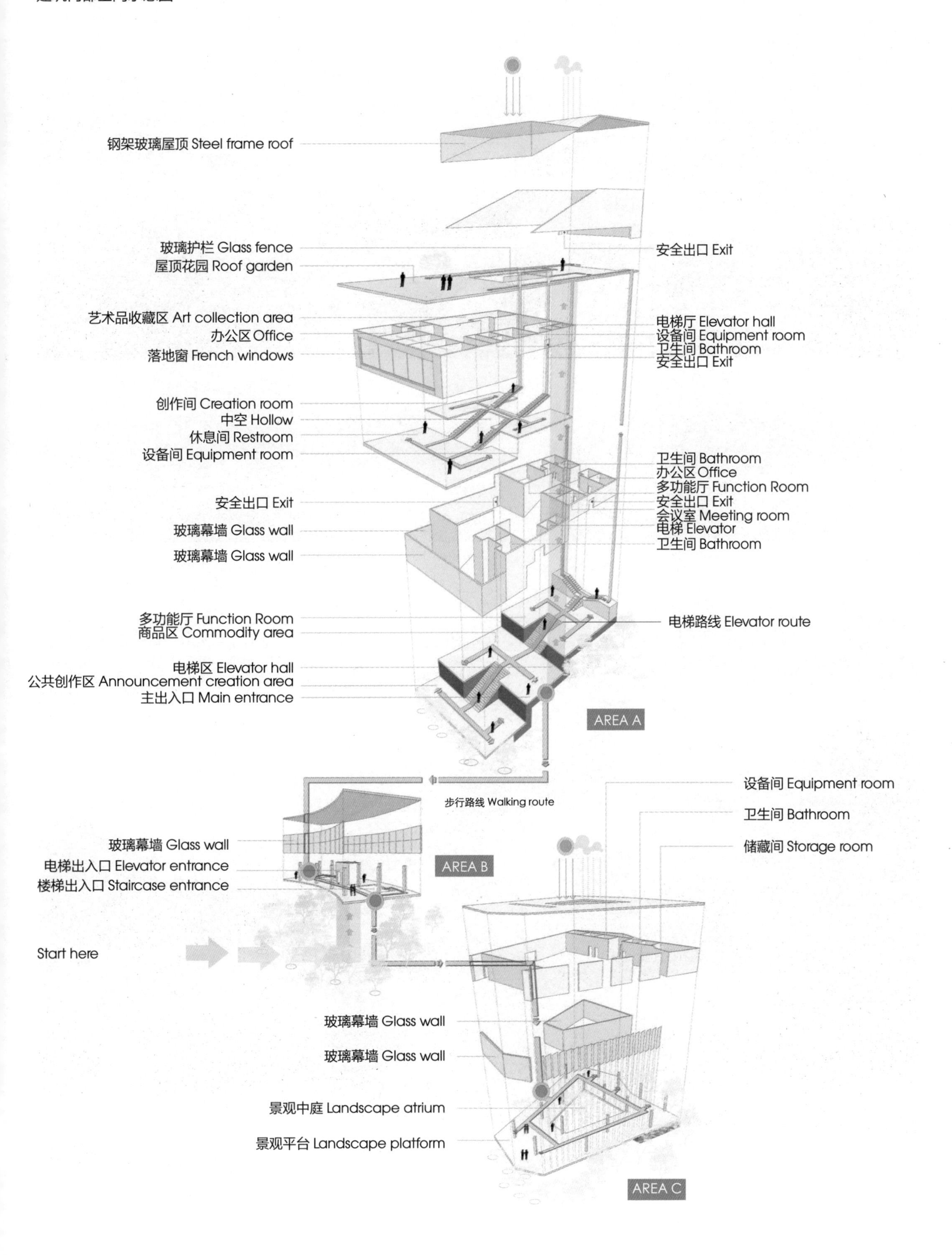
钢架玻璃屋顶 Steel frame roof
玻璃护栏 Glass fence
屋顶花园 Roof garden
安全出口 Exit
艺术品收藏区 Art collection area
办公区 Office
落地窗 French windows
电梯厅 Elevator hall
设备间 Equipment room
卫生间 Bathroom
安全出口 Exit
创作间 Creation room
中空 Hollow
休息间 Restroom
设备间 Equipment room
卫生间 Bathroom
办公区 Office
多功能厅 Function Room
安全出口 Exit
会议室 Meeting room
电梯 Elevator
卫生间 Bathroom
安全出口 Exit
玻璃幕墙 Glass wall
玻璃幕墙 Glass wall
多功能厅 Function Room
商品区 Commodity area
电梯路线 Elevator route
电梯区 Elevator hall
公共创作区 Announcement creation area
主出入口 Main entrance
AREA A
步行路线 Walking route
设备间 Equipment room
卫生间 Bathroom
储藏间 Storage room
玻璃幕墙 Glass wall
电梯出入口 Elevator entrance
楼梯出入口 Staircase entrance
AREA B
Start here
玻璃幕墙 Glass wall
玻璃幕墙 Glass wall
景观中庭 Landscape atrium
景观平台 Landscape platform
AREA C

建筑远看效果

建筑景观

建筑入口

白石画院

室内入口效果

室内休闲区效果

佳作奖学生获奖作品

Works of the Fine Prize Winning Students

商业旅游景区交往空间研究（1）
湖南省昭山风景区布坊建筑设计

Research on the Spatial Landscape Shaping of the Small and Medium-Sized Scale of Traditional Commercial Tourist Attractions—Take the Zhaoshan Scenic Area of Hunan Province as an Example

昭山旅游景区“宜布工坊”景观设计（2）

Zhaoshan Tourist Area, YI Bu Workshop, Design

四川美术学院　王丹阳

Sichuan Fine Arts Institute，Wang Danyang

姓　名：王丹阳　硕士研究生二年级

导　师：潘召南　教授

学　校：四川美术学院

专　业：风景园林

学　号：2015120158

备　注：1. 论文　2. 设计

宜布工坊效果图

商业旅游景区交往空间研究

湖南省昭山风景区布坊建筑设计

Research on the Spatial Landscape Shaping of the Small and Medium-Sized Scale of Traditional Commercial Tourist Attractions

Take the Zhaoshan Scenic Area of Hunan Province as an Example

摘要：随着中国经济发展方式的转变，旅游产业成为国民经济发展的重要牵引力，其中传统商业旅游景区作为我国旅游产业的主力军，其景观环境超出人们的观赏尺度，缺乏人情味。本文将探讨的是在当今这个大环境下，针对目前传统商业景观环境对人的活动交往空间缺失这一现象的问题，对在传统商业旅游景区设计中要注重交往空间的塑造这一要点进行解读。本文结合湖南省昭山风景区布坊设计实例，通过分析人与人、人与空间的多种行为方式，提出营造小尺度交往空间的设计策略，寻找适宜交往的景观设计的组成形式，以此解决人、空间、自然之间的矛盾，寻求合理有效的交往方式。

关键词：传统商业旅游景区；小尺度空间；交往空间

Abstract: With the transfer the way of Chinese economic development, the tourism industry has become the important traction of development of national economy, the traditional commercial tourism scenic area as the main force of Chinese tourism industry, its landscape environment is beyond people’s appreciating scale, lacking of the human kindness. The paper will focus on the problem of today’s loss of traditional commercial landscape environment for people’s activity and communication space based on the present big situation, further analyzing the major point of focusing on the creation of communication space in the design of traditional commercial tourism scenic area.

Combined with the design case of cloth workshop of Zhao Mountain scenic area in Hunan province, this paper will through analyzing the various activity ways of person to person and human to space to put forward the design strategy of building small scale communication space, look ing for the form way of landscape design which is appropriate for communication so that solving the contradiction among people, space, and nature, seeking reasonable and effective way of communication.

Keywords: Traditional Commercial Tourism Scenic Spot, Small Scale Space, Communication Space

第1章 绪论

1.1 研究背景

随着经济和社会的发展，工业化和城市化进程也在不断加快，人类在建设基本的生存空间和环境时，对自然环境和生态环境的破坏，也导致了人类对人文生态环境的破坏，具体表现为城市肌理的破坏、城市特色和文化的丧失、人际关系的疏远、信任度下降、心理焦虑等。这些现象使人们认识到只有人与自然、人与人、人与文化和谐共生的环境才能带给人真正的幸福感，而要实现这一目标必须在环境建设中体现对人的关怀，即景观设计中的人文关怀。人为景观环境中物质与精神两界中的主体，作为景观对象的使用者、体验者、欣赏者，从而界定其在景观设计中的主导性作用，景观作为可视的物质形态，可以为人提供合理、安全、舒适的有形空间。更重要的是，景观作为场所而应该成为人的精神家园，当物质的形态转化为精神寄存的家园时，景观的真正价值才得到充分的展示。因此，景观设计不仅应满足人对物质的需求，更应满足对精神的需求，并在其中充分体现对人的尊重与重视，即设计的人性化。

1.2 相关概念及研究范畴的界定

（1）小尺度空间

尺度是一个常用知识概念，通常指指准绳、分寸、衡量长度的定制。在里这尺度是一个常用概念，作为一种看待事物的标准，但对于小尺度空间的概念而言，不同的研究领域有着不同的定位和含义。从环境艺术的角度来看，人是景观的主体，景观所具有的内在属性决定了景观的尺度。因而，空间尺度在景观设计中的含义应由两个方面的内容决定：一是从人体工学的角度上来看，人与景观设计有着合理准确的人机比例、大小的对比和审美比例。二是从景观设计的空间范围来看，景观设计包含一些宏观范畴。丹麦著名建筑师扬・盖尔曾经指出：在小尺度空间的内部，空间整体和部分都能清晰地看到，而大尺度空间的整体和局部相对模糊，空间令人感到空旷和冷淡。从环境行为学角度来看，小尺度空间是易于为人们把握并建立有效控制的空间。本文以王向荣的《小尺度中的探索》为参考，充分挖掘传统商业街区建筑内的小尺度空间，运用新理念和新材料，表达独特的空间形式。

（2）交往空间理论

交往空间理论最初诞生于城市社区规划领域中的一个理论，强调的是公共空间的营造应发挥促进人们之间相互交往的作用。交往空间通常指代生活中人和人之间相互交流的场所。在传统理念的基础上，适应了时代发展的需要，在当今社会更加注重人与人之间的文化氛围、文化体验、文化传播和文化欣赏；更加注重人与自然的和谐相处；更加注重自然和社会的可持续发展；更加注重人文关怀精神的体现。它的最终目标是满足人的心理需求和精神需求。根据马斯洛的需求层次理论，人的需要从低到高分为生理需要、安全需要、自我实现需要、与他人交往的需要和得到他人尊重的需要五个层次，交往活动中的必要性、自发性和社会性正好由低到高满足了这五个方面的需要，而游憩活动满足的只是较高层次的需要。

1.3 国内外研究现状

1.3.1 国外研究现状

在14世纪的下半叶，关于哲学和人学运动的人本主义在意大利发源并迅速地在周边其他国家传播开来。人本主义的内涵是关于对人的价值与尊严的认同，在城市街道的建设中也出现了人文科学的发展，将人精神层面的需求融入其中。

卡罗琳・弗朗西斯在《人性场所》中提到在城市建设中很少关注城市的功能或形态与功能之间的相互作用关系。现在的社会生活越来越多的在室内进行，但是实际上人们更渴望公共生活。如何利用使用者的需求来研究城市邻里空间及公园和城市广场街道空间就是该书主要研究的对象。

20世纪中叶，在国外逐渐开始有研究关于塑造特色街道空间的讨论。凯文・林奇的《城市意象》一书中将“意象”融入了城市建设的设计过程之中。在阐述城市空间的同时注重人的感知。书中介绍了城市意象五要素：道理、边界、区域、节点和地标。此著作对城市公共空间设计影响较为深远。

丹麦建筑学家扬・盖尔所著的《交往与空间》一书中叙述的是关于人及其活动对物质环境的要求，从这一角度来研究和评价城市和居住区中公共空间的质量，在从住宅到城市的所有空间层次上详尽地分析了吸引人们到公共空间中散步、小憩、游戏的要素，强调了人的行为在街道空间中的重要性、促成人们社会交往的条件与方法，提出了许多独到的见解。1977年亚历山大发表的《模式语言》通过对大量人的行为、活动和常识的调查研究以及对原始自然文化的观察分析，试图通过对模式语言理论的建立能对传统建筑方法做出现代的解释，形成新的规划建筑理论，以改变现代建筑无视人性的不良状况。

1.3.2 国内研究现状

我国在1979年重建社会学后，社会交往的理论和经验研究提上了日程。研究的项目涉及人的行为动机、交往闲暇时间量、社会化理论、需求层次理论、人际交往理论、社区理论等几个方面。国内目前针对于商业空间的尺度的研究较少，本文通过对居住区的研究，把研究成果代入商业空间来思考问题。

北京林业大学张凯莉认为目前国内的居住，从规划到设计涵盖三个步骤，分别概括为规划、建筑设计、景观设计，景观园林师在规划和建筑方案确定后完成园林植物搭配、景观小品设计的工作。所以在景观设计中，景观设计师必须全面提高自己的素质，关注传统商业空间游客对户外环境的要求和建议，从而满足人们对景观的心理需求。

中国古典园林中运用“境生象外”，“景以情会、情以景生”等景观设计理念，结合书法、绘画等古典元素，使主观与客观产生共鸣，体验主体由此获得个人体验感知与审美意境。李开然、央・瓦斯查认为景观组景序列简洁诗意的景观主题为景观感知和景观体验要素提供了关键性引导作用，成为营造场所精神的重要载体。刘滨谊、郭璁在《基于地域性景观意象的旅游体验行为环境构建浅论》中分析了景观意象与个人体验的关系，并提出地域性景观意象的旅游体验行为环境的具体构建方法。2013年 5 月 19 日风景园林师国际论坛学术研讨会中，园林景观设计高级工程师顾志凌先生谈论了体验式景观的定位和启示，并提出了体验式景观实现的四大途径。

刘慧芳在《浅谈居住区水景的人性化设计》中提出居住区水景人性化设计主要考虑人的亲水性、参与性，考虑不同年龄层次的不同需求；安全性，包括水深设计、水岸坡及临水防护设施。

谢芸在《城市住区广场人性化设计初探》提出住区广场人性化设计原则：地域性原则、整体性原则、安全性原则、开放性原则、复合性原则、公平性原则。提出的设计方法有：合理确定居住区广场的性质、位置、形状、尺度；注重空间边界空间、林下场地、硬质场地、草坪、水景空间的设计；注重绿化、铺装、设施小品景观要素的设计。

蒋春等人在《居住区老年户外活动绿色空间营建》中营建了居住区中九大人性化的老人活动场地：打牌、下棋的树阵空间——树阵广场；锻炼、健身的专用空间——健身场地；做操、跳舞的开敞空间——休闲广场；遛狗、遛鸟的林荫空间——林荫草地；休闲赏景的滨水空间——滨水绿地；休闲聊天的私密空间——亭廊花架；散步休闲的游路空间——游步小路。

1.4 研究目的和意义

1.4.1 研究目的

重点结合人的行为心理需求，注重人与人、人与空间的交流，旨在提高人在公共生活的参与度，创造出满足人们精神与物质需求的人性场所。大尺度的环境空间将人们之间的距离越拉越远，人与周围的环境产生许多隔阂。在日益注重情感精神的今天，人们更加在意生活中的情感交流与体验过程。要打造出满足大众的心理需求与物质要求的商业交往空间，就需要发挥设计者的主观能动性，构建出人、环境、行为相结合的城市街道空间，重新找回大众对公共空间的认同感和乐在其中的感受。借鉴景观美学理论、环境心理学、行为地理学、马斯洛需求层次理论、建筑学、生态学、城乡规划学等相关理论体系，探析传统商业景区小尺度空间的释义，并对小尺度空间、人的活动行为方式、人的体验感知方式、体验途径、体验规律与特征、人的需求等方面做了系统性分析，以指导传统商业景区小尺度空间景观设计方法。最后以湖南昭山风景区布坊景观设计为例，将设计方法应用于课题实践，为今后的传统商业景区景观设计提供参考与依据。

1.4.2 研究意义

通过对湖南昭山传统商业环境中布坊景观设计交往空间的研究与思考，总结出一种新的设计思路，为今后的商业环境景观设计研究提供一定的依据，对城市的规划建设提供参照。

城市的发展导致人们对传统文化的了解越来越少，从而在保护上也越来越疏忽，有些传统商业街区甚至为了一味追求商业利益，完全不顾及传统文化的保护，让一些历史文化随着时间的流逝，慢慢淡出人们的生活。本文从文化保护与传承的角度出发，对传统商业街区的设计重新构思，对于传承地域文化保护与传承提出自己的见解，用景观设计的方式，引导人们对文化内涵做出真正的了解。

传统商业街区作为一般自然形成的贸易区域，一般都拥有较为优越地理位置，各类地域特产资源丰富，同时贸易交换为当地带来更大的发展，使得传统商业区已有一定的规模，在这基础上，传统商业区的发展逐渐形成了当地独有的地域文化氛围，但随着传统商业区近几年超负荷的发展，许多传统商业区独特的文化慢慢被新注入的商业区所遗忘。传统商业街区交通便利，是大商家的黄金地带，是经济繁荣地段。传统商业街区是一种新型的无污染的绿色产业，良好的运营文化模式可以带动当地经济水平的提高。

1.5 研究内容、方法及框架

1.5.1 研究内容

论文以传统商业旅游区中小尺度交往空间为研究对象。其中包括户外公共交往空间以及商业体验中心空间，但不包括住宅私人交往空间和大型室内公共交往场所的研究。

调研实例的选择主要考虑到论文研究的结论应适合于商业街区发展的形势，即旅游景区将越来越多地被开发，论文应更多地为这一类型的旅游商业体验服务，所以调研的对象多是新开发的旅游区。

本论文分为六个章节：

第1章绪论中涉及本文的研究背景、目的、内容和方法。阐述了课题研究的目的和意义，对国内外本课题的研究现状做了分析，调研了国内外小尺度交往空间景观的研究现状。第2章为小尺度交往空间景观设计的理论研究，包括人体工程学、环境行为心理学、社会文化地理学在景观设计中的应用及其如何考虑人的行为，又是怎么在实际项目中运用的，并产生什么样的效果。通过这些理论的研究分析，得到可以应用于实际项目的设计原则。第3章提出小尺度交往空间景观设计策略，立足于地域文化传承的基础上，提出小尺度交往空间的层次性、领域感、细节处理等多种设计策略。第4章为小尺度交往空间在实际中的利用，在前面的理论基础及设计策略支撑下，结合湖南昭山风景区设计实例，对基地概况、设计理念、设计原则进行分析，阐述功能组织、路径组织、空间组织、亲水组织，对其空间景观场景及景观要素进行详细表达。第5章为论文的结论与展望，这将有利于我们以后的景观设计项目，对景观设计专业的发展也有着一定的意义。

1.5.2 研究方法

论文采用理论研究、实地调研和归纳分析的研究方法。理论研究主要通过文献研读，设计的资料和书籍较多，但在结合小尺度交往空间的传统院落方面的研究和成果较少，也不成系统。所以研究的展开和深入需要收集大量的资料，学习相关的理论，并结合大量实例进行分析论证。

首先，在查阅有关中国传统工坊及商业街区交往行为的基础上，研究了小尺度交往空间及小尺度工坊的历史渊源。其次，在对小尺度交往空间景观实地调研和理论研究的基础上，采用总结、归纳的方法得出了小尺度交往空间景观的几个基本特点和设计原则以及调查中发现的问题。最后，理论与实际相结合，对小尺度院落交往空间景观建造模式作总结，并提出了发展趋势。

交通作为旅游需求的一种最基本的支持条件，既是旅游区发展的限制因素，又是旅游区发展的促进因素，交通设施的质量、交通客流的组织等等均影响着旅游区的发展。由此可见，交通在旅游区的发展中起着至关重要的作用，任何一种旅游区的发展规划研究都必须包括交通因素。

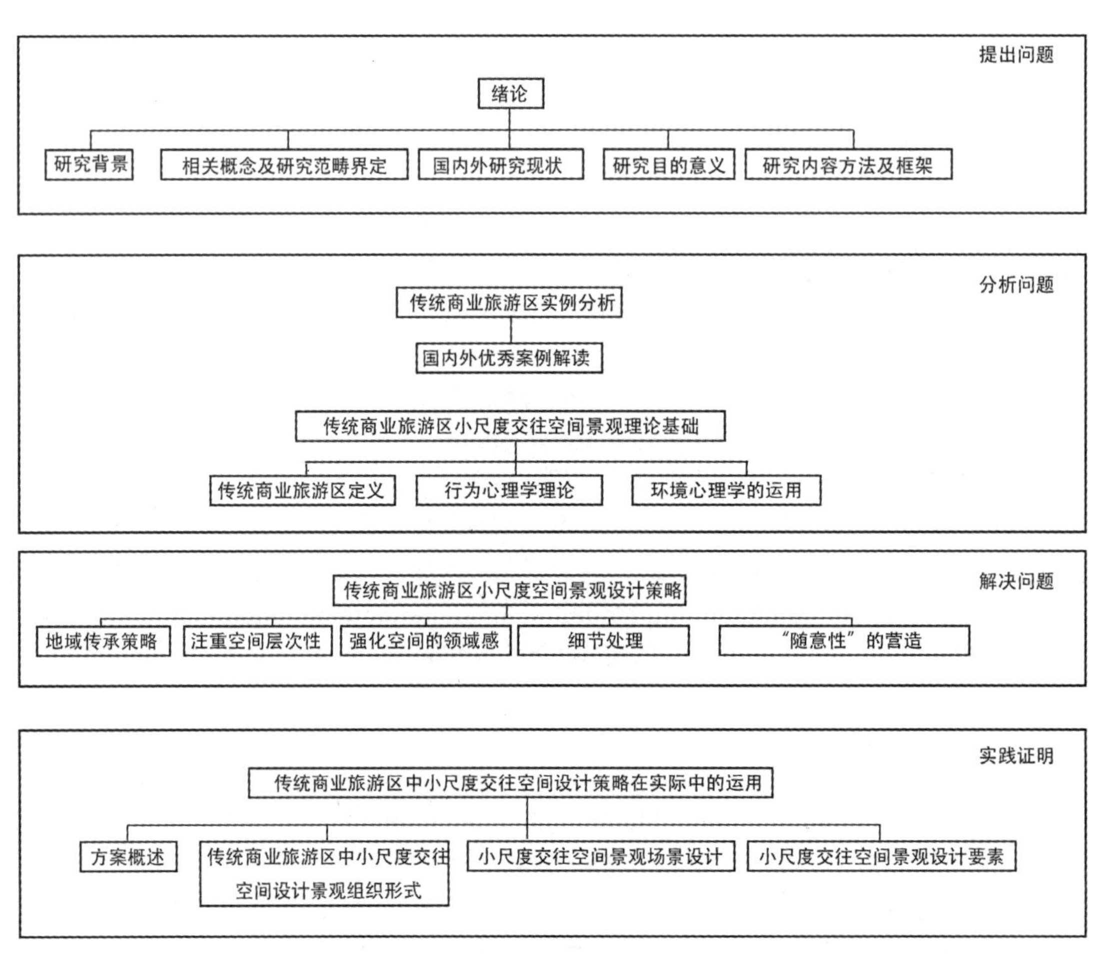

图1-1　论文框架

第2章 小尺度交往空间景观设计的理论基础

2.1 传统商业旅游景区定义

2.1.1 传统商业旅游区空间形态与构成

商业空间可广义理解为所有与商业活动有关的空间形态，从狭义上则可以理解为当前社会商业活动所需的空间，即实现商品交换、满足消费者需求、实现商品流通的空间环境。随着时代的发展，现代商业空间的多样化、复杂化和人性化逐渐代替了传统的商业空间，但是在传统的商业旅游景区则是传统与现代商业空间结合的产物，既需要有现代商业空间的多样性、人性化，也需要有传统商业区的格局与情感。

商业空间构成主要以人、物及空间三部分组成，一是人与空间的关系，在于空间替代了人的活动所需要的机能，包括物质的获得、精神感受与知性的需求；二是人与物的关系，则是物与人的交流机能；三是空间提供了物的放置机能，多数的“物”的组合构成了空间，而多数大小不同的空间更构成了机能不同的更大空间。人是流动的，空间是固定的，因此，以“人”为中心所审视的“物”与“空间”，因需求性与诉求性的不同，产生了商业空间环境的多元性。

2.1.2 交往空间景观特征

不同的行业领域对交往空间的定义是各有不同的，交往空间在环境行为学中的解释为：交往行为发生的空间和环境。一方面，指一定形式的物理空间，即具体的地点。另一方面，指人在这个具体地点中发生的交往行为。交往空间在居住环境景观领域则解释为物理和心理空间的统一空间，主要是说人类的活动行为是与他所在的空间紧密地交织在一起的。而在商业空间设计中交往空间的解释则是：由人与其对某一个物体的感觉之间产生的相互关系所形成。这一相互关系主要是来自于人的视觉，但如果是作为建筑空间考虑的话，也会与人的其他感官有关系，如：嗅觉、视觉、触觉等。

2.2 行为心理学的应用

行为心理学是心理学的一个支系，起源于约公元 20 世纪初，它的创建人为美国心理学家华生。 行为主义观点认为，心理学不应该研究意识，只应该研究行为。所谓行为就是有机体用以适应环境变化的各种身体反应的组合。行为心理学在景观设计中是为了研究人的行为心理与景观设计所创造的环境之间相互作用的关系。

（1）人的活动方式

人的活动是园林景观的评价准则，人的活动类型归纳为：必要性活动、自发性活动、社会性活动三大类。必要性活动在空间活动中所受外部干扰较少，目的性强。自发性活动指人在空间活动中的可选择性活动，这样的行为通常受到所在地方的服务品质、景观感受等多重影响。社会性活动作为一种社交性活动，同样受地域景观空间品质影响。

（2）私密和开放

人对私密的体现主要为以下四种类型：①独处，指一个人独自待在某一个地方，这是最常见的私密类型；②亲密，两个人或两个以上的小团体的私密性，是团体之间获得亲密关系的需要；③匿名，指公共场合不被人认出或监视的需要；④保留，指的是保留自己信息的需要。在景观设计中，景观设计利用植物的种类，把不同的空间进行分割，分级出现不同大小的半封闭或较封闭的空间形式，有益于不同人群对景观空间的需要。对开放空间来说主要是注重人的行为方式，以及一些关爱型设计，开放空间是人们之间相互交流的重要场所，良好的交流氛围、舒适的交流空间离不开景观设计的支持。如不同的景观花卉对交流的气氛渲染起到的作用是不一样的，或不同的植物的出现或许就能成为人们相互交流的一个契机。

2.3 安全与稳定

人对空间环境的依赖和占有，渴望自己拥有一个独特的空间环境，因为这个空间能给人带来一种独特的安全感，人需要空间给予安全感，这从猿人时期就开始了。不管是洞穴，还是房屋，都给人提供一种内心安全平静的心理感受。所谓稳定的空间在于安全的基础上的空间稳定和平和的感受，如在一个景观设计案例中，利用不同花卉的气味，设置不同的休闲区域，纯粹的气味给人一种安心的感觉，不同爱好的人们在属于自己的空间里能得到前所未有的满足，而不会受到其他气味的影响。

2.4 实用与宜人

在景观设计中同样也涉及空间的实用性，在不同空间针对的人群是不一样的，这要求景观设计师在对地域进行景观设计时必须了解所在地域的人群范围和行为习惯，这才能达到景观设计的目的，给人带来舒适宜人的景观效果，达到可观、可赏、可游、可玩、可居的境界，利用地域优势营造宜人的空间环境。就如计成在《园冶》相地篇中的因地制宜的造园方式，让园林感觉自然宜人，搭建一些满足于人的心理需求的景观节点，如听雨台、戏水区等，让人们充分与大自然接触，满足人们对大自然的渴望，抓住人们在生活中缺失的那部分应有的感知。

2.5 满足人的需求原则

人的需求包含两大类的需求，生理需求和心理需求。人的生理需求主要表现为人作为人本身所具有的尺度，主要表现在于商业空间中的人机关系，而心理需求则关乎行为心理学中的需求。

（1）生理需求

景观设计中人性化不仅能给人带来便利，更重要的是能让景观与人产生融洽平和的关系，最大限度地去体谅人的生活方式和景观需求，在园林景观中做到生理上无感的层度，如在公园中设置特殊通道，方便残疾人也能和正常人一样到达公园的任何位置，再比如公园里设置的直饮水，适合不同身高及残疾人使用，做到让任何使用的人感觉到无任何不适。

（2）心理需求的关怀

在景观设计中，环境之间的关系不仅存在于人与物，人与环境的情感交流变得尤其重要，特别是现在的生活节奏越来越快，人们渴望在自然景观中获得良好的感受，人对环境的感受不仅要获得舒适和愉悦，更要能在心理上感知到空间的特征和内涵，从而与人的感情产生共鸣。这就要求在景观设计中，不仅要做到“造景”，更要做到“造境”，为景观中的人制造出相应的意境，这不仅只是一些景观的堆砌，而是让人们如何认知这天地万物。只有对人们心理的需求深入了解，才可能制造出符合人们心理需求的意境。

第3章 传统商业旅游区小尺度空间景观设计策略

3.1 地域传承策略

3.1.1 地域文化的解读

传统商业旅游区的形成与所在地域文化是分不开的，而地域文化的形成是在一定历史条件下的，受到历史、地理、政治等多因素影响，一方水土养一方人，不同的地理条件，限制了人们的生活方式和行为习惯，不同的历史变迁，养成了人们的审美和性格特点，不同的水土养育了不同地域独具特色的地域性文化，这些历史印记通常雕刻在特定的空间环境中，它们与我们的生活息息相关。尊重和传承地域文化，也是尊重大自然的形成、尊重自己。所以，让传统地域文化、独特的场所精神重新焕发新的活力，是我们每个园林设计的使命，让优秀的地域文化得到传承更是我们每一个设计师的责任。

通常来说，一个传统商业空间作为一个经济贸易场所，能直接反映出一个区域的经济水平、自然环境、生活方式等多方面内容，不同的地域因为不同的地理条件，人们所能利用大自然的方式是截然不同的，所以不同的地域环境所体现出来的文明层度以及发展文明的方式是截然不同的。但是它们都各具特色，历史发展的每一刻、每一分都永远雕琢在这片土地上，而这地域的土地同样也养育着这片独特的历史文化，无论是在现代优秀的景观设计作品中，还是在中国古典园林中，都能发现大多风景造园师都是在尊重当地独特地域的基础上来建造。在设计者、建造师，以及使用者的参与努力之下，最终经过不断的磨炼沉淀下来，成为所在地域独特的物质与精神财富。

3.1.2 空间文化的提取

地域文化与空间设计是相互作用和影响的，地域文化具有独特的历史底蕴，影响所在地的历史景观，在景观设计中，提取具有一定代表性的地域文化元素，从而运用到传统商业空间的设计中，这样有利于提高地域的文化认同感。游客可以从这些独特的文化元素中，感受当地独特的地域文化。当地人可以在这些文化元素中找到承载了几代人或几十代人的生活回忆，从而在一个连续的传统中沉淀和寄托着地区社会的心理和情感归宿。

本文项目位于湖南省昭山风景区湘潭市东北20公里的湘江东岸，为长沙、湘潭、株洲三市交界处，海拔185

米，是旧时“潇湘八景”中的“山市晴岚”，作为“潇湘八景”之一，“山市晴岚”既承载了“潇湘八景”整体的历史文化性，又具有自己独特的历史文化内涵和景观风貌特点。

3.2 注重空间层次感

小尺度的传统商业空间在设计时应更加注重主次化的空间营造，让空间层次分明，内容也更加丰富，在设计的同时也可考虑借鉴中国园林史中的造园手法，再用现代的方法加以诠释，增加区域的功能，丰富人在场所的行为表现，提高人的参与。比如在传统商业空间中，在充分考虑人的行为习惯方式后增加景观设计节点，满足各类人群的功能要求，如水景、绿地、步道、展示场所等各类型有序的流动和转换，形成一动一静，舒张有度的空间对比，活跃场所气氛，为人提供各种社会交往、交流的功能需求，满足人们在区域里集会、休闲、体验、运动、购物等要求，不同的人群在这里都能满足自己的行为需求。

3.3 强化空间的领域感

在商业空间的小尺度交往空间设计中强化空间的领域感显得十分重要，这主要体现在各铺装、绿化、水景等各方面的具体设计，通过对地面材质变化、高差的把控，控制不同空间的边界，使每个相对独立的空间既能与周边的环境相融，也能明确其空间的范围，这样有利于让人们从心理感知到无形中形成的空间领域感，如在商业空间设计时，购物区、休闲区、交谈区、赏析区，虽然都有着不同的功能区域，但是它们也同时存在于这个商业区之中。所以我们在设计的时候应充分考虑所在地的历史文化、自然形态，通过对人文内涵的把控，在尊重原始地貌的基础上加强使用者的识别记忆。强化地域性认知，对空间形成强烈的空间精神，不同人群中的人与人的交流、倾听，无形中形成了具有凝聚力的领域空间。

3.4 细节的处理

在传统的商业区小尺度的交往空间设计中，细节往往扮演着一个极其重要的角色，细节表现出来的颜色、尺度、质感、纹理都能给人带来最直接的视觉印象，现代主义大师密斯曾说过“上帝存在于细部之中”。中国也有句俗话叫作“细节决定成败”。细节设计刻画的深入与否直接关系到一个空间整体给人的感受。在把握整体空间环境的前提下，细节的处理与把控不仅能够生动地反映设计的水准，同样也能在点滴之间体现人性化关怀。

3.5“偶遇”的营造

在传统商业旅游区的小尺度交往空间里，人与人交往通常都是2～3人的交谈，这种交谈存在于绿地上、休憩区、观赏区等多种地方，这种交谈行为的时间、地点，以及内容都有很强的随意性。如何利用景观的搭配加深交往的可能？这就要求园林设计师在小尺度交往空间中通过对小品、植物、座椅的简单排放，为人提供亲切宜人的环境，为人们的交往提供舒适的空间。

第4章 小尺度交往空间设计策略在实际中的应用

4.1 方案概述

4.1.1 基地现状与认知

（1）区位分析

昭山位于湘潭市东北20公里的湘江东岸，为长沙、湘潭、株洲三市交界处，交通便利，东临G107国道，海拔185米，是旧时“潇湘八景”中的“山市晴岚”，自古以来米芾、王船山等名人题咏很多。

（2）设计范围

项目地块位于湖南省昭山“山市晴岚”文化旅游项目整体概念性规划设计地块中。项目合理处理建筑与自然景观、文化与历史的关系，打造具有国际影响力的文化旅游特色项目。

根据任务书要求：选题范围以集市区建筑单体为主，例如白石画院、安化茶庄、古窑遗韵、潭州书院、商业会馆、制作工坊等等，经过多方位走访调查，最终确定设计选题意向：湖南昭山小镇制作工坊——非遗文化展示体验区—— 布坊设计。

（3）现状分析

① 气候条件

湖南省湘潭市气候属亚热带季风湿润气候区，且四季分明，冬冷夏热，春夏多雨，秋冬干旱，无霜期长；年平均降水量达到1200～1450mm，降雨多集中于4～6月。每年11月至次年3月为降雪期；7、8月份主要以南南东风及南南西风为主，冬季盛行偏北风，夏季盛行偏南风，春秋两季仍以偏北风居多，且年大风日数多在5～10天。春夏多大风，秋季比较少。

② 地形地貌条件

昭山风景区范围内高程由北向南依次降低，现状地形整体较为统一，昭山并不太高，海拔为185米，西部为湘江，河道辽阔，昭山南部与湘江相对平整，河道沿岸相对平坦，以农田为主。

③ 用地分析

昭山周边现多以农田村庄为主，多数地区分布自然林地，局部有少量的居住用地等，且昭山东侧临近G107国道一侧有一定量的住宅区。

④ 交通条件分析

昭山交通十分便利，东临G107国道，除了贯通南北、东西两大公路交通大动脉以外，距离长沙国际机场也十分便利；水运方面有湘江穿过，设有码头，船运非常便利；此外，京广铁路穿区而过，长株潭城际铁路在这里设站。但昭山内部的支路系统不很完善。总体来讲，昭山外部的通达性良好。

⑤ 历史文脉分析

相传早在西周时期，周昭王南巡荆楚，曾在昭山盘桓多日，并殁于此处。昭山因此得名；秦汉至清时期，几经改制；至1949年，韶山解放；1991年，政府同意韶山、昭山、凤凰古城等作为湖南省第二批省级风景名胜区。

此处风景名胜甚多，有山市晴岚、刘锜故居遗址、昭山古蹬道、昭阳寺、魁星楼等。据悉，昭山现有景点中包括45 项各类资源，涵盖36类基本类型；其中五级资源1处，四级资源9处，三级资源25处，二级资源10处。

⑥ 开发模式

山市晴岚文化旅游项目位于湘潭昭山示范区昭山景区，由山市晴岚小镇和昭山核心景区一起组成。项目总建筑面积约15万平方米，依据“一核（游客服务中心）、两区（昭山景区、风情小镇）、十园”的规划结构，主要以集市为脉络，联合商街、会馆、禅修、宗祠文化等多个体块，打造集“市、渔、礼、禅、居、艺”的湖湘文化魅力小镇。集市布局白石画院、安化茶庄、古窑遗韵等湖湘非物质文化遗产，更有各类行业会馆与小镇商街，营造氛围浓郁的小镇风情。

昭山景区规划中内部路线贯穿整个景区，景区有三个入口，有利于分散人流；水系丰富，以规则式布局集中于昭峡铺古镇集市体验区范围内。

4.1.2 设计理念与目标

现代社会由于经济的飞速发展、社会价值观的迅速更新，忽略了历史文化与人文情感的积淀，在城市中越来越多地形成缺乏情感和文化特征的“空间”，更多是千篇一律的商业空间，因此该选题具备研究必要性。

湖南地区自秦汉时期已有印染工艺，民国时期，染坊数量以长沙、湘潭等地区为最，昭山本身具备区位优势，且染布活动需要合适的空间，需要合作，这是选择该空间的原因。

分析项目地块原有现状的基础上，以“宜观怡停”为出发点，将布坊命名为“宜布工坊”，结合当地社会、文化、历史等基本特征，满足其基本的展示、体验、售卖等功能，通过在空间中的织布、染布、晒布等多种行为方式体验，最终形成能与人们达成情感交流的交往空间，拉近人与人之间的距离。

空间：打破传统空间壁垒，创造小尺度的交往空间，从街巷到建筑内部达到一种自然放松的状态。

文化：结合当地传统手作织布印染工艺与当地手工艺文化之间的关系，保持其独特性。

元素：提取当地形（造型）、质（图案、质地）、色（色彩）元素，打造具备情节、可视性强的建筑空间。

功能：通过对业态、空间、线路、流程等的规划设计，加强产品、旅游、兴趣、购买等之间的联系，加强游客的体验感。最终希望能够建造小尺度的公共交往空间和具有地域特色的布坊空间，希望人与人的关系能够在这样的空间之中从“擦肩而过”发展为“促膝而谈”。

4.1.3 设计原则

（1）以人为本的原则

以人为本的设计原则，主要注重游客的参与性和舒适程度；在户外交往空间中注重休闲空间的塑造，开放性和私密性相结合，与空间的游赏功能结合起来，打造空间景观“观”与“停”的统一。例如聚集逗留交往的空间与体验交往的空间、围合空间与开阔空间。

（2）因地制宜的原则

结合基地原始肌理特点，因地制宜，在此基础上设计改造，原始肌理分布散乱，高差小，改造空间小，且道路关系不明确，通过分析“昭山‘山市晴岚’文化旅游项目”规划中场地的肌理，发现道路关系清晰，且有丰富的水景，但其建筑形式无特色，结合原始肌理及其现有肌理，利用其规划后的道路关系及水景，在此基础上加入地域特色元素，打造具有特色的布坊空间。

（3）特色的原则

在营造景观方面，要体现当地地域特色，将湖南地区织布染布工艺结合到空间之中，体现其人文特色；运用现代景观的设计手法，对空间进行合理的分区，营造巷道、景观环境、建筑相结合的空间环境，带给人极具辨识性的空间特征的感受。

4.1.4 方案构思与特色

在整体上，讲究建筑和环境的融合，突出其地域特色和人文特色，注重塑造商业旅游区环境中的户外交往空间，主要以户外空间为研究的对象，以“交往”为切入点，注重以人为本的设计理念，通过分析人的行为方式和心理需求，在空间和体验感上进行划分，希望结合湖南地区织染工艺，首先营造适合人交往的小尺度空间，通过在此空间中体验织染的行为方式，达到拉近人与人关系，形成情感交流空间的目的。

在具体营造手法上，首先以东方韵味为主要原则，营造安静的空间氛围；提取自然材质，例如当地的青砖、黑瓦、竹材，结合现代的设计手法，建造具有当地特色、具有辨识性的建筑结构；结合当地地理优势，打造通透的建筑形式，大面积使用透明材质以及格栅形式的外墙，大量引入阳光，满足晒布的功能需求。

4.1.5 湖南省昭山风景区布坊景观总体规划

本设计在整体上和环境相融合，把户外空间作为主要设计对象，达到从街巷到庭院自然而然放松的状态，地块以染布为空间主要特征，以铺装分区，以植物和染布作为隔挡，形成私密空间和开放空间。

本地块以“宜观怡停”为出发点，将布坊命名为“宜布工坊”。布坊不遵循传统的布局营建方式，一方面，户外晒布空间以及入口区售卖区紧邻商业街巷一侧，此处人流量大，吸引游人眼光，激发好奇心，诱导游人进入布坊；另一方面，将水景引入户外空间之中，入口区利用自然植物及染布小品的隔挡巧妙地阻隔视线，背后景色若有若无，引发好奇心，最大程度上利用地面面积。运用现代景观设计手法，利用现代材料，例如彩色玻璃，将各种景观元素引入环境，引导人们进入景观之中，玻璃的彩色与染布的色彩对应，水景从玻璃下蜿蜒而过，在阳光照射下为游人提供视觉美感。建筑空间内部分为售卖区、展览区、休息区域、织布晒布区域，合理规划人流动线。建筑东侧被水景包围，水上设计汀步及平台，提供私密的休憩交往空间。

4.2 小尺度交往空间景观组织形式

4.2.1 小尺度空间的功能组织

结合原有设计规划详细的认知，结合现有的基于对场地详细的调查，布坊内部景观在功能组织上主要以分区进行功能划分，以水景和铺装作为串联，以植物和染布小品作为隔挡，针对不同人群、不用形式以及功能不同的景观节点，考虑到环境中人们的各种行为特点，例如观赏、交谈、休闲、娱乐、体验、活动、游玩等行为方式，设计了中心景区为主要的观赏区，以莅临商业街道的户外染布空间为主要体验区，配合各种休憩停留的场所，形成一个集观赏性、功能性、舒适性于一体的户外交往空间。

首先入口是整个布坊空间的门户，入口对外连接主要的交通干道，对内连接主要景观，入口景观非常重要；在入口设置上，不采用传统商业旅游区一般意义上的建筑中心作为入口，而是采用将入口放置在户外空间，结合铺装、植被、小品，设置行人通道与残疾人通道，整个入口空间起到分散人流的特点。 中心景观由水景、活动区域以及休憩平台组成，水景由外引入庭院中，经小型叠水流入中心水池，周围以碎石铺装为主，配以植物，休憩平台作为停留空间，为游人提供一个观赏、交谈、休憩的场所。

户外晒架区主要以体验功能为主，地块搭建户外晒架，功能性与观赏性的结合，增加儿童游乐地块，同时在设计的时候充分考虑景观小品的平稳性与耐久性，植被多以自然生长为主，减少地块的管理难度。水上活动区设置休息平台、汀步及水上平台，提供休憩空间。

4.2.2 小尺度交往空间的路径组织形式

在进行设计时通过分析人们的行为特点来定位人们的通行路线，在行进过程中，通过串连起来的路径获得一系列的功能空间，那么在路径行进过程之中要注重地面界面以及建筑立面界面，行进速度很大程度上要受到路径设置体验感受的限制，因此，要了解到，对于能够快速行进的路径只能带给游客景区的整体印象，当游客希望能够从地块细部去感受时，就需要在行进路径上设置趣味性节点，增加游客参与积极性。

首先对于地块有主题性的定位，主要以体验空间为主，在此前提下，确定每个节点空间的主题，并且进行相关的体验活动的设计，形成不同的空间活动，让游人能够参与其中，乐在其中。在“宜布工坊”设计过程中，主入口位置临近商业街道，引导游人进入，通过无障碍空间进入中心景观区，此处有良好的观景视线点，串联各个区域，主要以休憩、观赏、通行为主；通过路径引导进入下一体验空间，增加各种体验活动，让游人能够参与其中；整个地块以三个人流集散地连接周围体验性景观，路径设置以游人需求为基点，分为短期游路线和体验路线；短期游路线针对一日游或不参与体验活动的游客，活动范围集中在户外活动区及售卖区内，带给游人整体印象；体验路线着重于空间细部，路径规划包含整个空间，在入口区获得空间初步印象，经过水景区，在此休憩，进入空间内部体验，以及户外晒架区的体验活动，在此空间中感受休憩、游玩、购买等各种体验活动，获得更深刻的景观体验。 通过路径设置，既要满足其功能性的要求，又要满足各个节点对于景观节点的连接作用，不但保证最佳的观景效果，同时带来更深层次的景观体验感受。

4.2.3 小尺度交往空间的空间组织形式

建筑空间内部莅临街道的建筑以售卖区为主，主要针对短期游客，入口、售卖区与户外晒布区形成串连，建筑二层设置休息区域，形成线式的空间序列逐步展开。织布坊、染布坊以组团形式展开，以体验空间为主导空间，空间内部细分展览区域以及体验空间，形成相对独立的空间形态。地块东侧水景区集中展示，水景布置水上平台，以景观小品展示染布成品，定期更换，同时形成相对私密的交往空间。

4.2.4 小尺度交往空间的亲水组织形式

小尺度交往空间中人与水之间的距离比较近，人在空间中的亲水体验应该得到充分满足，在设置亲水设施时主要以亲水平台、亲水驳岸为主。

“宜布工坊”以规则式驳岸为主，项目东侧为“昭山山市晴岚文化旅游项目”原有水景，以规则式大面积静水区域为主，水景呈半围绕状态包围地块北侧和东侧，“昭山山市晴岚文化旅游项目”在开发过程中注重与周边商业街道、自然环境的结合，相互渗透，在水景利用上与建筑结合，互相借景，在实现最佳点入口处设置浅水区，让人们能够驻足观赏，中心景观区水景穿流而过，透过玻璃若隐若现，丰富了感官上的体验。

染布坊后门可通向水景区，亲水平台分为公共亲水平台以及私密亲水平台，私密亲水平台被水环绕，可以多角度观赏景观。

4.3 小尺度交往空间景观场景设计

4.3.1 景观场景的设计

小尺度交往空间以景观场景来作为支撑和烘托，当人文要素融入特定的景观场景之中的时候才能构成特殊的情景。特殊的情景蕴涵着独特的内涵，人在这样的环境中能够体会到情景带来的特殊的意蕴感受。

首先通过对各种景观要素的提取，例如提取当地形（造型）、质（图案、质地）、色（色彩）元素，打造具备情节和不同体验感的交往空间，因此在设计中要把握人的行为方式和心理需求，对景观要素进行概括和提炼，塑造出可视性强、具备特色的景观空间。

首先，通过确定景观场景的主题，提取当地具有特色的景观要素，提炼整合，赋予场地新的生命；其次，将构筑物、水景、材质、铺装、色彩等景观元素整合成完整的场景，给游人带来视觉、触觉等感官体验，结合主题，形成互动场景。景观场景塑造：售卖区紧邻商业街道一侧的长廊景观，形成短时间内可驻留的场地，建筑外墙可作为展览空间，同时此处区域可作为遮阳避雨空间，形成交流场所；入口景观以青石板铺装、植物搭配以及玻璃屏风形成观赏景观；中心景观以木质铺装、水景构成观赏景观，同时是最佳的观赏点，水景上设置晒架，游人可穿行而过，增加趣味性；户外晒架区复原传统的晒架结构，具备场景感。

4.3.2 景观节点的设计

景观节点作为旅游环境中的重要场所，它能够吸引人流，吸引周边视线，整个设计地块可以通过景观节点串连起来，通常景观节点会结合景观道路进行连接，形成不同景点的连接与过渡，在设置景观节点时，首先可以通过人的需求提取景观要素，例如从视觉、听觉等五感去感知景观，其次从个体及群体体验对比来感知景观，有意识地对游人进行活动引导等不同方式去提高游人的参与性。

在具体实施上，对“宜布工坊”进行空间划分，功能多样性可以有效满足不同人群的体验需求，划分出入口节点，中心景观节点、户外晒架节点等空间节点。 入口节点是游客的必经场所，常常是公共空间向私密空间过渡的过程，人的心理需求也相应发生变化，因此在设计上，可通达性强，设置布坊特别的标志，以玻璃、染布设置的隔挡阻隔视线，形成布坊空间的特殊印象。

交往活动具有随机性，交往活动是一种自发的行为，因此在空间设计上设置供人交往的空间有意识地引导这种自发行为的产生，例如景观廊道节点观赏行为、中心景区节点休憩行为。晒布空间节点设置秋千、彩色玻璃诱发游人产生交往行为；水景活动区设置座椅，提供休闲场所，形成亲切互动的交往空间。

4.3.3 组织与引导群体行为

交往活动具有自发性，可以通过对空间路径、人群活动以及活动内容的组织来引导游客的行为，通过一定的手段促使一些场景行为发生，能够让游客自发地参与到环境当中。

关于路径组织，通过空间的开合和路径规划来引导游人线路，景观体验主要以游人散步道连贯其中，铺装采用木质铺装与彩色玻璃结合，以更丰富的路径体验引导游人，增加可参与性。

人群活动组织上利用植物和隔挡引导人的行为，利用染布屏风作为虚隔空间，背后景色若隐若现，引发游人的好奇心，中心平台以巨大玻璃分隔区域，透过长廊看到水上平台，引发探索心理的产生。在建筑立面的处理上，为满足其基本晒布空间的通透性，以栅格形式及大面积玻璃作为建筑外立面，引入阳光，同时引发游人好奇心。利用景观要素引导人的行为，例如建筑北立面，此建筑为织布区，建筑立面以栅格形式构成，游人在织布区中可观看到外部水景。结合景观空间开展具有意义的活动，例如展览、穿行、拍照等活动体验，让群体行为活动更好地融入设计中，利用各种活动引导游人的行为，串连各空间。

4.4 小尺度交往空间景观要素设计

4.4.1 植物的设计

植物是组织空间中重要的景观，不同色彩的植物给人带来不同的心理感受，织物色彩的不同能够引导不同的情感，在此地块中，以乔木散植为主，与周围景观结合形成舒适的树下空间，穿行其中形成欢快的景观氛围，有助于缓解人的精神压力。在建筑墙角以及户外晒架区，以自然生长的灌木、花草为主，减少人工成本。

4.4.2 铺装的设计

铺装是该景观设计中重要的组成部分，首先铺装材料可以起到很好的限定空间范围的作用，可以渲染场地的氛围。铺装材质的变化能够集聚不同的功能特征，具有一部分的心理暗示功能。

现代铺装采用青石板、碎石铺装为主，通达性好，主要铺设在入口区域，形成无障碍通道，整体中寻求变化，带来多种体验感；生态铺装主要采用木材、生态铺装（草地）等，主要运用在中心景观和户外晒架区，具备更真实的体验，此种铺装更接近于自然，带来亲切感；特色铺装主要采用彩色透光玻璃，铺设于中心景观地面，透过玻璃可看到水景。

4.4.3 小品设施设计

小品设施种类很多，首先应该考虑到布坊空间整体的定位、色彩基调、材质统一等问题，不仅要满足游人基本的功能性要求，也要具备场地特有的特色要求，与场地景观融合。

“宜布工坊”主要以休憩性质的景观小品设施以及装饰性的小品设施为主。

休憩性质的小品设施主要设置在中心景观区通道两侧，设置座椅面向水景，提供良好的休憩观景空间，长凳可容纳3～4人，长凳背对水上晒架区，观景效果良好；户外晒架区以体验为主，晒架区结合湖湘染布特性，不仅作为晒布区域，也作为游人体验拍照区域，晒架顶部加装彩色玻璃，阳光透过玻璃穿透下来，彩色光晕投射在地面上，增加气氛渲染，同时晒架区加装秋千增加体验区；水景区设置水上平台四周环以水，水上平台作为小型休憩区域，同时加装小品，以可旋转的屏风作为隔挡，屏风材质可替换，做到方便、舒适且具有仪式感，人为营造户外交往空间。

4.5 小结

通过对 昭山“山市晴岚”文化旅游项目规划设计中“宜布工坊”的设计分析，对传统商业旅游区中小尺度交往空间进行了具体的应用设计，将理论与实践相结合，结合当地社会、文化、历史等基本特征，满足其基本的展示、体验、售卖等功能，通过在空间中织布、染布、晒布等多种行为方式体验下，最终形成能与人们达成情感交流的交往空间，拉近人与人之间的距离。整体从空间功能、路径、亲水等组织形式设计上把握，分析其场景及节点特点，结合景观要素进行设计，将小尺度交往空间的景观设计方法把控得比较到位。

第5章 结论与展望

通过对湖南昭山项目的实地考察、走访，以及参与调查一些小尺度间案例，对小尺度的交往空间设计有了一些新的认识，通过将这些理论和实践相结合，提出了湖南昭山布坊项目的概念设计方式，以及设计理念。在小尺度交往空间理论研究的基础上，结合马斯洛心理需求，以及人的景观尺度，提出以生态景观进行目标定位，并从功能体验组织、序列体验组织、路径体验等多个方面对体验式设计进行宏观把控，同时结合景观场景和各景观要素进行设计，将小尺度交往空间设计方法运用在传统商业空间领域。

由于本次研究的时间和精力有限，在调研中只选取了较为代表性的商业空间进行调查，调查范围过小，得到的成果和结论可能不够全面，还有待在小尺度交往空间领域有进一步的研究，以期待得到更全面的结论。

参考文献

[1] 扬·盖尔. 交往与空间 [M]. 中国建筑工业出版社, 2002.

[2] Andrusier N, Mashiach E, Nussinov R, et al. Principles of flexible protein-protein docking [J]. Proteins Structure Function & Bioinformatics, 2008, 73 (2): 271–289.

[3] [美] 克莱尔·库珀·马库斯, 卡罗琳·弗朗西斯. 人性场所 [M]. 中国建筑工业出版社, 2001.

[4] 林奇·凯文. 城市意向 [M]. 华夏出版社, 2001.

[5] C·亚历山大, 等. 建筑模式语言 [M]. 知识产权出版社, 2002.

[6] 张凯莉, 周曦. 居住区室外环境规划设计目前面临的尴尬境域 [J]. 中国园林, 2008, 24 (4): 43-45.

[7] 刘滨谊, 郭璁. 基于地域性景观意象的旅游体验行为环境构建浅论 [J]. 经济研究导刊, 2011 (35): 81-83.

[8] 刘惠芳. 浅谈居住区水景的人性化设计 [J]. 工程与建设, 2006, 20 (6): 726-728.

[9] 谢芸. 城市住区广场人性化设计初探 [J]. 山西建筑, 2007, 33 (29): 57-58.

[10] 蒋春, 王国良, 唐晓岚, 等. 居住区老年户外活动绿色空间营建 [J]. 江苏林业科技, 2009, 36 (1): 40-43.

[11] 李道增. 环境行为学概论 [M]. 清华大学出版社,1999.

[12] 马涛. 居住环境景观设计 [M]. 辽宁科学技术出版社, 2000.

[13] 芦原义信. 外部空间设计 [M]. 中国建筑工业出版社, 1985.

[14] 任函. 现代建筑的地域场所表达 [D]. 郑州大学, 2006.

[15] 张婷婷. 景观构筑物的尺度研究 [J]. 建筑知识：学术刊, 2014 (B03): 158-160.

[16] 郑旭生. 我国对传统商业街区的保护与改造分析 [J]. 经济技术协作信息, 2013 (9): 78-78.

[17] 马海娥, 刘亚兰. 现代室内界面装饰图案的构成形式 [J]. 美术大观, 2012 (3): 136-136.

[18] 刘瑾. 绿色建筑景观设计浅析 [J]. 住宅科技, 2012 (8): 35-38.

昭山旅游景区“宜布工坊”景观设计

Zhaoshan Tourist Area, Tanzhou Academy Design

基地概况

昭山位于湘潭市东北20公里的湘江东岸。为长沙、湘潭、株洲三市交界处，昭山海拔185米。是旧时“潇湘八景”中的“山市晴岚”，自古以来米芾、王船山等名人题咏很多。据说周昭王南征蛮邦，一直打到这里，结果掉到山下的深潭里淹死了，因此称为昭山。

基地现状

项目总面积：占地总面积约2790 亩（1.86 平方公里）。

可建设用地：约 1000 亩。

总体规划结构：一核（游客服务中心）、两区（昭山景区、风情小镇）、十园。

资源优势：

1. 自然资源丰富，林木葱郁，毗邻湘江，昭山海拔185米，具备天然地理优势。

2. 历史文化多，非物质文化遗产多，人文资源丰富。

3. 场地现有景点共有45项各类资源，涵盖36类基本类型；其中五级资源1处，四级资源9处，三级资源25处，二级资源10处。

自然环境：

1. 气候：亚热带季风湿润气候区，四季分明，冬冷夏热，春夏多雨，秋冬干旱，无霜期长。

2. 降雨：年平均相对湿度81%。年降水量1200～1450mm，年平均降雨日152d，其中中雨（≥10mm）年约20天，降雨多集中于4～6月。每年11月至次年3月为降雪期，多年平均降雪天数12.9d，最大积雪厚度25cm。年平均蒸发量1359.1mm。

3. 风向：平均风速2.4m/s，最大风速28 m/s。7～8月份主要以南南东风及南南西风为主，冬季盛行偏北风，夏季盛行偏南风，春秋两季仍以偏北风居多，年大风日数多在5～10天之间。大风以春夏多，秋季少。

项目选址

位置：位于集市体验区中，昭山小镇—昭峡铺区域范围内。占地面积：2360m^2。

设计构想

本方案以“宜观怡停”为出发点，将布坊命名为“宜布空间”，结合当地社会、文化、历史等基本特征，满足其基本的展示、体验、售卖等功能，通过在空间中织布、染布、晒布等多种行为方式体验，最终形成能与人们达成情感交流的交往空间，拉近人与人之间的距离。

设计意义

现代社会由于经济的飞速发展，社会价值观迅速更新，忽略了历史文化与人文情感的积淀，在城市中越来越多地形成缺乏情感和文化特征的“空间”，更多是千篇一律的商业空间，因此该选题具备研究必要性。

湖南地区自秦汉时期已有印染工艺，民国时期染坊数量以长沙、湘潭等地区为最，昭山本身具备区位优势。且染布活动需要合适的空间，需要合作，这是选择该空间的原因。

设计预想

空间：打破传统空间壁垒，创造小尺度的交往空间，从街巷到建筑内部达到一种自然放松的状态。

文化：结合当地传统手作织布印染工艺与当地手工艺文化之间的关系，保持其独特性。

元素：提取当地形（造型）、质（图案、质地）、色（色彩）元素，打造具备情节、可视性强的建筑空间。

功能：通过对业态、空间、线路、流程等的规划设计，加强产品、旅游、兴趣、购买等之间的联系，加强游客的体验感。

建筑场地分析

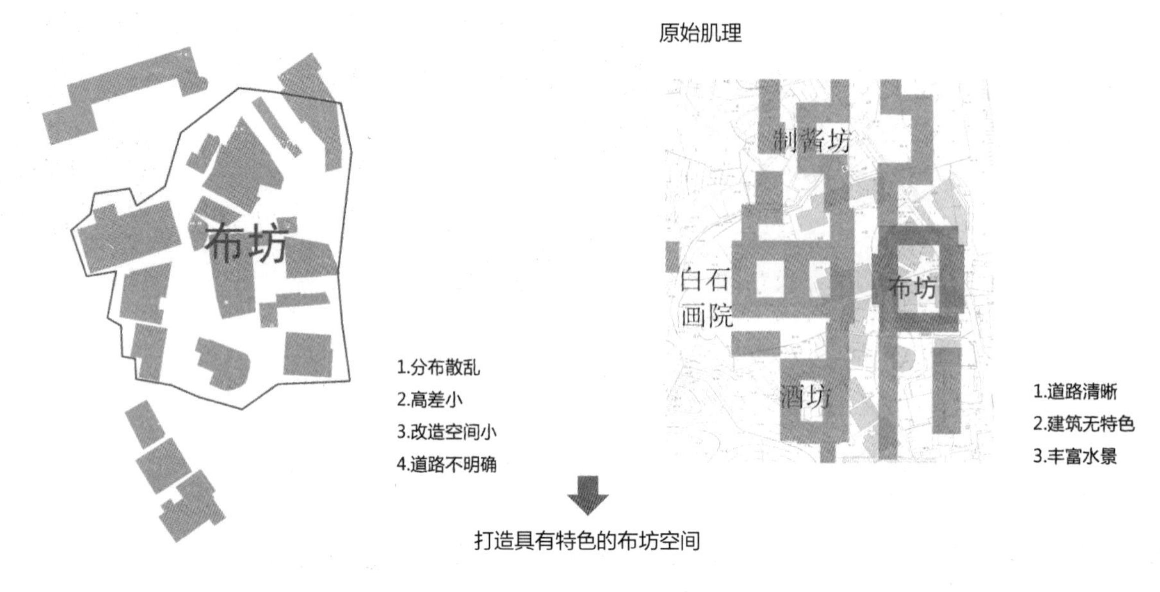

建筑策略

以东方韵味为主要原则，营造安静的空间氛围；

提取自然材质，结合现代的设计手法；

结合当地地理优势，打造通透的建筑形式，大量引入阳光，满足其功能需求。

设计元素

古今融合：

质：青砖，黑瓦，砖木混合的建筑结构，竹材，透明材质。

色：青（砖），黑（瓦），自然（木），彩色（布）。

场地日照分析

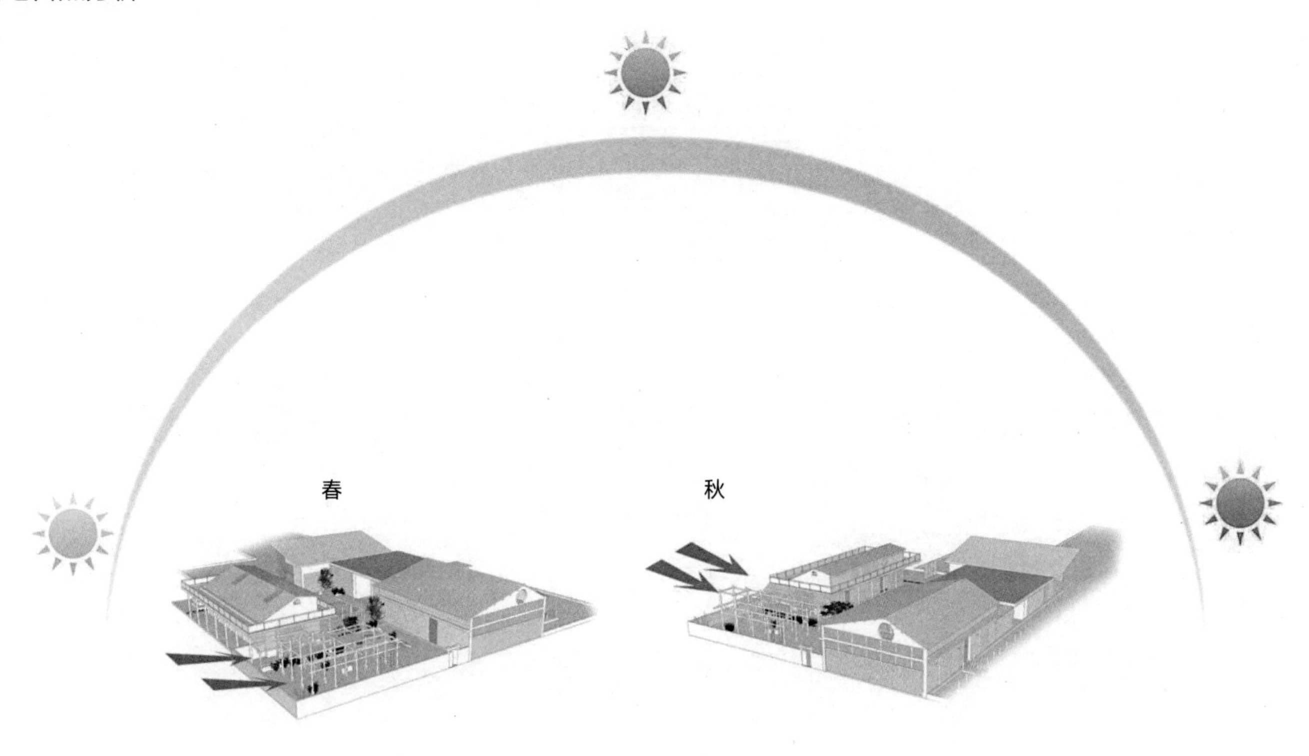

春
秋

路线分析

建筑入口
体验路线
短期游路线
0m 2m 6m 10m 20m

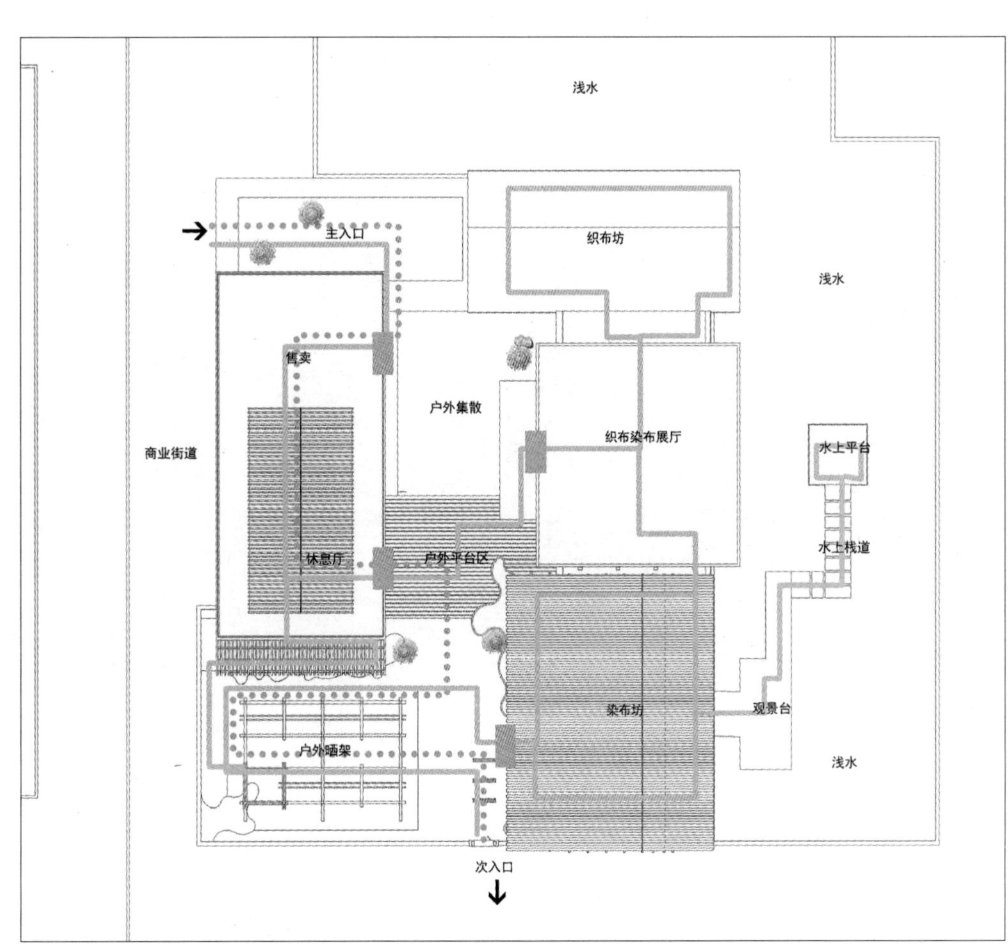

浅水
主入口
织布坊
浅水
售卖
户外集散
织布染布展厅
水上平台
商业街道
水上栈道
休憩厅
户外平台区
染布坊
观景台
户外晒架
浅水
次入口

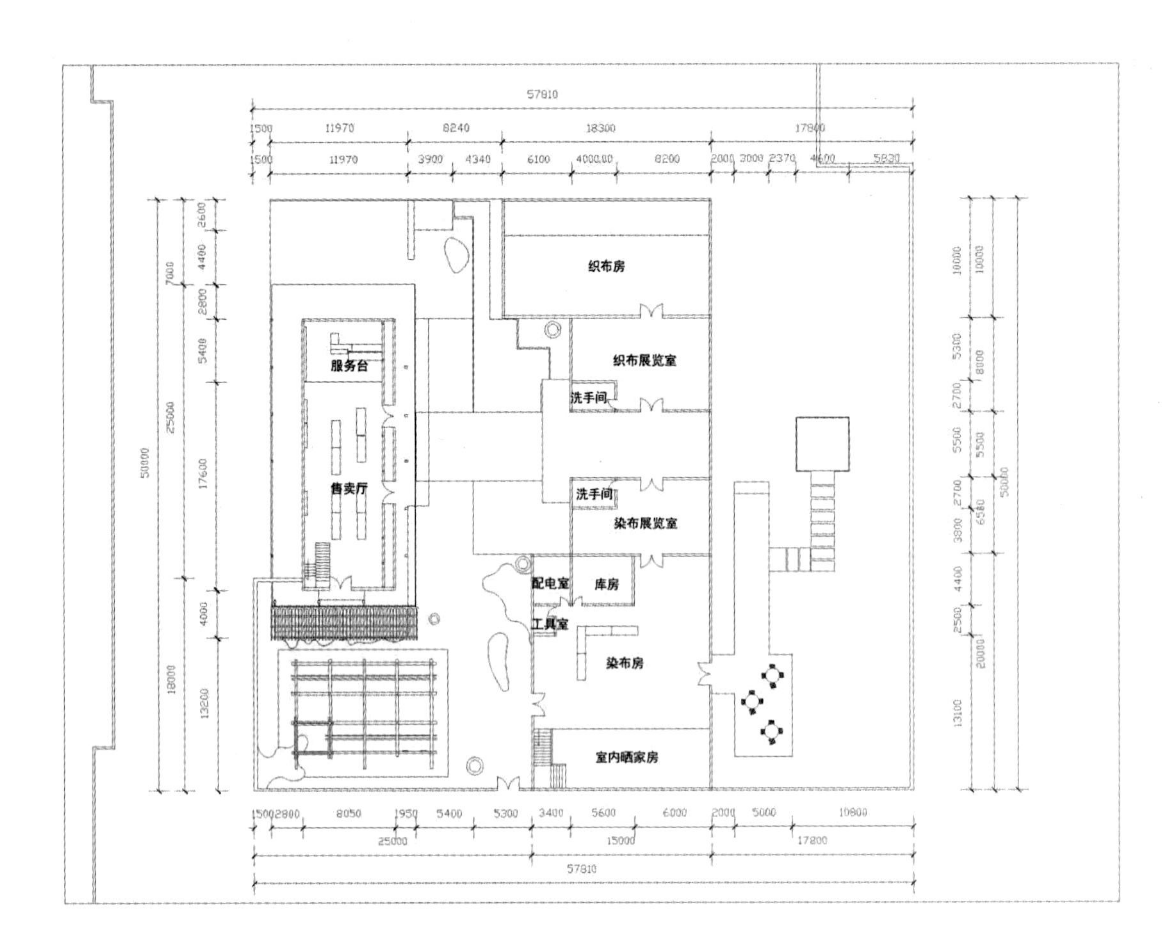
织布房
织布展览室
服务台
洗手间
售卖厅
洗手间
染布展览室
配电室
库房
工具室
染布房
室内晒家房

一层平面图

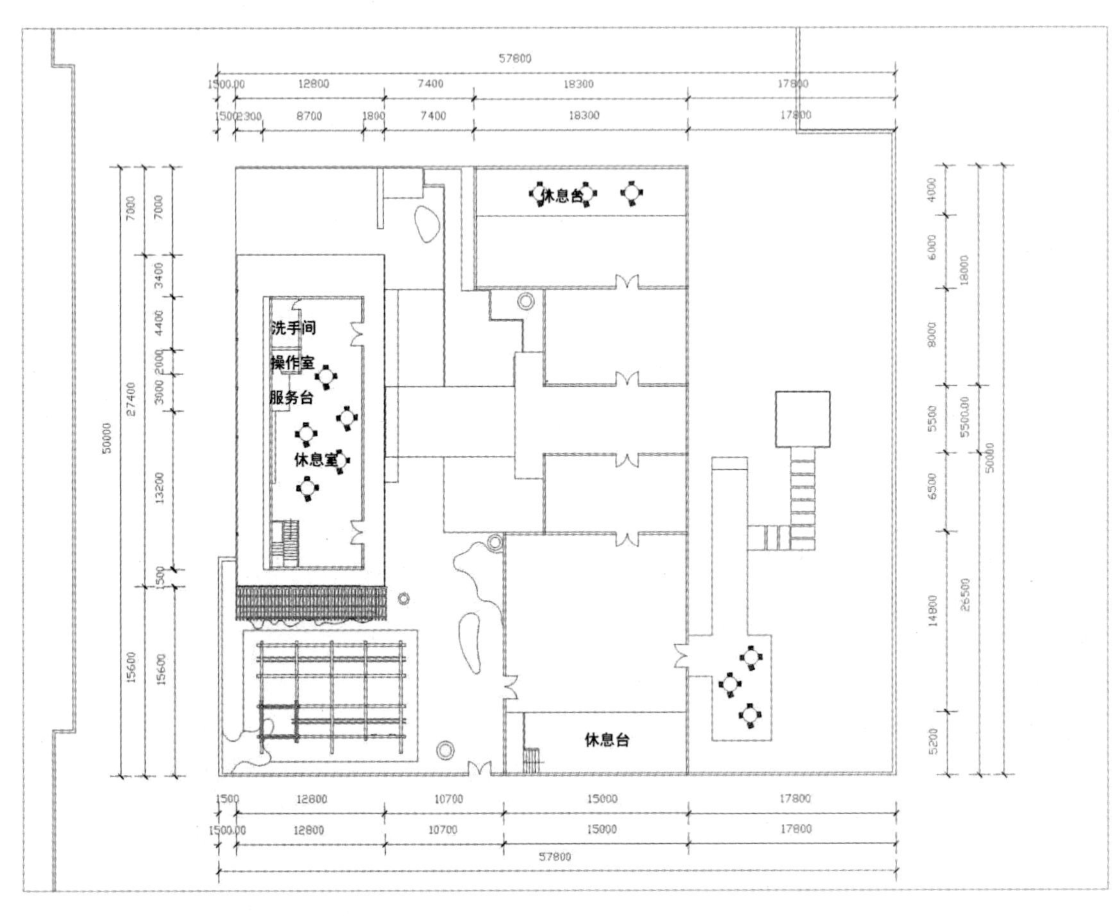
休息台
洗手间
操作室
服务台
休息室
休息台

二层平面图

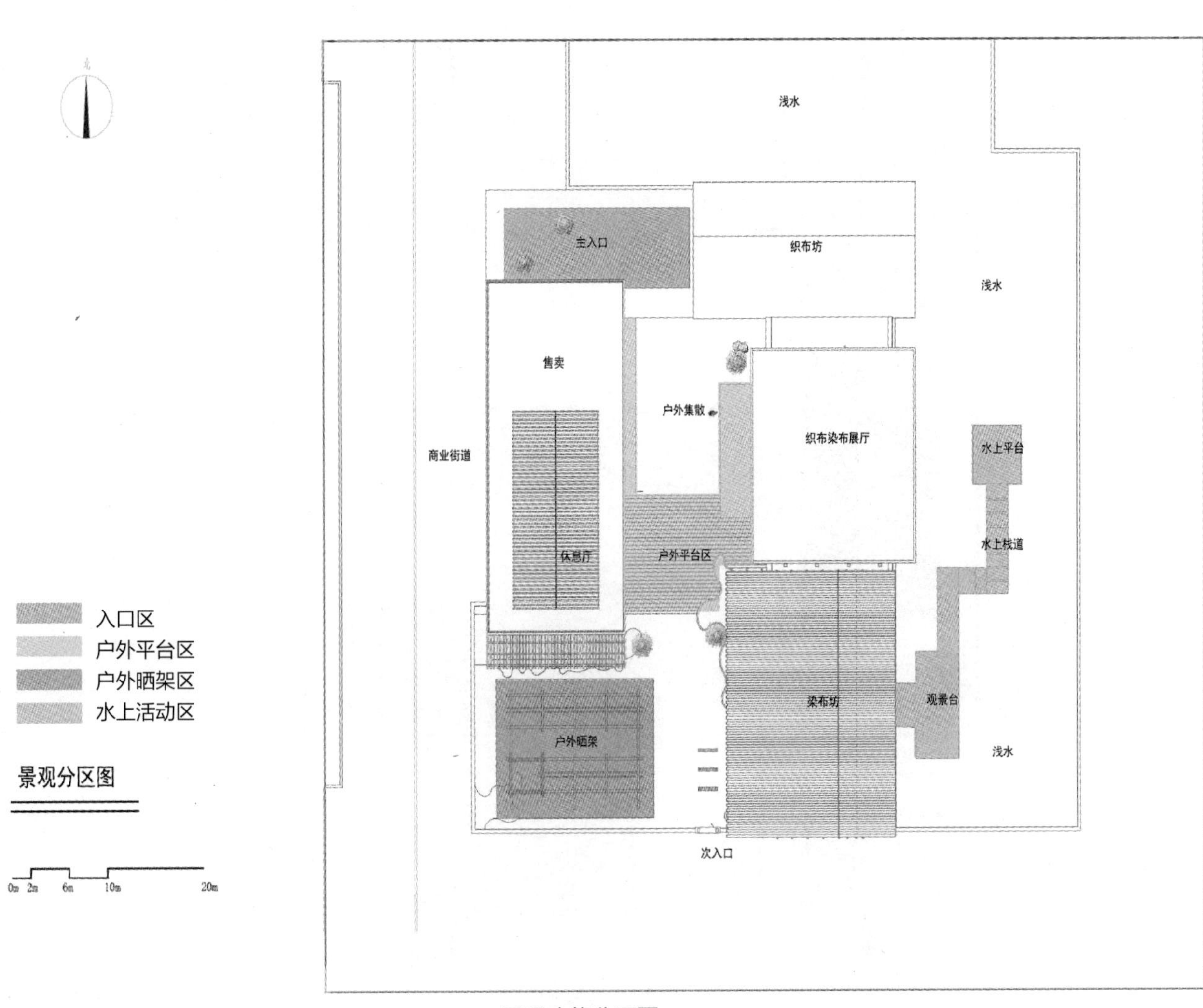

景观功能分区图

景观平面图

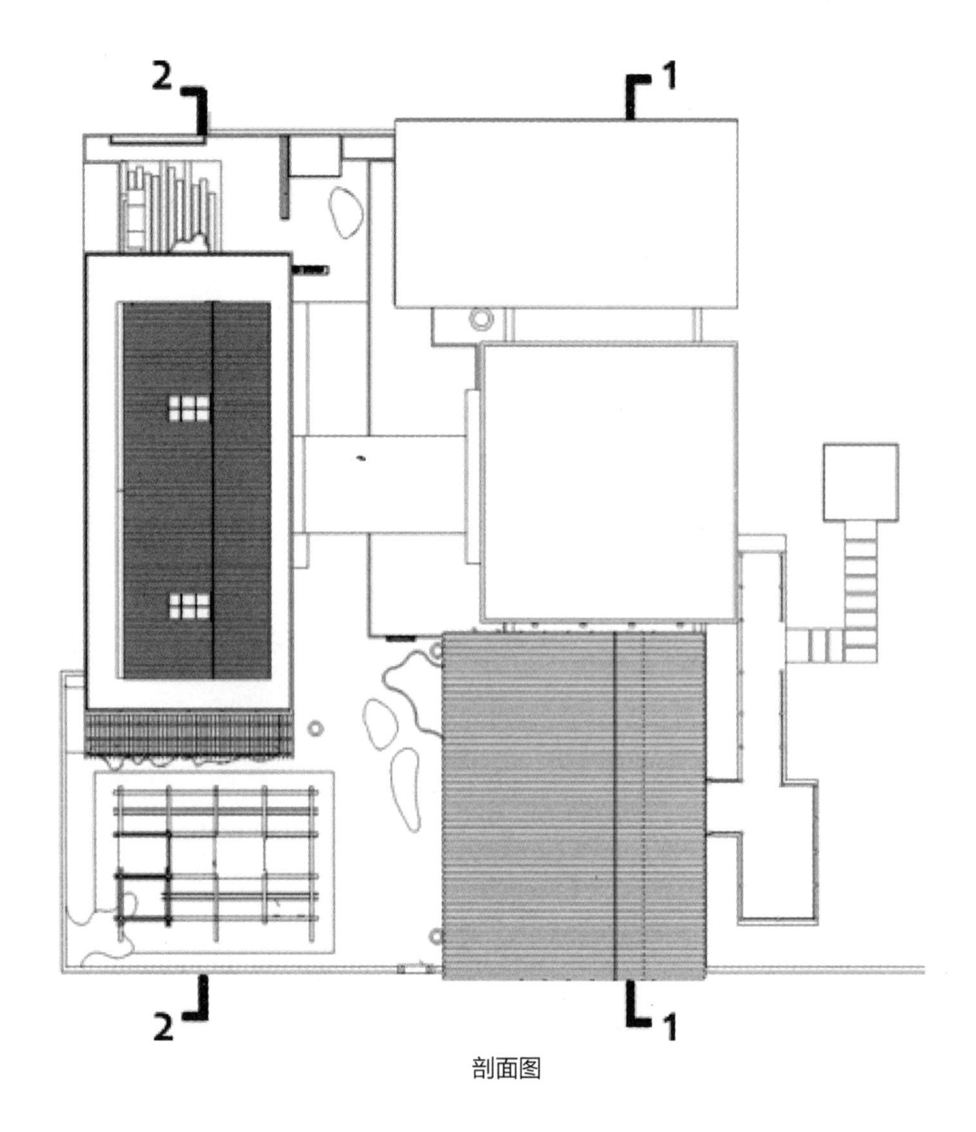

剖面图

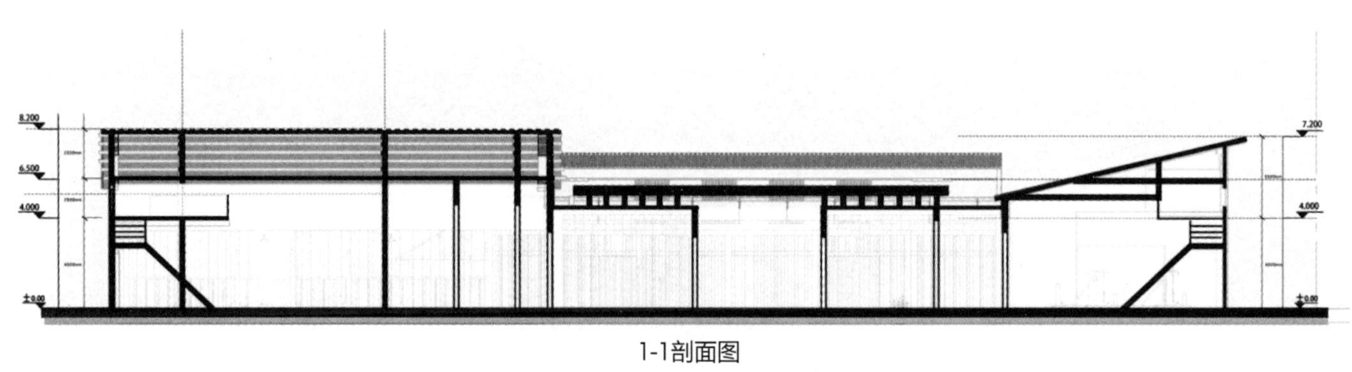

1-1剖面图

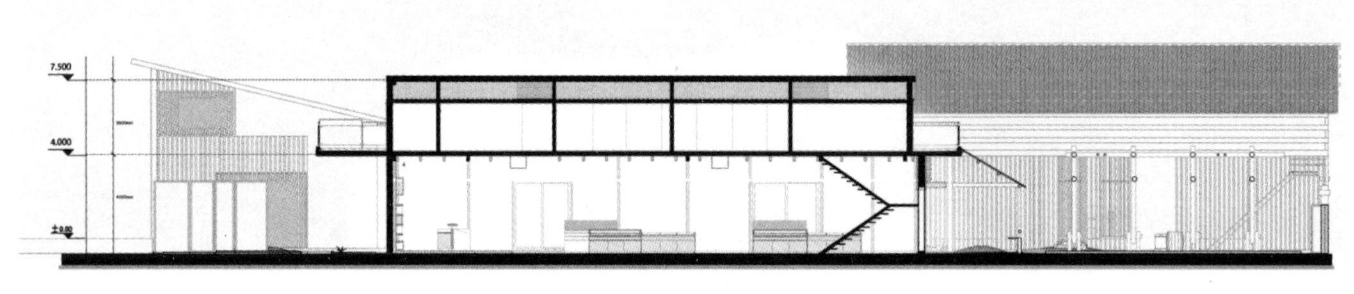

2-2 剖面图

北立面

南立面

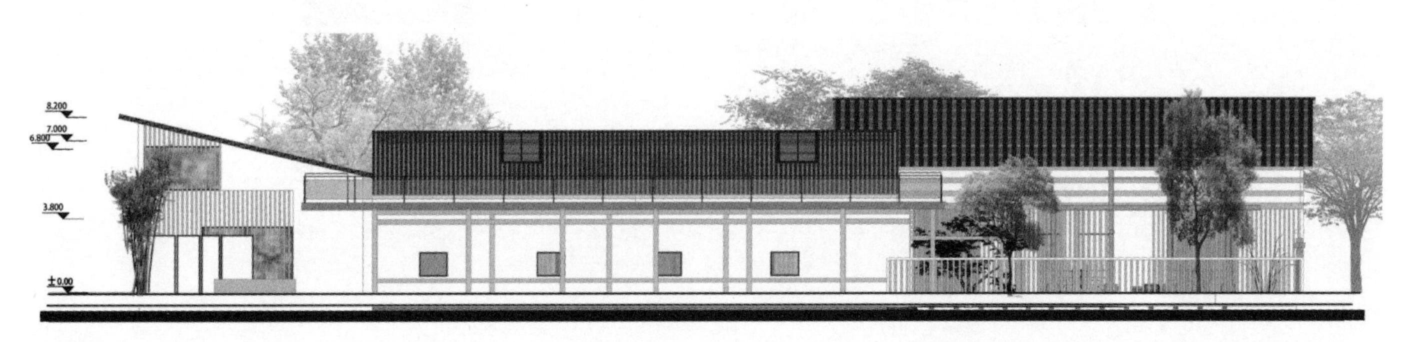

西立面

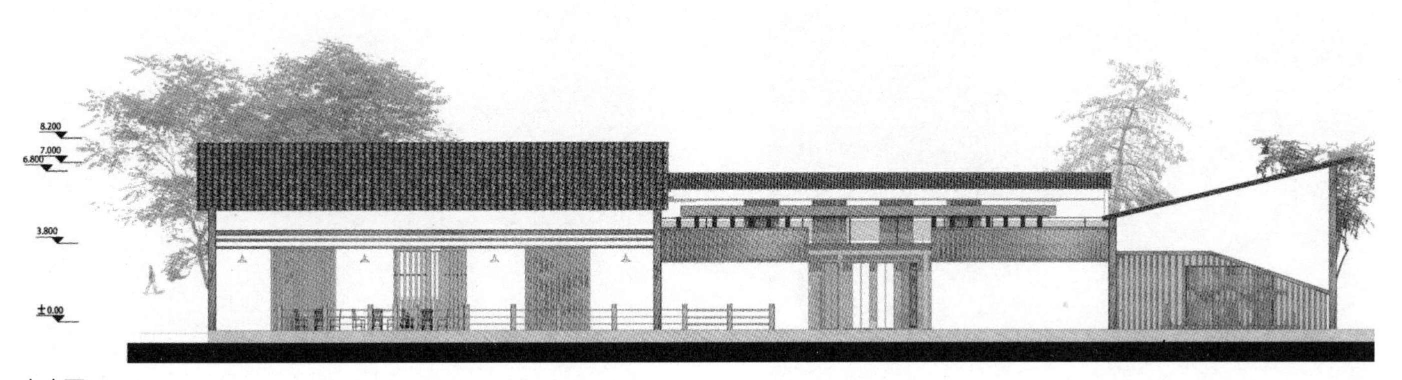

东立面

立面图

效果图

临街建筑

入口效果图

水景效果图

旅游风景区肌理保护与更新（1）

以湖南省昭山风景区沿岸环境设计为例

The Protection and Renewal of Space Texture in Architectural and Landscape Design of Rural Tourism Scenic Area

The Coastal Environment Design of Zhaoshan Scenic Area in Hunan Province

安化茶庄设计（2）

Anhua Teahouse Design

天津美术学院环境与建筑艺术学院　李书娇

Tianjin Academy of Fine Arts, School of Environmental and Architecture Art , Li Shujiao

姓　名：李书娇　硕士研究生二年级

导　师：彭军　教授

学　校：天津美术学院

　　　　环境与建筑艺术学院

专　业：景观设计

学　号：1512011113

备　注：1. 论文　2. 设计

茶庄效果图

旅游风景区肌理保护与更新
以湖南省昭山风景区沿岸环境设计为例

The Protection and Renewal of Space Texture in Architectural and Landscape Design of Rural Tourism Scenic Area
The Coastal Environment Design of Zhaoshan Scenic Area in Hunan Province

随着国民旅游趋势向短途游、近郊游、自然休闲生态游的逐步转变，乡村旅游风景区的开发力度逐步加大，其中建筑景观设计也倍受关注，而现如今我国许多乡村旅游风景区的景观与建筑设计过程都忽略了景区所处地域的地方特色与文化背景。其中重要的原因之一是对空间肌理的规划定位不够准确，我国在乡村旅游风景区领域下的以文化视角审视乡村空间肌理的系统研究还很欠缺。本文试图以保护和弘扬地域文化为出发点，以乡村空间肌理为视角，探讨旅游风景区建筑景观设计的新思路。

关键词：乡村旅游风景区 ;乡村空间肌理

Abstract: With the trend of national tourism travel, suburban travel, short distance to gradually change the natural ecological leisure travel, rural tourism scenic area development has increased gradually, the architectural landscape design also attracted much attention, and now many of China's rural tourism scenic landscape and architectural design process have ignored the local characteristics and cultural scenic spots under the background of regional. One of the important reasons is that the planning and positioning of the spatial texture is not accurate enough, which leads to the lack of a systematic study of the rural spatial texture from the cultural perspective in the rural tourism scenic area. This article attempts to protect and carry forward the regional culture as the starting point, and take the rural spatial texture as the angle of view, and discuss the new idea of the architectural landscape design in the environmental design of the tourist scenic spot.

Keywords: Rural Tourism Scenic Area, Rural Spatial texture

第1章 绪论

1.1 研究背景

首先，论文的研究背景是生态休闲旅游需求大幅增加。随着社会发展，节假日短途游、近郊游的持续增长。周末及节假日的短途休闲度假需求逐渐成为一种潮流。与此同时，游客对于旅游产品的质量要求也不断提高，生态化、个性化休闲产品及主题娱乐产品将成为市场需求的热点。商务休闲、滨水休闲、温泉养生、运动休闲等主题休闲产品成为城市周边休闲度假旅游目的地发展的重要方向。随着节假日时间中长线时间的缩短，周六日近郊游逐渐成为一个重要趋势。并且，随着国内大多数地区空气质量的逐步下降，人们更加渴望新鲜的空气、美丽的景色，因此自然休闲生态旅游蓬勃发展。我国旅游者出游动机抽样调查的数据表明：50%以上的旅游者表示主要为“缓解压力、放松身心”，因而会更偏好选择亲近自然的旅游方式。生态旅游从一种旅游产品逐渐走向旅游方式或理念。因此，基于回归自然的强烈诉求，休闲生态旅游备受追捧。

其次，生态休闲旅游产品大量增加。根据相关数据显示，我国旅游景区已经达到两万家，旅游景区在我国旅游业的比重也越来越大，根据国家旅游局的《中国旅游业统计公报》近几年的数据，2014年我国旅游业发展速度较为平稳。2015年和2016年，旅游业发展较为迅速，2016年国内旅游人数比上年增长10.5%，这一年全国旅游业收入占3.32万亿元，占GDP总量的4.9%；而带动就业人数多达2798万人。我国的旅游风景区数量已经达到2万家，并且正在以每年1千家的速度平稳增长。从政策方面来看，多部门联合发力，2013年习近平主席提倡实现城乡一体化，建设美丽乡村。国家相关政策数量也随之大幅度增长，呈现出多部门联合带头的局面。在市场环境方面，政府投资力度加大也积极促进了旅游行业的稳健发展。可以预判，2017年旅游业，尤其是自然生态休闲旅游的比重逐渐增加。因此，乡村旅游风景区作为生态休闲旅游业中最为重要的一个版块，是非常值得深入研究的。旅游开发逐渐迎来高潮，乡村旅游风景区已经成为旅游风景区中日益重要的一部分，应当受到我们的重视。我国在乡村旅游景区领域下以文化视角审视乡村肌理的系统研究还很欠缺。现如今我国旅游风景区环境设计已经发展到一定阶段，在全球化文化趋同与现代主义文化思潮的影响下，许多大型旅游风景区的景观与建筑设计过程忽略了景区所处地域浓郁的地方特色与文化背景。针对当下这种现象，本文试图以保护和弘扬地域文化为出发点，探讨旅游风景区环境设计中环境设计的新思路。

1.2 研究目的及意义

1.2.1 研究目的

虽然随着市场环境的提升以及政府相关政策的鼓励，乡村旅游风景区的开发建设越来越多，而在开发建设的过程中，国内众多的乡村旅游风景区开发项目都出现了失误，从前期规划、定位、设计、建造到工程后期的招商、运营、管理都或多或少存在一些问题。而本文主要针对项目前期的规划设计方面做出研究。

在乡村旅游风景区规划设计前期阶段，出现的定位、设计问题，直接导致了乡村旅游风景区失去了原有的土特色，失去了肌理和尺度感，也相应地降低了建筑及景观的吸引力。这就导致了目前乡村旅游风景区出现的同质化问题。景区的过度城市化、人工化的开发方式，使那些已经存在的乡村旅游风景区受到建设性破坏，使那些即将成为乡村旅游风景区的项目从根本上失去了发挥本身特色的机会，这都会导致项目环境的整体性、统一性遭到破坏。

究其根本是因为在乡村旅游风景区的开发过程当中，忽略了地域乡土特色，忽略了对当地的传统文化、传统元素的提炼，那么，传统文化和元素应该如何被提炼？应该如何在现实中表达呢？这种形而上的形态该如何传递到游客那里并且被良好地感知到呢？在建筑景观设计时又应该注意哪些方面呢？除了传统的可以直接表达传递的元素，如纹饰、材料、色彩之外，可以感受到乡村最重要的一种无形的元素就是空间体验，这样的空间体验是由建筑的实体和景观空间的虚体相互衬托而来，配合表象的建筑景观材料和质感，给游客带来独特的乡村体验和感受，这样看来，整体的空间构架仿佛是支撑这种鲜活体验的骨骼，而纹饰、材料正如同这种体验的肉。整体的空间构架是本文着重强调的，因为无论是从艺术创作的角度去分析还是从规划设计的角度去研究，空间、比例、尺度这样的东西都是应该排在第一位的。只有严格控制好这一步，其他的构架才算是锦上添花，若这一步定位错误，其他的工作也只能是画蛇添足了。因此整体空间的把控和研究尤为重要，那么，空间和尺度在各个等级的解析度以及在各个项目都不相同，应该如何研究呢？这里就将引申出本文的重点——空间肌理。肌理是对物质的表面特质的一种描述，对于乡村旅游风景区而言，也有它独特的描述方式，那就是乡村空间肌理。这是本文研究的重点。

本文研究主旨在于针对当年旅游风景区建筑景观设计中的肌理所反映的地域性的缺失，传统特色没有得到保留的现象，深入分析现象产生的背景与根源，立足于传承和变革的融合性，并积极探讨一种基于文化背景的旅游风景区的景观设计理念与方法。尤其是在乡村肌理的保护与更新的角度如何解决问题，因为它是衔接过去与未来的桥梁因素。

因此，无论从促进旅游风景区开发与建设的角度，还是从文化传承的角度，我们都应当对旅游风景区开发与建设中肌理符号的保护与更新给予高度重视。

而在全球化文化趋同与现代主义文化思潮的影响下，许多旅游风景区的建筑景观设计过程忽略了景区所处地域下的地方特色与文化背景，像是一夜之间变出一座不属于这里的城镇，针对当下这种现象，本文试图以保护和弘扬地域文化为出发点，以乡村空间肌理研究为视角，探讨旅游风景区建筑景观设计中的新思路。

1.2.2 研究意义

研究意义将从两方面进行论述。

首先是研究的现实意义。目前，在旅游地产行业以及政府相关的开发部门，都存在着诸多前期设计和规划上的问题，导致了国内现有的乡村旅游风景区的开发方式不够科学，这样一来更加影响了乡村旅游风景区的整体水平。进一步影响了相关游客的旅游体验。行业整体市场上出现了同质化严重、景观体验特色缺失的问题。这些问题都亟待解决，然而，国家的相关政策以及设计准则，只给出了大范围内的指标和原则，对于国内绝大多数的乡村旅游风景区建筑景观设计都没有给出一个较为细致的参考或建议。在历史上，也没有可以用来借鉴的关于乡村旅游风景区空间肌理上的相关条例和准则，并且，国内现有的设计市场良莠不齐，大部分设计公司为了追求效率，都选择一种模式化、流水线般的实际思维，部分知名的大企业的设计也陷入了一种设计思路的死循环。就宛若西医治病一般，治标不治本，并没有从根源上解决乡村旅游风景区遇到的问题。因此，对于乡村旅游风景区空间肌理的研究尤为重要，从乡村的文化挖掘入手，通过大量的数据和调研工作，找到其内在的特性和表现形式，通过对数据的分析和解读，结合国内外相关的研究成果，找到设计得最合理的原则。这将从根本上解决乡村旅游风景区前期开发的问题，并且大大保护乡村旅游风景区原有的历史文化以及特色，这不仅仅是对现有设计的改善和提升，更是对地域传统文化的保护，是对旅游行业内在原动力的驱动。进而，对于乡村旅游风景区空间肌理的研究是对设计行业的理论支持和贡献，对行业内的设计起到了借鉴、引导和提升的作用，对于行业的整体设计水平的影响是非常巨大的。同时，乡村旅游风景区空间肌理的研究也会带动旅游业的发展水平，行业整体将会在一个更佳科学、更佳完善的体系中提升，从而不仅仅可以带动行业产值，也可以带动相关就业人口。对于游客来说，乡村旅游风景区空间肌理的研究将会带给他们更佳自然淳朴、贴近文化和历史的旅游体验，进一步满足这类人群的旅游需求。

从研究的理论意义上来讲，根据本人所做的前期调研工作，在学术界，国内外的相关研究有类似课题的研究分析，比如关于乡村旅游风景区的整体研究，也有关于建筑景观中空间以及尺度的研究，这些研究大多都是针对城市建设而言的，没有全面地论述过乡村旅游风景区空间肌理的问题，且在学术界，也鲜有人将空间肌理和乡村结合起来研究。然而，空间肌理并不仅仅属于城市，它也属于乡村，只要有空间和地域，就一定会有空间肌理。而目前为止没有相关的文献和资料对乡村旅游风景区的空间肌理进行分析和研究，因此，这个选题是没有前人研究过的，并且，乡村旅游风景区空间肌理的研究在当代旅游业与美丽乡村发展如火如荼时是非常紧迫的具有指导意义的研究课题，而这个课题一直被前人所忽略。因此，关于乡村旅游风景区的空间肌理的研究在学术上起到了启下的作用，它将引导接下来学术工作者继续在这个方向上去钻研出更加有价值的研究。

因此，无论是从研究的现实意义层面来讲，还是从研究的理论意义层面来讲，乡村旅游风景区的空间肌理的研究都是尤为重要的。

1.3 国内外研究现状

1.3.1 国外研究现状分析

“空间肌理”顾名思义是空间所表达出来的肌理，因此我们将对“肌理”进行进一步的阐述，“肌理”本来是对物体表面纹理特征以表象呈现的结构的描述，一般被描述的物体都是扁平化的，如叶片的肌理、桌子的肌理等等。然而，随着现代科学的发展和学科交叉，“肌理”这个词也被应用到了其他领域，随着城市规划领域的学科发展，这一词汇被应用到这个范畴之内。学科研究成果普遍认为，城市肌理是在传统的自然条件之上，经由漫长的人类活动的发展形成的空间特质，它的形成是在城市内人类活动与自然共同形成的。因此，城市肌理也反映了当地的自然特质以及人类的诉求、城市的功能形态和人类的聚落状况，并且还在二维的维度上反映了时间维度的不断积累和改变。也就是说，城市肌理是历史的积淀的体现，这对研究城市过去的文化和状态，以及对研究将来的城市规划和建设都具有重要的指导意义。由于国内外对于“乡村空间肌理”的研究非常少，本文的研究都是从与“乡村空间肌理”相关的学术研究作为研究的基础资料。

首先，国外的相关研究有意大利穆拉托瑞与卡尼吉亚学派，这个学派主要研究的领域是城市形态学，是从城市肌理的构成要素进行分析说明，这个学派主张城市肌理是一种房屋类型、外部空间和出入通路的集合，这样的主张将空间划分为三大层次，房屋、交通空间和其他空间。同时，也将这三者的关系进行了连接，这种定义运用的理论基础是房屋类型学，对城市形态进行研究，其关注的特点主要是在于设计的实践意义。意大利的城市形态研究自穆拉托瑞伊始，穆拉托瑞认为城市可以被比喻成为一个有机体，而这个有机体是由多个不同等级的有机体共同构成的，这种有机体所代表的要素可以分为进阶关系的等级。而人类活动所形成的建造物在这些等级内部有所依据，并且互相联系，这些不同等级被用“尺度”这个词来解析。正是因为这些研究，意大利的城市建设从此便作为一个开端，格外注重建造物的尺度，这样的观念深深影响了许多意大利的建筑师，其中，著名建筑师阿尔甘就认为在城市当中，处于第一层级的是城市规模以及建筑的格局，处于第二层级的是建筑物的规模和尺度，以及建筑构造，而处于第三层级的是各个细部。这样的观点和实践也为意大利的城市肌理做出了卓越的贡献。

卡尼吉亚的相关理论则是对穆拉托瑞的理论的进一步深化，在穆拉托瑞研究的基础之上，它深化了前面所提到的不同层级的梯度和组成是人工建造的两个结构，也就是说人工建造环境的组件性和尺度梯级是两个结构性的法则。在这里他将“具体度”这个词用来阐述城市形态上不同层级的递进关系，在这个有机体内部，这样的有机体理论被划分得更加仔细，从微观尺度一直到地理学上的宏观尺度都被这个理论体系串联到一起。他也提出将这些理论运用到设计实践当中，将建筑设计师的任务称为设计出一个当前主导类型（Leading Type）的变异体，在形式上和功能的范围与强度上与所处环境的城市肌理相协调，例如历史城镇的修复工作以及新城市的建设工作，因此，意大利学派的理论更加务实也更具有指导和实践意义。

如今，许多欧洲建筑师已经将城市肌理作为一个基本的设计框架，运用到历史城镇的修复工作以及新城的建设当中。本文研究了英国的康泽恩学派，这个学派主要是从城市历史地理的方向去研究城市形态学，因此在很多学者的研究当中都喜欢把这两个学派做对比研究。这两个学派的研究动机和哲学基础虽然不相同，但是他们的研究理论对于城市历史的二维反映也就是城市结构及其组织和逻辑在时间维度上的反映却是可以找到相似性的。“城市肌理”便是他们共同的表象反映。康泽恩学派更加注重在地理意义上的城市平面，他将这种平面用平面类型单元来描述和理解城市的平面格局。这里的平面类型单元指的就是在城市平面格局中可以在不同区域以及不同时间轴线上的可以被辨认出的街道和建筑以及地块的组合。这种平面类型的单元组合使得人们更好地去理解城市格局的生长和演化的历史，这好像是把整个城市比作一副不规则拼图，每个图块都是一个平面类型单元，也就是说它包括了建筑、道路和地块。随着时间的流逝，人类活动以及自然原因导致了某些图块的缺失，继而，人类又加以新的图块填补上去，而这个图块大多数时候是与上一个图块不同的，那么，这个图块演化过程也就显示了空间肌理的动态性、生长性以及历史性。这个图块的比喻很形象地说明了意大利学派研究的是整个拼图，而英国的康泽恩学派研究的是拼图中大大小小的图块，它们最根本的区别在于研究的维度不同。

相关的学者还有英国的卡尔·克罗普夫（Karl Kropf），他把前两者的学术观点进行了融合，他认为这种肌理是可以在不同的尺度和层级中去解析的。并且他将这些层级分为六个等级：材料（materials）；结构与构造节点（structures）；房间或是空间（room or spaces）；房屋（buildings）；地块（plot）；街道和街区或是地块序列（streets and blocks or plot series）。随着层级和尺度的越来越高，可以被研究和表达的程度也就越高，反之亦然。他做的工作如果还用上一个比喻的话，那就是对不同小块拼图以及拼图上的花纹和细节进行等级上的归类和分级。

而国外关于“乡村空间肌理”的论述却是空白的，虽然乡村的发展例如人类的建造过程没有城市那样快速，但是从理论意义上来讲，意大利学者和英国学者关于人类聚落的层级观念以及有机体这一体系的论述同样适用于乡村，只是乡村的聚落关系不像城市聚落那样紧密，肌理的变化不如城市那样快速，但是在乡村旅游风景区逐步被开发的今天，以及美丽乡村建设步伐加快的当下，借鉴国外的相关研究分析对我国的乡村旅游风景区发展具有格外重要的意义。

1.3.2 国内研究现状分析

就我国目前的研究状况来看，对空间肌理的研究大多数也是从城市设计的角度出发，少有学者研究关于乡村空间肌理的相关内容。

传统村落已经成为物质文化遗产和非物质文化遗产之后的全球第三种文化类型，与前两种相比，它最大的特点就是“活态”。而当前，随着乡村旅游风景区的开发以及城镇化的迅速推进，设计者经常产生“推平式”设计，与村庄之前的历史文脉产生巨大断层，因此，如何保护村落风貌是当前极为重要的课题研究的相关内容，面对旅游景区大量产生，设计及规划任务需求量大大增加的市场，村落空间肌理是风貌保护和控制的核心。我国学者刘晶对于空间肌理有一定的学术认识，他认为从形态构成上来说，具有一定规模和组织规律的形态的聚落是空间肌理。这种空间肌理的形态，一般可以从两个方面去论述，首先是从建筑的密度上面来讲。建筑与周边景观的图底关系直接反映了这种概念。从空间尺度上来讲。这种尺度构成要素组成的结构所表现出来的形态就是空间肌理。并且这位学者还从视觉系统的角度表达了他的看法。他认为空间肌理有整齐和杂乱一说。相对整齐的空间肌理的形态关系里的空间构成要素中元素之间是否和谐是整体空间是否和谐的体现。我国学者童磊认为乡村空间肌理是一个很大的概念。因为乡村强调的是生产生活方式。与这个范围比起来，聚落的含义更加广阔。他认为乡村空间肌理可以从宏观和微观两个方面去分别论述。在宏观方面，乡村空间肌理的形态要素由三个层次构成，分别是“肌理区”、“肌理带”、“肌理核”。这也表明了国外学者所研究的地块、道路和核心要素的组合关系。他的主要观点与主流观点不同的三点，第一是空间地理的范围指已经建设完毕的村落；第二是空间构成的要素，他对此并没有做出完全的探讨；第三是空间层次方面，他将水系分为第一个层次，分开来讲。

目前在建筑学、地理学、城乡规划学领域关于乡村肌理的研究主要是基于历史角度研究村落的空间布局与自然因素、社会文化因素之间的关系，这些研究主要从宏观的角度去分析研究，忽略了时代背景下乡村肌理该如何发展延续的问题，缺少与具体设计应用的关联性和指导性。在复杂的村落系统当中，乡村肌理是无形的系统的表象形势，因此，在乡村旅游风景区的开发建设当中，对于乡村肌理的思考渗透着对历史与文化的尊重。

1.4 研究的范围与内容

1.4.1 研究范围

在乡村旅游区开发的模式中，主要有以下两种模式：资源主导型开发模式和休闲聚集型开发模式。在资源主导型开发模式中，又分为自然资源主导型开发模式和历史文化资源主导开发模式以及行业依托开发模式。本文主要研究开发过程中涉及空间肌理的开发模式——历史文化资源主导开发模式和休闲聚集型开发模式。而本文论证的案例具有良好的自然资源和历史文化资源，依托湖南“金三角”的区位优势，本案更倾向于休闲聚集型开发模式，也就是运用良好的区位、交通、环境条件，依托昭山景区的旅游资源，形成休闲集聚区。即将建设的昭山脚下的昭山小镇更是具有旅游集散、休闲商业的复合功能。通过将周边的特色美食、民俗客栈、土特产店汇集起来形成商业街和商业区，提供夜间的娱乐休闲活动来推进经济和产业的发展。因此，本文的研究方向更倾向于历史文化资源主导开发模式和休闲聚集型开发模式。旨在研究开发过程中建筑景观的合理设计手法，达到与历史风貌协调的效果。通过研究其内部空间肌理的形成及其意义，对未来的乡村旅游风景区的开发在前期层面做出指导。

1.4.2 研究内容

本文主要以现存的问题作为出发点，按照发现问题、分析问题、解决问题这样的思路进行论述，拟划分五个部分，第一部分为绪论，阐述该课题研究的背景和研究方法，综述国内外空间肌理研究的概况。第二部分三个内容板块，第一个板块介绍研究的理论基础，与现实基础。第二个板块介绍相关概念的界定。第三个板块介绍当下乡村旅游景区建筑景观设计存在的问题与成因剖析，并研究了从建筑景观设计的角度如何对乡村的空间肌理进行保护与更新。最后，以昭山项目为案例做出相关的实践研究并得出结论。本文主要研究了湖南省昭山地区的乡村空间肌理的形成及其特性，并且剖析了其背后的文化因素、自然因素、人为因素。通过对一系列数据的分析统计，给出未来设计及乡村旅游风景区开发的空间肌理方面的建议，并且对传统文化进行保护和更新。

1.5 论文研究框架

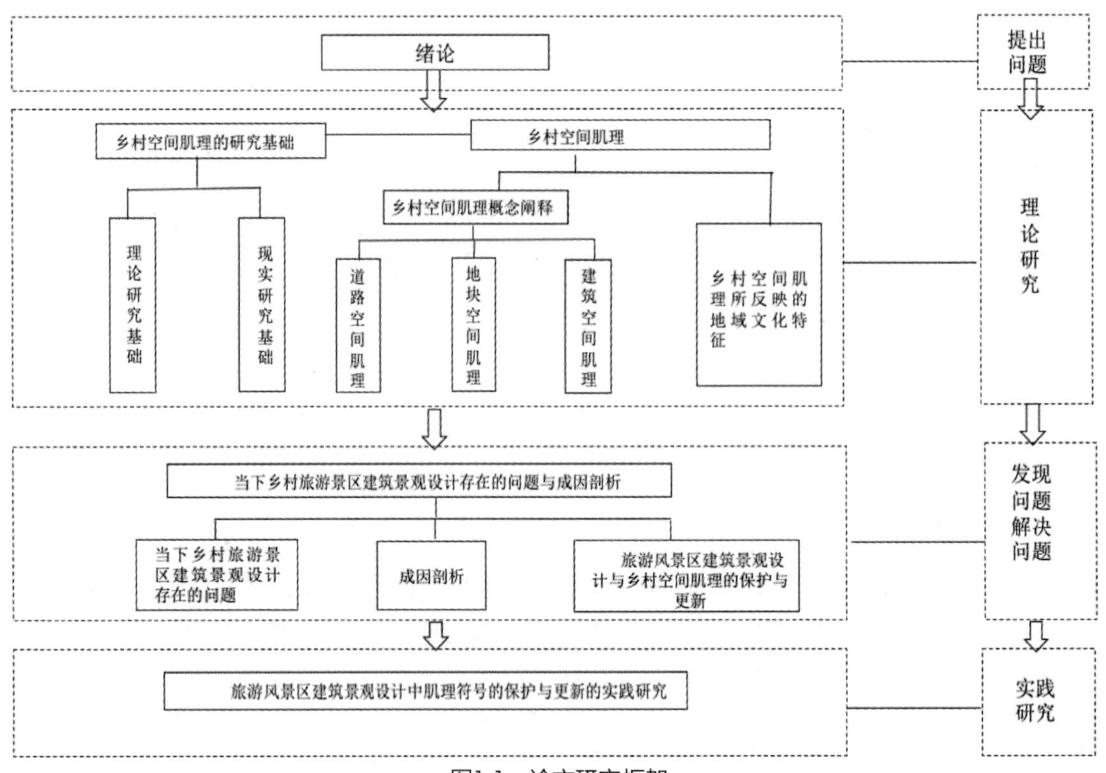

图1-1　论文研究框架

第2章 乡村空间肌理的研究基础

2.1 理论基础

2.1.1 景观规划设计理论

这是一门社会、技术、艺术、自然相互渗透的综合性学科，综合运用科学和艺术的原则去研究、规划、设计和管理修建环境和自然环境。本专业从业人员将本着管理和保护并类的资源的态度，在大地上创造性地运用技术手段以及科学的、文化的和政治的知识来规划安排所有自然与人工的景观要素，使环境满足人们使用、审美、安全和产生愉悦心情的要求。弗雷德里克・劳・奥姆斯特德（1822—1903）被普遍认为是美国景观设计学的奠基人，是美国最重要的公园设计者。他的设计作品中央公园开了现代景观设计学之先河，更为重要的是，它标志着普通人生活景观的到来，美国的现代景观设计从中央公园起，就已不再是少数人所赏玩的奢侈品，而是普通公众身心愉悦的空间。他结合考虑周围自然和公园的城市和社区建设方式将对现代景观设计继续产生重要影响。他是美国城市美化运动原则最早的倡导者之一，也是向美国景观引进郊外发展想法的最早的倡导者之一。奥姆斯特德的理论和实践活动推动了美国自然风景园运动的发展。霍夫（Micheal Hough）于1984年从自然进程角度论述了现代城市设计实践中的失误和今天应该遵循的原则，提出应建立一个城市与自然有机结合的整体环境概念。认为城市的环境景观是城市设计的一项基本要素。现代城市设计的重要目标就是要去发现一种新的建设性的方法来对待城市物质环境，并寻找一个可替换的城市景观形态，以适应人们日益增长的对能源、环境和自然资源保护问题的关注。

2.1.2 图底关系理论

图底关系理论是非常重要的关于判断城市外部空间是否成功的重要手段之一。诺哥尔在他的著作中就提出了他的观点，他认为图底关系是建筑实体与开放空间也就是虚体之间的关系。这种比例关系是否协调统一可以用来检验真实的建筑实体与周边的虚空间形成的关系。他认为实体和虚体中有一个层级模式。其来源于心理学上的格式塔心理学。一般来说，实体会受到人们的关注，而虚体都会被忽略。实体和虚体相应的代表两个空间。从心理学上来讲，建筑师一般会更多地关心建筑实体，而忽略虚体空间。图底关系的理论则从这一层面出发告诫建筑师应该顾全大局，不仅仅要从建筑实体的层面出发，也要关注建筑实体围合而成的虚体空间。这一准则在今天也成为了各种建筑景观平面及规划时推敲空间的重要理论。空间设计中运用图底法，可以通过操纵模式实际形状的增减变化，决定图底的关系。而控制图底关系的目的在于建立不同的空间层级，理清都市内或地区内的空间结构。

2.1.3 联系理论

一组具有相似特征的同类事物，将会给人的感知带来一种整体的感受，这种相似的特征就是主题连续。在一个场所中，一种主题在连续强调，将会加强其场所特征。从而，给人的认知将会是一种更加典型和完整的体验。

2.1.4 场所理论

20世纪60～70年代的西方社会，后现代主义思潮异彩纷呈。后现代城市设计显示出开放包容的特性，将社会文化领域和建筑学领域的多种思想和主义源源不断地引入其中，促进自身的开放和成熟。挪威建筑师和历史学家诺伯格・舒尔茨的“场所精神”理论就是在这种背景下产生的，是该空间的界面特征、意义和认同性。“场所”是质量上的整体环境。人们不应将整体场所简化为所谓的空间关系、功能、结构组织和系统等各种抽象的分析范畴。这些空间关系、功能分析和组织结构均非事物本质，用这些简化方法将失去场所可见的、实在的、具体的性质。不同的活动需要不同的环境和场所以利用该种活动在其中发生。我们需要创造的不仅仅是一个房子、一个穿插的空间，而且更应是一个视觉化的“场所精神”。建筑师的任务是去创造富有意义的场所。每个场所都是唯一的，呈现出周遭环境的特征，这种特征由具有材质、形状、肌理和色彩的实体物质和难以言说的、一种由以往人们的体验所产生的文化联想共同组成（Trancik, 1986）。因此，场所不仅具有建筑实体的形式，而且还具有精神上的意义。

2.2 现实基础

城市设计实践经验的借鉴与启示

从城市肌理的发展可以学习到的经验首先是城市更新，由于战争影响，欧洲一些城市的重建工作基本为大规模的推倒重建工作。后来这种“推平式”改造导致了中心旧城区的基础设施、环境、交通等问题。而城市郊区拥有良好的环境，同时土地价格低廉，导致的人口外迁。因此全社会建筑师拟定了十二条设计原则来挽回这样的局面，体现了谨慎更新策略对大拆大建改造方式痛定思痛的反省以及对被改造地区社会组织结构的特别尊重。谨慎更新既重视物质空间的改造，也重视空间内涵和保护旧城文化，且关键的是重视人——把场地原住居民当作主体，并关注租户的群体利益，围绕其实际的生活需要进行物质环境的改进，谨慎对待居民家庭个体差异性和多样性。如果采用一刀切的办法，则难以满足他们千差万别的生活需求。可以发现，城市更新的政策从以地方为基础的更新到一个战略性区域和国家的层面。对地产导向的更新和政府对城市经济政策的重视受到了批评。

国内以乡村肌理著名的乡村有诸葛八卦村，它是诸葛亮后裔的最大的聚集地。据记载，这个村庄是由诸葛亮的第二十七代后裔根据九宫八卦设计的，村庄的自然环境极为特别，由八座山环绕，村庄内部以钟池为中心，放射状延伸出八条巷子，八条巷子间以八条街相连，形成了内八卦和外八卦的村庄肌理。独特的空间肌理称为一种特色，这个连接过去与未来，承载了文化的空间载体不仅仅保留了虚体构架，也成为了地域特色的名片吸引着无数游人的到来。

2.3 旅游风景区环境设计中肌理符号的保护与更新的现状

因此对待乡村旅游风景区中空间肌理的态度应该是辩驳的、有区别的，应用科学的态度对待。对于其乡村空间肌理可以在一定程度上表达地域特色及文化的，应该合理保留，在开发的过程当中，根据现代生产生活的人民的需要对空间肌理做出相应的调整。对于乡村空间肌理能够完全反映当地自然、地理、人文等因素，能够反映出传统文化对空间肌理的影响的空间，需要我们用科学的眼光，取其精华去其糟粕，从历史人文的角度对其进行保留和维护。对于乡村空间肌理并没有完全反映当地的自然条件气候，或因自然因素、政治因素、文化因素遭到破坏，导致乡村空间肌理不够具有特色的，则需要在设计前期规划的过程当中，以未来的新功能和体验为主进行设计，这时可以将乡村原有的空间肌理作为一个较小的因素参考。

国内的很多乡村旅游风景区，在开发过程中，都忽略了乡村空间肌理对其产生的影响，一味运用“推平式”设计，只考虑未来的经济效益，而忽略了文化、背景、地域特色。这种手段是不可取的。在设计的过程当中需要对项目资料进行详实的分析，用科学和严谨的态度去分析乡村空间肌理在乡村旅游风景区中设计和开发中的作用，以及对文化和地域特色的传承作用。这样才能保证乡村旅游风景区开发中的“活态”。

第3章 乡村空间肌理

3.1 乡村空间肌理概念阐释

乡村肌理是基于复杂自然环境、社会历史文化因素以及人的行为关系之上的，这种乡村肌理的图底关系蕴涵了丰富的价值，它反映了不同地区乡村的社会、历史、文化价值。以建筑为主体，由道路、院落空间、公共空间（集会场地等）、自然环境（人工自然环境与非人工自然环境）所构成的空间形成了丰富的空间肌理，这样的肌理在岁月中不断变化，慢慢积淀，与乡村的发展相互依存，因此乡村肌理本身就是历史发展过程的图案关系的表达，同时，这里暗含了这片土地上生活的人民的智慧，是我们设计工作者不容忽视的一个关键点。乡村空间肌理可以分为三大类：道路空间肌理、地块空间肌理、建筑空间肌理。它是一系列空间要素的集合所表现出来的综合形态。是从真实客观抽象出来的一种二维的图案化数据。

3.2 乡村空间肌理所反映的地域文化特征

乡村空间肌理所反映的地域文化特征主要与其形成原因有关：主要有以下四点。首先是农耕文化对乡村空间肌理产生的影响。我国是传统的农耕国家，为了耕种方便，居民一般都按照土地原有的格局和地势去开发生产。田地的水系为了方便灌溉也被进行了开发和延伸。水系成为了划分地块的一个重要要素。第二点是，约定俗成的建造文化对乡村空间肌理所产生的影响。经过大量的实地调查，农民建房的习惯一般会根据左邻右舍房屋的位置而建造。选择位置的原则是不影响周边邻居通风和采光，最大限度上保留良好通风和采光。一般来说，居民建筑外围都会有一小块私人土地用来种植平常吃的瓜果蔬菜。第三个原因就是风水学上的概念。小到选址时院落的朝向、门的朝向和位置，大到整个聚落的选址位置，如背山面水等，都是挑选基地优势明显的区域来进行房屋建造。第四是政治或文化因素导致的空间肌理的非生产生活的肌理变革，这类变动在以前还与祭祀等活动相关，在现代社会则多为政治因素。

第4章 当下乡村旅游景区建筑景观设计存在的问题与成因剖析

4.1 当下乡村旅游景区建筑景观设计存在的问题

首先是景观功能缺失。随着乡村旅游的深入发展，游客对乡村旅游景观功能提出了更高的要求，目前的问题主要表现为乡村旅游景点游憩功能比较单一；交通组织缺乏系统性；缺乏体验性的参与项目；对游客食、宿、购等方面的需求考虑不足。此外，由于乡村旅游地处市郊或乡村，各项旅游服务商品及市政配套设施不够完善。

其次是景观形象模糊，缺乏整体规划。旅游内容千篇一律，原因一是缺乏统筹规划思想，导致乡村旅游项目重复建设情况严重，整体旅游资源开发模式单一，缺乏互补性，对客源市场的吸引力降低。二是乡村旅游经营者的盲目投资和开发。只顾眼前利益，缺少团队协作，导致旅游内容千篇一律，旅游环境缺乏特色。还有就是旅游产品深度挖掘不够。目前乡村旅游产品缺乏文化内涵，主要旅游活动还停留在以农家乐为主的吃农家饭、住农家房等层面，深度挖掘不够，导致乡村旅游产品大同小异，缺乏吸引力。在旅游产品开发上，缺乏结合乡村独特的民俗风情开展的可参与性强的旅游项目，无法让游客体会真正乡村生活的乐趣，导致吸引力不够，游客逗留时间过短，经济效益不高。

4.2 成因剖析

在乡村旅游风景区规划设计前期阶段，出现的定位、设计问题，直接导致了乡村旅游风景区失去了原有的乡土特色，失去了肌理和尺度感，也相应地降低了建筑及景观的吸引力。这就导致了目前乡村旅游风景区出现的同质化问题。景区的过度城市化、人工化的开发方式，使那些已经存在的乡村旅游风景区受到建设性破坏，使那些即将成为乡村旅游风景区的项目从根本上失去了发挥本身特色的机会，这都会导致项目环境的整体性、统一性遭到破坏。究其根本是因为在乡村旅游风景区的开发过程当中，忽略了地域乡土特色，忽略了对当地的传统文化、传统元素的提炼。

本文研究主旨在于针对当年旅游风景区建筑景观设计中的肌理所反映的地域性的缺失、传统特色没有得到保留的现象，深入分析现象产生的背景与根源，立足于传承和变革的融合性，并积极探讨一种基于文化背景的旅游风景区景观设计理念与方法，尤其是在乡村肌理的保护与更新的角度如何解决问题，因为它是衔接过去与未来的桥梁因素。

4.3 旅游风景区建筑景观设计与乡村空间肌理的保护与更新的方法论

在设计时的原则不应是对乡村肌理进行原封不动的保留，而是对乡村肌理所反映的优良的文化历史因素的图案表达进行延续，强调的是对乡土特色的关注，改善其不能满足现代生活或在旅游风景区开发的商业功能中不合理的尺度或肌理关系，使得新的环境设计将过去优秀的基因继承下去，使乡村的血脉得以延续和发展。因此设计的原则可以理解为：有机切入，用一个形象的词表达那就是“拼贴”，每个变化都相当于在做一幅拼贴画，将新的设计有机地拼贴在原有的肌理之上。

第5章 旅游风景区建筑景观设计中肌理符号的保护与更新的实践研究

5.1 项目概况

项目位于湖南省湘潭市岳塘区，隶属于昭山乡，被称为湖南的“金三角”。基地的可达性极强，这里风景秀美，上承衡岳之余绪，下启洞庭之先声，又浸染历史之余韵，得天独厚的条件是项目成为重点开发对象的重要原因。基地位于著名的昭山脚下，这座山有着悠久的历史并且非常著名，因为大画家米芾将它描绘在了昭山晴岚图中。而设计的具体位置就在昭山脚下，是面朝湘江的一块风水宝地。设计的初衷是想恢复那传世画作中所描述的昭山晴岚的现实场景，这个项目的意义在于这不仅仅对周边三地的经济起到了带动的作用，更是对这个核心地块价值的大大提升。因此这里的乡村旅游风景区将会对这些地区起到举足轻重的作用，因此，在这个产业链条的每一环节都将受益，带动就业，促进发展，提高地区竞争力和影响力，为周边客源市场带来更多、更有意义的旅游体验。在文化层面，这个项目更深远的意义在于对历史文化的传播作用，不仅仅是通过文字和图画让大众去感知这段历史和文化，而是将这些形而上的东西植入地块当中，文化和历史存在于游客拜访过的寺庙，存在于各个非物质文化遗产的体验馆内，存在于大众可以看到、摸到的建筑，存在于游客踏过的石板路，更存在于当地人的口音、他们的生活习惯当中。

首先，这里的区位优势非常明显，三地交界之处，必是重要的交通枢纽，对于旅游业可以形成相互促进的作用。项目的交通状况优越，可达性较高。在宏观层面，基地位于湖南省，地处中国中部、长江中游。东临江西，西接重庆、贵州，南毗广东、广西，北与湖北相连。在中观层面去解析项目区位，这里是长沙、湘潭、株洲的交会点，是位于湘潭市东北部的湘江的东岸。在微观层面来看，基地北部是长沙暮云镇，南部是湘潭的易家湾镇，西部是湘江，东部是昭山乡。基地的路网系统成熟，交通较为便利，距湖南黄花机场仅30分钟车程。易家湾站为较近的火车站，距基地约1.5公里，车程3分钟。较近火车站还有暮云市站、昭山城铁站。湘黔铁路、武广高铁穿境而过。基地东侧为京广铁路。京珠、上瑞高速公路在此交会。G107、G320国道也在此交会，其中国道G107（芙蓉大道）通往长沙，这条路也是离基地最近的一条主要交通干道。这里属于亚热带季风湿润气候区，本文将对这里的年平均气温、相对湿度、年降水量、降雾日、季风进行统计分析。年平均气温17.5℃，极端最高气温42.2℃（1953年8月15日），极端最低气温-11.1℃（1972年2月9日）。年平均相对湿度81%，年降水量1200～1450mm，年最大降水量2081mm（1953年），年最小降水量999.7mm（1968年）；年平均降雨日152天，其中中雨（≥10mm）年约20天，降雨多集中于4～6月。每年11月至次年3月为降雪期，多年平均降雪天数12.9天，最大积雪厚度25cm。年平均蒸发量1359.1mm。多年平均降雾日为20天，多发生在春冬雨季，最长持续时间为3小时，折算成满日，年平均2.5天。全年无霜期345天，年平均日照时数1262.9小时。多年平均风速2.4m/s，最大风速28 m/s。常年主导风向为北西北，具有明显季风型，但在7～8月份主要以南南东风及南南西风为主，频率39.1%，平均风1.9 m/s，最大风速20 m/s。冬季盛行偏北风，夏季盛行偏南风，春秋两季仍以偏北风居多，年大风日数多在5～10天。大风以春夏多，秋季少。日照充足，降雨充沛。全年阴雨天及多云天气占到三分之二。这里四季分明，冬冷夏热，春夏多雨，秋冬干旱，无霜期长。正是因为这里日照充足、降雨充沛的自然条件，才孕育了昭山晴岚的美丽画卷。

基地西临湘江。其河谷开阔，曲流发育，河床纵比降较小。是基地的重要水源，也是纳污水体。岩层属第三纪衡阳红系砂岩、页岩、砾岩。区域内地层多为风化岩残积层土壤，100米以下为石灰岩层，周围无高山，地表平缓开阔。昭山的海拔为185米。区域矿产资源优势不明显。地区地震基本烈度为6度。基地植被为暖温带常绿阔叶混交林，基地主要为松、杉、青岗栎和麻栎为主的植物群落，属地带性顶级群落类型，结构相对稳定。郁闭度约为85%，基地森林覆盖率达50.53%。可谓是真正意义上的“绿心”。

昭山地区的历史资源和文化资源都非常充足，传说这里是周昭王南征之地，也有传说他打仗掉在山下的潭中，因此后人将这里命名为昭山。这样的历史典故也让一大批文人墨客在此寄情山水、挥笔留墨。这里是著名的“潇湘八景”中的一景——“山市晴岚”，著名的北宋书画家米芾曾经画过这里的美景，据说每当雨后天晴，阳光穿透在氤氲的雨雾当中，色彩缤纷，光影迷离，非常美妙。而这里作为风景名胜之地，并非从宋朝开始，史记当中对此有很多记载，这里旧有屏风夕照、拓岭丹霞、桃林花雨、双井清泉、老虎听经、狮子啸月、古寺飞钟、石港远帆等景致，在各朝各代都吸引了无数人的脚步来这里领略美景。 昭山可以分为前山和后山，前山有一条花岗石古磴道，一直连接到山顶的昭山古寺，这条道路是由当年的许多乡绅修建，至今有很久的历史了，这体现当地人为富怀仁的品格。山顶的古寺始建于唐代，属省级文物保护单位，后来历代翻修之后已经失去了唐代的建筑特色，而具有清代特色了。这是因为在清乾隆二十三年这里大规模重修过。寺后有一颗千年银杏树，因此这里香客云集，到访之人不仅被这古寺古树吸引而来，也被周边秀丽的景色所吸引而至，每当登高远眺，便可一览众山和那滔滔的江水，若是有朝阳或落日，景色就更妙了，山光水色，霞光暮雪，令人心旷神怡。在1971年，毛泽东从长沙步行到昭山进行社会调查，也曾在此借宿山禅寺。山上还有一亭叫作伟人亭，也是因毛泽东来过而命名的。著名的北宋末年四大抗金名将刘锜故居遗址也在此，因为被贬于此地，所以在此居住了六年，那断壁残垣见证了历史的风华以及伟大将领的爱国之心。

总而言之，独特的地理位置以及身后的历史和文化积淀是这里独特的竞争力，基地周围的盘龙大观园、团山村游乐园、高峰塔、齐白石纪念馆、万楼、樱花园都没有本案这样独特而突出的自然条件和文化积淀。因此昭山可以利用良好的自然资源与人文资源，与周边竞品实现错位竞争。而现场还有一些路面积水、土地裸露、不合理硬化等问题急需解决，需要在后期建设中注意。

基于以上现状，本文总结了SWOT分析表格。在优势方面，政策优势先导，本案为本市重点项目，景区的保护力度加大，在资金、政策上给予优惠。在资源环境方面，山体连绵，植被丰富，历史资源丰富。森林覆盖率达50%以上。风景优美，非常适合休闲旅游。在地理区位方面，位于湖南黄金三角，交通便利，是交通枢纽，未来也适合作为旅游的中心。在文化优势方面，项目在政策、资源、区位、文化、品牌、基础投入方面极具优势，悠久的历史人文及佛教文化使旅游产业有了支柱和依靠。在区域品牌优势方面，昭山晴岚属于潇湘八景之一，品牌文化已经得到大众认可，并得到政府的大力扶持。在基础投入优势方面，“昭山晴岚”项目是国信集团在湖南省投资的首个大型项目，总投资100亿元以上，建设开发周期为8～10年。

然而项目也存在一些劣势，在开发力度方面，开发处于起步阶段，没有形成规模。在产业劣势方面，目前的昭山旅游风景区的旅游业处于初级阶段，游客不够多，周边地区还没有对此地的文化及历史有所了解。在配套方面，周边便民配套不足，无法满足未来的众多旅游人群。因此，在接下来的设计当中，要根据项目劣势针对性地提出和改进具体的实施方案。

而本项目的机遇也是前所未有的。首先是大旅游环境的逐渐稳定，稳定发展的旅游大环境，为发展旅游类的项目创造了很好的发展机遇。在大生态旅游明确的态势下，生态旅游、美丽乡村政策的导向，使项目具备巨大的潜力。在资本的投资流向方面，当前投资方已逐渐关注乡村度假产品，越来越多的社会资本已选择了资本下乡。随着旅游产品精细化，旅游消费的产品日趋精细精品化，现阶段精致的旅游产品已指向精品民宿及主题旅游。这是一场旅游模式的大变革，旅游市场的走向已经从传统的观光旅游逐步向自驾游、自由行等更崇尚自我的旅行方式转变，自我主导的旅游模式将带来更多旅游消费。

而项目也面临着同质化和区域竞争这两个威胁，首先，无论乡村旅游还是民宿产品，全国井喷式开发，导致同质化严重，对未来旅游市场带来较大危害。其次，美丽乡村和特色小镇政策的推行在全国力度最大，未来几年相关旅游产品的竞争越发激烈。

在市场客源定位方面，基地地处长沙、湘潭、株洲三市交界处，处于长沙市的半小时交通圈，浏阳市、醴陵市的1小时交通圈，益阳市、汨罗市的1.5小时交通圈。衡阳、宜春的2小时交通圈，岳阳、常德城市的2.5小时交通圈。昭山市场培育应锁定周边城市，将1小时、2小时交通圈作为重点开拓市场，旅游产品应针对周边城市居民进行市场推广。

5.2 规划设计原则

项目规划设计原则首先参考第1章的国内外研究现状以及第2章的各项理论与现实基础，根据理论结论和实践结论确定设计，遵循最小干预原则，在最大范围内减少破坏。规划设计的第二条原则是风貌梳理策略，对项目进行去乱整理，强化项目特征，明确项目的个性。第三条策略是最重要的原则，是肌理更新策略，也就是对项目原有的村落肌理进行保护，并且科学有计划地适当更新。

5.3 项目定位

依据以上的分析和论述，项目初步将周边的客源市场划分为三级，分别是一级市场（核心客户群）、二级市场（重要客户群）、三级市场（补充客户群）。其中一级市场定位于长沙、株洲、湘潭的都市人群，二级市场定位于益阳、浏阳、衡阳等长三角城市，三级市场定位于岳阳、邵阳、国内其他地区及部分国际市场。在另一个维度，将客户群体划分为六大专项市场客群，分别是：佛教及历史人文游客、民宿爱好游客、自驾游游客、艺术爱好游客、休闲度假游客。其中佛教及历史人文游客和自驾游游客需要本地的各项天然资源，而民宿爱好游客一级艺术爱好游客分别需要项目精良的设计和品质，以及充分展示当地及其周边的非物质文化遗产。因此设计规划的定位将基地功能划分为六大复合功能：佛教文化区、亲子互动区、创新产业区、民宿“+”体验区、休闲度假区、特色产业区，打造集旅游观光、颐养休闲、民宿产业、文化体验于一体的旅游项目。让游客领略昭山晴岚最醇美的潇湘美景，感受昭山小镇的愉悦生活，在畅享山水中拥有最独到的休闲体验。

根据相关规划，基地被划分为八个大片区，分别是：昭霞铺、湘山春舍、渔舟唱晚、妙法山居、将军渡、菩提苑、印象昭山、兰亭涧。本案将重点打造安化茶庄与邻近驳岸，形成集自然形态与商业氛围的综合驳岸。

设计任务为地块项目中不同类型的非物质文化遗产的相关实体设计，如白石画院、安化茶庄、潭州书院、古窑遗韵、手工酱坊、布坊等。本文选择安化茶庄作为主要的设计实践案例来进行对乡村旅游风景区空间肌理的保护与更新的实践研究及论述。

根据任务书的相关要求，将安化茶庄定位为体验式茶馆，体验式茶馆的定位契合了当下市场需求，目前传统型茶馆的同质化现象严重，服务不佳，更没有满足顾客日益提高的消费需求，因此，服务的转型也就越来越重要了，体验式茶馆使人们更好地体验当地的文化生活，让人们先了解安化黑茶的悠久历史，再让顾客亲自参与观茶、制茶、品茶等个性化的体验活动。不仅可以喝茶，更可以体验制茶工艺以及制茶流程、学习黑茶的发展历史和茶文化，还有茶售卖和展销功能。在此可以进行茶友聚会，茶艺表演，茶文化交流。目的是引导消费者在放松身心的同时与茶文化产生感情共鸣。从体验形式以及内容都与传统的茶馆不同。通过物质以及情感两条主线将传统的非物质文化植入游客心中。其中的设计策略是以人的体验活动和空间的氛围为要点，营造丰富的体验以及感受来引导人们的情感和思考。建筑设计应注重全方位的功能性的表达，用地域特色的体现去彰显文化内涵，并用感情化的设计去传递体验式茶馆的意境，为游客带来更鲜活的体验。并为其他项目设计提供一种新的思路。

5.4 方案设计

根据设计任务书的相关要求，打造“市、渔、礼、禅、居、艺”的湖湘文化魅力小镇。那么昭山脚下的安化茶庄正属于“礼”和“艺”的结合体。其中“礼”是传统文化的代名词，安化黑茶历史悠久，在茶文化中占有重要的地位，并且相关的制茶工艺以及茶道则属于“艺”的范畴。根据《建筑设计资料集》中的相关规范，项目属于饮食店部分，规范对其的建筑环境、建筑标准、饮食厅每座的单位面积、各种设施（顾客专用厕所、洗手间、饮食制作间）都有等级划分。因本案欲打造高质量的旅游体验，则选定一级规范，其中建筑环境要求较高，建筑耐久年限一级，耐火等级应不低于二级，饮食厅每座的单位面积大于等于1.3平方米，设施状况应齐全。其组成状况应有门厅及休息区、洗手处、饮食厅、备餐处、账房、餐具洗涤区、餐具消毒区、食品消毒区、冷藏储存区、饮料煮制区、办公区、员工以及顾客卫生间、各类库房、更衣间等等，有些应有外卖部、音乐茶座等附加功能。规划要点应注意建筑出入口的流线布局合理，人流以及货流分流处理，顾客交通设置合理方便，饮食制作间干湿分离、干净卫生、卫生间不应朝向加工间。

茶馆内部具体的各种流线以及功能非常重要，尤其是在茶历史文化展览以及制茶工艺体验方面的相关功能。首先要了解安化黑茶的历史以及工艺。安化黑茶属黑茶类，黑茶是我国的六大名茶之一，各地黑茶之中，湖南安化产地的黑茶为黑茶中的极品，赫赫有名。其历史非常悠久，安化从唐代开始就有产茶的记载，在宋朝则专门设立了茶市用于交易茶，黑茶在此基础上诞生。16世纪初也就是明朝安化黑茶逐渐在市场中显露头角，这时出现了每支净重为一千两的千两茶，在近代出现了制茶厂，在现代，千两茶可谓是堪比黄金。其受欢迎的原因是具有抗氧化衰老、抗癌变的功效，需要经过杀青、揉捻、渥堆、烘焙干燥等十几道加工工艺，长时间物理发酵才能制成。安化黑茶的种类也很多，有天尖、贡尖、生尖、茯砖、黑砖、花砖、千两茶。其中最著名的是千两茶，由蓼（箬）叶包裹茶叶，压实后再包裹棕叶，防止运输过程中的雨水，最后由外竹篾篓捆压紧实。在制作以及运输中的自然发酵也让千两茶独具风味并受到大众的喜爱。安化千两茶还被大英博物馆和故宫收藏，具有极高的文化价值。

内部的流线可以分为两部分：顾客流线、员工流线。其中顾客流线可以分为两部分，首先是参观体验动线，其次是品茶动线，而这两部分动线是相互交织在一起的。游客动线贯穿了茶厅、茶艺表演空间、VIP茶室、卫生间，展示采茶、杀青、揉捻、渥堆、干燥、毛茶储存、包装罐茶、木棒压茶、人工滚茶、木槌打茶。另外需员工参与的功能有服务台、茶叶茶具售卖区、办公室、员工更衣室、员工卫生间、杂库房等管理办公后勤部分。在建筑的核心区域有一块台地空间，根据GIS分析，其地势东北侧高，西南处低，坡度约在20°左右，而根据前期的分析，设计中若没有特别的要求，最好是尊重场地原有的竖向关系，在此基础上做出合理的设计，这样可以巧妙地减少未来工程的土方量，同时也可以利用坡度丰富景观空间。因此，场地的核心景观空间被设计为一个台地空间，用来欣赏户外的茶艺表演。

在建筑的平面布局上，用场所理论的指导对原有空间肌理做出合理调整。首先在原有的肌理上对其尺度、布局进行分析，对原始数据进行分析剥离，可以发现原有建筑肌理的尺度较为符合人机工程学上的尺度需求，又因建筑的功能是以喝茶为主，并不需要对其尺度及比例做出过多调整，只需稍加更改即可。在其空间肌理的分布上，显然目前并不能够完全满足现代的功能需求。在规划人流方向来看，目前入口展示面过短，不利于整体建筑形象的塑造，因此，新的肌理应该拓宽入口展示面。在未来的设计上，因入口展示面的界面过于直白，将利用新的肌理打破原有肌理的界面状态，围合出新的空间来丰富空间体验，并且使新的肌理对人的流线产生聚合和引导的作用。在地块中部的原始空间肌理过于分散，因此新的方案将两部分地块连接，增强其整体性。同时，一些不合现代功能布局和使用的较小尺度的空间被舍弃，删除这些体量不适宜的建筑将会进一步增加现存肌理的整体性。在沿江界面，建筑展示面过短，不利于良好的建筑内部的视野，新的方案设计将建筑界面延长，不仅可以丰富建筑整体形态，也可以更大化地利用江景为建筑服务。通过对原有空间肌理的删除、增加、调整修改和保留，新的空间肌理将会在历史的选择和新时代的要求下寻找到和谐统一的答案作为一架桥梁，连接过去与未来。

方案的立面设计阶段，主要根据当地传统的穿斗形式中大屋顶及其比例关系为设计来源，通过对其整体分析，可以发现老建筑采用一层砌砖，编竹泥墙涂石灰的做法。因此可以推断原始建筑的立面肌理应该是一层砖纹，以上为白色墙体。这样的设计其实是为适应当地气候的本土设计。编竹泥墙涂石灰的做法可以适应潮湿的天气，保持上层建筑的相对干燥，薄薄的墙体也非常有利于散热，白石灰则纯属装饰，据相关资料记载，石灰刷得越白、越整齐的人家将此视为财富和品质的象征，同时这种做法非常便捷，利用本土材料，最大化地适应当地气候，并且方便修补，是在民间广为流传的一种做法。本方案将传统延伸到新设计当中，也采用了一层砌砖，大面积墙体为白色的做法。因此不光可以保证新建筑的整体性，也可以将过去的建筑风俗的表象保留下来。建筑生成的过程首先是延长入口、沿江肌理的展示面，将肌理体块抬升，将建筑根据山脚处建筑、根据山势架高，确保每一个建筑获得良好的视野。保留原有的天井空间，保留原有建筑的内部格局，根据演讲展示面做出露台空间。再根据原有的建筑形制做出相应坡度的大屋顶。

利用连廊将建筑与建筑连接，增加建筑之间通过方式的可能，体验者不仅仅可以通过常规路线踩着砖石或汀步进入建筑内部，更可以走过风尘仆仆的老木桌椅，侧脸掠过漏出一缕缕风景的竹格栅，步入木质的空中连廊之上，触摸伸手就能够到的树叶，扶着栏杆驻足俯瞰欣赏美丽女子的茶艺。或而这里雨雾缭绕，深吸一口湿润的空气再步入另一间茶室，将会有更惬意的体会吧。根据联系理论将建筑与景观、连廊之间发生关系，确保无论在哪里都能欣赏到户外茶艺表演，各个组织的联系线所形成的系统将会让空间秩序给人带来的体验更加全面且丰富。这种联系的疏密与节奏正与人的体验相契合。为了让沿江建筑的联系度更高，设计深化阶段将建筑围合，缩短其联系线使其空间关系更紧密，营造聚合内敛的公共空间更有助于核心空间的塑造。在设计的深化阶段，还对建筑入口进行了调整，这个部分的空间肌理调整依照的理论不仅仅有联系理论，同时也有图底关系理论，当前的空间层级过于直白跳跃，图底关系不可逆，因此利用建筑的正形改善不够平衡的图底关系，弱化正负形之间的层级关系。对入口直接的人流方式进行调整，并将实墙改为竹格栅的虚墙，这一手法借鉴于中国古典园林的造园手法，营造空间使景色漏而不透，透过它可以隐约看到后面的景观，再往后走可以隐约看到江景，只有经过茶品展陈区域才能进入园中一览景色。

而项目原有的建筑形制也有其弊端，在大量的数据收集工作中已经得到的明显的结论是这种传统的干栏式建筑的三层空间无法利用。由于气候和建筑形制的适度局限的原因，顶部空间较为潮湿，并且采光不足，光线昏暗。导致三层部分空间的利用率不是很高。居民大多用其作为储藏空间。日常活动的流线较少涉及此地。因此新的设计将二层露台空间和连廊进行连接，用这种手段弱化空间层级关系。在此基础上，将三层的部分屋顶，作为二层露台空间的雨棚，拓高二层高度。在三层空间朝向良好的方位，将屋顶大面积打开进行采光，保证室内的照度。同时将尺度不够适宜的空间做封闭处理，作为仓储空间。这样一来，三层的空间便在最大程度上与大自然融合为一体，弱化了室内和室外的界限，让体验者更好地感受昭山雨雾朦胧的梦幻景色。

根据场所理论中所总结的经验。一组具有相似特征的同类事物，将会给人的感知带来一种整体的感受，这种相似的特征就是主题连续。在一个场所中，一种主题在连续强调，将会加强其场所特征。从而，给人的认知将会是一种更加典型和完整的体验。因此，本项目依据原有的穿斗式建筑的结构比例关系，总结其物理特征，可以发现在横向与纵向的比例关系当中，有许多的黄金分割图形。这种优美的图形关系，是在建造过程中材料受力及其结构所决定的，所体现的是建筑和材料的构造美。为了在接下来的新设计中继续传递这种老建筑的构造美，新的设计将提取其比例关系，运用在新的设计立面构造当中，并用这样的比例关系设计一系列新的模数。用这些模数来把控新建筑物的窗户与墙体、建筑立面的分割关系。在建筑的材料选择上，充分利用本土材料，砖、石、竹、木、瓦及制茶工艺相关的材料，来体现传统地域文化的特色及茶文化特色，同时加入透光混凝土、玻璃、材料、丝网幔帐等新元素。完成新建筑的经济技术指标：占地总面积为1288平方米，建筑面积为2278平方米，容积率为0.63，建筑密度为0.36。

第6章 结论

空间肌理并不仅仅属于城市，它也属于乡村，只要有空间和地域，就一定会有空间肌理。乡村旅游风景区空间肌理的研究在当代旅游业与美丽乡村发展如火如荼时是非常紧迫的具有指导意义的研究课题，本文研究针对旅游风景区建筑景观设计中的肌理所反映的地域性的缺失、传统特色没有得到保留的现象，深入分析现象产生的背景与根源，立足于传承和变革的融合性。因为它一方面在一定程度上体现了聚落发展的痕迹和文化特征，以及人们的生活方式和内容；另一方面，它也展示了整体聚落形成中政治、经济方面、自然以及人为因素的影响，可以通过空间肌理形态上的变化看出社会的价值取向，反映人民的整体意识。基于这样的条件对乡村空间肌理的保护和更新将会积极探讨出一种基于文化背景的旅游风景区建筑景观设计理念与方法。

参考文献

中国图书全文数据库

[1] 浦欣成. 乡村聚落平面形态的量化方法研究［M］. 东南大学出版社,2013.

[2]（法）薛杰. 城市与形态［M］. 中国建筑工业出版社,2012.

[3] 王昀. 传统聚落结构中的空间概念［M］. 中国建筑工业出版社,2009.

[4] 段进. 世界文化遗产宏村古村落空间解析［M］. 东南大学出版社,2009.

[5] 段进. 国外城市形态学研究概论［M］. 东南大学出版社,2008.

[6]（法）莫兰. 复杂性思想导论［M］. 华东师范大学出版社,2007.

[7] 梁江. 模式与动因［M］. 中国建筑工业出版社,2007.

中国博士学位论文全文数据库

[1] 产斯友. 建筑表皮材料的地域性表现研究［D］. 华南理工大学，2014.

[2] 姚圣. 中国广州和英国伯明翰历史街区形态的比较研究［D］. 华南理工大学，2013.

[3] 张健. 康泽恩学派视角下广州传统城市街区的形态研究［D］. 华南理工大学，2012.

[4] 何峰. 湘南汉族传统村落空间形态演变机制与适应性研究［D］. 湖南大学，2012.

中国优秀硕士学位论文全文数据库

[1] 杨灿. 旧城更新中肌理织补方法设计研究［D］. 南京大学，2014.

[2] 郎大志. 浙江乌石村村落空间形态演变研究［D］. 浙江大学，2013.

[3] 周颖. 康泽恩城市形态学理论在中国的应用研究［D］. 华南理工大学，2013.

[4] 周玲. 基于参数化技术的数字城市三维建模方法［D］. 浙江大学，2013.

[5] 叶巍. 余姚地区新建农村空间形态研究［D］. 西安建筑科技大学，2013.

[6] 周曦. 木材肌理与乡土文化意境营造研究［D］. 湖南大学，2013.

安化茶庄设计
Anhua Teahouse Design

基地概况

项目位于湖南省湘潭市岳塘区，隶属于昭山乡，被称为湖南的“金三角”。基地的可达性极强，这里风景秀美，上承衡岳之余绪，下启洞庭之先声，浸染历史之余韵。

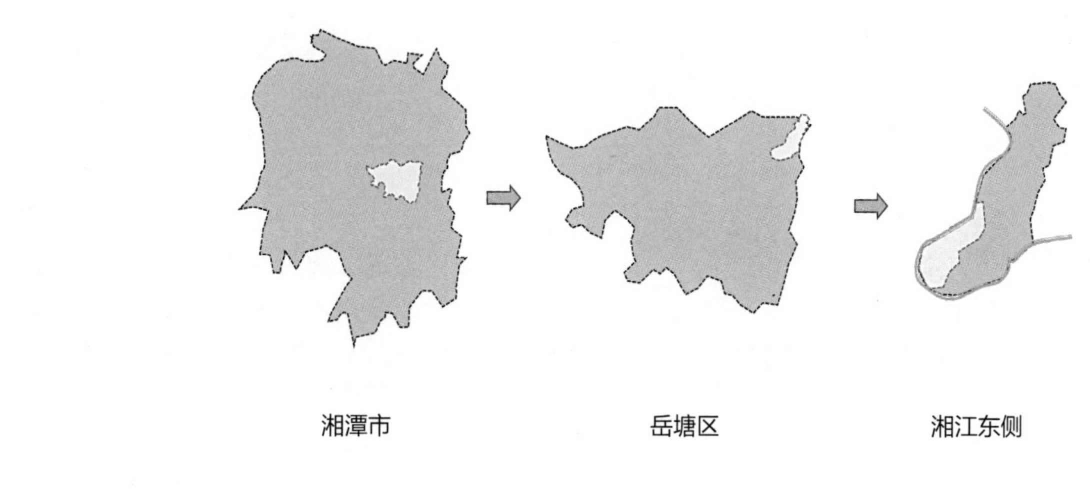

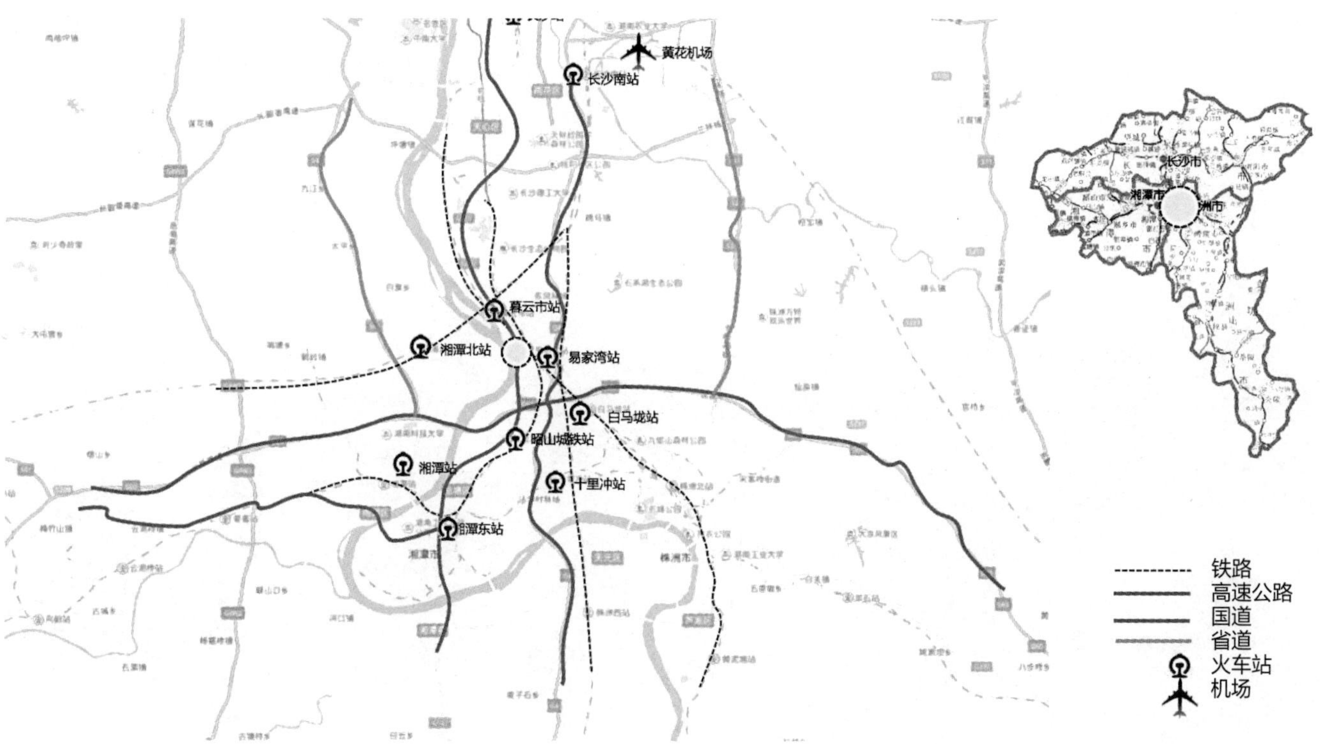

交通状况

基地位于长沙、湘潭、株洲交会处，是湖南“金三角”。

机场：距黄花机场仅30分钟车程。

火车站：易家湾站为较近的火车站，距基地约1.5公里，车程3分钟。较近的火车站还有暮云市站、昭山城铁站。

铁路：高速公路：京珠、上瑞高速公路在此交会。

国道：G107、G320国道在此交会，国道G107（芙蓉大道）通往长沙。

基地路网系统成熟，交通较为便利。

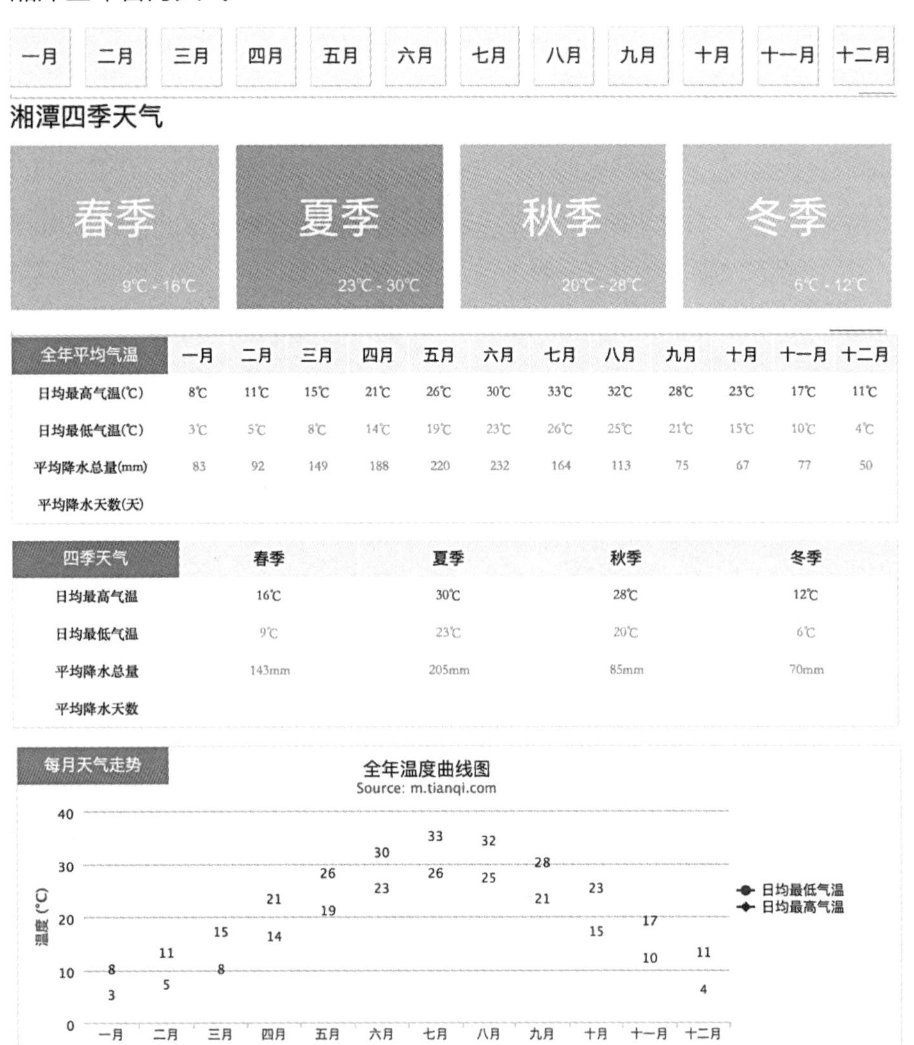

湘潭全年各月天气

一月 二月 三月 四月 五月 六月 七月 八月 九月 十月 十一月 十二月

湘潭四季天气

春季	夏季	秋季	冬季
9℃ - 16℃	23℃ - 30℃	20℃ - 28℃	6℃ - 12℃

全年平均气温	一月	二月	三月	四月	五月	六月	七月	八月	九月	十月	十一月	十二月
日均最高气温(℃)	8℃	11℃	15℃	21℃	26℃	30℃	33℃	32℃	28℃	23℃	17℃	11℃
日均最低气温(℃)	3℃	5℃	8℃	14℃	19℃	23℃	26℃	25℃	21℃	15℃	10℃	4℃
平均降水总量(mm)	83	92	149	188	220	232	164	113	75	67	77	50
平均降水天数(天)												

四季天气	春季	夏季	秋季	冬季
日均最高气温	16℃	30℃	28℃	12℃
日均最低气温	9℃	23℃	20℃	6℃
平均降水总量	143mm	205mm	85mm	70mm
平均降水天数				

亚热带季风湿润气候区，四季分明，冬冷夏热，春夏多雨，秋冬干旱，无霜期长。年平均气温17.5℃，极端最高气温42.2℃（1953年8月15日），极端最低气温-11.1℃（1972年2月9日）。

年平均相对湿度81%。

年降水量1200～1450mm，全年无霜期345天，年平均日照时数1262.9h。

多年平均风速2.4m/s，日照充足，降雨充沛，全年阴雨天及多云天气占到三分之二。冬季盛行偏北风，夏季盛行偏南风，春秋两季仍以偏北风居多，年大风日数多在5～10天。大风以春夏多，秋季少。

这里四季分明，冬冷夏热，春夏多雨，秋冬干旱，无霜期长。

正是因为这里日照充足、降雨充沛的自然条件，才孕育了昭山晴岚的美丽画卷。

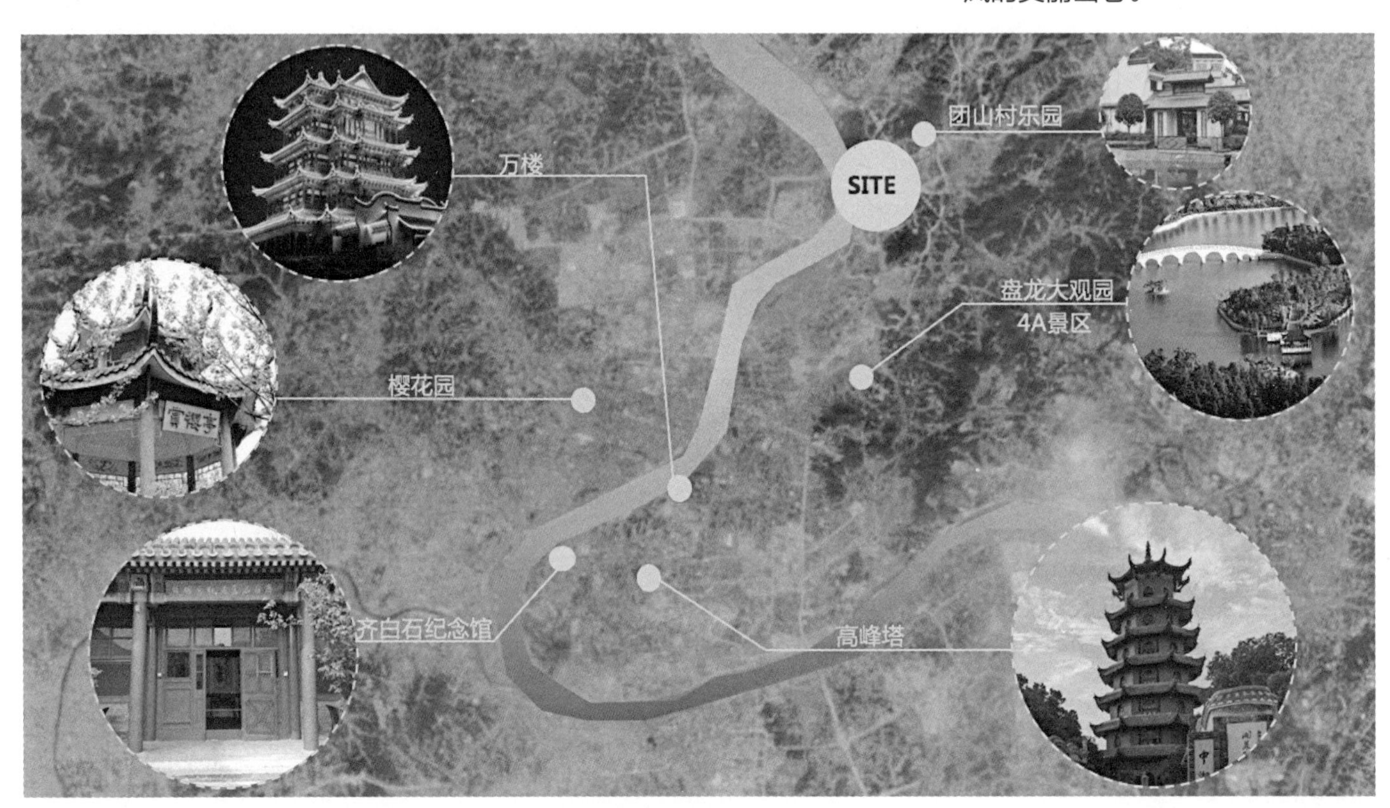

昭山可以利用良好的自然资源与人文资源，与周边竞品实现错位竞争。

SWOT分析

S 优势

政策先导优势——苏湘两省重点经贸合作项目，景区的保护力度加大，在资金、政策上给予优惠。

资源环境优势——山体连绵，植被丰富，历史资源丰富。森林覆盖率达 50% 以上。风景优美，适合休闲旅游。

地理区位优势——位于湖南黄金三角，交通便利，属国家 AAAA 级景区。

文化优势—悠久的历史人文及佛教文化。

基础投入优势——“昭山晴岚”项目是国信集团在湖南省投资的首个大型项目，总投资 100 亿元以上，建设开发周期为 8 ~ 10 年。

区域品牌优势——昭山晴岚属于潇湘八景之一，品牌文化已经得到大众认可，并得到政府的大力扶持。

W 劣势

开发力度初级——开发处于起步阶段，没有形成规模。

产业劣势——目前旅游业处于初级阶段。

布局散乱——整体开发无序，无开发主体整体引导。

配套不足——区域便民配套不足，无法满足未来旅游人群。

O 机遇

大旅游环境稳定——稳定发展的旅游大环境，为发展旅游类的项目创造了很好的发展机遇。

大生态旅游明确——生态旅游、美丽乡村政策的导向，使项目具备巨大的潜力。

资本的投资流向——投资方已逐渐关注乡村度假产品，越来越多的社会资本已选择了资本下乡 。

旅游产品精细化——引发旅游消费的产品日趋精品化，现阶段精致的旅游产品已指向精品民宿及主题旅游。

旅游模式大变革——从传统的观光旅游，已逐步向自驾游、自由行等更崇尚自我的旅行方式转变，自我主导的旅游模式将带来更多旅游消费。

T 威胁

同质化威胁——无论乡村旅游，还是民宿产品，全国井喷式开发，导致同质化严重，对未来旅游市场带来较大危害。

区域竞争——美丽乡村和特色小镇政策的推行在全国力度最大，未来几年相关旅游产品的竞争越发激烈。

三级客源市场	
一级市场	定位于长沙、株洲、湘潭的都市人群
二级市场	定位于益阳、浏阳、衡阳等长三角城市
三级市场	定位于岳阳、邵阳、国内其他地区，以及东南亚等国际市场

六大专项客群市场
佛教及历史人文游客
民宿爱好游客
自驾游游客
艺术爱好游客
休闲度假游客

流线排布

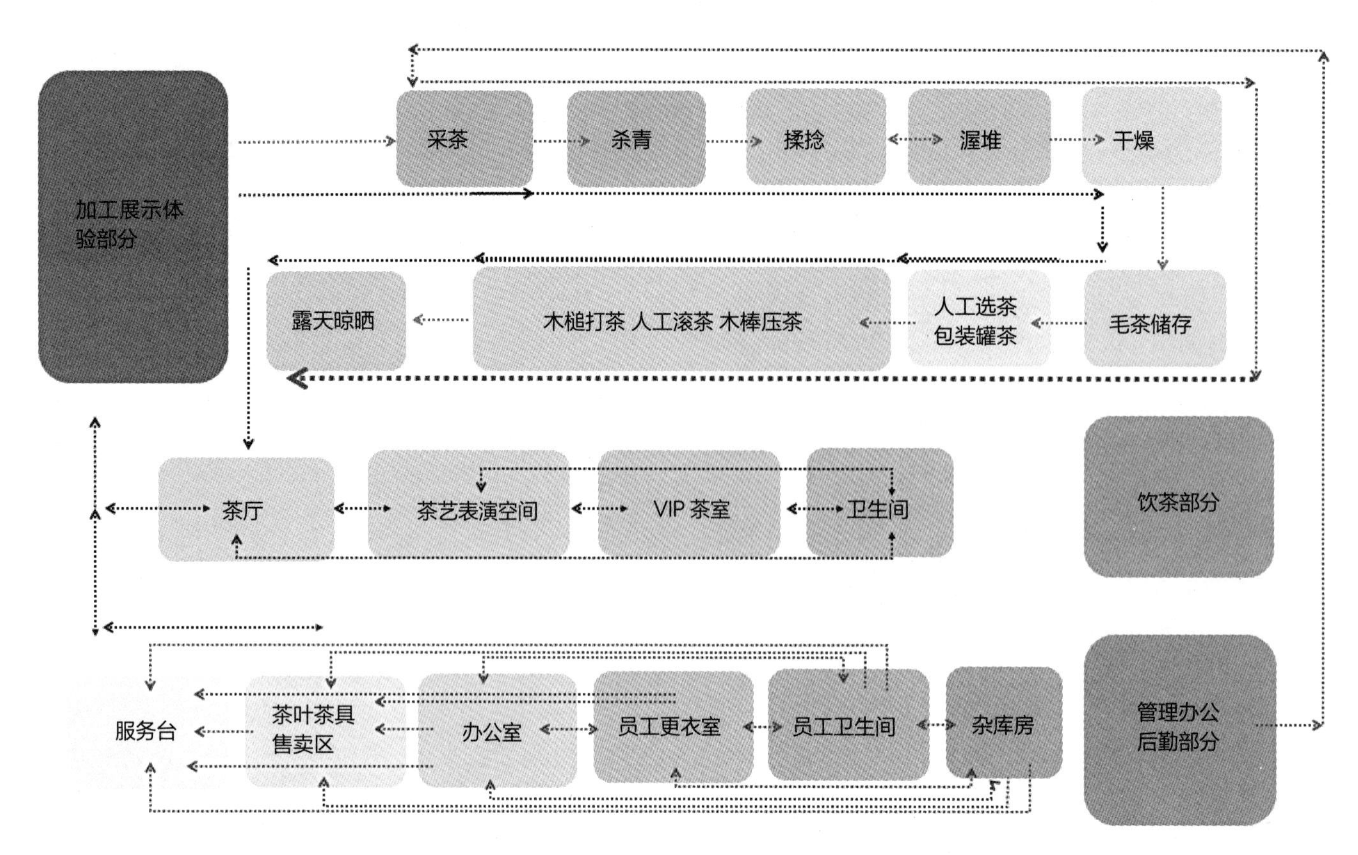

地势分析

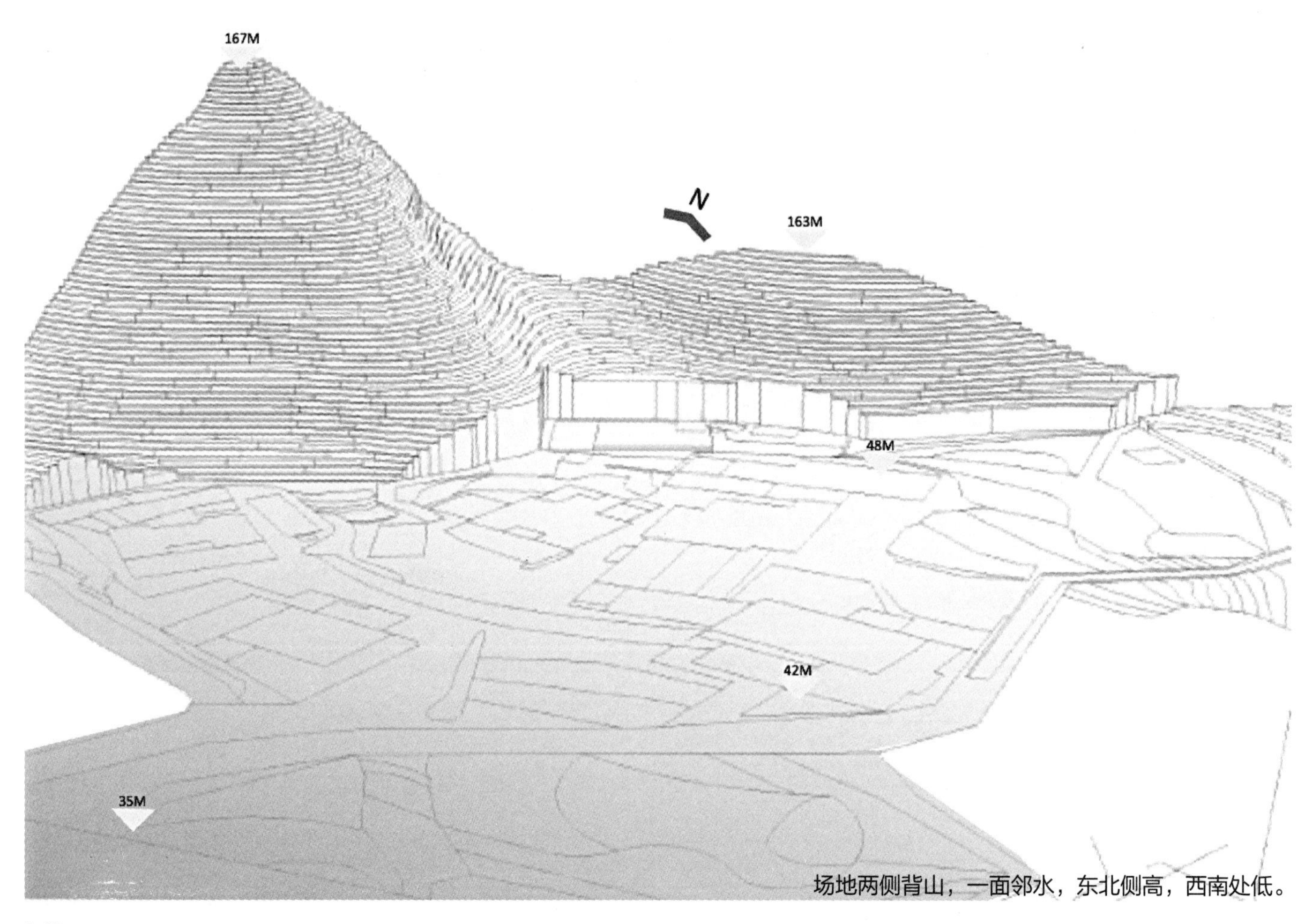

场地两侧背山，一面邻水，东北侧高，西南处低。

肌理剥离

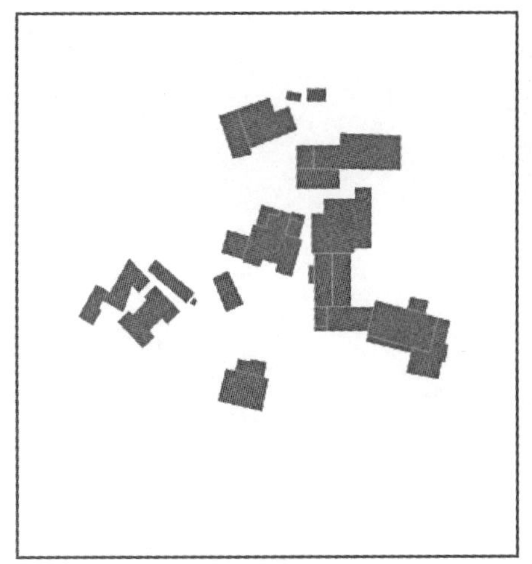

建筑肌理
Building texture

景观肌理（高差）
Landscape texture

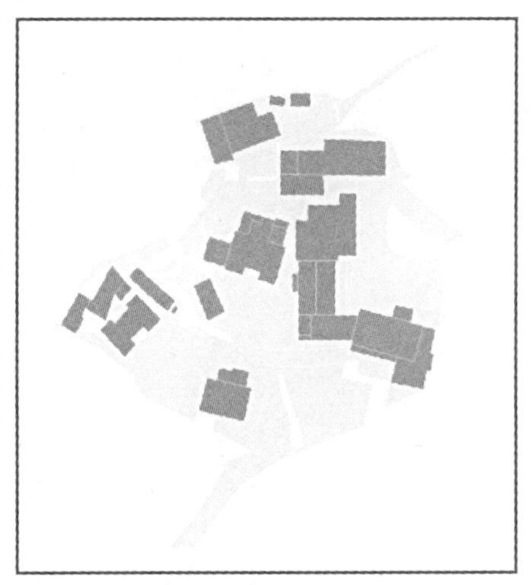

群落
community

GIS 分析

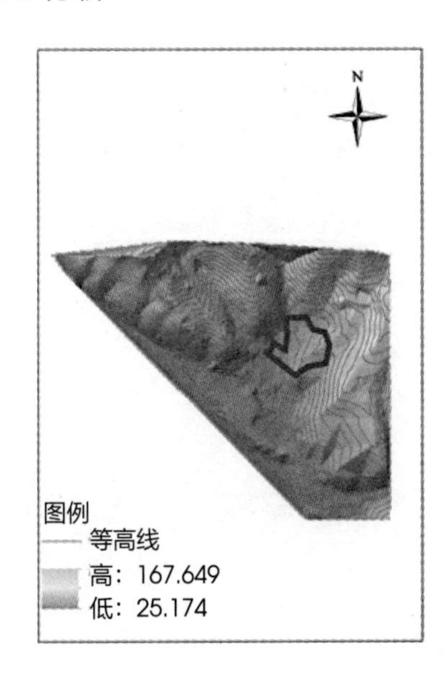

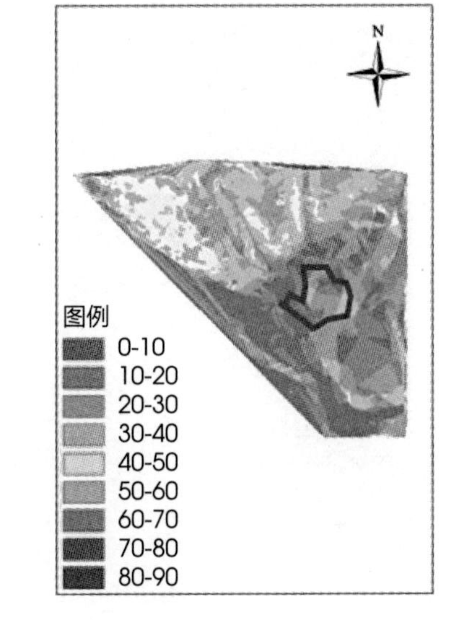

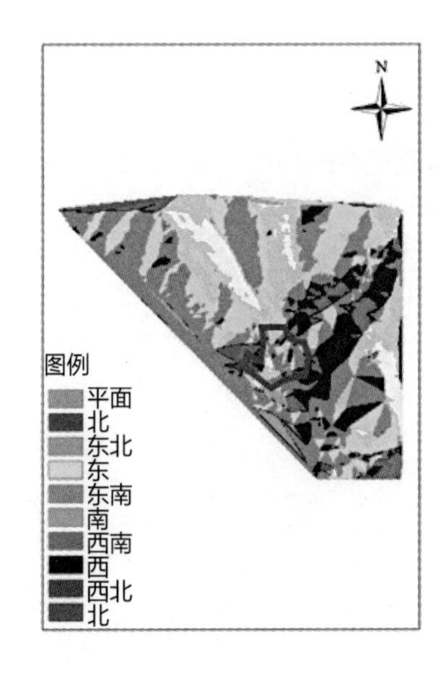

利用高差创造良好视域

利用坡度丰富景观空间

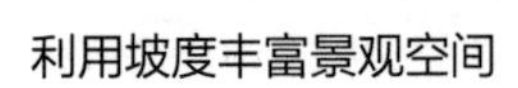

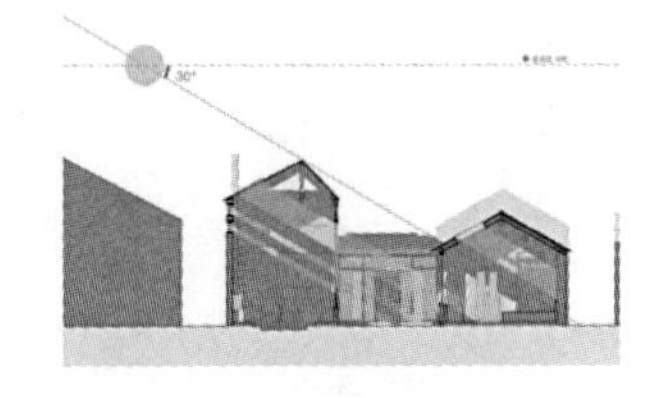

利用坡向合理采光

根据gis分析，其地势东北侧高，西南处低，坡度约在20°左右，而根据前期的分析，设计中若没有特别的要求，最好是尊重场地原有的竖向关系，在此基础上做出合理的设计，这样可以巧妙地减少未来工程的土方量，同时也可以利用坡度丰富景观空间。因此，场地的核心景观空间被设计为一个台地空间，用来欣赏户外的茶艺表演。

泡泡图

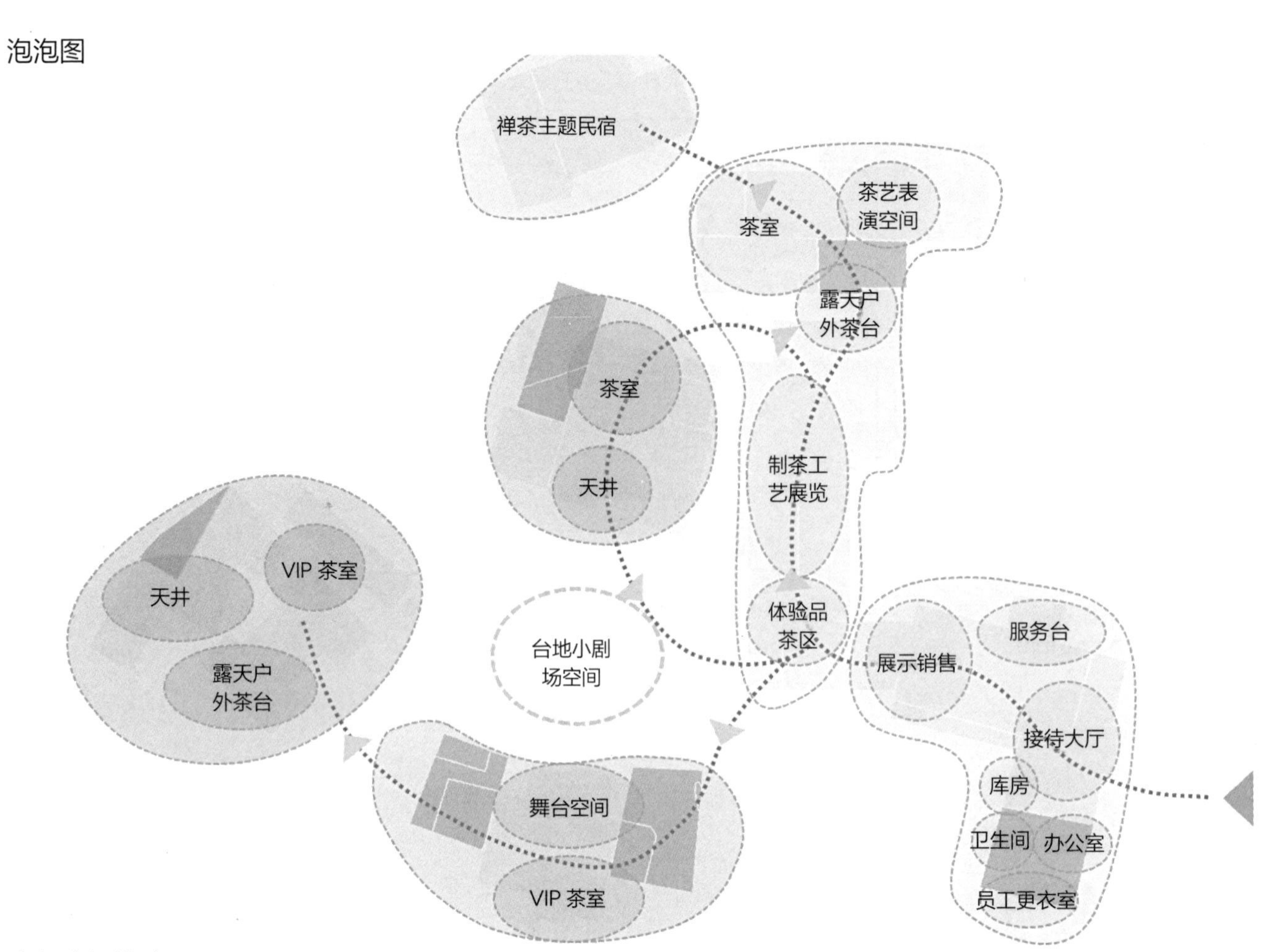

禅茶主题民宿
茶室
茶艺表演空间
露天户外茶台
茶室
天井
制茶工艺展览
VIP 茶室
天井
露天户外茶台
台地小剧场空间
体验品茶区
展示销售
服务台
接待大厅
库房
卫生间
办公室
员工更衣室
舞台空间
VIP 茶室

中部空间推演

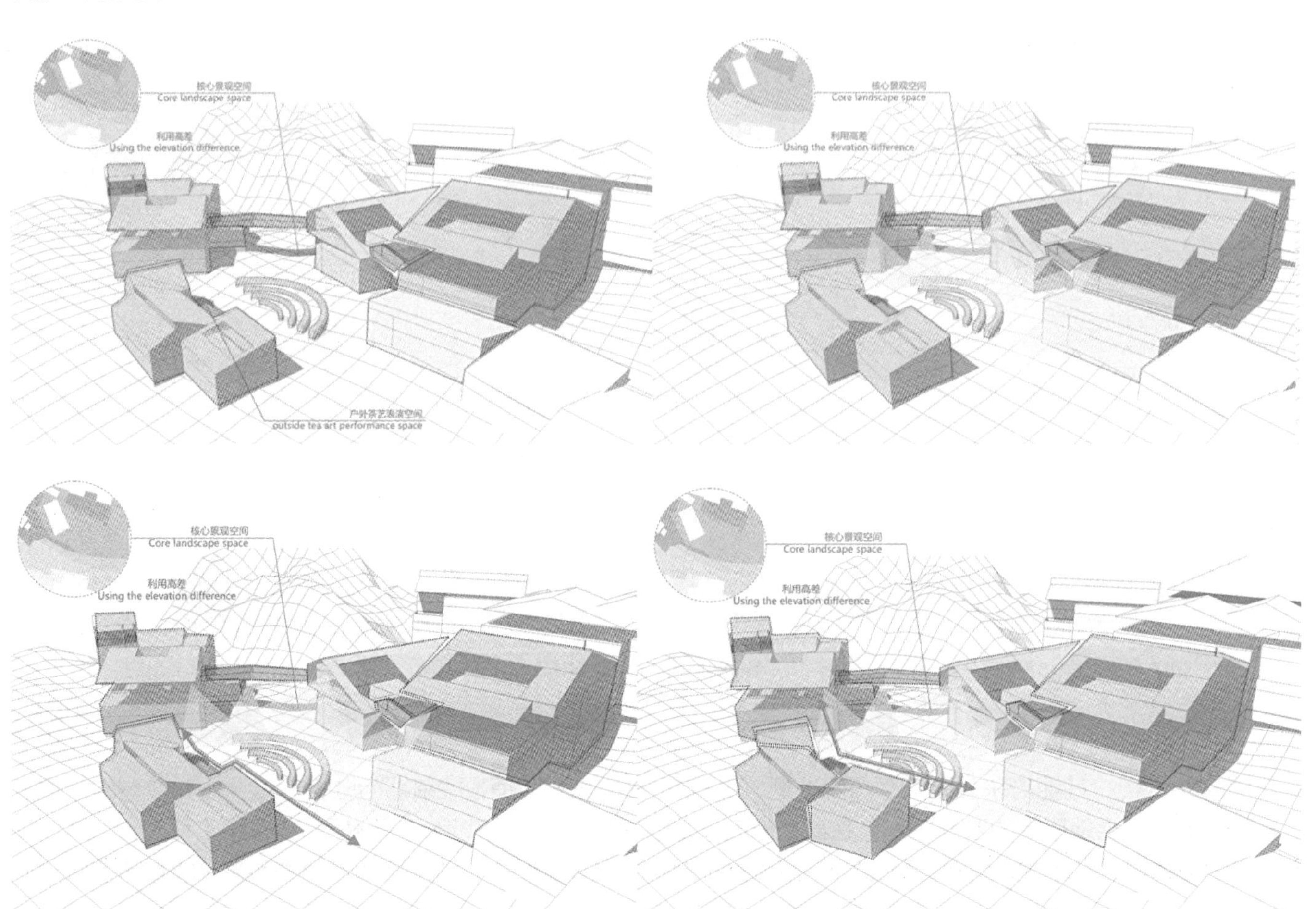

核心景观空间
Core landscape space
利用高差
Using the elevation difference
户外茶艺表演空间
outside tea art performance space

入口空间推演

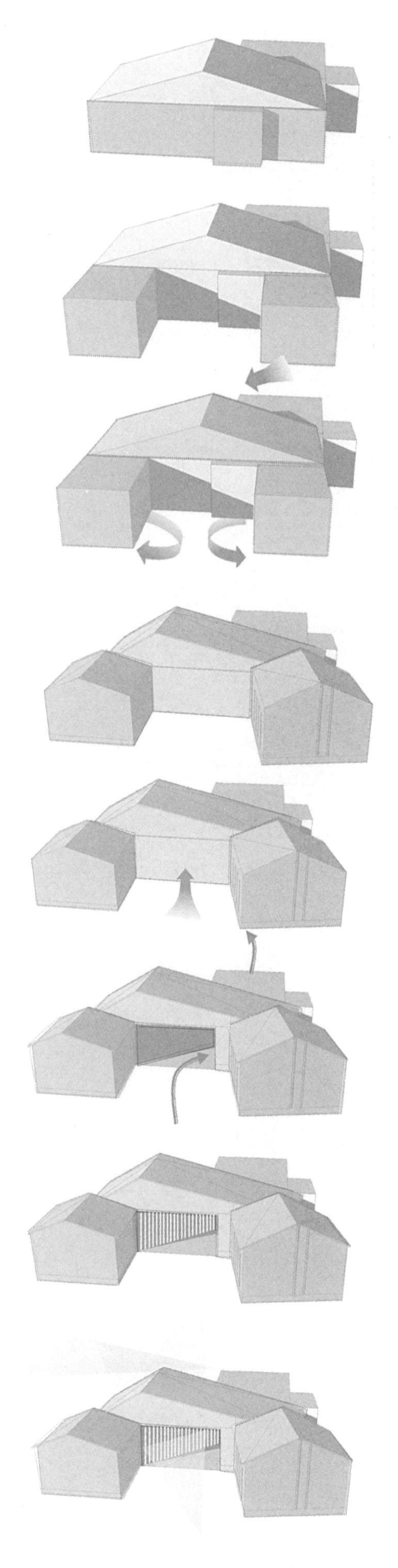

建筑立面推敲

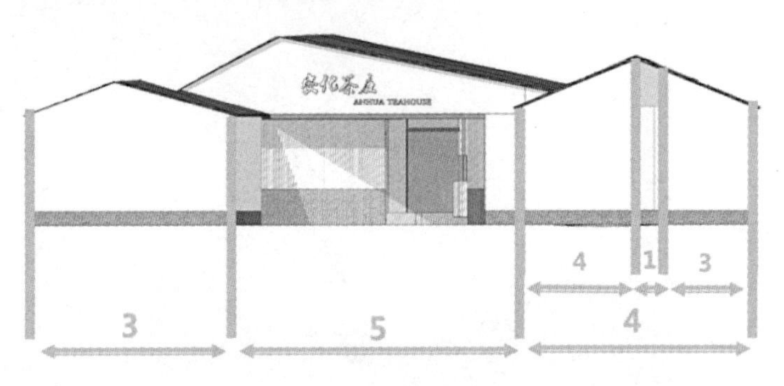

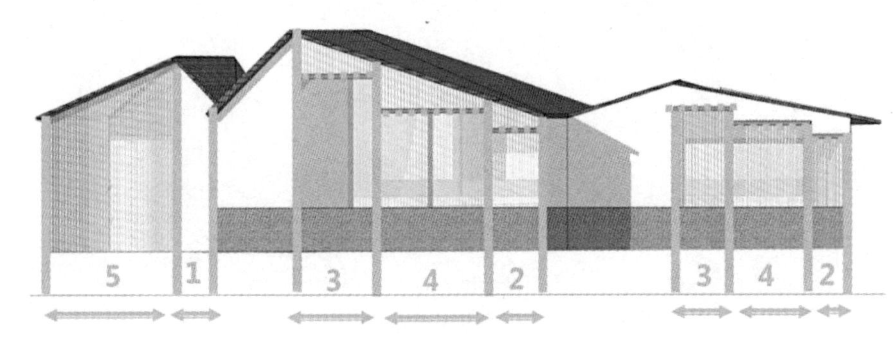

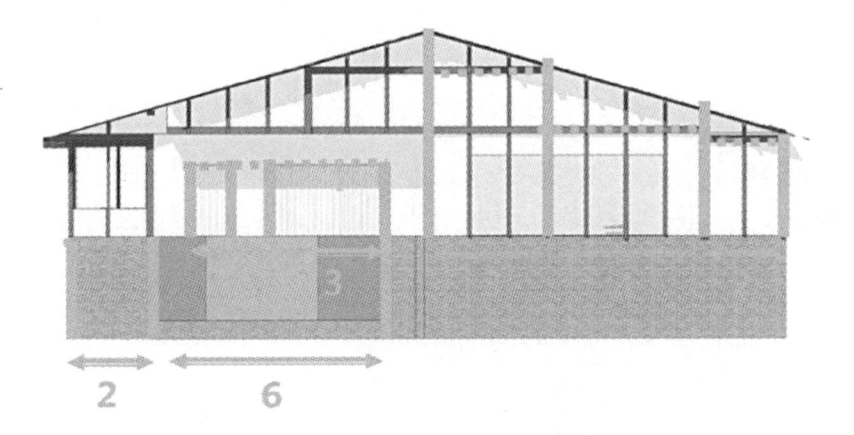

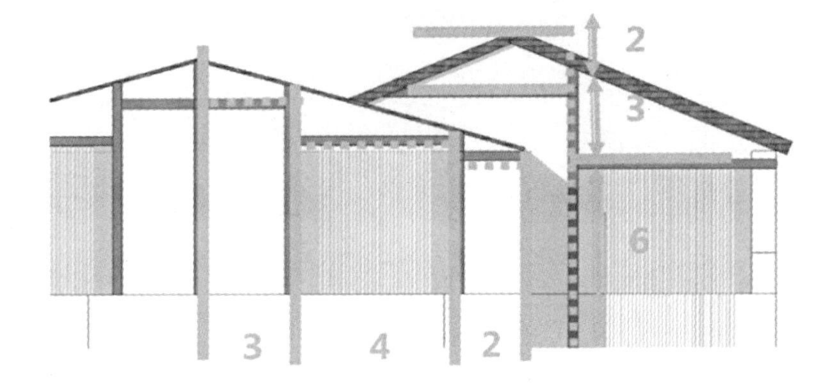

图纸展示

平面图

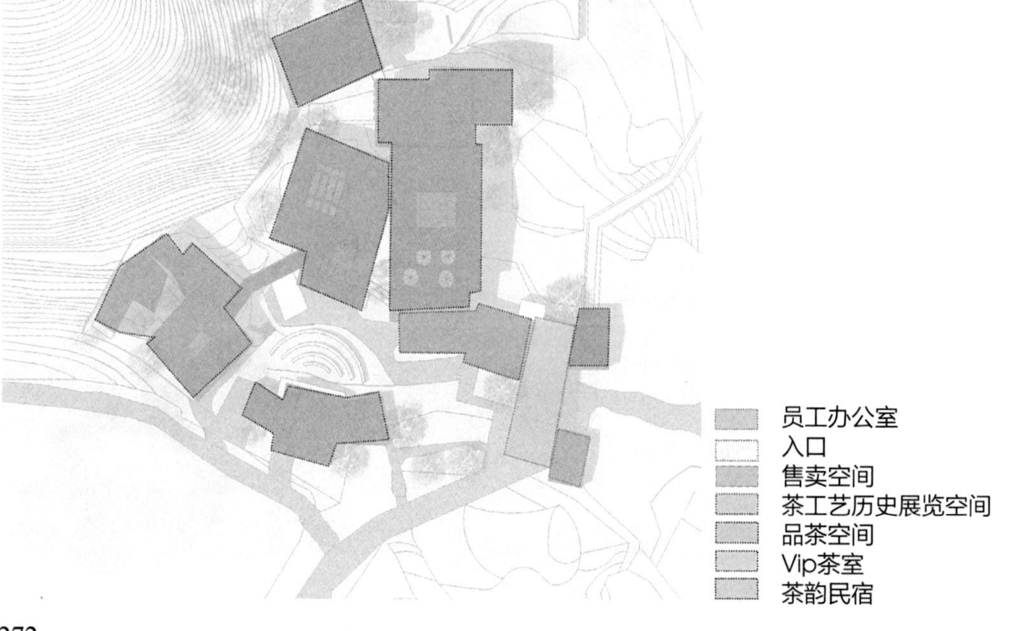

经济技术指标
总占地面积：1288 平方米
建筑面积：2278 平方米
容积率：0.63
建筑密度：0.36

一层平面图

二层平面图

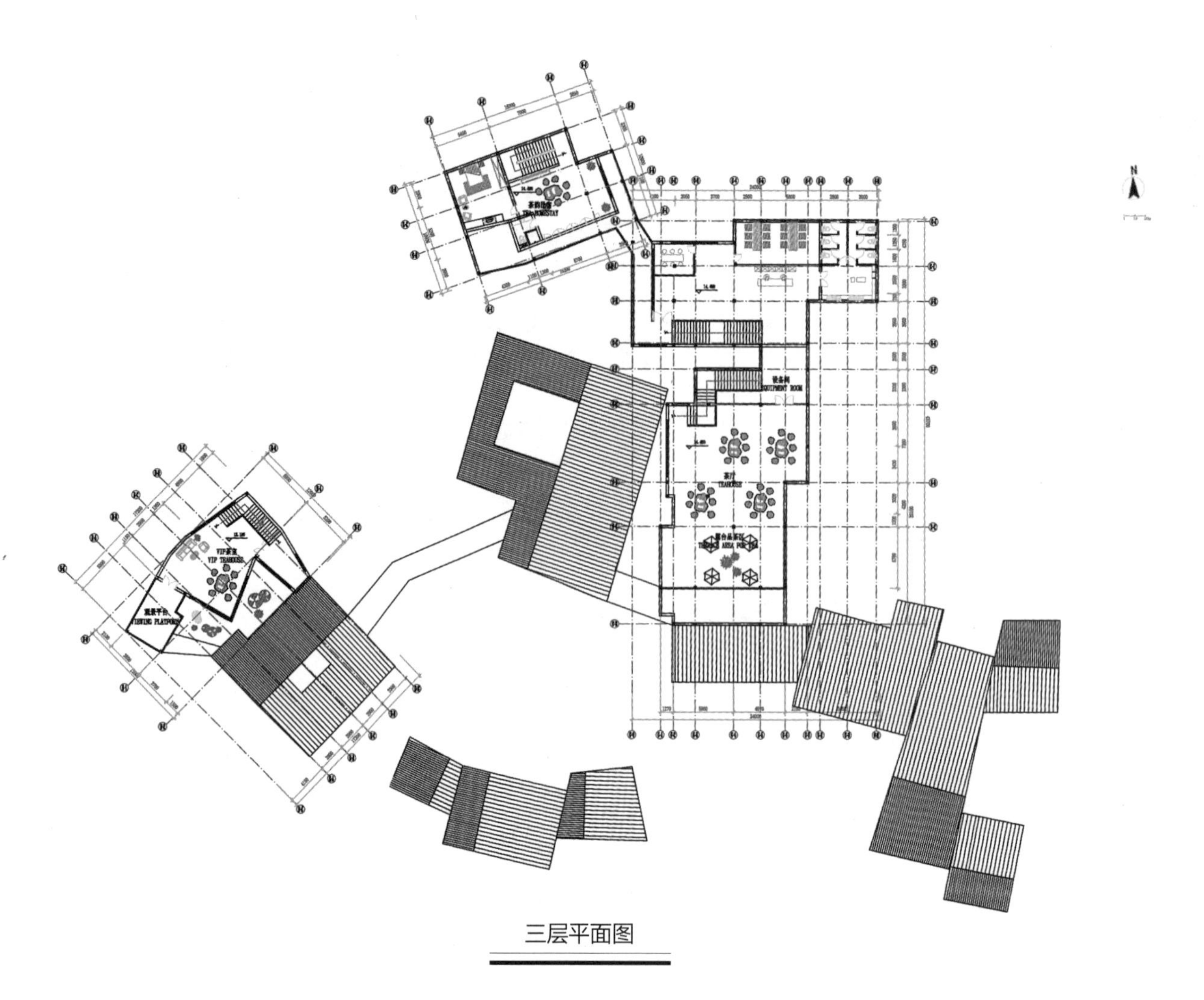

三层平面图

21.450
18.450
14.450
10.450
6.450
0.000
294000
7450
11200
8700
2600
11900
5800
6800
10860

南立面图

21.450
14.450
10.450
6.450
4.500
11300
13500
9000
26600
12000
8600

东立面图

21.450
18.450
14.450
10.450
6.450
4.500
13750
5440
5350
27600
1500
12000
8600

A-A’剖面

总效果图

入口效果图

内庭院效果图

茶室效果图

VIP茶室效果图

茶品展示区效果图

在建筑的材料选择上，充分利用本土材料，砖、石、竹、木、瓦及与制茶工艺相关的材料，来体现传统地域文化的特色及茶文化特色，同时加入透光混凝土、玻璃、材料、丝网幔帐等新元素。

利用连廊将建筑与建筑连接，增加建筑之间的通过的方式的可能，体验者不仅仅可以通过常规路线踩着砖石或汀步进入建筑内部，更可以走过风尘仆仆的老木桌椅，侧脸掠过漏出一缕缕风景的竹格栅，步入木质的空中连廊之上，触摸伸手就能够到的树叶，扶着栏杆驻足俯瞰欣赏美丽女子的茶艺。或而这里雨雾缭绕，深吸一口湿润的空气、再步入另一间茶室，将会有更惬意的体会吧。

旅游景区体验空间（1）

昭山旅游景区潭州书院设计

Experiential Slow Space Design in Tourist Attraction Zhaoshan Tourist Area, Tanzhou Academy Design

昭山旅游景区潭州书院设计（2）

Zhaoshan Tourist Area, Tanzhou Academy Design

清华大学美术学院　葛明

Tsinghua University Academy of Arts，Ge Ming

姓　名：葛明　硕士研究生二年级

导　师：张月　教授

学　校：清华大学美术学院

专　业：环境艺术设计

学　号：2016224046

备　注：1. 论文　2. 设计

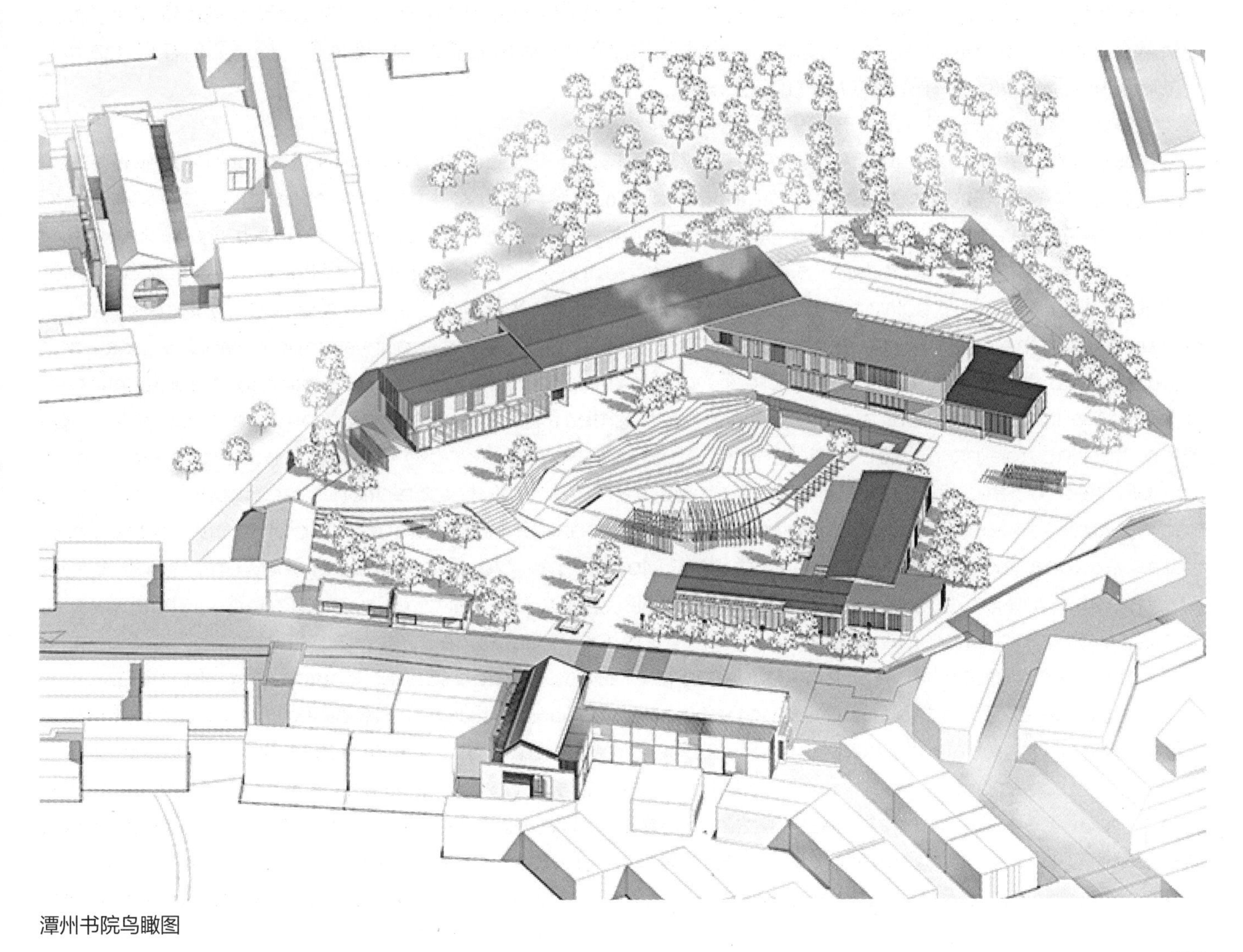

潭州书院鸟瞰图

旅游景区体验空间
昭山旅游景区潭州书院设计

Experiential Slow Space Design in Tourist Attraction Zhaoshan Tourist Area, Tanzhou Academy Design

摘要：随着现代生活水平的提升，人们对于出行旅游的需求加重。传统意义上的自然景观已然不能满足愈加暴涨的旅游人群。当下越来越多的依靠当地习俗和文化的人文景区的兴起，满足了现代人的新奇探索的需求心理。自然景观和文化旅游也成为了当下城市消费人群的首选。不过，随着城市的同化性加剧，旅游景区的趋同化趋势越来越明显，景区的开发和经营模式趋于相似，人们对于旅游的参与目的和游览模式逐渐套路化、模式化，人们渐渐地从原来的通过视觉、听觉、感觉带来的身心愉悦转变到现在的“照片愉悦”。人们旅行的目的也是愈加的复杂化。景区作为人们逃避现实、放松身心、消遣娱乐、强化审美和受到教育的产物，应该使人们达到旅行的目的。现代社会的快速、快进、高速，使得人们精神紧张、疲惫。现代人追求高效，看重结果，这就使得旅游作为一种行为而简单化了。人们过多地追逐著名的风景名胜中的一个景观、建筑或者文化产品，而忘记了体验旅行的行为和过程。注意到了景点中的某一节点，而不关注其他与之相关联的景、物、人、事。

本文探讨了在当下的社会背景下，新兴的慢旅游的行为模式及空间构成。在新兴的“慢城主义”影响下的“慢”旅游模式的发展变化与人们游览的模式改善，对应了景区内的传统文化空间，在继承和发扬传统文化空间的场所意识的同时，让人们得到身心的放松。从增强旅游的吸引力和功能提升的方面入手，探讨如何在现代体验经济发展下利用慢空间理念构建一种新型的旅游目的地。

关键词：体验经济；慢旅行；书院空间；慢化空间

Abstract: With the improvement of modern living standards, people's demand for travel has increased. The traditional sense of natural landscape is no longer able to meet the growing tourist population. At present, more and more people rely on the local customs and culture of the rise of human scenic spots, to meet the needs of modern people's new exploration of the psychological needs. Natural landscape and cultural tourism have also become the first choice of urban consumer groups. However, with the assimilation of the city increasing, tourism scenic convergence trend is more and more obvious, the scenic area development and management mode to be similar, for people involved in tourism purpose and tour mode gradually set pattern, people gradually from the original through vision, hearing, feeling relaxed now "photos of pleasure". The purpose of people's travel is even more complicated. Scenic spots, as a product of escapism, relaxation, recreation, strengthening aesthetics and education, should make people achieve the purpose of travel. Modern society's fast, fast forward, high-speed, makes people nervous and tired. Modern people strive for efficiency and value results, which makes tourism simple as a behavior. People chase too much of a landscape, architecture, or cultural product in a famous scenic spot, forgetting the experience and process of traveling. Notice a node in a scenic spot without paying attention to other associated scenes, objects, people, things.

This paper explores the behavior patterns and spatial structure of the emerging slow travel in the current social context. In the new "slow city" under the influence of "slow" mode of tourism development and the improvement of people visiting mode. Corresponding to the traditional cultural space in the scenic spot, people can get the relaxation of the body and mind while inheriting and developing the sense of place of the traditional cultural space. From the aspect of enhancing the attraction and function promotion of tourism, this paper discusses how to construct a new tourism destination under the

concept of slow space in the development of modern experience economy.
Keywords: Beautiful Village, Subject, Rural Tourism, Resources Protection

第1章 绪论

1.1 课题研究背景

随着世界经济的发展、物质的丰富，人们的生活、工作、学习的压力越来越大，而旅游作为提供给人们放松身心、逃避现实压力、缓解紧张学习工作氛围的主要途径，越来越被人们看重。目前，国内游客选择旅行主要是自由出行和跟旅行团出行。随着全球化观念的影响，国内游客受到西方的生活观念影响，旅游出行的选择从原来的大部分跟团旅行向自由规划旅行目的和出行方式转变。近几年，国内自由出行的人群比重增加。人们越来越倾向于自由规划旅行的目的地、旅行的出游方式和旅行体验内容。以湖南省为例，在2014年湖南省的旅游业GDP占了全省GDP的8.97%，而到了2015年，湖南省的旅游业GDP则增长了2.03多个百分点，所占比重占全省产业GDP的11%。生活水平的提升也促使旅游产业的发展。国内旅游人数从1994年的6亿人次到2016年的40亿人次，增长了660%人。旅游人数年增长大幅提升。2016年在国内旅游出行的人数当中，自由出行的人数达到了32亿人次，占比80%，可见人们对于旅游的品质和旅游目的的多样化需求加深。

湖南省作为一个集自然风光秀丽、人文风貌特色、历史文化悠久的旅游大省，省内的旅游资源丰富。湖南省政府也把旅游产业作为全省的重要经济产业进行发展规划。根据《湖南省“十三五”时期文化改革发展规划纲要》中的纲要精神，“十三五”期间，湖南将构建“一核两圈三板块”的文化产业发展格局，推进长株潭、大湘西、大湘南、环洞庭湖等四大板块差异化、特色化发展（图1-1）。

湖湘文化是湖南省的一种重要的区域文化、历史文化。在文化重心南移的大背景下，湖南成为以儒学文化为正统的省区，被学者称为“潇湘洙泗”、“荆蛮邹鲁”;唐宋以前的本土文化，包括荆楚文化。这两个渊源分别影响着湖湘文化的两个层面。在思想学术层面，中原的儒学是湖湘文化的来源，岳麓书院讲堂所悬的“道南正脉”匾额，显示着湖湘文化所代表的儒学正统。从社会心理层面，如湖湘的民风民俗、心理特征等，则主要源于本土文化传统。这两种特色鲜明的文化得以重新组合，导致一种独特的区域文化形成。湖湘文化的精髓：心忧天下、敢为人先、经世致用、实事求是，影响了一代代的士人大家。苏轼、周敦颐、朱熹、张载等无数的大家在此交流任教，也培养出王居仁、王夫之、曾国藩、齐白石等对中国历史产生影响的名人。作为古代文化教育空间的代表，书院承载教育世人、传播知识、继承传统精神的媒介载体，一直以来被当地人重视。湖南省的古书院留存较多，分布在全省各地，成为了湖南省传统文化类空间的代表，也成为了不可再生的历史文化旅游资源。其中比较著名的书院有长沙的岳麓书院、株洲的渌泉书院、湘潭的东山书院（图1-2）。

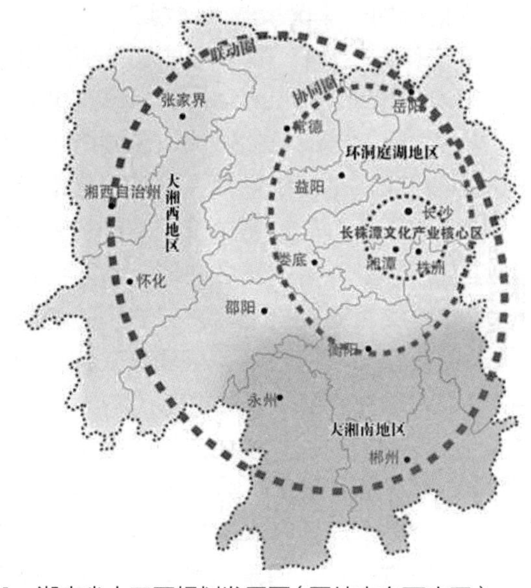

图1-1　湖南省十三五规划发展图（图片来自百度网）

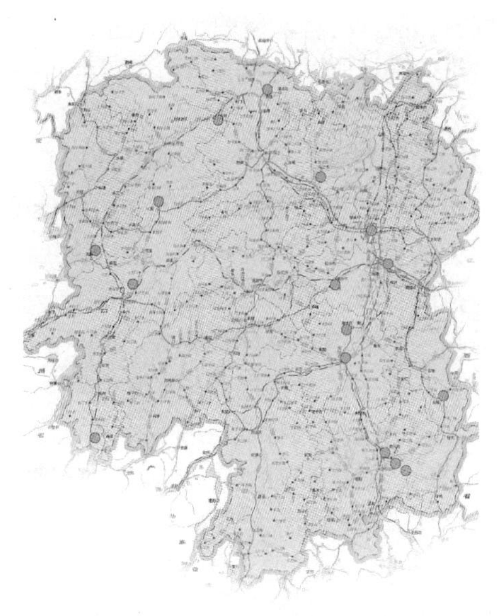
图1-2　湖南省书院分布图（图片来自百度网）

在现代学习西方教育的社会背景下，传统的文化类空间逐渐失去了其本质的作用。书院不再是人们接受知识和道德教育的场所。学校成为了现代人接受教育的主要场所。传统的文化空间逐渐消失在历史的长河中，书院作为文化空间的代表，也只是遗存了残余建筑的空壳。传统书院传达的“教之以为人之道”和“为学之方”的核心书院精神逐渐被世人遗忘。在当下社会，如何唤起人们对于正确理解传统文化的认识，并且结合现代商业经济模式，通过在人们旅行放松的过程，使人重新感受传统文化。通过多层面的妥善处理和协调，使现代和传统这两个对立面达到一定的平衡和相互促进。

1.2 课题研究对象

本课题设计研究内容以湖南省昭山旅游风景区内潭州书院作为研究对象。在现代体验经济的模式下，通过设计体验型的慢空间书院，提供给现代的旅行游客一个充分体验旅游过程并能感受传统书院场所感的新型现代文化空间。在人们放松休闲的同时体验书院空间和文化的魅力。

目前“慢化空间”的常规定义，是指针对当下人类文明进化速度过快所带来的一系列生态、心理、能源等众多社会危机和问题所产生的一种对现有空间模式的重新思考。慢化空间理念源于慢城主义。慢城主义是对生活质量和品质提升的一种诉求。慢化空间是为了缓解当下的快节奏生活、倡导现代人以平和的心态积极面对生活、重拾简单群体的生活。书院作为湖南省的代表型文化旅游资源，与自然风光的契合度十分紧密。而且，书院追求天人合一的精神与提倡的慢生活慢空间的理念也极其相似。所以说，在当下这个人们追求消费体验、追求完美品质的旅游消费观下，旅游群体体验书院中的宁静和氛围，感受书院慢空间带给人不同于现代社会快节奏的体验行为节点，使游客在体验不同感受的情况下达到旅行的目的。

1.3 课题研究的目的和意义

目前，旅游景区旅游资源主要是以当地的自然风貌景观、历史文化名城建筑、地区特色民俗、特色产品产业链等方面吸引游客。其中，由于受地区经济、政治、文化等方面影响，游客可亲身体验的内容并不多。当下的旅游模式还是以参观游览为主。特别是文化类旅游，本身特点就是以游览体验感受当地人文景观及相关自然景观，体会了解当地风俗、民俗、地区特色产品等。不单纯看结果，体验其中的游览过程也是现代人们对于旅游行为和目的的新需求。而体验的过程则是人们追求慢生活的途径。在服务经济之后的体验经济作为主流的经济生活发展阶段，我们更需要慢节奏的空间来体验旅行的愉悦。本课题结合实际项目设计，通过对体验经济下的旅游景区文化空间的慢空间化处理，为当代的旅游景区文化空间设计一种新型的游览模式和理念，并使其具有一定的扩展和延续，促使其空间充满艺术性、人文性和本土性，使之可持续发展。

1.4 国内外相关研究动态

慢生活是对人们生活行为方式的新定义，从而引申出对于行为的新形态：慢城、慢运动、慢设计、慢食、慢写、慢爱、慢旅行等。目前，国内外的相关研究把“慢”理念融入倡导人们行为的建议和城市规划上。

慢化空间是慢城主义的延伸和应用。慢城的概念起源于意大利的慢食文化。“慢城”是一种对城市人们生活行为的新探索。慢化空间也对应了城市中的部分功能空间。意大利的奥尔维耶托（Orvieto）小镇是世界上第一个慢城（图1-3）。小镇有大概3000年的历史，每年接待约200万的游客。奥尔维耶托的慢体现在城市的各个细节，街道道路的慢行系统，集中而远离小镇的巨大停车场。生活习惯慢而有序。小镇街道两边充满了艺术手工艺店。传统的城市慢化生活习惯与独特的自然条件决定了“慢”。具体特色表现为：1.封闭的慢行系统——台地地形，步行的尺度。2.传统的生活方式——慢餐、慢行、午睡、传统手工艺产业。3.慢旅行目的地——符合欧洲中产阶级的生活习惯。早在1986年，意大利记者卡洛·佩特里尼就发起了“慢食运动”。他宣称：“城市的快节奏生活正以生产力的名义扭曲我们的生命和环境，我们要以慢慢吃为开始，反抗快节奏的生活。”在这之后，“慢食”风潮从欧洲开始席卷全球，并由此发展出一系列的“慢生活”方式，以提醒生活在高速发展时代的人们：慢下节奏，重拾传统的美好。2005年，意大利62岁的贡蒂贾尼成立了“慢生活艺术组织”，倡议人们减慢生活节奏。2007年2月19日，这个组织在米兰举办了首个“世界慢生活日”。之后，贡蒂贾尼每年都会在世界大城市中选择一个开展活动，此前的几年分别是米兰、纽约和东京。经过20年的发展，“慢生活”已渗透到方方面面，吃有慢餐，行有慢游，读有慢读，写作有慢写，教育有慢育，恋爱有慢爱，设计有慢设计，锻炼有慢运动……无处不在提醒人们放缓脚步，享受人生。慢活并不是将每件事都拖得如蜗牛般缓慢，尽量以音乐家所谓的正确的速度来生活。

与“慢”行为相对的具体空间组织规划和划分较少，目前没有一个准确的规范的空间设计模板。

居民生活

餐饮空间

街角路口

图1-3 意大利慢城——奥尔维托/Orvieto（图片来自百度网）

1.5 研究方法

课题选择在学科上具有一定的综合性特点，论文的研究首先将通过阅读大量的相关书籍和资料，总结归纳前人的成果，并对相关领域的动态有较为详尽的了解，建立良好的知识体系。在此基础上，对掌握的资料进行梳理整合，结合自己专业领域的知识和实践经验，对文化旅游和慢化行为衍生空间的关系展开继续研究（图1-4）。

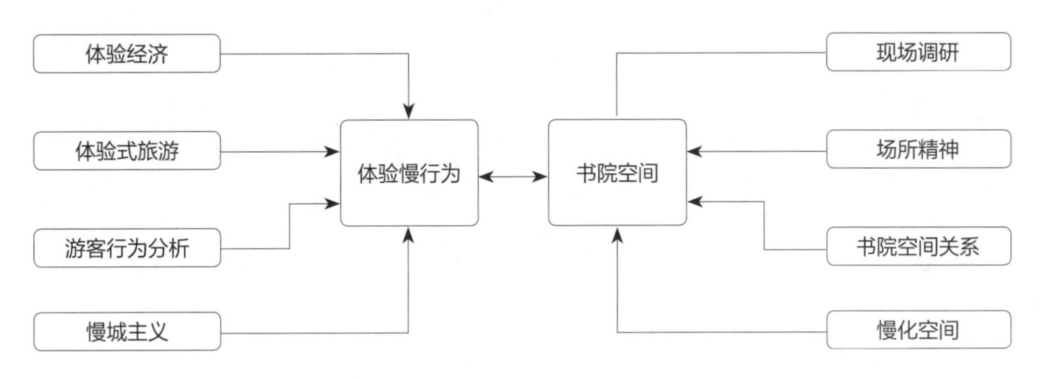

图1-4 课题研究方法导图（笔者自绘）

对于体验经济下的慢化空间研究方法主要通过4个方面完成：

1. 文献分析——通过文献检索，了解全球对于慢行为及其空间的评论和解析，了解慢行为的发展及慢空间的形成与现状，进行分析、对比和梳理。

2. 案例比较分析——对国内外的慢空间实例进行比较分析，梳理空间上存在的共性和个性，并进行针对性的设计。

3. 项目调研——分析项目所处地区的环境及条件分析，并对预期游客进行分析，确定景区文化空间的慢行为化要求和设计方向。

4. 总结分析，确定设计定位与设计原则，进行实践设计，根据项目设计成果反馈理论方法，完善修正方法研究。

第2章 相关概念概述

2.1 体验经济下的新型旅游模式

2.1.1 体验经济概述

体验经济以现阶段发展的服务经济作为基础，以互联网经济作为依托。体验经济是继农业经济、工业经济和服务经济阶段之后的第四个人类社会的重要经济生活发展阶段，或称为服务经济的延伸。工业、农业、商业、互联网、服务业、餐饮业、娱乐业、IT产业等各行业都在进行着体验或体验经济，尤其是与各产业对应的服务也已成为当下社会形态中发展最快的经济领域。引用美国的派恩二世在其《体验经济》书中的例子，体现不同经济时代的消费特征。农业经济时期，母亲用自己农场的面粉做蛋糕。工业经济时期母亲在商店购买面粉回家自己做蛋糕。服务经济时期母亲通过蛋糕店直接购买自己想要的蛋糕。而在体验经济时期，母亲直接将孩子的生日聚会承包给第三方，第三方为孩子的生日提供一条龙服务。这也是体验经济的发展（图2-1）。

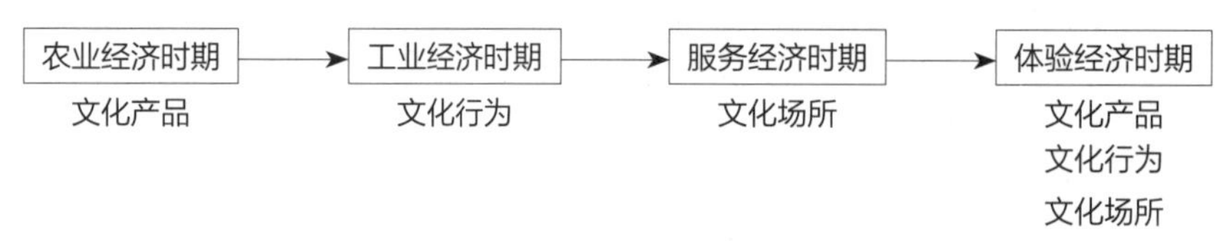

图2-1　经济时期发展图（笔者自绘）

体验经济有如下几个特征：

1. 无法生产——体验是一个人达到个体情绪、体能、精神状态的某一特定水平时，脑中意识发出的一种良性讯号。它自身并不是某种经济行为，不能全部以传统的清算方式来度量，因此也不会像其他行为那样创造出客观存在的物品。

2. 周期短——正常情况下，农业经济下的产品生产周期较长，作物生长和加工时间普遍较慢；工业经济下，机械化加快了生产效率，缩短了生产周期；服务经济则主要以人的时间为单位，时间更短；而体验经济是以体验活动的时间为单位，甚至互联网体验可以是分钟为单位 。

3. 互动性——农业经济、工业经济和服务经济是卖方经济。它们所有的产品产出都维持在顾客等第三方之外，不与买家产生直接关系。而体验经济则不同，任何一次体验都是一个人身体心理与各个环节行为之间的相互关联作用的结果，买者全程在其中参与。

4. 无法替代——农业经济对其经济提供物——-产品的需求要素是产品本身是否有特点，工业经济对其经济提供物——商品的需求要素是是否与别的产品不同，服务经济对其经济提供物——服务的需求要素是能否提供与之相关的服务，而体验经济为其经济提供物——体验的需求要素是能否让买家感受到过程，这种感受是个性化的，在不同的人之间、不同的体验时间和过程有着本质的区别，因为没有完全相同的体验经历，人们对于体验的认知也不尽相同。

5. 映像性——任何一次体验都会给体验者造成深刻的感受和回忆，所有这些，都会让体验者对体验的回忆超越体验本身。

6. 高增进性——一种产品的价值随着时代的发展是相对固定的。而在使用某种产品的过程相对某个人来说则是唯一的。这种唯一性无法用常规的价值观取向来定义。而且过程往往无法复制和再次体验，所以人们相对于产品，更重视其过程，其体验过程的价值往往重于单一的结果。

体验通常被看成服务的一部分，但实际上体验是一种商业经济行为，像产品一样是真实存在的商业产品，并不虚幻而不可捉摸。而体验型设计，是在一个时间、一个地点所构想的一种思维逻辑想法，从一个出发点开始，逐步构建与思维逻辑相对应的方案和变化，并逐渐成为独特的框架和系统，而根据人们的兴趣、习惯、行为、情绪、态度、爱好、认知和教育，通过系统的商业模式运作，把产品、使用产品的行为过程、体验场地、活动场地带来的场所感觉等等互相交汇，使人们在整个的体验过程中，从开始到结束再到之后的回味都充满深刻而美好的感官体验。体验型设计不单单强调产品的完美，也注重于产品相关的行为和场地的完善和系统表达。

2.1.2 体验型慢旅游模式概述

慢旅行的特点是体验、自助、互动。游客亲身经历旅游，能够带给游客深刻印象，其目的是让游客在旅游过程中得到文化陶冶。通过人为设计的旅游项目吸引游客，打造休闲放松舒适的环境，使人回归自然的慢生活状态，形成体验、自助、互动的旅游特色。

在体验经济时代，随着旅游者生活阅历的丰富和旅游经历的多元化、旅游消费观念的日益成熟，旅游者对体验的需求逐渐加深，人们已经不满足于单调的旅游目的地的游览，更希望追求个性、复杂、丰富、体验、新奇的旅游行为体验。所谓体验型旅游则是“为游客提供参与性和亲历性活动，使游客从感悟中感受愉悦”。20世纪80

年代中后期，国内逐渐兴起的农家乐，即人们到农民家吃大锅饭、睡大土炕、参与田间劳作就是体验式旅游的雏形。人们参与旅游行为大多是为了拓展自身见识，领略别样的生活经历或者获取自身生活范围以外的信息。传统意义上的观景式旅行，仅能依托部分自然景观或者历史遗留物提供给游客一种观光的感官快感（图2-2）；而后发展的探险式旅游则更多的是追求冒险的感官感受的刺激，例如极限漂流、攀岩、跳伞等，其中也有体验型旅游的影子（图2-4）；另外度假式旅游则是提供休闲的场地和氛围让游客可以放松身心来享受假期。相比较前集中模式，体验型旅游更着重的是给游客带来一种区别于其本身生活的体验，比如为城市人提供乡村生活的体验；为游客带来不同地域，或者是不同年代生活的体验；抑或者区别于当下生活行为模式的体验等等（图2-3）。2001年6月，在一份关于澳大利亚旅游业发展报告中首次提到“体验式旅游”这个新概念，随之国外一些学者也给出了相应的概念，但目前国内学者对体验式旅游未给出明确的定义。相关的概念有徐林强（2006）的定义：体验式旅游是一种预先设计并组织的、游客需要主动投入时间和精力参与的，对环境影响小、附加值高的旅游方式，游客通过与旅游产品间的互动，获得畅爽的旅游体验，实现自我价值。宋咏梅（2007）从旅游供给者和旅游者的这两个角度加以对体验旅游的定义。我们认为体验式旅游是一种以追求心理愉悦体验为终极目标的旅游，是继观光旅游、休闲旅游之后的一种新的旅游方式，是旅游者消费心理走向成熟的结果。

图2-2　传统观景式旅游模式（图片来自百度网）

图2-3　体验式旅游模式（图片来自百度网）

图2-4　探险式旅游模式（图片来自百度网）

体验式旅游有下面几个特点：

1．注重个性化——体验旅游与传统旅游不同，它追求旅游产品的个性化，力图以独一无二、针对性强的旅游产品，让游客感受这种特性，满足求新求异的心理，如自驾车旅游、暑期国外夏令营等。

2．强调参与性——通过旅游者的参与和互动活动，旅游者能更深层次地感受旅游消费的每一个细节，体会旅游行为的核心含义和目的，得到更有效和深切的旅游体验。如参与主题性乐园的游园庆典活动，参与滑沙、滑雪、滑草活动，小学生参与各种地方的红色爱国主义教育活动等，都强调了游客的角色带入性和参与感，更能身临其境地去感受、感知参与的活动的体会和认知。

3．相对结果更注重过程——与传统观景式游览模式相比，体验型旅游注重的是游客对旅游目的的感受、体验、享受的过程，而不是一味追求"到此一游"的旅游结果，从某种程度上更强调心理感知和理解。如现在深受大家欢迎的乡间采摘体验活动，人们通过当地人的讲解和自己动手种植、护理、采摘的整个流程，体验农民种植作物的系统过程，最后收获成果。游客不仅收获了果实，也了解到种植过程中的复杂流程的不易，加深了对事物的了解和认识。现今流行的许多传统手工艺制作、乡村劳作的活动以及冒险刺激的旅游活动等追求的就是这样一个心理体验的过程（图2-5）。

游客的体验类型大致可以分为四种，称为"4E"（Entertainment，Education，Escape，Estheticism），即娱乐、教育、逃避与审美。游客离开日常居住的环境（逃避现实），接受不同文化与异域风情的洗涤（审美），尽情享受休闲时光（娱乐），并通过一系列感官刺激和心灵感受，获取精神的成长（教育）。

2.2 慢化空间概述

2.2.1 空间慢行为概念及发展

慢化空间概念起源于"慢城"理念。"慢城主义"被提出来是有一定的原因的，就是为了启发我们从生活质量上多多考虑现在的生活方式，并同时进行深入的思考。现代的生活节奏愈发快速，而且过分强调效率至上，人们也愈发地不能跟上现在的快节奏生活。"慢城"的思想则是从另一方面着手注重长远发展与人的和谐，强调生活品质的提高。由于慢城的理念初衷是推动有特色的小城市（镇）立足于全球一体化的浪潮。介于当下城镇发展和人口情况，其中的使用范围非常局限。对此，国内产生了两种不同的看法，一种认为慢城本身有一定的局限性，不适于所有规模的城市，一旦超过规模也就失去了成为慢城的机会，在中国应只适用于符合要求的小城镇。另一种则认为慢城作为新的城市发展模式应该富有更广阔的发展并赋予新的含义，其内核应在保留其普遍适应性的同时通过各国的城市实践产生更丰富的扩展。在中国，大型城市的快节奏更需要慢化来平衡。因此，不单单是地方农村和小型城镇，大型城市的部分区域也可以以慢化街区、慢化社区、慢行系统等的形式应用慢城理论。一些人认为，应从区域背景下探讨慢城，将以点为主的慢城拓展为多层次、整体性的慢城体系。慢化哲学在城市生活中应有更广阔的适用空间。

慢化空间是慢城的局域化和区域提取，是慢化文化的拓展应用，也是区域局部慢化的一种尝试。这种区域性的慢城空间可以更加深入，并且有目的性地倡导"慢"的生活行为和理念，更可以让人有选择性地去选择自身需要的行为空间范围和时间。鉴于慢城主义在当前社会中存在的特殊性和局限性，这种小规模、散点式的慢化空间更容易让人接受和吸纳。

类型	传统旅游	体验式旅游
竞争战略	建立相对优势：成本与差异化	建立竞争优势：建立独特的，不可复制的，以知识为基础的产品
竞争条件	有形资产	无形资产
开发重点	基础配套设施服务	增加经历价值，提供个性化服务
营销方式	产品、价格、促销、渠道	重视知识的创造与利用过程
参与性	参与较少，通常被动接受安排 ，逃避日常繁杂生活	参与较多，需要不断沟通、学习、体会，主动探索
灵活性	相对固定的时间与地点	更加灵活自主，可延续复制体验感

图2-5　体验式旅游模式对比传统旅游模式（笔者自绘）

2.2.2 慢化空间的空间特点概述

慢化空间的空间特点主要依靠道路系统的慢行为化体现。慢行系统最能体现慢空间的布局特色。人们旅游行为也体现在景区内的道路规划上。通过道路的通达性和曲折性的设置，来提供游客旅行目的的暗示，再结合相对应的功能建筑和景观，使之传达给游客以不同的五感信号（图2-6）。

人们在追求空间的个人性、私密性和领域性的同时，会最大限度地思考空间和道路带来的效率。设置一条通达、合理、独特的慢行系统尤为重要。通过慢行系统的串联，将区域内的各场地和空间节点有意识地连接和组合，将趣味、活力和具有特色的空间进行巧妙的融合。针对地形特征，对地形进行改造、梳理、整合，使之变得丰富、有趣、合理的同时，与慢性交通系统进行有机相融，使其取得整体联通而空间独立的特性。对慢空间区域内的功能进行整合和梳理，使慢行与空间得到合理的组织，打造属于区域内慢空间特有的慢生活理念。通过对慢城理念的梳理，总结出空间设计要素即缓功能、慢交通、静空间、全配套、闲体验等，突出慢城的核心理念。细化目标则是：挖掘地区特色，优化区域内风土人情；维护传统根基，支持地方特色产品；加强人文环境的保护力度，改善基础民生设施配置；保护环境质量，打造更符合人居的公共空间；维护快捷通达的交通体系；提升生活质量和品位，提倡健康的生活；提高对慢化哲学的认识，注重平衡，关注人们的生活和心理状态。

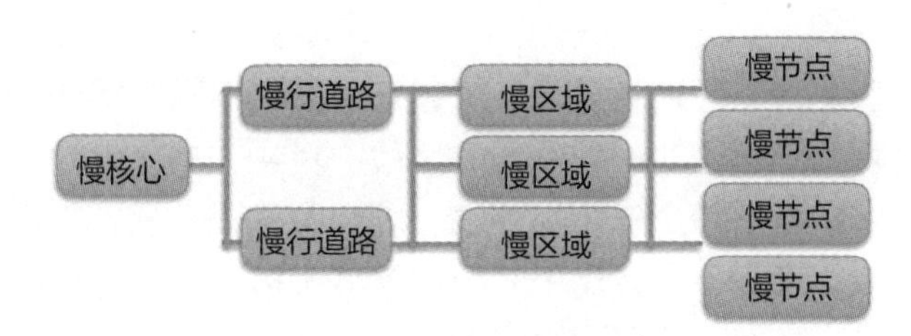

图2-6　慢化空间特点（笔者自绘）

2.2.3 国内外相关案例研究

意大利的奥维托市是世界上第一个慢城。最初主张车子不准开入城里时，许多店铺都很紧张，认为这会降低商业人气，但事实上，在成为步行城市后，这里反倒吸引了更多观光客的到来。城市里的观光产业和传统的商业经营方式也被予以革新，商店开始出售具有传统地方特色的东西。在生活方式上，城市也倡导保留地方传统特色，比如保留午睡系统，又如支持以山城传统蜜蜂色、灰色料粉刷房屋。奥维托城还试图保持其源自中世纪和文艺复兴时期的城市结构，同时加入一些在生态学和可持续发展方面的现代科学成果。尽管非常重视本地传统，但也并不排斥现代科技和工艺技术，工业革命时期的电车、中世纪的石板路和现代社会的科技产品，这些景象和谐地存在于同一时空，在快发展和慢生活之间，将过去和现代融合，追求生活的品质。

英国的慢城和意大利有很大不同，它由慢城委员会和中产阶级知识分子领导，没有直接的政党组织形式，而是与政府合作，将慢城理念和原则体现于政府政策中。勒德罗市是个有千年历史的贸易城镇，靠近英格兰和威尔士的边界，是英国的第一座慢城。在此之前，就因为其保留的是地方特色和出产高品质的地方商品而闻名，作为一个传统的商业贸易小镇，它有其鲜明的地方特色的认知，并且坚持其自身的城市哲学和城市愿景，以及相应的城市政策。由于这种执着和坚定，当地政府一直鼓励和支持多样性的小型商业，维持着当地独特的经济发展模式，甚至超级市场对当地的商业模式也没有造成很大冲击。在当地人眼中，所谓的典型慢城生活，就是吃健康的食品，与周围人的交往、互动，和为你烹饪食物的人谈几句天气，花一点时间停下来和别人聊上几句，一起工作并享受生活。

江苏省南京市高淳县桠溪镇成为了国内首个被授予国际慢城称号的城市。高淳县根据现有资源和发展条件，提出发展最美乡村的目标。镇里倡导自身发展有机农业，建立以种植茶叶、草药以及水果为主的绿色食品生态基地。同时，其民俗文化和景观资源也十分丰富。区域内的自然景观和人文景观都比较有利于当地旅游产业的发展。同时为了保护环境、维持平和静谧的生活氛围，高淳县政府对区域内的旅游项目十分挑剔，鼓励小规模自助游，控制大规模团队式出游。还把面积较为广阔的地区作为不开发区，确保绝大部分自然乡村生态风貌不被破坏。政府关注民生，基础设施和环境保护等方面的投入足以让这些小镇享受到同城市人一样的自来水、污水处理、高速网通讯、黑色柏油路、社区医疗、卫生间等保障。在成为慢城后，村里还发展起了农家乐，周末各地游客纷纷涌来，当地人还自家种植茶叶、水稻、水果、蔬菜等，除了自给自足外，还能作为特产售卖带来收入。对于桠溪人而言，慢城称号只是对所有为保护这座小镇恬静气氛做出努力的人们的一种认可。这里没有盲目的城市开发，只有简单有序的生活和不紧不慢的社会发展节奏，镇上的人们可以自给自足，这里有自然的生态和悠久的历史文化，有徽派白墙黑瓦建筑，人们在这里生活，与大自然高度融合，忘掉城市的节奏和紧张。

综上对国内外慢城案例的研究，可以总结出不同文化、国情和政策下，各国实践慢城理念的共性特征：

1. 尊重自然——慢城致力于为居民创造生态宜居的生活环境，保护当地传统风貌和原生态自然环境，保持城市特有的文化个性，秉承一种生态可持续的保护性发展理念。

2. 遵循传统精神——传承和维持当地传统生活和生产方式，强调地方感，保护和发扬传统工艺、特产，保障文化和经济的可持续发展。

3. 重视生活品质——以人为本，强调慢食、慢行、慢活等生活理念，关注人性化设计和公共交往空间，相比速度和物质，慢城更加强调生活品质和精神归宿。

第3章 旅游景区内体验型文化慢化空间设计

3.1 旅游景区内的文化空间

今年来，旅游已然成为大众普遍参与行为的热门，被越来越多的不同阶级的人们所接受。旅游也是人们放松身心、逃避现实紧张和压力、缓解疲惫心理的一种重要的手段。其中，文化旅游作为重要的旅游行为分类，参与的人群较多。随着近几年国民经济的增长和全球化的带动，城市的同化性愈加加重。旅游群体对于传统单纯的出行旅游需求也变得越来越多样化、复杂化。而文化旅游作为与城市接触关系最为密切的一种旅行方式，所面临的问题也是愈加明显。各个地区在讲求高效率、高回报的前提下，尽力保持地区传统文化和风俗，并希望以此来吸引更多的游客聚集参观与游玩。伴随着国内国民素质教育的提升，旅游景区的规划也相应地从传统意义上的自然景观、历史民俗，向风景文化宗教一体化的方向靠近。景区内的文化类空间也从原来的残垣断壁到现代的仿古重置重现，人们越发地了解到传统场所带给现代人的精神暗示与鼓舞。所以，现代人也在景区内越来越多地融入与传统相关的文化类建筑。

本课题选址在湖南省湘潭市昭山景区，故以湖南省为例。湖湘文化是湖南省的重要区域文化和历史文化，传承的是正统的儒家文化。作为承载儒家教育的组织和机构，书院成为了湖南省文化空间的代表。自古，书院就被皇家、士人和乡绅所认可发扬，也是劳动人民憧憬的场所。历史上，书院的发展分为几个阶段。唐朝末期至五代期间，各地战乱不断，官学衰败，许多读书人为躲战乱而避入山林，其中逐渐有人开始仿佛教禅林讲经制度设立书院，形成了中国封建社会特有的教育组织形式。书院是以藏书、讲学、教学与研究结合的高等教育机构。书院制度始于唐代，在宋代相对完备，废止于清代，前后历经了千余年的历史变革，对中国封建社会的教育与文化的传承发展均产生了重要的影响。北宋时，以讲课教学为目的的书院日益增多。南宋时期随着朱熹理学的发展，书院渐渐成为学派活动的场所。宋代时期最著名的四大书院为河南省商丘的应天府书院、湖南省长沙的岳麓书院、江西省庐山的白鹿洞书院、河南省登封的嵩阳书院。书院日常维护和建设基本上是自筹经费，建造学堂和校舍。书院的教学一般采用自学、共同讲习和教师指点相结合的形式进行，多以学生自主学习为主。其核心出发点就是为了教育、培养个人的知识阅历和德行操守，并不是为了应试考取功名。明代书院发展到了繁盛时期，但其中有部分是政府兴办书院。一部分自主民办书院自由讲学，评论时政，成为思想舆论交流和政治活动场所。最著名的有江苏无锡东林书院。

明朝期间曾先后4次毁禁书院，然而书院有着顽强的生命力，多次毁而不绝，在严酷的政治压迫下，书院师生宁死不屈。清代书院达2000余所，但官学化也达到了极点，大部分书院与官学无异。到了光绪二十七年（1901年）诏令各省的书院改为大学堂，各府、厅、直隶州的书院改为中学堂，各州县的书院改为小学堂。当代中国书院纷纷举起，大多是国学培育、书画交流之所。规划较大且设施、内容较完善的书院有安徽西庐书院。

书院作为物化了的传统文化的精神空间，折射出中国的文化思想，是中国古代士人进行文化传播、积累、创造的重要场所。

3.2 旅游景区体验型慢化空间的特殊性

旅游景区内的慢化空间对应了游客的慢行为、慢旅行等行为的需求。前面讨论了慢空间是局部的慢城主义范畴。所以，慢化空间在旅游景区内也有其特殊性。

1. 景区内局部的慢空间需要适应整体景区的规划和功能需求。在游览路线的设置上需要符合整体的景区规划标准，慢行交通系统与快速可达景区的交通需要有良好的连接和延伸。慢行与大量的游客数量之间的矛盾也是设计联系各空间之间道路的首要问题。如何更合理、巧妙地设计游览路线和各景观建筑之间的关系，是传统道路设置的优化与思考。

2. 空间属性与游客旅行目的密切相关。文化类的旅游景区，区域内的游客行为与规划区域的空间功能相匹配。把各个功能区域分散在范围地区内，把游客游览的体验点从集中式转成散点式。分散景观节点，把体验流程作为系统结合空间组织。

3. 慢节奏在慢空间内是存在的重要特征，但如果把慢单纯地看作放慢游览速度，就偏离了其本质内涵。就像慢食运动拒绝标准化、规格化的快餐食品，鼓励人们运用传统的方法去烹饪传统食物一样，空间内的慢游览鼓励人们更加深思熟虑地去体验旅行的过程和旅游目的地的内涵，是对旅游本质精髓的回归。与慢城运动一样，慢旅行并非是一种脱离现实和保守的旅行模式，而是对现有旅行方式的一种修正。

3.3 体验型慢旅行消费群体分析

在体验经济时代，随着旅游者旅游经历的日益丰富和多元化，人们旅行的次数和经历的时间逐渐变多。人们对于旅游的消费观日渐成熟，游客消费趋于理性。在全球化观念的影响下，旅游者对旅行的体验过程和目的需求日益增多（图3-1），他们已不再满足于大众化的旅游产品，更渴望追求个性化、体验化、情感化、休闲化以及美化的旅游经历。而在自由行为主导的旅游出行方式的影响下，旅游消费群体逐渐年轻化。人们出行方式的便捷加速了自由行旅游的发展。传统的景区、历史文化城市旅游，人们选择自由出行的次数增多（图3-2）。城市人口的剧增，导致人们选择城市周边游的概率加大。所在城市周边的度假村、未经开发的自然景观和历史遗址则是人们选择城边游的主要目标。以课题项目为例，项目所在地位于湖南省湘潭市昭山景区，地理位置在长沙、湘潭、株洲三市的交界。从三市的市区到景区的车程大概30分钟～1个小时（图3-3）。景区的主要消费群体也在车程辐射范围3小时以内的城市当中。人群集中在城市中下层群众、学生、伴侣、家庭小团体和文化团体（图3-4）。文化景区可以吸引这部分文化教育程度较高的群体、受时间路程影响较小的地区游客和体验特殊文化生活的团体或个人。体验型旅行本身是一种预先设计并组织的，游客需要投入时间和精力参与的，并对环境的影响小、附加值高的旅游方式。与传统的经典式旅行的区别在于游客需要花费时间精力来体验过程，而不是单纯地看景观和产品。从时间、过程和精力等方面。周边城市的消费群体十分适合这种新兴的旅游方式。

3.4 慢化空间存在于体验型旅游景区文化空间的必要性

“场所精神”这个概念，和我们讲的“人杰地灵”中的“地灵”不谋而合。地灵就是每个空间、每个场所、每块场地各自独有的想要传达的符号。这并不一个抽象的概念，而应该可以用比较具象的方式体现出来。比如说：空间的分隔，一块简单的地面铺装、立面范围内复杂的材质变化、不同建筑之间的体量大小、一块铺满草的草坪、一处独立的叠水景观、一阵风的夹杂树叶的味道，甚至是一缕阳光的强弱变化，都是呈现“场所精神”的整体性特质的元素。“场所”的另一个特质是它的内容性。所谓内容性，倒并不单指建筑物或者建筑的局部或室内景观。其中也包含了一种存在于客观存在的自然空间。这个空间包含了自然环境中的各种空间及景观。这是一种具

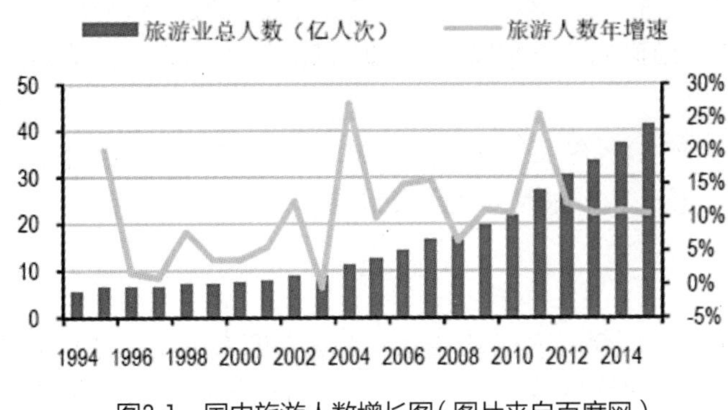

图3-1 国内旅游人数增长图（图片来自百度网）

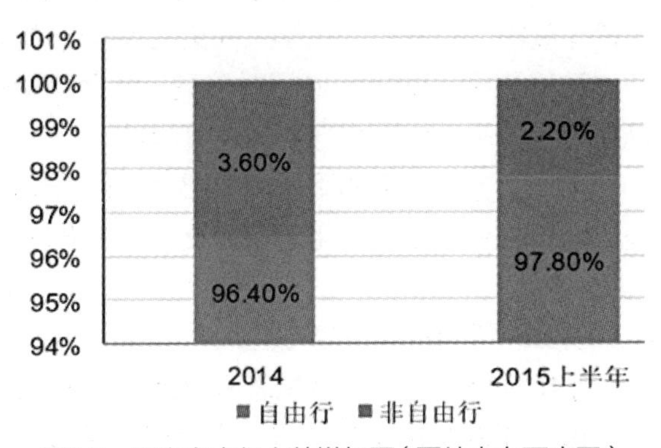

图3-2 国内自由行人数增长图（图片来自百度网）

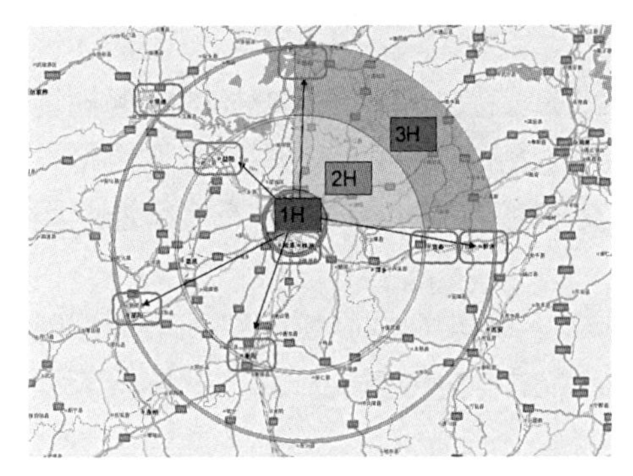

图3-3 昭山景区与周边城市的车程示意（笔者自绘）

	城市各收入人群	旅游目的类型	旅游方式	单次旅游时间
个人自由行旅游消费群体	城市中上层人群	自然景区/品味文化游	自助游	较长，时间集中
	城市中下层人群	城市游/自然景区/体验游	自助游	较固定，短假期
	学生	城市游/自然景区	自助游	时间较固定
	夫妇/伴侣	城市游/自然景区/体验游	自助游/参团	较短，时间固定
	全家	城市游/体验游	参团/自助	较短，时间不固定
	退休人群	城市游/自然景区	参团	时间较长，不固定

图3-4 自由行消费群体分类图（笔者自绘）

有不确定性和包容延伸性的场所。而这自然的场所常常与人为场所的创造和设计有着密切的关系。一棵树的位置可以对建筑的布局产生影响；一条河流的状态和走势，也同样可以决定一个区域城市的发展和命运。在这点上，“场所”又可能与中国人的风水观念有着异曲同工之妙。而“场所”和“艺术”又存在着何种关系？对于这点，诺伯舒兹提出以下说明：“当人们将世界具体化而形成建筑物时，人们开始定居。具体化则是艺术创造本身的一个体现，而这与科学的抽象化正好相反。”在此我要特别补充，所说的艺术的具体化指的是由创造思考转为创造物品或创造行为的一个实践。换句话说，不论这艺术品本身是幅写实画，或是座抽象雕塑，乃至于当代流行的行为艺术，都是一种具体产生的物品或事件。而这些事与物，便成为解释、表达或包容人们生活中的矛盾和复杂的一个媒介。艺术作品，经由其介于作者本身和宇宙之间的表现，帮助人们认定“场所”。对此，德国存在主义哲学大师海德格曾说过：诗人并非是不食人间烟火的代表。相反的，诗人把人们带入世界，使人们更属于这个地方，进而在此定居。生活上的诗意，也因而使人生具有意义。从这个角度来看，建筑的意义，就并非仅仅达成功能、工程、商业等目的，而是追求一个更接近于艺术与人类文明的目标。“场所”以及“场所精神”也就成为建筑达成此意义的一个基本条件。

慢化空间的设置是让游客放缓游览的节奏，体会景区带给人的心理感受，让人能在其中感悟情感和人生的哲理。“慢”的处理可以使人更好地去体会、去放松、去感悟。这与景区场地带给人的情感传达不谋而合。场所精神更像是内容，而慢空间则作为方式和途径来更有效地传播内容，也就是场所感。两者有机积极地共融一体。人们在高效、快捷、急躁的社会环境下，并非能够平和、稳定、安静、客观地思考自身价值和行为准则，而且自身的思考及行为也受场地和环境的影响较大。平和安静的场所能缓解快节奏、高强度带来的身体和心理上的冲击，平衡人们对于急和缓的感知，降低快节奏带给人急躁冲动的心理影响。如同光明与黑暗，二者无法消除彼此而独立存在，需要达到相对的平衡。

第4章 湖南省昭山风景区潭州书院设计

4.1 场地区位概述

潭州书院位于湖南省湘潭市昭山风景区内，毗邻沪昆高速、京珠高速、G107国道等（图4-1）。总占地面积约2500亩，总投资约20亿元，预计年接待游客300万人以上。项目总建筑面积约15万平方米，以集市为脉络，串联会馆、商街、禅修、山居与宗祠文化等多个功能体块，打造集“市、渔、礼、禅、居、艺”的湖湘文化魅力小镇。整体地势平缓，南北区域相对较高，东西两侧相对地势较低。项目的潭州书院位于昭山景区的中心区域，毗邻禅修酒店和集市，处于闹与静的过渡区域。

本设计预设建筑面积1500～3000平方米，基地规划用地7840平方米。根据需求灵活组织。其主要功能为培训、教育功能及国学文化知识普及、相关书籍的阅读及售卖、书友会、休闲交流等功能。

4.2 项目现状问题及策略分析

昭山景区现属于自然生态风景区，现阶段属于新规划项目，由于米芾的《山市晴岚图》而被人熟知。目前规划是打造成湖湘文化小镇，作为文化旅游区吸引各方游客。不过，对比其他文化旅游地，区域内没有古时传承下来

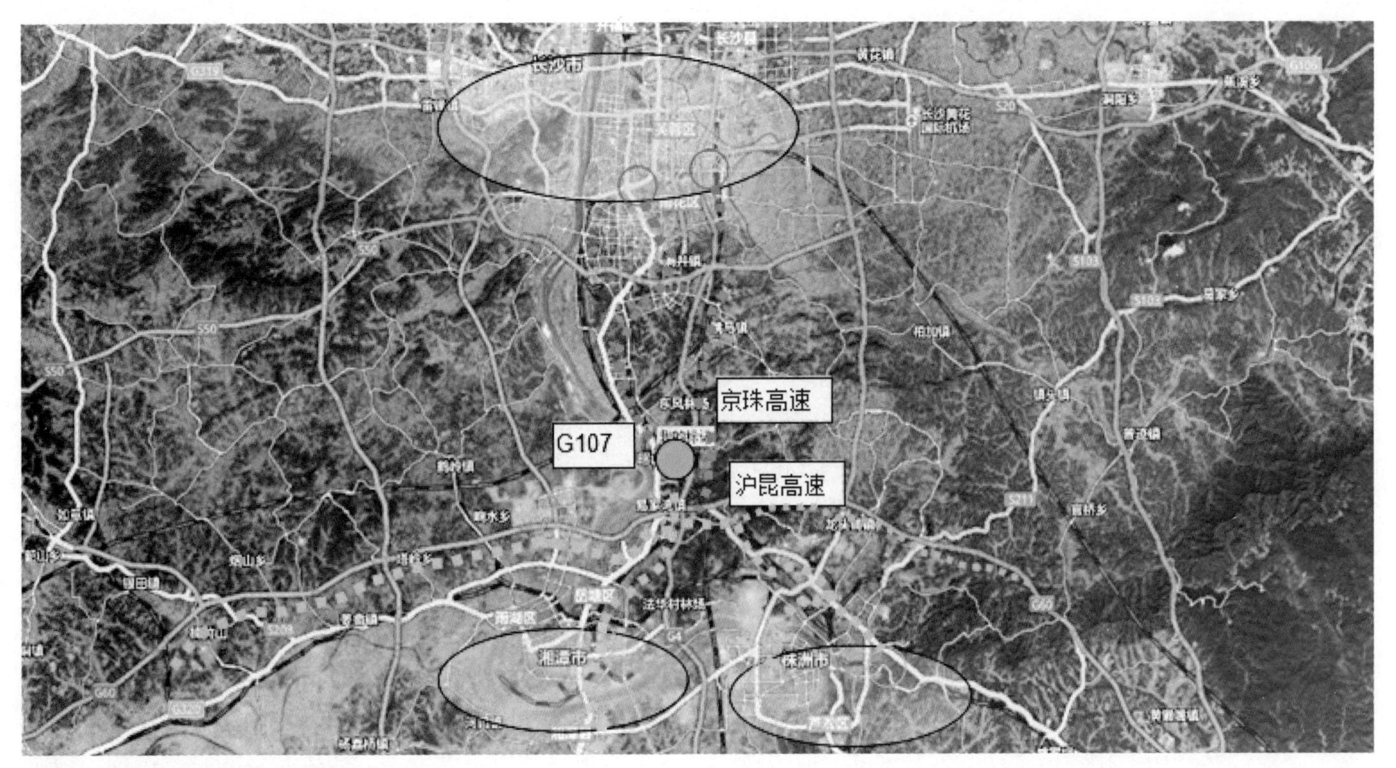

图4-1 景区周边道路图（笔者自绘）

的文化形态作为资源，本身靠自然资源和新建的文化建筑不足以作为文化景区形态出现。虽然有湘江作为依托，自然风光独特，但景区内无遗存下来的古建筑及其他，所以对比其他文化景区，没有传统文化继承的优势。书院作为物化的历史文化空间，其形成发展都与人、文化、历史分不开关系。从古至今，书院在不同的历史时期，其发挥的作用也不尽相同。在传统的农业经济时期，书院作为主要的教育教学机构，是各方人群推崇向往的场所。到了工业经济时期，书院由于与西方的科学发展观相矛盾而遭废弃。在服务经济时期，由于思想的多元性，遗存书院逐渐被复兴。到了现代的体验经济时期，人们渐渐发现了书院当中积极的、给人以感悟的场所情感，书院也被更多的复建而让人在其中感受、体验。

现阶段，项目中书院的问题归纳有几点：

1. 传统意义上的书院模式在现代社会是不并存的两种形态。传统书院宁静恬然的状态与现代城市人群的便捷高效相冲突。

2. 现代人追求个性化的需求愈加强烈，传统意义上的景区景观已然不能满足旅游群体中的一部分，而这部分的人数还在逐年增长。人们越来越注重旅行的参与性和体验过程性的需求。传统书院是古时的教育机构，空间功能明确而纯粹，现代的教育机构是学校，人们不会特意跑到位置相对偏僻的古书院去进行学习活动。

3. 从经营的角度来说，传统的书院属于民办机构，大部分是由国家或者地方乡绅资助建立，其创办目的不以营利为目的。而现代商品经济社会时代，纯粹不以营利为目的的机构几乎是不可能运营下去的。而与商业行为联系的话，其中又与书院的本质精神相分离。

4. 现存的大部分书院是古时遗存的书院建筑和场地。其中一部分修葺遗留的建筑和景观，并入了现代的学校、基地等教育机构，如长沙的岳麓书院。一部分由于自然区位条件，不能够并入周边的相关机构或者场所中，修葺复原之后作为独立的景区供人们参观游览，如江西庐山的白鹿洞书院。还有一部分书院建筑，经过重新修葺和建设后作为文化产业园供现代人群进行交流学习，提供现代学校教育中不涉及的部分，完善人们的综合素质和积极的世界观，如厦门的莲花书院。传统的书院在当今社会几乎不可能遵照传统的经营模式独立存在，几乎都需要结合现代人的需求和当地条件进行改建或者翻修。其中的使用功能照比传统意义的书院会有不小的区别。

5. 就以项目地潭州书院作为旅游景区的情况来说，没有传统的历史遗留场所作为基础，不适合做传统旅游的观景式的游览模式。对比同在长株潭地区的岳麓书院、洣泉书院等，昭山景区没有遗存的古建筑景观可看，适合做对环境影响小、附加值高的体验型旅游模式。

面对潭州书院的现状问题和规划要求，结合文化空间的场所感，融合慢城文化延伸出的慢空间理念，解决策略有如下几点：

1. 通过慢行系统的贯穿，设置使用功能相呼应的空间和场所建筑。分散建筑功能空间和景观节点，使聚集的人流分散到不同的节点当中，体验感受不同场地带给人的不同的情感传达。以尊重自然为理念，达到现代建筑与自然景区环境相协调。协调书院空间与自然环境的关系，协调书院空间与周边景区建筑的关系，使整体和谐统一。

2. 结合现代空间理论和当地传统，设计符合适应当代人功能需求的场地空间，满足现代人的使用和习惯。用时用当代的现代建筑手法新建建筑，在没有遗存古建筑作为依托的情况下，拒绝新建"仿古建筑"。同时，面对的高端消费群体普遍素质较高，受西式教育影响较大，易于接受现代美学观念。融入当代设计理念，注重建筑功能和材料的可持续，模糊建筑的边界范围，增加建筑延伸的可能（图4-2）。

3. 复原丰富的书院传统日常生活和体验活动，把体验书院的氛围和活动作为旅游目的吸引周边的游客。尊重传统书院的空间布局，了解传统书院的空间组织关系。以传统书院的组织布局作为设计的参考。

4. 设置慢节奏的行为状态和慢节奏道路与空间，在静谧中感受书院的场所感，在安静中感悟人生哲学，逃避现世，启发思考，体验书院天人合一的本质精神。

4.3 设计方法

根据项目区域的规划定位分析，定位潭州书院的消费群体范围，并分析游客的旅行目的和旅游属性。确定城边游和周末游的人群范围和数量可能。提取传统书院的功能空间布局，分析各功能空间的联系和相互之间的层级关系，以及连接的道路设置规范。设计根据场地的地势、地形和周边自然环境，确定建筑的朝向和分布。对应"慢"设置道路的布局和建筑景观的公共空间，以"慢"作为线索贯穿整体设计当中，放缓游客的游览过程，放缓游览时的心态和节奏，放慢过程、体验过程。对功能空间的承载人数体量进行控制。

4.4 总体设计方案

4.4.1 空间布局与功能空间划分

设计的功能空间规划，从传统书院的教学功能、藏书功能、祭祀功能结合符合现代人需求的功能空间。细化功能，划分为讲学空间、自学空间、讲会空间、六艺活动空间、公共活动空间、交流辩论空间、发散思维冥想空间、住宿空间、餐饮空间、休息空间（图4-3）。

图4-2　现代可叠加、可持续设计理念图（图片来自百度网）

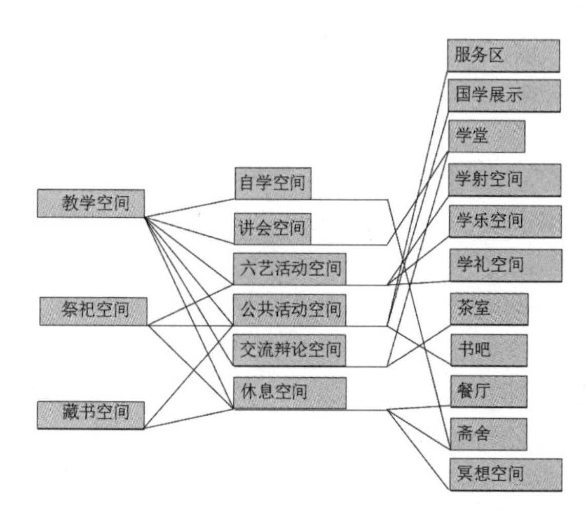

图4-3　现代书院功能需求图（笔者自绘）

空间基地在整体旅游区规划的中心区域，处于集市与酒店、民宿区域的交叉区域。在位置上是相对嘈杂与安静的过渡区域。基地规划用地7840平方米。规划建筑面积1500～3000平方米。原有规划路线单一、直接，游客游览停留的时间较短。由于书院位置在整个景区区域内的游览中心，适当地减缓游客的游览节奏，并提供适当的休息区域是必要和可行的。把原先的单一的观景空间融入其他的多功能复合空间，满足现代人的功能需求的同时，最大限度地塑造展示传统书院的功能体验和文化传承。基地整体地势是西北高、东南低，地形相对平缓，在考虑空间功能布局的时候，把功能需求相对安静的空间设置在地形相对较高的西北侧，把服务区等功能空间设置在东南侧，这样人为地把斋舍和藏书体验区与嘈杂的集市通过服务区等空间隔绝，尽可能地减少干扰、阻隔噪音。

4.4.2 空间生成

设计根据慢行系统在慢城中的应用，对区域内各空间的组织和划分进行限定。丰富原先的道路系统及分隔，把原先直接单一的道路分散成曲折的多通道，增加多重道路的互通和可达性。把集中式的景观分解，随着多重道路的设置增加局部的景观节点，从单一集中式的景观分裂成随着道路系统改变的小型节点景观。空间建筑也随着设置的道路系统而生成，结合地形和光照情况，确定建筑朝向和建筑内的空间功能需求，从而达到基地区域内的空间系统的统一。

整合原有规划中的分散建筑，使之整合成为几个整体的功能大区域。根据使用功能需求重新规划布局，根据地形和光照调整区空间的位置及朝向。住宿、藏书阅览及书院生活体验在地形相对较高的西北侧，服务区、餐厅及纪念品售卖等生活服务空间在地形较低的东南侧。把住宿区域和体验区域相结合，确定为整体基地的核心区域，并在内核区域设置下沉广场，增加垂直景观的面积。核心建筑增加地下层，有效地把建筑和下沉广场联系起来，也增加了功能空间的面积，丰富了空间内功能的多样性，增加了人、建筑、景观之间互动的可能性。

入口半开敞设置，方便游客选择性进入。进入入口到达核心的下沉广场之前，设置分叉选择性道路空间，可由此选择想要游览的区域及方向。道路指示不设置人为的指向性，完全属于自由性探索，可在开敞的自由活动区域活动，也可随着曲折的小径游览建筑的四周景观。下沉广场作为核心区域的展示平台及功能纽带，联系着各个功能空间。由于地形的影响，西侧坡的垂直面较大，作为主要的景观铺设区域，设置可供休息的台阶楼梯，赋予空间更多的功能选择，也是书院的室外体验项目最理想的场地。在下沉广场与建筑之间另设一个楼梯，从而把在广场上的人群进行分流，一部分可直接进楼内继续参加体验项目，另一部分可从楼梯上到水平层去别的空间。广场的上部外围也设置了可遮阳的休息区域，从而可以使上方与下方之间产生互动。

住宿区域与体验区域的建筑之间的一层做架空处理，增加道路的通达性，减少游览的疲劳感和单调感，建筑功能上进行阻隔和划分。建筑架空的区域则作为两个建筑的入口区域，也是主要的室外交流休息的区域。这区域内可进行小型的讲座、展览和沙龙等公共活动。此区域距离主入口的相对距离较远，在步行过来的过程中，可以使人的身心安静下来体验书院的氛围和场所感。住宿区域与藏书空间设置在同一建筑中，对应不同的功能区域，建筑也是对应了不同的出入口。体验空间连接住宿区域，方便游客的多样化选择，分散不同目的的游客到达不同的区域。体验区通到楼下的地下层并与下沉广场相连。服务空间在体验区对面不远处，空间内设置餐厅和售卖，在两个区域的连接空间设置后厨，并设置后厨出口连接到外部区域。整体设计呈环形布局，从核心区域向外扩散，其中慢行道路系统串联整个区域。

4.4.3 空间效果

住宿建筑一层是藏书体验区域与住宿服务区域。藏书体验区有单独的入口通向室外，对应住宿与不住宿的游客。通过小通道可通向住宿综合服务区。通道旁边是住宿区的主要入口，东侧有直达二层的服务电梯，西侧设置楼梯，方便各种住宿游客的需求选择。在建筑的另一侧设置另一个疏散入口，作为应急和分散人流量使用。入口一侧设置楼梯通道，可到达二层。整体二层作为住宿区域，通道在北朝向，设置13间双人间客房，朝向南侧，6间单人客房朝向北侧。客房作为体验书院文化的一部分，面积较大，设置书案、沐浴等空间。住宿空间的通道设置相对较宽，布置交流空间与小型休息活动空间，可在空间内饮茶、聚会，相对应的建筑立面设置了视野较为开敞的玻璃与框架结构，方便在聚会休息的同时观景及远眺，可向西远观湘江及临江风景。客房设置露台，住宿的游客与广场游客产生互动与关系，而且通过植被的覆盖，尽可能多地减少噪音与其他影响。住宿区域的西南侧作为主要的观景空间，设有小型的观景台，可向西远眺湘江及邻近风光。

住宿空间二层向东走到尽头是通向楼下书院体验区的楼梯。体验区划分了若干房间，作为游客体验书院活动的主要区域。空间内设置了讲堂体验区、多媒体放映室、书院历史文化展示空间、交流空间及书院传统活动展示区域等空间，并配以卫生间和休息区域。游客可以在建筑中找到自己感兴趣的方向进行体验与参观。体验空间的地下层作为服务层，提供会议空间、交流休憩空间和影音室等功能，并提供相对较大的冥想空间，游客可在此区域体会安静的冥想思考的场所环境。体验空间设置1个入口，通向外部的活动区域，游客可围绕建筑漫步与参观，可通向最东侧的室外祭祀礼仪空间与南侧的服务区域。餐厅的前面区域设置3条通道，分别通向下沉广场、售卖区及住宿区。

服务区域设置一层建筑，餐厅主要面对书院住宿的游客及少量临时参观游客。在建筑的西侧外部，设置部分餐桌座椅，游客可选择室内或者室外就餐及休息。此区域中间有绿化植被做成隔断，在增加人文气息的同时，减少广场上的游客对就餐者造成的影响。游客可选择在北入口就餐，或者在西入口进入售卖区采购纪念品。售卖区与餐厅有通道相连，在建筑的中部，有另一个出口通向室外就餐区，最大限度地稀释人流密度。服务空间的西侧靠近书院的主要入口，通过绿化植被与书院外部分隔，增加书院与外部街道的联系，也增加景观的可看性。服务区的东侧设置大片的绿化，边缘阻隔集市的嘈杂，又作为祭祀空间的景观延伸。

4.4.4 材料选择

设计并没按照传统复刻仿制，而是根据当代理念设计，所以材料的选择上部分选用了当地常见的石材作为建筑外立面的贴面。由于地形高差坡度的影响，地面材质部分选用常见的室外防腐木，剩余相对平坦的地面则是用当地石板材料。整体建筑则采用常见的砖混结构构筑，部分采用实木框架、钢材与玻璃，增加建筑的通透性及透光性。

第5章 结论

湖南昭山景区潭州书院设计通过分析当下体验经济模式的特点，结合当地自身的消费群体需求和旅游定位，通过空间布局、功能划分、慢化行为模式等研究，构成一个完整的体验型空间。

在将现行的慢化行为模式融入潭州书院的整体空间的设计实践过程中，我认识到人的慢化行为和现代人的需求对于空间和设计都有着重大影响。书院作为传统旧文化空间类型的产物，不是单纯对空间各个体面进行表面化的装饰美化，而是要根据现在人的需求和标准，客观真实地反映出特定的空间带给人的场所体验和场所精神的传达。设计的根本目的和元素的提取，跟这个空间场所想要呈现给人们什么样的心理感受有至关重要的关联。在互联网时代高速发展的当今社会，现代人的需求是多元的、多层级的，旅游景区的发展也由原来的单一景点参观发展成景点、文化、行为等多元旅游模式。

本次的潭州书院慢化空间设计是一个参照新模式，创造新环境的设计过程，是对于当下社会快节奏生活的反思，是一种对于现代社会新型空间及行为模式的趋势的探索和尝试，也是颠覆原有旅游景区空间设计的实践。通过这次对慢化行为和慢化空间模式的梳理，我了解到体验式旅游这种慢化行为当中的一种模式的成因和发展，以及未来的趋势。了解了国内外的慢化行为的理念及其空间营造的区别和优劣。慢化行为和慢化空间是一种特殊的价值观的体现过程，没有正误之分。希望通过慢化行为的呈现，唤醒当代国人在追求高效率、快节奏的行为同时，找回生活中的“慢”。如同光明与黑暗，是既对立又统一的关系。如果说高效的行为是工作需求，那慢化行为则是生活所需，要达到一个稳定、平和的平衡点。随着现代人对于旅行目的的细化，体验型的慢化空间也会在景区及其他地区慢慢地发展，也会给人们带来丰富多彩的生活体验。

参考文献

[1] 李志民. 建筑空间环境与行为 [M]. 华中科技学出版社,2009:78.
[2] 李俊霞. 建筑的比例与尺度 [D]. 东南大学，2004.
[3] 杨慎初. 中国书院文化与建筑 [M]. 湖北教育出版社,2001.
[4] 论湖湘文化是具湖南地方特色的文化形态 [J]. 湖湘论坛,2008 (6).
[5] 于永建. 浅析现代建筑总体设计的理念及方法 [J]. 中华民居 (下旬刊),2012 (10).
[6] 孔少凯. 建筑体验：理念造型技术系统构成 [M]. 天津大学出版社，2013.
[7] 陆绍明. 建筑体验：空间中的情节 [M]. 中国建筑工业出版社，2007.
[8] 胡正凡，林玉莲. 环境心理学 [M]. 中国建筑工业出版社，2012.
[9] 凯文·林奇. 城市印象. 华夏出版社，2001.
[10] 高桥鹰志. 环境行为与空间设计. 中国建筑工业出版社，2006.
[11] 朱汉民. 书院精神与儒家教育. 华东师范大学出版社，2013.
[12] 荆其敏. 情感建筑 [M]. 百花文艺出版社，2004.

致谢

本论文得以顺利完成，我衷心感谢张月教授和其他课题组教授。在我遇到问题的时候总能及时而又耐心地指导我，帮助我，鼓励我，抚慰我焦急的情绪。

从论文选题到搜集资料，从写稿到修改，期间经历了喜悦、聒噪、痛苦和彷徨，在写作论文的过程中心情是如此复杂。如今，伴随着这篇结题论文的最终成稿，复杂的心情烟消云散。我知道，这些无不饱含着各位导师的心血和汗水。再次感谢你们深刻而细致的指导，帮助我开拓研究思路，理清写作方向，最终使我的论文得以顺利完成。同时也要感谢霍燃等师兄师姐的启发和思考，帮助我完善设计思路和细节。感谢我的夫人和家人，感谢你们的支持和鼓励。感谢所有帮助过我的人们。

昭山旅游景区潭州书院设计

Design of Tanzhou Academy in Zhaoshan Tourist Area

基地概况

潭州书院位于湖南省湘潭市昭山风景区内。景区毗邻沪昆高速、京珠高速、G107国道等。总占地面积约2500亩，总投资约20亿元，预计年接待游客300万人以上。项目总建筑面积约15万平方米，以集市为脉络，串联会馆、商街、禅修、山居与宗祠文化等多个功能体块，打造集“市、渔、礼、禅、居、艺”于一体的湖湘文化魅力小镇。

景区交通流线分析

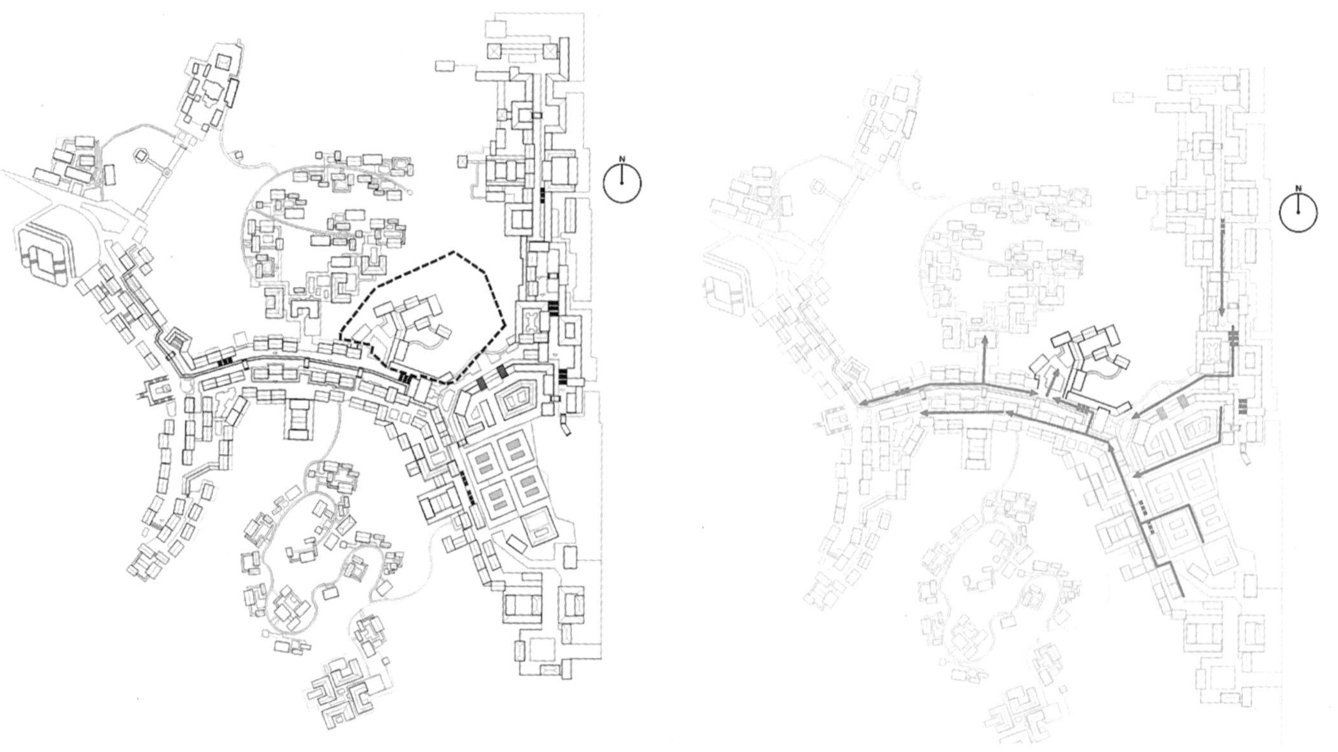

基地平面

景区交通流线分析

基地现状

现阶段，潭州书院发现的问题归纳有几点：

1. 传统意义上的书院模式在现代社会是不并存的两种形态。传统书院宁静恬然的状态与现代城市人群的便捷高效相冲突。

2. 现代人追求个性化的需求愈加强烈，传统意义上的景区已然不能满足旅游群体中的一部分，而这部分的人数还在逐年增长。人们越来越注重旅行的参与性和体验过程性的需求。传统书院是古时的教育机构，空间功能明确而纯粹，现代的教育机构是学校，人们不会特意跑到位置相对偏僻的古书院去进行学习活动。

3. 处于经营的角度来说，传统的书院属于民办机构，大部分是由国家或者地方乡绅资助建立，其创办目的不以营利为目的。而现代商品经济社会时代，纯粹不以营利为目的的机构几乎是不可能运营下去的。而与商业行为联系的话，又与书院的本质精神相分离。

4. 现存的大部分书院是古时遗存的书院建筑和场地。其中一部分并入了现代的学校、基地等教育机构，如长沙的岳麓书院，修葺了遗留的建筑和景观。一部分由于自然区位条件，不能够并入周边的相关机构或者场所中，修葺复原之后作为独立的景区供人们参观游览。还有一部分书院建筑，经过重新修葺和建设后作为文化产业园供现代人群进行交流学习，提供现代学校教育中不涉及的部分，完善人们的综合素质和积极的世界观。

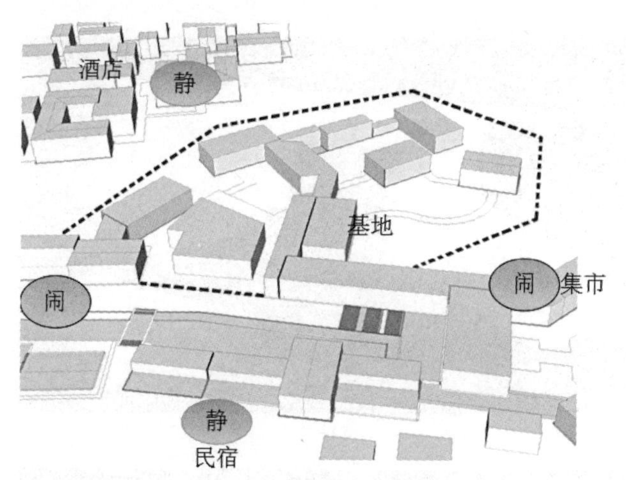

基地现有规划

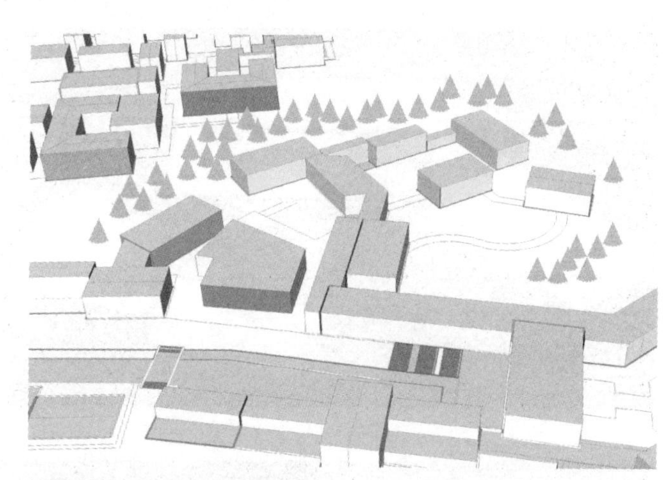

协调基地周边建筑体量及景观

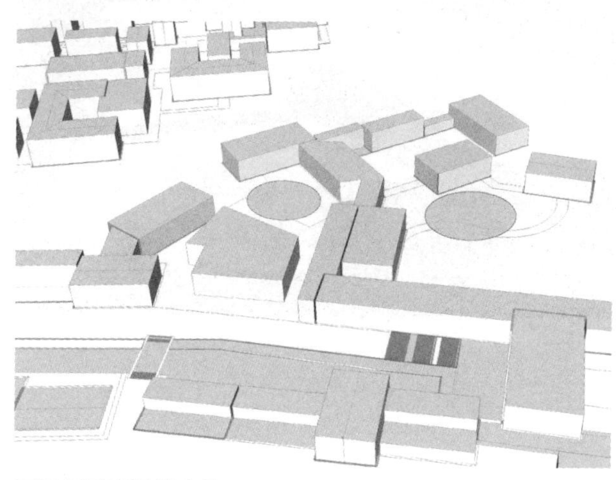

原规划景观视线密集

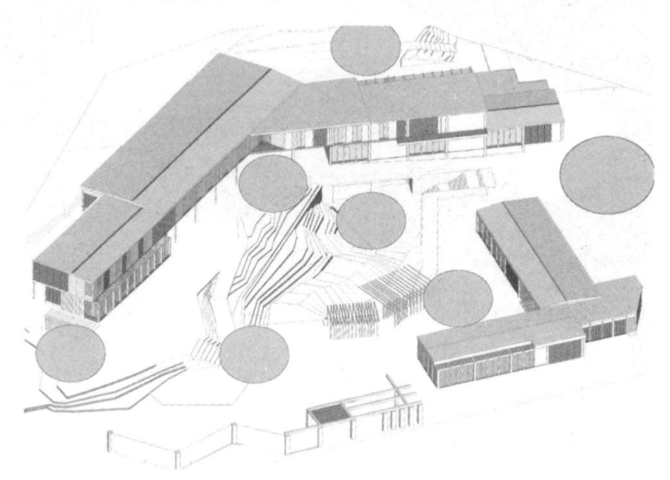

分散景观节点

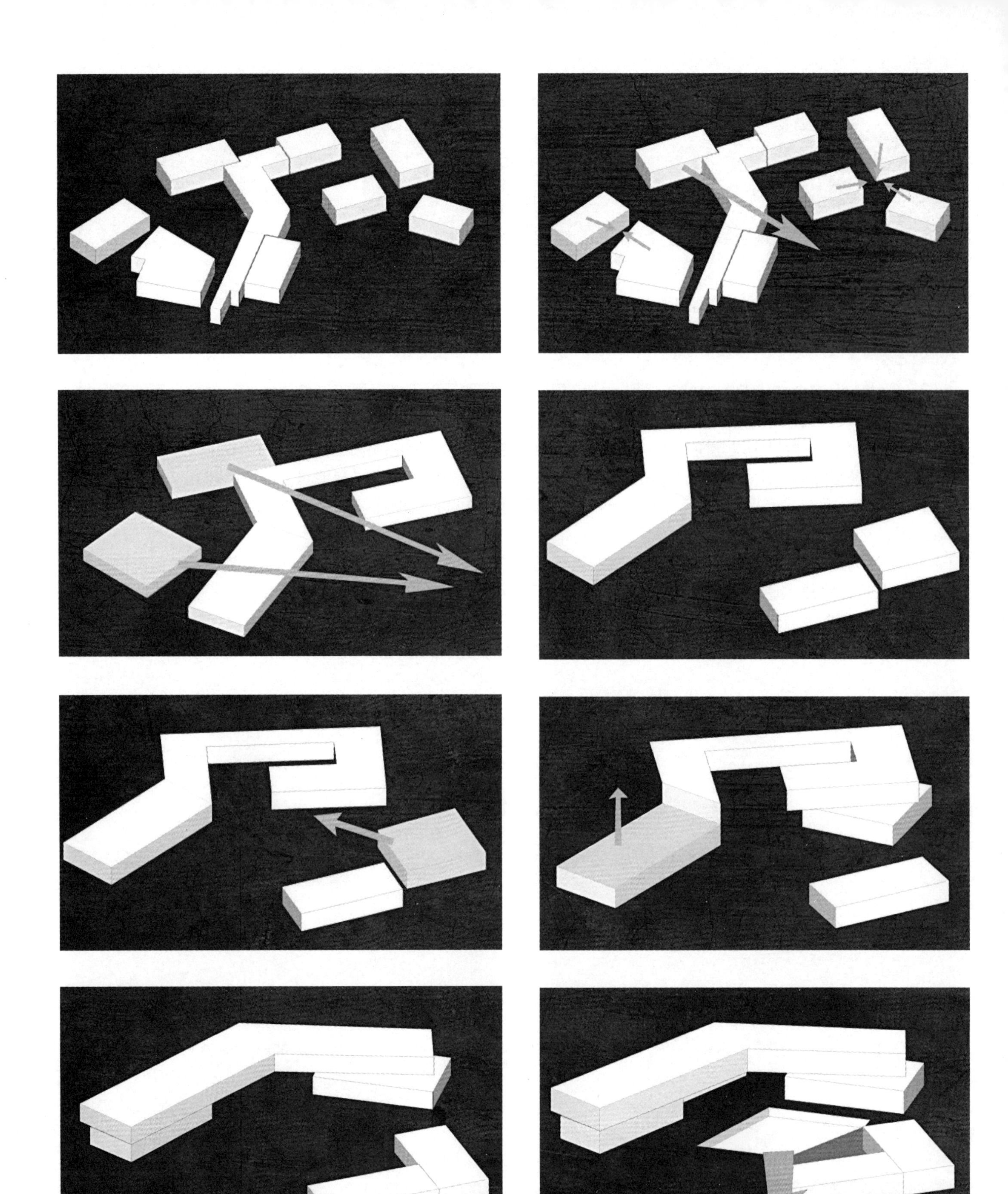

空间方案推导过程

1. 原有的分散建筑进行合并整合，并根据地形和光照进行重新布局。
2. 根据功能需求，设置建筑的朝向及布局，并确定慢空间的核心区域。

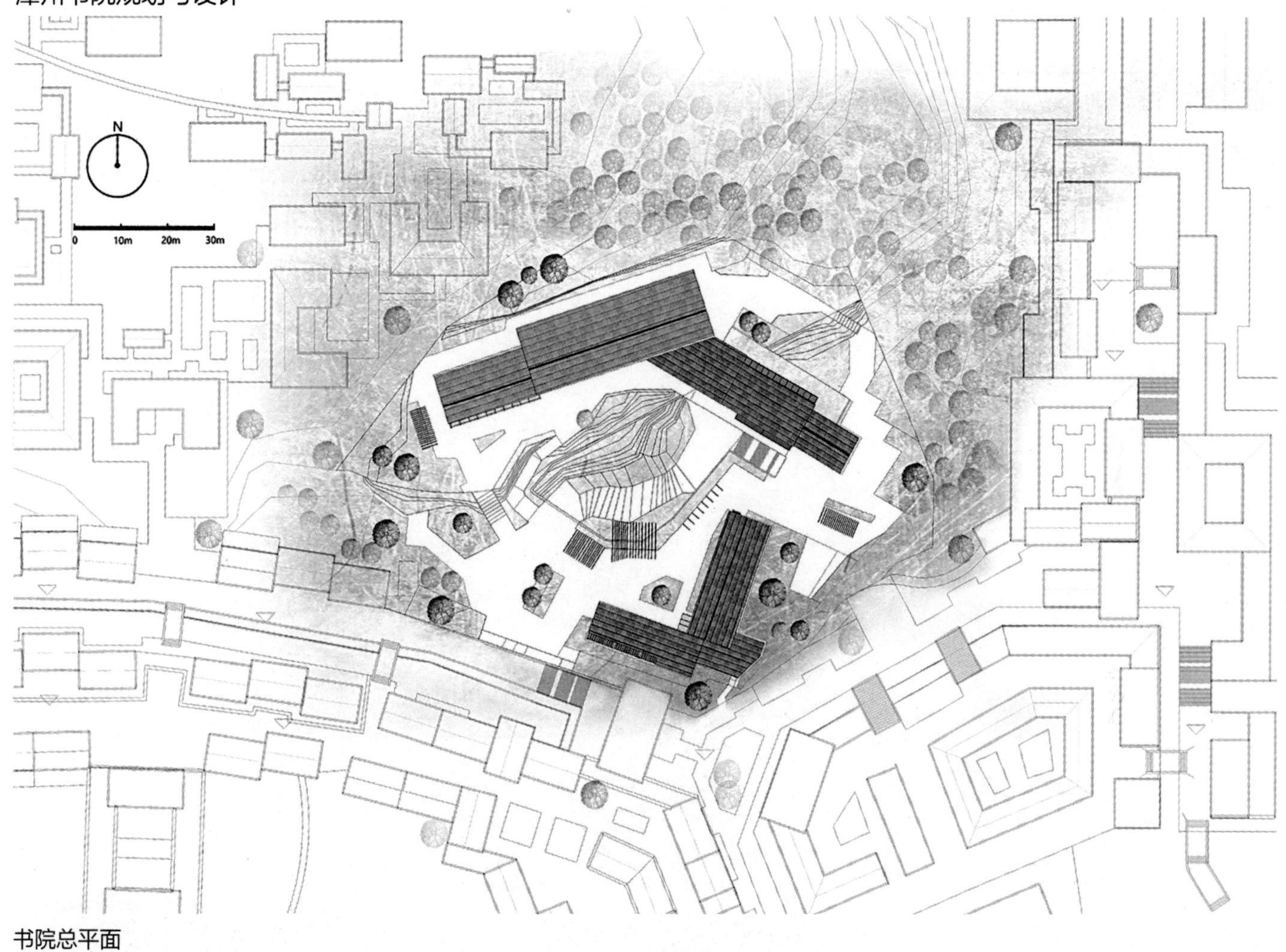

书院总平面

书院占地面积3480平方米

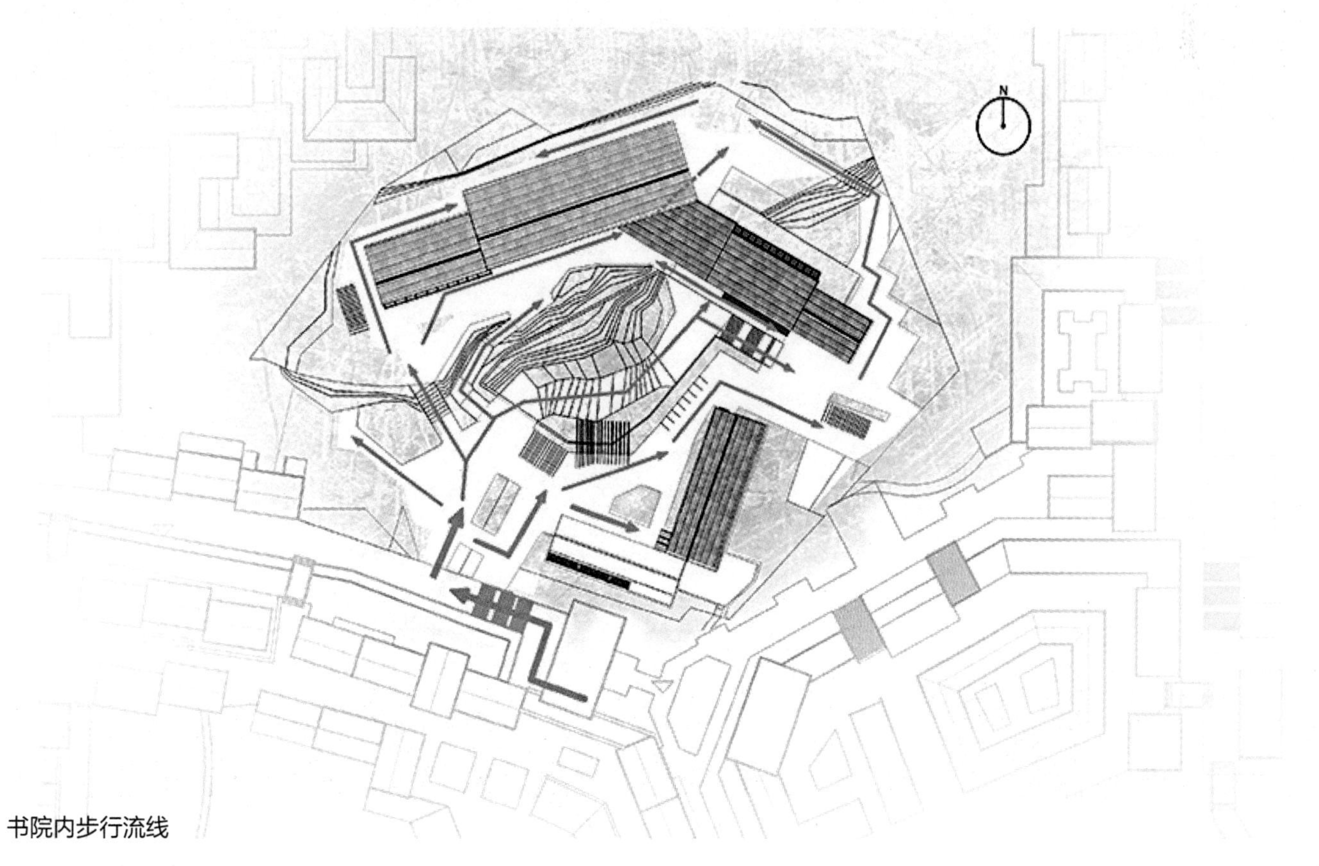

书院内步行流线

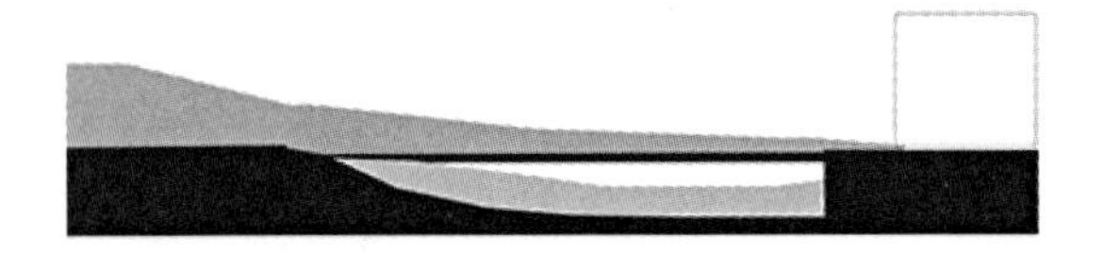

地形高差示意

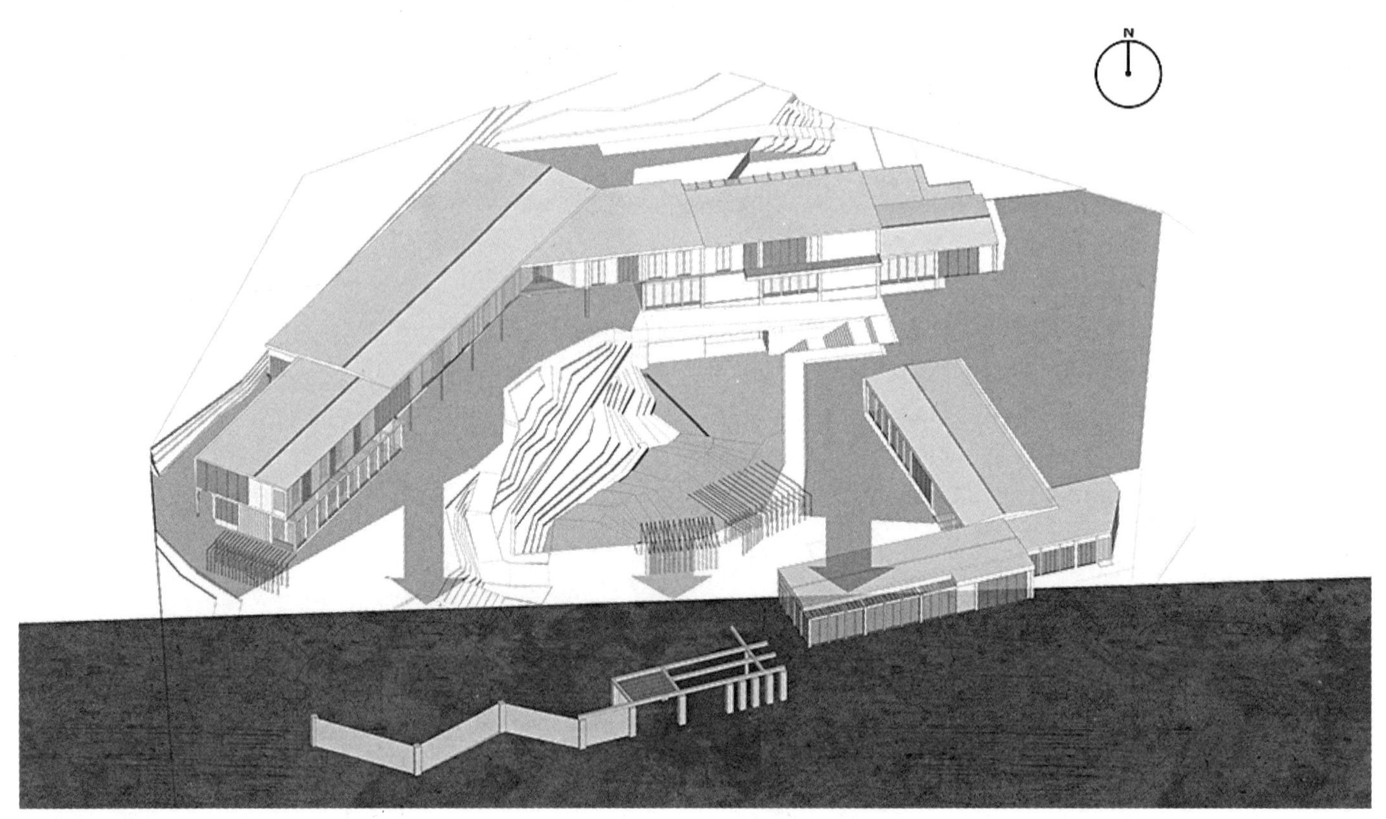

基地内地形关系

视线分析

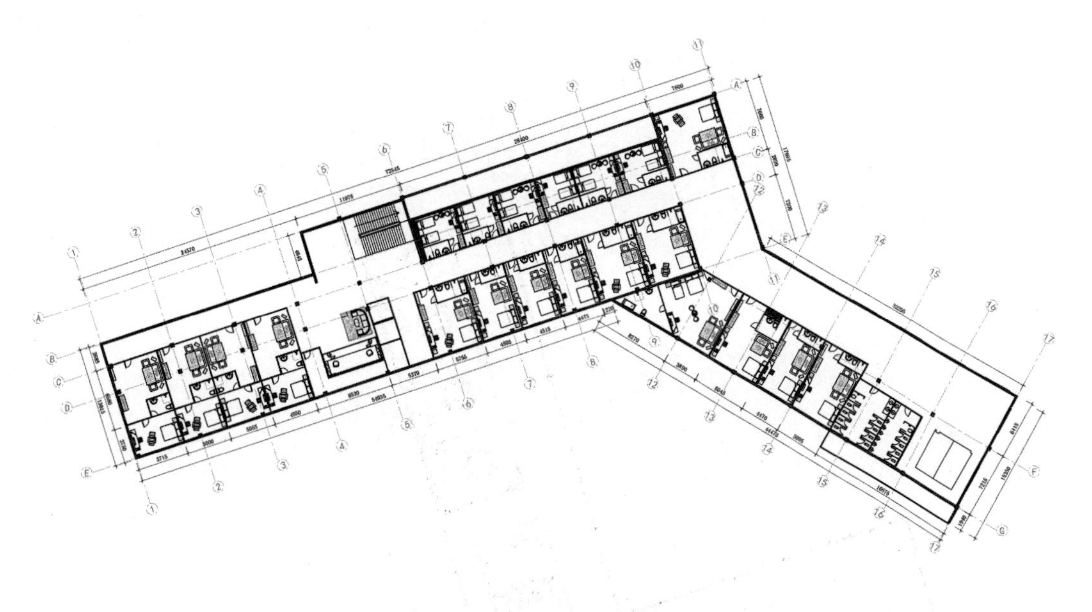

书院斋舍二层平面

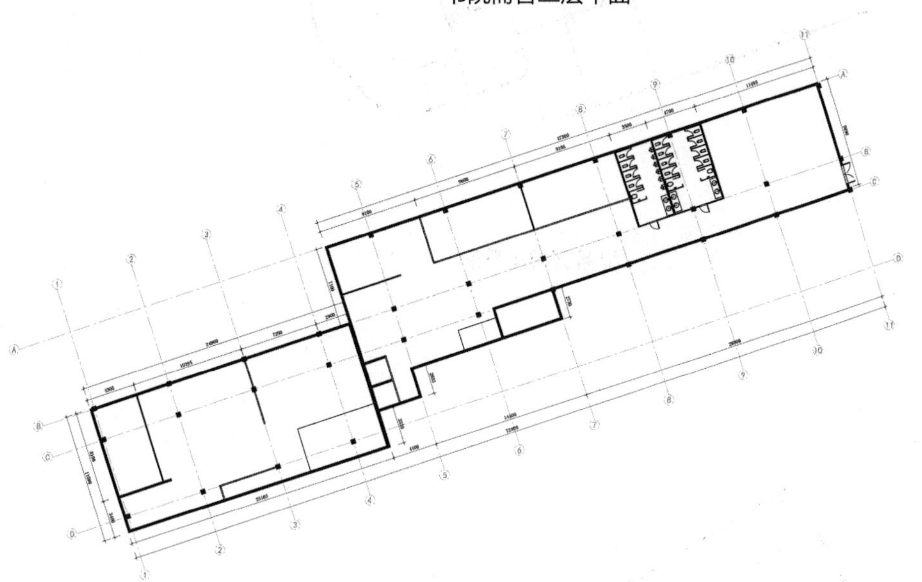

体验区及斋舍首层平面

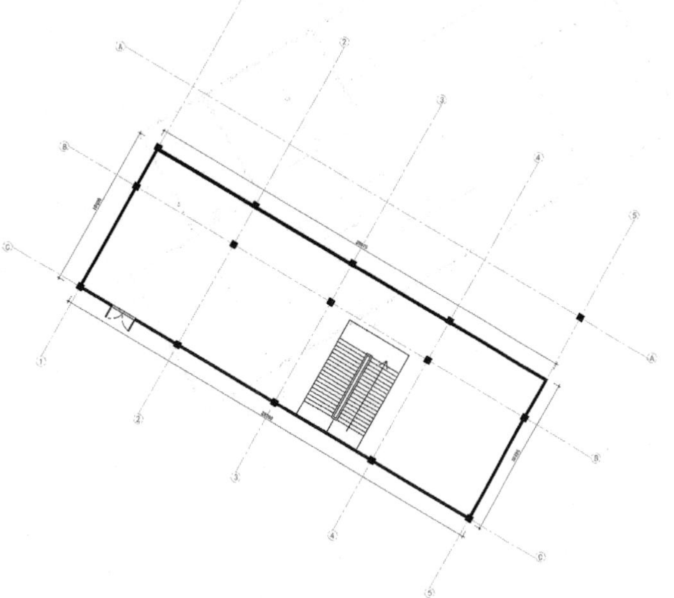

体验区地下一层平面

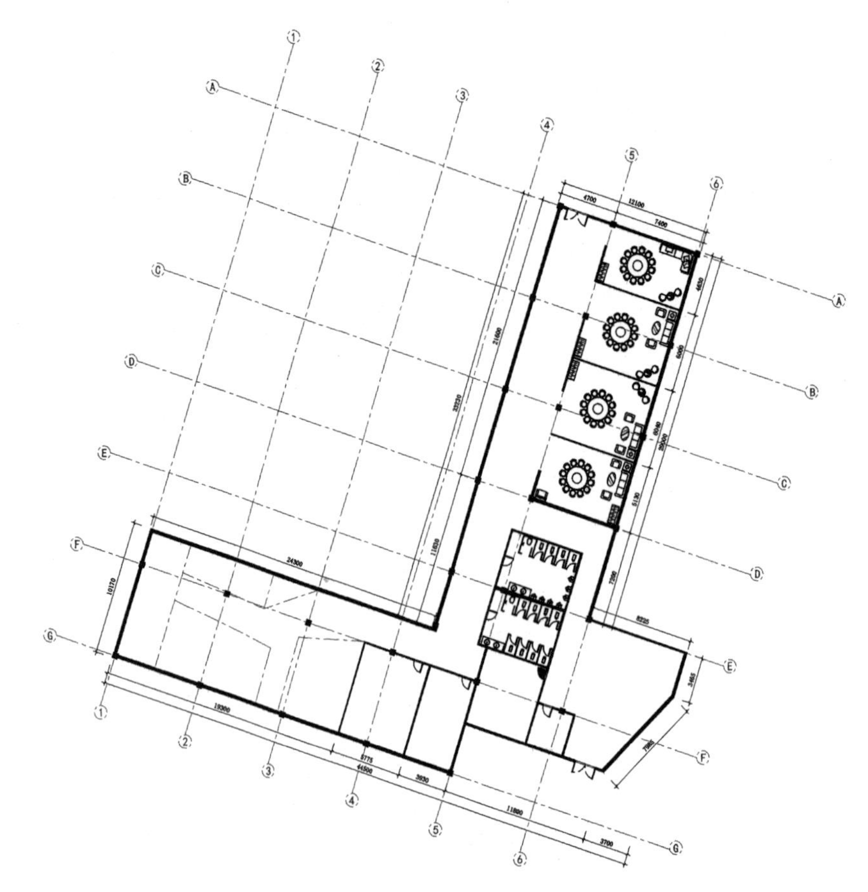

服务区首层平面

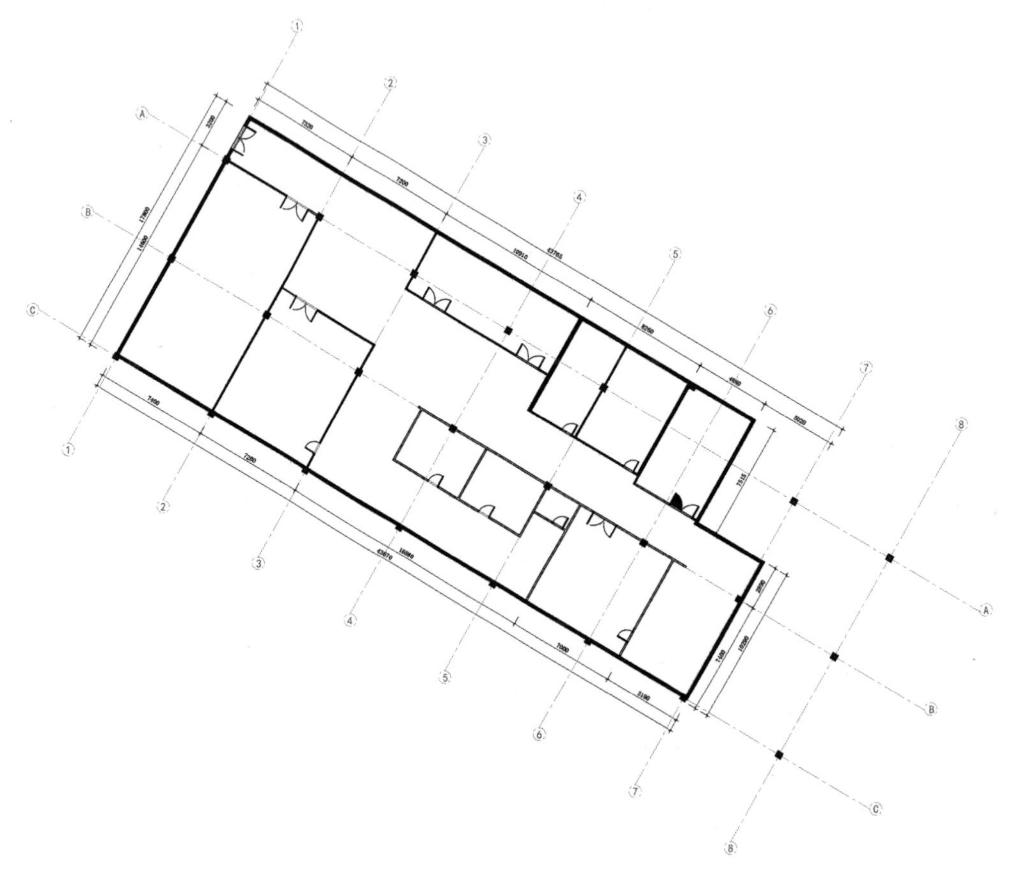

体验区首层平面

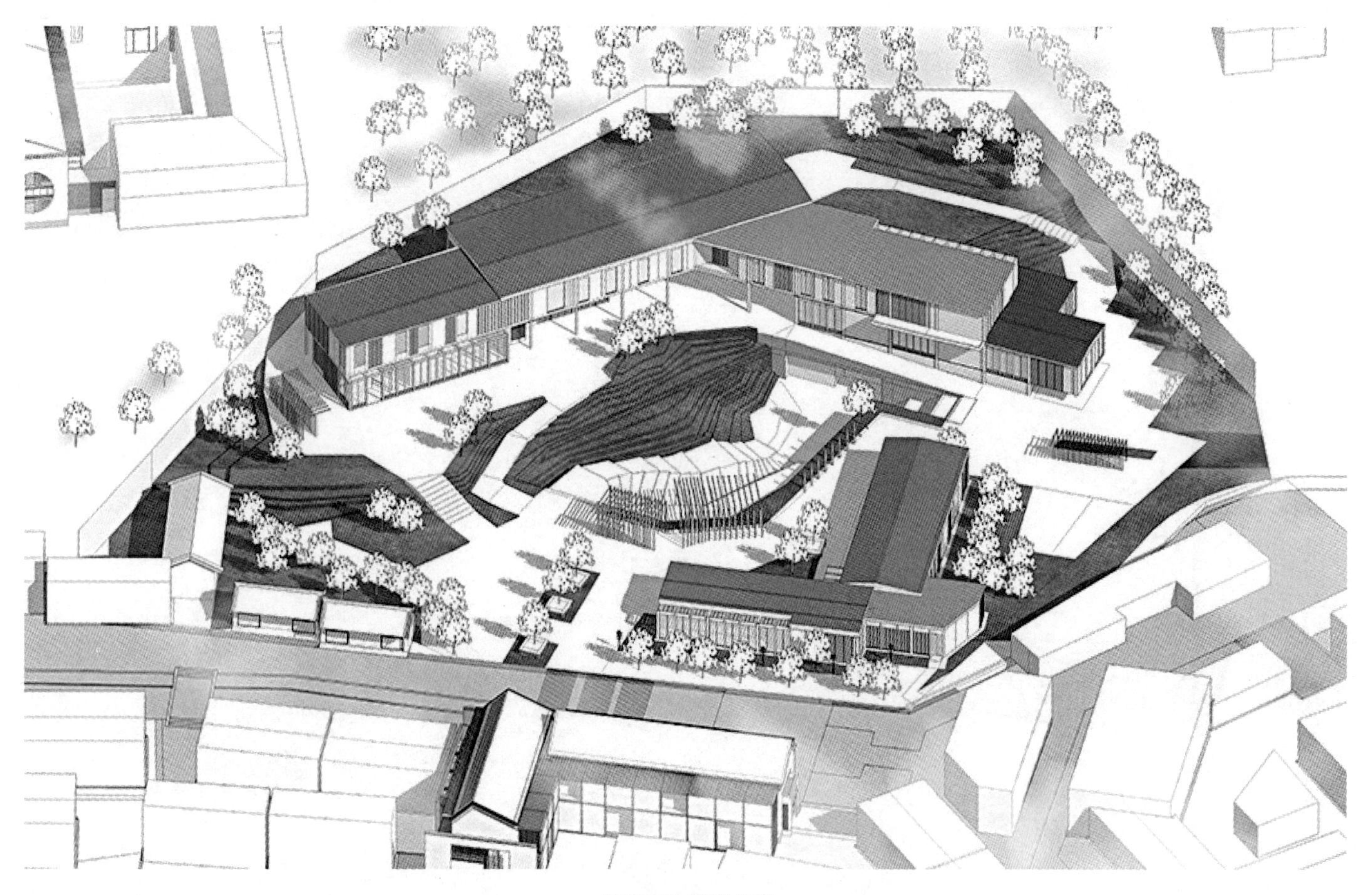

书院绿化植被分布

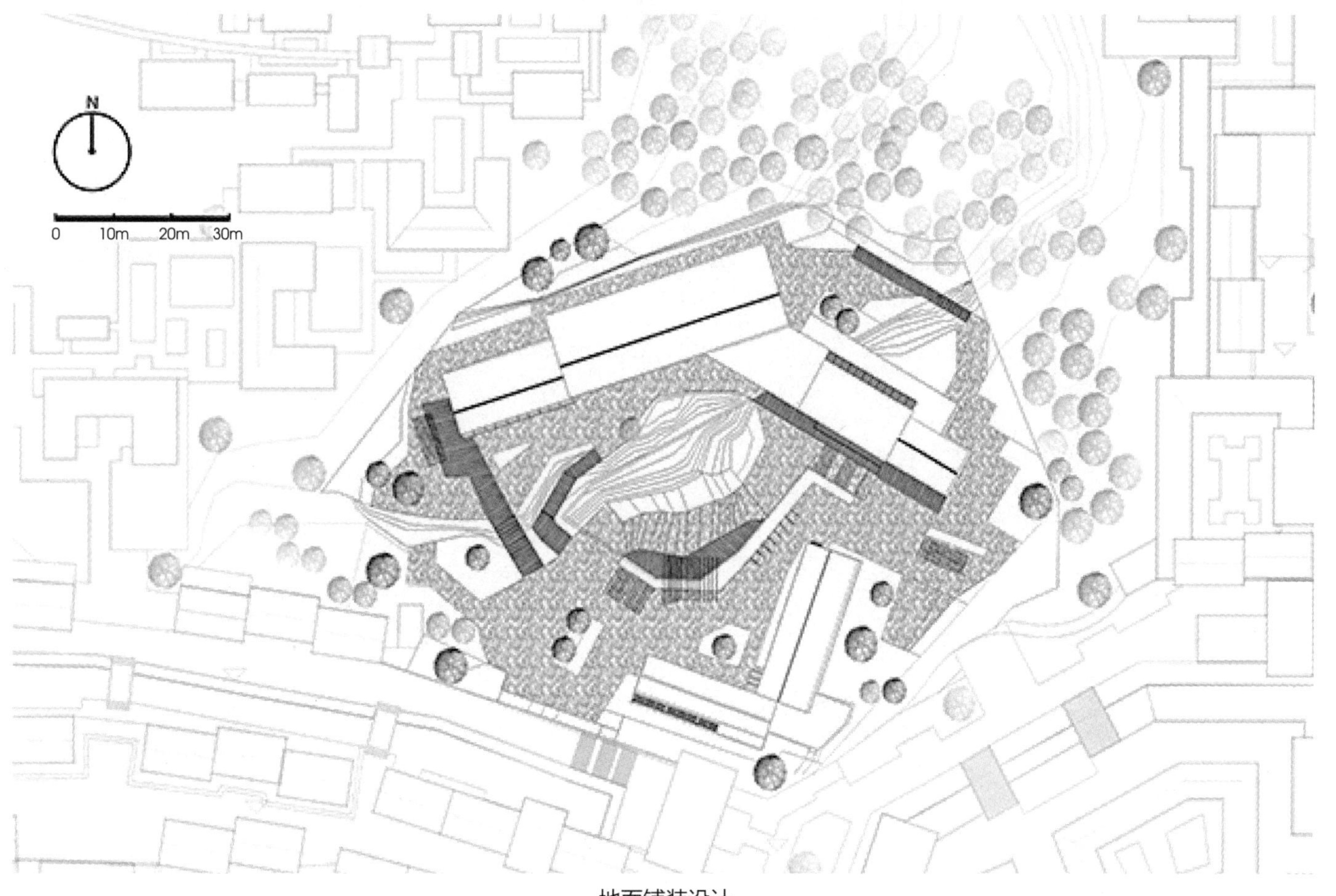

地面铺装设计

空间关系示意

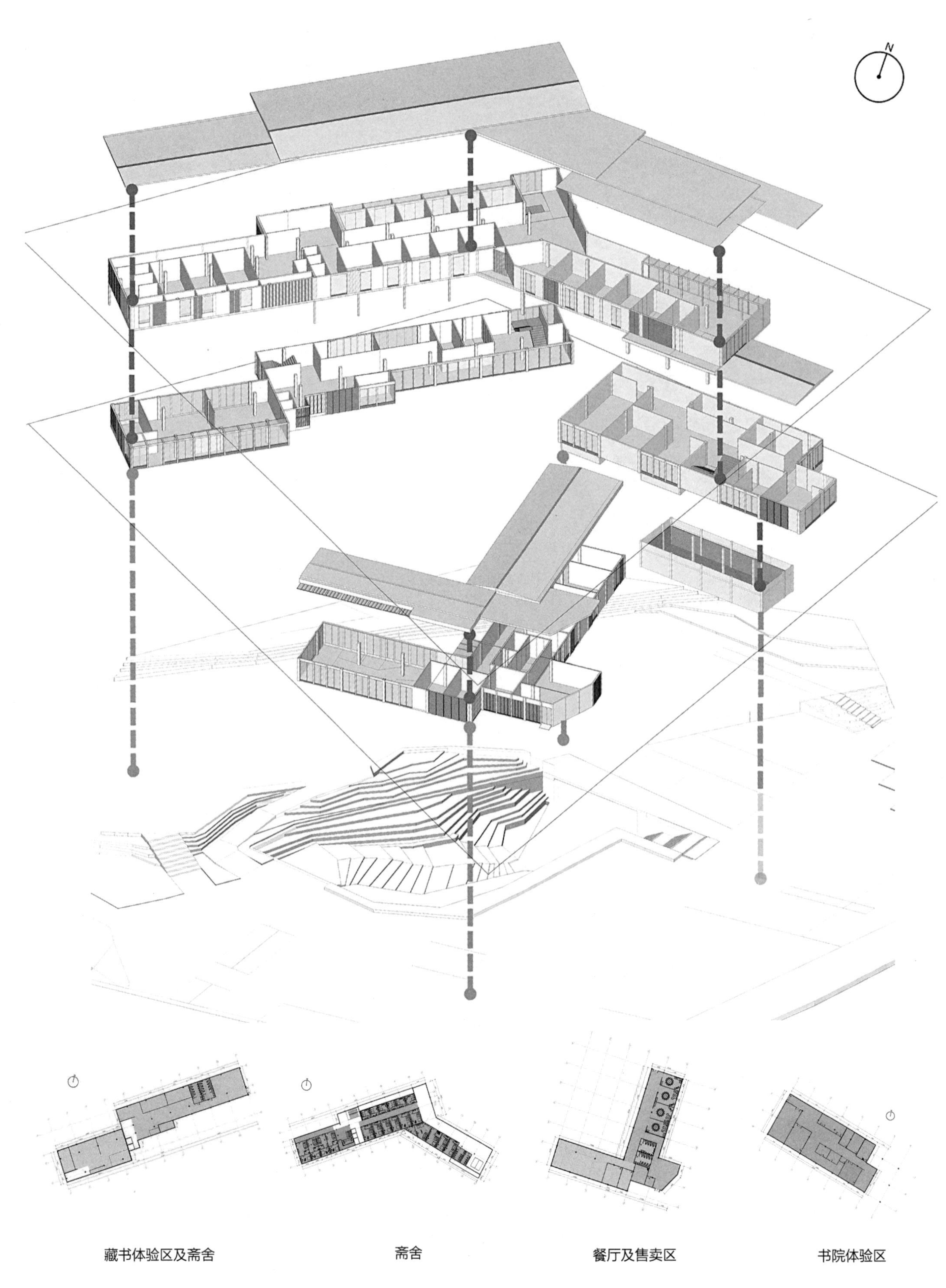

书院地形节点

藏书体验区南部地形

体验区北部地形

下沉广场1地形

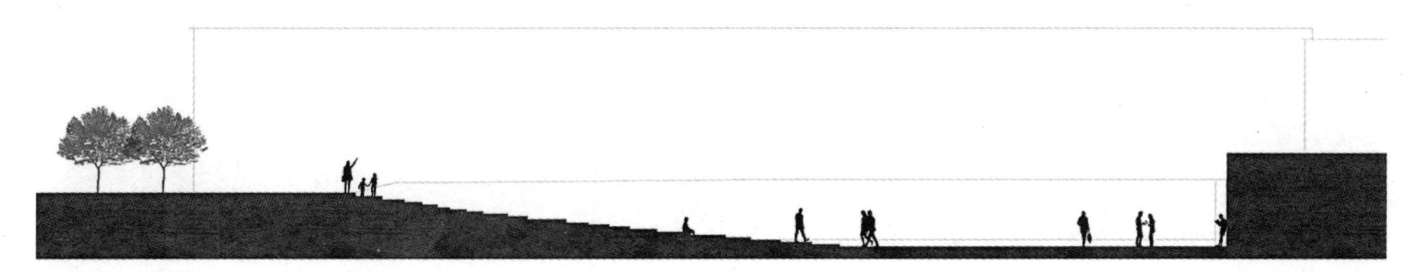

下沉广场2地形

室内效果图

东立面图

南立面图

剖面图

书院效果图

书院效果图

乡土建筑聚落营造研究（1）
——以昭山风景区潭州书院设计为例

Study on the Construction Principle of the Settlement Space of Contemporary Vernacular Architecture
——A Case Study of Tanzhou Academy in Zhaoshan Scenic Spott

聚落空间·潭州书院概念设计（2）

Settlement Space·Tanzhou Academy Conceptual Design

苏州大学金螳螂建筑学院　莫诗龙

Soochow University Academy of Architecture，Mo Shilong

姓　名：莫诗龙　硕士研究生二年级

导　师：王琼　教授

　　　　汤恒亮　副教授

学　校：苏州大学金螳螂建筑学院

专　业：风景园林

学　号：20154241019

备　注：1. 论文　2. 设计

中庭空间示意图 Atrium space sketch map

乡土建筑聚落营造研究
——以昭山风景区潭州书院设计为例

Study on the Construction Principle of the Settlement Space of Contemporary Vernacular Architecture A Case Study of Tanzhou Academy in Zhaoshan Scenic Spot

摘要：在20个世纪中国城市化的进程中，许多传统乡村聚落及自然风景区的发展受到了城市化扩张带来的影响和限制。因此在2016年，国家住房城乡建设部、财政部、国家发展改革委员会联合发布了《关于开展特色小镇培育工作的通知》，其中明确提出“到2020年，中国将培育出1000个左右各具特色、富有活力的休闲旅游、商贸物流、现代制造、教育科技、传统文化、美丽宜居等特色小镇”。美丽乡村如火如荼的建设带来了乡村的急速变化，但有的乡村却丢失了许多珍贵的东西，乡建的热潮此时需要得到人们的重新思考，如何用“过去-当下-未来”的眼光整体看待传统聚落的保护、更新与发展成为新型城镇化建设与经济发展需要解决的核心问题。因此美丽乡村建设必须放宽研究视角，以人为本，立足当下，高瞻远瞩，结合新型城镇化建设发展的基本要求，分析乡村空间、人文历史、自然环境等问题。

本文希望通过对当代乡土建筑聚落空间的组织模式、组成元素以及营造特征等方面的理论分析找到当代乡土建筑聚落空间的发展规律，再结合笔者自绘的昭山风景区潭州书院概念设计方案，总结并提出当代乡土建筑聚落空间的营造原则。笔者希望该原则能够对我国美丽乡村的建设起到一定的借鉴意义。

关键词：乡土建筑；特色小镇；聚落空间；营造原则

Abstract: During the urbanization of China in the last century, the development of many traditional rural settlements and natural scenic spots was affected and restricted by the expansion of urbanization. So in 2016, the State Ministry of housing and urban construction, the Ministry of finance, the national development and Reform Commission jointly issued the "notice" on the characteristics of town development work, which clearly put forward "to 2020, Chinese will produce about 1000 different characteristics, rich vitality of leisure tourism, trade and logistics, modern manufacturing, education, science and technology traditional culture, beautiful livable town features etc.". However, the construction like a raging fire in the beautiful countryside has brought rapid changes in the country, but some villages have lost many precious things, rural construction boom now needs to be re thinking people, how to use "the past and the present and the future vision of the protection and renewal and development of the whole view of traditional settlement has become a core problem to to solve the development of new urban construction and economy. Therefore, the construction of the beautiful countryside must broaden the research angle of view, people-oriented, based on the present, look far ahead from a high plane combine new urbanization, the basic requirements of construction and development, analysis of rural space, cultural history and natural environment etc..

We hope that through the organization, composition and characteristics of the elements to create the rule of theory development to find contemporary settlements of the vernacular architecture analysis of contemporary vernacular architecture settlement space, combined with the author sums up the design scheme from Zhaoshan scenic area Tanzhou college concept painted and create principles of contemporary settlements of vernacular architecture. The author hopes that this principle can serve as a reference for the construction of beautiful countryside in china.

Keywords: Beautiful Countryside, Characteristic Small Town, Settlement Space, Construction Principle

第1章 绪论

1.1 研究缘起

1.1.1 研究背景

（1）传统聚落建筑的研究

传统聚落建筑不只是一个简单而扁平的人类活动区域，中国传统聚落的建筑中蕴含了地方乡土文化和生活各个方面的内容，在传统聚落建筑的营造过程中，聚落建筑空间反映出当地人对所需活动空间的理解和追求，也是当地社会文化与历史等相关联的非物质因素的物质化体现，同时更是一种人类生活方式与习性的一种见证。因此，我国对传统聚落建筑的研究也逐渐重视起来，当下中国有许多研究学者从历史、人文、社会、建筑学等角度出发，通过对传统聚落式建筑相关问题的探究，对当代聚落式建筑的发展提供了一定的历史借鉴意义。

（2）当代乡村新型聚落的发展

近些年来，中国由于城市化进程的加速前行，城市人口膨胀、交通拥堵等问题让人们的目光转移到了乡村，乡村旅游业也因此逐渐发展起来。新型聚落特色小镇的发展在国家政策的大力扶持下得到大力发展，特色小镇是以产业为核心并通过综合当地地域文化、旅游服务、社区活动等功能实现地域经济、文化发展繁荣的一个特定区域。这种新型聚落单位中又不乏有一些聚落式建筑的出现，因此，以何种原则指导我们来营造当代乡土聚落式建筑是一个值得我们探讨的话题。

1.1.2 研究目的及意义

当下中国传统的农耕生活质量依然有待提高，乡土空间环境与面貌也面临着发展与更新。本文是建立在保护当代乡村聚落的基础上，进行适应性更新的乡土聚落空间的营造，为传统聚落的保护与发展提供一个较为合适的方法和路径，然后指导人们进行更为科学、尊重自然的乡村建设活动，同时通过空间及时间的维度去分析乡建活动所应具备的可持续发展观，以此来更加合理稳定地保护我们的生态环境。

聚落空间形态与我国的文化历史是分不开的，因此对聚落式建筑的研究也越来越受到我国当代本土建筑师的关注。虽然各地的规划师、建筑师或是景观设计师的实践方式都大相径庭，但他们对当代聚落式建筑的理解和思考可以让我们从中归纳学习到将聚落空间原型转译的思维方法，并从中找到符合当代乡村聚落式建筑空间营造的方式，同时笔者结合昭山风景区潭州书院的概念设计方案来探讨当代聚落式建筑的营造策略，最终总结出当代乡村聚落式建筑的营造原则。

1.2 研究对象和内容

本文选择的主要研究对象是当代乡土建筑，通过对当代乡土聚落式建筑的定义、组织模式、组成要素等理论基础层面的分析与归纳，对探讨当代乡土聚落式建筑的营造有了一定理论基础的理解。再通过对传统聚落式建筑和当代聚落式建筑营造特征的变化分析以及笔者设计的昭山风景区潭州书院的概念方案设计找到当代乡村聚落空间营造的共性特征，然后从中总结出当代乡村聚落空间的营造原则。

1.3 文献综述

1.3.1 国外研究现状

西方对城市形态的研究是从对相关的其他学科研究开始的，例如对人居环境中聚落空间的研究源于对聚落地理学，科尔的研究论述聚落分布与土地的关系，拉采尔对大量的聚落历史形式进行总结。西方有关聚落的研究大多是从相关的学科开始，从宏观整体形态发展入手，逐渐从聚落形态空间研究转向更广泛的社会及人文领域进一步综合研究。东亚地区对于聚落相关的研究相对西方起步较晚，桢文彦的游学带动原广司、山本理显等众多建筑师及学者对聚落的考察。例如于2003年出版的《聚落探访》，作者利用手绘记录了当代各地现存的原始聚落的状态和生活，并从中提出每个聚落都具有其独立个性的观点。

国外聚落和聚落式建筑的研究（笔者自绘） 表 1-1

时间	人物	著作和贡献
1841	科尔（德）	《人类交通居住与地形的关系》从地理学角度论述了聚落分布与土地的关系
1891	拉采尔（德）	《人类地理学》将位置、空间和界限定为影响人类分布的三组地理因素
1895	梅村（德）	重点研究德国北部的农业聚落
1910	白吕纳（法）	《人地学原理》对乡村聚落与环境的关系进行了全面研究，创立了聚落地理学的许多基本原理
1960	康泽恩（英）	《城镇平面格局分析：诺森伯兰郡安尼克案例研究》用城市形态学的方法，从历史的角度解释城镇平面格局
1961	刘易斯·芒福德（美）	《城市发展史：起源、演变与前景》从人文科学的角度系统地阐述了城市的起源和发展
1969	阿摩斯·拉普卜特（美）	《宅形与文化》以人类学和文化地理学的视角研究风土的住宅与聚落的自然适应性
1996	国际城市形态研究会(ISUF)	聚落形态研究开始进行跨学科、跨地域的交流阶段
2003	藤井明	《聚落探访》通过世界 40 多国家的 500 多座聚落的分析与调查，阐述了其选址、聚落形态与住居形态等

1.3.2 国内研究现状

国内最初对聚落的研究与西方聚落研究恰恰相反，我国最开始是从独立的民居开始研究，然后逐步扩展到对聚落整体形态的研究。从1980年开始，我国对聚落及聚落空间的研究向多元化发展，对中国传统的乡村民居展开系统性的分析与研究，并且在各地方努力研究之下得到了很多丰富的信息和结果。而彭一刚先生则基于自然生态、人类社会及建筑美学等角度出发，整理并分析了传统聚落的产生与发展，对传统聚落空间相对系统的分析为后来者对传统聚落的研究做好了铺垫。而吴良镛先生在“人类聚居学”基础上建立了人居环境科学的概念，他认为聚落包括了多种层级和规模，涵盖乡村、城镇、城市及其连绵区等人活动相关的环境。然而进入21世纪，聚落研究在历史研究的基础上有了进一步细化和延展性的研究，从更多学科研究视角来讨论聚落。其中有吴良镛的《人居环境科学导论》，其中对理解和发现人类聚落发展的生长规律还有如何建设适合人类生存发展的聚落空间环境有比较完整的解释。还有王昀的《传统聚落结构中的空间概念》，该书发现了空间概念在聚落的空间组成当中是通过住居的大小、住居的方向以及住居之间的距离表现出来的，并在此基础上将表现聚落空间组成的各个数学关系量进行深入研究，完成了数学模型化的开发过程。

国内聚落和聚落式建筑的研究（笔者自绘） 表 1-2

时代	阶段	研究对象及范围	相关人物及贡献
1930 ~ 1950 年	初始开拓阶段	民居	1. 刘敦桢：普遍考察探访了山东、江苏等华北地区的建筑 2. 龙庆忠：开始研究古代窑洞，穴居方面的内容
1950 ~ 1980 年	普及认识阶段	更为广泛的民居	1. 刘敦桢编著《中国民居概说》 2. 张仲一等《徽州明代住宅》 3. 同济大学建筑系编著《苏州旧住宅参考图录》 4. 贺业钜《湘中民居调查》
1980 ~ 1990 年	多方面发展阶段	全面深入对民居的考察研究。对民居和村落的保护工作逐渐开始得到关注。聚落的整体研究逐渐开始。	1. 陈志华《村落》、《中华遗产·乡土建筑》 2. 陆元鼎主编论文集《中国传统民居与文化》、《中国民居建筑》 3. 彭一刚《传统村镇聚落景观分析》 4. 吴良镛提出“人居环境科学” 5. 张玉坤论文《聚落·住宅：居住空间论》
2000 年至今	丰富扩展阶段	丰富扩展阶段	1. 吴良镛《人居环境科学导论》 2. 王昀《传统聚落结构中的空间概念》 3. 张新斌《黄河文明的历史变迁·黄河流域史前聚落与城址研究》 4. 李立《乡村聚落：形态、类型与演变——以江南地区为例》

1.4 研究方法

1.4.1 文献研究法，对研究中存在的与聚落、聚落式建筑相关的理论进行文献查阅研究，界定相关概念，确定研究的范围以及理清理论依据。

1.4.2 案例分析法，关于当代建筑聚落空间营造原则的研究，一是通过对中国当代乡土聚落式建筑的案例进行分析，二是以笔者对昭山景区潭州书院进行的概念方案设计为例，展开论述。

1.4.3 跨学科研究法，对于中国当代乡土聚落式建筑营造原则的研究需要涉及史学、社会学、美学等不同专业的知识，通过不同学科角度对本文进行更为全面的理论分析及研究。

1.4.4 系统归纳分析法，综合分析传统聚落空间与当代乡土聚落空间存在的差异性，最后得出不同时代背景下聚落空间的演化与更新。

1.4.5 归纳总结法，通过文献研究法、案例分析法、跨学科研究法、系统归纳分析法可以得出当代乡村聚落式建筑营造原则，达到最终课题研究的目标。

1.5 本章小结

本章总结了当代乡土聚落式建筑营造原则的研究背景、研究目的和意义，研究对象及内容，与该领域相关的国内外研究现状。同时选定了论文的研究方法，制定了论文的研究框架，为文章的进一步研究打下基础。

第2章 聚落和聚落空间

2.1 聚落的概念

2.1.1 聚落的定义

人类自古就具有选择集聚居住方向的社会生存方式，人与环境的相互作用也影响了聚落的形成与发展，如中国的《汉书・沟洫志》的记载“或久无害，稍筑室宅，遂成聚落”。而在《史记・五帝本纪》中对“聚”的解释是“一年而所居成聚，二年成邑，三年成都”，《辞海》中对“落”的解释是“人聚居的地方”。全世界各个地区的聚落规模各异，形态万千。聚落可以比较笼统地分为乡村聚落和城市聚落两大类，如果从形态角度出发又可分为散点式聚落、带状聚落、集中式聚落、团状聚落、阶梯状聚落以及组合型聚落。而聚落在《大百科》中的定义则是“人类各种形式的居住场所，在地图上常被称为居民点，它不仅是人类活动的中心，同时也是人们居住、生活、休息和进行各种社会活动以及进行劳动生产的场所”。学者进而认为，聚落是由一批共同的人群组成的相对独立的地域生活领域和空间，并在特定范围地域内发生了社会关系和社会活动以及特定的生活方式。聚落的英文翻译为 Settlement，它具有更宽泛的涵义。根据英文字典Webster的定义，Settlement 的定义有以下几种：（1）定居的活动或过程；（2）合法的持有活动；（3）地方或村落；（4）社会团体；（5）调停差异的某种特定协议。

2.1.2 聚落的价值

聚落的出现是基于人与环境关系之间的状态，聚落首先是人类在自然环境下为满足生产需求产生的社会群居方式，所以聚落具备了使用价值，同时由于人们在聚落生活中积淀出文化和生活习性，因此聚落又具备了情感价值、认识价值和遗产价值，随着聚落的不断发展，聚落的形态也在不断变化、不断丰富，聚落则又具备了审美价值。

2.1.3 聚落空间的定义

聚落空间泛指由聚落中如建筑单元等实体要素围合并且限定出来形成的一种暧昧连续，模糊了空间界限的空间。在本文中，主要探讨的对象是具有聚落空间形态的当代乡土聚落空间，是以聚落的物质构成为原型，具有聚落的基本结构与性质的建筑空间。聚落空间广泛地存在于场所之中，这种空间形式是一个有机的组合体，是对纯粹的现代主义功能性为第一位思想的一种否定，聚落空间更看重的是空间中各要素之间的组织关系，还有如何丰富和处理聚落与外部环境的关系，同时聚落空间还反映了当地的风土和文化的空间概念。

2.1.4 聚落空间的场所精神

场所精神是由诺伯舒兹（ Christian Norberg－Schulz）于1979年提出的一个建筑现象学的概念。他认为建筑是赋予人“存在的立足点”的方式，是“存在空间的具现”，“具现”可以用“集结”和“物”的概念来解释。具象的“实物”与抽象的“意境”构成建筑的两大基本属性。根据存在方式和表现形式，建筑聚落空间可剥离分解为实体形态和场所精神。其中，实体形态包括建筑建造所使用的建筑构件、材料及建筑通过一定技术手段产生的形制，如木、砖、石、琉璃等建筑构件和形状、工艺、色彩等建筑形态以及各建筑单元的组织肌理。当建筑的实体形态呈现以后，聚落空间在物理性上所述的场所就产生了，再而随着人们在这场所中的生活，这个场所又会被赋予精神意义。

由于人的活动具有不同的时间和空间维度，场所精神也表现出不同的内容和层次。基于使用功能而衍生的，由建筑空间、人的活动、外界环境等营造出的可感知氛围，现实且直观，可称之为情境。人进入建筑空间后，基于情境而产生感悟，进而出现“投入感”和“认同感”，可称之为归属。在历史发展中积淀在建筑实体形态上的抽象符号，体现出建筑的时代性、地方性或民族性，可称之为文化。实体形态与场所精神是对立统一的关系，实体形态是场所精神的载体，场所精神则赋予了实体形态的意义。

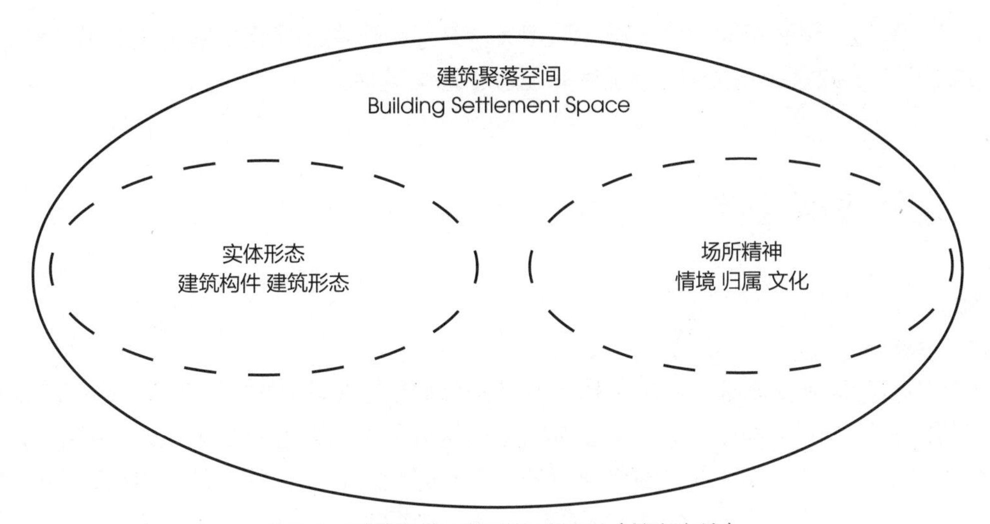

图2-1　建筑聚落空间的构成关系（笔者自绘）

2.2 建筑学领域聚落定义的发展

Amos Rapoport在《建筑·形式·文化》著作里通过用不同时代文化发展的角度作为划分标准，将“乡土聚落”进一步划分为“原始聚落”、“前工业时期乡土聚落”和“现代乡土聚落”这三个种类。“原始聚落”和“前工业时期乡土聚落”及其中的民居建筑被较多地重视和研究，相关的成果更为丰富。笔者在本文中所探讨的聚落及聚落空间是在建筑学狭义上谈论的物质形态。聚落一般不是独立存在的，而是人类聚居满足生活需求、物质交换等行为的集中修建的一种空间形态，同时与周边的自然空间属性密切相关，不可分离。

2.3 当代乡土建筑聚落空间的组织模式

聚落是通过各个单元要素组合而成的空间形态，由于聚落对建筑单元组织方式的不同，每一个聚落和聚落空间的存在都是独一无二的。一般来说，有以下几种：

（1）线型聚落——线型聚落一般往往由地理生存需求所形成，过去的聚落由于较为依赖水资源和平原地区，常常选择居住的地点会在水系两岸或在线型平地处。

（2）向心型聚落——有些聚落空间位于山地地形中地势较高的山顶处，这类聚落往往希望通过向心聚焦的方式来明确聚落本身。

（3）离散型聚落——有些聚落空间呈现出不规则的几何形体的配置，聚落边界无法确定，暧昧不清，展现出聚落空间生态自然的特征。

（4）复合型聚落——指不同种类的聚落空间形式或组合或叠加的形式在一起形成的较为复杂的聚落形态。

2.4 当代乡土建筑聚落空间的重要组成要素

（1）筑单元——建筑单元是产生聚落空间的载体和基础，单元之间相互组织然后产生聚落，不同建筑单元满足了人们不同的功能需求并提供活动场所。

（2）广场——这里所述的广场是聚落空间中重要的公共活动中心，其所包含的功能因地域文化和地方生活方式的不同会产生不一样的活动功能，如中国传统村落中祠堂外广场一般为祭祀活动所用。

（3）中庭——中庭是建筑单元中的重要空间组成部分，其作为建筑单元内的庭院空间与广场及其他公共空间相呼应，尺度往往小于广场很多，不同建筑单元的庭院尺度也不相同。

（4）屋顶——建筑不只有横向空间的肌理，同时还有纵向空间的变化。屋顶最基本的功能是挡风遮雨，不同地区的屋顶造型会根据当地降雨情况的多少而有所不同，如徽派建筑所处地区是亚热带季风气候，全年降雨量充沛，因此建筑都为坡屋顶。

（5）景观——从传统的中国聚落布局中不难发现，聚落除了建筑与道路等肌理的存在，还有一些景观的存在，部分是人为景观，大多数为自然景观，其功能为遮阴乘凉或是优化环境。

2.5 本章小结

本章分析并总结了聚落及聚落空间的相关概念和定义，并对当代乡土建筑聚落空间的组织模式和组成要素进行了归纳，为第3章当代乡土建筑聚落空间的营造特征提供了理论基础。

第3章 当代乡土建筑聚落空间的营造特征

3.1 建筑本体空间的营造

3.1.1 传统聚落空间的等级

中国传统建筑的功能分区十分明确，并由于封建礼仪制度的影响，建筑方正、严肃，并具有清晰的主次空间关系，对于流线和行为有较强的引导性。除了中国传统皇家建筑具有极强的等级感以外，在中国传统民居建筑四合院的布局中我们同样可以深刻地感受到中国传统聚落空间的等级观念，从四合院的布局方面来说，建筑是呈中轴对称的形式，在建筑排布上显得正式；而竖向来看四合院，人们从第一进的门屋走向第二进的厅堂，再走向第三进的私室或闺房，一步一步踏入建筑核心区域，传统建筑清晰明确地表明了居住者对各建筑空间的私密性要求以及功能性要求。

如果将传统建筑聚落空间的组织方式进行分类，可大致分为以下几种——串联式、放射式以及组团式，这几种聚落空间的组织形式一般都分有主次轴线、主次入口、主次中心空间等等，其建筑单元立面除尺度有所不同以外，造型也基本一致，这样就形成了非常清晰的逻辑结构和非常强烈的主次等级关系。传统建筑聚落空间的等级感是由于封建时期帝王宣示其权利和威严而诞生的抽象的建筑形态的产物。但简单而明确的等级观念未能考虑到人行为活动的多样性和复杂性，随着当代人们社会结构的变化发展，人的行为活动以及对建筑的需求变得更具复杂性和矛盾性，传统聚落空间的等级观念也在渐渐弱化。

3.1.2 当代建筑本体的均质性

均质化这一特征在当代乡土建筑聚落空间的形态上反映为空间面积规模、结构分布等在平面上的等量等形或等量不等形，打破了传统建筑本体空间营造的完全对称、对等的形式。均质性有以下几个特征：

（1）建筑单元组织的交叉性

当代乡土建筑单元的组织具有交叉性的特征，各建筑单元之间的关系是平等的，单元之间相互作用并共同对聚落系统产生作用。在建筑单元交叉性的影响下，建筑交通更加自由丰富，主次的区分也显得不再那么重要，由此导致建筑单元组织的均质。

（2）建筑形态的均衡性

当代乡土建筑形态不再是完全统一不变的，格式塔心理学认为人们的大脑会将特定的视觉环境处理为基本形态，而改变建筑的形态、比例、位置等方式能让人们感受到建筑在整体上的均衡性，并且较以往的建筑而言建筑形态更为丰富多样。

（3）建筑功能的选择性

当代乡土建筑在功能分区的处理上更加灵活，建筑的空间功能不再刻意强调或特定为某一种功能所用，更多的空间功能是复合型的、可替换的，有时设计者或使用者会通过家具、软装的陈设来暗示人们此处空间目前的功能属性。因此人们在使用某一空间的时候则具有更多功能上的选择性，这使得各个空间更为均质。

（4）建筑空间的开放性

当代乡土建筑空间具有开放性，这延续了中国传统建筑四合院室内外相互联系的特征，建筑空间不单单只是涉及室内空间的部分，同时将室外引入室内，抑或者利用室外空间分割建筑单元，这使得建筑空间更加开放，室内外空间更为均质。

3.2 建筑交通流线的营造

3.2.1 传统聚落空间流线的单一性

传统聚落空间的流线较为简单直接，往往承载流线的空间载体被称之为廊道或过道。这些过道解决了传统建筑的出入、建筑之间的连接关系以及建筑与庭院的穿插关系等问题。在中国古代最完整的建筑技术书籍《营造法式》中就提及“副阶周匝”，“副阶”指的就是连接建筑的回廊。传统聚落空间的流线在功能上的指向性非常明确，往往满足人流疏导的路线与观赏游憩的路线是分开的，所以传统聚落空间的交通流线具有单一性的特征。

3.2.2 当代建筑聚落空间交通流线的选择性

由于时代及生活方式的变化发展，交通流线不再仅仅作为一个具有明确功能指向性的区域了，人们更加希望在路径中能有更多的趣味性，因此当代聚落空间单一的交通流线变得更加多样化、丰富化，让人们拥有了道路流线的选择性。

3.3 建筑垂直向度的营造

3.3.1 传统聚落空间垂直向的限制

我国传统建筑结构以木构体系为主，再以榫卯形式连接，屋顶则以斜坡顶加以盖瓦的方式营造，因此建筑的高度受材料的特性及当时人们工艺技术的限制往往不会太高，传统聚落空间垂直向度的变化也因此受到限制，一般很难见到高度较高的聚落空间。

3.3.2 当代建筑聚落空间垂直向度的灵活性

我国传统建筑结构以木构体系为主，再以榫卯形式连接，屋顶则以斜坡顶加以盖瓦的方式营造，因此建筑的高度受材料的特性及当时人们工艺技术的限制往往不会太高，传统聚落空间垂直向度的变化也因此受到限制，一般很难见到高度较高的聚落空间。

3.4 建筑材料的应用

3.4.1 建筑聚落空间材料的多样性

建筑聚落空间的材料是营造当代乡土建筑聚落空间的载体，我国当代乡土建筑多以木结构、砖石结构为主，材料的使用具有多样性特征，此处主要讨论木材、砖石、夯土、金属、混凝土这些乡土建筑应用较为广泛的材料。

1. 木材

从传统中国建筑营造开始，木材就占据着建筑材料中举足轻重的地位，并广泛地沿用至今，是人类社会不可或缺的材料。木材质量轻而强度高，使其可以作为梁、柱、楼板等承重构件材料；同时具有良好的热工性、较高的弹性和韧性，是墙体、地板的理想材料，但是木材在耐候性、耐久性方面依然存在问题，以下是对木材物理特性的分析：

（1）抗压性

木材的抗压性强主要体现在木材的顺纹抗压性上，木材中的纤维紧密相连，当木材受外力作用的时候木材的表面也许会产生破损，但是一般来说并不会影响到木纤维而断裂，所以说木材的抗压力往往较高。特别需要注意的是，木材横纹方向受力时，木材容易发生较大形变，所以人们往往在使用建筑木构件时很少会用横纹木构件，还是以顺纹木构件为主。

（2）抗拉性

由于木纤维在纵向上很难被拉断，因此木材的顺纹抗拉性很强；而由于木纤维之间的横向连接较为疏松，横向受力容易造成纤维的撕裂，因而其横纹抗拉强度较低，木材在顺纹抗拉性上基本不会因为使用年限的增加而减弱功能。

（3）抗弯性

木材用作建筑的梁时即为受弯构件，构件内部应力可以分为：构件上部顺纹受压，构件下部为顺纹方向承受拉力作用，而在水平方向还有剪切力存在。要使受弯木构件遭到破坏，必须使木材受压区域应力达到极值，发生较大形变，木材一般来说同样具有良好的抗弯性能。

（4）防腐抗性

木材防腐抗性较为低，木材在长期使用的过程受到雨水、潮湿天气，以及虫、菌等生物体侵蚀等问题导致木材产生腐蚀，长期腐蚀便会影响木材的使用功能。国内目前采用的主要解决方法是通过利用空气压缩的方式将一种不易溶于水的防腐剂注入木纤维之中，这样的木材会更加牢固稳定，并对于防止虫蛀、霉菌十分有效；还有一种防腐措施是利用金属皮将部分木构件的两个端头包裹起来，能有效与霉菌、水、病虫隔离开来。

（5）防火性

木材的碳氧化物含量很高，所以无论是新木材还是旧木材都无法避免木材易燃的特性。针对木材的易燃特点，当下往往采取化学和物理手段来阻止或是延缓木材的燃烧，以此来增加人们的逃生时间。化学方法是利用阻燃浸注剂注入木材或用阻燃材料喷涂在木材表面，而物理方法是改进设计结构，加强耐热措施以及通过增加构件断面尺寸提高木材耐燃性等措施手段。木材对于乡土聚落空间而言是不可或缺的材料。

2. 砖石材质

砖石是一种历史悠久、运用广泛的材料，在漫长的建筑史中发挥了不可磨灭的作用。在新时期，砖并没有因为新材料、新技术的产生而退出历史舞台，相反，在新的生产工艺和施工技术的支持下，砖石与木材一样，得到了更广阔的应用。

传统砖的烧制温度决定了砖的色泽，传统砖一般来说分为冷、暖两大色系，暖色以黄红色为主，冷色则以青灰色为主。砖的色彩是对材料真实的体现，它由烧制过程中含氧量高低以及黏土的自然成分决定。砖石具有质朴而又丰富的肌理特征，传统砖的砖面有自然形成的细微孔洞和凹凸不平而产生的纹理特征，另外砖石作为砌筑的基本单元，通过不同的砌筑方式，如有序排列、前后错位、留缝处理等，可以形成丰富的建筑立面的肌理特征。

砖石经过漫长的时间打磨，其材料性质、表面的色彩肌理都呈现出一种比较稳定的状态。随着结构与构造技术的发展，砖石慢慢脱离了传统结构承重的功能，作为表层材料而具有了更丰富的可能性。对于当代乡土聚落空间的营造而言，砖石脱离结构的技术给聚落空间的建筑空间形式带来更多的尝试。

3. 夯土材质

顾名思义，夯土是人们通过夯实这一行为将泥土巩固结实而形成的，夯土在中国也是一种很传统古老的建筑材料，根据考古挖掘的信息可以知道，大约在公元前20世纪，我国已存在夯土建造的城墙。再到后来，随着科学技术的进步，以及夯土给人们带来更舒适的环境影响之下，夯土逐渐发展具有承重功能。从夯土居住建筑的结构形式而言，我国夯土建筑受各地自然、生活习俗等方面因素的制约，不同地区的夯土建筑具有不同的技术依托和地域特征，如福建土楼、新疆的夯土建筑等。

夯土建筑具有以下优点：

结构性：夯土材料经改性后强度可达4～5MPa，可用于建造多层房屋。

热稳定性：夯土材料具有很强的保温功能，冬天房屋能保持温暖，而夏天则会凉爽。

舒适性：夯土材料可以控制或是调节室内空气的湿度，保证室内足够干燥，同时能防潮。

环境友好性：无虫蚁结露。

施工技术灵活性：手工、机械均可。

可再生性：夯土建筑在拆除之后可以将夯土打碎直接作为农业肥料使用，是一种环保材料。

如今我国存在许多以混凝土材料与传统夯土材料组合使用的乡土建筑，夯土材料质朴古老的历史感从建造之时就已存在。夯土本身就带有乡土之气，是乡土聚落空间建设非常适用的材料。

4. 金属材质

金属质量轻、强度高、延展性好，是理想的结构材料。金属经过历史的沉淀之后，会形成色泽丰富的肌理，同时由于时间久远还有易弯折的特点，能够创造出各式各样的造型，在光影的照射下产生独特的材料质感。由于现代技术及工艺手段的发展，轻盈易弯曲的铝板和质感细腻的不锈钢板的使用越来越多，还有带有粗糙肌理的铜板和铁锈板，与现代材料使用能展现出历史与现代感冲击的强烈视觉效果。这些金属使当代乡土聚落空间在材料上拥有更为多样的选择。

5. 混凝土材质

混凝土也称之为“砼”，是一种由砂石和水泥通过一定比例混合而成的复合材料，由于其可塑性和方便性的特点现在被广泛用于建筑设计中。同时由于混凝土具有其特殊的色泽和表现力，在建筑表现和建筑空间的烘托中往往能体现出一种纯粹的精神气质，因此也是现代主义建筑大师们最爱使用的建筑材料。

混凝土最大的特定在于其丰富的表现力和极强的可塑性。通过改变混凝土水泥、砂子、骨料和添加剂的种类和配比，可以获得不同性质的混凝土。混凝土本身是各向同性的，也就是说它在各个方向的属性都相同，但经常由于主配筋的轴线而产生定向的纹理，而采用浇筑模板的不同，混凝土表面会呈现出不同的肌理。但是混凝土材料同时具有不可逆性。一经浇筑建造成型，混凝土材料很难再做改变，且其拆除难度较大，容易对原建筑造成损伤。这一特性制约了其在历史建筑改造与更新中的应用。因此在建设乡土聚落空间的时候，我们需要考虑混凝土材料的使用比例，使用太少无法满足空间造型的需求，使用过多则会造成资源的浪费。

3.4.2 建筑聚落空间材料的地域性

中国传统建筑一直以来受道家影响，提倡“天人合一”的自然精神，就地取材则成为中国传统建筑设计材料上所遵循的策略。而在中国传统建筑的材料运用上，一方面由于中国幅员辽阔，每个地区的地理特征和固有材料都完全不同，各地气候、生态条件对各地材料产生了客观的限制，另一方面由于人们受运输条件和建筑技术水平的影响，中国传统建筑因此在不同地方产生了各式各样的地域建筑风格，然后随着人类社会的不断发展，各地人们对地域材料的特性更加理解，建筑的建造也更加注重材料与功能特性的结合。“场所精神”中也提到，主题连续决定了区域的物理特征，建筑作为物的存在，必然要与场地发生密切的关系，并以其特殊的面貌存在。例如，建筑与场地很多要素产生关联，其中包括了场地的地形地貌特征、周围的环境因素，以及气候、光线等具体的要素。建筑既需要体现当地自然空间所表现的特征，还需要表达出建筑自身与这个环境之间的关系，建筑与地域环境是不可分割的，这些是建筑地域性的本质。同时建筑聚落空间材料的运用比例、使用方法以及呈现效果都受地域性的影响。

3.4.3 建筑聚落空间材料的环保性

由于我国改革开放，国家城市及乡村建设飞速发展，使得我国每年新增建筑面积超过20亿平方米，新建建筑的比例占世界新建建筑的比重十分巨大，建筑材料的使用造成了许多资源的浪费和环境的破坏，但随着国家科技的发展和建筑技术的进步，许多材料的使用和建造更加开始注重其环保意义。目前建筑废弃物再生利用的技术已经相对比较成熟了，其所创造出的建筑材料的性能也十分可靠，很多报废的材料被重新利用以减少资源的浪费；同时国家还积极发展和开发新技术、新型材料，让材料的使用成本大大降低，让材料的利用率不断增加。

3.5 本章小结

本章笔者选择将传统聚落空间与当代聚落空间进行对比分析，得出当代聚落空间的营造特点，然后对当代建筑材料的多样性、地域性及环保性三个特性进行了概述，希望在本章中能说明清楚当代聚落空间营造特征的问题。

第4章 昭山风景区潭州书院聚落空间营造研究

4.1 项目背景分析

4.1.1 昭山示范区与昭山风景名胜区

1991年3月，湖南省人民政府将昭山风景名胜区批复为省级风景名胜区。示范区目标是成为引领中部地区低碳创新发展的科学发展示范区，建设成为湘潭市、长株潭城市群乃至湖南省重要的生态功能区和经济增长区域，形成以总部、创新、服务等为特征的低碳经济体系，其中，研发、资讯与科技信息服务、文化创意、会展、旅游等产业快速发展，在机制、体制创新上获得重大突破。

4.1.2 自然条件分析

（1）地理位置

昭山风景名胜区位于湖南湘潭市，北面与长沙市城区相连接，距离附近较大城市如长沙市、株洲市的距离在20Km左右。该风景区拥有被称作“山市晴岚”的昭山及易家湾镇，由于西侧毗邻湘江的拐角处，因此多有雾气缭绕，形成美丽的山水景致。

（2）气候条件

昭山风景名胜区位于我国中部地区，属亚热带季风性气候区，夏季受东南季风影响，冬季则受西北季风影响，一年中以西北风为主，且夏季风速较大，四季温差大，总体雨量大，夏季平均气温约为28℃，持续时间较长，大致占一年时间的三分之一；冬季平均气温约为7℃，约占全年时间的五分之三，年降雨量在1300mm左右，年平均气压为1010hPa。年平均日照为1640～1700小时，相对湿度为81%。

（3）水文条件

昭山风景区西邻湘江，湘江流经此地长3公里，域内的水系通过朝阳溪和王家塞渠外汇入湘江。湘江河床宽400～800m，最窄处为320m，枯水季节最窄宽度为150m，水深一般为24～28m（吴淞高程系）。湘江水位多年平均为31m，最高水位41.9m，最低水位27.7m，此段内无冰冻。

（4）环境质量

昭山风景区地表水达国家二类标准；空气达到《环境空气质量标准》（GB3095－2012）日平均值的二级标准，意味着这里的空间质量非常之高；噪声达到《声环境质量标准》（GB3096－2008）二类标准。

（5）动植物状况

风景名胜区的植物群落为典型中亚热丘陵性马尾松群落。其自然植被主要有山茶科、蔷薇科、樟科、壳斗科、芸香科、冬青科等。森林植被以人工林为主，主要植被类型为常绿阔叶林，针叶、阔叶混交林。

昭山风景区的森林覆盖率为90%（不包含水域面积）。主要的花草树木品种有：大叶樟、海棠、银杏树、杜英树、金桂树、杜鹃、枫树、杉树、红桎木等300多种。历史相传认为昭山风景区中还有在东西汉朝代之间栽种的千年银杏。同时风景区内还有野鸡、野兔、山蛇等23余种动物。

4.1.3 历史文化分析

昭山临江而立，风景秀美壮观，可谓名山名水相得益彰。“奇峰耸峙一江绕”便是对昭山景色的概括。史记记载，昭山旧有屏风夕照、石港远帆、老虎听经、拓岭丹霞、狮子啸月、古寺飞钟等景致，朝朝代代吸引着游人登山览胜。

春秋时期，老子从楚辞相，隐居昭山，著书十五册言道德体用，成为道教创始人之一。战国时期，楚国元帅昭阳功成身退昭山，治水解民之困，被尊为昭山管水之神，史称玄帝，宋时为其建昭阳殿。明《一统志》记载：“东晋许逊，龙洞驱巨蛇，为之立祠，尊为许真人。”北魏郦道元《水经注》称昭潭为湘水最深处，故隋始有潭州，

因昭潭而得名，此期约一千余年，昭山历史充满传奇色彩。

昭山奇特的景色、悠久的传奇历史文化以及独特的地理位置，致使前来游玩的文人、雅士络绎不绝。如：唐代的杜甫、杜易简、韩愈，宋代的米芾、刘琦、张南轩，元代揭奚斯，明代的周九烟、王夫之，清代何承珍、王闿运、张九思、王灿、周诒璜、周昭甲、李有藻等都曾来昭山游览作诗画，题词赞誉昭山，此期约一千三百年，为名人文化历史。昭山人文景观丰富，有：黄龙庙、许逊祠、刘琦故居、昭阳寺、魁星楼、雷达庙、昭立祠、昭关、灵官庙、望官楼等。

据昭山寺碑记载昭山，“隋唐以降，行路讴歌，名闻益远……”隋唐之时，昭山已是盛况非凡。至宋，著名书画家米芾画《山市晴岚图》描绘昭山，此后，昭山更是声名大震。

4.1.4 社会层面分析

2009年6月，昭山正式挂牌为长株潭城市群资源节约型和环境友好型社会建设综合配套改革试验示范区，全区辖昭山乡、易家湾镇、昭山旅游经贸开发总公司、昭山风景名胜区管理处四个正科级单位。区内共有20个行政村和4个社区，常住人口近6万人，流动人口近3万人。示范区总面积68平方千米，2012年完成国民生产总值22亿

元，财政总收入3.5万元 。

昭山示范区2010年总人口为3.76万人，昭山乡14157人，易家湾镇23462人（城镇人口17360人），该年全区人口机械增长率接近17.5%。2011年总人口达到4.43万人，其中城镇人口2.42万人。

昭山示范区农村输出了大量适龄劳动力，许多乡村只有留守的妇女、儿童和老人，乡村因此缺乏活力，并不利于该地区经济的增长，同时导致种种社会问题，如留守儿童等。

青壮年劳动力流向分为两类，一是在本区内流向城镇；二是流动到区外。第一种情况可改革户籍等制度，便于家属同时转移，并给予同等的城镇人口待遇。第二种情况可通过发展当地经济创造便利条件，合理吸引人们回来就业、创业。

4.2 潭州书院设计策略

笔者的概念设计方案潭州书院基地位于昭山风景名胜区，希望首先能通过对传统书院的分析找到书院精神的核心之处，再结合去昭山现场调研的现状和解读的任务书进行方案设计。希望在这样一种逻辑关系的导向下设计出一个符合地方性特征和人居环境的书院。

4.2.1 传统书院的取舍

书院是我国古代学士聚集交流文化、受教游憩的地方，这与传统的官学和私学机构是截然不同的。书院开始出现于唐朝，逐渐在宋代开始兴盛，到了明清时期发展到鼎盛时期，晚清之时书院才开始演变。整个书院发展的历史长达上千年，在这么多年的变化发展中形成了鲜明的特征。从功能上来讲书院具有传道、祭祀和藏书三大功能；在布局上讲书院具有极强的封建礼仪特质的空间平面，而在选址和景观配置这一方面，书院无一不体现了我国追求自然和谐、人与自然平衡的理想价值观，这是一种强调了景观文化特色及内在意义的景观设置方法，与苏州的古典园林一样具有景观的可读性，这是我国传统园林中不可或缺的一个组成部分。而此处所讨论的书院以湖南省书院为主，湖南省从古就是一个书院发达的地方，四大书院中的岳麓书院和石鼓书院都出自湖南。

传统的书院按照其空间功能，可以划分为引导区、教学区、藏书区、祭祀区、斋舍区以及园林区几个部分。引导区是传统书院用于突出其地位的入口交通流线，一般而言引导区越长代表书院地位越高，如传统书院中规模较大的岳麓书院的引导区长度达到1000米，宽度达到3米；教学区是传统书院最核心的区域，是老师传道授业的空间，从建筑体量到建筑形制都是书院各空间中的最高规格和标准；藏书区的功能是整理及收藏书院书籍，其位置一般位于整个书院较为隐蔽私密的地方；祭祀区类似于传统聚落存在的宗祠，其功能是为了祭祀先贤或神灵；斋舍区则是给予师生生活的空间，这里可以满足师生以及外来客用餐和住宿的要求；园林区是体现我国传统书院寓教于乐的区域，该区域的自然环境营造了师生探讨学习的优质的氛围。

由于时代的变化和人们生活方式的改变，当代人所需要的书院已经与传统书院有所不同。所以经过对传统书院的分析之后，笔者将传统书院进行部分的功能置换，在详细解读了设计任务书的情况下，确定了功能区域。首先，保留了作为书院核心部分教学区的功能和体量；将主要为突出书院地位的引导区改为尺度更为科学合理的入口区；将纪念先贤的祭祀区改为具备宣扬当地特色的展示区；将以藏书为主的藏书区改为环境相对轻松的读书区；将满足食宿的斋舍区改为可以休憩、品尝美食的咖啡区；将局限服务于师生的园林区改为更为开放的公共活动区。

4.2.2 潭州书院设计概念

（1）设计目标

潭州书院概念设计方案是针对当代乡村建筑聚落空间的营造而进行的一次尝试，其目的是促进当地居民、游客以及开发商，甚至是国家得到生活和经济上的发展和进步。具体的做法有以下三点：第一，针对游客主要来源对当代书院功能结构进行优化，达到促进当地旅游经济发展以及提升昭山景区人居环境的目的。第二，对潭州书院及其周边环境进行道路交通、功能布局、景观节点等设计，让游客从观赏性旅游转变为体验型旅游。第三，分析潭州书院及周边其他景点的相互关系，营造系统性的旅游体验流程。

（2）国家政策及规划分析

笔者根据对基地的调查得知相关的国家政策及规划发展，从中提取出风景区土地利用现状表、保护分区面积统计表、昭山景区旅游规模预测表及游客现状调查表四个表格，然后针对本项目进行了详细的分析及总结，总结如下：

风景区土地利用现状表：从表中得知基地风景游赏面积过小，严重制约了昭山风景和旅游的发展，同时游览设施用地和交通工程用地面积也较小，制约了当地的旅游发展。

保护分区面积统计表：从表中得知三级保护区的修改及规划目的是对当前不合理的建筑进行立面、建筑造型改造，通过改造来实现新建建筑在设计风格、空间体量及地域表现等方面与昭山风景区的协调性发展。景观建筑限制在4层以下（限高15米），旅游服务建筑控制在2层以下（限高8米），笔者设计的潭州书院属于旅游服务建筑，因此限高为8米。

昭山景区旅游规模预测表：昭山风景区日最大游人容量约为0.84万人次，年最大游人容量约为277万人次，然而目前昭山风景区已进入中期发展阶段，潭州书院则需满足大量游客在使用功能上的需求。

游客现状调查表：分析得出游客来源多以周边地区年轻人为主，但是多次前来的游客比重较少，潭州书院需强化其特色服务，增强吸引力。

（3）昭山小镇规划项目

昭山小镇规划项目，位于湘潭昭山示范区昭山景区，由山市晴岚小镇和昭山核心景区组成。项目总占地面积约2500亩，总投资约20亿元，预计年接待游客300万人以上。

项目总建筑面积约15万平方米，总体规划结构为“一核、两区、十园”。山市晴岚文化小镇，以集市为脉络，串联会馆、商街、禅修、山居与宗祠文化等多个功能体块，打造集“市、渔、礼、禅、居、艺”于一体的湖湘文化魅力小镇。集市布局白石画院、安化茶庄、古窑遗韵等湖湘非物质文化遗产，更有各类行业会馆与小镇商街，营造氛围浓郁的小镇风情。

笔者的任务是在该小镇进行一次书院建筑设计，面积要求在1500～3000平方米之间，其中主要功能应包含培训和教育功能及国学文化知识普及、书籍的销售和阅读区域，同时还应兼有书友会、咖啡厅等休闲功能。

（4）湖湘文化

对一个场地的理解不仅局限于对其自然方面的了解，对当地历史文化的认识会更加有效地帮助我们拿捏建筑的形制和空间，湖南昭山曾经是以中原文化和蛮苗文化结合的楚文化为主，楚文化是在民风民俗、工艺器物、文学艺术上都有突出成就的地域文化，近代的湖湘文化继承了楚文化中忧国忧民的经世情怀、不屈不挠，生活中充满野趣的性格特征。笔者通过大量分析按时间顺序总结出湖湘文化所包含的一些重要的内容，其中包括了殷商时期的巫傩文化，西汉时期的马王堆汉墓、芙蓉镇、民间剪纸、湘菜，唐朝时期的长沙窑，北宋时期的岳麓书院，明朝的拉毫营盘寨，清朝的女书、花鼓戏。这些湖湘文化的具化形式体现了该地区的人们强调经世致用的特点。

（5）交通及场地分析

书院大致位于昭山小镇的东南方位，小镇的周边包括了五个区域，分别是书院西北面昭山上的精品酒店区、书院南面东西向的一条酒吧街区域和西南方向的古窑区，以及东面茶庄区和集市区。而书院位置三面环山，只有南面一条交通干道出入，便于书院的客流管理，同时书院接近周边区域主干道交会处，客流量大，其与周边五个活动区域相连，还可以作为这五个活动区域的中心休息区。关于场地，笔者首先希望对场地原有的建筑、景观或是地形进行合理的移动，以满足书院建造的基本要求，然后考虑到书院与周围山地景观的联系。笔者想设计的书院是一个小型聚落一样的社会系统，游客在此处与他人、与建筑产生互动，同时书院又能营造相对静谧的空间氛围，所以我想将书院与主干道的酒吧区进行分离，以达到“世外桃源”的场所感受。

4.2.3 潭州书院设计图纸

（1）潭州书院设计总图

潭州书院设计以聚落空间的形式划分整个建筑的场地，建筑包括了聚落形成所需的建筑单元、广场、中庭、屋顶及景观五个重要组成要素，让书院产生围合感并将建筑与景观联系起来，图中的小镇轴线、书院轴线及南北轴线的划分则说明了建筑与小镇、场地以及书院的整体势态的关系，让建筑最大面积受到自然采光，并让建筑最低程度受到较大风力的影响。同时技术指标中面积表里的建筑总面积、占地面积、建筑密度、容积率等数据均满足任务书和建筑规范的要求，而建筑功能面积分配表则展示了教学区为建筑核心部分，展示区、读书区及咖啡区既丰富了书院功能又满足了营利上的需求。

（2）潭州书院平面图

潭州书院的一层平面图从入口进入到中庭空间，再流向建筑的各个区域，除去通往核心教学区的流线，还有通往文化用品店、咖啡厅以及书店等商业区域的流线，总体来说一层平面图的布置以动为主，是为满足游客进行消费的活动场所；而二层平面图则是以静为主，目的是给暂时在此驻足的游客一个观光和欣赏书院及周边景色的活动场所，长廊将建筑联系起来，游客可以从不同角度来欣赏书院的美景或进行教学活动。

（3）潭州书院建筑体块及地形关系分析

潭州书院的建筑分区是利用传统书院的功能根据时代变化和当地需求而进行的功能置换，主要包括入口空间、教学区、中庭聚落空间、展示区、读书区及咖啡区，既与传统书院有传承的部分又具有聚落空间功能的现实意义。而建筑的形成首先是抬升建筑场地，第二步用庭院形成聚落空间，第三步将临近酒吧街的建筑部分做退让，变为景观，以此来保证书院相对静谧的空间氛围，第四步则是为满足功能需求进行建筑形体的切割，第五步用长廊串连各部分建筑，第六步考虑降雨量较多，设计为斜面屋顶。

潭州书院位于地势平整的昭山山谷处，海拔高度为48米，藏精聚气，南北向有昭山山体遮挡，北面山体海拔高度为81米，同时西北面为昭山制高点——185米的笔架峰。小镇的商业区则是东西向延展，潭州书院既在昭山小镇内，同时又能与外部较为喧嚣的酒吧街保持一定的距离，达到书院“置身事外”的意境。

（4）潭州书院聚落活动

潭州书院聚落活动空间的载体在于建筑围合起来的广场，人们在这里可以根据自身的爱好和需求开展一系列的户外文化活动，例如巫傩文化演出、花鼓戏表演、武术表演、户外健身以及室外读书等。同时在不同的时间段中，聚落空间中活动的人也有所不同，因此笔者分析并绘制了一个聚落空间活动需求分析图，将人群分成当地居民、老师、学生、游客及老人五个类别。他们都有活动时间的集中性，例如老人的活动密度集中在早晨和晚间，老师与学生的活动密度基本一致集中在上午和下午，游客活动时间则集中在白天等。而且各类人群在聚落空间中的活动内容也各不相同，因此潭州书院营造的聚落空间满足了不同人的不同需求，并能有效根据时间段不同来引导不同人群的活动，潭州书院的空间利用得到了最大的发挥。

（5）潭州书院立面及剖面图

建筑的立面和剖面图中为了突出材料的地域性特征，使用的建筑材料基本来源于该地区生产较为丰富或便于运输的材料，同时由于湖湘地区的地域特征，其石材的肌理与色彩突出一种粗糙质感和野趣生动的调性。建筑的立面以浅黄色石墙为主，朝南立面根据室内空间需求一部分设计横向长窗以保证室内充足的自然采光，另一部分空间则以细长的开窗方式在满足室内自然采光的同时减少室内空间能耗，而连接建筑一二层的长廊则满足建筑外环境的交通流线功能。剖面图A-A’说明了书店与教学区的空间关系，剖面图B-B’说明了教学区与其内部中庭的空间关系。

（6）潭州书院节能设计

潭州书院建筑节能设计提倡的是低技术为主的节能设计原则，营造被动式建筑，主要包括雨水收集、地热利用、采用自然及基地绿化四个方面，首先植物的栽培和水景用水均利用的是雨水收集系统，循环利用水资源；其次，利用地热，在温度稳定的地下设置热交换效率高的镀锌材料导管来进行室内温度的预冷预热，以此来降低外围空气的气压；然后，在建筑体量较大的教学区设置中庭，扩大自然采光范围，以此来弥补大型建筑采光上的弱点；最后，在建筑周边及屋顶种植绿化，提高书院外部空间的舒适度，降低周边温度，保持书院外部空间的生物多样性。

（7）潭州书院空间示意图

潭州书院的空间示意图总共有五张，第一张：入口空间示意图展示的是潭州书院的入口，分成了两条路线，一条是以营利消费为主，宽为9米，通往一层的庭院入口，另一条则是以观光游憩为主，宽为3米，通往二层的栈道入口，以此来增加游客进入书院交通路线的选择性与趣味性，同时由于设计了广场空间，整体建筑的体量感被削弱，加上选用了贴近自然的建筑外立面材质，让整个建筑从入口处看起来与背后的昭山融于一体；第二张：广场空间示意图体现书院以广场为中心形成聚落空间，在整个广场中人们可以根据自己的需求在不同的时间阶段进行娱乐或学习活动，整个广场给予人们一个相对独立、与世隔绝的户外活动空间，建筑廊道的穿插让广场上的人与二层的人产生了视觉上的互动，有一种“你站在桥上看风景，看风景的人在楼上看你”的邂逅情趣，笔者希望通过这些设计给予人们一个公共开放且宽容的活动场所；第三张：二层空间示意图则希望表现建筑屋顶、建筑立面及长廊的设计，人们在二层户外空间能进行各项休闲及观赏自然风景等活动，在此学习的学生家长在此可以拥有一个十分舒适的休息区，同时廊道又能满足书院交通流线的需求；第四张：文化教室空间示意图表现了教学区内部教室的室内设计及空间氛围，室内墙面依旧保持相对粗糙的石材肌理，然后运用一定模数的木格栅作为装饰来营造教室安逸、平静的空间氛围；第五张：展厅空间示意图说明了展示空间室内的空间关系，笔者将展示空间部分进行抬高，丰富室内空间的观赏流线和观赏趣味性。

4.3 本章小结

本章笔者对昭山潭州书院聚落空间营造进行了详细的分析和研究，通过前几章有关聚落空间的理论分析并结合对昭山的实地调研和文献收集探索了潭州书院聚落空间营造的方式，再通过案例分析法总结出当代聚落空间营造的原则。

第5章 总结

5.1 中国当代乡土建筑聚落空间的营造原则

5.1.1 现实性原则

任何事物都是在不断变化发展的，我国当代乡土建筑聚落空间的营造需要具备现实性原则，从目前国情以及当下人们的生活方式出发，同时借鉴历史发展和国外的经验进行营造。如潭州书院概念方案中笔者对基地进行实地调研和文献搜集，争取了解场地的当下的真实情况，并严格在设计任务书和国家政策的规定下进行合理的设计。因此在乡土建筑聚落空间的营造中不能盲目脱离现实社会的发展状况，照搬所有传统聚落空间的形式和内容，同时在去故就新的过程中还需要对未来的发展状况进行分析和预测。

5.1.2 地域性原则

我国当代乡土建筑聚落空间的营造应建立在地域性的原则之上，地域是当地文化的基础，包括了当地社会人们的文化价值取向、习惯的生活方式、当地材料的利用等，如笔者在营造潭州书院的过程中考虑到来访人群的需求以及对书院建筑材料的文化性表达，因此在营造乡土建筑聚落空间的时候应注重聚落整体的文化地域性的表达，让已扎根的文化脉络延展并延续下去或是让新的文脉扎根。

5.1.3 协调性原则

营造乡土建筑聚落空间不仅仅是从平面的角度来营造建筑单元、广场、中庭、屋顶及景观这五大要素，更应用三维视角去看整个聚落空间与周边环境的协调关系，考虑人居空间与自然空间是否相对平衡协调，如潭州书院充分利用长廊平台及广场与昭山的自然风光产生互动和联系。同时还应考虑聚落空间与当地社会经济的发展是否协调。

5.1.4 可持续发展原则

由于当代人类社会迅速发展造成了许多环境破坏等问题，人们已经意识到了环境的重要性以及资源的有限性，因此可持续发展的道路是人类社会必须走的一条道路，潭州书院的建筑材料尽可能选用当地材料，减少运输成本进而减少能源的浪费，同时潭州书院的建筑利用低技术营造被动式建筑。只有“先天下之忧而忧”，我们的社会才会稳步地发展，聚落空间是一个小型的社会体系，需要从各方面使对自然的破坏降至最低，对资源的浪费限制到最小。

5.2 展望

乡土建筑聚落空间的发展是我国乡土建设需面对的重要的问题，笔者希望通过本文对当代乡土建筑聚落空间营造的研究，立足国情，找到符合当代乡土建筑聚落空间发展的原则，并提供一定的指导建议，能更好地促进建立乡村建筑聚落空间的现代化。

参考文献

[1] 沈莹颖．传统聚落空间在现代建筑创作中的再现——以日本当代聚落研究与实践为例[D]．华南理工大学，2016：11-14.
[2] 向雷．传统建筑文化的回归——当代青年建筑师乡村建筑实践研究[D]．南京：南京工业大学，2013：34-35.
[3] 刘圣臣．传统村落在美丽乡村建设中的保护与发展途径研究——兴苦田后黄村为例[D]．苏州科技学院，2015：16-17.
[4] 宋爽．中国传统聚落街道网络空间形态特征与空间认知研究——以西递为例[D]．天津大学硕士论文，2013：17-21.
[5] 周格．当代文化建筑多元空间特征探析[D]．中央美术学院，2015：1-5.
[6] 王凌云．当代乡村营建策略与实践研究——以重庆青灵村建设为例[D]．重庆大学建筑城规学院，2016：17-21.
[7] 廖橙．乡村建筑更新研究——以乐立村为例[D]．中央美术学院，2016：17-19.
[8] 林涛．浙北乡村集聚化及其聚落空间演进模式研究[D]．浙江大学, 2012.
[9] 王昀．传统聚落结构中的空间概念[M]．中国建筑工业出版社, 2009：42-43.
[10] 朱宏宇．从传统走向未来——印度建筑师查尔斯・柯里亚[J]．建筑师, 2004：45-51.
[11] 业祖润．传统聚落环境空间结构探析[J]．建筑学报, 2001：21-24.
[12] 黄晴．"潇湘八景"山水文化景观考证研究—以"山市晴岚"为例[D]．中南大学，2010：21-26.
[13] 曾孝明．湖湘书院景观空间研究[D]．西南大学，2013：33-34.
[14] 昭山风景名胜区总体规划，2013.

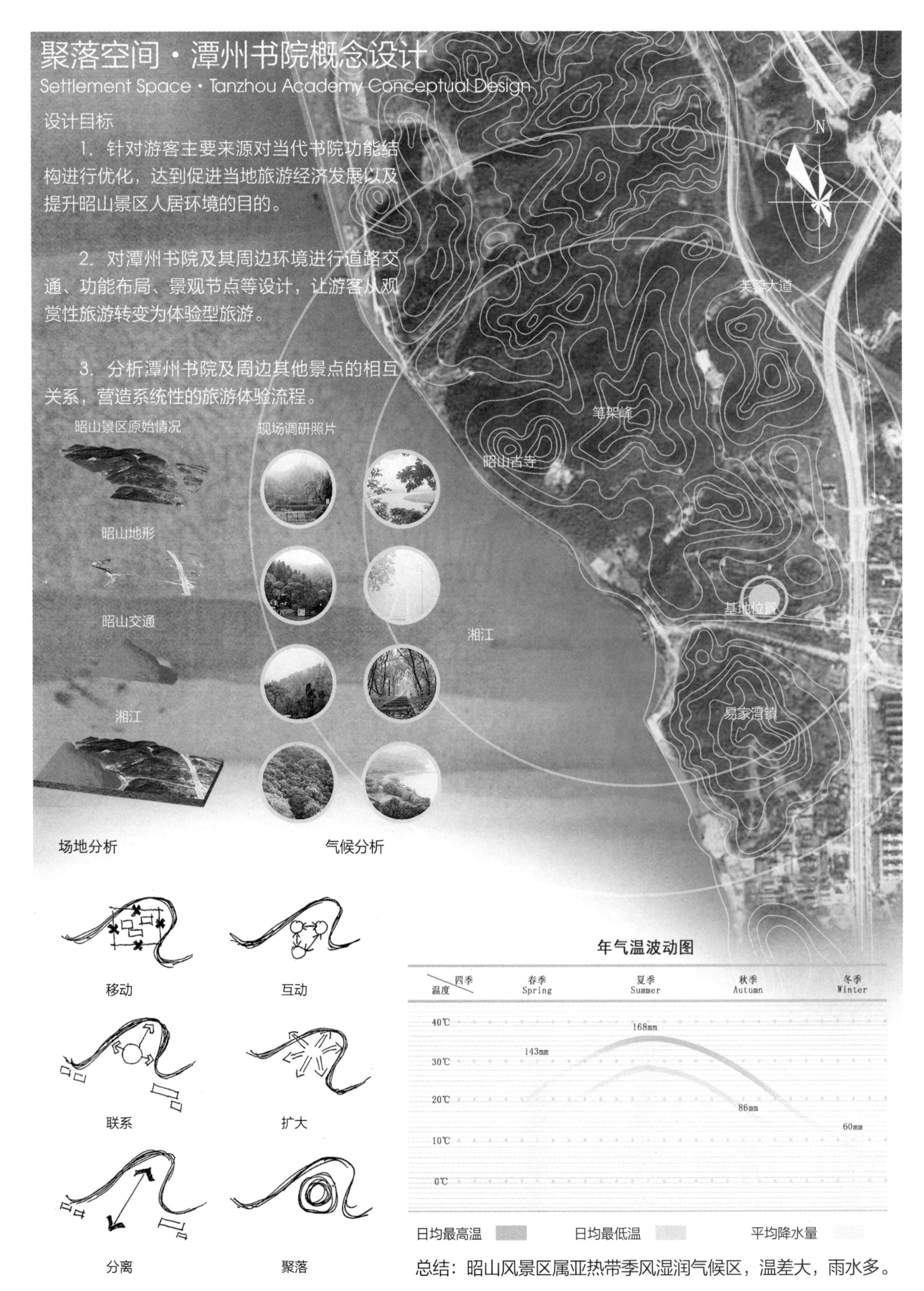
聚落空间·潭州书院概念设计
Settlement Space · Tanzhou Academy Conceptual Design
设计目标
1. 针对游客主要来源对当代书院功能结构进行优化，达到促进当地旅游经济发展以及提升昭山景区人居环境的目的。
2. 对潭州书院及其周边环境进行道路交通、功能布局、景观节点等设计，让游客从观赏性旅游转变为体验型旅游。
3. 分析潭州书院及周边其他景点的相互关系，营造系统性的旅游体验流程。
昭山景区原始情况
现场调研照片
昭山地形
昭山交通
湘江
场地分析
气候分析
N
芙蓉大道
笔架峰
昭山古寺
基地位置
湘江
易家湾镇
移动
互动
联系
扩大
分离
聚落
年气温波动图
四季
温度
春季 Spring
夏季 Summer
秋季 Autumn
冬季 Winter
40℃
30℃
20℃
10℃
0℃
168mm
143mm
86mm
60mm
日均最高温
日均最低温
平均降水量
总结：昭山风景区属亚热带季风湿润气候区，温差大，雨水多。

风景区土地利用现状表

序号	用地名称	面积（ha）	所占比例（%）
1	风景区游赏用地	25.35	2.44
2	游览设施用地	1.22	0.12
3	林地	456.88	43.95
4	耕地	33.07	3.18
5	居民社会用地	47.83	4.60
6	交通与工程用地	16.93	1.63
7	草地	136.55	13.14
8	水域	321.65	90.94
9	总计	961.28	100.00

资料来源：《昭山风景名胜区总体规划》修订版第十六章“土地利用协调规划”

总结：基地风景游赏面积过小，游览设施和交通工程用地面积小，制约旅游发展。

保护分区面积统计表

名称（风景区）	面积（km²）
一级保护区	0.07
二级保护区	0.56
三级保护区	9.77
外围保护区	9.50

资料来源：《昭山风景名胜区总体规划》修订版第4.02条

总结：书院位于三级保护区，属于旅游服务建筑，限高8米。

昭山景区旅游规模预测表

发展时期	游人规模/年
近期（2013-2015年）	12万人次
中期（2016-2020年）	91万人次
远期（2021-2030年）	116万人次

资料来源：《昭山风景名胜区总体规划》修订版第6.01、6.02条

昭山风景区日最大游人容量约为0.84万人次，年最大游人容量约为277万人次

总结：目前昭山风景区已进入中期发展阶段，潭州书院需满足大量游客在使用功能上的需求。

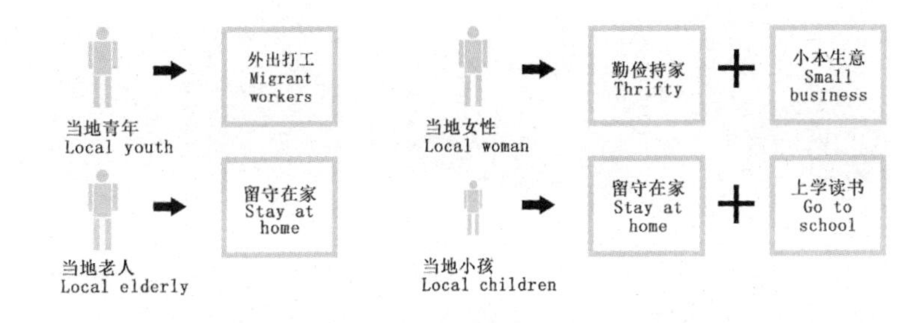

昭山示范区2010年总人口为3.76万人，昭山乡14157人，易家湾镇23462人（城镇人口17360人）。昭山作为“两型”示范区先行试点使得对周边区域人口集聚功能大大增强，该年全区人口机械增长率接近17.5%。2011年总人口达到4.43万人，其中城镇人口2.42万人。

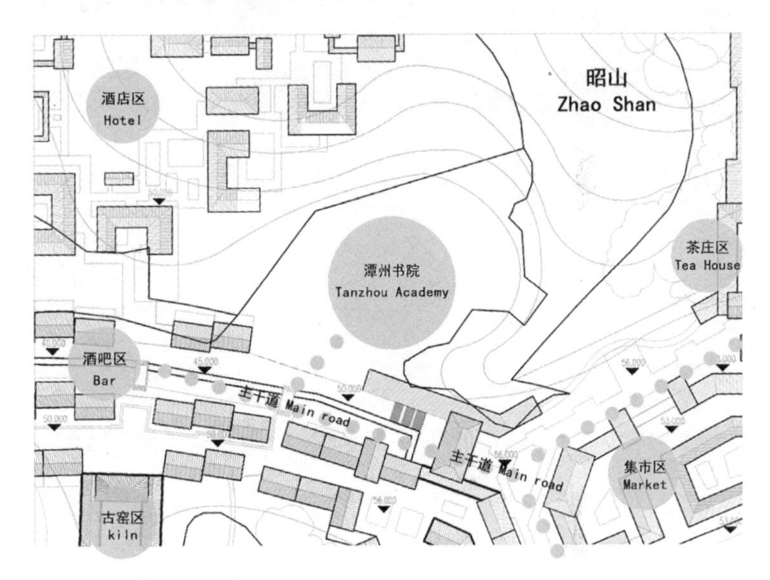

周边交通情况分析：

1. 书院三面环山，只有南面一条交通干道出入，便于书院的客流管理。

2. 书院接近周边区域主干道交会处，客流量大。

3. 书院与周边五个活动区域相连，书院可以作为这五个活动区域的中心休息区。

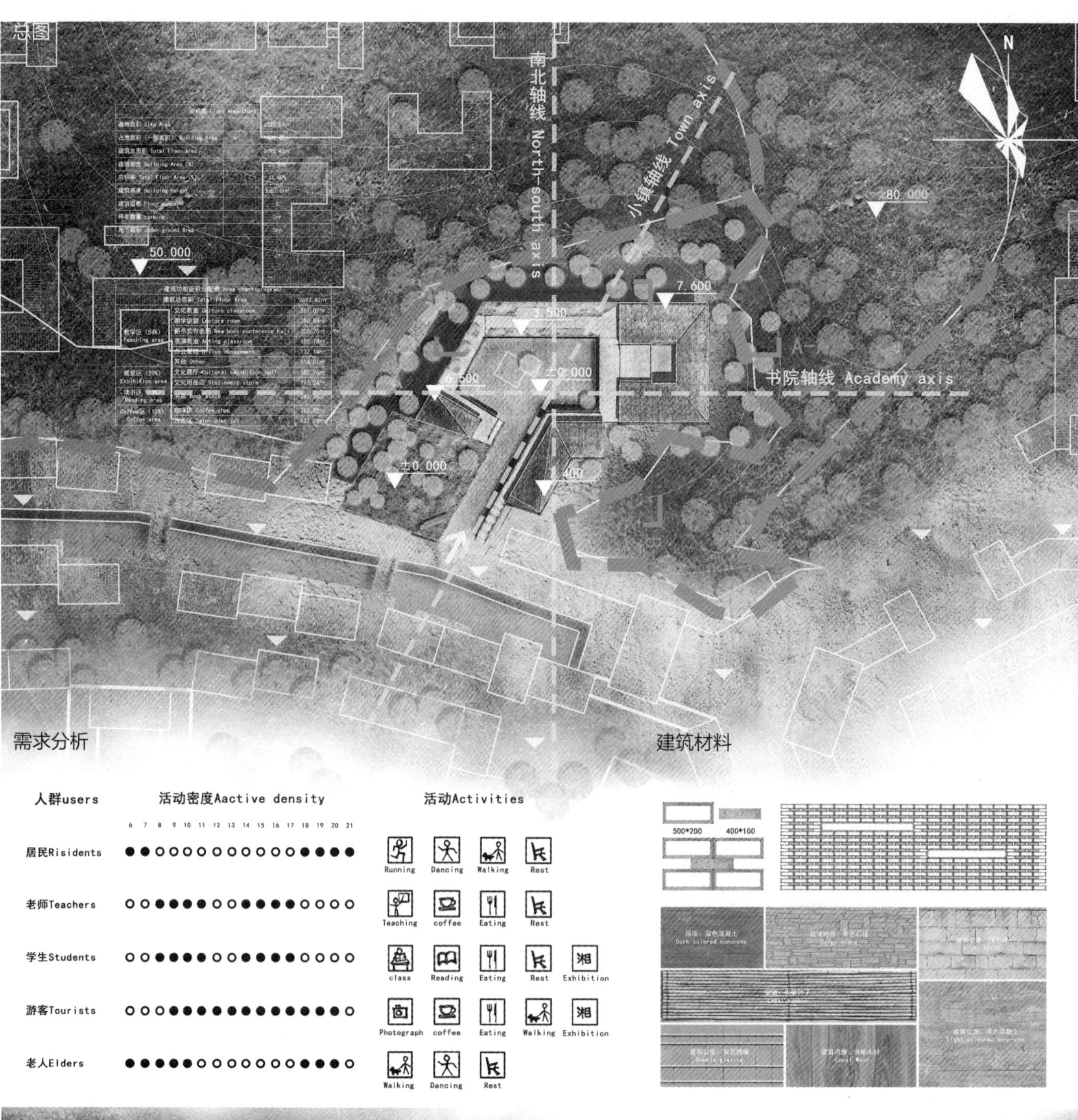

入口空间示意图 Sketch map of entrance space

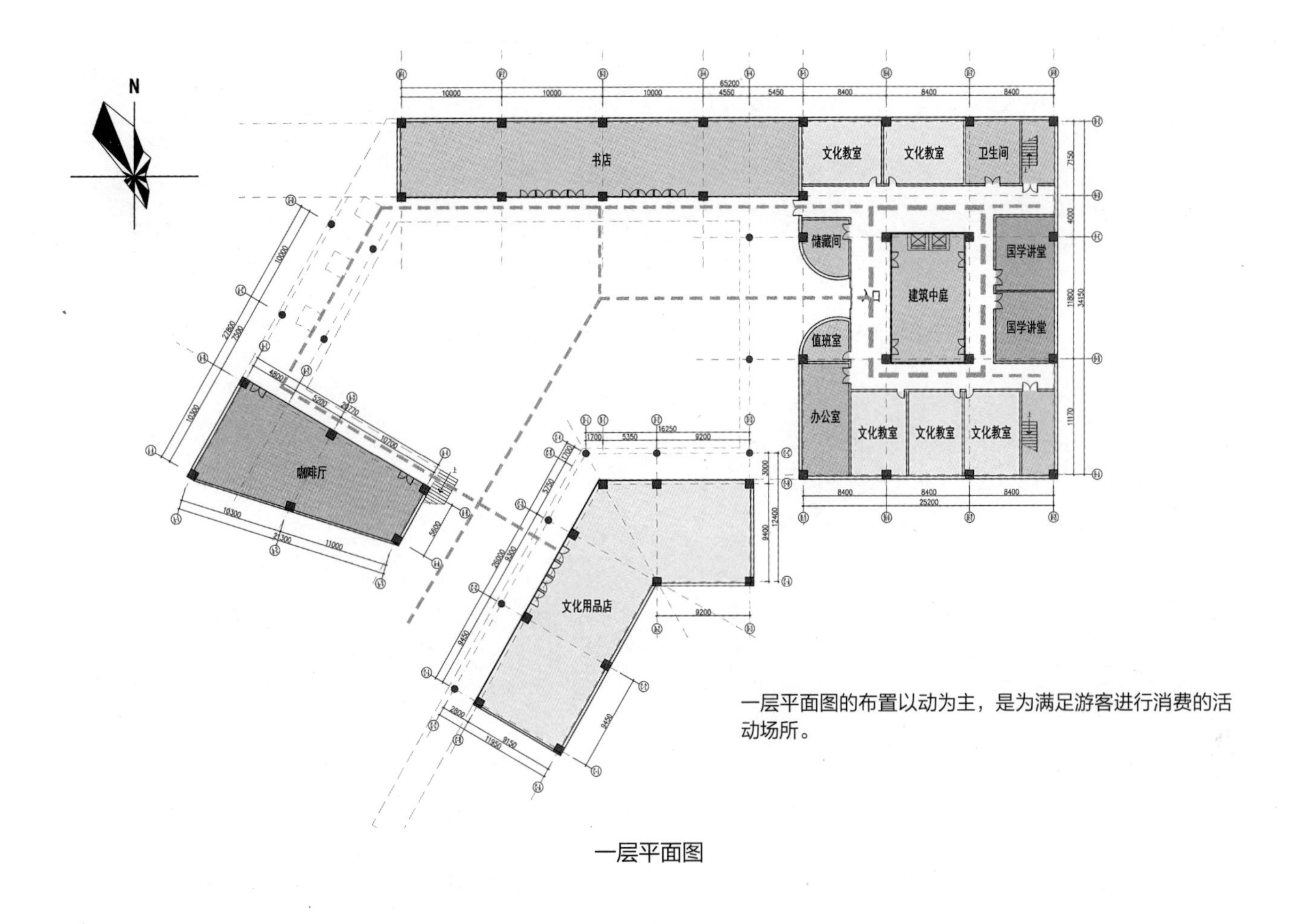

一层平面图的布置以动为主，是为满足游客进行消费的活动场所。

一层平面图

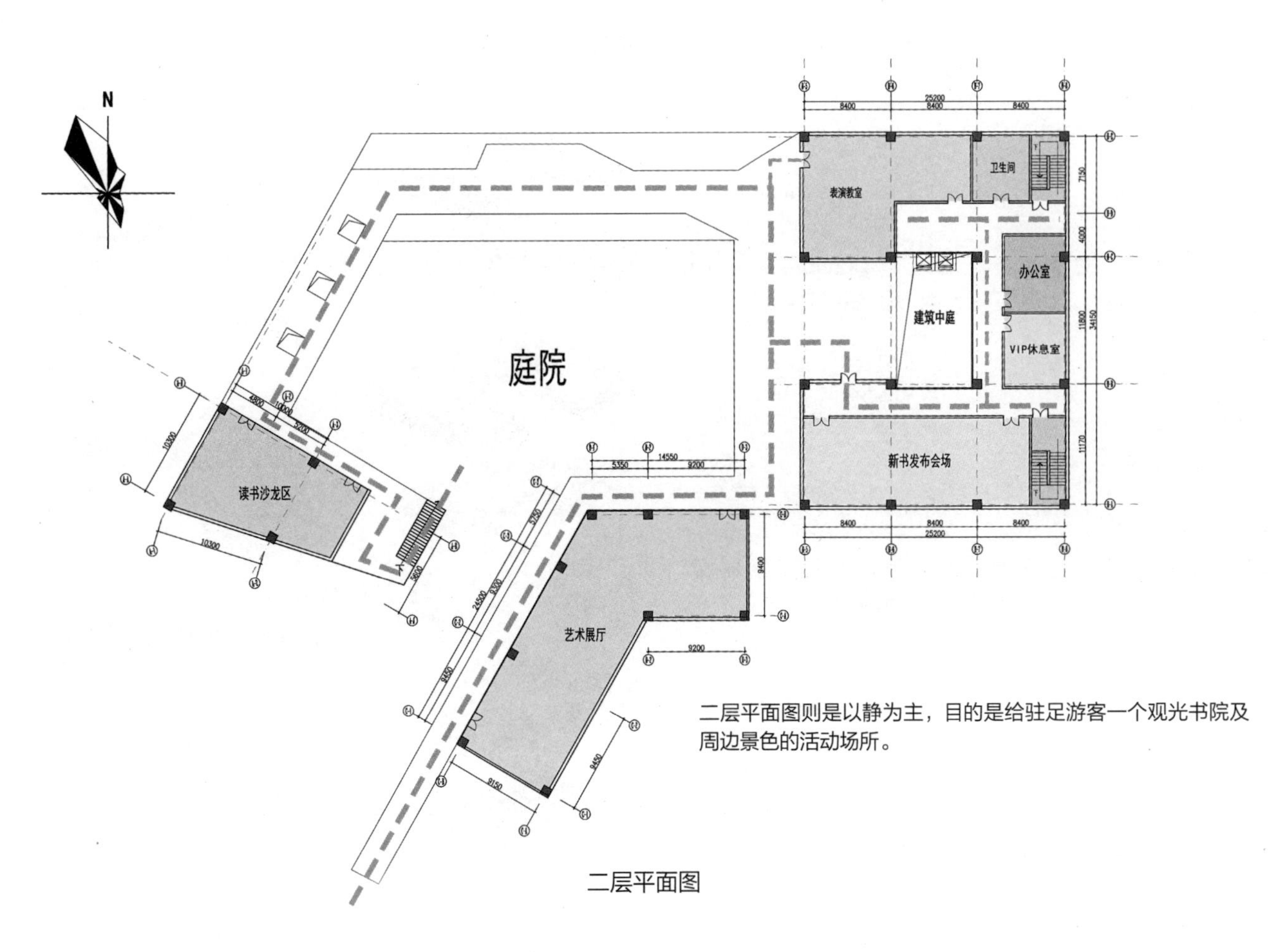

二层平面图则是以静为主，目的是给驻足游客一个观光书院及周边景色的活动场所。

二层平面图

建筑功能分区

入口空间

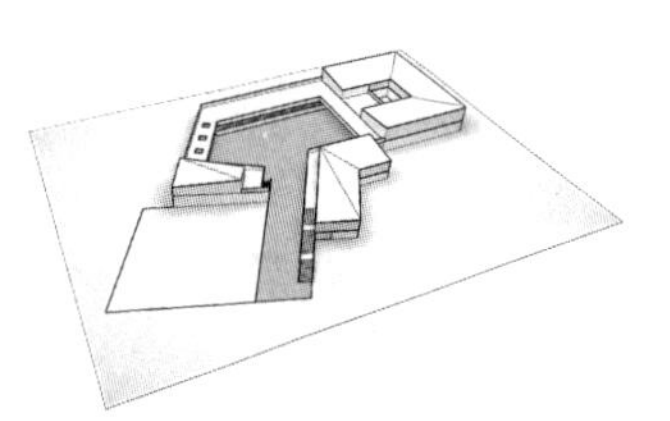

中庭聚落空间

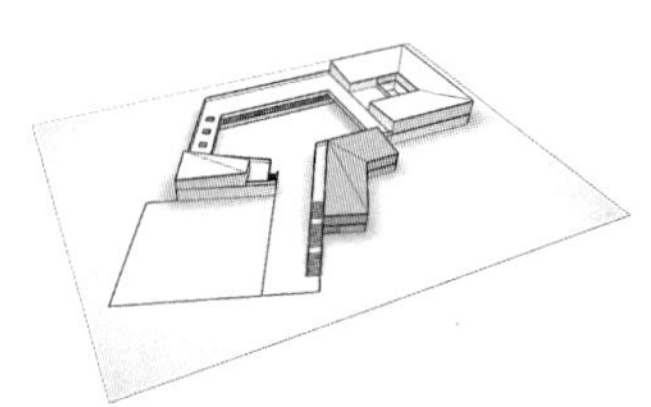

展示区

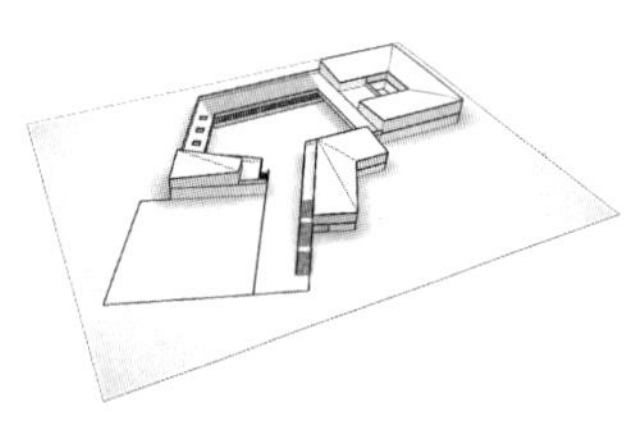

读书区

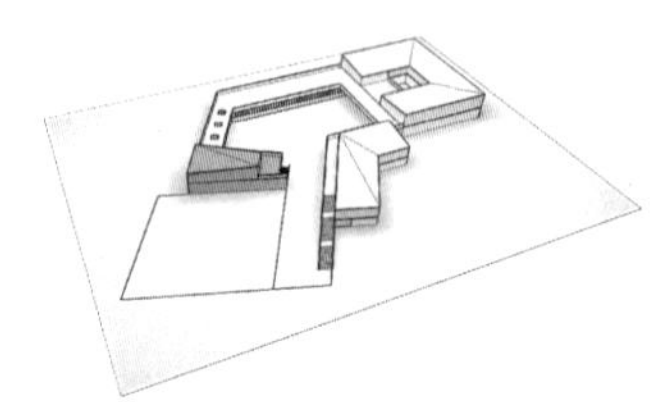

咖啡区

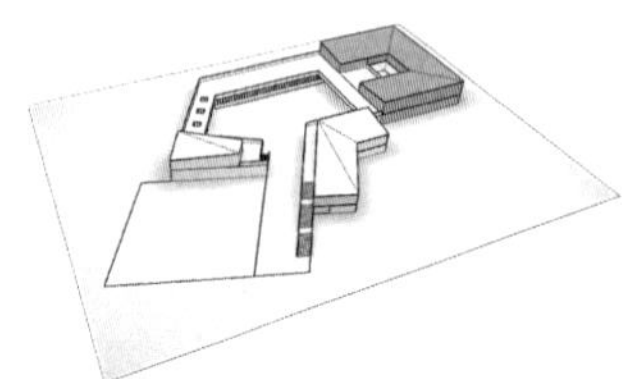

教学区

建筑体块生成

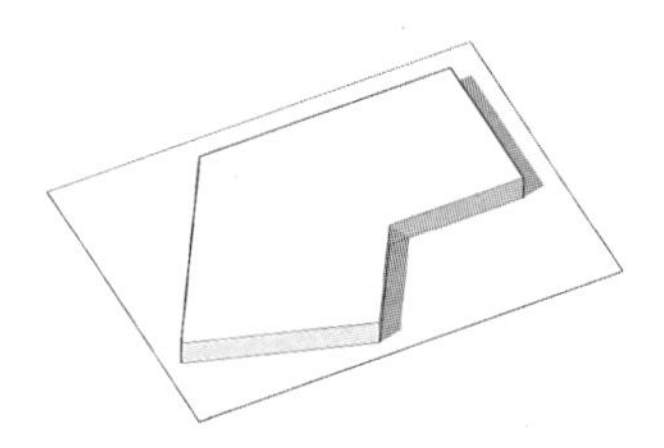

1. 建筑场地抬升

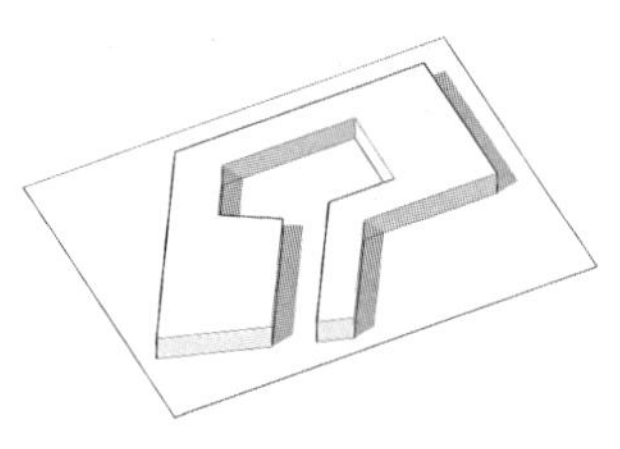

2. 用庭院形成聚落空间

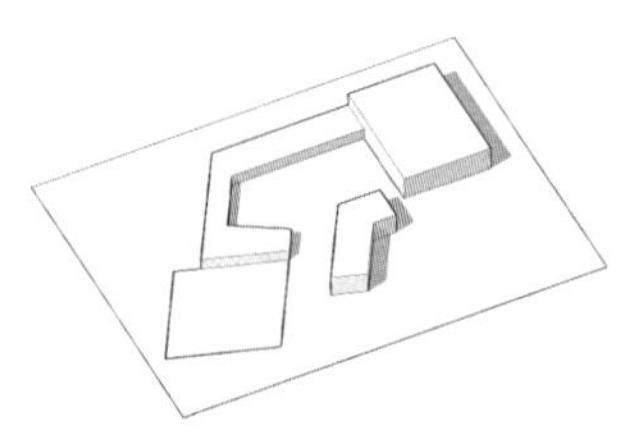

3. 建筑退让，形体分离

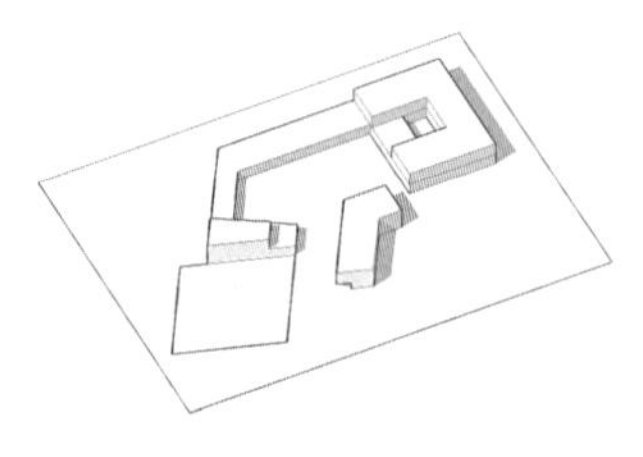

4. 建筑形体切割

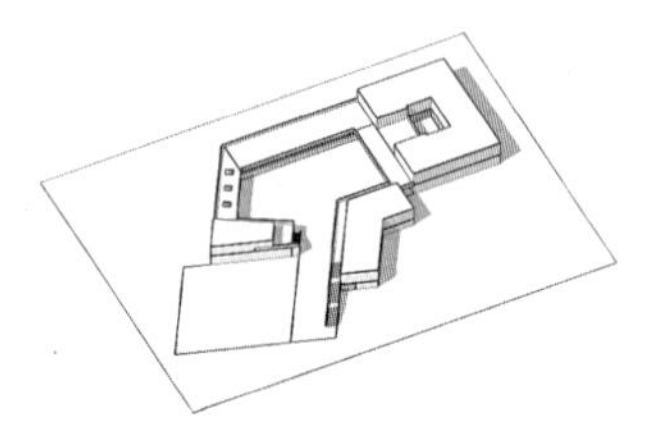

5. 长廊串连建筑

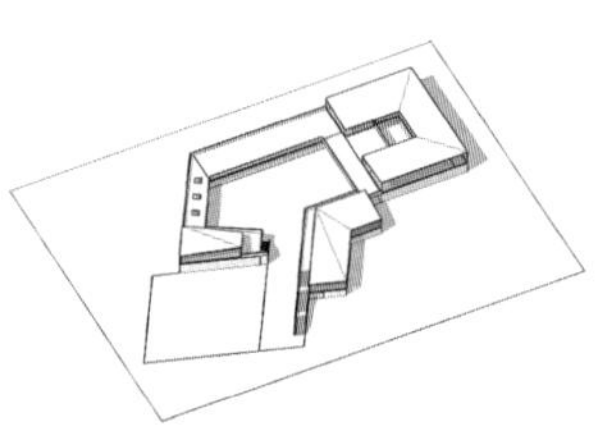

6. 拉伸斜面屋顶

地形关系

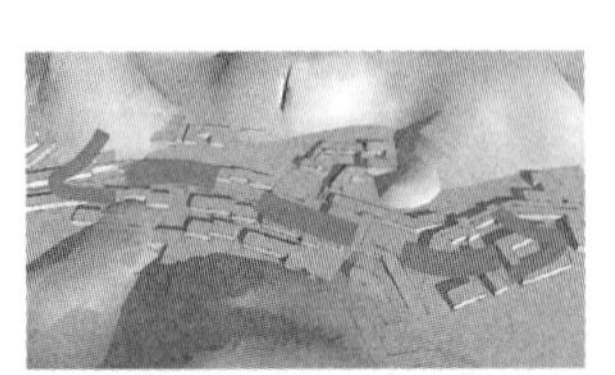

南北向有山体遮挡，商业区东西向延展

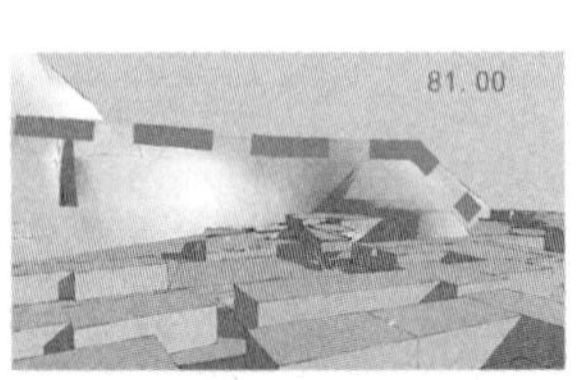

北面山体海拔高度为81m

潭州书院建于山脚处，藏精聚气

基地西北面为小镇制高点——笔架峰185m

潭州书院的海拔高度为48m

基地地势平整，地势起伏在1m左右

教学区建筑结构

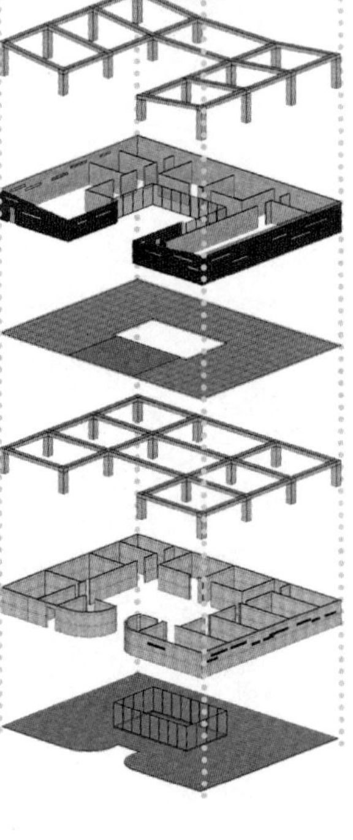

节能设计

雨水收集

地热利用

自然采光

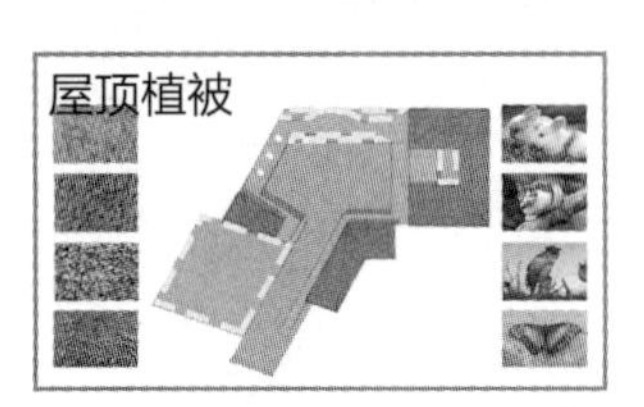

建筑立面图

南立面图

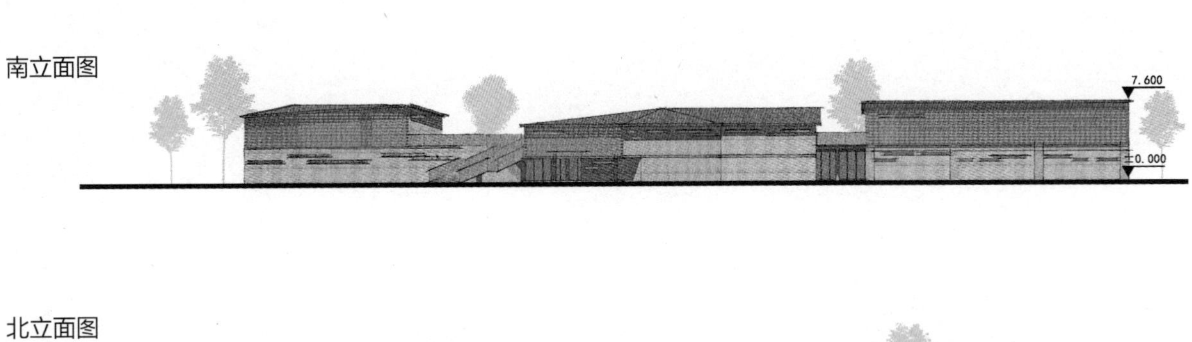

北立面图

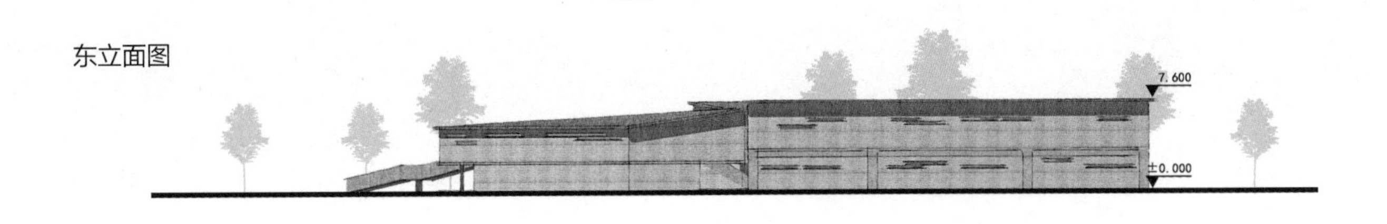

东立面图

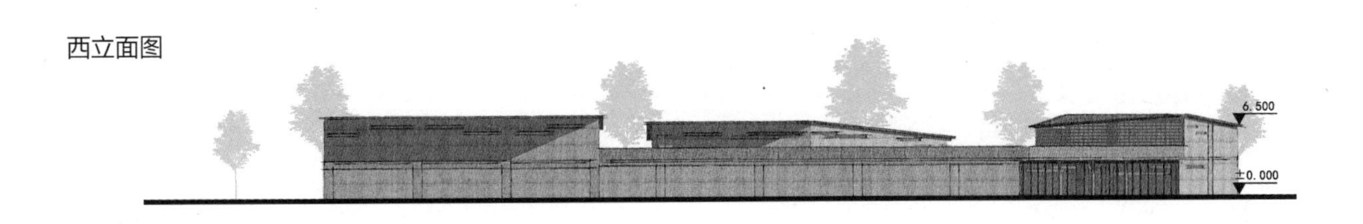

西立面图

建筑剖面图

A-A′剖面图

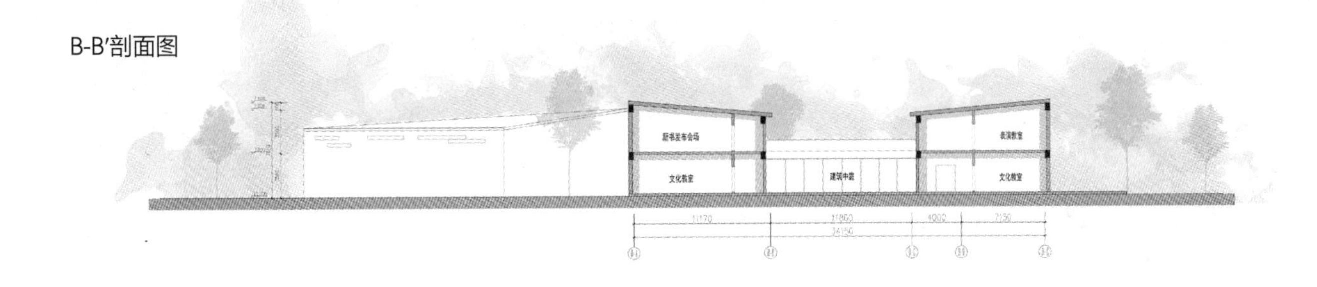

B-B′剖面图

室内空间示意图

二层空间示意图

展厅示意图

书店示意图

安化茶文化空间研究（1）

Tourist-Experience-Based Research on Design of Cultural Space of Anhua Dark Tea

茶·惬（2）

Tea · Satisfied

曲阜师范大学美术学院　张永玲

QuFu Normal University,Academy of Fine Arts

Zhang Yongling

姓　名：张永玲　硕士研究生二年级

导　师：梁冰　副教授

学　校：曲阜师范大学美术学院

专　业：环境艺术设计

学　号：2015300252

安化茶庄鸟瞰效果图

安化茶文化空间研究

Tourist-Experience-Based Research on Design of Cultural Space of Anhua Dark Tea

摘要：体验经济时代下，为满足游客需求，我国旅游市场大力发展文化旅游产业，文化与旅游融合日益频繁，湖南省湘潭市昭山“山市晴岚”文化旅游项目的规划更是确切地表明文化旅游是现在的旅游趋势，以文化为导向的旅游体验空间应运而生。

文章以满足游客体验为出发点，一方面概述茶建筑、茶文化的关系、茶建筑的发展变迁与现代茶建筑空间分析，提出现在茶建筑空间存在的问题；另一方面根据空间体验和文化空间的内涵需求，从建筑、街道及周围环境、游客的需求角度，总结体验式茶文化空间的关系理论和设计要素理论，并将安化黑茶文化的研究，包括黑茶的历史沿革、种植环境、制作工艺等内容引入其中。

最后，文章结合湖南省湘潭市昭山“山市晴岚”文化旅游项目——安化茶庄设计方案，总结出体验式茶空间应以游客体验为出发点，将茶文化和建筑空间以及环境设计结合起来，创造一个体验丰富、尺度适宜、体现地域文化和人文关怀、生态又可持续的活动场所。

关键词：游客体验；文化旅游；安化黑茶文化；文化空间

Abstract: In the era of the experience economy, To meet these requirements of tourists,the cultural tourism industry is experiencing the rapid development at China's tourism market, The mixing of culture and tourism is more frequent. In planning the “Shanshi Qinglan” Cultural Tourism Program for zhaoshan Mountain in Xiangtan City of Hunan Province, it's expressly indicated that cultural tourism is the current trend of tourism. Therefore, the cultural-oriented tourism-experience space appears at the right moment.

This paper starts from meeting the requirements of tourist for good experience. On one hand, by analyzing the relationship between tea-themed architecture and tea culture, the changes of development of tea-themed architecture and the space of modern tea-themed architecture, related problems are proposed. On the other hand, according to the space experience and the internal demands of cultural space, from the perspective of architecture, streets, surroundings and the requirements of tourists, the relationship theory and design-elements theory of the experience-oriented space of tea culture are summarized. Meanwhile, research on the culture of Anhua dark tea, including the historical development of dark tea, environment of planting, production process and et al. are introduced.

At last, in combination with the “Shanshi Qinglan” Cultural Tourism Program for Shaoshan Mountain in Xiangtan City of Hunan Province (i.e. design proposal for Anhua Tea Stall) , it's summarized that the designing of experience-oriented tea space should start from the tourist experience, combines tea culture, architectural space and environmental design and creates an arena which is rich in experience, appropriate, capable of reflecting regional culture and humanistic concern, ecologically-friendly and sustainable.

Key Words: Tourist Experience, Cultural Tourism, Culture of Anhua Dark Tea, Cultural Space

第1章 绪论

1.1 课题研究背景

1.1.1 时代背景

经济体验时代的到来，1988年，美国学者约瑟夫·派恩（B.Joseph Pine）和詹姆斯·吉尔摩（James H. Gilmore）在《Welcome to Experience Economy》一书中指出继农业经济、工业经济、服务经济之后的第四个经济时代就是体验经济时代。在体验经济时代下，旅游活动是最能体现体验经济的经济活动，当下人们进行旅游活动时，在欣赏自然风光释放工作生活所带来的压力之外，更期待感受旅游地独具特色的地域文化体验。随着经济的发展，物质生活得到保障的同时，人们的精神生活需求越来越大，对文化的追求有着空前的热情，使得文化旅游体验已成为当下旅游活动的大趋势。

旅游地为了满足游客的文化需求，大力挖掘当地地域文化，文化与旅游产业结合是经济与文化碰撞的需求。近年的相关调查中欧美国家的旅游者对旅游地的文化审美与体验的需求越发强烈，旅游者追求特别的文化旅游经历，希望能够充分地了解当地文化与生活方式，文化旅游者的比例高达三分之二，还呈现逐年上升的趋势。回看我国，伴随经济水平的增长、人民消费意识的转变和产业结构的升级，游客越来越追求旅游活动的质量，已经逐渐从粗放型的观光旅游向有深度、有内涵、有感触、体验深的文化旅游转变。湖南省湘潭市昭山“山市晴岚”文化旅游项目的规划更是确切地表明文化旅游是现在的旅游趋势。

为满足我国旅游市场发展的需要，国家发展改革委、文化部、新闻出版广电总局、国家旅游局等八部门联合发印《“十三五”时期文化旅游提升工程实施方案》，大力支持文化旅游项目，充分发挥旅游在开展公民教育、促进地方经济结构转型升级，以及带动各个经济落后地区的社会发展等方面的积极作用。国家政策的大背景为文化旅游产业发展提供了良好的契机，是时代发展的需求。

1.1.2 时代背景

山市晴岚文化旅游项目，位于湘潭昭山示范区昭山景区，由山市晴岚小镇和昭山核心景区一起组成山市晴岚新画卷。项目规划秉承生态优先、景观与文化先行的理念，合理处理建筑与自然景观、文化与历史的关系，昭山景区文化一体多元，源江而生、依江而兴，景区文化的悠久与多元，是其永恒的生命力。山市晴岚文化小镇，以集市为脉络，串联会馆、商街、禅修、山居与宗祠文化等多个功能体块，打造集“市、渔、礼、禅、居、艺”于一体的湖湘文化魅力小镇。集市布局白石画院、安化茶庄、古窑遗韵等湖湘非物质文化遗产，更有各类行业会馆与小镇商街，营造氛围浓郁的小镇风情。

在昭山文化小镇规划的背景下，面对来自市场旅游业的竞争压力，充分挖掘昭山的山水、地域文化等，将非物质文化遗产区的安化黑茶茶庄空间规划为使游客切身体验茶文化、茶精神、学习与传播茶知识的地域文化体验式空间是昭山“山市晴岚”文化旅游项目进一步规划的重要任务。

1.2 课题研究意义

1.2.1 理论意义

围合的空间构成了建筑，空间是建筑创作的目的，建筑空间在满足人的物质需求的同时兼顾精神需求，对于建筑空间的创造我们有必要慎重考虑，深刻体会建筑空间的文化内涵，时间在空间中的积累，形成了文化的沉淀。文化空间因其特有的文化内涵和特殊条件，使得体验式文化空间的研究有了现实意义。

文化消费占主导的今天，人们生活逐渐被文化、知识、精神、娱乐所占据，文化体验空间是能够满足人们这些精神追求的最佳场所。而体验、文化、空间三方面内在有什么联系？体验与建筑学空间理论有哪些联系？体验式文化空间怎样营造？这些问题都说明了体验式文化空间研究的必要性。“了解空间，了解怎样去观察空间，是理解建筑的所在”。本文旨在从游客体验视角探讨游客对茶文化空间的体验需求，研究安化黑茶空间文化空间的营造方法，为游客这一主体的体验视角下文化体验空间的设计提供一定的参考，为该领域以及相关领域的进一步研究提供理论支持。

1.2.2 实践意义

针对国内文化旅游的现状和发展趋势，文章以茶空间为研究对象，根据实地调研与基础文献资料整理研究的总结归纳，结合国内外先进理论和成功的茶空间的实践经验，从游客体验和文化空间两个方面来探讨安化黑茶空间，提高风景区游客体验的质量，将建筑空间与环境相结合，在注重文化传承的基础上，对中国悠久的茶建筑深度剖析、总结、吸收。了解游客对茶文化空间的体验要求，从而有效地改进空间，增加空间的营造创意，提升文化空间的体验性。以期能以小见大，在体验经济时代文化旅游的浪潮下，有关策划人员和建筑设计者对体验式文化空间有更合理的思考和探索的方向。以此指导建设、传播地域文化、引导游客消费、激发旅游业的活力、促进社会进步。

1.3 课题研究方法

按照“提出问题—分析问题—解决问题”的思路，从游客体验角度出发，对茶文化空间理论进行研究，通过资料收集、实地考察、多学科综合研究等方法进行研究与探讨。本文综合运用了以下的研究方法：

1.3.1 文献研究法

运用图书馆的中国知网、万方、维普等数据库以及相关网站搜集相关资料，对国内外游客体验、文化空间等研究进行综述，选取较为成熟的理论和研究成果作为理论分析和实证分析的基础，形成研究的理论框架和理论假设。

1.3.2 实地调研法

实地调研昭山“山市晴岚”文化旅游项目，对湖湘文化、建筑、历史进行实际考察。获得与文化空间研究相关的第一手实践资料。

1.3.3 案例分析法

通过对茶建筑历史文化的剖析研究，得出现代茶建筑文化空间营造的优缺点，探寻茶文化空间的设计手法。

1.4 课题研究内容及框架

1.4.1 研究内容

本课题研究共分五个部分：探讨文化体验空间的营造方法，了解游客对文化空间的体验需求，从而有效地改进空间，增加空间的营造创意，提升文化空间的体验性。

第一部分是绪论。从研究背景和意义出发，阐述研究的内容及研究方法。

第二部分是相关概念的界定。分别对游客体验、文化旅游、文化空间概念进行界定。

第三部分是茶建筑空间研究。分析茶文化与茶建筑的关系、茶建筑的发展与变迁、现代茶空间的案例及存在问题。

第四部分是基于游客的体验角度，从不同方面总结体验式茶文化空间营造和设计要素理论，并将安化黑茶文化的研究，包括黑茶的起源、种植环境、制作工艺等内容引入其中。

第五部分是对总结体验式茶文化空间营造方法和设计要素理论的应用，进行安化茶庄建筑设计。

1.4.2 研究框架

通过现状调查研究，提出论文研究方向与研究内容，确定论文大概，一方面进行文献资料收集的阅读和分析，提炼、抽取文化体验空间的理论内容，作为茶建筑空间的理论支持；另一方面通过分析茶建筑的演变与案例分析相结合，为安化黑茶文化体验空间提供参考与借鉴；最后得出具体的基于游客视角的文化体验建筑创造方法。

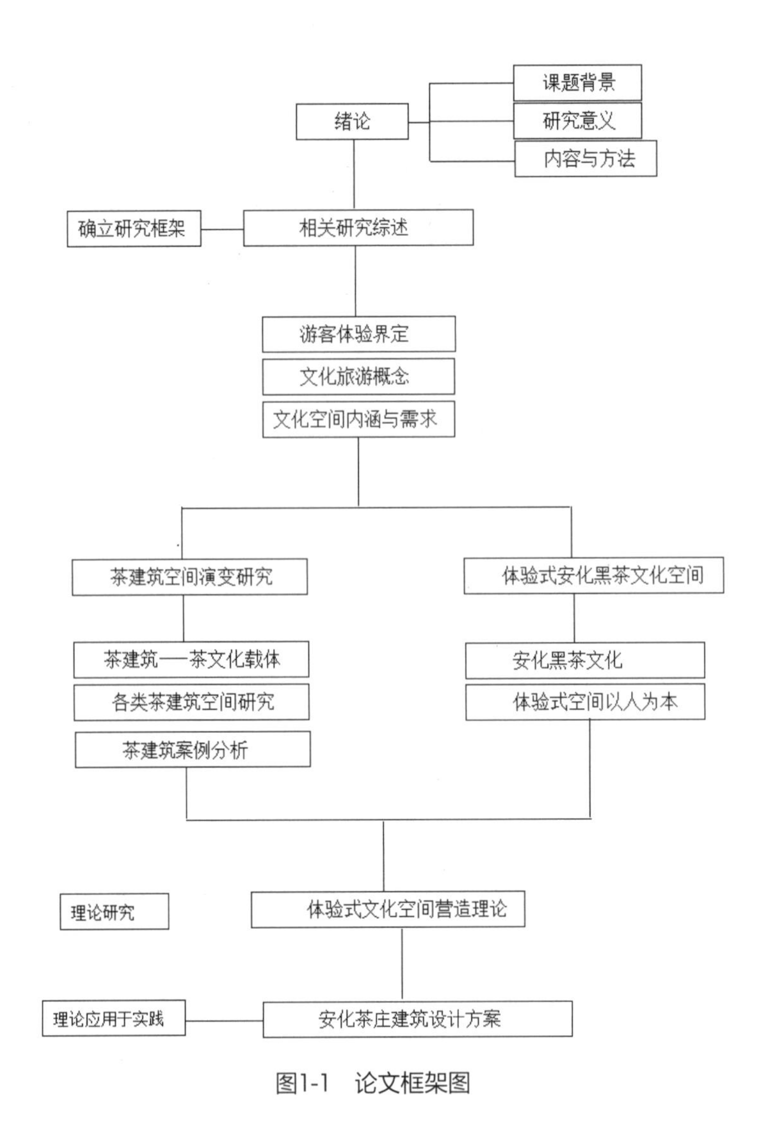

图1-1　论文框架图

第2章　相关概念研究综述

2.1 游客体验界定

2.1.1 体验定义

现代汉语词典将体验定义为“在实践中认识事物：亲身经历”。体验是通过对身边事物感知，引起心理情感一系列变化，对所处情境切身感受。所以“体验”更加注重人内心的情感，而不是理性主义的思考，意志、冲动、渴求，期待，体验是生命中一个重要的要素，和我们的生活具有密切的联系，与我们的人为行动具有一定的相通性。体验，从心理学的角度出发，就是利用人的感官进行事物的感知，从而心理会有一定的感触，留下深刻的印象。在《真理与方法》这部解释学的经典著作中进一步深入研究体验的内涵，并提出了“体验艺术”的概念。该概念认为艺术的真伪性是需要通过探究其是否具有体验性质，只有进行亲身体验，才可以体会到艺术内部的精髓，而建筑又是凝固的艺术。

2.1.2 游客体验

游客体验指：游客在进行旅游活动时的体验。国内外对于游客体验已经进了深入的研究，主要是从行为、心理、文化、情感等不同角度对游客体验进行界定，本研究将具有代表性的国内外学者观点进行阐述整理。旅游体验一词自从出现于社会中，受到世界范围内来自不同国家研究学者的研究，起初是由西方开始进行的，具体时间是20世纪60年代。波斯汀通过开展深入的研究发现，旅游体验是一种具有利益性质的活动，这是大众旅游所无法比拟的。而之后的麦克坎奈尔（MacCannell,1973）认为，旅游体验是社会群众面对生活中的压力所产生的一种积极反应，可以通过旅游体验来缓解自身的压力。

我国吸取国外的经验，对于旅游体验的研究也取得了丰硕的成果。谢彦君通过自身的深入研究，对旅游体验的定义进行了阐述。在他的观点中，旅游体验是指社会群众在体验过程中通过观赏等活动来进一步认识以往未知的世界，在这一系列的过程和接触中，调整自己的内心。我国的窦清研究学者也展开了深入的研究，主要研究的方向和内容是旅游体验的类型。通过不断的研究和实地的考察，他将旅游体验划分为情感体验、文化体验、生存体验等类型。对于旅游体验的定义他也提出了自己的见解：主体在进行旅游体验过程中，将会离开自身经常居住的场所，到外面的世界进行短暂的旅游，在活动的参与过程中缓解自身压力，使自己摆脱繁忙单一的生活，寻找生活情趣的丰富多彩，获得别样的人生体验。

通过上述概念，总结游客体验就是游客在旅游地获得情感体验、知识体验、实践体验等。这些体验都是通过对于一个旅游地点的参观过程才可以形成的，其中充分展示了游客主体内心的精神世界。游客体验还具有以下几个特点：参与性、综合性、主观性等，这些性质都是游客进行旅游体验时不可或缺的部分。

2.2 文化旅游概念

国外对于文化旅游的认识已经具有一定的历史，对于该方面的研究已经取得一定的建树。美国人罗伯特・麦金托什对于文化旅游进行了深入的研究，提出了自己对于文化旅游概念的理解。之后又有很多的学者展开了深入的研究，对于文化旅游提出了不同的见解和概念上的认识。尽管不同的研究学者都发表了不同的观点，但是从本质上来看，这些观点都是具有相通性的。都是强调旅游者在进行文化旅游时的心理感受，是一种可以深度享受精神和文化的旅游类型。古人往往都喜欢脱离世俗，隐居山林，通过游山玩水进一步近距离地接触自然。旅游者在进行文化旅游的同时，不仅可以领略到祖国的大好河山，还可以品味我国浓厚的文化底蕴。

2.3 文化空间概念与内涵

2.3.1 文化空间概念

文化空间主要是从非物质文化遗产这一角度提出的概念，是一个很新的概念。本研究将关于文化空间概念通过表格整理如下：

文化空间的国内外相关理论　　表 2-1

作者（组织或文件名）	时间（年）	概念阐述
亨利・列斐伏尔	1991	“文化空间”最早出现在《空间的生产》一书中，列斐伏尔认为空间的产生是建立在人们进行有思想的行为基础之上的
联合国教科文组织	1998	将“文化空间”定义为“具有特殊价值的非物质文化遗产的集中体现”
爱德蒙・木卡拉	1998	对文化空间做出更具体的解释，“文化空指的是某个民间传统文化活动集中的地区或某种特定的文化事件所选的时间”
国务院颁布的《关于加强我国非物质文化遗产保护工作意见》	2005	文化空间，即定期举行传统文化活动或集中展现传统文化表现形式的场所，兼具空间性和时间性
陈虹	2006	提出“文化空间”中涵盖文化这一特殊的概念，是指人的活动范围或一种生活“样式”所在的社会空间
向云驹	2008	文化空间之所以可以一直完好地遗存下来，进一步地发扬光大，是因为可以深入整体地展现非物质文化遗产

在教科文组织的推动下，文化空间引起国际学者的广泛关注，而将文化空间放到建筑空间理论中，就意味着建筑是充满意义的。因为建筑物本身以及其他的环境本身具有一定的情感性以及个体记忆，可以让旅游主体心理产生一种共鸣。

2.3.2 文化空间的内涵

文化空间是一个物理空间、一个“场所”，是在新的理论下观察建筑的一种尺度，体现了人对文化作用和空间发展的再认识，建筑本身构成了一个物理空间，从空间的角度出发进行分析，建筑物本身具有一定的文化内涵，而这些文化具有一定的魅力。建筑物本身并不是单纯的以一个框架的形式存在，内部细细品味，充斥的是浓厚的文化。而且社会群众可以以建筑空间为寄托，来缓解内心的压力，体验别样的生活情趣，将自身的情感寄托于该建筑空间。人们在该空间里，不断地创造出新的文化，将文化不断传承，让这些浓厚的文化在未来继续发扬光大。

本文所探讨的“文化空间”指各类社会生活涉及的场所，它们依托于具体自然地理位置，既有物理形态，又蕴含象征意义的文化场所。在其原意上，“文化空间”并不只是通过地理和物理这两个层面进行分析和划分，内部本身是一种独特的文化精神。其本质就是一种艺术的存在。包括和该文化相联系的建筑以及风俗习惯都是该文化的具体展现。所以文化空间并不可以单纯地进行理解，而要进行深入的剖析和挖掘，就会产生别样的文化感受。

2.3.3 文化空间的需求

哲学家威廉·狄尔泰（Dilthey Wilhelm）通过不断的研究，对于文化空间也提出相关理论。然后结合理论在生活中进行体验。通过他的体验发现，他更加明确体验的重要性，通过人的感官对空间进行感受，才可以静下心来，了解人类发展过程的最终结果。如今时代的发展已经越来越重视体验，只有体验才可以获得最真实的感受。即使有关的介绍人员可以进行非常具体的介绍，但是都没有直接让客户进行体验来的直接、鲜明。随着人们生活节奏的日益加快，很多城市中忙忙碌碌的工作者都希望内心获得一丝宁静，回归到生活和自然之中，体验人文情怀。所以这样的趋势让文化空间具有良好的发展前景。

1. 以人为主体

文化空间的塑造归根到底是“为人而设计”的。不同的文化特点以及别样的历史等都会对文化空间产生深远的影响，因此文化空间的存在并不是单一的，而是蕴藏着丰富的历史信息。对体验式文化空间的研究是人们追求生活品质和情感体验的必然趋势。从人的本性出发来完成对文化空间的设计，对人的心理需求以及精神世界进行充分的认识和感知，结合文化空间中的历史因素进行设计。设计出既满足物质形式的需求，又蕴含丰富情感的空间环境，从而激发人的情感，满足人的心理需求。

2. 文化传承

文化是体验式文化空间中最重要的部分，是文化空间建立的基础和根源。文化本身的魅力将会对人产生巨大的作用。在前期对文化空间的规划和布局设计中，应该全面地进行考虑。通过对文化内涵的把握，还要反映时代的发展，但是要保留历史文化中精髓部分。尤其是文化内涵中包含以下几个方面：空间形态、建筑风格等都需要进行设计和参考。这些元素都是我国几千年来遗留下来的文化精髓，应该不断地发扬光大，永远留存下去。通过设计不同的体验类型，让人们在体验过程中可以品味我国的文化底蕴，传承我国古代优秀思想。面向现代化的社会发展，文化空间应该受到人们以及社会的保护。社会群众在保护文化的同时也可以对我国浓厚的文化进行深入的认知，让自身在繁忙的工作生活中可以传承文化，丰富自身的精神世界。

3. 商业运作

经济的高速增长进一步促进了文化的发展，同时这也是经济高速发展过程中对传统文化的一种保护和传承。不只是一味地追求经济的增长，还应该提升我国的文化建设。市场的发展要求体验消费模式应该得到健全。在进行保护文化空间的同时，要结合时代的发展需要。因为消费者并不会一味地追求视觉上的冲击，往往关注的是商品其背后蕴藏的深厚文化。还有就是视觉上的冲击力也会吸引消费者，从而进行体验消费。文化空间在现代化的发展过程中，作为一个具有消费属性的物理空间，应该肩负起文化保护的重任。还要和当代文化共同发展，与时俱进，不断提升文化魅力，促进文化在商业领域内的传承。

第3章 茶建筑空间研究

3.1 茶建筑—茶文化的载体

茶的应用可追溯到神农氏时期——唐代陆羽的《茶经》有云："茶之为饮，发乎神农氏"，而茶文化的产生始于被人们饮用之后，逐渐演变成一种行为习惯，并升华为一种精神文化享受。茶文化已延续千年，更从哲学角度延伸至科学、艺术、礼仪、道德与社会风俗习惯等方面，"儒、道、佛"三教思想是其形成的哲学基础，强调"中庸"、"天人合一"、"禅茶一位"的思想。

儒家思想对中国茶文化影响深远，主要的思想核心就是礼、智、仁、义、信，强调万物和谐发展。当中的"中庸"理论亦是和谐与平静的释义，茶文化承载了中国人友好和坚韧的性格，也体现了和谐友好的文化底蕴。在中国传统文化中，老子可以算得上是一位大家，他所创立的道家学派，在思想中总是自觉或者不自觉地将"无为"作为核心，力求通过"无为"来达到"天人合一"。我们对于茶文化的应用就自然而然地成为了茶艺与文化的一种精神核心。茶源于其本身所具有的本真味道受到了人们的喜欢，这就像是道家思想中所透露出来的宁静、淡泊和谦和一样，带有着一种不一样的韵味。我国茶文化与佛教文化相融合的主要特征，就体现在"禅茶一味"之中。"品茶"与"悟道"在佛教中都被视为一种精神的升华，而茶文化的有形化便是我们常说的禅宗文化，这两者之间的有机融合就成为了我们所谓的"禅茶文化"。

北京茶叶协会的邹明华先生是这样总结我国茶文化的内涵的：他觉得茶文化有一种"修生、养性、怡情、尊礼"的韵味，他主张对于茶文化的完整诠释，要从茶所具有的药用和养生价值出发，找寻其是如何对我们的道德品格形成熏陶、如何对我们的艺术趣味起到提升作用的，更重要的是要看其是如何在品茶中促进人际和谐交往的。建筑是凝固的艺术，艺术是文化中最重要的组成部分之一，建筑承载着文化内涵，因此成为了茶文化的实体化载体。中华茶文化具有特定的内涵，从而构成了茶建筑的灵魂。

3.2 茶建筑发展与变迁

茶文化起源于古老的中国，在中国的广袤土地上，茶文化与茶建筑息息相关，茶文化是茶建筑的灵魂体现，茶建筑是茶文化的物质载体与表现形式之一。茶建筑在我国更多地表现为茶馆，我们也可以叫它"茶铺"、"茶楼"等，这些地方是以提供饮茶、售茶为主的场所。茶建筑代表着社会经济的发展，体现着文化的繁荣与兴盛，它是中国精神与文明的一种载体，随着时代的变革而发生不同的变化，在选址、空间、功能等方面一面在传承，一面也在发展。

3.2.1 茶建筑发展脉络

在我国的大部分史料中，都把魏晋南北朝时期作为茶建筑的源头。陆羽更是在《茶经沟隧矿陵卷老传》一文中提到："晋元帝时有老姥，每旦独提一器，往市鬻之"，在此文中明确地表明了煮茶器具的产生和使用，同时也记载了当年贩卖茶饮生意的出现。唐代是茶建筑正式形成与发展时期，而我国的茶建筑也正是在这种饮茶之风的影响下，开始走向了更为广阔的发展道路。唐代牛增孺在《玄忘录》一文中说到："长庆初，长安开元门外十里处有茶坊"，由此可见茶坊已经成为了当时时代发展的产物，成为了人们饮茶的主要场所，所以茶建筑在唐代呈现出大好的发展趋势。我国茶建筑的首次成熟与兴盛期是在宋代，这与当时的商业繁荣息息相关。北宋著名画家张择端在其画作《清明上河图》上就用自己的笔真实地描画了汴河两岸茗坊茶肆兴盛的盛世场景，而吴自牧也在《梦粱录》中描述道："汴京熟食店，张挂名画，所以勾观者，留连食客，今杭城茶肆亦如之，插四时花，挂名入画，装点店面"，"挂名入画，装点店面"吸引顾客前来饮茶，由此可以看出我国对于茶建筑的欣赏已经转入了对其建筑空间意境的欣赏上，彰显着我国茶建筑发展的迅猛（图3-1）。

明清时期，茶建筑经历了民间大兴与衰败。明代我国传统室内家具设计风格鲜明，使得茶建筑室内装饰在宋代基础上有了极大进步。茶建筑风格呈现出更加精美雅致的倾向，特别讲究环境的幽静、雅致，茶具用材高级、设计精致。至清代，茶馆数量、类型及功能已发展得极为成熟，随着茶文化由以雅为主转为以俗为主，茶馆文化开始完全融入市民生活，成为社会各阶层生活的一部分。清代茶馆遍布城乡，茶馆类型层出不穷，有清茶馆、野茶馆、书茶馆、戏茶馆等，经营形式与功能不断拓展，在全国范围以及各阶层范围内普及。清末至明初，战乱不断，社会动荡，举国民不聊生。传统茶文化受到极大冲击与破坏，茶建筑随着清王朝的没落，也呈现衰败与断层

图3-1 《清明上河图》部分（图片来源：网络）

之态势。

茶建筑发展到当代，走过了一条曲折的发展轨迹，新中国成立之后经济文化开始复苏，随着21世纪的到来，经济文化再现空前繁荣，人们的物质生活与文化认知达到新的高度，将茶文化推向了复兴的高潮。当下，我国茶建筑不仅讲求功能的多元化，更讲求对文化的传承，不同主题的茶馆不断涌现。北京老舍茶馆是茶建筑与茶文化复兴的典型代表。

3.2.2 茶建筑空间演变

茶建筑在中国已有1700多年历史，随着社会经济的发展、文化的进步，根据人们物质精神生活需求的不断丰富发展，使得不同历史时期的建筑形态、空间布局及建筑选址都各具特色，不断完善。

1. 茶摊

茶摊是我国传统茶建筑的雏形，“茶摊”尚未形成完整的建筑空间形态。其最初的构成形式为一个煮茶器皿，没有为其设立的遮挡物以及比较完备的服务设施，主要以露天可移动摊贩的形式进行活动经营，属于自由可移动性强的独立空间，没有固定场所。

茶摊选址多在集市人多之处，供市民解渴休息，早期茶摊布置极其简陋，可移动的经营特征明显，多未为茶客设置休息歇脚设施。茶摊延续至今，民间仍有流传。随着演绎形式的变化，茶摊形式伴随人们的生活习惯与生活水平的提高而变得更适宜当下人们的生活需求，从最初的一个茶具器皿演变为可移动拖车或摆摊为载体的经营形式（图3-2、图3-3）。

2. 茶棚

随着经济的发展和饮茶风气的盛行，茶棚走出茶摊的限制，开始向着更完善的方向发展。主要体现在茶摊设施的完善，大部分的商家已经知道在自己的茶摊附近摆设桌椅和长凳，一方面供市民休息，另一方面也方便饮茶。同时茶摊的空间布局也由可移动转向了半围合状，开始初具建筑的雏形。

大部分的茶棚都集中在近郊和郊区，用简单的四根木棍作为茶摊的主要支撑，然后在上面遮盖一些茅草或油毡来抵御风雨，形成一种半围合型的空间建筑，另外在棚内配上少量方桌和长凳，来供人们休息和饮茶。现代的茶棚依然采用了古代茶棚的建筑形制，风格简朴，建在幽静的山路上，为人们提供休息的场所，极少有茶棚会出现在闹市之中（图3-4、图3-5）。

3. 茶铺

早期茶铺还是要追根溯源到茶棚上，因为无论是茶棚还是茶铺，两者都具有相同的建筑构造。不同之处就是，茶铺具有更为宽敞的建筑空间，开间与进深都较为宽敞和舒适，由半围合变成了封闭型的室内空间。茶铺在自身宽敞的空间基础上，为了更好地采光，往往会设置相应的门和窗搭配宽敞的入口来方便更多的顾客。同时茶铺在室内布局方面也更为讲究，往往会在室内张贴有字画、窗花的装饰，也会花大成本来完善自己的服务设施，

图3-2　旧时街头茶摊（图片来源：网络）

图3-3　当代摆摊茶摊（图片来源：网络）

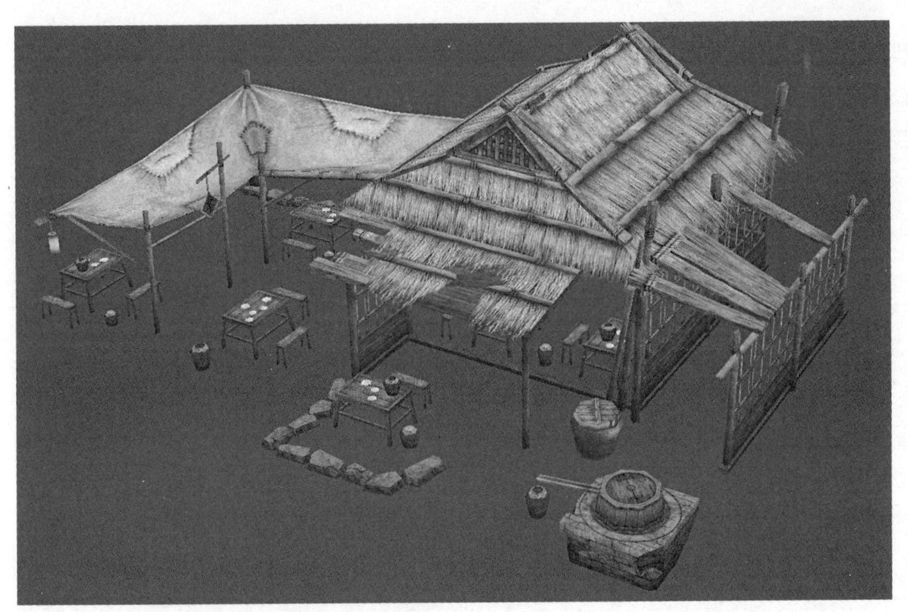

图3-4　古时郊外茶棚（图片来源：网络）

图3-5　新时代茶棚（图片来源：网络）

购进大量的器具及操作台方便煮茶。在我国初期的茶铺中可以看到，大部分的茶铺都是以单层的散座经营作为自己的主要经营方式，同时搭配适当桌椅板凳，具有很大的随意性。

近代主要盛行两种形式的茶铺：一种小店主要把卖茶水作为自己主要的营生，设计布局都偏向传统，带有一种古朴精致的美感，往往只配置一两套桌椅供顾客休息和饮茶即可，选址则比较讲究，多出现于高档商业区；另一种则是更多地偏向提供休息的茶铺，对于这种茶铺来说，贩卖茶水也只是他们赖以经营的一种辅业，其更多的带有传统茶铺的特点，往往出现在人流密集处，如社区中心或街心公园等，主要是以散座为主，对外开放经营（图3-6、图3-7）。

4. 茶肆

茶肆建筑是茶楼的前身，它所体现出来的形制与功能布局等都对茶楼的建设产生了一定的影响，其往往是粉墙黛瓦的双层楼阁建筑，楼下以散客经营为主，与楼上相比则显得较为简陋，室内只是简单地陈设了掌柜用的柜台和少量的桌椅板凳；而楼上则更加的高雅和讲究，多是雅座或包厢，带有很强的私密性。在楼上饮茶的顾客往往可以凭栏远眺，享受清幽雅致的环境氛围。此外这种建筑更加注重装饰，借助牌匾、招牌和灯笼等使自己的店

图3-6　茶铺内部格局（图片来源：网络）

图3-7　茶铺外部设施（图片来源：网络）

铺变得更加显眼，为了带有一种风雅趣味，在店内也装饰一些名花、诗词字画和对联等。“茶肆”是第一次对茶建筑进行了正式的称谓，它标志我国茶建筑的成型。吴自牧在《梦粱录》中记载道“汴京熟食店，张挂名画，所以勾引观者，留连食客，今杭城茶肆亦如之，插四时花，挂名入画，装点店面”，以及“今之茶肆，刻花架、安顿奇松异桧等物于其上，装饰店面，敲打响盏歌卖”。可见此时的装饰已经形成了一种规模，并且相当的成熟。

茶肆的选址多为市井人流汇集之处，环境相对混杂，茶肆的经营多集餐饮、住宿等功能于一身，功能的综合性较强。

5. 茶室

当代有茶建筑研究者提到：“‘茶寮’亦可谓‘茶室’，一般是指个人专辟的煎茶、品茶，乃至于读书的斗室”。由此可见，茶室的前身即为古代“茶寮”，即供个人专门用于烹茶、读书及与人清谈的书斋斗室，可以研墨吟诗作画，茶友来此，既可以品茗论茶，又可以即兴泼墨，留下丹青小趣。

在史料记载的文徵明与唐寅的诗画中，我们可以发现古代茶室在选址方面所体现出来的特征。文徵明的《品茶图》和唐寅的《事茗图》中皆表明，我国古代的茶室在进行选址的时候，更加注重环境的作用，所以往往会选择那些环境优美、景色宜人的地方。在建造的时候，也更多地愿意选择那些篱笆、木头和茅草等材料进行搭盖，往往都是面积不大，但是简陋中体现着整洁，设置简单的一桌一凳，一书童用于煮茶即可。所以在《长物志》之《室庐》一文中论述到“门厅雅洁，室庐清靓”，由此可见环境才是选择的重要依据，也更表明了我国古代茶室的清幽和雅洁朴素（图3-8、图3-9）。

6. 茶楼

茶肆是茶楼的前身，此时的茶楼更加趋于分层设计，虽然在茶楼最初兴盛的时候，设计和布局仍然简陋，以桌椅板凳的陈设作为自己提供服务的标志，但是伴随着社会经济的不断发展，以及茶文化的盛行，商业经济变得日益繁荣，这都为茶楼的日益完善提供了机会，所以此时的茶楼在此基础上发生了变化，建筑由原来的两层发展为多层，建筑装饰的风格也更加多样，并且装饰材料的选择趋于多元化和精致化，多种牌匾、对联、灯笼和招牌交相辉映，带有一种不一样的色彩；但是对于茶楼功能的设计仍然与先前相符，将楼下设置得较为简陋，以接待散客和提供普通茶叶为主，而楼上仍是设置布局都很讲究，为一些中高档茶客提供高雅的环境、精美的装饰和色香一体的茶叶。

茶楼选址重视环境，一般选在清幽雅致的环境中，可于楼前凭栏眺望，满园春色尽收眼底，宾客于楼上品茗观景，听丝竹管弦之乐，闻四溢之茶香，可谓赏心悦目（图3-10、图3-11）。

7. 茶馆

自明清时期开始，茶建筑被统称为“茶馆”，且延续至今。《二十年目睹之怪现状》中写道：“到茶馆里去泡一

图3-8　明 文徵明《品茶图》局部（图片来源：网络）

图3-9　现代茶室（图片来源：网络）

图3-10　多层茶楼（图片来源：网络）

图3-11　临水茶楼（图片来源：网络）

碗茶，坐过半天”；老舍在《龙须沟》中阐述道：“您到茶馆酒肆去，可千万留点神，别乱说话”。由此可见，茶建筑得到了较大程度的普及，成为市民生活消遣时间的公共空间。

清代的茶馆业发展最为鼎盛，为适应不同阶层消费者的需求，此时在各个方面较前期的茶馆都更加的完善，并且形成了大茶馆、野茶馆、棋茶馆、书茶馆等以不同功能为主的茶建筑形式。我国传统茶建筑历史悠久，茶建筑形制的演变在清代达到极致，民国时期的茶馆形制只是清代的延续。不同时期的茶建筑携带着不同的特征，称谓亦不同，从萌芽时期被称为“茶摊”、“茶棚”，到形成与兴盛时期的“茶铺”、“茶寮”、“茶肆”、“茶楼”，皆可谓是明清时期“茶馆”形式的铺垫。因此，不同类型的茶馆体现了对前朝不同历史时期茶建筑与茶文化的传承（图3-12、图3-13）。

图3-12　民国时期茶馆（图片来源：网络）

图3-13　顺兴老茶馆（图片来源：网络）

3.3 案例分析

3.3.1 老舍茶馆

老舍茶馆是以作者老舍先生以及名剧命名的茶馆，始建于1988年，是集书茶馆、餐茶馆、茶艺馆于一体的多功能综合性大茶馆。在这里您可以欣赏到汇聚京剧、曲艺、杂技、魔术、变脸等优秀民族艺术的精彩演出，同时可以品用各类名茶、宫廷细点、北京传统风味小吃和京味佳肴茶宴。自开业以来，老舍茶馆接待了近47位外国元首，成为展示民族文化精品的特色“窗口”和连接国内外友谊的“桥梁”（图3-14、图3-15）。

图3-14　杂技表演（图片来源：网络）

图3-15　小品表演（图片来源：网络）

1．地理位置

老舍茶馆位于前门西大街5号楼，正阳门城楼的西侧，包含老北京大茶馆的所有形式——野茶摊、餐茶馆、书茶馆、清茶馆、大茶馆、二荤铺，营业面积共3600多平方米，内设演出大厅、品珍楼、四合茶院、茶庄和新京调茶餐坊（图3-16）。

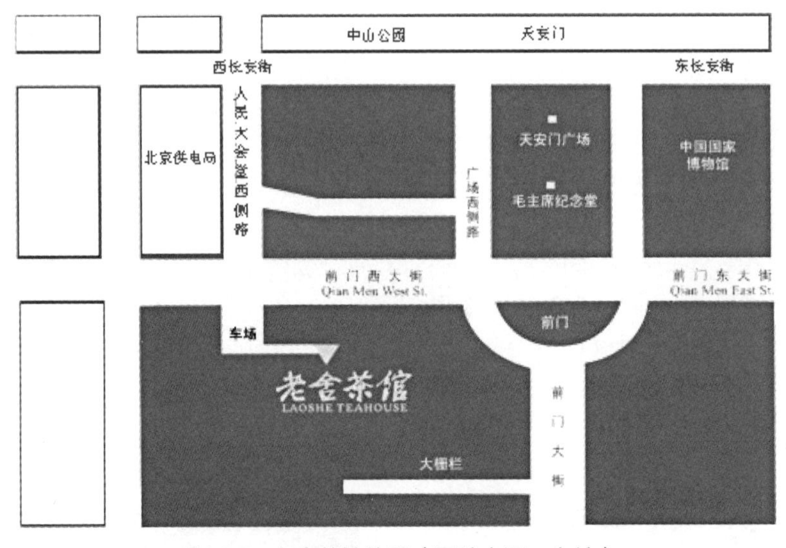

图3-16　老舍茶馆位置（图片来源：自绘）

2．四合院设计理念

老舍茶馆四合院位于老舍茶馆二楼，是一座模仿老四合院的茶艺馆，它是在楼宇中建起的四合院，其建筑集北方庄重与南方素雅于一身，茶院内独具匠心地穿插了江南的亭台风韵，各个茶室错落有致，虚实相间。老舍茶馆将四合院的建筑巧妙地请入了室内，使老舍茶馆中的四合院成了名副其实的院中院。古老的窗格、复古的墙砖、搭建院内的绿色植物和栩栩如生的石雕，漫步其中，感受不一样的文化空间，好像来到了几百年前的北京。院内的茶室，将中式元素恰到好处地运用到其中，通过落地窗将室内外的景致融合到一起，在其中品茶，享受人生难得的休闲，别有一番韵味（图3-17、图3-18）。

图3-17　室内四合院（图片来源：网络）

图3-18　院内景致（图片来源：网络）

3.3.2 现代茶空间存在问题

老舍茶馆是茶建筑与茶文化复兴的典型代表。不论是建筑形式、布局，还是选址都能诠释出对传统茶建筑的传承。随着茶文化与茶建筑的交流学习研讨会议的更加频繁，中国茶建筑的文化内涵不断提高，茶文化与茶建筑所发挥的促进精神文明建设与传承中华文化的社会功用亦不断增大。因此，当代茶建筑的发展方向至关重要，茶建筑要因地制宜地提取传统文化，不能一味地模仿传统，要基于现在当下人们的文化需求来设计，满足人们的体验，加入丰富的文化内涵。

第4章　体验式安化黑茶文化空间研究

4.1 安化黑茶文化概述

4.1.1 黑茶起源

安化黑茶历史悠久，产自湖南梅山文化发源地之一的益阳市安化县，在宋代以茶建县，但其历史要追溯到1400多年前的“渠江薄片”。相传汉代有一位名臣叫张良，他辞官以后，云游名山大川，在游览天下后领着自己的徒弟们在雪峰山余脉的安化渠江神吉山张家冲修道，此处的奇山异水让张良流连忘返，便长居神仙屋场。在此期间，张良见到山下瘟疫遍地，民众多为瘟疫夺取生命，张良悲天悯人把渠江神吉山的茶叶制成了茶片——后人称之为薄片，分发给乡民饮用抗瘟疫。由于薄片便于携带收藏，乡民们都纷纷效仿，常饮一生无病痛。黑茶薄片被称为“宗祖薄片”，俗称“张良薄片”。汉代时渠江黑茶薄片就已经成为朝廷贡茶而有“渠江皇家薄片”之称，简称“皇家薄片”。

4.1.2 种植环境

安化地处湘中偏北，雪山峰北端，资水中游，属于亚热带季风气候，其境内多为山地，林木茂盛，安化茶叶无论是品相还是质量、口感都属上佳之选，这跟它的产地环境息息相关，该地的地理环境山明水秀，纵横沟壑，山上云雾奔腾，茶树都是依山傍水，无须栽种，自然生长，是最佳的好茶生长之地。

4.1.3 制作工艺

安化黑茶制作工艺独特，在2008年，千两茶的制作工艺被列为《国家非物质文化遗产保护名录》。安化千两茶是中国最正宗的黑茶品种，享有“世界茶王”的盛誉，堪称我国茶文化的“活化石”。

安化黑茶属于经完全发酵的发酵茶，它有别于绿茶的无发酵，也有别于青茶的部分发酵，安化黑茶的原料茶叶是安化境内山区种植的云台山大叶种茶叶，安化云台山大叶种是国家评定的21个优良茶叶品种之一。叶和梗成熟且内含物丰富，该茶的制作流程是：杀青→初揉→渥堆→复揉→干燥等工序，使茶叶的本身成分经过一系列的工序而成独特之品，经过工序加工后的黑茶茶叶漆黑，汤色橙黄，清香扑鼻，浅酌一口，独特的陈香味溢满整个心间。制作流程如图4-1所示。

4.1.4 茶马古道

在安化县的崇山峻岭和山涧溪流之间，绵延着一条神秘的茶马古道。千百年来，无数的马帮在这条道路上行

1. 杀青　2. 揉捻　3. 渥堆　4. 干燥　5. 烘焙气蒸　6. 灌装　7. 人工滚压　8. 晾晒

图4-1　制作流程（图片来源：网络）

走，四季运茶，安化前乡的茶在进行初制后需要转送到后乡的资江边八大茶叶镇进行后续的加工，加工后远销边疆牧民及海外，其所经道路崎岖，经年累月，就形成了著名的茶马古道。该道天然险阻，崎岖蜿蜒，马帮每一次征途都将历经生死考验。茶马古道艰险之余，其自然壮观之景亦使人心潮澎湃，勇往直前，让经过的人心志坚定，如山似海，使人的灵魂进一步升华，茶马古道的历史印记与文化记忆，将升华为华夏子孙艰苦卓绝、勇于开拓的创造精神（图4-2）。

图4-2　茶马古道（图片来源：网络）

4.2 人与体验式文化空间的关系

4.2.1 人是建筑空间的主体

人是建筑空间的主体，建筑与空间都是为了人来服务的，想要完整地体验建筑、体验空间，必须把人包含在其中，必须以人为中心，既作为建筑有机体的一部分，同时又作为度量建筑尺度的一个标准。

以往，人们为了能够顺应大自然的发展趋势和需求就需要结合当地的自然特征来修建住宅，而且所有的劳动人民都会参与到其中，因此人们非常了解建筑物的场地和材料。他们没有建筑师和设计师，所建造的房屋虽然外观上十分普通，但是实用价值很高。现今社会中，由于科技和文化都获得了高速的发展，每天人们身边所呈现出来的建筑发展更多的是强调建筑风格、最新的科学技术，脱离了以人为主体的出发点。人类社会的飞速发展导致人的存在变得比较渺小，但是社会是向前发展的，文明也不可能倒退，以往的手动劳作被现代化的建筑方式所替代是自然界发展的必然结果，所以在建筑空间体验中人类扮演的重要角色和重要性应该也值得被关注。

4.2.2 人的发展需求促进空间的发展

人的发展需求推进着历史的发展，同样促进着建筑空间发展需求的变化，人类的文明在历史发展中不断前进，同样建筑空间的内容也随着人类发展而变化。人类的文明发展史，也是建筑的发展史，无异也是建筑空间形态不断演变与发展的历史。随着经济发展、对精神生活的需求，建筑空间开始注重人的心理，强调人对建筑空间的感受和互动，使得人通过认识贯穿在该空间内的简单规律而把握建筑的内涵，认识、理解、感受空间的目的在于满足人对建筑的需求，人在不同历史时期对建筑空间的要求不同。现代的建筑物基本上都是钢筋混凝土结构，其塑造性强，这样就使得建筑获得了更加开放的发展平台，在空间的设计上也有了灵活运用的基础条件。

4.2.3 人是文化空间的一部分

人是文化的一部分，是文化世界存在的重要依托。而人的存在的现实只有通过属于人的文化空间才能体现出来，只有人及其文化赖以生存和发展的场所才能称作是文化空间。

人们在不同的文化空间活动中，因为受到不同的心理刺激而产生不同的心理活动，然后又产生不一样的心理暗示，在不同的空间体验中所获得的心理效果也是不同的，或轻松，或愉悦，或紧张，或平静，或自由，想要在文化空间中体现出对人的终极关怀就需要在空间文化中非常用心地来设计空间形式、布局和组合等。目前，人们所认识的文化空间已经远远超出了以往对集合空间构成的一种理解，现阶段人们更加注重的是文化空间中所体现出来的精神情感和人们的主观感受，人们在对建筑空间环境进行分辨的同时也能够充分体现出人们的价值观和美学观，然后通过这些直观感受对文化空间体验进行评判，这时，人们就不再只是空间中的一个观赏者和使用者，而是通过自己在文化、精神等方面的素养与建筑进行沟通和交流。

4.3 安化黑茶文化体验空间的营造

建筑和空间向来都是紧密联系的，二者之间从不分离。布鲁诺・塞维作为意大利知名的建筑理论家，他提出了“空间乃建筑的本质”以后，人们对空间有了比较深入的认识，空间也成了建筑理论家和建筑大师们所共同关注的焦点。观察当今的建筑物可以发现，这些建筑大多存在空间秩序零乱的现象，主要体现在缺乏空间的层次感，所以这种建筑从整体就让人们感觉不太好，同时人们在心理上也无法形成一种连续的体验感。对于建筑空间而言，它需要根据一定的关系来组织，注重各要素的大小、形状和开合等属性，在空间上进行变化，然后再通过在造型和尺度上仔细地琢磨和推敲，最后给人呈现出一个秩序感和序列性非常强的视觉体验。在人们的视觉上会给人以流连忘返之感，并且这种视觉上的体验非常独特，且空间感很强。

4.3.1 基于体验的建筑形象

体验是产生鲜明意象概念的基础来源，人类在与生存环境相互作用的过程中所获得的经验是概念形成的基础。在现代的建筑中，有很多建筑物都属于大胆构思并且构思得比较前卫的概念性建筑，在这些建筑中所体现出来的都是比较超前的概念，其主要的目的就是能够体现出比较新奇的建筑形象，给人一种个性化的体验，引领人们对新的生活方式和未来建筑的思索。概念本质上是体验性的，一些抽象性较高的概念往往是通过与较直接的概念之间的类比来形成鲜明的意象，才能够被很好地理解。

建筑作为一种文化或艺术现象，离不开人文景观，即一个地区的政治、经济、历史、地理、习俗等。在建筑所处地域人文景观，将区域文化和历史文脉通过人的经验与思维，抽象提炼出来的形象最能代表该地区的文化。如：在中国的建筑中经常会看到屋顶上有凹形的造型，这种建筑造型所体现出来的就是东方人与自然界之间和谐相处的关系和谦卑的态度；在伊斯兰教的建筑中为了突出内部空间，经常会看到宏伟的穹顶，这种建筑主要反映了集中向心的思想；而西欧的教堂大多都有高耸的拱顶，这个造型所体现出的是一种虔诚的信仰。由此可以看出，无论是对建筑的理解与体验，还是建筑创作，都是对其建筑形象进行考虑。人们首先都会通过建筑的外观来获取对建筑的第一印象（图4-3～图4-5）。

4.3.2 物质材料的感知

通过认识材料的物理性质可以深入认识到这个材料。而材料的物理性质又包括材料的颜色、气味、温度以及

图4-3　中式建筑（图片来源：网络）

图4-4　伊斯兰教建筑（图片来源：网络）

图4-5　欧洲教堂（图片来源：网络）

状态等。人们可以通过五官、四肢等器官去感知它。而另外一些物理性质，包括熔沸点、密度以及延展性、硬度等则需要相对应的实验仪器来进行测量。

1. 透明度

界面材料具有透明度。当代玻璃是最主要、最普遍的透明材料。在建筑内部投入玻璃的使用，可以让人的视野变得开阔，从而也会从视觉上增大建筑的面积，既能开阔视野，又能使整个空间获得开放性和通透性，一举两得。目前，我们可以看到有很多建筑都加入了大面积的玻璃，他们的共同点就是通过玻璃来达到一种空间的开放性，而一些办公场所和公共空间设立在这种地方就再好不过了。所以玻璃现在已经深受设计者的喜爱。再从材料上入手讨论，透明材料不仅能开阔视野，还降低了建筑的实物感，从直观上看，与周围那些使用不透明材料的建筑相比，透明材料的建筑就好像消融在其间。比如伊东丰雄设计的位于伦敦公园内的蛇形室外展廊，整体形状是长方形，用钢支撑起建筑，作为一个整体支架，而不规则的铝板和玻璃就覆盖在建筑表面，这样的设计使建筑充满质感，让人感觉不到压抑和繁重感，与公园中的自然风光相融合（图4-6）。“与透明性关系密切的另一个相对比较低调的伙伴，就是半透明性”，达到半透明就需要对玻璃进行特殊处理或者遮挡，让周围的环境从半透明和透明图案相间的玻璃中凸显出来，可以让人在进入建筑时感到柔和和明亮。

2. 视觉特征

一个建筑最先映入人眼帘的是这个建筑的色彩，而且色彩也决定了人对这个建筑的第一印象。它可以使建筑富有个性，让人眼前一亮。也可以使建筑低调奢华，让人望而止步。但是在人类建筑的初期，天然色彩的资源实在有限，而且技术不发达也造成了很大程度上的限制，所以拥有智慧的人类就开始通过在原材料上直接粉刷装饰来达到自己想要的效果，这样不仅可以改变原色，还能随心所欲按照自己的喜好来创作。当工艺技术不断提高，颜色的多变可以通过染色剂和一些特殊的化学物质来改变，从而获得五彩缤纷的色彩。

3. 触觉特征

质感和温度是触觉最主要的体现，硬与软、温与冷、平滑和粗糙等都提现了人体最直观的触觉感受，当然这在建筑设计中也是非常重要的。就拿日本设计师隈研吾的作品长城脚下的公社之“竹屋”（图 4-7）来说，室内的空间是通过把竹竿捆扎在一起作为隔断，形成了一种三维空间，并且这种空间还是可入式的。与此相同的有位于美国纽约的美国民俗博物馆（图 4-8），这个建筑所采用的材料都比较特殊，用铜、锌、锰合金制成墙壁，同时墙板还由63块不同质地和色彩的材料打造而成，效果奇特，设计别具一格，给人一种视觉上的冲击。

图4-6　伊东丰雄的蛇形室外展廊
（图片来源：网络）

图4-7　隈研吾竹屋
（图片来源：网络）

图4-8　美国民俗博物馆
（图片来源：网络）

4. 嗅觉特征

材料的气味是嗅觉的一种，一定意义上来说，只有通过接触物质才能对其有感觉。所以，这也可以称为是材料的表面属性。独特的气味会让人产生不一样的记忆，从而对建筑的印象进一步地加深。比如“被雨水打湿的泥土的气息，原皮的色泽和味道……”，从这段话我们就可以知道通过一些味觉和嗅觉，可以让人想起很多关于过去的记忆。在糖果店里甜蜜的味道会让人回想起童年时候美好的回忆。卒姆托在设计克劳斯菲尔德兄弟礼拜堂时，设计非常独特，他用树干围绕着建筑，随后把树干全部烧掉，这样一来，室内的环境就变得焦黑，给人一种嗅觉上的冲击。一些材料的表面性质决定了建筑实体的质感，例如材料的气味、手感和质感以及它自身存在的温度都起到决定性作用。把建筑设计和建筑环境融为一体，在进行设计的过程中多多考虑人的身心感受，争取为人们创造一个舒适、安全的建筑，使它充满生命力。

4.3.3 空间尺度

1. 建筑体量

建筑物在空间上的体积也就是建筑体量，其中包含了建筑物的长、宽、高，所以要严格控制建筑物的竖向和横向的尺度，以及建筑本身的形体。建筑体量是由空间构成得来的，是从内部空间延伸到外部空间的表象。所以一个建筑的体量决定了建筑的空间结构，一模一样的空间被体量大小不同的建筑围合的感觉是完全不一样的。另外，由于每个建筑都有它存在的空间环境，而且每个建筑都不一样，所以带给人们的感受也有所差异。因此，控制建筑体量首先选好建筑所处的空间环境，尽量给人们创造一个舒适安逸的环境，让人们在其中得到的是享受而不是折磨，这一点一般在旅游区比较重视。一个好的建筑群，一般重量轻、构造简单，带有复古感的低层建筑融入一些地域文化，会让建筑风格和城市的文化融为一体。

2. 街道空间的尺度

建筑用词中的尺度是一个固定词，如果尺度合理会让人感到舒适、安全。街区的设计强调平易近人，这样才能吸引人群。街巷尺度和建筑高度是两个对立的方面，街道太狭窄会给人形成一种压抑之感，即使街道两旁的建筑物并不高大也会给人带来这样的感觉。而且在太多东西遮挡的阴暗环境下行走会让人感觉到无比不适，会使人急切地想要离开这样的地方。国内外许多理论家都研究过街道建筑的关系问题，这其中就包括芦原义信，他认为，人们感受到最舒服的环境就是D/H在1～2这样的一个范围之内。人行道之所以叫人行道，就是需要建筑物立面的高度达到一定的幅度，这样才会给人们带来一种属于人行道的感觉，让人们感觉舒适和安全。

第5章 安化茶庄建筑设计实践

5.1 设计前期分析

5.1.1 昭山“山市晴岚”文化旅游项目背景分析

昭山市晴岚文化旅游项目，位于湖南省湘潭市湘潭昭山示范区昭山景区，由山市晴岚小镇和昭山核心景区一起组成山市晴岚新画卷。项目总占地面积约2500亩，总投资约20亿元，预计年接待游客300万人以上。

项目总建筑面积约15万平方米，总体规划结构为“一核、两区、十园”。山市晴岚文化小镇，以集市为脉络，串联会馆、商街、禅修、山居与宗祠文化等多个功能体块，打造集“市、渔、礼、禅、居、艺”于一体的湖湘文化魅力小镇。集市布局白石画院、安化茶庄、古窑遗韵等湖湘非物质文化遗产，更有各类行业会馆与小镇商街，营造氛围浓郁的小镇风情的需求。

5.1.2 设计要求

课题选择为非物质文化遗产区安化茶庄建筑单体设计，面积为2000平方米，可根据创意灵活组织。功能需满足：（1）展览功能，主要展览安化黑茶的历史，制茶工艺。（2）品茶功能，包含茶室、茶文化交流室、茶友聚会场所。（3）售卖功能，展销茶叶、茶具。

5.1.3 昭山安化茶庄选址分析

从文化上，安化古称“梅山”，是梅山文化发祥地。梅山文化是指在湖南省中部新化县—安化县，自古流传着一种古老的文明文化形态，似巫似道，尚武崇文，杂糅着人类渔猎、农耕等原始手工业发展的过程。在漫长的社会历史发展和人口自然流动中，梅山文化影响着周边区域，形成梅山文化的一种辐射现象。在《梅山民俗与旅游中》对梅山地区文化辐射范围的表述：“梅山地区是指现在洞庭湖以南，南岭山脉以北，湘江与沅水之间的广大区域。”从这个范围的划分来看，基地位于梅山文化的辐射区内（图5-1）；从地理位置上，安化与昭山两地之间全程313.5公里，大约4小时车程。安化境内黑茶博物馆位于县城东面、资江南岸，山路崎岖，交通不便。现有基地位于长株潭交会处，交通非常便利，有利于黑茶文化的传播与发展（图5-2、图5-3）；从饮茶习惯上，湖南是产茶大省，茶文化节已举办到第十九届，基本每个市都产茶、卖茶、饮茶。基地所在区域附近也有种茶场，茶庄的设立符合昭山当地的生活习惯。

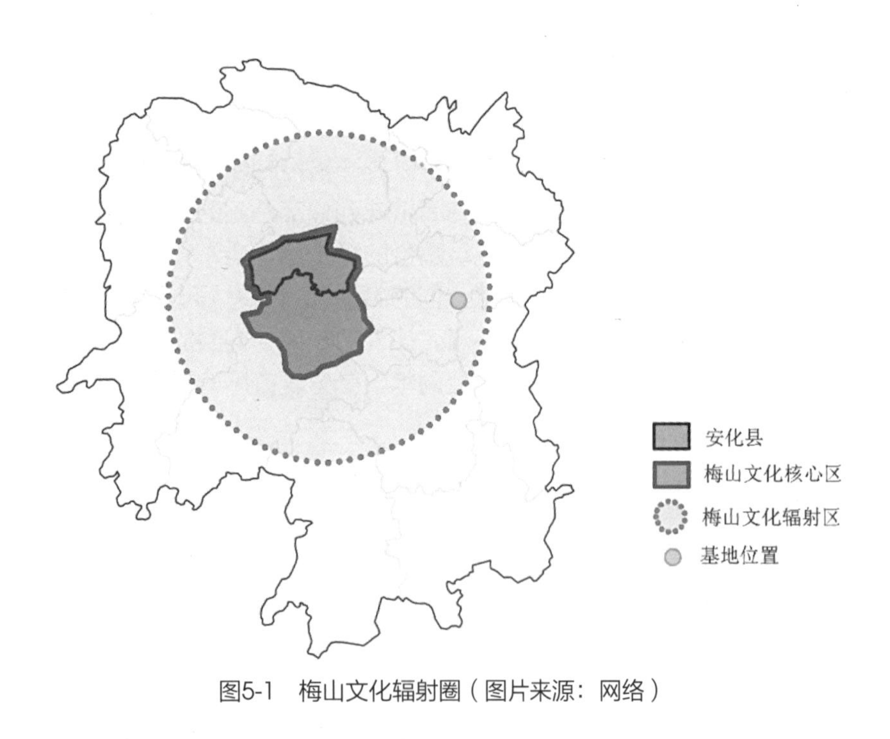

图5-1　梅山文化辐射圈（图片来源：网络）

图5-2　安化县位置（图片来源：网络）

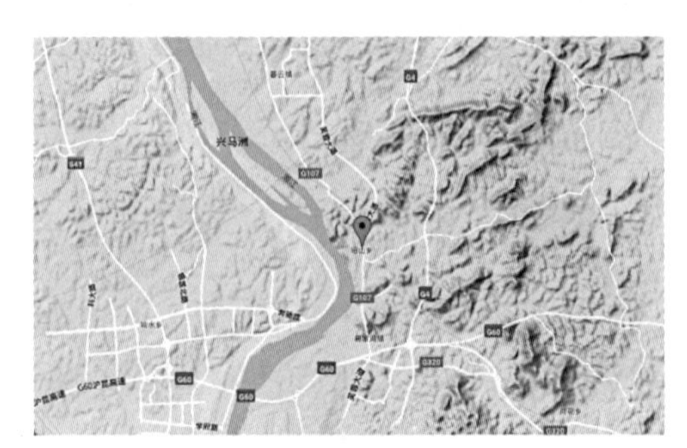

图5-3　昭山景区位置（图片来源：网络）

5.2 设计定位

安化黑茶文化历史悠久，在以文化体验为主流的经济体验时代下，昭山非物质文化遗产区的茶建筑对于展示和弘扬、传播茶文化有重要的作用。安化黑茶茶庄作为一个以黑茶文化和昭山文化为文化基础的地域性体验式建筑，是昭山景区必不可少的。该建筑单体占地2000平方米，旨在将安化黑茶茶庄设计为一个集黑茶文化展示、品茶、茶艺学习、茶文化交流、销售于一体的兼具黑茶文化与昭山文化特色的综合性体验式文化建筑，使人们感受安化黑茶与昭山山水文化的魅力。

5.3 安化茶庄建筑设计分析

5.3.1 总体规划分析

安化茶庄在总体规划结构为“一核、两区、十园”非物质文化产区中的集市体验区。基地东侧为古镇布坊，南侧为古镇集市，西侧为山地，北侧为古镇酒坊。反复勘察基地以及根据安花茶庄的原始肌理，确定为围合型院落建筑形式，在建筑设计中，依据朝向、风向、地势等因素进行建筑体块生成。

在建筑平面布局中，首先系统地分析了安化茶庄对于建筑功能的要求，并依据展示、茶艺表演、销售的要求，将茶庄分为两大建筑体量，并进行了静区与闹区的划分，建筑体量在满足功能、切合自然环境的基础上，形成高矮、大小、虚实的对比。安化茶庄共设置了三个入口，其中主入口位于基地西侧，紧邻13米步行街，与东侧布坊隔街相望，从主入口进入的游客向左为安化黑茶展厅，向右为安化黑茶销售区。次入口位于基地东南侧，便于从东侧来的游客进入茶庄。由于基地北侧地势高差大，在茶庄二楼设置了一个入口，便于从北侧而来的游客进入茶庄。

5.3.2 建筑形象分析

建筑形象是一个综合体验的过程，基于体验的建筑，形象是可变的，游客对建筑形象的感知是多角度、全方位的，在建筑所处地域人文景观，将区域文化和历史文脉通过人的经验与思维，抽象提炼出来的形象最能代表该地区的文化。茶庄在基于游客体验的基础上对建筑屋顶进行波浪形设计，主要从昭山绵延起伏的山岭和湘江的水纹中提取设计元素（图5-4）。

5.3.3 建筑材料分析

安化茶庄建筑材料的选取要体现一定的湖湘地域文化，用白墙、青瓦作为建筑材料的基调，从安化千两茶的包装中提取竹子辅材料以及常用的木材，并将现代建筑常用的玻璃、混凝土引入其中，不同的材料带给人不同的感官体验。

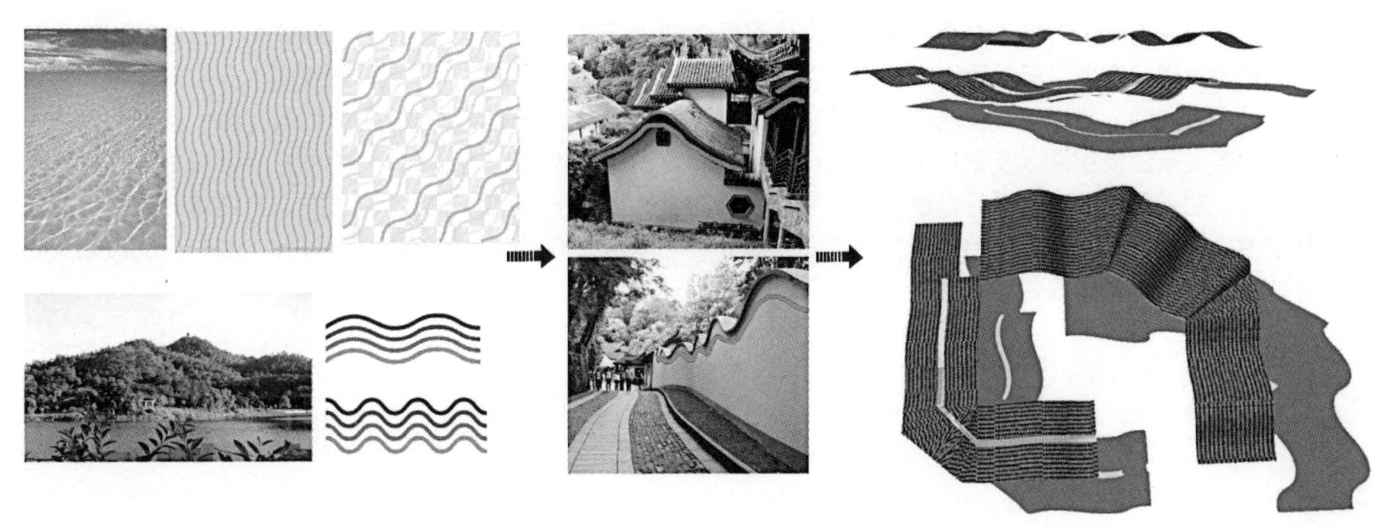

图5-4　屋顶形式设计来源

（1）玻璃，是现代建筑常用材料，透明是其最大的特点，安化茶庄界面运用了大量的玻璃，玻璃能使建筑内部视野获得最大限度的解放，最大限度获得空间的开敞性和通透性。透明性材料在获得开敞视线的同时，也削弱了建筑的实体感，从建筑的外观上看，透明材料使建筑消融于周围的环境之中。“与透明性关系密切的另一个相对比较低调的伙伴，就是半透明性”，玻璃表面通过特殊处理或者遮挡可以达到半透明的效果，安化茶庄将玻璃与竹子结合使用，形成半透明效果，周围环境尽收眼底，同时使建筑内部的光线变得柔和而明亮。（2）竹子，纤维排列紧密、整齐、走向一致，有一定的韧性和硬度，从其表面属性上看，给游客清新质朴、品位高雅的体验，从古至今，竹在人们的生活中就扮演非常重要的角色，具有深厚的文化内涵。（3）木材，作为一种自然材料，从视觉上对人有着特殊的亲和力，安化茶庄二层栏杆使用了木材，大多数木材属于暖色，给人深沉、稳重、高雅、舒畅之感。（4）混凝土，是一种人工材料，其可塑性强。（5）青瓦，具有黏土厚重的天然本色，质地细腻，质朴自然，富有艺术气息，是安化茶庄屋顶的主要材料（图5-5）。

图5-5　安化茶庄建筑材料（图片来源：网络）

5.3.4 建筑尺度分析

与人相关的空间尺度极大地影响着人的情感和行为，合适的尺度更能让人觉得舒服、亲切。街区的设计强调平易近人，这样才能吸引人来。建筑高度与街巷尺度是相对的，如果街道过于狭窄，街道两边的建筑即使不很高大也同样会给人压抑之感，光照也会因此被遮挡。在这样的环境中行走会引起人们的不适。芦原义信对建筑高度（H）和邻幢（D）之间的关系及对人的心理感受有详细的分析。芦原义信提出，D / H在1～2之间给人的感觉是最舒服的。安化茶庄旁的街道为13米，而安化茶庄根据街道形成了相应的高度。

结语

本文在昭山“山市晴岚”文化旅游项目背景下，通过对昭山风景区的实地调研，以游客体验为出发点，选取安化茶庄文化空间为研究对象，对基于体验的文化空间营造进行了系统研究。一方面，首先将游客体验和文化空间的概念和需求进行深入分析，得出文化空间以人为主体是对传统文化保护，与商业运作结合使传统文化得以更长远地延续；其次深入研究茶文化的内涵，茶文化是茶建筑的灵魂，茶建筑是茶文化的物质载体，理清两者之间的关系，对各类茶建筑空间以及案例进行分析，研究其历史，从根源出发进行设计。另一方面，根据茶文化是茶建筑的灵魂，对安化黑茶文化进行概述，文化空间以人为主体，基于游客的体验角度出发，从建筑形象、材料、空间及周围环境的方面，总结体验式茶文化空间的设计手法理论，将其应用到安化茶庄设计实践中，使该论文的研究具有理论意义与现实意义。

参考文献

[1] 布鲁诺·塞维. 建筑空间论—如何品评建筑［M］. 张似赞，译. 中国建筑工业出版社, 1985.

[2] 中国社会科学院语言研究所词典编辑室. 现代汉语词典［M］. 北京：商务印刷馆，1983.

[3] 汉斯·格奥尔格·伽达默尔. 真理与方法［M］. 洪汉鼎，译. 北京：商务印刷馆，2007.

[4] 谢彦君. 旅游体验研究［D］. 东北财经大学，2005.

[5] 窦清. 论旅游体验［D］. 广西大学硕士学位论文，2003.

[6] 罗伯特·麦金托. 旅游学：要素·实践·基本原理［M］. 上海：上海文化出版社，1985.

[7] 张博. 非物质文化遗产的文化空间保护［J］. 青海社会科学，2007.1.

[8] 陈虹. 试谈文化空间的概念与内涵［J］. 学术论坛，2006.1.

[9] 向驹. 论“文化空间”［J］. 中央民族大学学报，2008.

[10] 王娟芬 李艳. 中华茶文化视域下我国传统茶建筑研究［J］. 福建茶叶，2015.

[11] 邹明华. 养生、修性、怡情、尊礼——论中国茶文化的内涵［J］. 农业考古，1994.

[12] 陆羽. 茶经译注［M］. 宋一明，译. 上海古籍出版社，2009.

[13] 吴自牧. 梦梁目［M］. 张社国，符均校，注. 三秦出版社，2004.

[14] 文震亨. 长物志［M］. 汪有源，胡天寿，译. 紫禁城出版社. 2011.

[15] 吴趼人. 二十年目睹之怪现状［M］. 宋世嘉，校点. 上海古籍出版社，2011.

[16] 老舍. 茶馆·龙须沟［M］. 长江文艺出版社，2011.

[17] 理查德·伟斯顿. 材料、形式和建筑［M］. 范肃宁，陈佳良，译. 中国水利水电出版社，2005.

[18] 斯蒂文·霍尔. 视差［M］. 普林斯顿建筑出版社，2000.

[19] 芦原义信. 街道的美学［M］. 尹培桐，译. 天津：百花文艺出版社，2006.

[20] 彭一刚. 建筑空间组合论［M］. 北京：中国建筑工业出版社，1998.

[21] 杨·盖尔. 交往与空间［M］. 何人可，译. 北京：中国建筑工业出版社，2002.

[22] 诺伯格·舒尔茨. 存在、空间、建筑［M］. 尹培桐，译. 北京：中国建筑工业出版社，1990.

[23] 伯纳德·鲁道夫斯基，高军，译. 没有建筑师的建筑［M］. 北京：天津大学出版社，2011.

[24] 西蒙咨. 俞孔坚译. 景观设计学［M］. 北京：高等教育出版社有限公司，2008.

[25] 凯文·林奇. 城市形态［M］. 林庆怡，译. 北京：华夏出版社，2001.

[26] 刘阳. 体验与交融——领悟建筑空间［J］. 华中建筑，2003.

[27] 邹统钎，吴丽云. 旅游体验的本质、类型与塑造原则［J］. 旅游科学，2003.

[28] 吕健梅. 基于体验的建筑形象生成论［D］. 哈尔滨工业大学，2010.

[29] 王帆. 基于游客体验的古村落旅游景观展示研究［D］. 陕西师范大学，2008.

茶 · 惬
Tea · Satisfied

基地概况

项目位于湖南省湘潭市岳塘区昭山乡昭山风景区，湘潭市北20公里的湘江东岸，为长沙、湘潭、株洲三市的交界处，属中亚热带季风湿润气候区。四季分明，冬冷夏热；热量丰富。昭山每逢雨后新晴，或是旭日破晓，万丈霞光洒在山间，雨气氤氲，色彩缤纷，美而壮观，北宋大书画家米芾将这一景观绘成《山市晴岚图》，列为潇湘八景之一，昭山自此声名大震。

区位交通

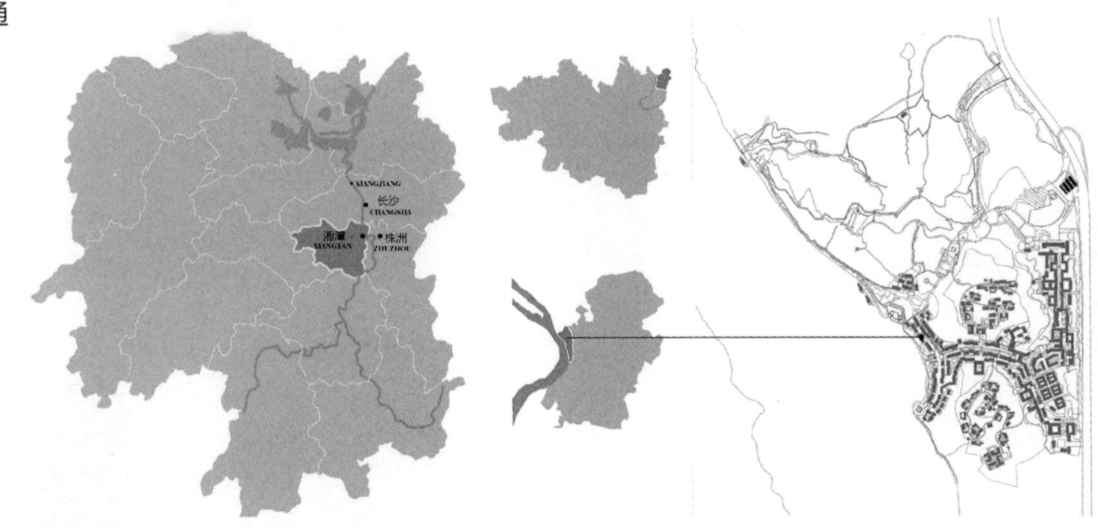

昭山风景区交通便利，长沙南火车站、长沙黄花国际机场距其车程都在30分钟以内，紧邻国道G107、京港澳、沪昆高速等重要道路。

现场照片

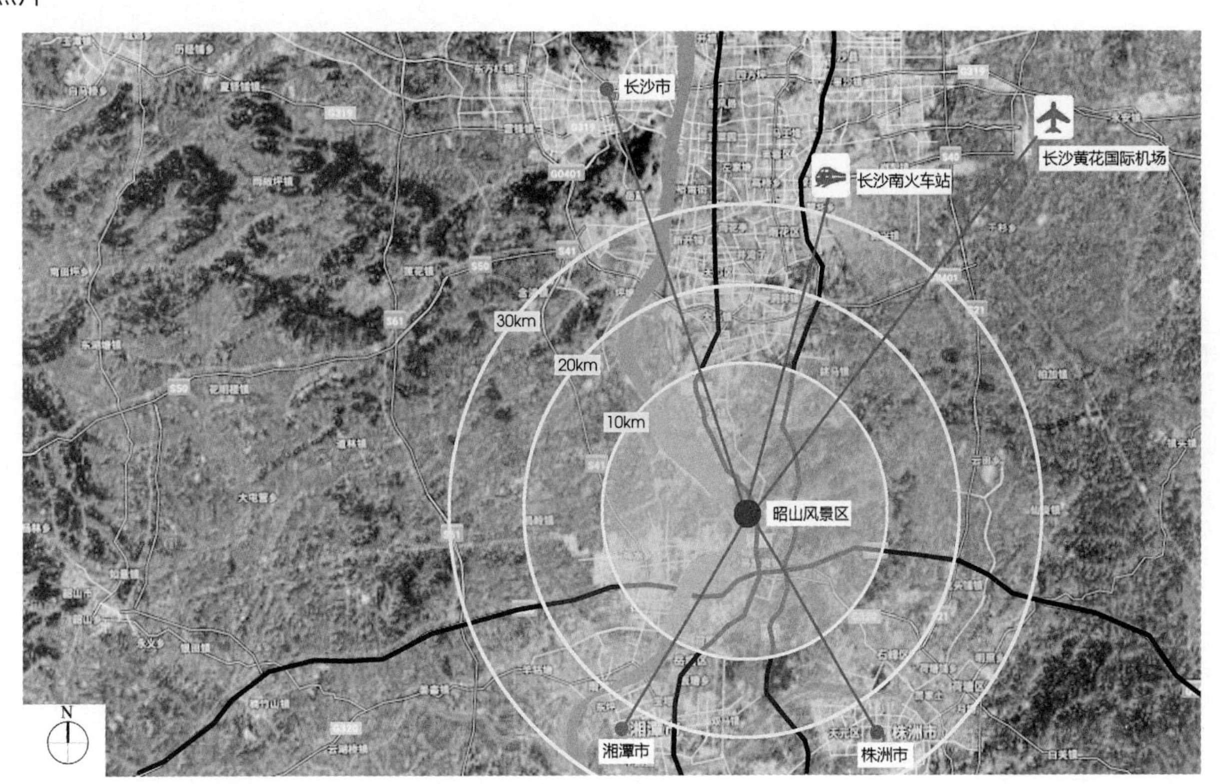

任务书解读

项目总建筑面积约15万平方米，总体规划结构为"一核、两区、十园"。山市晴岚文化小镇，以集市为脉络，串联会馆、商街、禅修、山居与宗祠文化等多个功能体块，打造集"市、渔、礼、禅、居、艺"于一体的湖湘文化魅力小镇。集市布局白石画院、安化茶庄、古窑遗韵等湖湘非物质文化遗产，更有各类行业会馆与小镇商街，营造氛围浓郁的小镇风情。

课题选择安化茶庄进行建筑设计。建筑面积：2000平方米。

位于山市晴岚文化小镇中的集市体验区。

主要功能：

1. 展览功能，主要展览安化黑茶的历史及制茶工艺；

2. 品茶功能，包含茶室、茶文化交流室、茶友聚会；

3. 售卖功能，展销茶叶、茶具。

环境分析

基地常年主导风向为西北风，夏季盛行偏南风，建筑朝向最佳为南偏北9°左右，不宜朝向为西、西北。

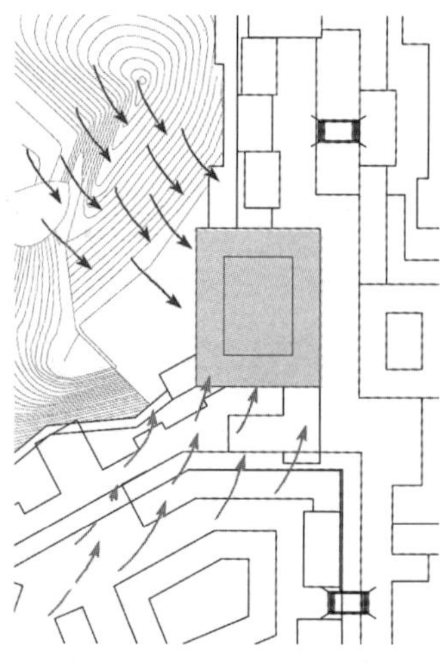

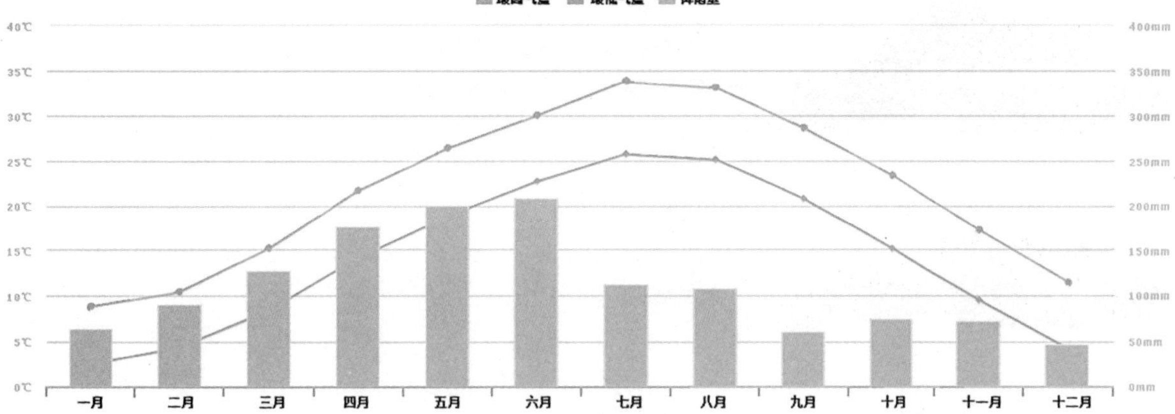

功能分析

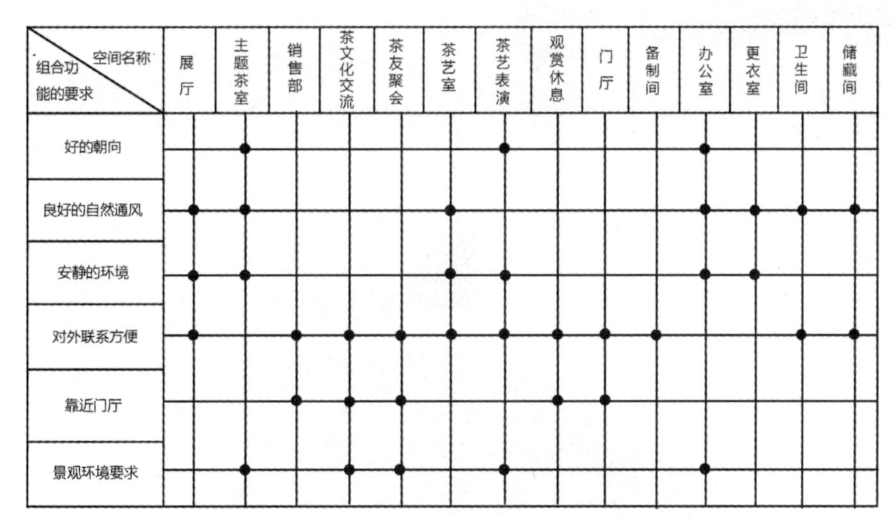

组合功能的要求 \ 空间名称	展厅	主题茶室	销售部	茶文化交流	茶友聚会	茶艺室	茶艺表演	观赏休息	门厅	备制间	办公室	更衣室	卫生间	储藏间
好的朝向		●					●				●			
良好的自然通风	●	●				●					●	●	●	●
安静的环境	●	●				●					●	●		
对外联系方便	●		●	●	●	●	●	●	●	●			●	●
靠近门厅			●	●	●			●	●					
景观环境要求		●		●			●				●			

功能空间要求列表

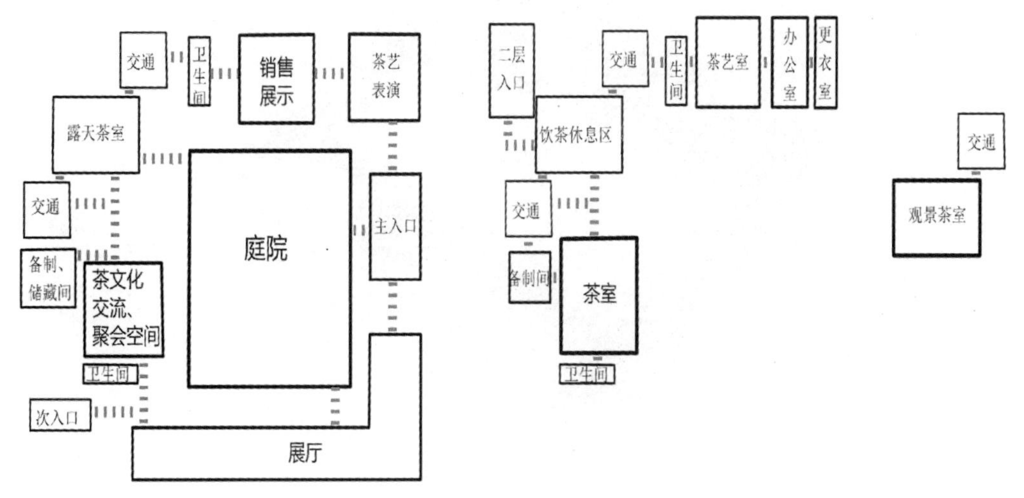

空间序列分析

空间推演

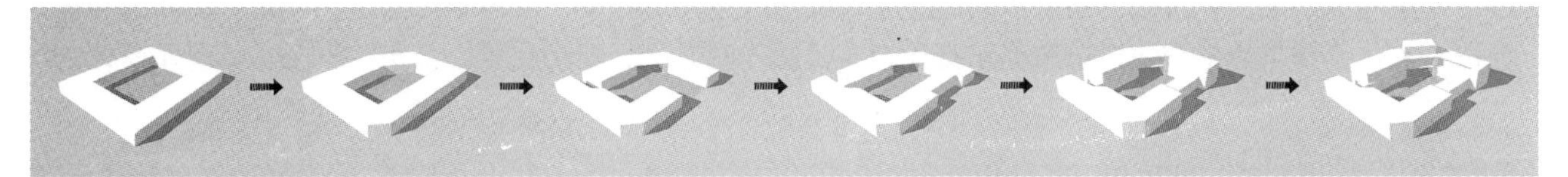

形体分析

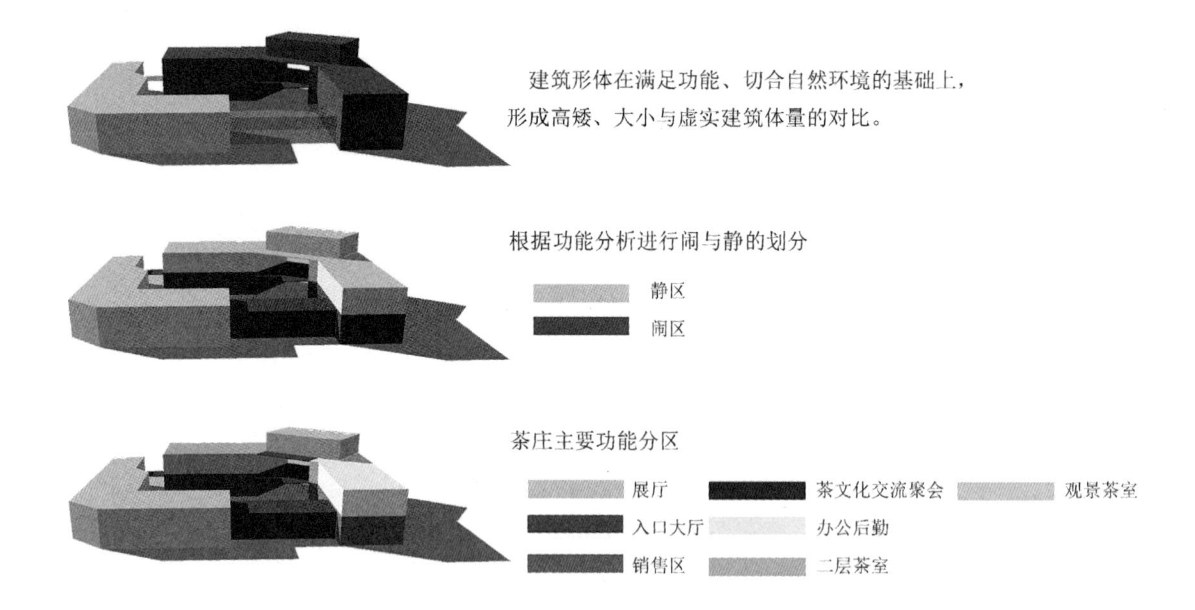

流线图

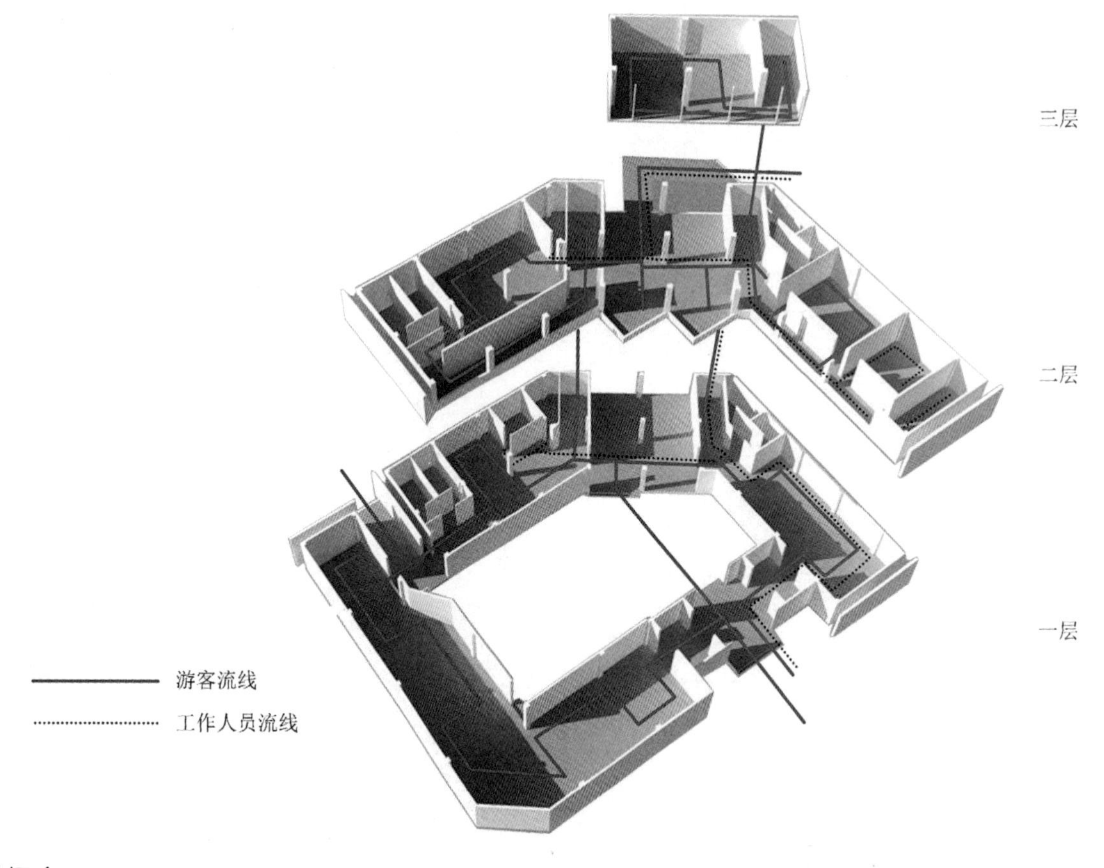

设计概念

茶庄主要功能有展示、交流、聚会、茶室、茶艺表演等，是一个非常复合型的空间，以昭山文化小镇规划背景为前提，通过对基地地理位置和自然条件进行深入分析以及对功能、通风、采光的分析得到建筑的最终表现形式。设计尊重湖湘历史文化传统，借鉴当地传统建筑风格以及建筑材料，尊重昭山的自然肌理，提取建筑设计元素。在符合文化小镇项目的整体建筑风格和基于游客体验的基础上，打造品茶、赏茶、学茶、传承茶文化的惬意空间。

总平面图

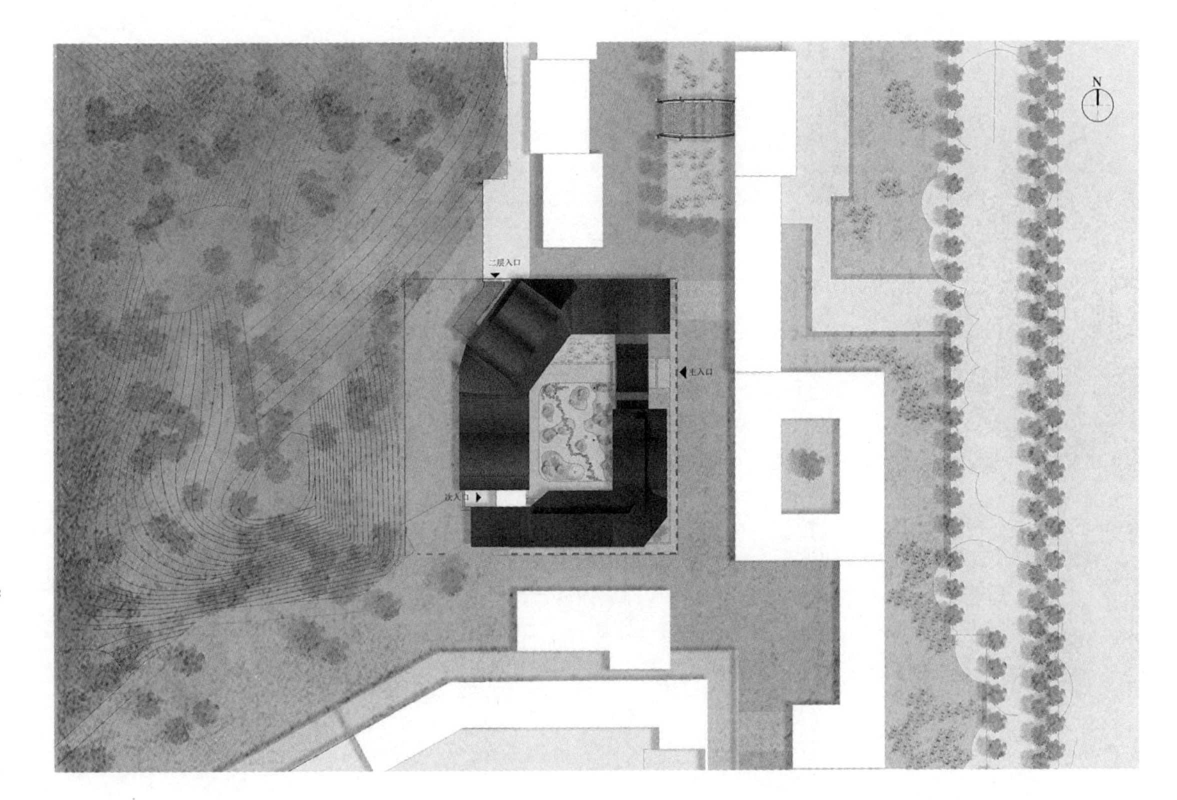

经济技术指标：

用地面积：3000㎡

总建筑面积：1948㎡

容积率：0.64

建筑密度：23%

建筑平面图

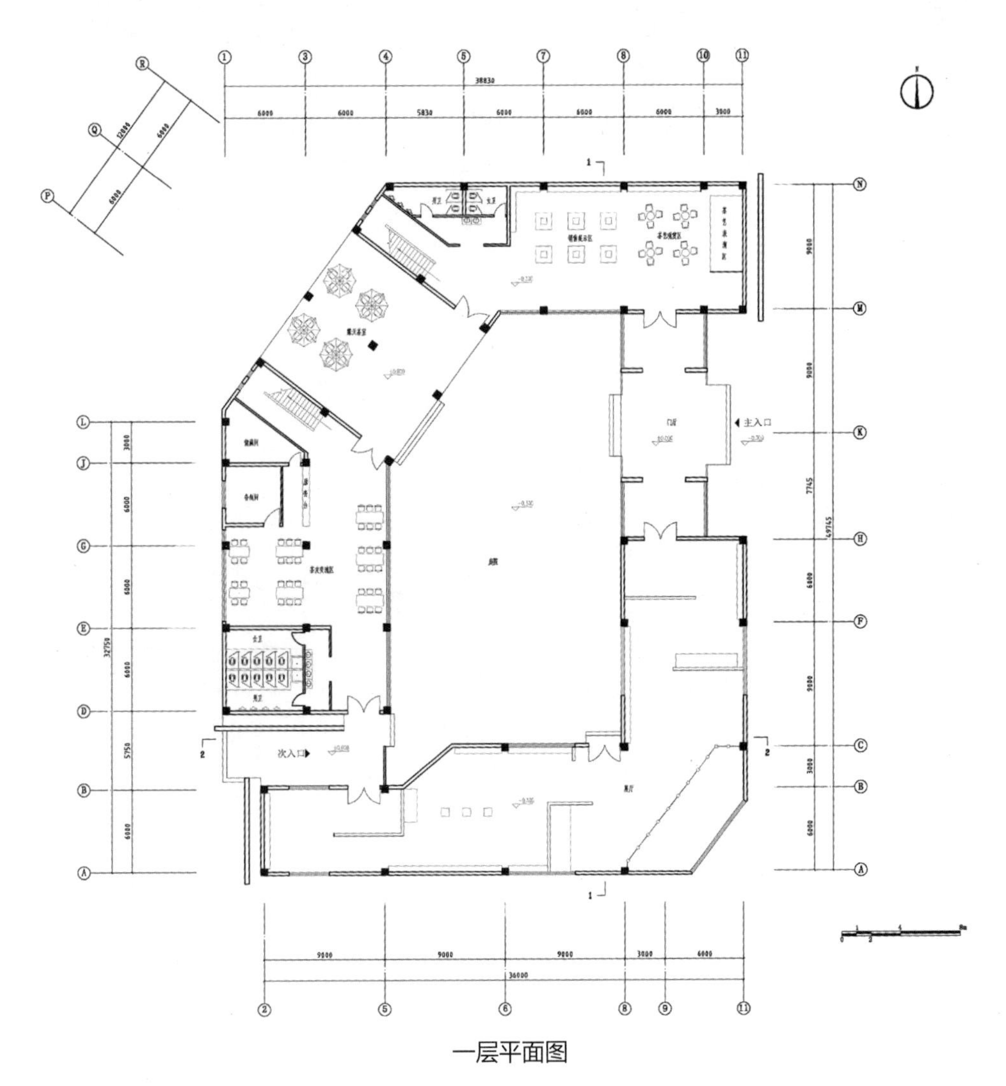

一层平面图

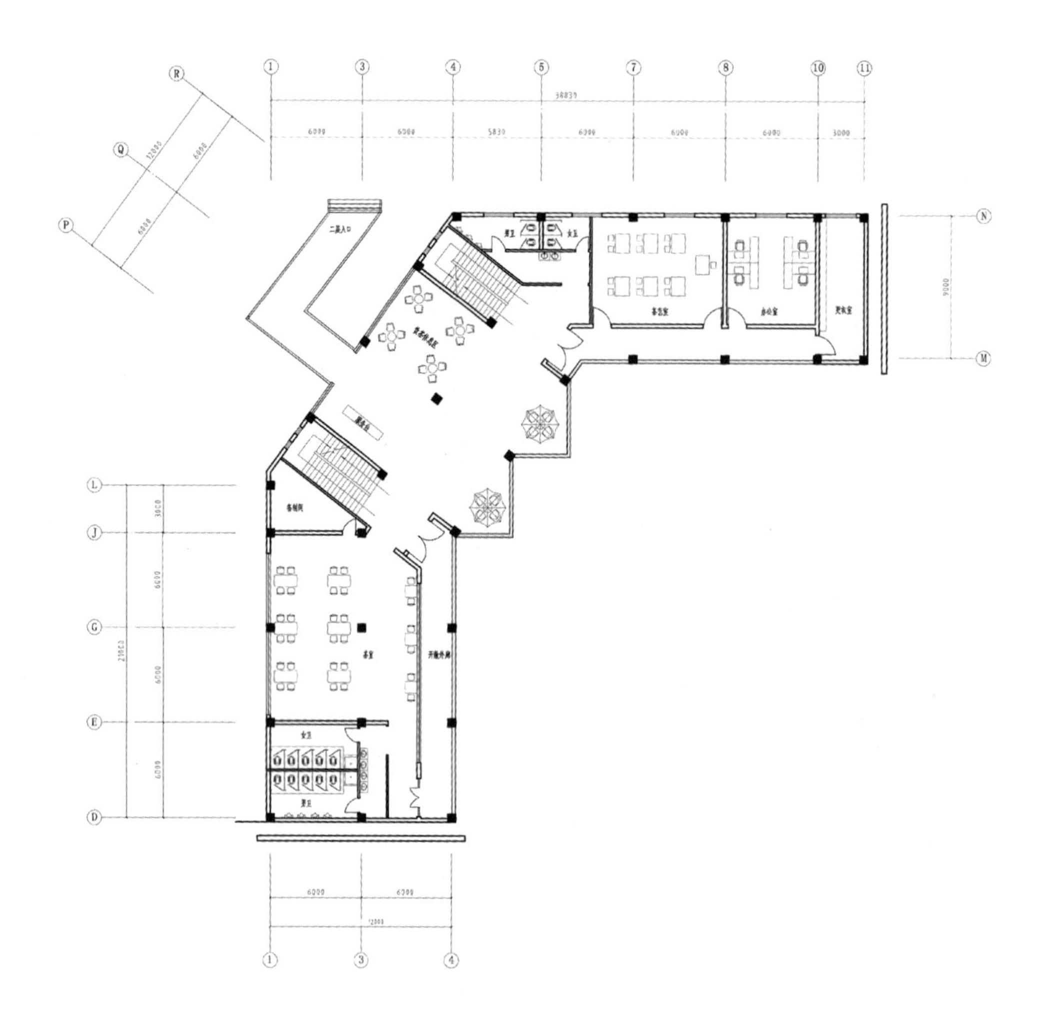

二层平面图

建筑剖面图

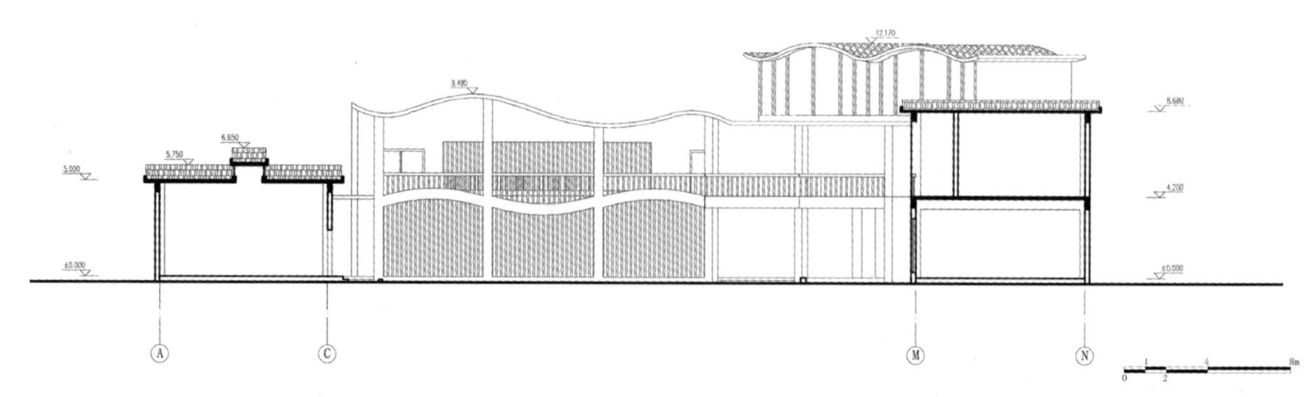

1-1　剖面图

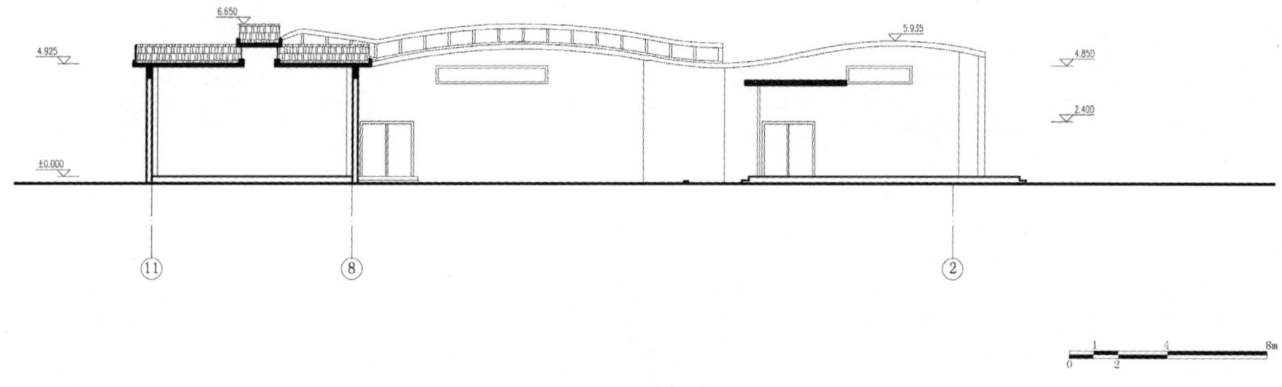

2-2　剖面图

建筑立面图

东立面

西立面

入口效果图

内庭效果图

湖边茶室建筑设计

Lakeside Restaurant and Teashop in a Hungarian Village, Orfű

匈牙利佩奇大学工程与信息学院

PTE Faculty of Engineering and Information Technology,

Architectural Designer，Pécs

姓　名：Fruzsina Czibulyás

导　师：Ildikó Sike

学　校：University of Pécs

专　业：complex designing

匈牙利位于欧洲中部，我们的学校位于佩奇市。我的基地位于 Orfű，Orfű是一个很小的城镇，距离佩奇市只有30分钟车程。在17世纪，基地与其他五个村庄是被一条溪流贯穿，同时被一座名为Mecsek的大山环绕。后来小溪干涸了，只留下了一个叫 Bottom Meadow的山谷。在20世纪，5个村庄合并为一个，命名为ORFŰ。为了创造更多娱乐的可能性，同时又能保护这片区域，人们挖掘了4个人工湖。

Hungary is located in the center of Europe. Pécs is our campus, Orfű is a little town about 30 minutes from Pécs. In the 17th century at the location of Orfű 5 villages were connected by a stream and rounded by the Mecsek Mountains. Later the stream dried out and only left a valley called Bottom Meadow. In the 20th century the 5 villages got integrated to one, called Orfű. To make recreation possibilities and nature reservation they created 4 artificial lakes.

基地历史history of Orfu

设计区域过去是一个葡萄种植园，现如今我们在这里依然可以发现一些传统的房子。这个小村庄是一个城市和自然区的过渡地带，由于地形的原因这个村庄被大家共享。

当地建造房子通常是免费的，因为人们使用自然的材料和坡屋顶，而外立面通常使用木材作为装饰覆盖物。

Orfu 位于自然环境中被大山包围的一个休闲娱乐区域，提供洗浴、运动和钓鱼服务。同时这里也是一个很好的避暑胜地。

The designing area was used for growing grapes, nowadays we can find holiday houses there. The small-scaled village is a transition between the nature and the built city area. The village is shared by reasons of terrain ability.

The houses are usually free standing, built up of natural materials and have pitched roof. At the whole area they frequently used wooden cladding on the facades.

Orfu is mainly a recreation area in a natural atmosphere, rounded by hills. The village gives facilities of bathing, sporting, and fishing. During the summer it also gives place to a festival.

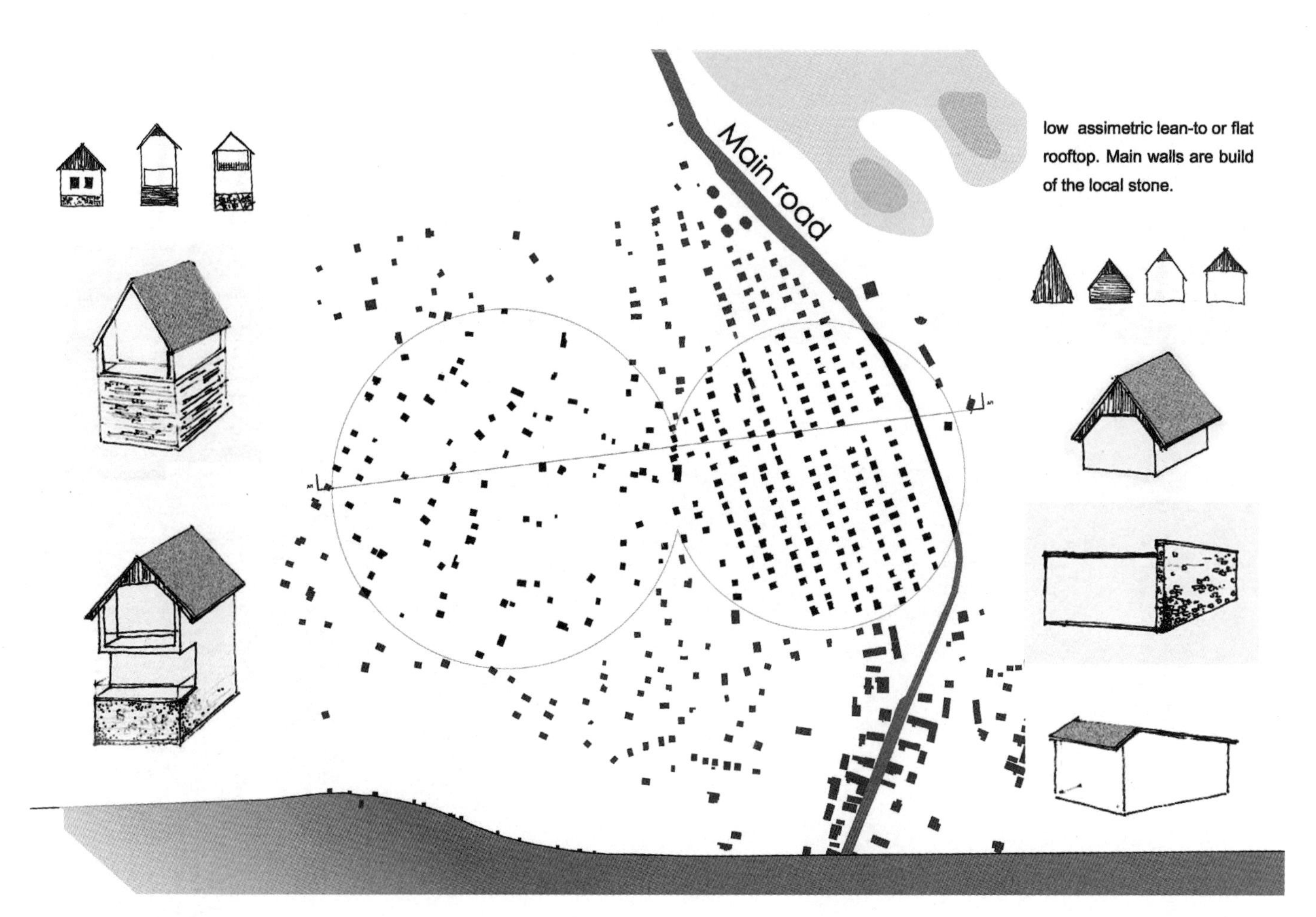

村庄位置the village

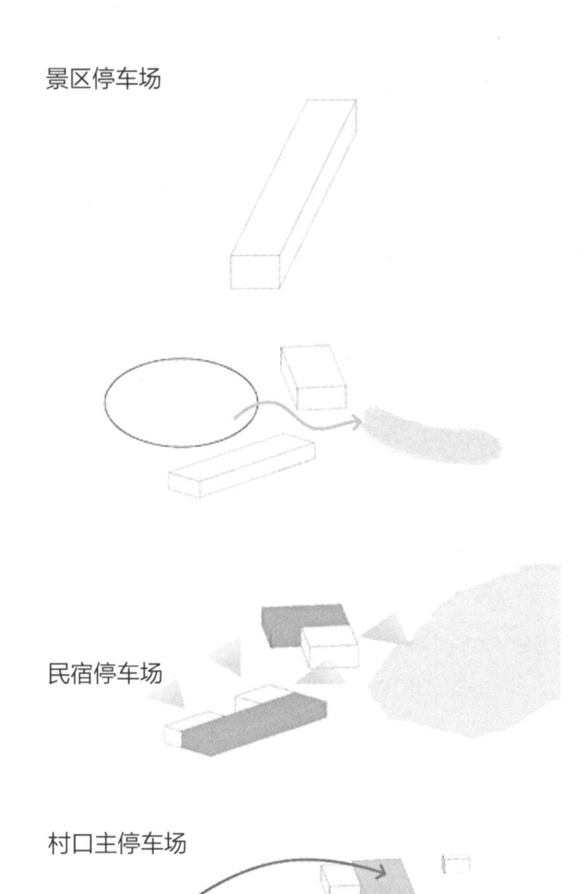

我想为这个村庄不同的季节提供更多不同的旅游设施，将包含就餐、品茶、徒步旅行、海滨桑拿等等。但规划受到当地自然条件、旅游路线和非机动车道的影响。

I imagined a village scaled complexum which provide more facilities for the tourist during more seasons. It would contain a restaurant, teashop, hiking shop, plage building and sauna with tight connection with the lake.

The planning was influenced by the natural aptitude of the place, the tourist paths and the newly built bicycle road.

为了避免使用围栏限制空间，实现人们能够在两栋建筑之间自由穿行，我把建筑物设计为边界。

这两座建筑物形成了一个城市广场来欢迎客人。建筑物之间的空间将把客人引到湖边。

主体建筑物采用玻璃材质实现透明化，将室外景色引入室内。

这两个游客中心能够很快带动整个区域的活力。

To avoid using a fence moreover for the sake offree passage between the two buildings on the site I shaped the buildings as a borderline. The two buildings shape an urban square to welcome the guests. The space between the buildings would lead the guests to the lake. The main buildings got transparent parts with view towards the spectacular nature.

Both of the visitor centers can be easily rich from the parking zone.

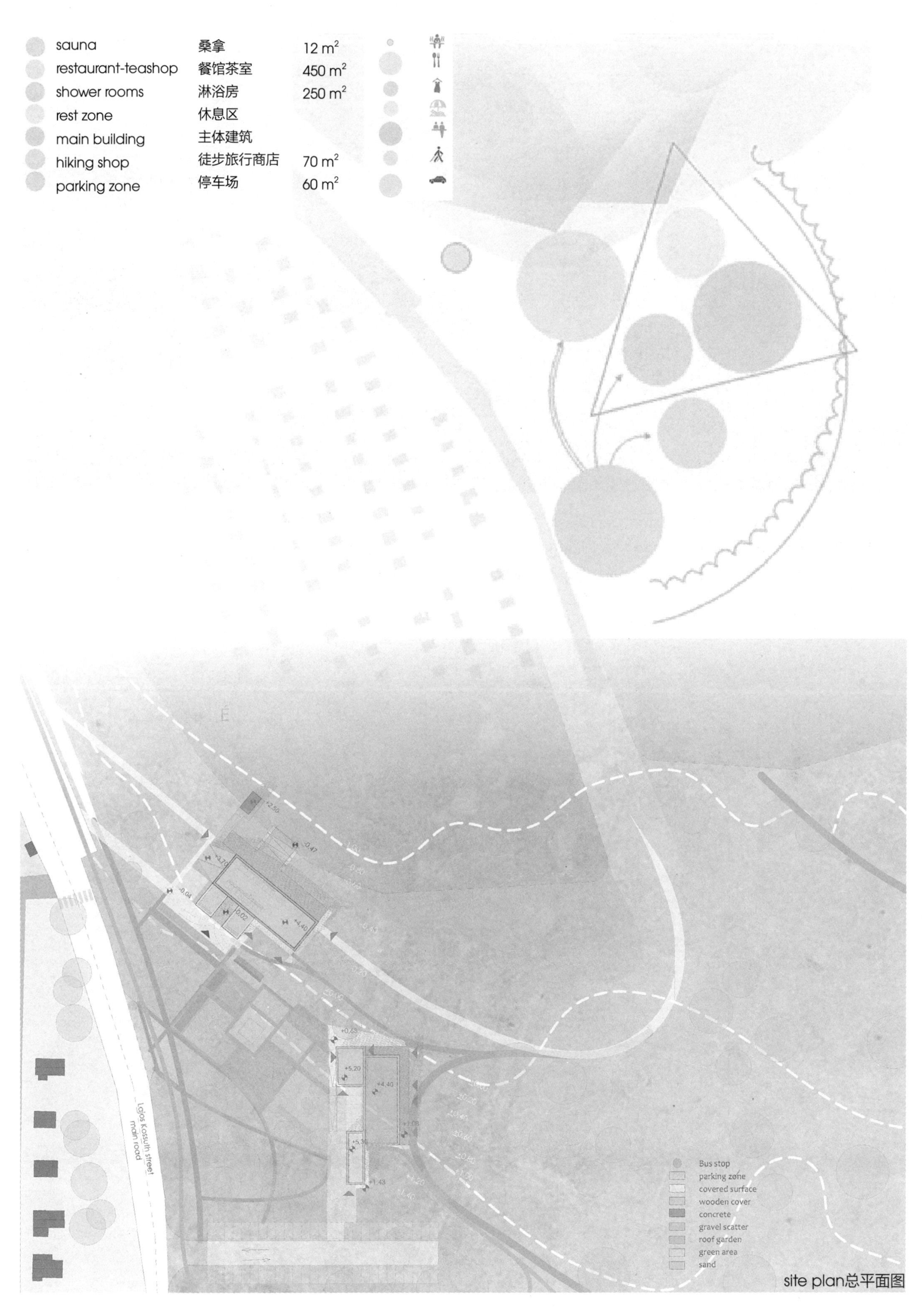

site plan总平面图

较矮的建筑群是徒步旅行商店，它为游客提供自行车租赁服务、徒步旅行设备等。

Of the lower building group the hiking shop would operate the whole year. It provides bike service, hiking equipment and information for the tourists.

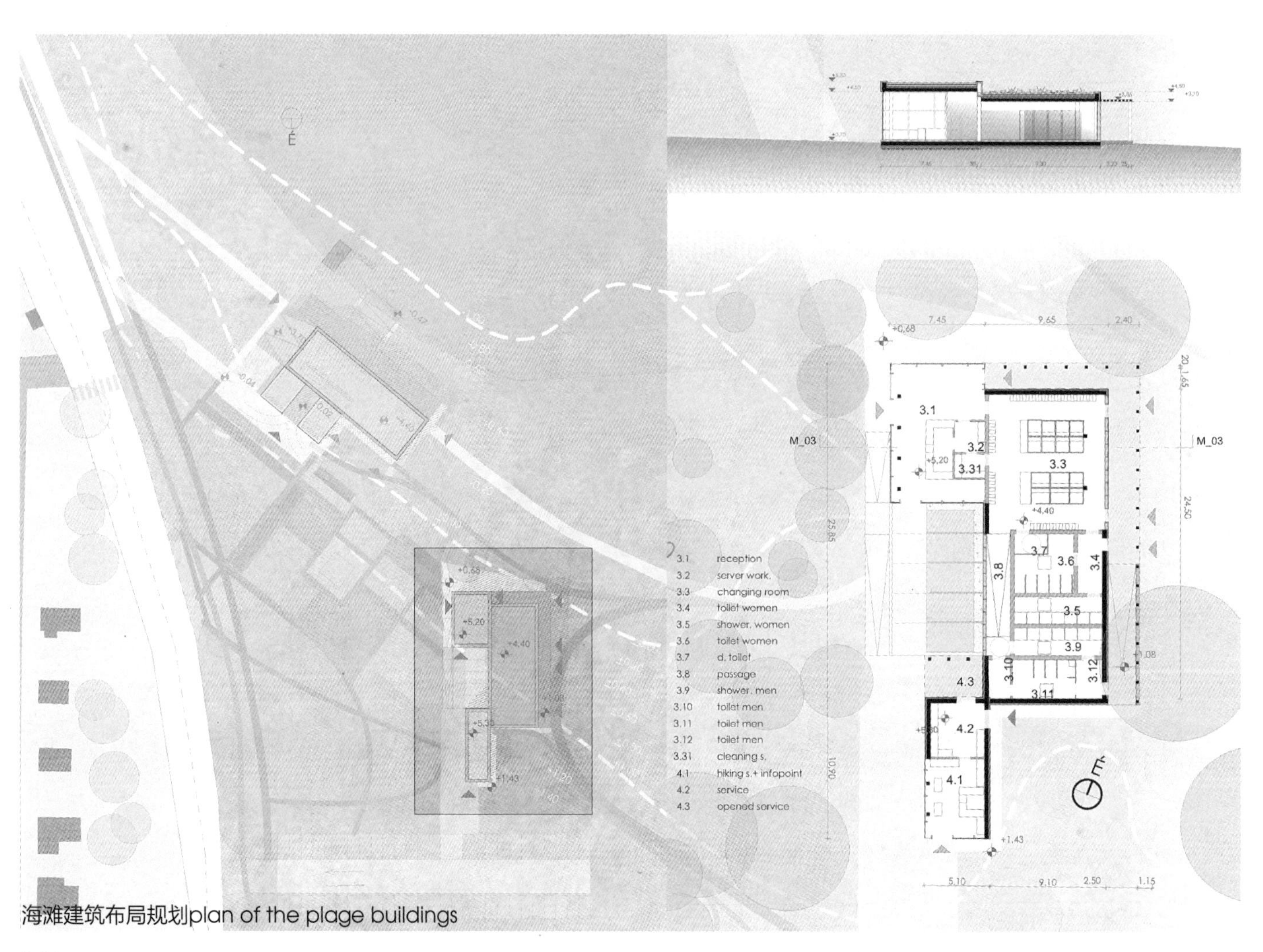

海滩建筑布局规划plan of the plage buildings

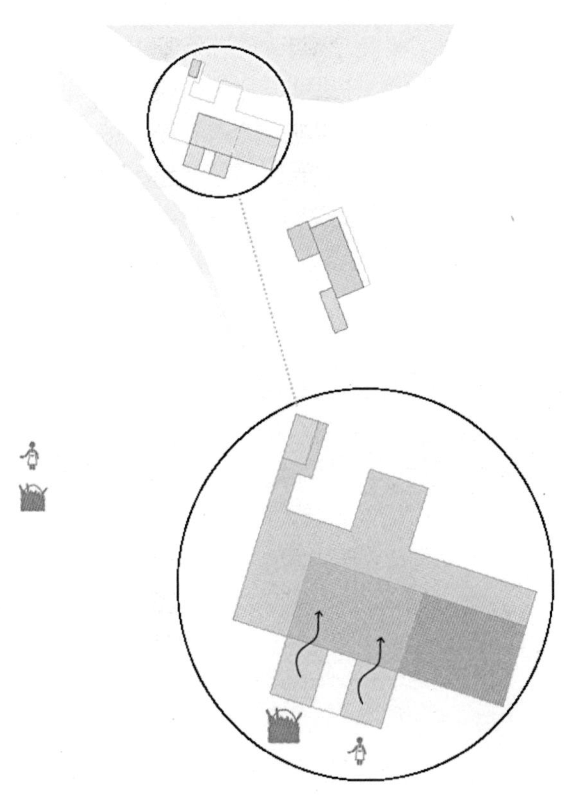

湖边的建筑是工作人员休息区域和游客区域，主体建筑被梯田上的树木遮蔽。

这座建筑坐落在湖边，游客可以从各个方向到达，因此，我把工作区放在正中心。

我想创造出一个全年都比较活跃的区域，餐厅全年均可开放，夏季，屋顶露台能够为度假者提供更多的娱乐空间。

The building next to the lake consists of a staff and a guest zone. The main building block is complemented with terraces which are shadowed by the trees.

The upper building is situated exactly next to the lake. As it can be approached from every direction by the tourists I put the staff zone in the center.

I would create a whole year live and active area. The restaurant partly would be opened every time. During summer it' s roofed terraces provide more space for the vacationists.

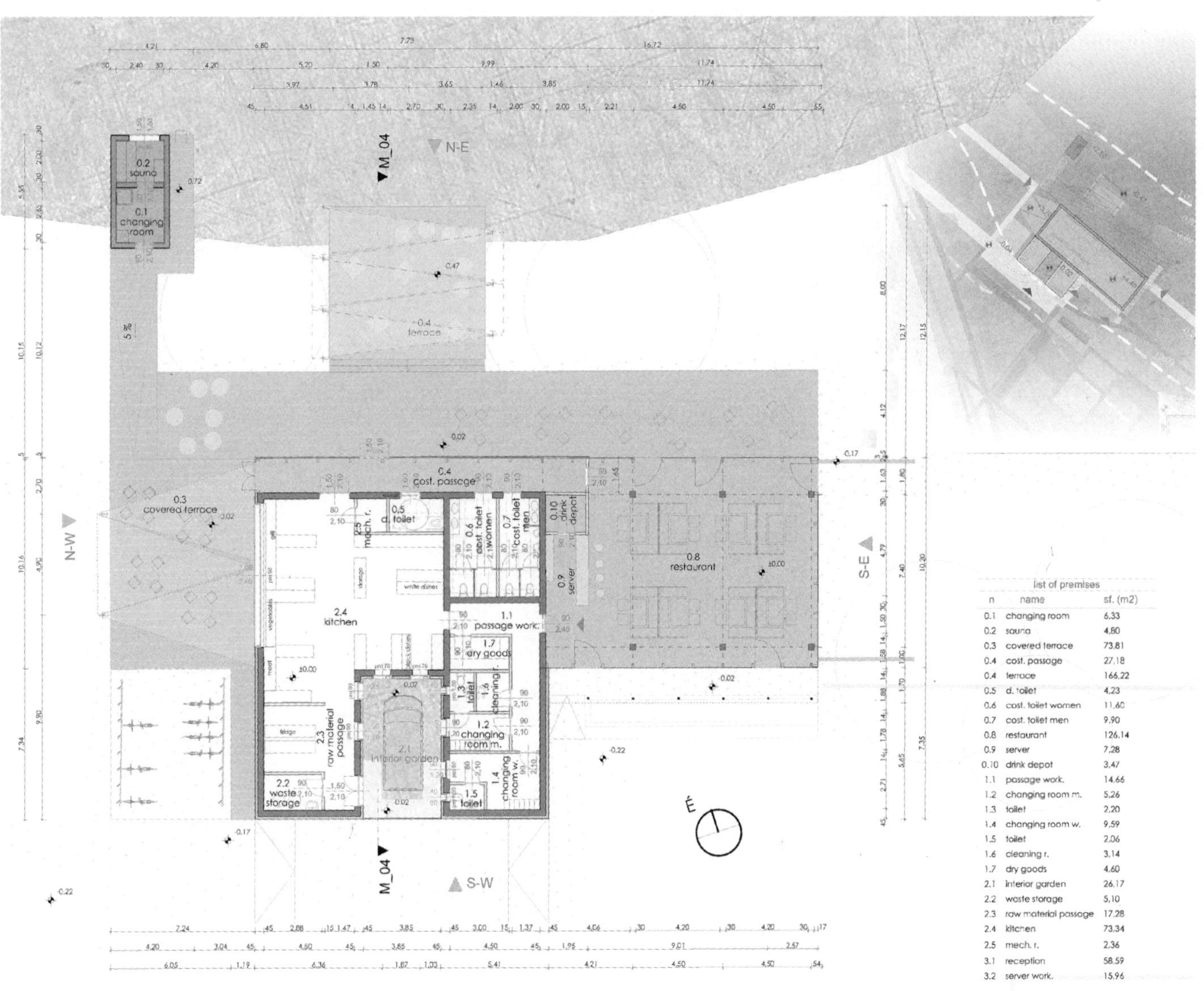

list of premises

n	name	sf. (m2)
0.1	changing room	6.33
0.2	sauna	4.80
0.3	covered terrace	73.81
0.4	cost. passage	27.18
0.4	terrace	166.22
0.5	d. toilet	4.23
0.6	cost. toilet women	11.60
0.7	cost. toilet men	9.90
0.8	restaurant	126.14
0.9	server	7.28
0.10	drink depot	3.47
1.1	passage work.	14.66
1.2	changing room m.	5.26
1.3	toilet	2.20
1.4	changing room w.	9.59
1.5	toilet	2.06
1.6	cleaning r.	3.14
1.7	dry goods	4.60
2.1	interior garden	26.17
2.2	waste storage	5.10
2.3	raw material passage	17.28
2.4	kitchen	73.34
2.5	mech. r.	2.36
3.1	reception	58.59
3.2	server work.	15.96

plan of the restaurant 餐厅平面图

立面facades

立面facades

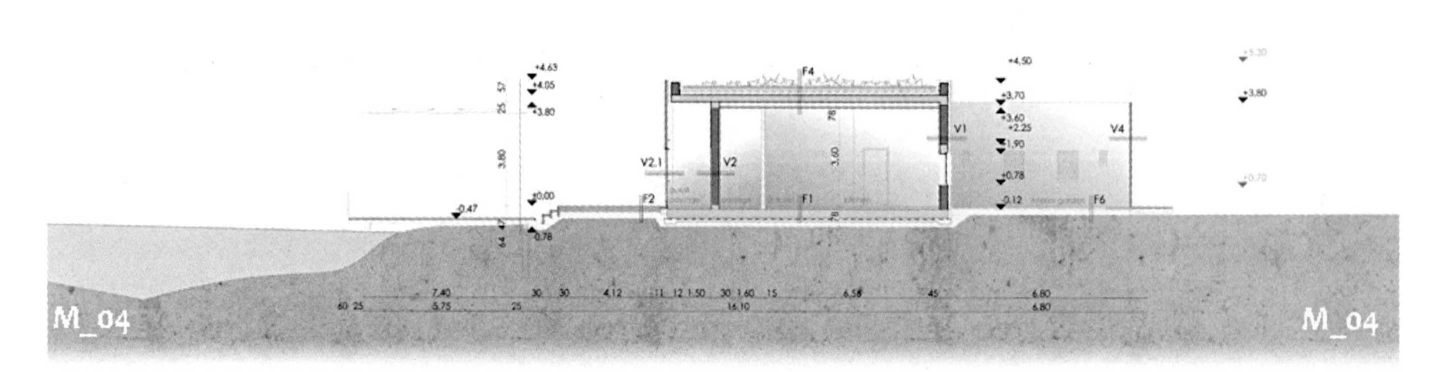

剖面section

为了使工作人员区域和旅游渔区分开，我设计了一个独特的墙体，它是一块穿孔的钢板结构，看起来像是柳树的叶子。

建筑的另一个立面，采用了纤维水泥板呼应村民的建筑石头墙面，用南侧的植物遮挡阳光。

To hide the staff zone away from the guests I planned a unique wall which is made of perforated steel panels and has a texture like willow tree leafs.

On the other closed facades I used panels of fiber cement. It refers to the village houses' local stone walls. Against the sunshine I use running plant shading at the south side.

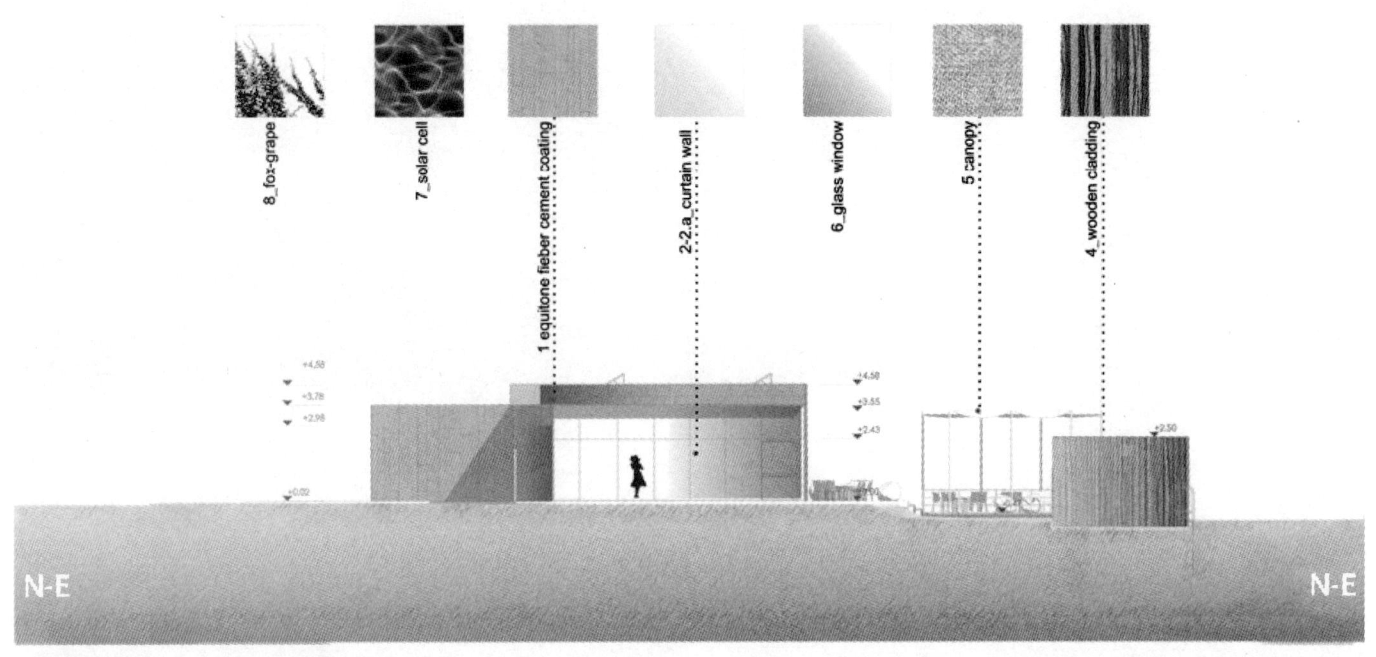

立面材质facade with materials

室内效果图

滨水建筑

露台

商业建筑

景观环境

共享场所精神探析（1）
——以昭山湾安化茶庄设计为例

Research on the Shared Place Spirit in the Open Model — A Case Study of Anhua Tea House Design

开放与共享——安化茶庄设计（2）

Opening&Sharing-The Building Design of AnHua Tea House

西安美术学院　刘竞雄
Xi'an Academy Of Fine Arts, Liu Jingxiong

姓　名：刘竞雄　硕士研究生二年级
导　师：周维娜　教授
学　校：西安美术学院
专　业：建筑环艺
学　号：122015132
备　注：1.论文　2.设计

安化茶庄效果图

共享场所精神探析
——以昭山湾安化茶庄设计为例

Research on the Shared Place Spirit in the Open Model — A Case Study of Anhua Tea House Design

摘要：中国近年来美丽乡村建设如火如荼，人们在乡村旅游的建设开发中盲目的消费模式和盲从的审美观念也开始发生转变，在当下乡村旅游业发展中，乡村的建设发展从早期的盲目开发、追求显著经济利益逐渐转向对乡村地域文化特性的探析反思，和对自我文化的深度认知发掘。外来思想文化和发展资源为其提供了更广阔的发展平台，而共享试图将乡村原有优秀的文化和生态资源与建设发展相结合，以独特不可复制的特点吸引不同受众，对于各地区不同场所精神的重塑则是对地域特性及生命力的提升。论文以乡村建设为大的背景，将开放与共享的理念结合具体研究对象——昭山“山市晴岚”特色小镇项目，以安化茶庄设计为例，通过对乡村特性和场所精神的提炼，使其与自然地景结合，再现历史情境，提炼特性元素，在乡村发展中形成与人的存在息息相关的游览体验空间，探究建筑中对于场所精神的塑造，以及场所精神重塑对于昭山的乡村发展建设起到的积极作用，打造当地乡村生命力与产业发展共享共生模式。

关键词：乡村建设；开放；共享；场所精神；安化黑茶

Abstract: Recent years China is appealing to construct beautiful countries, people also changes their consumption concept and esthetic sense in the rural tourism construction, from the blindly pursuing economic benefits to the exploration and reflection of the rural regional culture, to the deeply cognize their self- identified culture.

The outside culture and development resource provide more expansive platform, base on this, combining the splendid regional culture and ecologic resource with construction development, with its unique and un-copyable feature to attract different tourists, will promote the vitality and the local cultural characters by re-building the place spirit for various regions.

This paper takes the distinctive village – ‘Shanshiqinglan’ in Zhaoshan as the research object, for its successful utilization of the concept of open and shared. Though extracting the rural feature and place spirit, Anhua Tea House, with its excellent design, perfectly combines with the nature, reproduces the historical scene. It provides a visiting experience space for the tourists; explores to model the place spirit which makes positive effect in rural construction, and therefore builds a harmonious shared model for the local development.

Keywords: Rural Construction, Open, Shared, Place Spirit, Anhua Dark Tea

第1章 绪论

1.1 研究背景

在我国的高速城市化进程中，小乡镇数量大，覆盖广，但其发展模式仍然处于探索阶段。近年来建设“美丽乡村”大政策的提出促进了各行业对于乡村建设的关注，大量中小型村镇的美化改造和特色小镇建设如火如荼，相对成熟的发展案例极易被作为乡镇发展的模仿对象，被简单地进行移植，乡镇的独特文化和环境往往容易被忽略，许多蕴含特色的乡镇聚落面临历史真实性流失。本文在乡村建设大背景下，结合“美丽乡村”的政策提出，以湖南省湘潭市岳塘区昭山镇“山市晴岚”特色小镇建设项目为研究点，对国内外乡镇建设比较成功的案例的设计理念和手法进行总结和借鉴，以安化茶庄设计为例探究乡镇建设中建筑、场地和人三者之间的关系，发掘和重塑昭山镇特有的场所精神。

1.1.1 时代背景

乡村是中国传统文化的发源地和主要载体。如表1-1所示，自1920年周作人在《新青年》上宣布成立“新村北京支部”，在中国宣传并实践“新村运动”，到如今的建设社会主义新农村，农村发展与建设始终是中国在各个阶段发展的重要部分。进入21世纪，越来越多的行业及各界人士将关注点从城市转向乡村，不同层面对乡村文化的修复、乡土建筑的构建、乡村环境和产业发展都做出了不同的努力与探索。

表 1-1（作者自绘）

时 期	发展历史
19 世纪末 20 世纪初	改造——源于救济乡村运动，知识分子为主的乡村改造，对后来建设有积极作用
1947	革命——土地改革运动
20 世纪 50 年代	改造——开始实施以“乡村社会主义改造”为主旨的乡村建设
20 世纪 80 年代	改革——家庭联产承包责任制为核心的乡村建设实验促进了乡村建设的发展
21 世纪初	求索——中国乡村建设实验进入了一个实践活跃且形式多元的发展阶段
21 世纪	践行——各界人士积极参与乡村建设实践活动，对乡村帮扶做出有益探索贡献

2012中央十八大提出了努力建设“美丽中国”，指出面对资源约束趋紧、环境污染严重、生态系统退化的严峻形势，把生态文明建设放在突出地位。很大程度上指向社会主义新农村的建设，在此背景下提出建设“美丽乡村”的具体政策。课题在该时代背景下，以湖南湘潭地区的昭山湾镇为研究基地展开一系列调研考察和分析研究。

1.1.2 项目背景

“山市晴岚”特色文化旅游风景区是“美丽乡村”大的政策下由湖南省湘潭市政府重点投入建设的特色小镇项目，该项目基地位于湘潭昭山示范区昭山景区，由山市晴岚小镇和昭山核心景区一起组成。

项目规划秉承生态优先、景观与文化先行的理念，合理处理建筑与自然景观、文化与历史的关系；运用创新思维，匠心经营，打造具有国际影响力的文化旅游特色项目。项目总占地面积约2500亩，总投资约20亿元，预计年接待游客300万人以上。项目总建筑面积约15万平方米，以集市为脉络，串联会馆、商街、禅修、山居与宗祠文化等多个功能体块，打造集“市、渔、礼、禅、居、艺”于一体的湖湘文化魅力小镇。集市布局白石画院、安化茶庄、古窑遗韵等湖湘非物质文化遗产和各类行业会馆与小镇商街。安化黑茶是湖南省非物质文化遗产之一，在此项目背景下笔者选择以安化茶庄为设计研究项目，探究建筑中对于场所精神的塑造，以及场所精神重塑对于昭山的乡村发展建设起到的积极意义。由点及面，以昭山湾为点，拓展到中国的乡村建设发展，为中国美丽乡村建设提供具有参考价值的研究理论和实践案例。

1.2 研究意义

在相关概念的认知以及对其文化意蕴和体现的当代价值进行分析研究，在现代乡村旅游发展中提出共享理念，对场所精神这一大概念在中国乡村建设中的运用进行理论梳理，对乡村建设的发展研究具有方法上的理论借鉴意义。理性客观地看待乡村建设与发展，以尊重自然和地域文化为前提，对乡村建设热潮中出现的问题（如模块化复制、特色小镇经济泡沫等）具有批判意义。

对昭山地区的研究分析有利于乡村建设中建筑空间设计的实践研究,以昭山为例起到实际参考意义。尊重自然场所，设计结合自然，对乡土建筑与聚落的建设与保护起到启示意义，将昭山地区生态环境与建筑融合，有利于昭山地区传统文化的保护与传承。对昭山地区的建设定位和以湖南非遗安化黑茶为设计研究的出发点，以安化茶庄为设计项目，探究建筑中对于场所精神的塑造，塑造当地乡村生命力与产业发展共享共生模式，以及场所精神重塑对于昭山的发展建设起到的积极意义，提供具有历史文化内涵的理论依据和予以参考的实践指导，有利于昭山建设研究和旅游规划，增强特色小镇吸附力和经济发展的生命力。

1.3 研究方法

1.3.1 理论观点

运用符号学理论观点，研究昭山特有的地域文化符号的内延与外涵，为理论分析和设计表现提供支持。运用语言学历时与共时的理论观点，历时性研究昭山古今发展变迁，共时性研究昭山在乡村建设中的特性和共性，历时与共时揭示昭山在发展过程中出现的问题以及积淀下来的独特历史文脉和地域文化氛围，为场所精神的重塑提供理论分析依据。

运用建筑现象学相关理论观点，诠释场所精神的通识意义，提炼昭山场所精神的特殊意义，基于昭山特定地点、人群、事物和历史构成的环境，考察人与环境的联系，从人的环境经历中揭示出建筑环境结构和形式的具体意义和价值。分析昭山安化茶庄的设计对于场所精神的诠释和重塑起到的重要作用，从内在的心理和精神去考察和描述人与环境和周围世界的各种联系，进而指导对建筑环境的理解、保护和创造，从而对中国美丽乡村建设起到积极的作用。

1.3.2 研究手段

1. 田野调查法

通过对昭山湾及周边村镇的实地考察分析，并以口头交谈、录音记录、视频记录、调查问卷等多种方式，利用标准化访问，按照调查提纲开展访问和调查，向当地被调查者了解他们的生活现状、历史风俗、传统手工艺以及对于乡村建设发展的感受。了解并整合它们的现状和问题，进行后续的总结分析，对课题研究提供真实的调查数据信息，以增进研究结果的可信性。

2. 文献研究法

本文将根据初步田野调研的成果，通过对图片资料、纸质图书、期刊文献和网络平台等多方面资料的收集与整理分析，把握场所精神的通识意义，为提炼场所精神在昭山安化茶庄设计中的重要价值提供理论基础；为深入了解昭山湾的历史背景及发展现状、发掘昭山特有的魅力提供详实资料；对中国当下的“新农村建设”、“美丽乡村”等热门话题及发展“特色小镇”政策进行研究解读。试将课题与人文学、社会学等进行联系，整理出理论基础及论文初步框架框架。

3. 案例分析法

通过文献资料的收集整理，寻找国内外具有典型意义的案例，分析出其优劣和特点，结合昭山自身的地域文化特点，总结成功案例值得借鉴和学习的部分，通过系列案例了解国内外发展状况，以对于笔者论文和设计部分起到借鉴和参考意义。

第2章 相关概念界定

2.1 场所限定下的开放模式

关于场所和场所精神的理论概念广泛且全面，针对论文中的研究对象的地域特征及开放模式下的共享场所精神，进行概念的梳理和提炼，对其场所精神特性和重点进行界定。

“场所”：活动的处所。构成场所的三个基本组成部分：静态的实体设施场所的实体建构，建筑物、景观和美学特征的体现；人的行为活动，建筑物和景观如何被使用，身处其中的人们如何互动，以及文化习俗如何起到影响作用；赋予的含义，人体验的结果，大多数的场所特征起源自人们对场所的实体和功能方面的反应。场所的这三个基本元素彼此相互依存、密不可分。

场所理论和历史的、社会的、文化的以及特定城市空间的实体特性的演变有关。它提供了改变建筑环境的途径，当被赋予了源自文化或地域特征的文脉内涵之后，空间成为场所。场所不是指抽象的地点，而是由具有色彩、肌理、形状等材料特性的具体事物所构成的整体。每个场所都是唯一的，呈现出周遭环境的特征，这种特征由具有材质、形状、肌理和色彩的实体物质和难以言说的、一种由以往人们的体验所产生的文化联想共同组成。

在此具有意义的场所下，开放模式是指在当下中国乡村旅游业发展中，乡村的建设从传统的内向保守转向外向型，外来文化和发展资源提供了更广阔的发展平台，带动了乡村经济、劳动力就业发展及优秀的乡土地域文化输出和传承。开放不仅是乡村建设规划和空间形态的开放性，更是文化与场所的开放，为人们游览和生活生产同时带来交集与变化。

2.2 开放模式下的共享场所精神提炼

"场所精神"（Genius Loci）是一个古罗马概念，原意为地方守护神。古罗马人确信，任何一个独立的实在都有守护神，守护神赋予它生命，对于人和场所也是如此。在一个环境中生存，有赖于他与环境之间在灵与肉（心智与身体）两方面都有良好的契合关系，场所精神涉及人的身体和心智两个方面，与人在世间存在的两个基本方面——定向和认同——相对应。定向主要是空间性的，即人知道他身在何处，从而确立自己与环境的关系，获得安全感；认同则与文化有关，它通过认识和把握自己在其中生存的文化，获得归属感。

一个场所存在的被普遍接受的精神就是认同性与归属感。场所的认同性是由地理位置、空间配置和特性的明晰性所决定的。稳定的精神是人类基本的需求。人对场所的认同在时间轴线下慢慢构成了稳定的场所精神。现代人疏离感的出现主要是由于现代场所在方向和认同感方面提供了太少的可能性，地域发展变迁过于剧烈，以至于完全丧失了对之前稳定场所精神的延续。保留连续的历史情境，即便经过长久的岁月，场所精神仍能保存下来。

场所精神置于建筑设计之中，从建筑现象学角度出发，使建筑回到"场所"，从"场所精神"中获得建筑的最为根本的经验。诺伯格·舒尔茨的"场所精神"包含了下面的陈述：场所是有着明确特征的空间。自古以来，the genius loci 或 spirit of place,就已被当作真实的人们在日常生活中所必须面对和妥协事件。建筑令场所精神显现，建筑师的任务是创造有利于人类栖居的有意义的场所。

场所精神的涵盖面广泛，经过分析在此提炼三个与论文研究密切相关的方面，作为对论文和设计的理论指导。在乡村旅游发展中形成与人的存在息息相关的由具体现象组成的生活世界和充满意义的环境。这三个方面分别为：与独特自然地景的结合；历史情境的选择性保留与延续；精神上的归属感与认同感。通过对这三方面场所精神的提炼，将昭山地区乡村原有的文化氛围和资源与旅游业发展建设相关联，找到共享共生的和谐模式。

第3章 国内外研究现状

国内外对于乡村建设的研究与实践都起步很早，欧洲从19世纪中叶起各国都相继开始了对于乡村建设改造的研究实践，场所精神重塑在乡村建设中的应用有着很多较为成熟的案例，但由于各个国家政治体制的不同，实际实施过程中受政治经济文化等多方面的影响，国内外研究现状的横向与纵向比较有助于中国美丽乡村建设的进行。

3.1 国外研究现状

法国从19世纪中叶开始由传统农村社会向现代农村社会转型；日本"农村现代化"可追溯到20世纪30年代"农村经济更生运动"；韩国从1971年开始"新村建设运动"；欧盟从1999年开始实行新的农村建设政策等。国外新农村建设与发展模式异彩纷呈，有很多值得学习和借鉴的经验。以下通过几个国家和地区极具代表性的案例来解读场所精神在乡村建设中的运用。

首先，以日本为例，本政府开展造村运动的目的是以发展特色农产品为目标，后来造村运动的内容扩展到景观环境的改善、文化遗存的保护、基础建设的建设、公共福利事业等整个生活领域。白川乡的荻町地区因合掌造而著称，其具有独特景观的村落以"白川乡与五箇山的合掌造聚落"之名于1995年12月被列为联合国教科文组织的世界遗产。日本白川乡合掌村在场所中历史情境的延续、文脉的传承、传统聚落的改造与变迁方面成为比较成功的实践案例（图3-1）。

第二个案例是由彼得·卒姆托设计的德国乡下Bruder Klaus教堂（图3-2），以土、水、气、火四元素为设计灵感来源，基础建构完成后在建筑内部放一把火，有节制地燃烧三个星期，这个过程将内壁熏黑，光通过玻璃管穿过墙壁射入内部，在黑色的空间中像星星一样闪耀，墙壁上留着松木的味道。

在场所中形成一系列过程的发生，建筑与场地、与人形成交流。建筑内部空间形成强烈的精神导向。成为当地住户和来访者的共享场所，提供精神上的引导和情感交流。

3.2 国内研究现状

近年来，在美丽乡村建设的时代浪潮中，中外建筑师、规划师以及各界文化人士均积极参与到乡村建设的实践活动中，推动乡村建设，以各类组织的形式推行环保理念和实践。从“ 艺术下乡”、“设计下乡”及“规划下乡”的活动来看，他们的实践从不同层面对乡村文化的修复、乡土建筑的构建、乡村建成环境的改造、乡村社会组织的重构乃至乡村产业的帮扶等综合发展都做出了有益的探索和贡献。

图3-1　日本白川乡合掌村（ 照片来源于网络）

图3-2　德国Bruder Klaus教堂（照片来源于筑龙网）

例如在龙泉市宝溪乡举办的第一届国际竹建筑双年展中，由来自德国的设计师Anna Heringer参与设计游客接待中心和旅社。这是三个以竹条编织为外壳，黏土和石块垒砌内部的建筑，造型取材于当地陶器和竹篮。乡土材料及传统手工艺的运用对宝溪乡的场所特性进行了塑造。当地的手工艺人仅编织过小型的日用品，从来没有尝试过“编织”过一整栋建筑。在Anna专业的建筑知识帮助下，当地居民不仅解决了工作问题，并且学习了创新的建造技艺，利用他们传统的建筑工艺完成了这样一个具有革命意义的建筑群体。

3.3 经验借鉴与总结

从研究现状中看出：场所精神的运用相对广泛成熟，但基于开放模式的共享场所精神很少提及。国内外实例都体现了建筑在场所中对于场所精神的塑造与表达，且对各地的乡村建设发展起到了积极的作用。建筑与当地生态环境相融合；延续了历史情境，对优秀历史文化的保护传承起到推动作用；建筑在场所中成功塑造了认同感与归属感，不仅具有地域特性，还有情感意识的共鸣；当地原有资源与文脉传承结合旅游产业和其他活动共享共生。

各地乡村建设运动中，湖南省多个地区已经初具成果，3年内11个村子改造建设完成，昭山乡村改造紧随其后。针对昭山地区的乡村建设分析和研究比较欠缺，对其整体规划、传统聚落及发展方向的研究把控尚不完善。昭山作为历史文化悠久的地区，对其进行详尽的调查研究，会给该区域的理论及实践研究留下非常有意义的参考价值。

第4章　开放模式下昭山湾场所精神现状解析

4.1 昭山特有的场所精神

由于场所精神的涵盖面广泛，根据第2章提取的与昭山地区乡村建设紧密联系的三个理论点对昭山特有的场所精神进行提炼研究，发掘其优秀的文化传统，剖析现存问题，为论文的研究提供详实的研究基础，为设计提供详细的前期解析。

首先，昭山是具有特殊地理地貌的自然场所。昭山以“山市晴岚”这一美景而闻名古今。“山市晴岚”是指水汽升华形成雾，在山林间出现雾气萦绕的美景。 昭山湾处于湘江中游河道转弯处，临岸有山体形成屏障，急速的水流产生大量水汽，空气带动水汽向岸边移动，由于山体遮挡水汽滞留在山间，形成水雾。

其次，昭山是充满诗情画意的历史场所。据考证，昭山地区有着悠久的历史。如表4-1所示，自周昭王溺亡得名“昭山”起，历经唐、宋、兴盛，以“山市晴岚”之景闻名，成为历代文人墨客所描绘的美景之一，相关艺术作品如米芾 、夏圭等人创作的“山市晴岚图”，宋宁宗、郑板桥等人的诗词画作成为昭山具有代表性的重要文化载体。

表 4-1（作者自绘）

时期	历史文脉
春秋（980 B.C）	周昭王过此地溺亡，昭山因此得名
唐（618 A.C）	佛教兴起，昭山古寺
宋（960 A.C—1279 A.C） 元（1271 A.C—1368 A.C） 明（1368 A.C—1644 A.C）	深山古刹，山市美景“山市晴岚” 成为诗书画灵感汲取对象、文人 墨客游览胜地
清（1890 A.C）	立宋氏祠堂
民国	革命纪念胜地
现今	建设与转型期的昭山镇

最后，昭山是湖湘文化中家园的象征，代表着家园精神。湖南有句俗语“湘有昭山，客子不乐游”，昭山成为湖湘人民世代相传的精神家园。

诗情画意的历史场所、特殊地貌的自然场所、家园精神，这三点成为昭山地区重要的自然人文资源，将昭山场所精神魅力传播各地，成为昭山地区乡村建设发展中开放模式下的共享场所精神。

4.2 生态环境的变化

经过相关资料查证及实地考察，昭山在历史发展中不断变化，很多地区生态环境脆弱，不适合用于建造居住进行活动。

从图4-1可以看出，虽然“山市晴岚”特色小镇选址位于生态环境较为理想的区域，但周边地区生态环境脆弱，禁止选址区约占50%，生态中度敏感区围绕项目选址，临近重大危险源。不适宜建造居住，因此，对于生态环境的考察了解，为昭山地区生态保护提供相关数据，在后期设计中做到对自然干扰最少，以保护环境为前提。

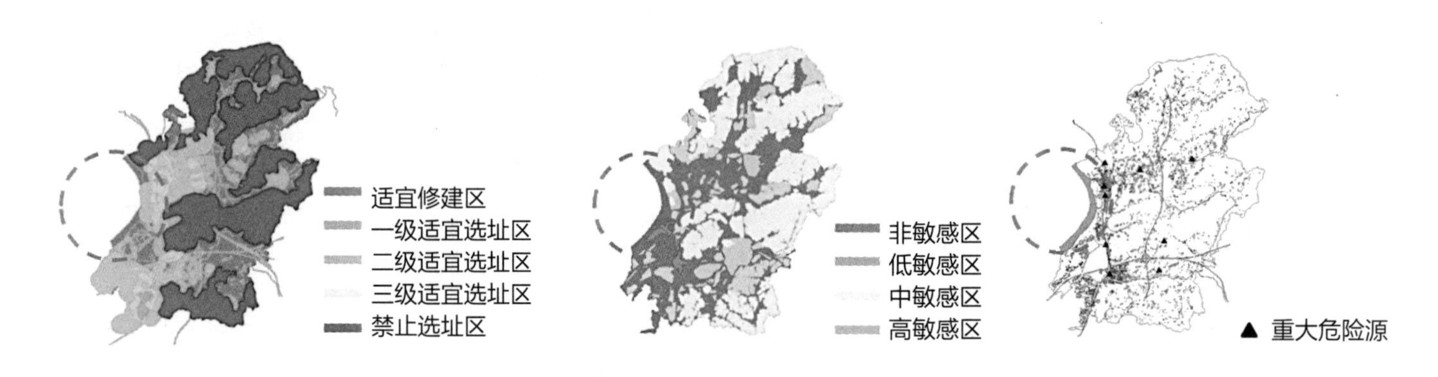

图4-1 来源：吴芳. 基于GIS 的城市重大危险源选址优化研究——以昭山示范区为例

4.3 地域文化氛围的衰落

昭山历史悠久，从春秋周昭王过此地溺亡的传说开始，历经唐代佛教盛行，宋代又成为诗书画作中不断描绘演绎的对象，码头经济的发展带动了当地的旅游发展和知名度，发展一度到达顶峰，随后经过民国和革命战争，在时代激变中昭山地区经济发展中心逐渐转移向长株潭各个城市地区，沼山镇逐渐衰落，现在的昭山处于转型与发展期。

4.4 传统聚落在乡建中的改变

由于时代的变迁，在政治经济多方因素的影响下，昭山地区传统民居所剩无几，因而，从周边地区进行调查，对整个湖南湘潭地区的传统村镇形态、建筑风貌进行了解。在设计实践中对乡村的历史情境和自然地景进行结合，保持其独特性、不可复制性（图4-2）。

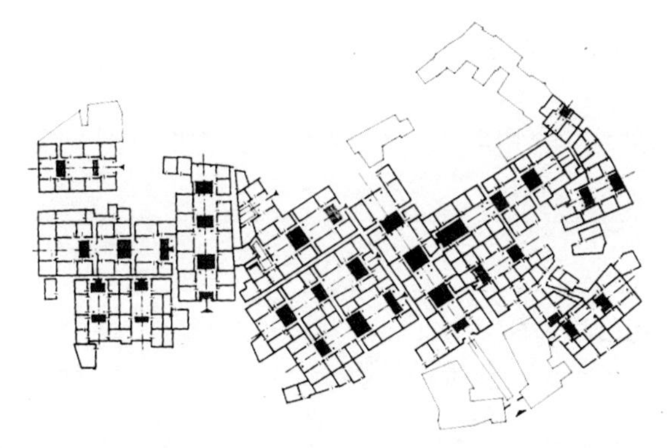

图4-2　中国民居研究：湖南岳阳张谷英村传统聚落平面图

图4-3　昭山地区现状（作者自绘）

据调研，湖南传统民居形式多为穿斗式木结构，坡屋顶，层高多为2～3米；整体形态为内向组团形式。临街商铺和街道带有建国初期风格，以小尺度和内向型布局与人形成较为亲密的联系。

对比昭山地区现状（图4-3），昭山处于拆迁建设期，缺乏与城镇的过渡，新建的道路与村镇整体尺度不相协调，临近河道的地方破败零散。 由此，昭山地区具有代表性的传统聚落形态和村镇氛围在现代化建设进程中逐渐消失和衰弱，造成昭山地区场所认同感和方向感的缺失。因此，新的特色小镇需要重拾昭山具有代表特点的相关元素，才能展现昭山独特的魅力和深厚的文化底蕴。

4.5 共享模式下场所精神重塑的必要性

场所精神在乡村建设中的运用更具有特殊性，每一个地区的不同历史文化背景、风土风貌、自然地景都是不可复制的。而针对不同地域的场所精神重塑，有利于区域特性的保留，产生吸附力，对特色产业的发展起促进作用。随着乡村旅游的发展，带来的利弊也初见端倪。为追求短期暴利和成果，模块化复制已有乡村旅游的成功模型，多个乡村在短期爆红之后逐渐归于没落，粗糙的旅游产品、单一的旅游规划，将多个乡村的原有风土地貌和文化习俗打破，特性丧失，因此，乡村旅游和经济发展的生命周期缩短，成为乡村旅游的经济泡沫。

以此为鉴，昭山地区原有生态环境的脆弱，以及地域文化氛围在历史发展中的衰落，传统聚落变迁引起的方向感、认同感消失等现状，引起了在此地区生活和游览的人们认同感与归属感的缺失，如若不加以分析和调整，在特色小镇的建设中将会使区域吸附力变弱，乡镇生命周期缩短，影响生态与经济的可持续发展。因此，在现代开放的乡村旅游发展中，提出场所精神的重塑，在共享的理念下，将其场所特性和独特的文化魅力传承发展，增强乡村的生命力。

第5章 开放模式下昭山共享场所精神在安化茶庄设计中的解析及重塑

论文将“山市晴岚”特色文化旅游风景区中安化茶庄的设计作为共享场所精神重塑的一个载体，以湖南非物质文化遗产安化黑茶为出发点，以安化茶庄为设计项目探究建筑中对于场所精神的塑造，以及场所精神重塑对昭山乡村旅游发展建设起到的积极意义。

5.1 安化黑茶的场域性特点

表 5-1（作者自绘）

时期	场域性特点
西汉	首次发现——马王堆——篓黑茶，安化黑茶历史 2300 年
南北朝	茶马互市兴起
唐	安化黑茶被载入史册，成为历代朝廷贡茶
宋	设官市——茶商军——安化设立博易场
明	确立名称——远销边疆——嘉靖三年（1524 年）历史上第一次出现“黑茶”二字
清	安化成为世界黑茶中心，黑茶产量世界第一
现今	走向世界，多渠道销售

安化黑茶也是湖南地区的非物质文化遗产之一，不仅是湖南的特产，也作为一种文化象征和地域名片，历史悠久，从本土走向世界。而黑茶与种植者和销售者的生活密切相关，黑茶原产区安化，则处处形成了以黑茶产业为中心的生活生产方式，人与茶形成密不可分的联系。

5.2 黑茶发展脉络与昭山发展脉络异同

原有黑茶文化展示区在资江中游，紧邻山区，交通较为闭塞。现有基地紧邻湘江、橘子洲风景区，交通便利。

现有基地虽然具有区位优势，但在历史长河中昭山逐渐衰落。安化黑茶则突破区域限制，从地域特产发展到文化名片，以其特殊的制作工艺和深厚的历史文脉成为非物质文化遗产。在发展趋势中，安化黑茶的上升形态和昭山地区当前的转型发展趋势可以相互补充。

5.2.1 茶之精神的解析

安化黑茶作为茶文化和茶品种中的一种，与中国茶文化中的精神有共同之处。安化黑茶的独特制作工艺工序，杀青一初揉一渥堆一复揉一干燥，以及长条状的包装制作，需要多人合力完成，在湖南地区又被赋予了地域文化特色。热闹和充满力量的黑茶文化由此而来。黑茶的相关展示与销售常常伴有表演制作过程或相关过程展示的行为，更加生动而充满生活气息。

黑茶从生长之初就与自自然环境紧密结合，而黑茶传统从采摘和制作到饮用中所使用的器物如藤条竹编、木铲、陶炉等均出自自然材料，这些自然材料与人发生行为与感官的联系，共同融于自然之中。而吃茶程序中“汲清泉碾茶沫，候汤泡茶，分茶奉客，清谈风流，清谈话久，琴棋作乐”一系列过程的发生，使人于特定的场所从发生行为过程，到感官体验再到思想情感的交流。

5.2.2 茶文化与场所精神的契合

茶与品茶者形成感官与行为情感的联系，茶文化中提倡“探玄虚而参造化，清心神而出尘表”，与天地相往来、生命融于自然造化的精神境界和昭山深厚的诗书画历史情境、独特的自然地景有共同之处。茶之精神与昭山场所产生联系。人与场所的交流理解升华为情感意识的共鸣，与自然场所及归属认同感产生契合，而黑茶独特的制作工艺和一直保存的加工工艺更将黑茶文化与生活情境相关联，不断重复着历史流传下来的工艺工序。

5.3 茶庄设计与自然场域空间融合

5.3.1 对山地地形的利用

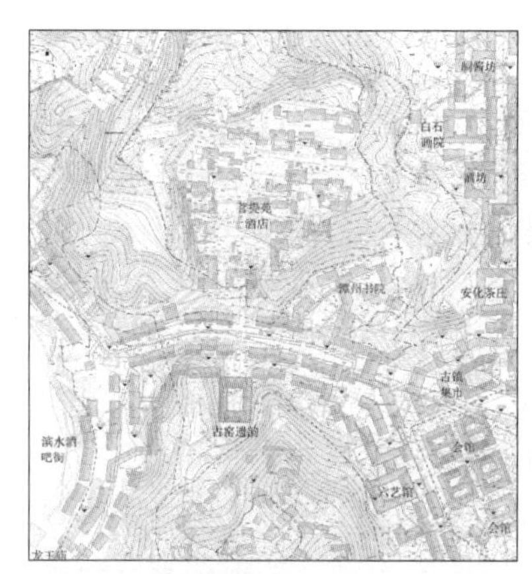

图5-1　昭山基地图

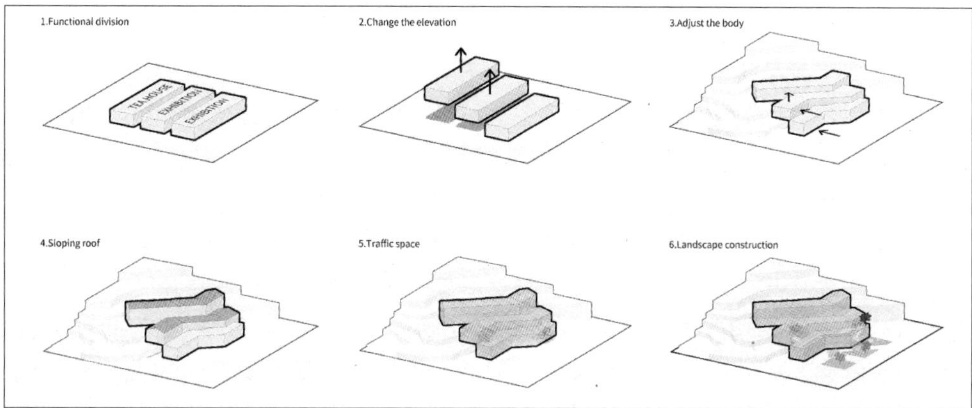

图5-2　建筑体块生成（作者自绘）

由昭山“山市晴岚”小镇总规划图可看出，安化茶庄西部紧邻坡地，东部靠近景区南入口，以布坊、酒坊街为主进行围合，处于非物质文化遗产区，南部可见古镇集市，可同时感受动与静两种景致。利用西部山地景色将茶庄融于自然环境中。

如图5-1所示，茶庄设计将建筑主体功能进行明确，依附地形进行体块关系的推敲与变化。建筑随山体走势与坡度而变，依附地形生长而成，由此形成柱网承重，以架空和通高的内部空间局部保留原地形的生态环境。结合地形室内形成四层错落的空间，使观赏游览者在室内也能体验到顺势而走、攀爬登山、高处赏景的乐趣。

5.3.2 对原生态的尊重与保护

针对昭山地区生态环境的脆弱性，旅游区中建筑修建设计过程中应该以保护生态对自然干扰最少为原则。分析自然环境，对当地降雨和气温进行了解，由于当地常年潮湿，四季分明，气候温暖，在茶庄的空间环境设计中应该注意防潮防湿，充分利用茶室和活动观赏区的自然光线。

如图5-2设计中结合地形做了架空和通高的内部空间，局部保留原地形的生态环境，靠近山体部分架空防潮，西部山地景色优美，以架空和落地窗及阳光花房的形式将自然景色引入室内。加大涵养力度，不仅减少建设过程中对自然环境的干扰，也更具整体的空间格局。植入生态景观，将自然与人造景观、建筑物、构筑物在生长发展中相融合。

在自然环境中自然因子的不断生长变化中，建筑与山际线，地形地貌及景色的关系也发生改变，成为相互适应并共同生长的生命共同体。

5.4 茶庄设计对场所特性的塑造

特性是乡村发展中需要保留的。场所特性是经过时间沉淀下来继续保留和显而易见的，通过特性的保留，进而唤起人们对于情感的归属与认同。

5.4.1 材质与肌理

材质和肌理是建筑与空间最显而易见的特性，乡村中材质与肌理的运用更加质朴多样，很多地方具有本土的创造性。经过走访调研，昭山地区周边民居在生产生活中，还是习惯使用传统的建筑建构材料，如夯土、耐火砖、青砖、竹、木等来建造房屋。但由于现代生活对于水电、天然气的大量需求，砖混及预制板、水泥等现代材料逐渐代替了传统材料的使用。

因此，安化茶庄的设计中在内部隔挡、门窗家具等方面适当保留了当地传统建筑材料。以耐火砖青砖铺地，以及木和竹元素作为隔挡与楼梯，以大量通透的玻璃作为开窗及幕墙，视线上引入自然景色。

在肌理的特性寻找中，从传统湖南聚落形态到昭山“山市晴岚”小镇整体的规划肌理，都可以看出是遵循条带状内向型组团式发展，而安化茶庄的位置刚好与周围空间形成了较为内向的围合性空间。

除规划的聚落形态肌理外，还有昭山地区的陶土颗粒质感及黑茶的粗糙肌理，在空间中用于展陈道具和展示，将肌理融于室内空间，体现室内的场所特性，成为对于黑茶文化和昭山地域特色的展示说明，特殊材料的运用塑造场所特点，提高安化茶庄在此区域内的辨识度和主题性。

5.4.2 象征意义的符号提炼

特性不仅存在于材质和肌理，也存在于形态之中。形态的产生源自对地域建筑中常见的和历史积淀的符号元素的提炼。如苏州博物馆的形态来源于苏杭地区的园林建筑及传统民居中常见的窗户形态，中国美院象山校区中建筑取义连绵山脉和江南地区的斜坡屋顶等。中国传统建筑存在着丰富的图案装饰元素，如门窗花格、隔断屏风、镂空墙等，而在中国文化中充满了具有各种象征意义的符号语言；传统图案、符号大量存在于生活之中，为人们所熟悉并且成为人们潜移默化的审美习惯。建筑中出现的图案与符号承载着一个场所的地域、传统以及文化特色，直观地唤起人们对场所的记忆与认同感。建筑通过对传统图案、符号的提炼与应用，与材料相结合，不仅创造出具有艺术美感的立面表现形式，同时传达出独特的传统韵味，营造可视化的场所精神。

场所特性对人的精神层面有很大的影响，毕竟场所是人类生活的载体与依赖，昭山地区在湖湘文化中是极具家园精神的一个场所，以独特的“山市晴岚”自然地形地貌闻名，因此，昭山安化茶庄的设计以自然符号——昭山，和其紧邻的湘江为来源，结合小镇条带状的肌理构成，进行象征意义的符号提炼，形成建筑的体量形态。因山就势：建筑以山体为依托，在空间布局中使游客在室内外都感受到游山的乐趣，层层递进上升。建筑参考当地传统聚落中的房屋形态，提炼简化，符合当地场所特征。带状组团：建筑与周边非物质文化遗产区整体规划相契合，与周边布坊和其他亭廊结构产生联系，共同组合成院落与建筑形态。室内空间大量使用本地的竹、木、陶土等元素，经过抽象提炼后的建筑空间既蕴含传统的元素，也具有现代建筑的简洁之美。

5.5 认同感与归属感的设计塑造

与场所精神相关的精神是方向感和认同感。方向感指场所中的人辨别方向的能力，它间接描述了人对环境的安全感。好的人为场所可以依靠其良好的方位系统（一般基于或源于自然结构）营造良好的安全感，使人免于失落感。认同感受方向感影响，良好的方向感有助于认同感的产生，但却不绝对。这是因为认同感强调的是对场所的体验，良好的体验促成良好的认同感，它是归属感的基础。场所精神的形成是利用建筑物给场所的特性，并使这些特性和人产生以方向感和认同感为基础的亲密关系。

在现代化建设的进程中，由于地景的强烈变迁，造成在昭山本地生活的人们的认同感与归属感的丧失。“乡镇的独特文化和环境在城市化进程中往往容易被忽略，许多蕴含特色的乡镇聚落面临历史真实性流失”。怎样保留原有的历史情境而又符合现在的发展是每一个乡村建设都需要面对的问题。将传统村镇完全保留的概率很小，首先一些地区经过岁月变迁，传统聚落的完整性和与现代生活的适应性弱，此时便不适合继续保存。选择性保留具有辨识度和共同认知的情境，尊重客观环境，注重人的行为体验才是现代乡村发展建设的可取之道。

5.5.1 开放空间与生态人文的对话

昭山地区生态环境独特优美，曾以潇湘八景之一的“山市晴岚”闻名多个朝代，成为文人墨客笔下争相描绘的盛景。而在建筑空间设计中，依附山体的自然地景引入室内，利用建筑承重结构，底层局部架空，既减少了对于原地形生态的破坏，也利于防潮。入口处以透明幕墙形式展现自然地景，使人从参观初始就和生态环境发生对话，逐层游览体验，与昭山充满诗情画意的场所进行生态人文的交流体验与对话。

5.5.2 开放模式下共享场所精神的感官设计

在现今开放程度不断加大的乡村旅游模式中，同区域有不同地区不同文化背景的人同时交流参观体验，通过视知觉的引导，使不同人群受众感受昭山的文化魅力，将其历史的特点和黑茶文化形成共享，不同群体都能从中得到情感反馈和心理愉悦。

空间设置从黑茶历史文化和制作工艺展陈寓教于乐，通过声光电虚拟影像体验结合历史物品、图像和文字解说，寓教于乐，传播湖南安化黑茶文化，引导消费购物；再利用自然环境优势设置观赏性花房茶室带来生动愉悦的观赏体验，再进入视野开阔的西部山坡景色进行茶的品尝与茶文化体验。从声、色、形、味多角度给予受众五感的刺激，多方位感受昭山地区的乡土文化魅力和安化黑茶的历史知识，从而诱导消费行为产生，增加经济收入。

5.5.3 历史情境在空间中的延续

对于历史情境的艺术化重现，有助于游览者更加直观、真切地体验本地的生活和生产。安化茶庄中一、二层安化黑茶的展陈，利用参与式影像，使安化黑茶的制作与生产结合昭山的场所环境虚拟重现，反映茶与湖南乡村生活生产的关系，将非物质文化遗产变成活态遗产，不断有更多人了解，达到文化输出和传播作用。

图5-3 茶庄一层大厅（作者设计方案图）

湖湘文化中，爱热闹是本地人乐观进取精神的体现，湖南娱乐休闲的生活状态展现在方方面面，从最早的综艺卫视到各类娱乐活动带头兴起，湖南本土的生活状态生动热烈。昭山作为自古以来被推崇的具有浓厚诗书画历史氛围的旅游风景区，本土娱乐休闲活动也丰富多彩。安化黑茶从采摘制作到生产生活都与集体协作产生密切关联，因此在空间三层的设施区别于常见茶舍宁静的空间氛围，增添茶道体验、湖湘文化相关曲艺表演和文化讲座，使观者在空间中体验艺术化重现的历史情境。

第6章 总结与展望

在中国，乡镇的建设不应是大城市模式的简单移植，也不应是传统建筑风貌的简单“复制”和追求所谓的风貌保护，需要根据地域特殊性回应场所的设计手段来实现乡镇场所精神的塑造。设计在乡村建设的时代潮流中所起的作用不能涵盖方方面面，但是可以作为生物酶一样的活化因子，在乡村建设发展中起到促进作用，将建设开发及经济的发展与乡村的生命发展形成积极共享共生的状态。

6.1 乡镇建设中对生态环境保护的启示与借鉴作用

乡村实践改造活动往往在短期利益的驱使下以破坏自然生态环境为发展代价，乡村中可贵的自然资源遭到毁坏。中国乡村自古以来崇尚与自然场所的结合，将人居环境融于自然之中，和自然场所形成彼此适应、共生共享的和谐关系。因此，在现代化建设高速发展的今天，乡村建设应该理性客观地利用本土自然资源，在追求经济发展的同时需要做到对自然的保护，形成生态的可持续发展。在开放模式下的共享场所精神的运用中，安化茶庄的设计对自然场所的利用和尊重的设计理念可以运用和影响到小镇其他建筑及相关设施的规划设计之中，形成良好的辐射影响，进一步运用到其他乡村的旅游发展和建设中。

6.2 对昭山地域文化氛围的保持与促进作用

纵览国内外比较成功的历史文化旅游区，都有自己独特的特点，不管是国外瑞士小镇蒙特加罗素、日本的白川乡合掌村，还是国内凤凰古镇、朱家角水乡，都凸显自己的地域文化特色，有其独特的地域文化氛围。在当下开放的乡村发展中，地域文化氛围的成功塑造已成为一种可共享的旅游资源，无论是当地居民的生产生活还是旅游者的参观游览，地域文化氛围的塑造同时有利于两者的发展，而对于场所精神的探析更加有利于昭山地域文化氛围的保护，将优秀的诗书画历史氛围和现代发展建设中的有利点相结合，促进昭山的发展。

6.3 对昭山特色小镇吸附力和经济发展的促进作用

场所精神的运用对乡村建设中生态环境的保护和对地域文化氛围的促进，直接影响了昭山特色小镇的吸附力和经济发展。特性和自然资源的保留是小镇生命力所在，是经济可持续发展的根源。

6.4 重要价值

开放模式下的共享场所精神影响到乡村建设的作用和价值，使其环环相扣，相互促进影响。将场所精神这一大概念运用到乡村建设中需要更加细化完善，根据不同的政治、经济、文化要素有多样化的运用。开放模式下共享场所精神的运用试图在乡村发展中，将外来因素与内在因素相结合，活化乡村产业发展，输出乡土文化魅力。随着时代发展，人们的地域观念、传统宗族理法观念发生着剧烈的变化，场所精神对本源的探究有助于在时代激变中把握大的方向，产生吸附力，保持地域特性，对特色产业的发展起促进作用。

重塑乡愁，重返风景，乡村建设中的场所精神的塑造使灵魂栖居，精神有所依托。为了达到对优秀的乡土文化及资源的传承保护，形成具备不断生长发展能力的新型现代化乡村，真正做到可持续发展，将文化与经济资源开放共享，为乡村旅游发展不断探寻新的方向，除去旅游热潮之后，居住者还能生存生产，自然生态还可以被保护利用。乡村建设任重而道远，未来的发展必将中国传统乡村带入新的发展模式中，乡村形态不断开放，更多资源将打破城乡界限为群体所共享。

参考文献

[1] 诺伯舒兹. 场所精神：迈向建筑现象学[M]. 施植明，译. 华中科技大学出版社，2010.

[2] 朱权，田艺蘅. 茶谱 煮泉小品[M]. 中华书局，2012.

[3] 王心源. 建筑语言对场所精神的诠释——以中国新乡土建筑为例[J]. 重庆建筑，2016.07.15（153）：10-12.

[4] 肖毅强，杨焰文，叶鹏. 乡镇规划中地域性场所精神的塑造——瑞士小镇蒙特加罗素的城市设计实践启示[J]. 规划师，2010，11（26）：97-101.

[5] 黄晴.“潇湘八景”一山水文化景观考证研究——以“山市晴岚”为例[D]. 中南大学，2010.

[6] 吴芳. 基于GIS的城市重大危险源选址优化研究——以昭山示范区为例[D]. 湖南科技大学，2013.

开放与共享——安化茶庄设计

Opening&Sharing—The Building Design of Anhua Tea House

选题概述

在共享理念盛行的环境下，以美丽乡村建设为背景，将开放模式下共享场所精神运用到乡村建设中。在当下乡村旅游业发展中，乡村的建设更加具有外向性，外来文化和发展资源为其提供了更广阔的发展平台。设计实践项目以湖南非遗安化黑茶为设计研究的出发点，以安化茶庄为设计项目探究建筑中对于场所精神的塑造，塑造当地乡村生命力与产业发展共享共生模式，探索场所精神重塑对于昭山的发展建设起到的积极意义。

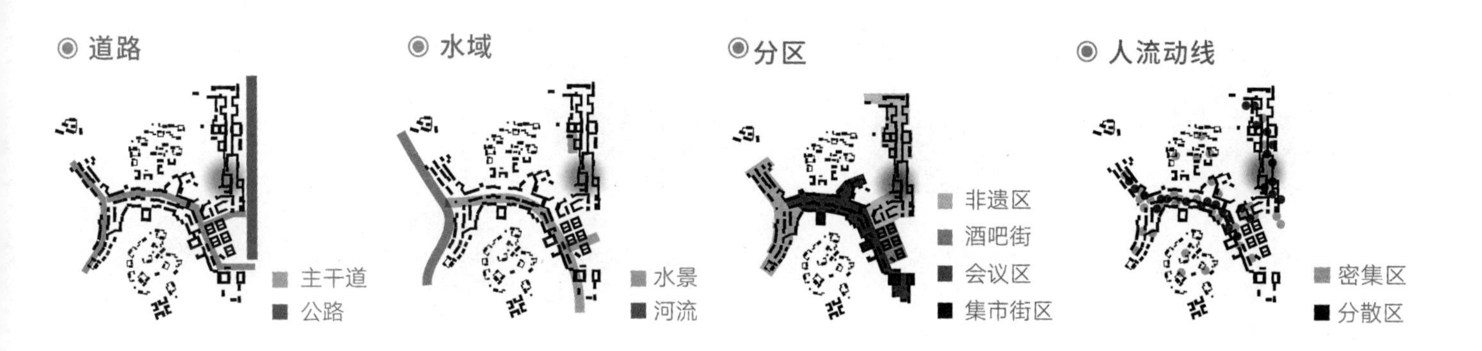

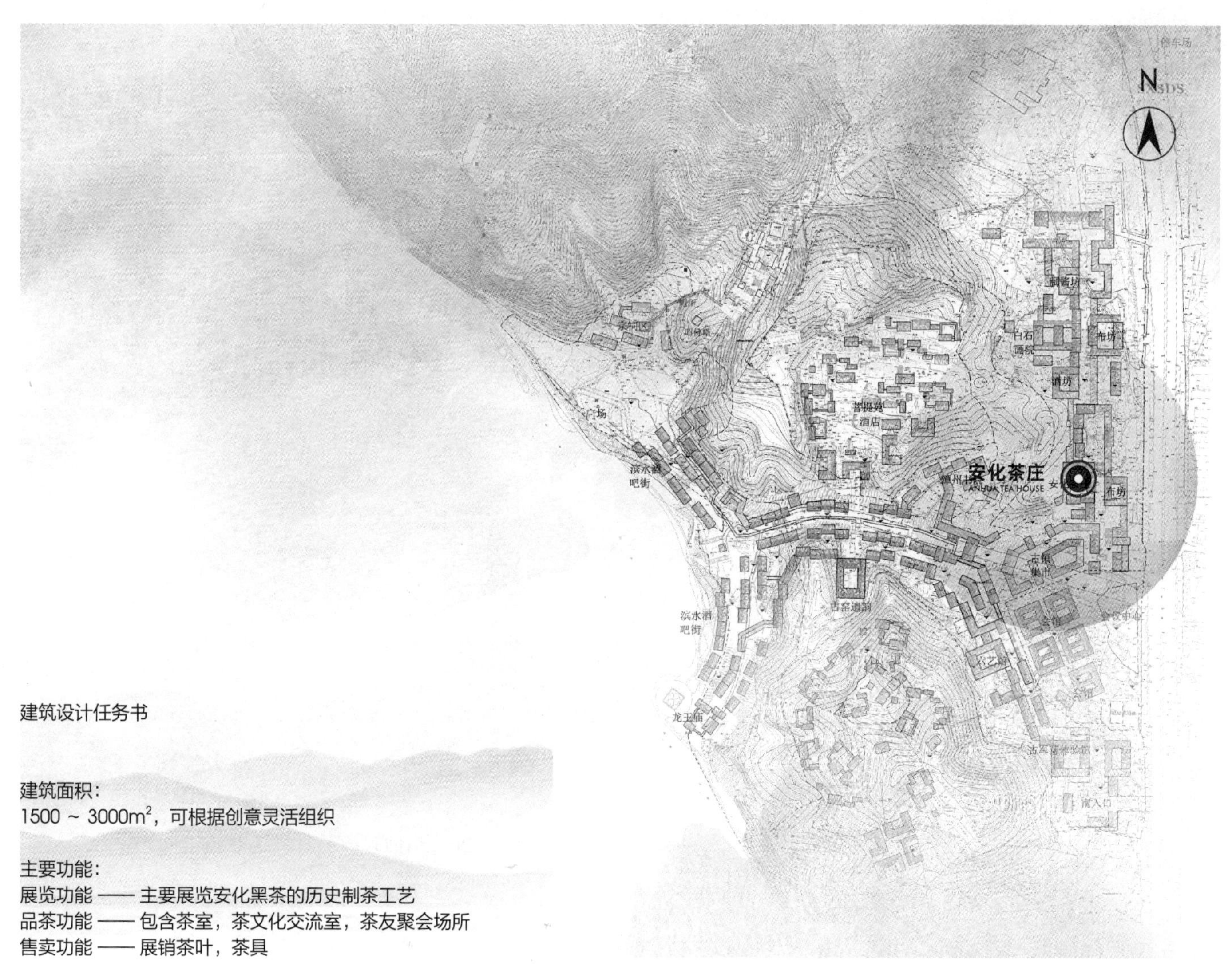

建筑设计任务书

建筑面积：
1500～3000m^2，可根据创意灵活组织

主要功能：
展览功能——主要展览安化黑茶的历史制茶工艺
品茶功能——包含茶室，茶文化交流室，茶友聚会场所
售卖功能——展销茶叶，茶具

基地现状

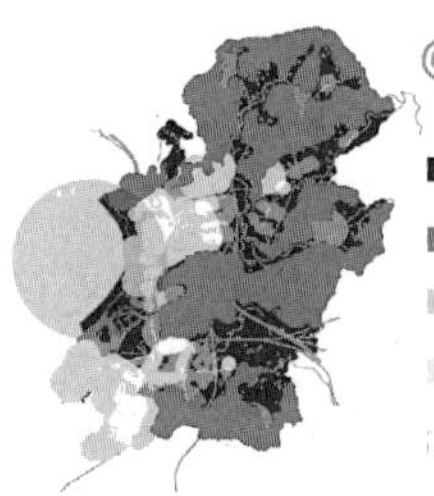

◉ 选址示意

- 适宜修建区
- 禁止选址区
- 三级适宜选址区
- 一级适宜选址区
- 二级适宜选址区

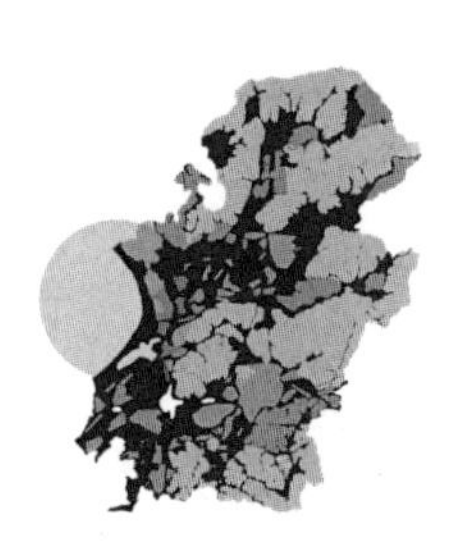

◉ 植被状况

- 非敏感区
- 低敏感区
- 中敏感区
- 高敏感区

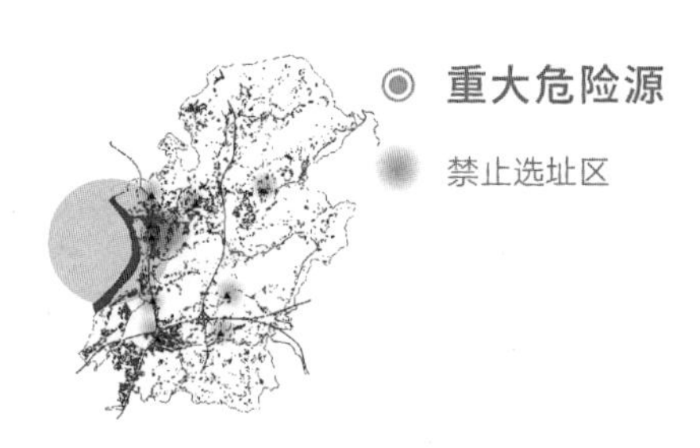

◉ 村镇与河道的关系减弱

◉ 村与城形成简单分割

◉ 聚落与现代道路划分割裂

强烈的地景变迁，造成昭山地区场所认同感和方向感的缺失，生态环境脆弱，自然地景破碎。

现场调研

临街商铺

传统民居

昭山场所精神解析

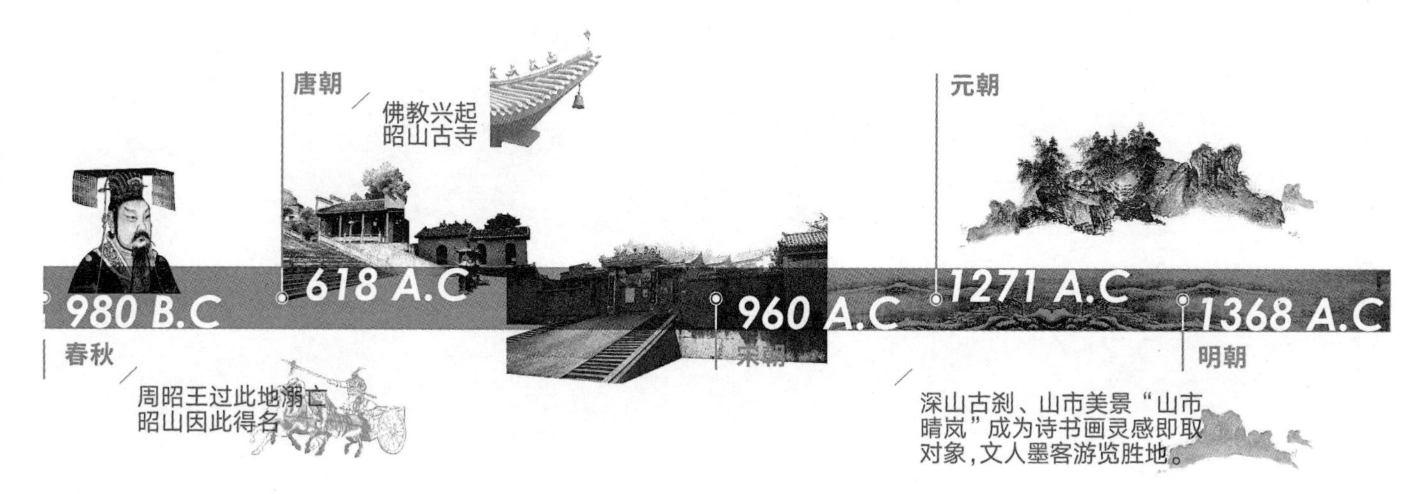

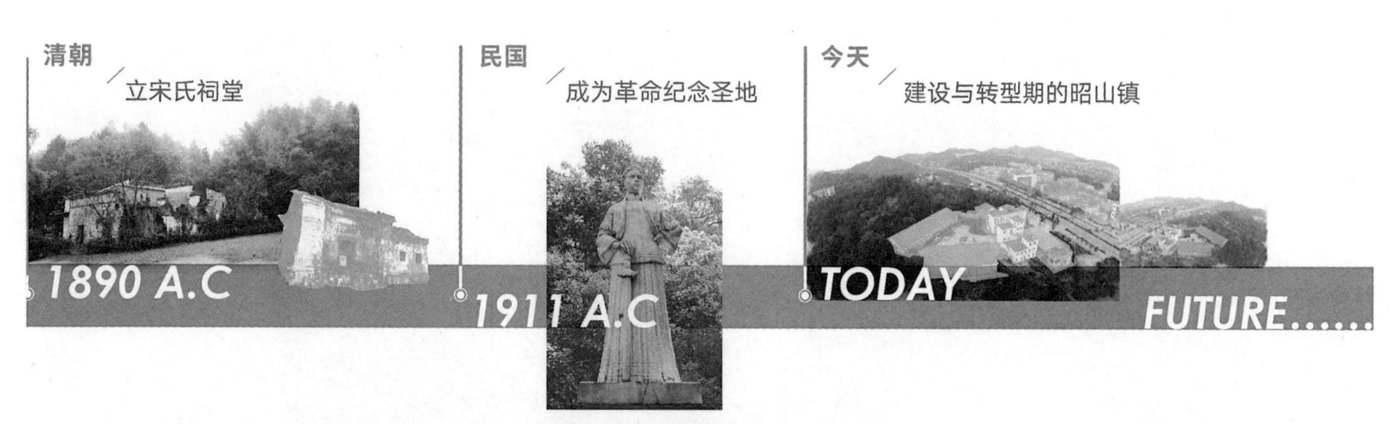

从春秋周昭王过此地溺亡的传说开始，历经唐代佛教盛行，宋代又成为诗书画作品中不断描绘演绎的对象，之后在时代激变中昭山逐渐衰落。现在的昭山处于转型与发展期。

- 特殊地貌的自然场所
  潇湘八景之一山市晴岚
- 家园精神
  湘有昭山，客子不乐游
- 诗情画意的历史场所
  春秋得名，宋元兴盛
  文人墨客争相描绘之地

灵感来源

湖南昭山
因山就势

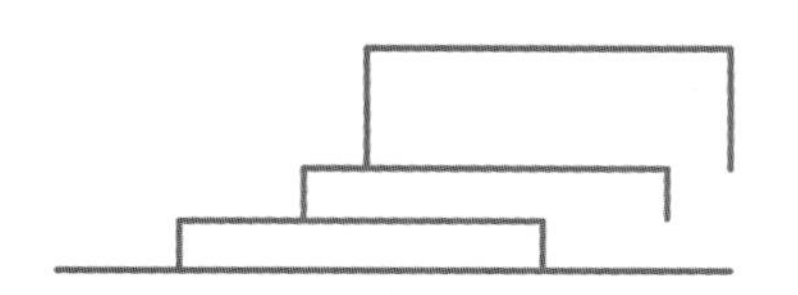

当地民居
提炼元素

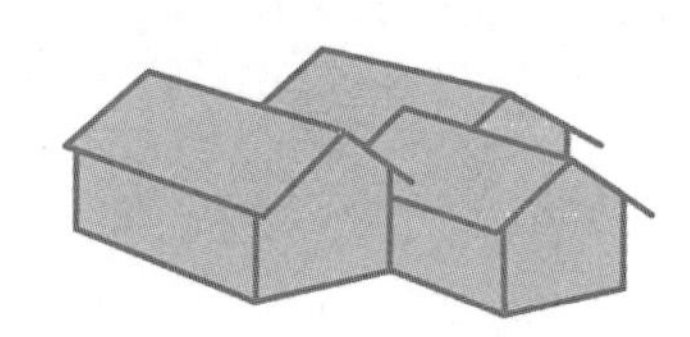

小镇肌理
带状组团

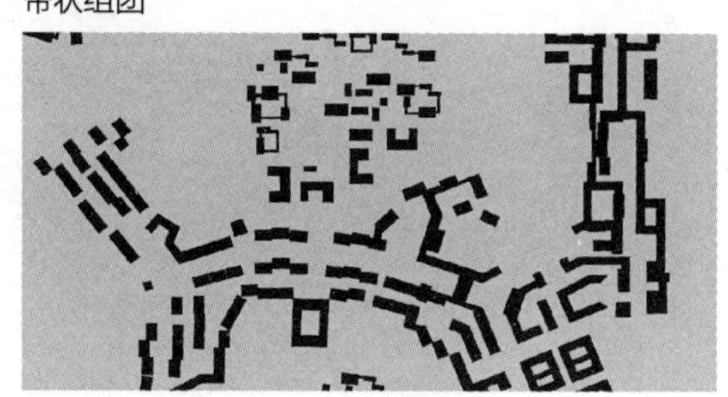

结构爆炸图

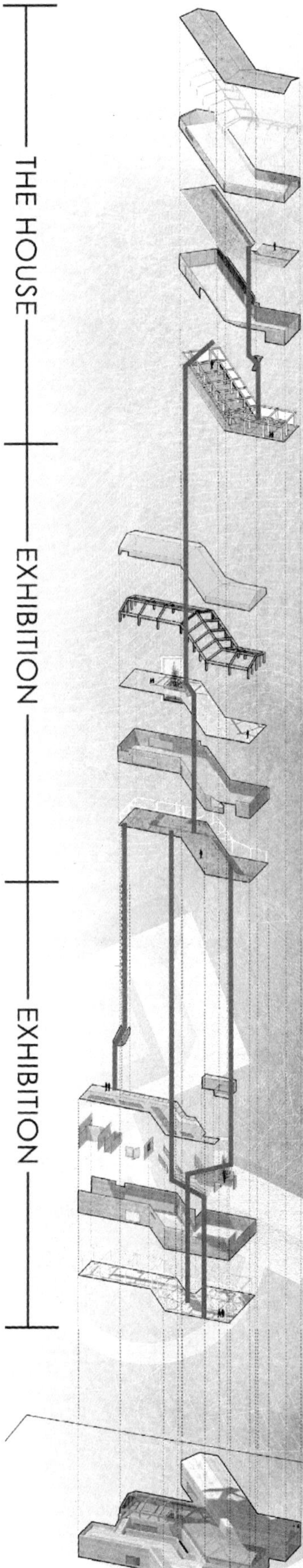

建筑体块推演

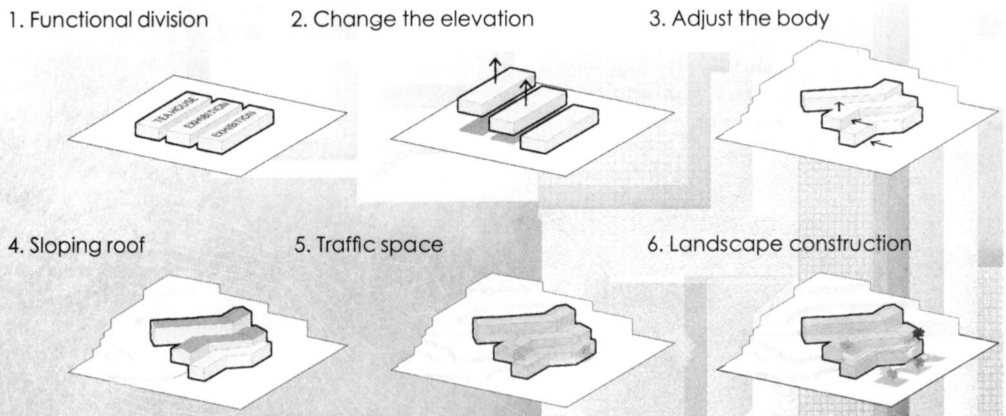

1. Functional division

TEA HOUSE
EXHIBITION
EXHIBITION

2. Change the elevation

3. Adjust the body

4. Sloping roof

5. Traffic space

6. Landscape construction

THE HOUSE

EXHIBITION

EXHIBITION

N

平面图

设计说明

安化茶庄共分为四层，以保护自然环境为原则，因山就势，借助地形走势构建建筑体块。一、二层为安化黑茶博物馆，通过空间中引入自然地景，图像与影像体验结合，历史实物与模型、解说结合，多方面展示黑茶的发展和茶与当地生活生产的关系；三层为花房观赏茶室和室内茶艺体验，提供声、色、味等知觉感官化体验，通过相关文化活动和演出展现黑茶文化和湖湘本土文化；四层为较私密空间，为茶文化爱好者及休憩人员提供一个静谧的场所，进行放松与感悟茶文化及欣赏昭山本土风情美景。

项目	单位	数量
规划总用地	m^2	389.00
总建筑面积	m^2	2953
建筑占地面积	m^2	1530
建筑密度	%	21%
容积率		0.40
绿地率	%	80%

安化茶庄室外场景效果图

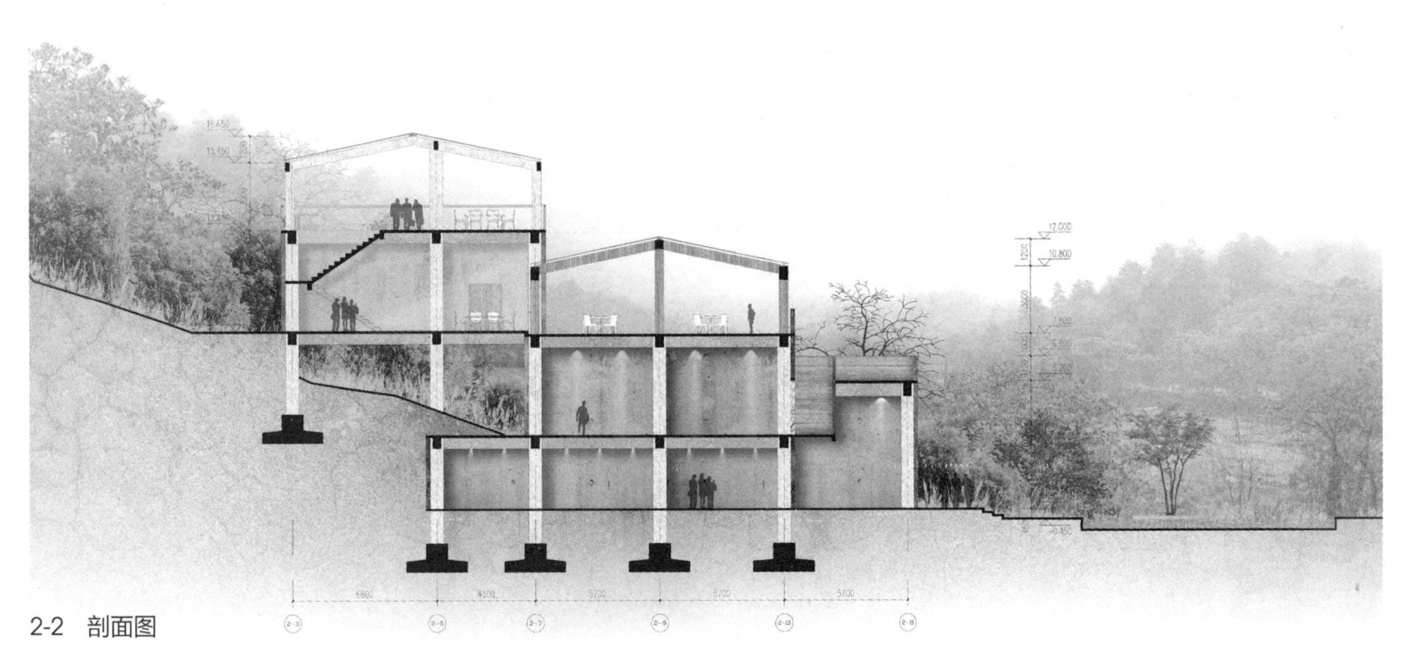

2-2 剖面图

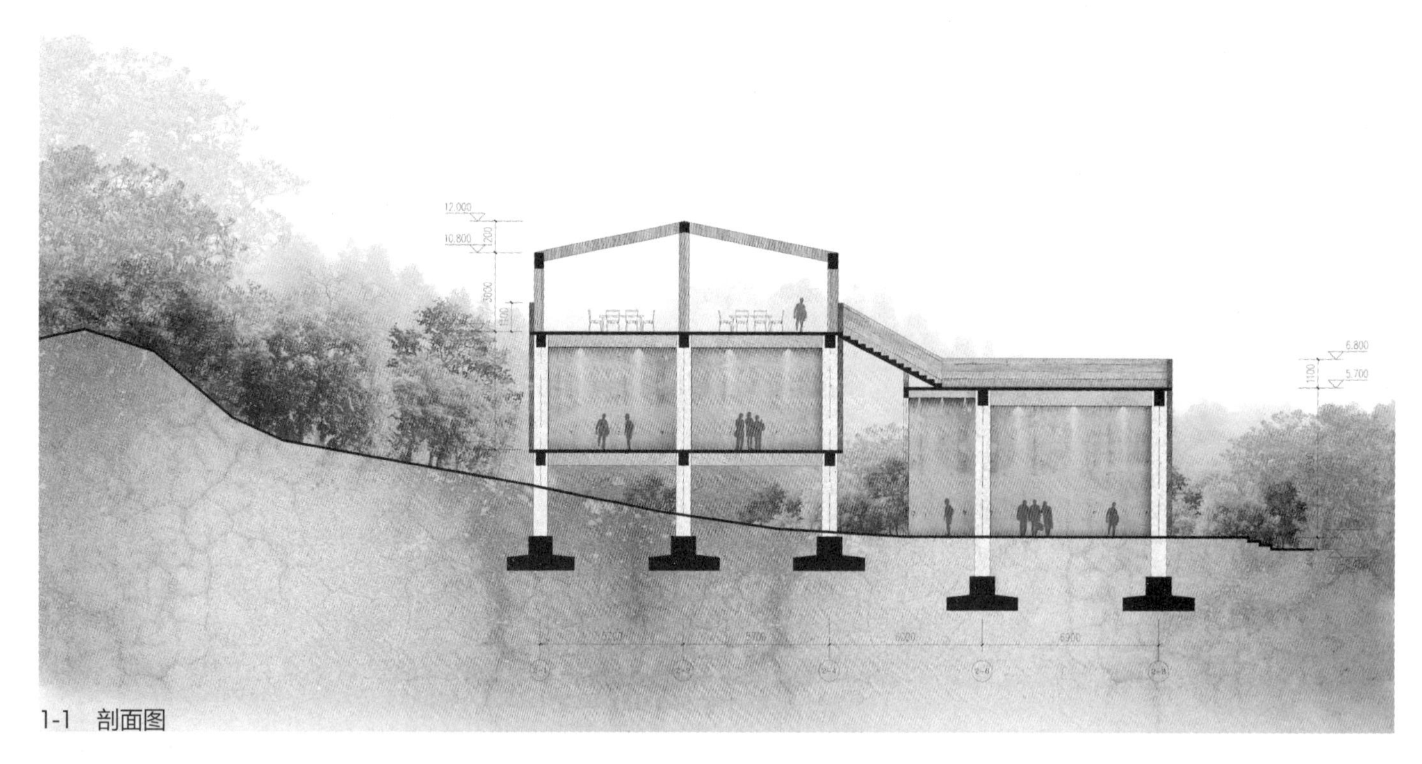

1-1 剖面图

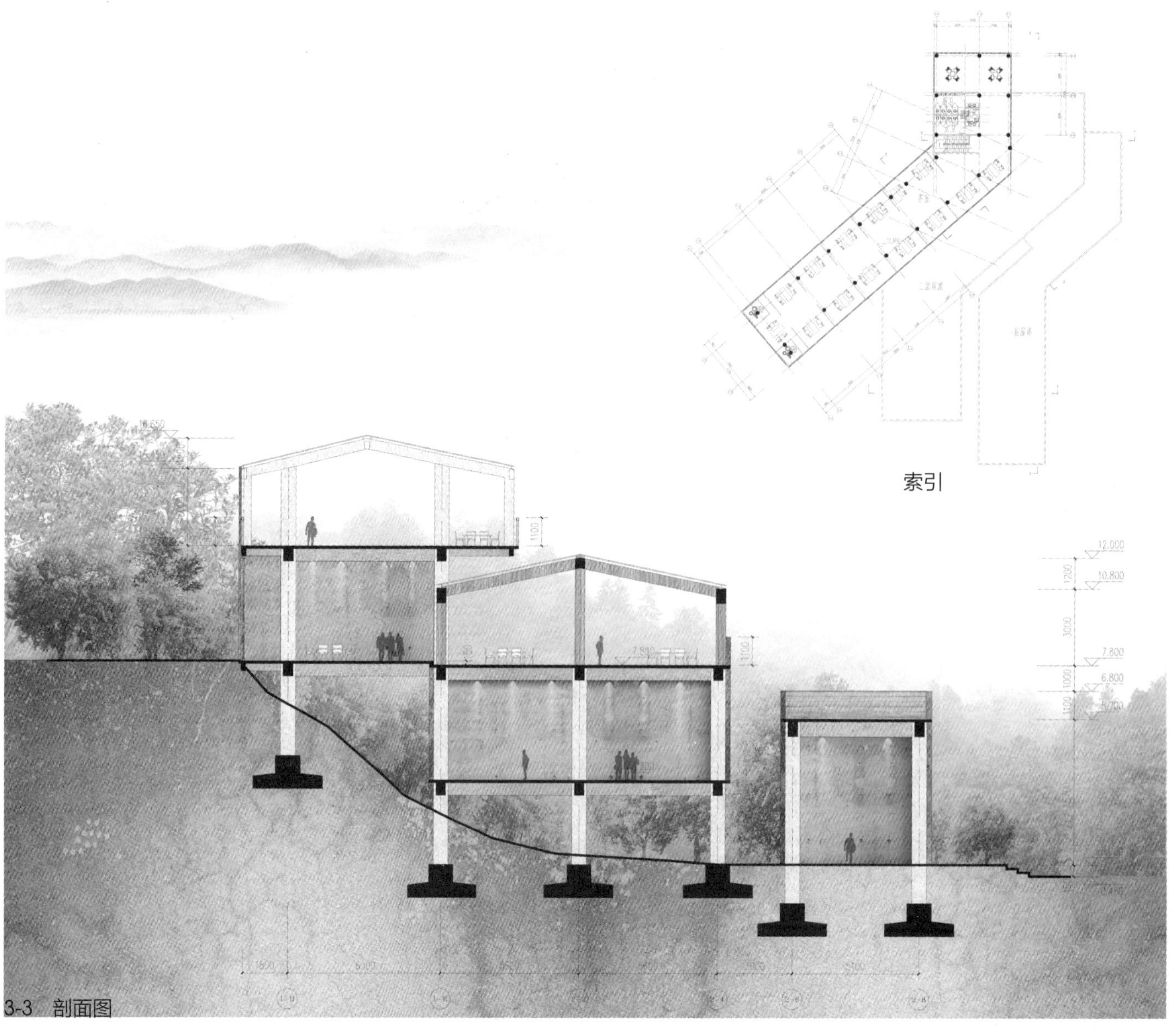

索引

3-3 剖面图

THE FIRST FLOOR OF Anhua TEA HOUSE

安化茶庄一层

以黑茶历史发展与文化展示为主，将自然地景引入室内，运用图像文字和模型，以及VR体验和全息投影，展现黑茶发展历程，运用声、光、电调动游览者的五感，多角度展现黑茶文化和地域特征，传播黑茶文化。

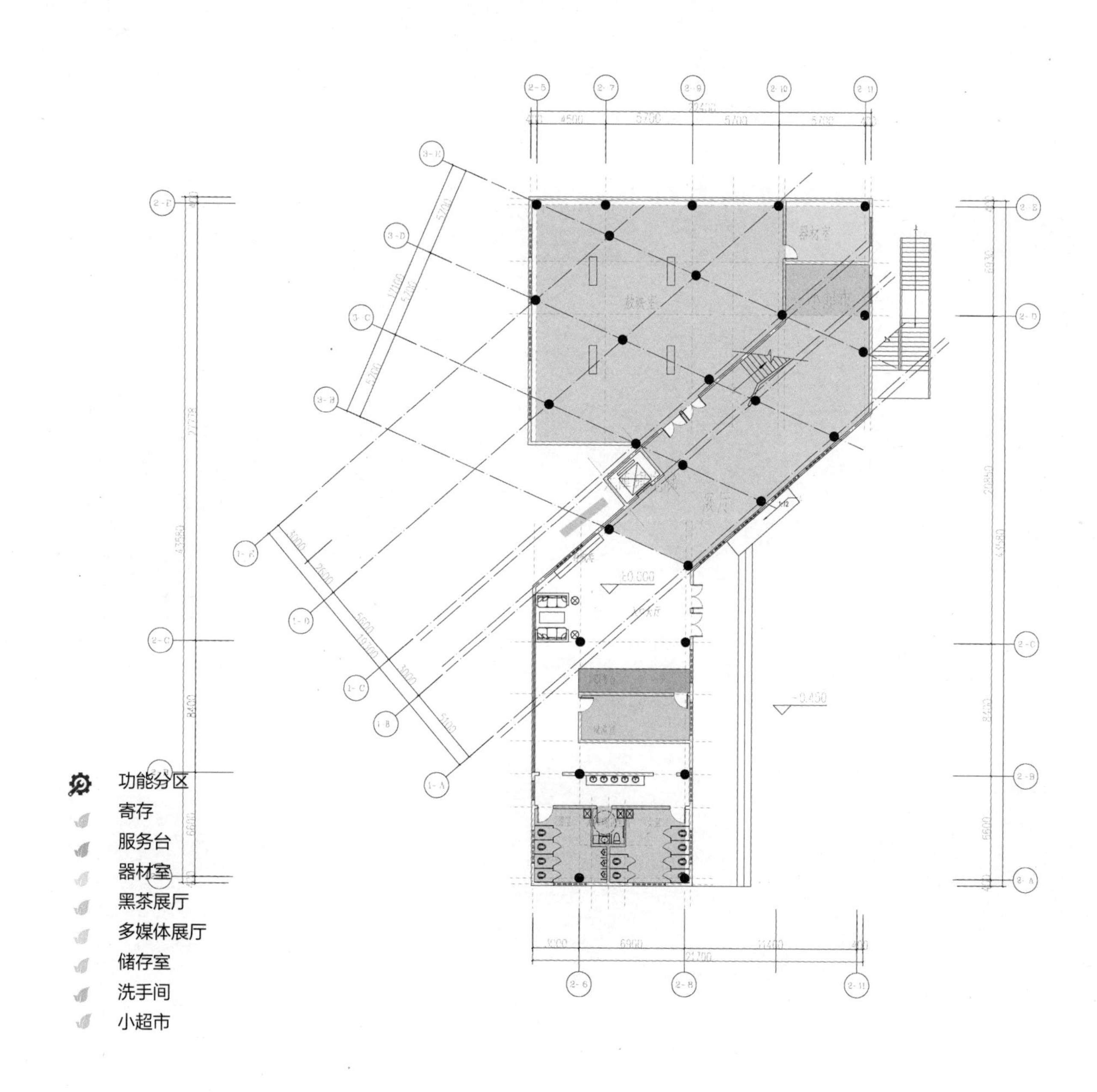

一层平面图

茶庄入口大厅

一层展陈空间

一层多媒体影响体验区

THE SECOND FLOOR OF Anhua TEA HOUSE

安化茶庄二层

以黑茶制茶工具、黑茶品种及茶器展示为主。实物和模型结合，影像和文字说明辅助，展现制茶者的精湛工艺以及黑茶制作过程的特殊性，展示不同品牌和形态的黑茶样品，为游览者普及鉴别黑茶品类的知识，引导游客理性选购。

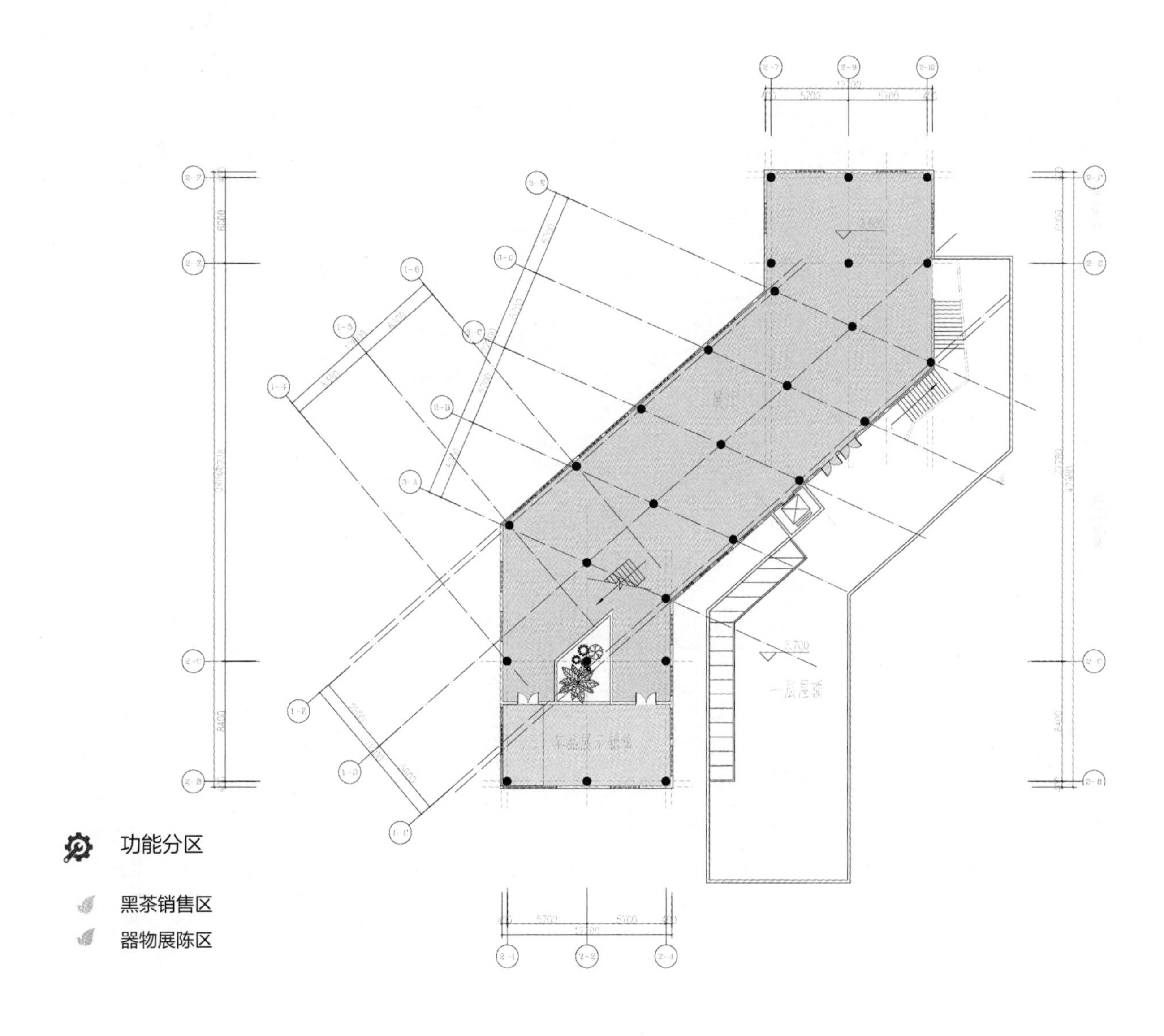

二层平面图

THE THIRD FLOOR OF Anhua TEA HOUSE 安化茶庄三层

花房茶室：以透明玻璃打造阳光房，利用湖南湘潭地区湿润温暖的气候，有利于植物生长，以构架形式种植各类花卉植物，形成游览观赏区域。

室内茶室：以动景为主，结合定期茶艺、茶道及湖南地方歌舞表演，展现湖湘文化，使游客体验茶艺、茶道，诗词曲艺，感受湖湘地区诗书画的人文积淀。

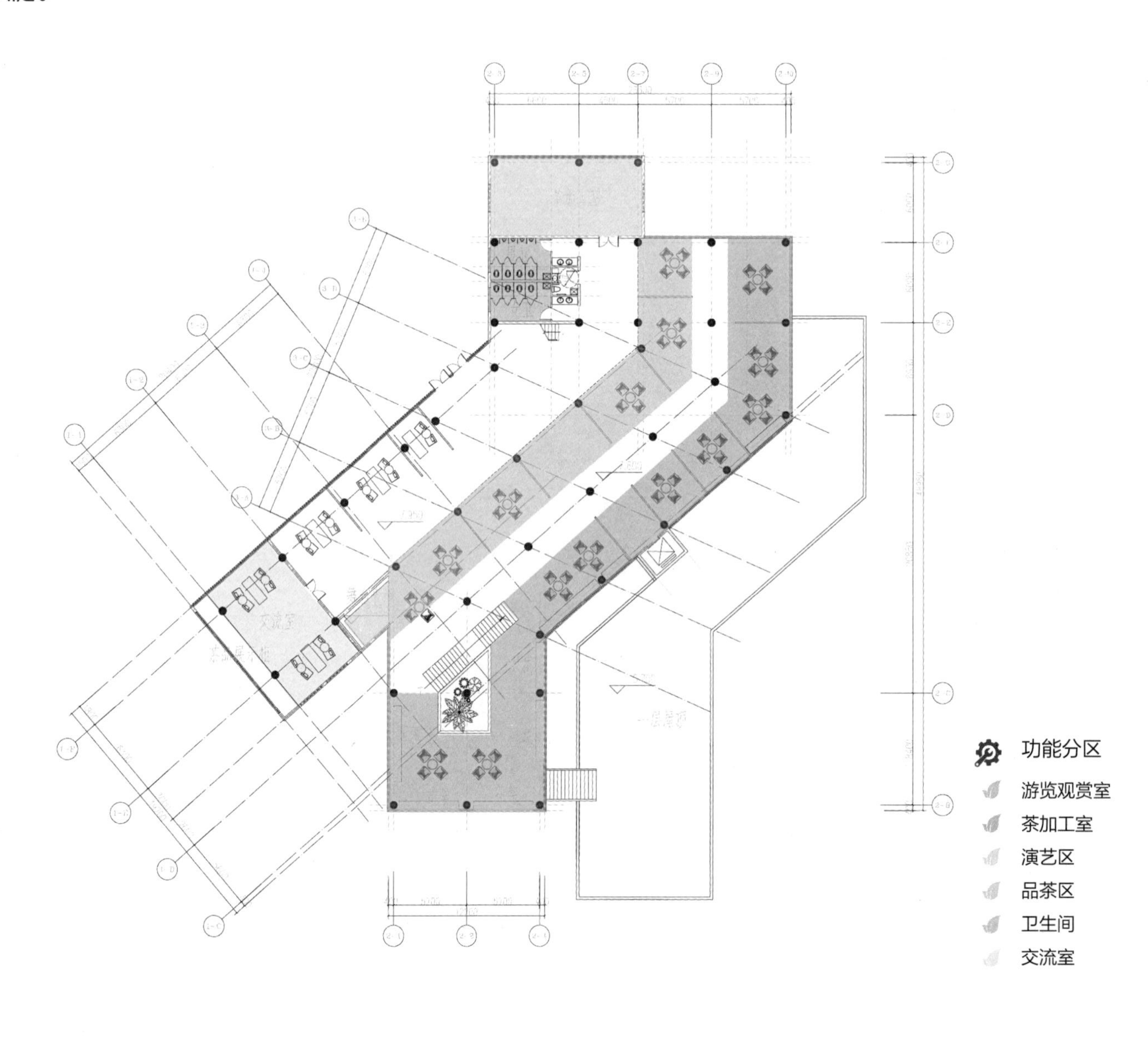

三层平面图

二层展陈空间

二层展陈空间

三层花房茶室

三层室内茶室

THE FOURTH FLOOR OF Anhua TEA HOUSE
安化茶庄四层

打造室内静谧空间，透明的窗户将游览者视线引向西南方山坡上，感受昭山诗情画意的自然地景，山间水雾环绕，生动再现“山市晴岚”特色美景。

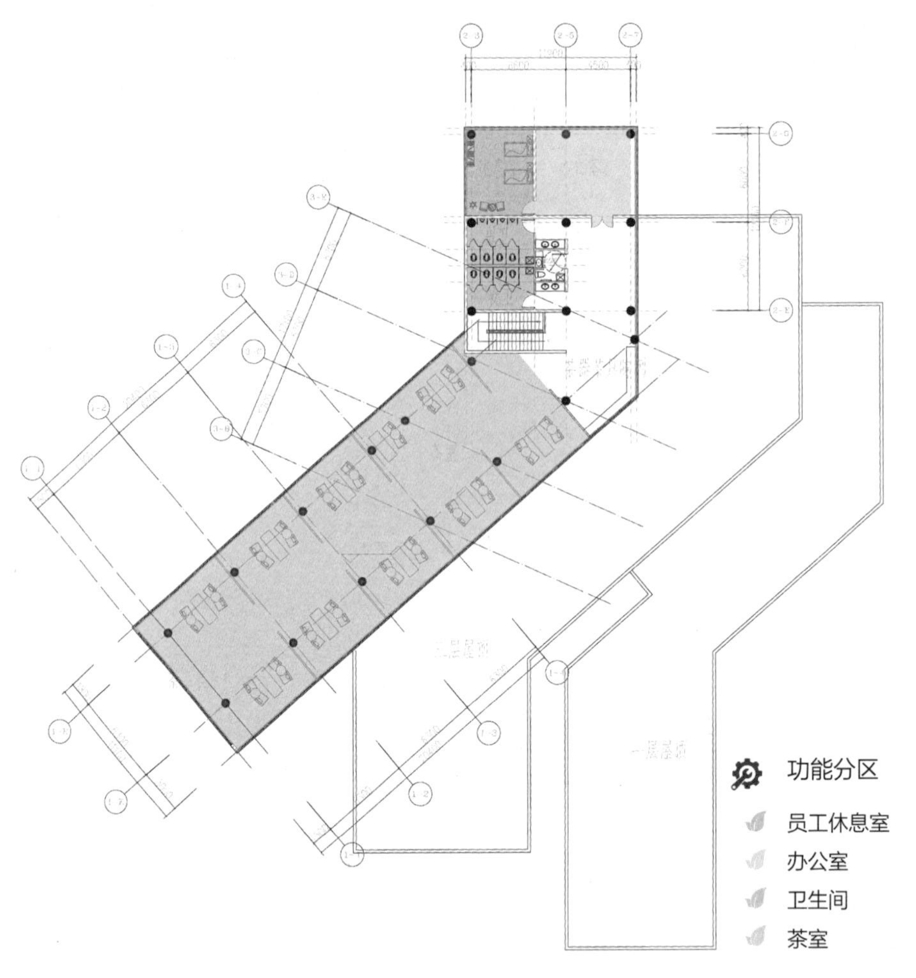

四层平面图

四层茶室

时间 · 空间 · 建筑 · 场域营造研究（1）

昭山风景区——麓 · 布工坊建筑设计研究

Application Research of Time,Space and Architectural Scenic Field Domain

昭山小镇——麓 · 布工坊建筑设计（2）

Lu-Cloth Workshop Building Design of Zhaoshan Small Town

吉林艺术学院设计学院　史少栋

Jilin University of the Arts，

Academy of Design，Shi Shaodong

姓　　名：史少栋　硕士研究生二年级

导　　师：刘岩　副教授　于冬波 教授

学　　校：吉林艺术学院设计学院

专　　业：设计学

学　　号：2015106

备　　注：1. 论文　2. 设计

麓 · 布工坊效果图

时间・空间・建筑・场域营造研究

昭山风景区——麓・布工坊建筑设计研究

Application Research of Time,Space and
Architectural Scenic Field Domain
Lu - Cloth Workshop Building Design of Zhaoshan Small Town

摘要：伴随国民经济收入近年来逐步提高，旅游产业的发展势头十分迅猛，随之而来的景区建筑景观乱象也在增多。尤其2013年以来，中央政府相继出台建设美丽乡村、特色小镇政策文件，并指出：要围绕城乡发展一体化，深入推进新农村建设。政策导向下，美丽乡村、特色小镇的数量更是呈井喷态势增多，各地争相申报美丽乡村、特色小镇的荣誉牌，希望能乘政策之风为当地的经济带来新的活力，从而提高当地政府以及百姓的经济收入，推动新型城镇化和新农村建设。但大多开发商并未对乡村或小镇当地的人文、自然、建筑空间形态做深入分析总结与了解，导致许多建成后的景区特色小镇的建筑空间形态和商业模式千篇一律，贫乏无味，并未做到政策中的基本指导思想和基本指导原则的实质。

黑格尔曾这样描述空间和时间的关系，“空间的真理性是时间。因此空间就是要变为时间；并不是我们很主观地强调时间，而是空间本身要过渡到时间”。在有形与无形之间时间可以是主体人的体验，可以是建筑与自然的交融，也可能是人在某个特定时间下对建筑部分形态的情感认知，对于主体人来说，时间又可根据其生命活动的变化而对其产生不同的感觉。在此统称为空间的第四维度——时间。而在四维的时间内，主体人的角色又是重中之重。

本篇论文以传统三维空间之外的第四空间维度“时间”为切入点，通过论述建筑在时间轴态下空间开放性的历史发展进程和当下社会生活中特色小镇应有的空间态势，以及建筑空间的时间作用下与自然环境的共同生长和人的行为互动，结合场域营造的相关理念，针对当下景区建筑特色小镇“贫乏无味”进行分析，讨论其在景区场域营造理念方向可能存在的诸多相关问题，并尝试通过时间轴态下建筑的开放性以及建筑空间的冗余度相结合，根据当地人文的习惯，合理分配围合空间与开放空间的配比，适当调整建筑空间冗余度大小，以提高空间的利用率，并突出其当地特有的建筑形态。使空间成为多重事件的发生地，让当地居民及游客能更好地参与体验建筑场域的营造及生长，最终通过空间的设定使人与人、人与事件、事件与事件，甚至城与乡都可能在此产生碰撞。

关键词：时间；开放性；生长性；场域；营造

Abstract: With the increasing of national economy in the recent years, the tourist industry is developing rapidly, as a result, more and more scenic architectural chaotic phenomena take place. Especially since 2013, the central government gradually issued the documents about building beautiful countryside and special town, and pointed out: we should integrate urban and rural development, and further promote new rural construction. Orientated by the policy, the number of so called beautiful countryside and special town experienced a growth spur. All the places try to declare the existence of the beautiful countryside and special town, hoping to bring new blood to the local economy development, as a result, to increase the income of both local government and local people, to promote new urbanization and the construction of new rural areas. However, most of the property developers have no deep research or understanding of the local humanities, nature or architecture space appearance, which lead to the result that all the so called towns are in the same key, all failed the essence of the policy’s basic guiding ideology and principle.

Hegel described the relationships between space and time, “The truth of space is time. So space is going to be time; It's not that we're subjectively emphasizing time, but that the space itself is transitioning to time”. Between the tangible and the intangible, time can be the experience of the subject person, the blend of architect and nature, or the emotion cognition of one person to some architect form under

a certain circumstance. For the subject person, time can be different emotions based on the different period of his life. All those can be called the fourth dimension of space—time. In the four dimensions, the subject person is the priority among priorities.
Keywords: Beautiful Village, Subject, Rural Tourism, Resources Protection

第1章 绪论

1.1 选题背景与研究问题

1.1.1 选题背景

在全球进程不断发展及社会文化不断进步的今天，中国的城市发展突飞猛进，城乡间的差异也越来越明显。为缩小城乡间的差距，自2013年国家先后出台一系列关于美丽乡村的推动措施。在城乡一体化新型城镇化建设的大背景下，2016年住建部、发改委、财政部联合发布《关于开展特色小镇培育工作的通知》在2020年培育出1000个左右特色鲜明、产业发展、绿色生态、美丽宜居的特色小镇。中国掀起一股小镇热。“美丽乡村”与“特色小镇”双重内涵的注入为当今乡村的建设带来新的发展契机。美丽乡村与特色小镇协同发展具备生态与民生的可持续发展、乡镇旅游发展与区域竞争力提升、优秀本土产业与文化的传承与发扬的愿景。作为未来城镇发展中的重要招商引资载体平台，特色小镇受到了各省市地方政府的高度重视。同时美丽乡村与特色小镇两种发展方式因地制宜地协同发展是中国乡镇发展与复兴的可行途径。然而，在“小镇热”的背后，更多的是盲目跟风，认识有偏差，特色不突出，定位不准确。特色小镇基本原则：坚持突出特色、坚持市场主导、坚持深化改革贯彻得并不彻底。旧建筑记忆保护？新商业街的复制？无节制的农家乐？建筑形态趋同化和商业模式单一、场域性差等都对小镇和乡村的可持续发展带来了阻碍。解决在发展过程中产生的一系列问题，都是非常值得去研究的课题。

1.1.2 研究问题

建筑空间是主体与意识之间的联结媒介。物质和意识要联结起来，只有依赖于空间与时间的重合才能实现。在景区特色小镇建筑的营造中，开发者的着力点大部分直接地放在了如何能够为旅游消费者带来更好的服务体验，而忽略了其背后的实质，旅游者来到小镇消费的前提是对当地居住者的状态的好奇和对小镇真实生活的向往。只有一个相对真实的生活环境，才能激发旅游者对小镇的真实向往，小镇中最重要的主体是居民本身。如何在打造小镇建筑的同时更多地考虑人的参与，营造或者还原适合当地居民生活的场景的同时吸引更多的游客参与其中，才能真正地激活小镇。基于以上的思考，作者想通过本篇论文探讨在营造小镇建筑空间中的以下几个问题：

（1）建筑、人（主体）与自然三者的本质关系；

（2）时间轴态下建筑开放性的发展与当地居民生活习惯的相互影响；

（3）景区建筑场域中各空间冗余度的关系尺度把控。

1.2 研究目的和意义

时间轴态下的景区建筑场域营造理念的应用研究，目的是为了在景区发展火热的今天重新将其开发者和旅游者从游逛景区表象拉回到真正地了解当地居民生活状态习性和当地的特色产品历史，强调常规三维空间外的第四维——时间的重要性，结合场域营造理念对景区建筑今后的建造提供新的逻辑思路和方法的借鉴。具体来说主要包括：

（1）景区商业建筑营造与当地居民互动的重要性，明晰此类建筑空间的现状和今后有可能发展的具体方向，更好地还原旅游所带给人们的原始的真正意义。

（2）引入时间概念并结合场域营造理念构建新的发展模式，总结前后之间有什么不同的特点，提出可以改进的方向和设计方法，整合此类建筑可以创造出的价值，作为之后景区建筑建造的发展模式的一个基础条件。

（3）通过此次的研究来总结国内外相对比较成功的案例和其中的关键要素，提出适用于类似项目的发展方式和关键要素，归纳在场域营造中的“时间”策略。通过重点分析人与自然参与的相关性，从而提高景区建筑在反映相对真实场景的相关改造措施。

（4）经过此次对时间概念的研讨将其应用到作者此次的景区建筑设计当中，通过在设计中发现问题来更好地确认论文的研究方向，并对理论进行补充和完善。

（5）结合设计与论文，总结出当下景区建筑在实际营造过程的不足之处，展望相关景区建筑建造的模式在当前我国发展的前景。

当前社会人们已经对千镇一面的客观现象产生了厌倦感，人们的需求处于大众化向定制私人化、多元化的过渡时期，在这个过程中如何将景区建筑和当地的原生建筑融合，既不失原生建筑的特色、影响当地人们的正常生活，又能满足非当地人的旅游功能需求，将当地的特有文化相对清晰地展现出来，并能更加丰富其生活方式的选择。借用传统三维空间外的四维空间“时间”来展现人是如何通过建筑这个媒介与自然交流的。确切地说，并不是建筑与物质世界联结，而是通过建筑，人类作为主体与世界进行对话。如何才能通过设计和之外的更多手段和方法去润滑建筑充当的媒介，而不是用钢筋混凝土将两者之间加以阻隔。通过论文和设计的相互指导得出相对合适的建筑的合理空间，为今后的景区建筑提供思路和参考策略。

1.3 研究方法及内容框架

1.3.1 研究方法

本论文的研究方法包括四种：

（1）文献研究法。查阅和搜集国内外相关四维空间的资料和场域营造的相关资料，并将有关资料归纳分析整理；仔细研读时间空间与场域营造的相关理论指导，找寻设计中的问题与理论的结合要点。

（2）实例调研法。选取了湖南的铜官镇商业街、古窑遗址和安徽黄山的屏山古村落、碧山村为调研地点，发现其实际案例中的闪光点和存在的问题，并走访居住在附近的居民和驻留当地创业的青年、学生志愿者，整理获得的第一手资料。

（3）归纳分析法。结合项目实际案例中湖南省设计院已经启动的开发和建造过程中发现的问题，以及过程中出现的种种可能，通过已有文案和汇报文本归纳梳理加以分析。

（4）实践参与法。通过在安徽省黄山市黟县徽堂改造项目的实践与理论的整合，对论文和设计进行指导，验证其得出的结论并加以完善，促进新型城镇建设下乡村建设的良性发展。

1.3.2 论文框架

本文除去结论外，主要分为五章，秉承了“提出问题—分析问题—解决问题”的思路，以如下线索展开论述：

第1章介绍了国民经济迅速提升的今天，伴随国家政策，旅游业逐步进入了一个崭新的时期，尤其城乡小镇和美丽乡村的发展进入了前所未有的火热阶段，各地景区建筑趋同化等问题凸显严重，阐述了选题的缘由，它构成了此次论文的重要背景理论。并介绍论文通过文献研究法、实例调研法、归纳分析法以及实践参与法等研究方法，基于社会学等场域概念与生态学的人居共融理念，以建筑中三维空间之外的“时间性”的具体表现融于空间环境为切入点，在此视角下对建筑空间再升华，完成景区场域的可持续营造。

第2章核心概念与问题，通过对本篇论文中涉及的核心关键词的由来解释、说明和鉴别，具体论述所要阐述的时间、空间概念及时间：三维空间外的所有之总和，包含了人的行为、自然的融合和时间轴态下的建筑相关特点。用空间的重叠（冗余度）、放开性等，来锁定本篇论文所谈论的内容，更好地限定范围区域，避免论文描述漫无边际。

第3章空间、时间与建筑融合，系统地描写了空间的冗余度的尺度把握问题及时间维度下人和建筑的行为变化，透过对时间—空间进一步的深入，和建筑与自然的空间关系共同论述，寻找人—建筑与自然的融界点，避免建筑的形态固化，根据自然环境的变化而不同，使之和谐共生。

第4章场域营造的具体特性，本章对场域营造的具体特性进行了详细的论述，讨论并提出营造中应该注意的着力点，分析其在建筑中的优势并挖掘其根本原因，通过强调人的参与生长性区别于其他的氛围，将场域营造的可持续性与之前的空间概念发生碰撞，并将其融合发展，使人与空间产生良性的互动，最后促成空间的升华。

第5章以湖南昭山麓布工坊建筑设计竞赛方案为例结合此次论文的主题，由李唐的《万壑松风图》到“末山先麓”，再至麓布工坊，论文结合设计中所遇到的问题，通过对布坊的过往历史的归结，将展览空间做成了小型展博馆，通过对开放性问题的分析，将两主入口向内部回收形成阴角区域，使人自然而然地进去布坊空间，由休闲空间缓缓进入，通过场域的主题营造，再由过渡空间步入高亮的展馆，给人视觉冲击。单体之间相互回退形成院落，拥有更多可能。东西的桥架连接山水，尝试与山水对话，将场域营造的具体特性发挥至极致，多个院落让人有更多的空间遇见、交流，使其不仅是布坊，更将承载小镇的未来。

第6章通过前5章的论述，在已有研究村落旅游人居环境的基础上，增加了建筑三维外的四维——“时间”理论框架，总结了当下小镇建筑的共性与弊端，并尝试总结给出回答。在新型城镇可持续课题的今天，对如何可持续的具体操作点给出了建议。但还有很多仍未涉及的问题有待解决，如人居与景区场域的融合等，还未能提出可靠意见和建立依据。

第2章 核心概念

核心的概念论述对本篇论文有着重要的指导意义，同样的概念词汇在不同的时间、背景和论文体系下所表述的意思不会完全一致，它加入了作者对此不同的认知和限定。清晰的概念界限能更加精准地阐述作者想要表达的含义，更好地表述其观点。

2.1“场域”概念相关理论

何谓“场域”?“从分析的角度来看，一个场域可以被定义为在各种位置之间存在的客观关系的一个网络，或一个构型。”进一步说，场域是一种具有相对独立性的社会空间，相对独立性既是不同场域相互区别的标志，也是不同场域得以存在的依据。

2.1.1 场域的来源

“场域”一词是来源于社会学中的概念。场域创建起的主要定义在于场域的思考，着力点在于关系，主要内容可以涵盖各个领域，形成条件是多方所造就的一个系统，是在概念所构成的理论系统中，而并不是孤立地去界定某一方，是随着不同的变化而产生变化的。场域运作和转变的原动力是在关系中各种隐含的未发的力量和正在活动中的空间力量的一种争夺，最终的场域是争夺力量的占据者。场域与机器的区别，最基本的一点是争斗，机器是按照既定的程序进行工作，而场域则是无休止的争斗，以不同的强度、不同的时间、不同的成功概率；另一点是场域不具备机器的组成部分，场域中每一个子场域都是自身的逻辑场域，它们也时刻在变化，并没有明确的疆域界限。在布迪厄的场域研究中有三个必不可少的环节，首先是分析与权力场域的关联，分析处于主被动的关系；其次要探究各个占据位置的种种关系；除此之外，第三个不可或缺的是要具体分析场域中的主体的各种惯习。

对于场域这一概念，布迪厄这样说过：“我将一个场域定义为位置间客观关系的一个网络或一个构型，这些位置是经过客观限定的。”布迪厄的场域概念，不能理解为被一定边界物包围的领地，也不等同于一般的领域，而是在其中有内含力量的、有生气的、有潜力的存在。布迪厄研究了许多场域，如美学场域、法律场域、宗教场域、政治场域、文化场域、教育场域，每个场域都以一个市场为纽带，将场域中象征性商品的生产者和消费者联结起来，例如，艺术这个场域包括画家、艺术品购买商、批评家、博物馆的管理者等等。

2.1.2 场域与建筑的结合

在各个不同的有形与无形的领域当中都有各自的场域存在，各自的场域既相互独立又相互依存和影响。建筑是人类主体与自然沟通和接触的重要媒介，在这个媒介当中，建筑场域也自然而然地存在其中。建筑的场域可能是人类（主体创造者）事先通过设计赋予的有目的的功能场域，也可能是在主观主体无意识的日常习性中所创造出来的一种相对自然的无意识场域。场域从社会学中诞生以来，根据场域概念进行思考就是从关系的角度进行思考。正如卡西尔在《实体概念与功能概念》一书中所表明的，近代科学的标志就是关系的思维方式，而不是狭隘得多的结构主义的思维方式。

从人类开始建造住所到近现代的建筑理论的形成、定义与传播，经历了一个很长的过程，从最初的单纯地满足人的功能需求，到开始根据功能对形态做一种相适应的优化，到其中一部分人炫耀财富和身份地位、权势的装饰，到与天神对话的神空间，到只有象征意义的纪念碑式建筑，再到现代主义少即是多以及其他多元高技派建筑。建筑空间能否在使用空间中达到最大的舒适度，从某种意义上讲也是各种功能空间关系处理得成功。其中建筑与主体人的尺度关系处理，建筑与建筑中各种子空间的关系处理、建筑与周边自然的关系处理、建筑与周边建筑的关系处理都是建筑能否融入原有场域的一些核心要素。从关系的角度出发，场域与建筑不谋而合。

场域与建筑的结合是两个同样以关系为切入点的结合，通过将场域概念跨领域引入，使得建筑回归原来的本质，更加强调与周围关系的切合，更加注重主体人在建筑中所占有的分量。能够及时纠正景区建设现有的误区使景区建筑真正的回到人的生活场域中，正确引导旅游所应该具有的场域氛围。

2.2 营造与建造的辨析

2.2.1 建造的具体含义

建造意指制造，事物通过设计创建并制造出的过程称为建造。建造与建筑连接时，建造是建筑能够得以实现的必然手段和方式，在建筑的建造中包括了有关建设的工程经济、建设工程项目管理和实施、建设工程的法规及相关内容。即经过主体有意识的功能设定和计划，根据实际当地情况选取施工材料，根据不同材料的不同特性进行建造的过程。建筑建造的具体形式根据不同的实际需求和使用功能，其建造形式和规范也有不同。例如，在现在公共型建筑的建造的过程中，建造多以钢筋混凝土框架形式或者钢架结构的建造技术形式出现，为梁柱承重。而在相对偏远的农村，还有较多的采用墙体承重的建造技术形式，而不同地区墙体承重的材料也会出现差异。这从某种意义上来说，可以称作建造的场域，地域的差异性正好能体现出不同建造场域的不同特点。

2.2.2 营造与建造的关系

“建筑学”和“建造”来源于西方，是一种相对的科学技术手段和具体文化艺术的研究，是学术性的。而提及营造，不得不提“营造法”，在中国的古代并没有建筑学与建造的概念，而是营造法。建筑学、建造与营造法之间除了字面上的差异，最大的是其本质的不同。建造是理性的，基于科学指导进行设计，而营造更多的是能工巧匠的经验摸索，绝大多数并没有强大的理论背景，也不具有各式风格，是在长期以来的日常中积累出来的。两个词的背景和所想要表达的含义也不相同，在建造的背后，西方更加强调科学，建筑建造从某种程度上讲是艺术的一部分；中国营造的建筑和装饰背后则是权力身份的表达，营造法则是古代政府规定的建筑法规，是阶级地位的一种强制性的规范执行。

现在日常的运用中营造和建造之间既有相同的部分，也有其相互不同的含义。其相同部分是都有制造的含义，在建筑设计中经常涉及。不同点为建造更多指向通过计划的制造，营造则更多地加入了不同体间的相互关系和在无意识中产生的氛围的综合。就建筑设计而言，通过建筑设计的具体方案、工程法规逐步进入建筑的建造阶段，当建筑建造完成之后，通过之前的方案设计的各个部分与建筑的周围环境相互呼应，或者称其为建筑与环境的对话、交流。

在本篇论文中营造主要表达建筑空间、主体人与自然空间之间的关系，与上文的场域一脉相承，都旨在说明其景区中各种关系处理的重要性。

2.3 空间与时间的概念界定

时间和空间是人解析世界的基本构成法则。在我们所定义的时空模式下，任何事物都在时时刻刻做着永不停息的运动。一个研究有关艺术时空特征的调查显示：艺术和时空有着双重的联系。艺术的存在本身融合着时间和空间，欣赏艺术本体时，寻求创作当时的时间和空间，往往能体会到艺术的真实意义。此外艺术本体又有重新建立虚拟时空的能力，结合主体人能创造其特有的价值。

2.3.1 空间的重叠与开放

空间的重叠可以从两层意义上进行论述，其一，多个不同空间在物理空间中纵向的基地空间重叠，具体可以指向为现代的多楼层空间；其二，同一空间中不同时段所具备的不同功能的空间属性重叠，加入了流淌在空间中的时间轴线。

空间的开放也可以从两方面进行论述，一种为建筑空间内部根据不同功能通过墙体进行实体的分隔，其开放性比由非墙体进行形式上的划分的开放性弱，例如，越来越多的现代空间习惯用地面的高度来区分功能区的划分，或者为多功能空间，通过可移动隔板根据不同功能进行不同的滑动达到预期空间效果。而另一种空间开放性的论述是从建筑的外部空间着手，是主体人对建筑与原生空间之间关系的开放程度的界限形式的感受。其边界根据地域的不同而形式不同，随着时代的发展越来越趋向边界模糊化，这样建筑能更好地与原生空间相融合。

本篇论文中所涉及的空间的重叠更加倾向于同一空间不同时段的多重功能的重叠，可提高空间的使用率，让不同的事件能产生交流，在互联网盛行的今天，是对人际的一种新的探索。空间的开放主要取决于建筑与其外部景区街道的相互开放程度和形式的探索。

2.3.2 时间在建筑中体现

时间在建筑空间中有很多具体的体现，在中国戏剧中，时间和空间被认为是其核心要素，两者之间的不同关系构成了整个戏剧的完整性，是空间表达中不可或缺的一部分；在中国明代的山水画中，时间和空间构成画面的起承转合，根据人在空间中的不同时间体现空间的连绵。在西方的舞台剧中同样注重时间与空间的关系，其认为时间要放到空间中去展现，但空间的进深要浅，让时间在平浅的空间中流淌，否则时间将会在进深中混乱。哲学家斯宾诺莎对于实体是否定的，对于空间和时间的分节也是否定的，他认为对神而言，空间和时间的分节是没有意义的。他认为，是因为把空间看作独立的存在，结果才产生了时间存在的错觉。本篇论文中的时间在建筑中一方面是“时间”的总和，它包含了人和自然非传统三维空间中的所有；另一方面像舞台剧中与时间的关系，在景区建筑空间内部担任了向人诉说的功能。

2.3.3 空间的冗余度

冗余度一词来源于电子学，原意是指在数据的传输过程中，由于不同外界的干扰使数据代码发生意料之外的变化，此时需要相应地提高电子代码抗干扰能力，使数据能正常到达预先指定的位置，提升数据的抗干扰能力的方法就是使数据自身有一定的冗余度。通俗讲就是将数据在正常值的基础上从安全角度出发，预先新增的一个多余的量。

根据对电子数据的冗余度的概念解析，空间的冗余度也不难理解，是指在满足正常功能需求的空间定量同时给出此空间一个多余的量，使其能够在特定的时刻起到担任临时的另一种非计划内的功能空间的作用。除了空间功能的冗余度，还涉及空间在制定空间内的日常冗余度，此方面与建筑学中的空间尺度有异曲同工之处。但尺度更多地表达为建筑与建筑之间，建筑与人之间等常规的相互关系的把握；冗余度更多的是指在常规之外的空间向多功能空间转变的趋向，希望能在有限空间中加入时间的流淌，使其发挥出多个功能空间的作用，符合当下的循环经济与生态建筑的含义。

第3章 空间、时间与建筑的融合

3.1 空间冗余度与建筑本体

随着人类生存空间的逐步扩张，建筑无限地在原有城镇的基础上逐渐向周边蔓延。因此生态建筑、绿色建筑被越来越多的建筑师、国家政府提起。空间的冗余度与建筑间的关系如同电子学中的冗余度与机器本身之间的关系，电子机器中的传输数据冗余度有多余量，那么该机器无论在平日的日常运行中还是出现特殊的状况时的应对都会有所提升。空间如果有相应多余量的冗余度，在建筑的日常使用中将更加的顺畅、处理突发事件的能力也将提升，同时也节省了更多的不必要的占地空间。节约出的空间面积可以是原生空间，能够减少对原生空间的破坏，符合绿色、生态、节能建筑的概念和理念。在景区建筑空间中多数为消费空间，很多消费产品会有时节性特征，在不同的季节、不同的时间店铺展卖不一样的产品，这样空间的可变化性就显得尤为重要。空间冗余度的变化直接影响店铺的投入价值成本，因此在景区的建筑空间中冗余度适当的定量值是非常有必要的。除了展卖消费空间，文化空间也是当代旅游区建筑中一个极其重要的组成部分，文化的输出是最无形但最有力的手段，文化相比产品它的多样性和可变性空间更大。例如在少数民族众多的湖南省，不同的民族有着不同的文化空间展示形式和内涵，空间所应具备的冗余度调配需求更加明显，如何使空间功能载体更好地服务于文化，空间的冗余度把控就显得至关重要。

3.1.1 空间冗余度的分类

不同的主体会有其不同的空间冗余度。在建筑空间中冗余度分为建筑内部功能空间的冗余度和建筑外部的与原生空间之间的冗余度；而对于参与景区建筑的主体人也有建筑空间与主体人之间的冗余度呈现。例如，一个人性的建筑空间环境，结合它周围的主体人，有千千万万个主体曾经和同一栋建筑有共同的回忆，是孩子长大的地方。或许在20年后，在一次不知不觉中，他们回忆起某栋建筑、某条街道或者某个广场，想到不是建筑师，不是建筑的风格，而是在多少年前建筑和主体人之间发展的一段回忆，这是建筑能够带给人的触动和安抚。此时建筑的整体冗余度存在于每个不同的主体人的脑海中，是一种无形的空间定量，随着主体人的情感变化而产生变化。瑞士彼得·卒姆托的《建筑氛围》中有这样一段描述：每当我想象有某座建筑能被人铭记25年之久，也许因为那是他亲吻初恋女友的地方，或凡此种种，我工作起来就乐趣倍增。此段描写中形形色色的不同的主体曾与建筑间有过往事，这些故事和彼得·卒姆托做这栋建筑本身并没有直接关系，但这是工作中超然的层面，是不同主体对建筑的一种情感。在此篇论文中作者将其归结为主体人与建筑空间之间无形的冗余度。此时的建筑是在主体的情感特殊时刻所承载的记忆，是存储在主体人的思维中，是人脑中思维想象的没有固定量的冗余度。

3.1.2 空间冗余度在建筑中的尺度把握

建筑空间中冗余度的尺度决定了空间的质量，尺度把控的最主要因素是建筑空间与主体人的关系，两者间的关系又分为空间与主体人的尺度空间把控和空间带给主体人的心理关系的把控。尺度把握过于紧张，无法满足其应有的基本功能空间活动的需求，但如果空间过于开阔，人的心理体验又无法获得更好的满足。如何在景区建筑中恰到好处地把握空间的冗余度？景区建筑中的人流量较普通居民要繁忙许多，在空间的尺度上也会相应的有所体现。安徽黄山的屏山村是皖南较有名气的古村落，从村口进入村庄的那一刻，它的尺度关系就表达得非常明确，鉴于古代时的交通工具并有现在的汽车等，所以它的尺度只需要满足人的行走。在开发为旅游景区后，一旦处在旅游旺季，街道便拥挤不堪，体验感并非美好，但人气十足，原因是人们对真实的一种向往。因为在古村落的建造之初并没有以旅游商业的景区作为目标，只是为了满足当地村民在村内的通行。现在新建的景区一般会设计为相对宽广的街区，好满足旅游旺季的游客需求。但后者同样不会带给游者很好的体验。当今的旅游景区需要在社区与私密空间中相互转换，若没有社区当地的人居氛围，只有单纯的商业很难能起到吸引游客的作用。相对比人工的打造，游人想要看到一个真实的场景，这就需要在建造景区时考虑社区的意义，在没有游客的日常，景区内也有当地居民的日常生活场景氛围。这是当今后造景区存在的普遍现象。而这种现象要避免在空间的冗余度的尺度把握上，不能过于像真实一样狭小，但又不可像普通景区一般庞大，在真实的基础上有1～3m左右的空间冗余度把握应该是合理的。具体到中式建筑空间之中，尺度在其中本身并不重要，无论从房屋的高度、家具座椅的舒适程度都没有对尺度本身有很重要的要求，重要的是尺度与尺度的变化和对比。

3.1.3 空间冗余度应用的策略方法

对于空间冗余度的策略方法有许多种，最主要的是要从主体人的心理角度出发，对建筑空间的冗余度进行把控。日本东京的日比谷公园，位于东京市中心极其重要的位置，对当地的市民来说是少有的休闲场地，该公园采用半封闭式建造，在公园的四周有高大的树木环绕，在公园的内部还有大片典型的传统园林景观，设计者从“身处闹市能有一片绿洲”为出发点，希望给人亲近自然的感觉和体验，但忽略了人心理的另一方面，在高大树木遮挡的同时，公园的视觉瞭望死角也相应的增加了很多，特别是夜间，会让人产生害怕的感觉，所以应处理成为更加开放的外部空间，去掉一些树木的遮挡，公园的利用率才会更高。相反在美国纽约的帕莱小公园，占地仅仅405平方米，但不少人专程赶来，在这个公园不分昼夜，永远是处于客满的状态。其成功的空间关系主要有两点，首先是其“密接性”，意思是在视觉的设计中注重了连通、靠近、可及。其次是该公园为袖珍型，因为其面积小相对于大的不便进入的封闭式公园更加方便、开敞，密接性较好。从冗余度的角度讲，日本的日比谷公园冗余度非常大，但是从人的心理角度出发并未能满足其心理的需求，而美国纽约的帕莱小公园的空间冗余度恰到好处，能够满足闲客的生活需求，也照顾到了其主体的心理因素。因此，如何处理空间的“密接性”是应对空间冗余度策略一个非常重要的因素之一。

3.2 时间下人的行为与建筑的功能转化

无论是景区建筑还是非景区的人居建筑，建筑与时间下人的行为关系是非常紧密相连的。由于地域的不同，不同地域的人们生活方式也并不完全一样，甚至差异明显。从中国的最北到中国的最南端，由于地理位置维度的巨大差异，气候明显不同，当地人的生活习惯也差异明显。

3.2.1 古人行为对建筑的空间布局影响

中国古人基于传统美学观念的影响，通过漫长的对宇宙想象的过程产生了复杂的空间概念。对空间的想象主要体现为“有”和“无”，有形的围合和无形的空间，有和无构成了一个空间实体。根据古人造园可以得知，中式的体验空间布局是人在空间中产生对围合与无形的交叉感受，艺术在其中起到的作用则为激发人们的联想，人们在游走之间体验空间，而不是以静止的角度去理解空间。此处的“无”所表达的是自然（原生）无须刻意的展现，是中国传统中的谦恭退隐，是简单，是处理人与人之间关系的相处方式。如果要真正地欣赏中国古代建筑的精髓，需要一种动态的更替体验。这种无在中国戏曲中依然有所体现，通过舞台上的无来创造出不同的时间和空间；

中国国画中的无，体现在空间的留白，同样是用无来体现空间的无限性。中国古代的建筑形式主要为庭院园林，而近20年在中国现代化进程的过程中，无论从生活方式还是空间概念都全盘接受了欧美文化，空间的布局产生前所未有的变化。所以在当下景区建筑空间中体现中国式的空间布局才显得尤为重要，只有通过不断的研究其中国空间的更深的具体含义，并尝试将更接近中国空间布局的建筑展现在更多人面前，才能让人们更好地了解古人几千年来不断摸索出来的精髓，并能够运用到现代建筑中去。此外，古人对天文宇宙的认知行为也影响着建筑的空间布局，从“宇宙虚无为中心”到已习俗化的“中心至上，人伦为本”思想的转化过程，尽管如此，根深蒂固的中心至上仍然被认为是空寂的。随着图式文化的发展，四方、五行、九州的概念在夏商时代逐渐成形，但其中人的核心地位从未改变。在空间定向的发展中，中轴线是最重要的，据记载，由于太阳的东升西落，东、西曾一度取代南北，在中国的文化中作用非凡，但随着时间的流逝，东西向被用在了中国建筑的布局中。例如，中国古代的房屋，西侧一般为卧室，东侧为人们的日常起居空间。而外部空间的发展，可能与太阳的运动轨迹相关，朝阳与背阴，人们日渐崇尚南北向。对中古古代甚至直到现在的房屋朝向和空间的功能布局都有极大的影响。

3.2.2 当代人行为与空间的划分关系

近代以来，建筑受到西方欧美的影响越来越严重，甚至人们的生活习惯都逐渐地西方化。从农耕社会向现代化工业国家过渡的进程中，人们逐步接受西方先进国家的生活方式和理念，由之前的庭院转变到了现在的单元房居住，新一代的青年从20岁左右背井离乡到城市工作生活，直到50岁甚至60岁回到自己的家乡，在几十年的城市生活中，生活习惯已经完全适应了城市的格局，功能被划分得十分明确的格局。受到中国传统思想的影响，在外工作返乡后，都会对自己的房屋进行整修，通过建筑来向村民展示自己在外多年所取得的成果。农村的房屋被推倒重新建立后，新建起来的房屋除了在外部格局基本遵循原来的建筑格局外，内部的空间均被现代的单元化所取代。一个大的堂屋，开放性的东西侧空间几乎被客厅和卧室所取代。人的行为对空间的划分在此起到了决定性的作用。一方面从时代进步的意义的角度来说，人们对隐私要求逐渐增加，空间的重新私密化划分，符合了时代的进步。另一方面从建筑学的角度，古人几千年沿袭下来的空间布局有其独有的空间意义，是非常值得研究和学习的宝贵财富，应该在原有空间的基础之上更加谨慎地对空间进行升级与改造，经过大量科学数据的分析和过往建筑的研究，真正使人与建筑的空间布局相融合。

3.2.3 从功能空间反观人的行为

在中国的建筑中，空间是由其中心而不是墙的边界来决定，墙体退居其后扮演的是抽象的角色，中式建筑的核心在于对比。若从功能空间去反观人的行为，庭院园林的曲径通幽是非常好的例子，人们在庭院行走的过程中山石的相互遮挡和道路的迂回曲折正如传统人的性格和行为。中国建筑从物理学上看只是一个复杂的世界中稳定的结构，但所包含的却是一个动态的世界、一个交互依存的世界、一个瞬息万变的世界。从整个历史中看，中式空间的功能秩序不是被人赋予的，而是在长久创造的过程中根据环境自发形成的。建筑的目的是想方设法地关注空间的基本原理，而消除空间的物质性。建筑的创作中，概念只是将创造力物化的一个手段，而不是简单的对知识的再现。我们应当对创作过程投入更多的注意力，并试图去理解当代建筑，某种意义上，在创作建筑的过程中是理性思考的过程，数理思维的融入是十分必要的。在理性逻辑的思考中结合艺术更好地理解空间的内在含义，所以空间也意味着整个宇宙的空间，空间本身要通过虚无的深度才能具体体现，于是空间是无限的，人在有形的空间中创造无限的遐想，通过空间观世界，借世界看宇宙。

3.3 建筑与自然的关系

世界是大自然的恩赐，人和自然的关系问题不是自然为人类表演舞台提供装饰的背景，或者改善一下城市的环境，而是需要把自然当作生命的源泉。建筑是人类的文明的创造产物，更应该将其融入自然，而不是征服自然、破坏自然。建筑就是自然本身；第二阶段人类走出洞穴开启了半地下的居住方式，开启了自然与人工结合的居住形式；第三阶段人类逐步地到达地面并通过自身的智慧搭建能够防御外敌攻击和自然天气变化的建筑。建筑来自大自然，并在其发展的过程中人类的参与越来越多。世界之大，不同地域的建筑根据当地的气候、降雨、地形呈现不同的特色。建筑因为不同的自然环境，从地基到墙体、屋顶都有密不可分的关系。例如，在我国的东北，由于天气寒冷建筑墙体都比较厚实，屋顶由于多雪，为了方便打理，多为瓦坡顶；在我国的南方多数地区，由于潮湿多雨，一般地基都会相应抬高，房顶多为坡屋顶方便排水等等，都是根据自然而决定的。

对于自然来说，建筑也对其产生着影响。人类居住范围扩大，建筑的区域也在向城市周围扩张，随着工业技术的发展，建筑可以呈现的形态千变万化，过分地追求异形必然要消耗更多的资源，大量的自然资源在现代建筑中被使用。在中国近10年来，大拆大建已经成为常态，拆除建筑产生大量的建筑垃圾如果不能合理地处置必将增加自然的负担。大量土地被开垦，造成水土流失甚至自然灾害，都是自然环境恶化的结果。

建筑和自然的关系是相互影响、相互制约的，恰当地处理好它们的关系，使建筑更好地融入自然才能预防所带来的一系列恶果。当下景区建筑是最主要的新生建筑之一，将景区建筑与当地自然融合建造、适合当地环境的才能更好地解决建筑与自然之间的关系。

3.3.1 建筑空间的虚与实

在漫长的人类发展历史中，人类根据想象力创造出了许多复杂多样的空间理念。康德曾经提到，时间和空间是人们组织生活最基本的要素。构建的空间是由视觉衍生的想象力，也包括了其他器官的感知。人关于时空的想象其实是自己内心世界的想象空间，所以构想的空间会随着人的体验的不同而产生变化，作为空间体验的主体，人们总是崇尚自己的感知。在中国建筑空间中，有形的墙体被看作“实”，无形的空间被看作“虚”或者“气”。《淮南子·卷三：天文训》中讲道，“道始于虚廓，虚廓生宇宙，宇宙生气。气有涯垠，清阳者薄靡而为天，重浊者凝滞而为地。清妙之合专易，重浊之凝竭难，故天先成而地后定”。“气”由虚无的空间衍生而来，是实际存在的无形，它存在于空间的每个角落并将空间连接到了一起，形成一个整体。在空间中我们使用的部分并不是实体，而是由气组成，“实”围合出来的空间。任何实体的存在都依赖于它围合出来的空间，而不仅仅是实体本身。空间的实和虚的关系如同气的聚和散。具体到建筑空间，屋宅的实和园林的虚即建筑的实与庭院的虚，庭院中回廊内部的实与连通外部的虚。虚实相间，这注定了要对中国空间有所欣赏，并且应该是随着时间的推移来进行的。同样在中国的戏剧空间和文学名著中都有所体现。虚实空间也可以理解为是一种文化的映射，文化通过虚实的空间将其表现出来，通过建立边界来满足人们对秩序的追求。

3.3.2 建筑与自然空间形态对比

建筑空间的设计在一定程度上是自然空间形态的再现。早在古罗马时代，建筑师维特鲁维在著作《建筑十书》中追述建筑的起源方式，建筑产生的最基本动机是为了躲避自然风雨的侵蚀。最开始的房屋构成就是对自然的一种模仿，树枝搭建房屋，树叶将其覆盖。因为人类生来就会模仿，并且无时无刻不在学习模仿中。当一种环境和构造被发现有大的弊端时，人类便通过自己的才能向新的房屋进军，各式各样的建筑产生都是在模仿自然中摸索。例如，欧洲的哥特式教堂高耸的震撼与他们身处的原始森林的样式非常类似；穆斯林的清真寺装饰多也是绿色的植物纹样。随着科学技术的发展和进步，人们逐渐摆脱了单纯模仿自己的教条主义，开始加入了人对自然的想象，使梦想逐渐通过科学技术转化为现实的建筑。

国内建筑模仿自然形态的例子也数不胜数，2008年的奥运会主场馆鸟巢的外皮形态是典型的代表，以鸟的窝巢为创作原型，寓意人类的摇篮，寄托未来的希望。中国国家大剧院，犹如一颗漂浮在水上的蛋，象征生命与开放。游泳馆水立方，根据水的元素，一个个气泡般的外墙设计犹如在水中般美丽。在景区的建筑设计中，尤其在特色小镇的建筑研究中，根据当地的自然形态特色作为参考是其重要的一个手段和方法，通过对当地自然的模仿可以使建筑更好地与环境融合。

3.4 人、建筑与自然的共生

人类是大自然的孩子，自然孕育了人类的文明，在人类文明中，建筑的地位举足轻重。人类通过自然的启示建造建筑作为人类的庇护所，通过建筑来表达对自然的崇敬，可以说一切都是大自然的恩赐。即使在科技高度发达的今天，想要征服自然的束缚是几乎不可能的。人类和建筑发展到今天已经越来越多地意识到了这一点，并在建筑方面表现明显，生态、绿色节能建筑已经被放到了非常前沿的领域。在匈牙利佩奇大学工程与信息科学学院，生态节能建筑已经开始应用，其中3栋教学与科研楼都采用自然的通风保暖装置，利用丰富的地热、风力、太阳能资源，通过科学的仪器在监控，希望能为未来绿色建筑的普及提供更多的科学数据。结合自然和人类的科技并能减少或者降低建筑在自然界的能耗是现在建筑师应该探索的方向。只有不断通过科学的研究，与自然对话，源于自然、学习自然、尊重自然，才是人类发展建筑的正确道路。

3.5 本章小结

本章通过对时间、空间和建筑关系的具体讨论去发现人、建筑与自然发展的科学道路。在时间和空间的讨论中大量借鉴了中国古代对两者关系的认知，希望能通过中国古人几千年的造园经验和建筑果实为现代建筑的空间研究和景区建筑空间的发展提供更好的文化理论底蕴作为指导。同时也结合了一些国外的案例简单地进行了论述，为接下来要探讨的场域营造提供论述基础。

第4章 场域营造的具体特性

4.1 场域空间的时间性

人真实的存在于现实时空当中，从人开始生命的那刻便拥有了自己时间的起点，空间承载着人和一切的时间。场域各个空间通过关系的对比相互量订尺度，这种尺度的关系根据时间性的变化并不是一成不变的。时间性中人的因素是最主要的一个因素，当人们接受的文化和整体社会背景发生变化时，场域空间之间的关系自然会有相应的改变。

4.1.1 传统场域与当今场域的对比

传统的场域空间中自然（原生空间）关系比较正常，人类的生产力还没有达到一定的发达程度，在建筑方面主要体现在建造材料的多样，不同区域的建筑材料根据当地和周边的自然状况而定，空间的场域关系比较融合。随着科技的进步，人类向“地球村”迈进，世界各地的建筑材料都向标准的钢筋混凝土、玻璃幕墙、钢结构发展，尤其在城市中。当今的场域关系成为人类主观意愿的关系组合，玻璃幕墙与高楼大厦，公路与景观树，霓虹灯与街道铺装，都是当今城市场域关系的体现。

在当代景区建筑场域中，作者试图寻找传统与当今场域的结合点，不可能纯粹地复刻传统，也不能够传统一味地现代。

4.1.2 场域营造的艺术氛围

在景区建筑场域中艺术氛围的营造可以为其创造新的生命力，不同空间的营造氛围也有不同。中国建筑传统的空间营造意境与日本的枯山水不同，它并不是引导人们去观察和欣赏静止的精致。中国的观点不是从一个围合的空间去欣赏外界的景色，而是通过一些固定的围合来实现移步异景的效果。想要真正地体验其中的美，就要走入其中，而不是远观其效，是需要自己置身其中的一种园林艺术氛围。中国传统空间中“亭”经常出现在自然空间中，是无限的“虚”中的一点“实”。而场域营造的艺术氛围的主要手段就是虚实的不同变化。虚与实一直处于不停的变换中，其中节奏的美感就是建筑空间艺术的最大体现，并不是空间中有雕塑和画才能算艺术氛围。

4.1.3 场域与自然形态关系

自然形态空间又称原生空间，所谓原生即自然而然形成的，没有经过人工的修饰。场域是空间中各种实体相互之间的关系，自然的空间形态同样有自然中物之间的关系存在，属于相对原生的场域空间。景区建筑中的场域固然是人为的形态关系，设计要做的就是根据功能空间的需求，向自然的原生空间关系学习，加入在关系中的尺度并加以融合，做到能够更好地满足人的功能需求，同时形成相对自然的空间形态关系。

4.2 营造的场域优势

营造的场域是空间在时间的冲刷下，人、建筑和自然相互磨合的结果，有一定的非设计性在其中，并不是所有的空间都做好设计，只等人进入场域。其中有预留的许多没有锁定功能的空间区域，在人们的日常生活中逐渐自然而然地形成非限定空间。和完全建造好的空间相比，营造有更多的偶然因素，使设计达到非自然的自然而然。

4.2.1 营造场域中人的重要性

建筑的使用主体是人，营造场域强调的是人在场域空间中参与创造过程的结果。同样的非限定空间在不同的人的日常创造过程中，呈现的场域关系一定是不同的。而不同的结果正是根据不同的人的日常生活而得出的“数据”。这些“数据”是每个人独有的，不是通过设计的规划就能实现的。人在无意识的情况下形成的空间场域是设计中和主体灵魂的碰撞。

4.2.2 时间对营造空间的意义

在中西方的古建筑中，我们最不难发现的就是在建筑的建造上采用的材料是不同的，在中国人们更多的运用的建筑材料是木材，而在西方的建筑材料则是以石料为主。是西方的树木没有中国的更加常见吗？显然答案是否定的。

众所周知，中国是一个多灾多难的国家，一方面在自然灾害方面，洪水、地震、大风、干旱不断地摧毁人们辛苦建造的房屋；另一方面在中国古代一直沿袭着帝王为中心的中央集权，残酷的统治和压迫常常导致人们奋起反抗，战事频繁，人们从来没有把房屋当成是永久能够保存的事物。只有当人死去，人们才会用石料建造一个永恒的建筑，所以在选用材料方面，由于木材的便捷性，便成为我们祖先最经常采用的材料。在邻邦日本，他们的建筑也是以木材为主，和中国一样没有特别注重房屋的永久性，包括日本的神殿，都有每隔二十年重建一次的传统。这和中国人的营造观念有共同之处，此外在新建或维修房屋时人们会对过去在建筑上发现的弊端进行修整和完善。从时间的角度上，由于人们没有重视其时间的久远，所以在材料上进行了选择。而西方的城堡都是为了长时间统治而修建时采用石料堆砌，易守难攻。

4.2.3 营造人居环境的基本要素

每个不同的环境中都有持有自身特色的空气、水、泥土、花草、声音等等。它们综合作用下的环境反映了乡土地域的特质。

营造人居环境的基本要素第一就是气候影响下的自然环境要素，气候看不见也摸不着，是人们在常年的生活中总结出来的经验要素，二十四节气是农耕社会下气候对人们生活影响的总结。不同地区所依照的经验不同，需要因地制宜。第二基本要素为地景的差异，山的雄伟、地的辽阔、河流的曲折，不同地域形态不一。第三为自然形态中的色彩，在不同的地域主要的色彩呈现也有所不同，自然的色彩也直接影响建筑物的色彩构成，每个地域的色彩都是在长期的生活中提取的。最后则是营造中人文的影响，由于自然的不同孕育出了不同的人文，民族特殊的风俗习惯、喜爱的文体活动、手工艺品等等。以上都属于人居环境非常基础的要素，对当地的建筑设计环境场域营造都有重要的指导意义。

4.3 本章小结

本章对场域空间营造的特性进行各方面的探讨，进一步明确空间事物之间的关系和人在其中参与的重要性。通过对场域空间传统与现代、时间性、自然形态的关系描述和营造人居环境的基本要素，整合场域营造中的各项问题并给予解答，为下一章设计案例的场域营造方面的细节做铺垫。

第5章 场域营造——以湖南昭山山市晴岚麓·布工坊为例

山市晴岚文化旅游项目，位于湘潭昭山示范区昭山景区，由山市晴岚小镇和昭山核心景区一起组成山市晴岚新画卷。项目总占地面积约2500亩，总投资约20亿元，预计年接待游客300万人以上。项目规划秉承生态优先、景观与文化先行的理念，合理处理建筑与自然景观、文化与历史的关系；运用创新思维，匠心经营，打造具有国际影响力的文化旅游特色项目。项目总建筑面积约15万平方米，总体规划结构为“一核、两区、十园”。 山市晴岚文化小镇，以集市为脉络，串联会馆、商街、禅修、山居与宗祠文化等多个功能体块，打造集“市、渔、礼、禅、居、艺”于一体的湖湘文化魅力小镇。集市布局白石画院、安化茶庄、古窑遗韵等湖湘非物质文化遗产，更有各类行业会馆与小镇商街，营造氛围浓郁的小镇风情。

此次设计案例麓·布工坊位于山市晴岚小镇的东侧，用地面积为5132平方米，建筑占地面积为1785平方米，建筑面积2530平方米，绿地率20%，建筑密度为35%。

5.1 山市晴岚麓·布工坊背景概况

山市晴岚为昭山景区着手打造的特色小镇，布工坊为小镇中的一个景区建筑，其主要功能为地域非物质文化遗产文化展示、地域非物质遗产文化产品制作与销售。麓·布工坊的“麓”字来源于李唐的《万壑松风图》之“未山先麓”，意在能够像万壑松风图一般，处于山脚之下，但能透过其空间缓缓引入，并能以小见大，突出大山的深邃。同时麓字与湖南著名的岳麓书院的“麓”遥相呼应，既代表湖南又表达了其布坊希望达到的建筑空间效果。

5.2 麓布工坊的营造

麓布工坊旨在连接山水并与其对话。希望能够从布坊的历史着手，以展博馆的形式定义非传统意义的工作布坊。通过对开放性问题的分析，将南北两个入口向内部回收，形成整栋建筑的阴角区域，使人在街道行走中能够自然而然地向阴角空间靠拢，从而逐步引入布工坊的设定空间——展示与休息区域，人们在休闲中领略湖南的非遗文化之后通过廊道的引领，进入最核心的展博馆区域，最后进入体验区和售卖区。在每个不同区域间都有庭院的分布，游客随时可以在当前区域选择庭院休闲空间，增加游客自主的选择权，避免游客的逆反心理的产生，在不知不觉中了解布坊历史和湖南丰富的关于布艺的一系列非物质文化，在了解历史中爱上布艺，被这座小镇的文化所吸引。

5.3 “时间、空间”场域下的布坊更迭

布艺在中国有着悠久的历史，是中国工艺中的瑰宝，可以分为织布工艺和刺绣工艺。织布工艺通常用于做服装、床帐等，而刺绣工艺主要为服装、床帐、鞋帽等系列做细部和表面的装饰。装饰图案是体现财富、身份地位的一种象征。

5.3.1 布坊的过往与现状

“男耕女织”是农耕社会百姓的一种生活方式，男人负责到田地里耕作来解决家庭为单位的食，女人在家中织布负责家庭的床帐和穿戴。

随着时代的变化，逐渐出现了商人，人们可以将除自己穿戴的布艺织品转换给商人，再之后逐步出现了职业的纺织工人等等。在一系列的布坊形式更迭过程中，相应的布艺工作空间也在随之变化。在最开始的以家庭为单位的自足式织纺中，人们根据纺织机的大小在适合的地方安放自制式机器，没有专门的织布空间，刺绣可以在闲时的各个空间里兼顾，染布过程更是在自然的原空间中完成。之后在有了专业的布坊商店后，以织布为临时职业的家庭会对织布空间进行相应的规划，大都为可变性空间灵活掌握，直至对布艺需求的增加，出现职业性的纺织工，空间才得以专业化，尽管空间的功能性确定，但专业程度还是以大厂房形式粗放地出现。在景区的布坊空间中，传统的织布场景统统不再呈现，而是通过时间的轴线，以同时兼有展览和博物馆功能的主展空间实现，并非传统意义中对场景的模仿再现，希望能通过布艺文化，打造以布艺记忆为主的文化休闲空间。

5.3.2 空间开放性在布坊中的实际运用

开放性的空间在设计案例中分成了多层具体的含义，其一是在空间与空间的衔接方面，采用开放式的、尽量减少阻隔的空间关系来定义开放。其二是强调其布坊中着重想要表达的场景的空间功能的开放性即可变性。在布坊建筑空间设计中，在不同空间之间有不同形式的庭院，庭院除了过渡不同的功能空间，还起到布坊整体空间和原空间（自然空间环境）的过渡。在开放性的过渡中，人往来于建筑与自然之间，使建筑的媒介作用得以体现，从另一个角度，人也充当了建筑与自然的活动媒介。其三，案例中的布坊空间的开放性还体现在与过往任何时代布坊的不同形式的开放，是根据过往对未来新型文化空间的新时代的探索。并非传统意义的模仿过去，向游客展示过去的怀旧的场景，它可以是一个思想和未来的空间，与布坊相关但不局限在布坊的一种开放，空间形式与传统中国空间有联系，但不同，是现代建筑对中国空间的致敬和学习。

5.3.3 布坊营造中人的参与性

布坊空间的开放性除了空间与空间的关系的处理，更主要的是人在开放性空间中的感受，即人的参与性。建筑立面的屋顶的天际走势为南北坡度相互差叠，与西侧的昭山相互照应，此处的照应关系是人与自然的对话，是人的内心对自己认知世界的一种表达，建筑的形态作为人与自然中间的媒介存在，空间关系的舒适与否，人的认知和内心变化有着决定性作用。

从景区建筑角度来说，景区的主体是游客，而游客想要的看到的是真实的生活氛围的美，所以当地居住者的参与是特色小镇发展能够长久的重中之重。

5.4 景区场域营造的体会与反思

布坊的场域营造建筑外部主要体现在连接东侧人工的河流、衔接西侧垂直山体的两侧的步廊空间和连接不同空间的庭院区域，两侧的步廊空间对话山水，使建筑不再孤立地存在于山水之间，从而使不同的场域能产生关系，联结到一起，将山水搬入布坊的建筑中去。昭山并没有庞大得让人窒息，但通过在山脚下对于山的前景即小

镇的一系列空间，以布坊为例的空间的丰富性，结合山体中景的郁郁葱葱，而远处只作为一个暗示，真正地与《万壑松风图》呼应，并做到“未山先麓”。在建筑的空间表达作者希望通过建筑的空间变化和与自然的交融，言山水园林之情。通过一座小的建筑来看昭山，通过昭山来看到整个大自然。

景区建筑的场域营造是自然与人关系在时间下协调的场景成果的体现，不是人内心自我的纯粹表达，是与自然的对话，只有对话才能与自然有所呼应，通过对话的建筑只能生长在这里，具有其独特的存在价值，如果是纯粹的内心想法的表达，那么这栋建筑可以放在任何地方，是一个艺术性作品，但并非景区场域营造所追求的。

第6章 结论

6.1 研究结论

景区建筑的场域营造归根结底是关系的处理，人与自然、人与景区建筑、建筑与建筑、建筑与自然等一系列关系的协调与互动。在时间与空间的双重的作用下和对布坊空间开放、未来的理念定位。

乡建景区建筑研究的主体是人，而主体人的类别又可分为旅游者和乡村中的居住者。景区的建筑建造要着重考虑当地居住者的生活状态展现，在其基础上增加游客的相应空间。经济发展带给当地居民和政府收入固然重要，但前提是整个特色小镇的整体建筑和人居环境是一个真实的存在体，拥有当地淳朴民风的一个聚集地，这样才能做到景区的持久发展和真正的特色名号。本篇论文从山市晴岚小镇的布坊建筑设计案例着手，探讨景区建筑场域营造，以小见大，可能不具有普遍性，不能完全代表和解决景区建筑的营造问题。

6.2 主要贡献与创新

经过对布坊建筑空间的定位提出新型的关于传统文化建筑概念，即不对过往空间进行单独的模仿和重现，而是通过文化的具体内容结合现在的科技与人的理念打造未来的文化建筑。

6.3 成绩与思考

中国的大城市发展迅速，农村相对城市发展的速度甚至在一定程度上呈现空心村的荒废状。中国文明一定程度上为农耕文明，在城市发展的今天不能忽视它。在政府决策的推动下，乡建的发展如火如荼，但要警惕不能按照城市的发展道路去建设，在没有探索出好的推行手段之前，要尽可能少地去大拆大建。中国的整体乡村人的诉求仍然是脱贫和外表的光鲜，并不是一个正确的乡建思路，所以在行动前应该特别谨慎地对待。

本篇论文的研究，是今后能够更深入研究乡村建设和景区营造的基础，还有很多不足，未来将会从以下三个方面进行深入，其一，通过更广泛文献和书籍的阅读更加全面和系统地梳理相关的理论成果，扎实自己的理论基础。其二，方案的设计还停留在理想的虚拟中，并没有在实践中得到证实，在实践中大量的问题和细节需要去研究和解决。最后，随着社会体系的完善和进步，将乡村的各种状态数据化，从而能更好地指导、评价和研究。

参考文献

专著

[1] 希格弗莱德吉迪恩著．空间・时间・建筑．王锦堂，孙全文译．华中科技大学出版社，2014.
[2] 帕帕奈克著．绿色律令：设计与建筑中的生态学和伦理学．周博，赵炎译．中信出版社，2013.
[3] 程建军著．营造意匠．华南理工大学出版，2014.
[4] 王欣著．如画观法．同济大学出版社，2015.
[5] 鲁道夫斯基著．没有建筑师的建筑．高军译．天津大学出版社，2011.

[6] 金秋野，王欣著. 乌有园 第一辑 绘画与园林. 同济大学出版社，2014.
[7] 皮埃尔·布迪厄，华康德著. 实践与反思. 李猛，李康译. 中央编译出版社，1998.
[8] 麦克哈格著. 设计结合自然. 芮经纬译. 天津大学出版社，2008.
[9] 彼得著. 建筑氛围. 张宇译. 中国建筑工业出版社，2010.
[10] 李晓东，杨茳善著. 中国空间. 中国建筑工业出版社，2007.
[11] 芦原义信著. 街道的美学. 尹培桐译. 百花文艺出版社，2006.
[12] 隈研吾著. 反造型. 朱锷译. 广西师范大学出版社，2010.
[13] 柳肃著. 营建的文明. 清华大学出版社，2014 .

学位论文
[1] 郑媛. 旅游导向下的环莫干山乡村人居环境营建策略与实践. 浙江大学，2016.
[2] 汤小玲. 历史街区体验空间营造研究. 湖南大学，2007.
[3] 曾巧巧. 乡土景观营造要素研究初步. 昆明理工大学，2008.

期刊
[1] 朱学晨. 当代建筑中的自然原型. 华中建筑，2008，12：1-6.

昭山小镇——麓·布工坊建筑设计

Lu-Cloth Workshop Building Design of Zhaoshan Small Town

基地概况

昭山山市晴岚小镇处身昭山风景区内部，位于长沙市、湘潭市和株洲市的中心区域，到达各市区直线距离均在15公里之内，西侧紧邻湘江，山水相融，景色秀美。

将湘江由西向东引入，贯穿南北，串连东西，形成一条依水而动的旅游动线。

基地位于贯穿南北水系中部的西侧，亲水性极佳。

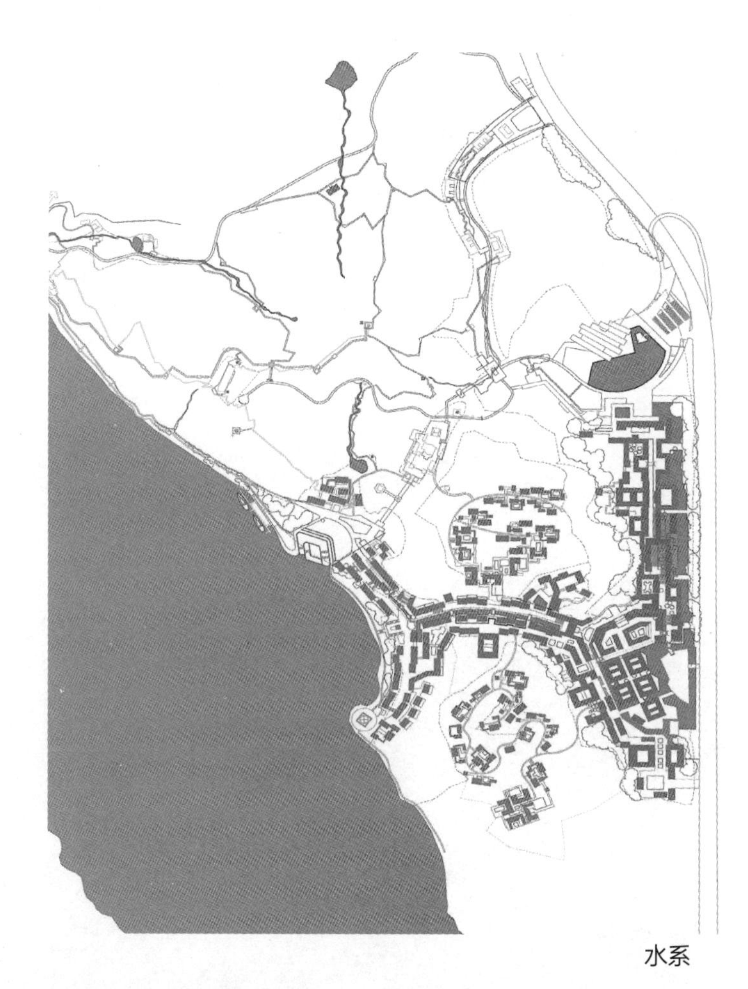

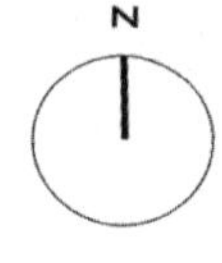

水系

随着旅游业的蓬勃发展以及近年来国家政策对发展城乡—美丽乡村、特色小镇的扶持，越来越多的地方小镇被审批开发，数量呈井喷态势增长。各地争相申报，希望能乘政策之风为当地的经济发展增添新活力，提高当地政府以及百姓的经济收入，推动新型城镇化和新农村建设。随之而来的景观建筑乱象也相应增加。但大多开发商并未对乡村或小镇当地的人文、自然、建筑空间形态做深入分析、总结与了解，导致许多建成后的景区特色小镇的建筑空间形态和商业模式千篇一律，贫乏无味，并未做到政策中基本指导思想和基本指导原则的实质。

为了在景区发展火热的今天重新将其开发者和旅游者真正地从游逛景区表象拉回到了解当地居民生活状态、习性和当地的特色产品历史，强调对常规三维空间外的第四维时间总和的重要性，结合场域营造理念对景区建筑今后的建造提供新的逻辑思路和方法的借鉴。

设计方案希望通过对传统布坊和当地人们的习惯入手，通过现代的建筑设计手法来展现昭山小镇——麓布工坊一种全新的非传统模仿再现的未来建筑新体验，与山水相融，和过去对话，使之成为事件与事件的发生地，承载与布艺和小镇相关的更多可能。

布坊历史及基地现状

院墙阻隔视线

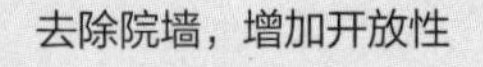

隔墙封闭空间

设置庭院增进交流

存在问题、解决方法

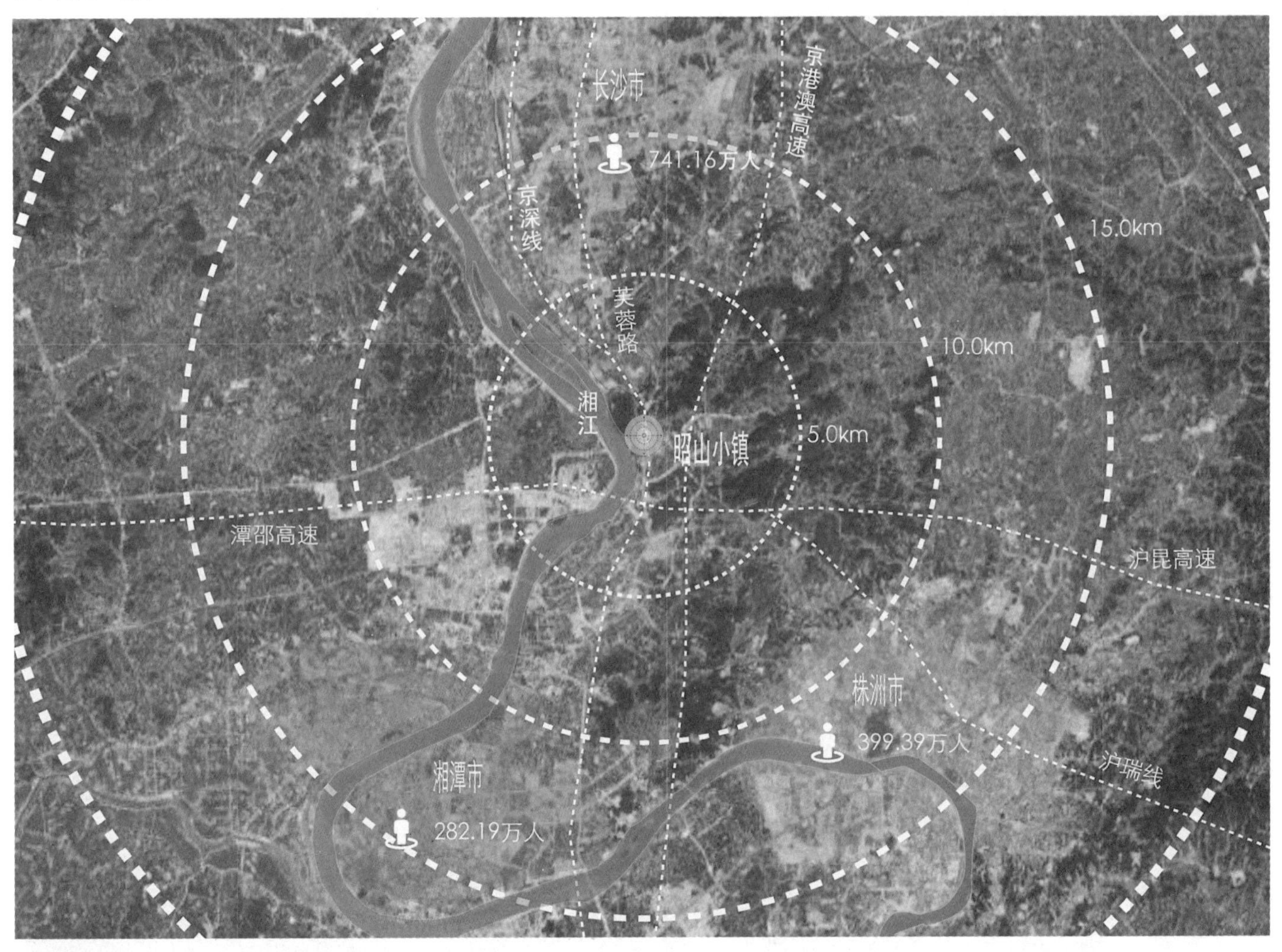

整体概况分析

交通分布：整体景区周边有京深线、沪瑞线、京港澳高速及谭邵高速等多条线路纵横穿过，景区东侧为长沙芙蓉大道。便捷的交通为景区的发展注入新的活力。

人口分布：长沙人口741.16万人，湘潭人口282.19万人，株洲人口399.39万人，庞大的周边常住人口基础为景区客源提供保障。

（数据为常住人口，来源于湖南省统计局 2015 年人口普查公报）

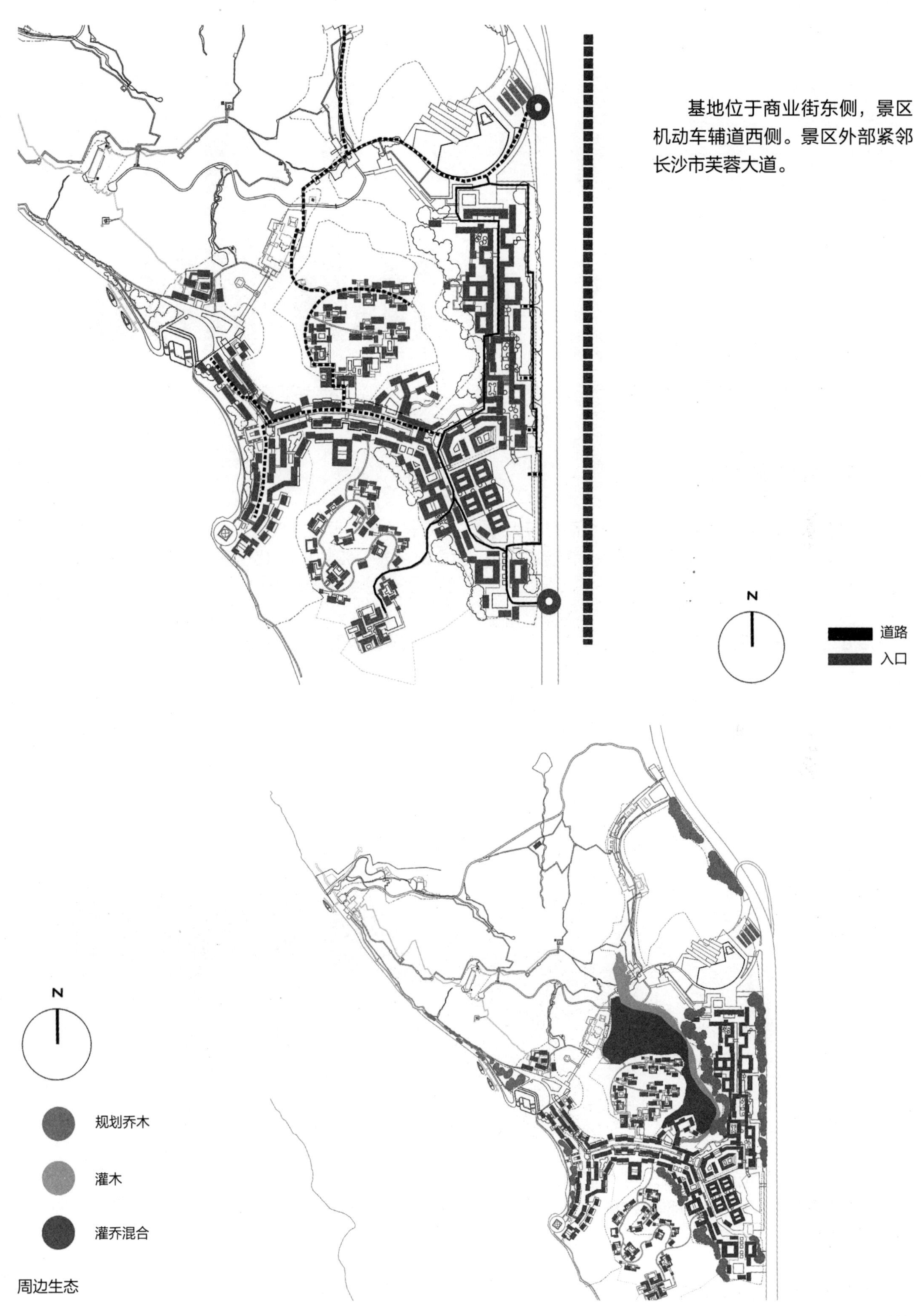

基地位于商业街东侧，景区机动车辅道西侧。景区外部紧邻长沙市芙蓉大道。

周边生态

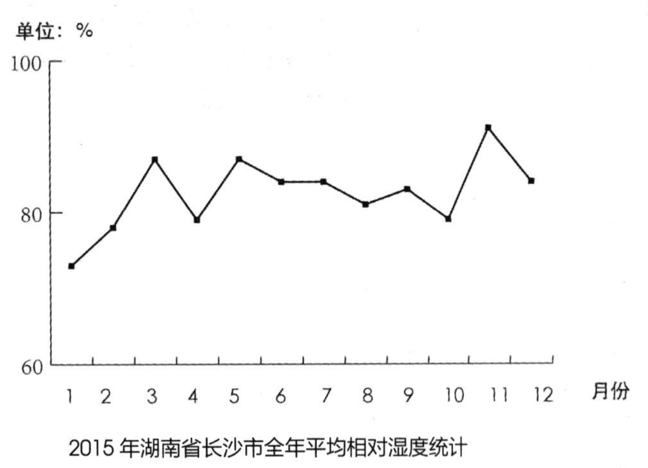

2015 年湖南省长沙市全年平均相对湿度统计

城市年平均相对湿度

长沙全年平均相对湿度为83%，在全国31所大城市中位列第2，仅低于贵阳，平均湿度高，湿度最高为3、5、11、12月份。

湿度大，建筑地面容易潮湿。

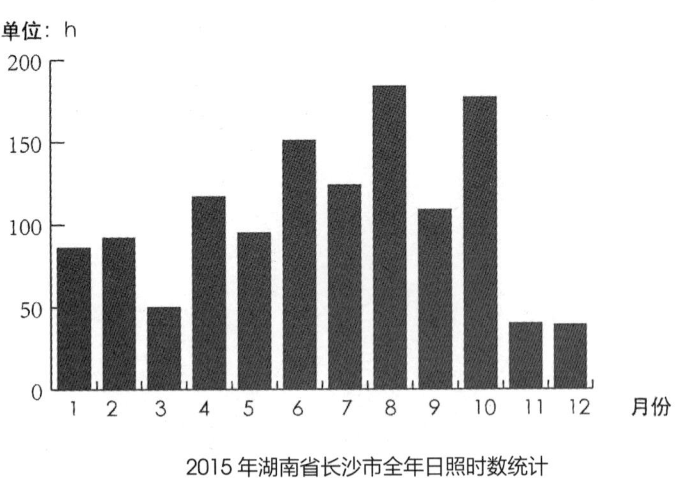

2015 年湖南省长沙市全年日照时数统计

城市年日照时数

长沙全年日照时数为1263.4h，在全国31所主要大城市中位列第28位，仅优于重庆、成都和贵阳，日照时数较少，主要日照集中在6、8、10月份。

日照时数少，建筑容易采光不足。

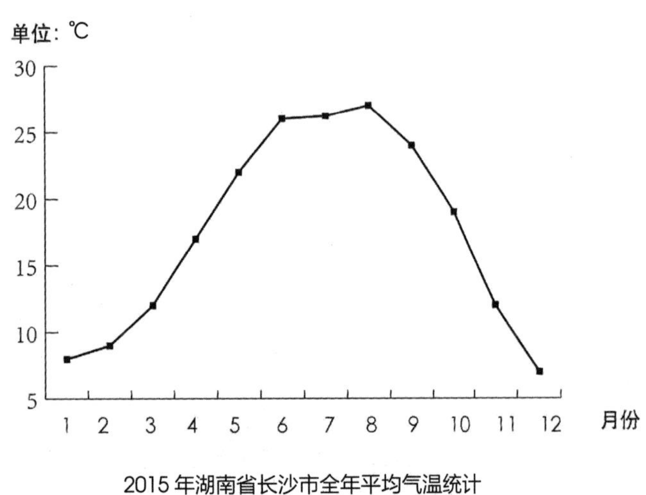

2015 年湖南省长沙市全年平均气温统计

城市年平均气温

长沙全年平均气温为17.4℃，在全国31所主要大城市中位列第8位，平均气温相对较高，主要高温集中在6～8月份。

气温高，建筑应注意通风。

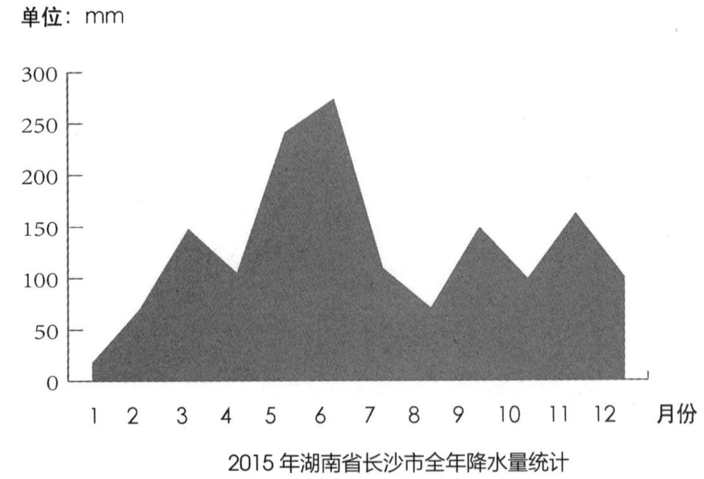

2015 年湖南省长沙市全年降水量统计

城市年降水量

长沙全年降水量为1583.3mm，在全国31所主要大城市中位列第8位，雨量相对较多，主要降雨集中在5～7月份。

降水多，建筑容易积水。

屋顶推敲过程

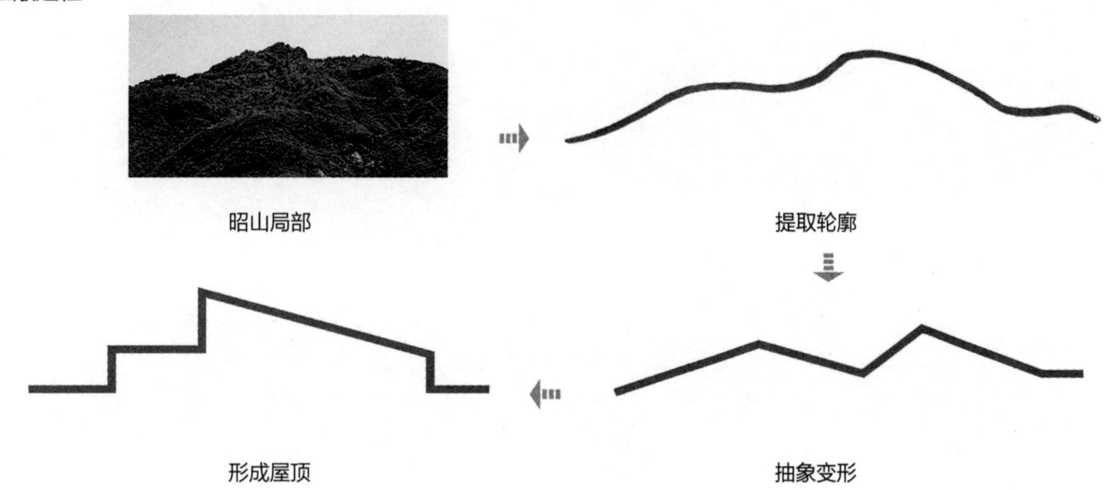

地面形态推敲

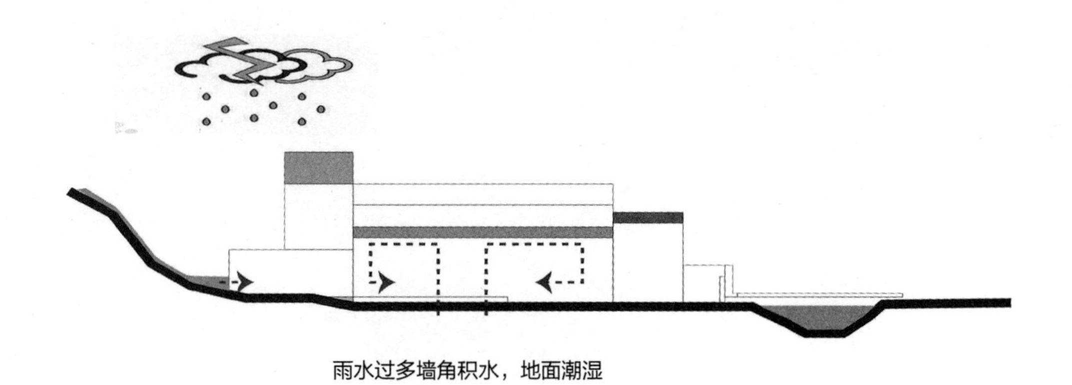

雨水过多墙角积水，地面潮湿

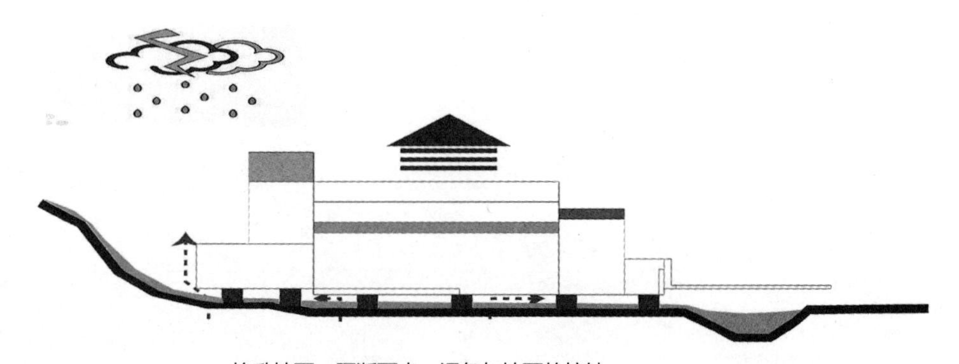

抬升地面，隔断雨水、湿气与地面的接触

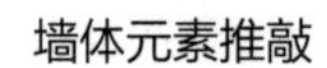

墙体元素推敲

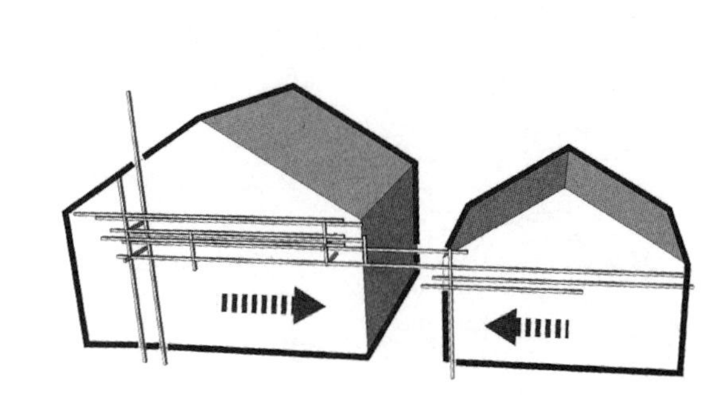

抽取晾晒架元素，构架串联

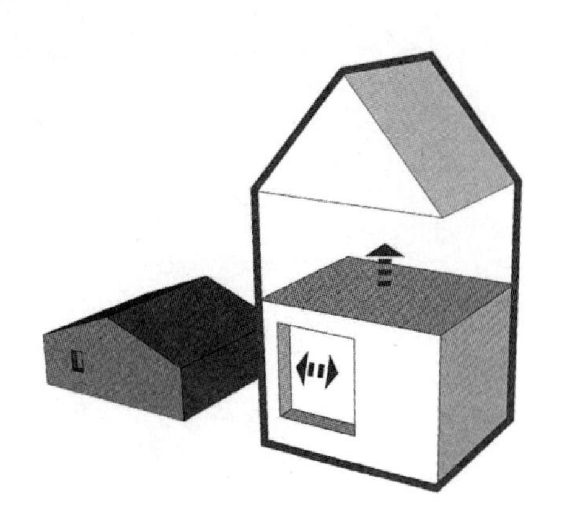

加大开窗，加高室内，增加采光

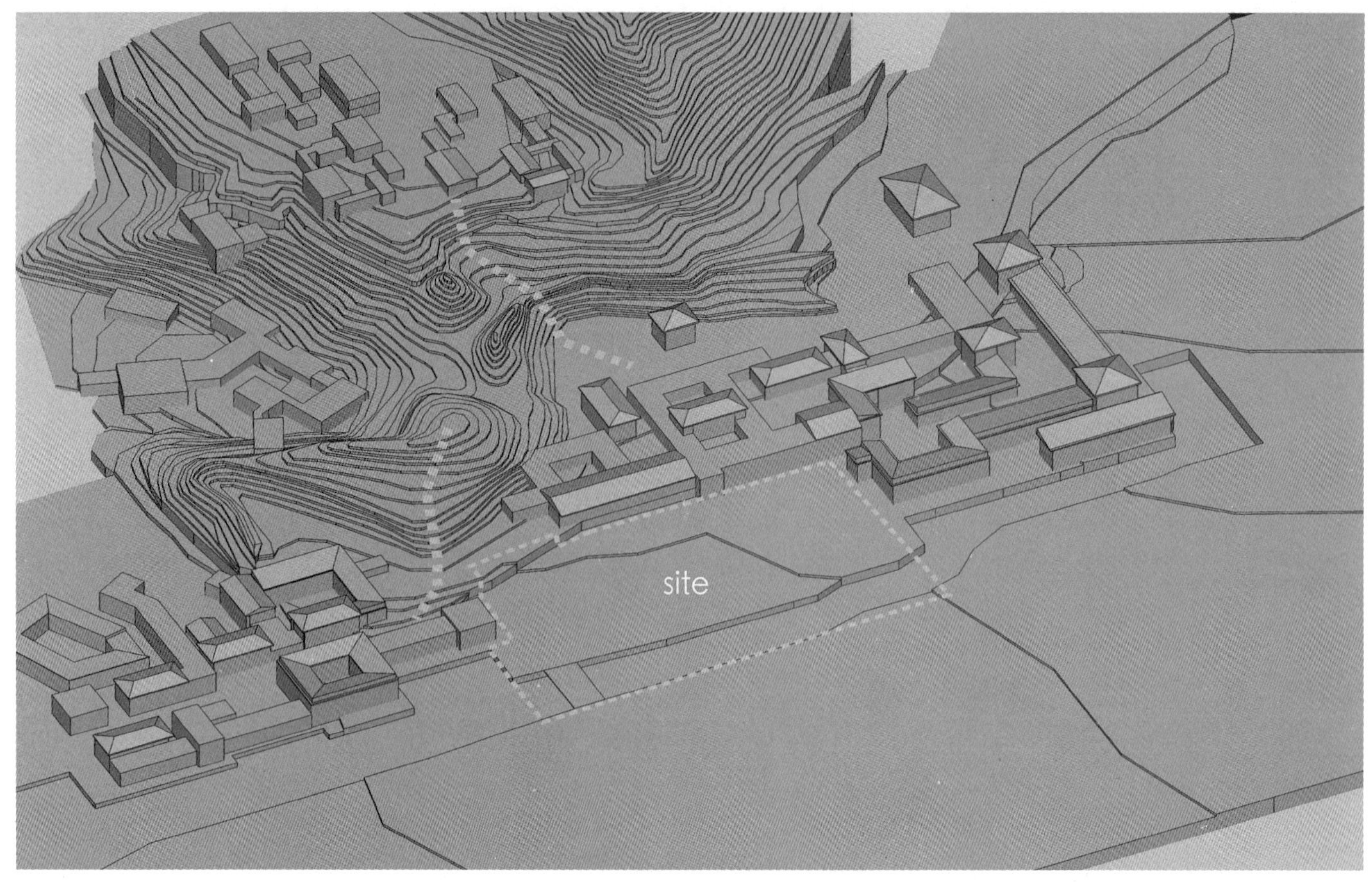

基地地形示意图

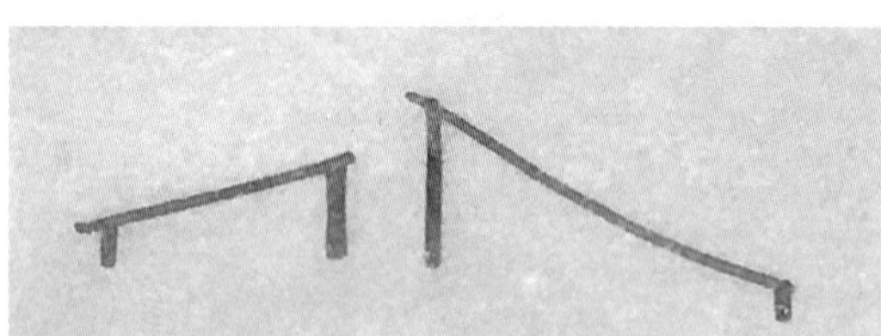
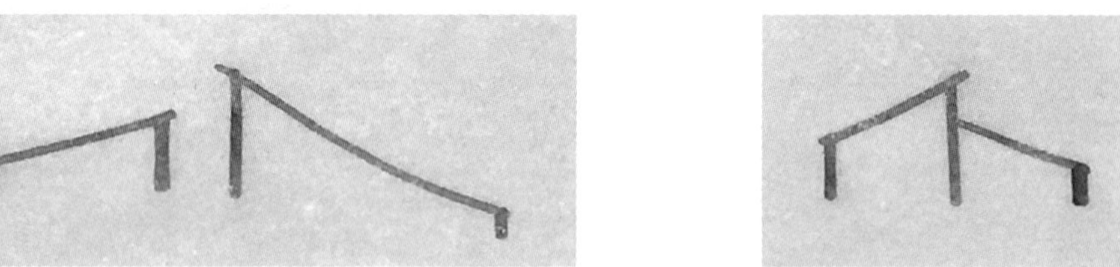

建筑手绘意向

建筑手绘概念

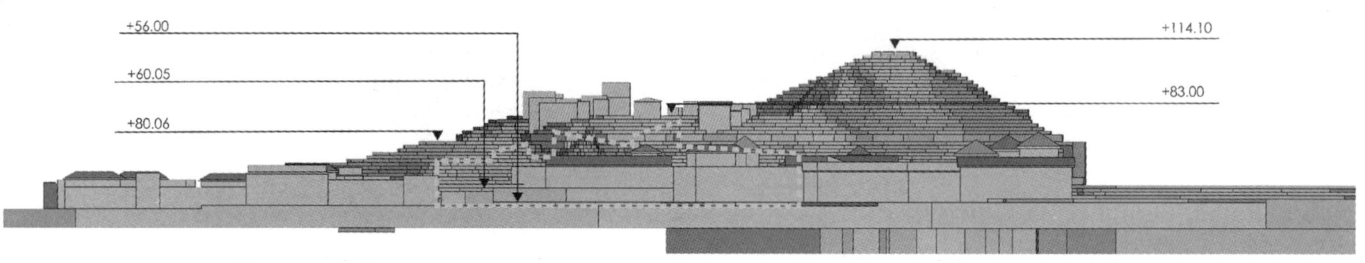

基地垂直分析

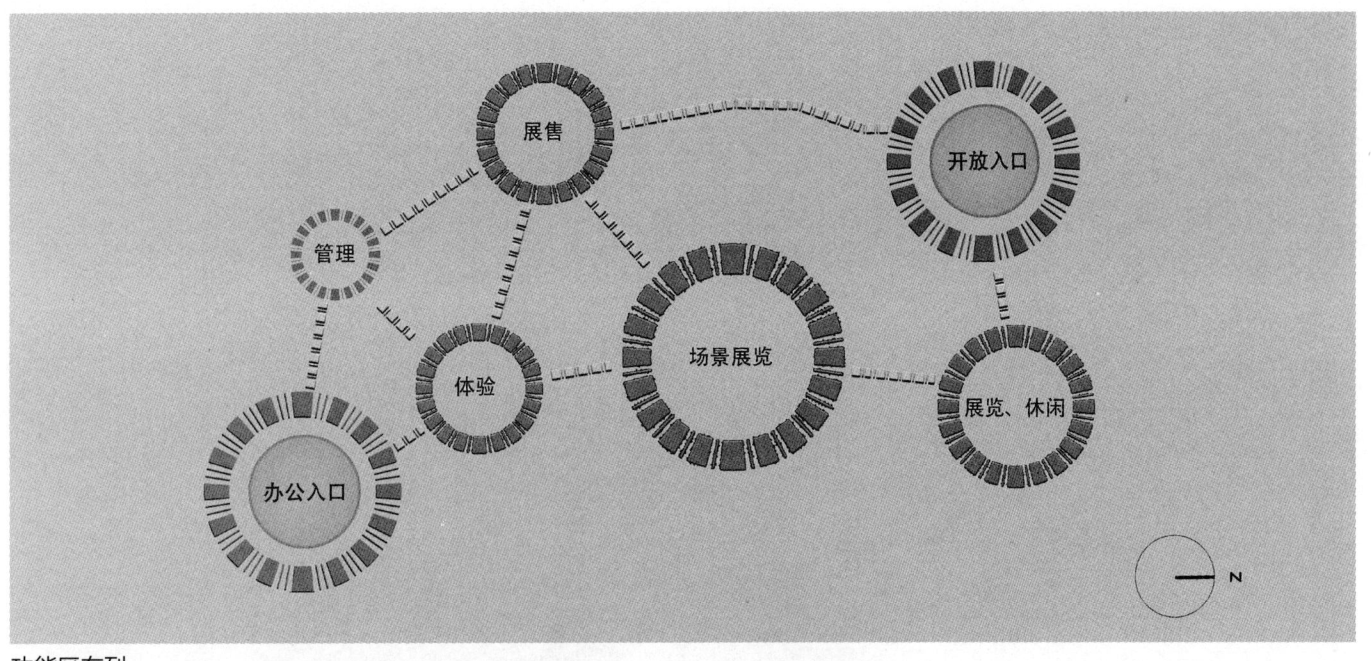

功能区布列

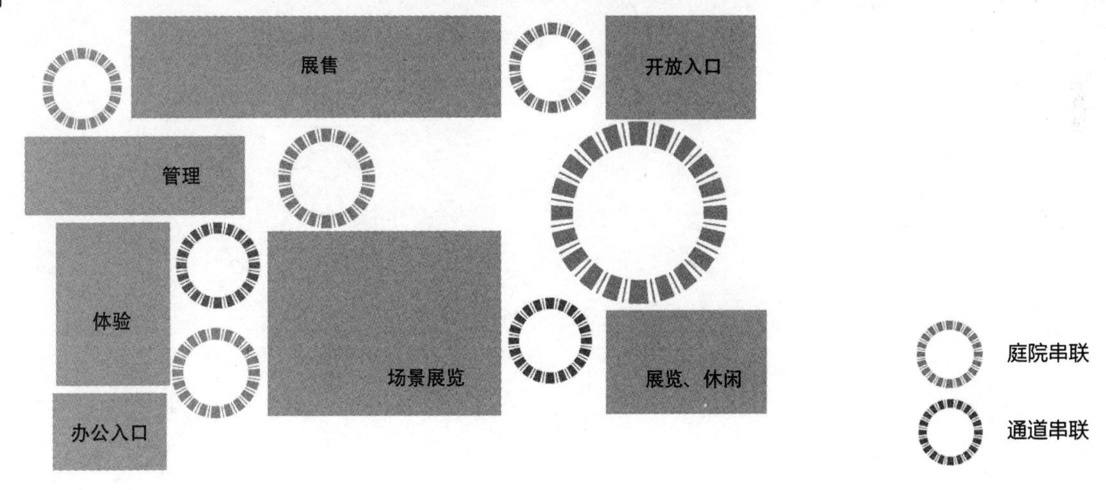

串联空间预设

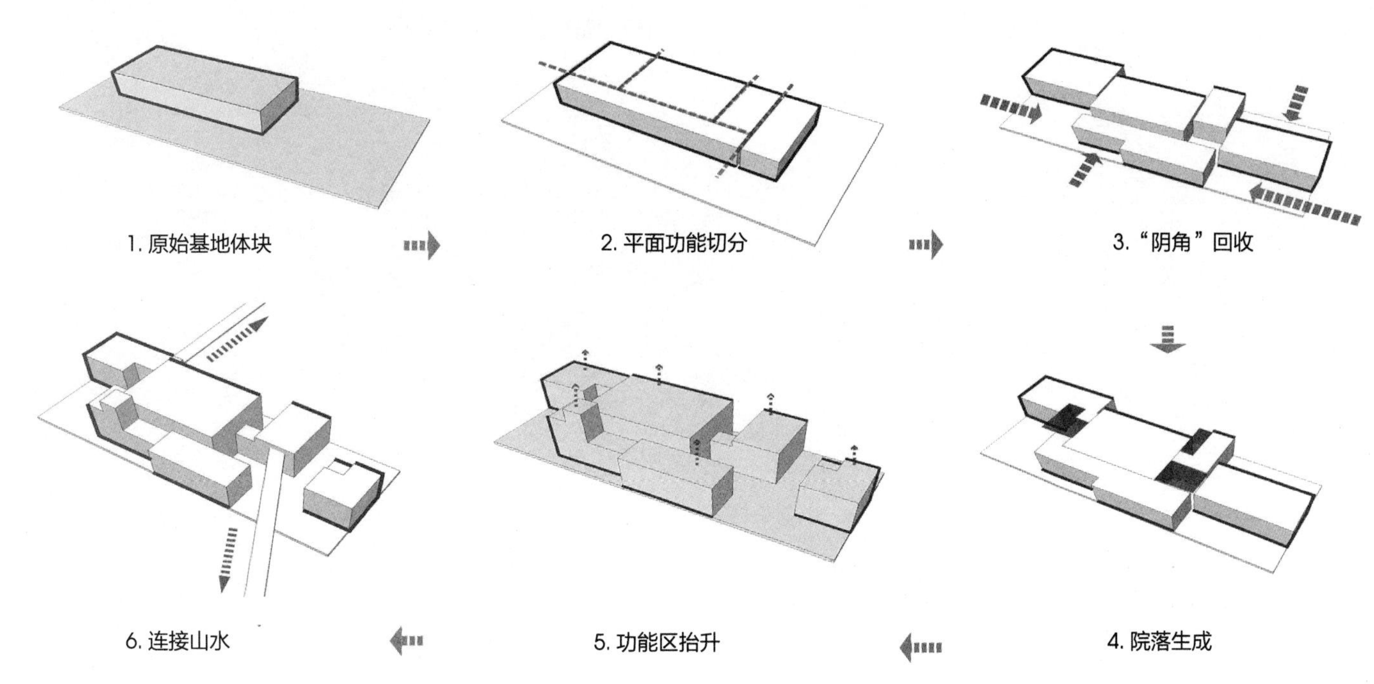

空间生成

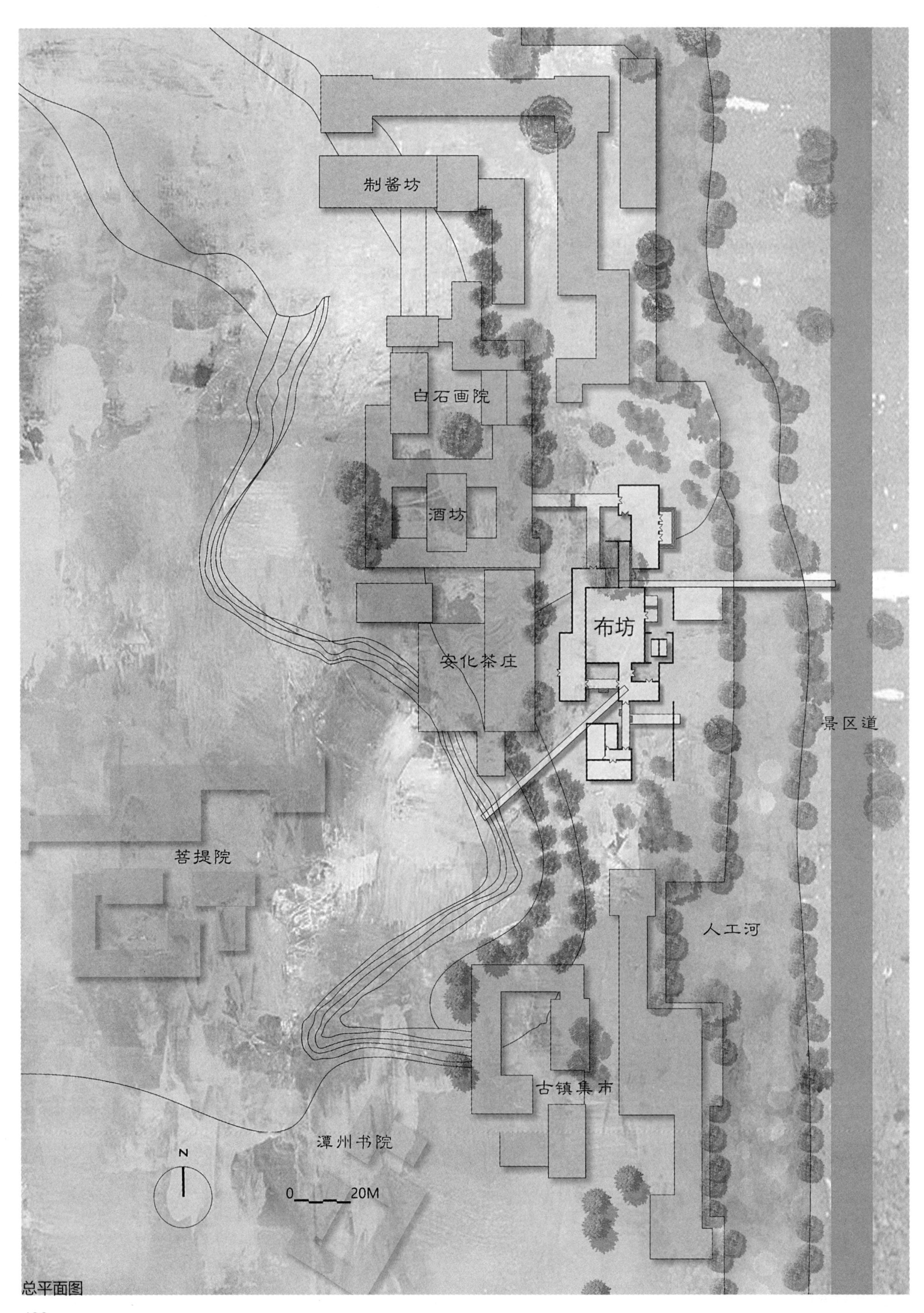

总平面图

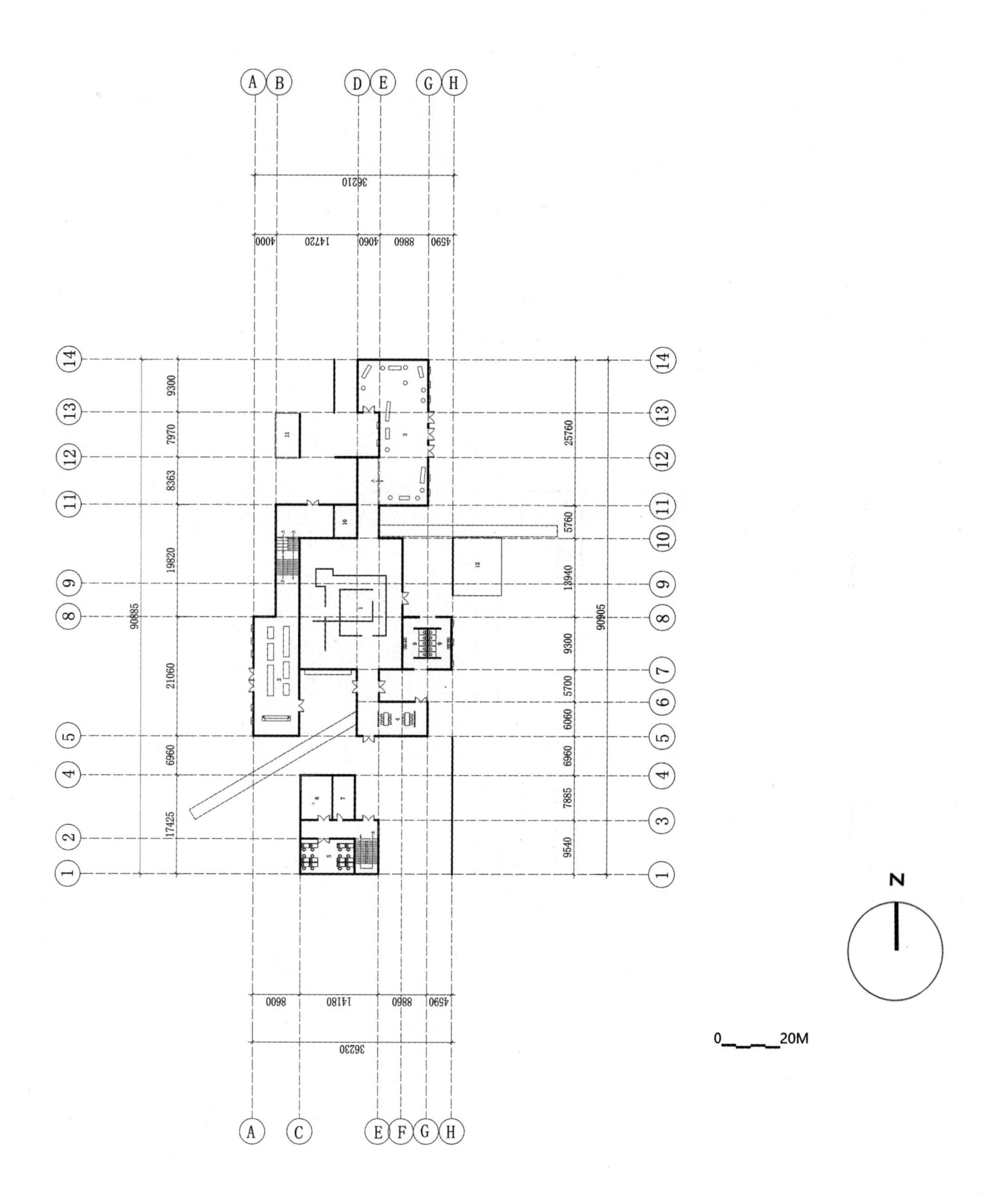

1. 布坊主展厅
2. 销售店面
3. 休息文化展示区
4. 手工体验区
5. 员工区
6. 经理室
7. 值班室
8. 女厕
9. 男厕
10. 露天景观
11. 露台
12. 亲水平台

一层平面图

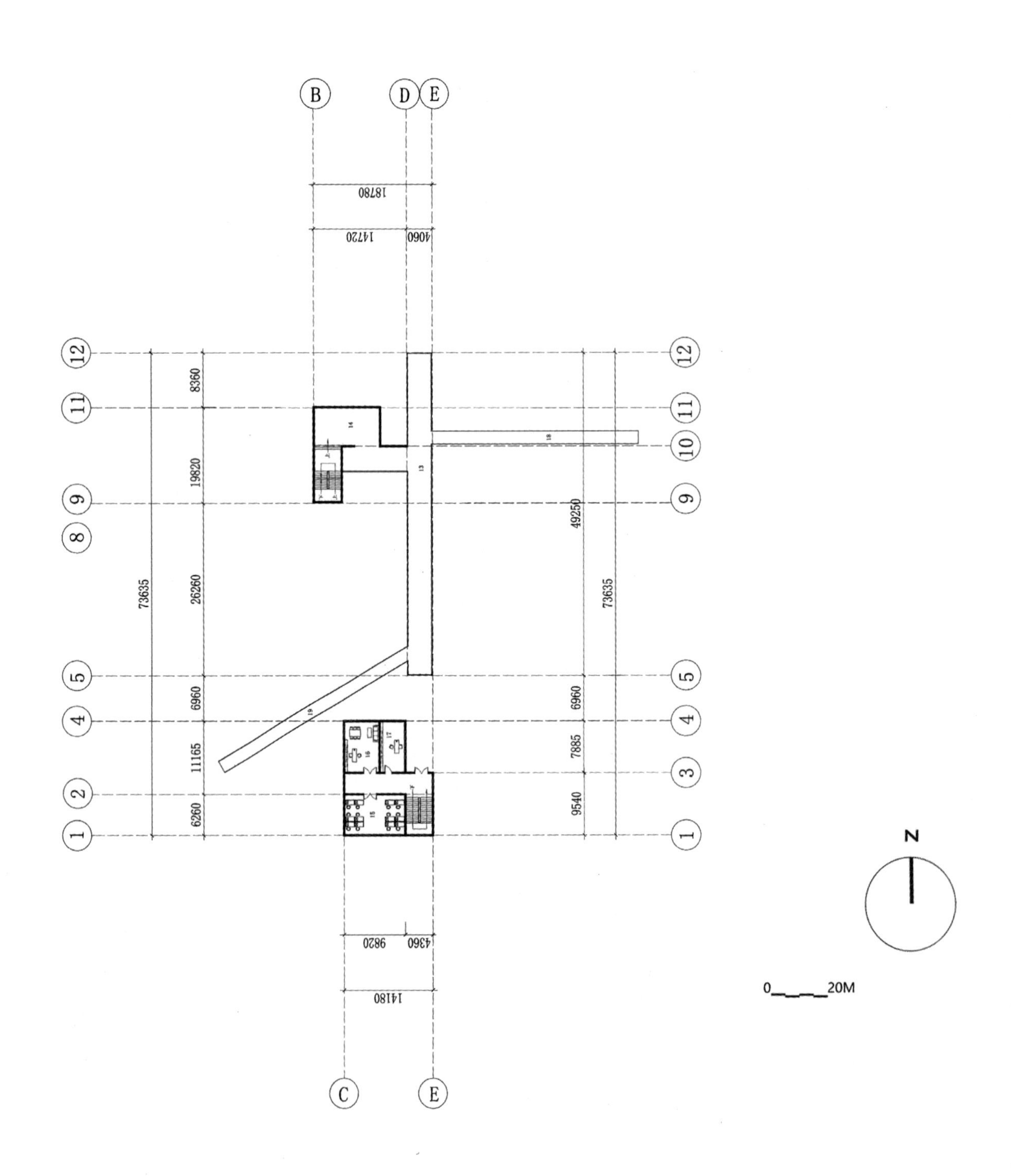

13. 二层浏览通道
14. 瞭望区
15. 员工休息室
16. 学习室
17. 库房
18. 过水天桥
19. 接山天桥

二层平面图

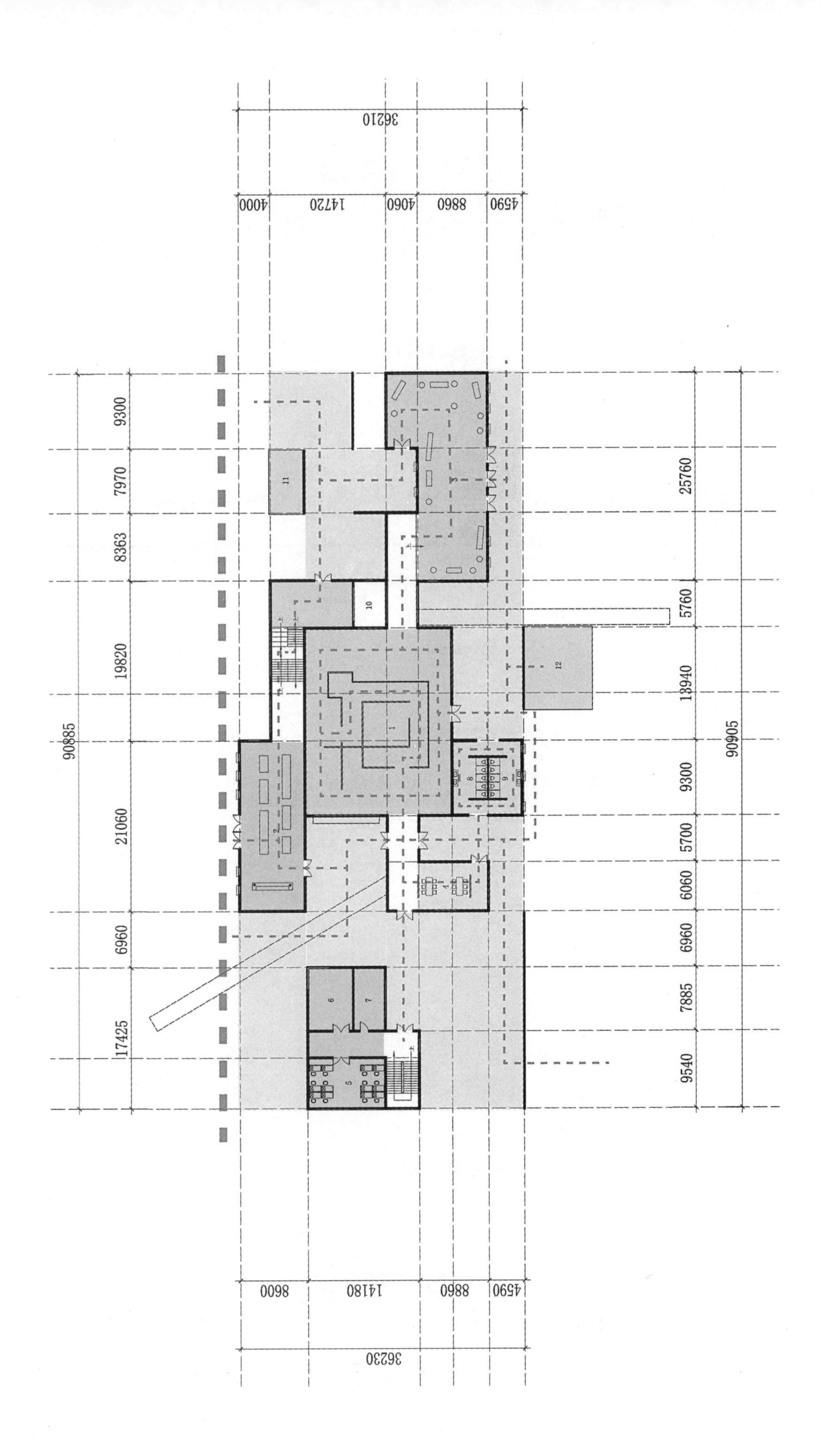

功能分区、流线图

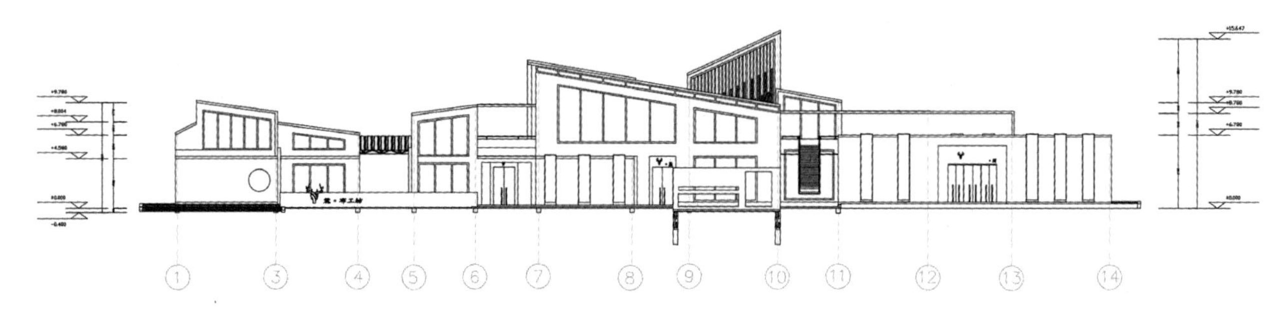

1-14　建筑立面图

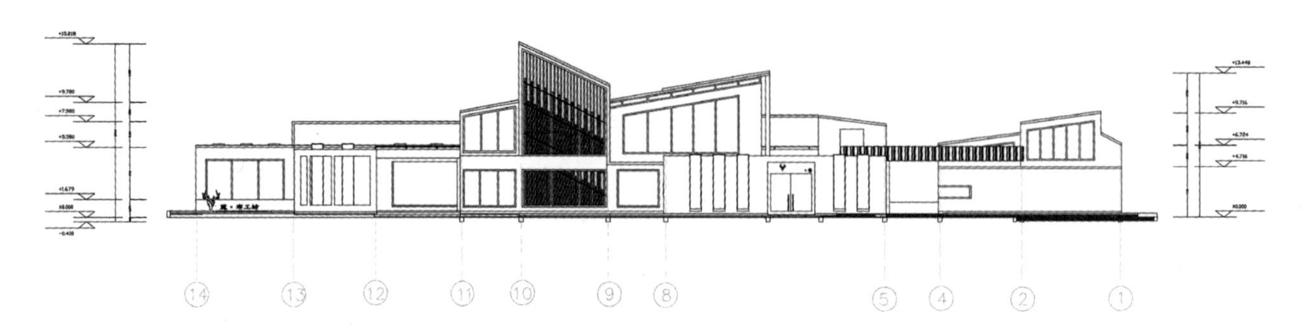

14-1　建筑立面图

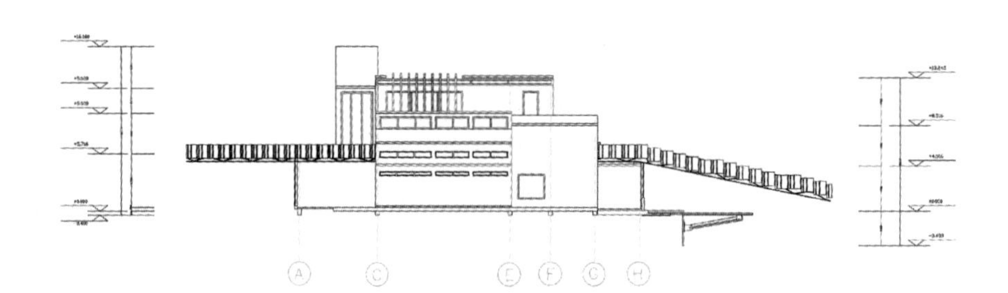

a-h　建筑立面图

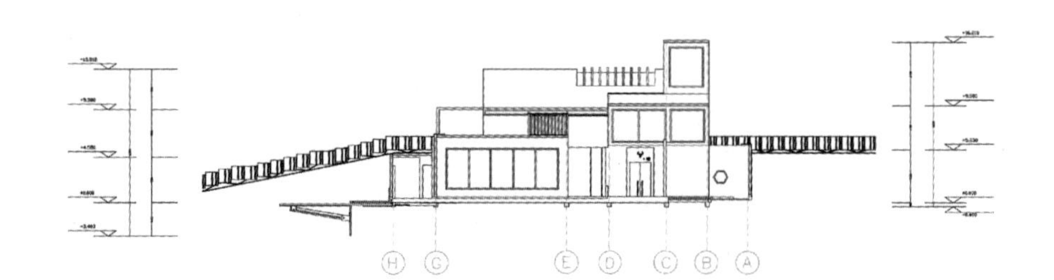

h-a　建筑立面图

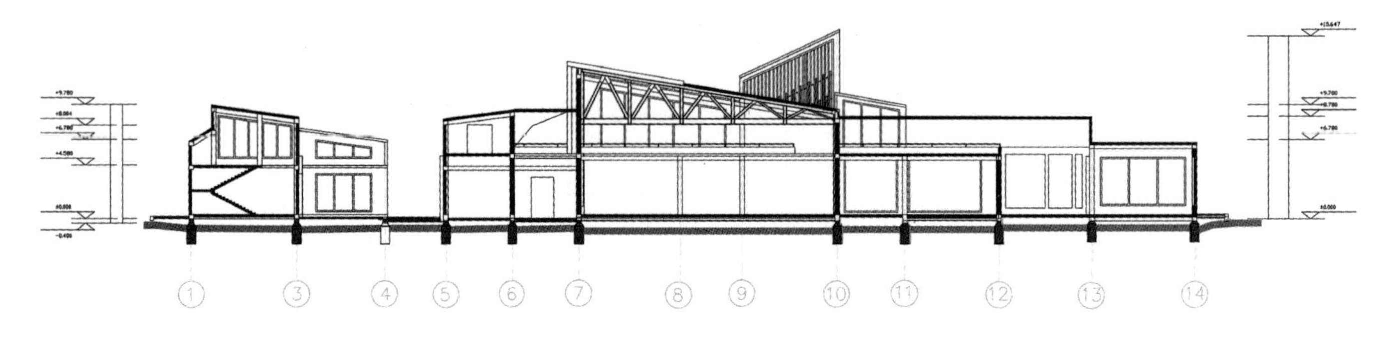

1-14　建筑剖面图

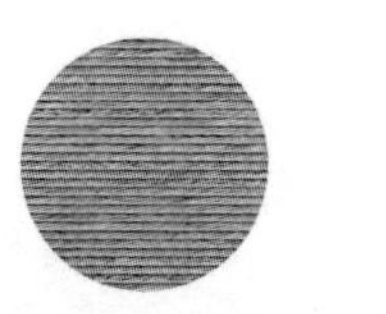

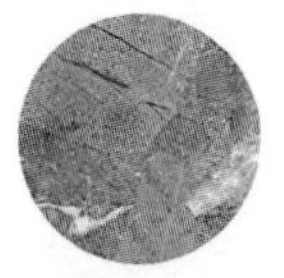
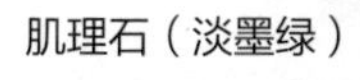

东立面图

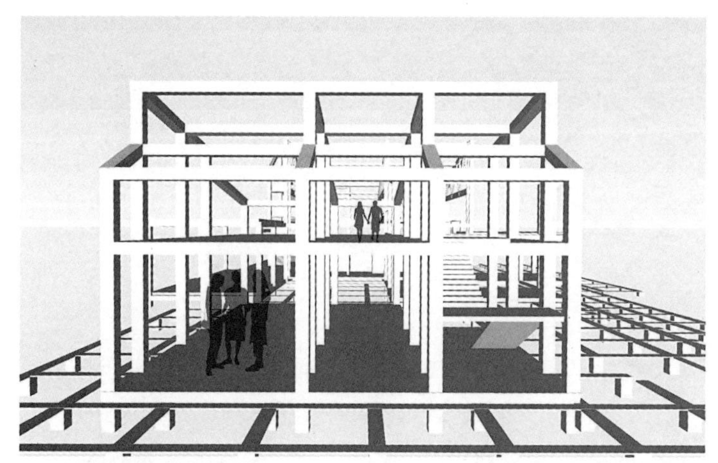

a-h 管理区域楼层示意

体验区、厕所楼层示意

入口休闲区域楼层示意

瞭望休闲区域楼层示意

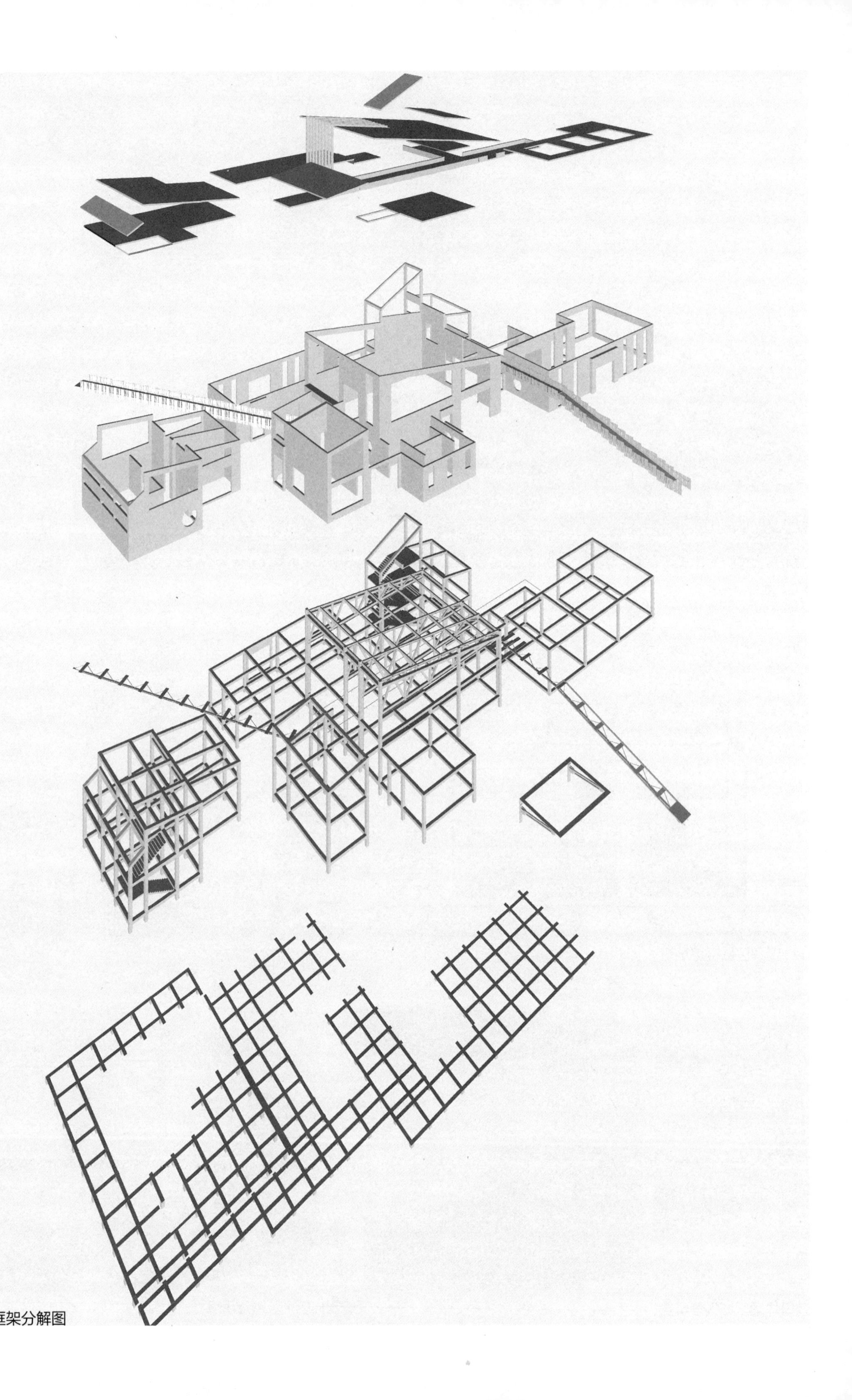

建筑整体框架分解图

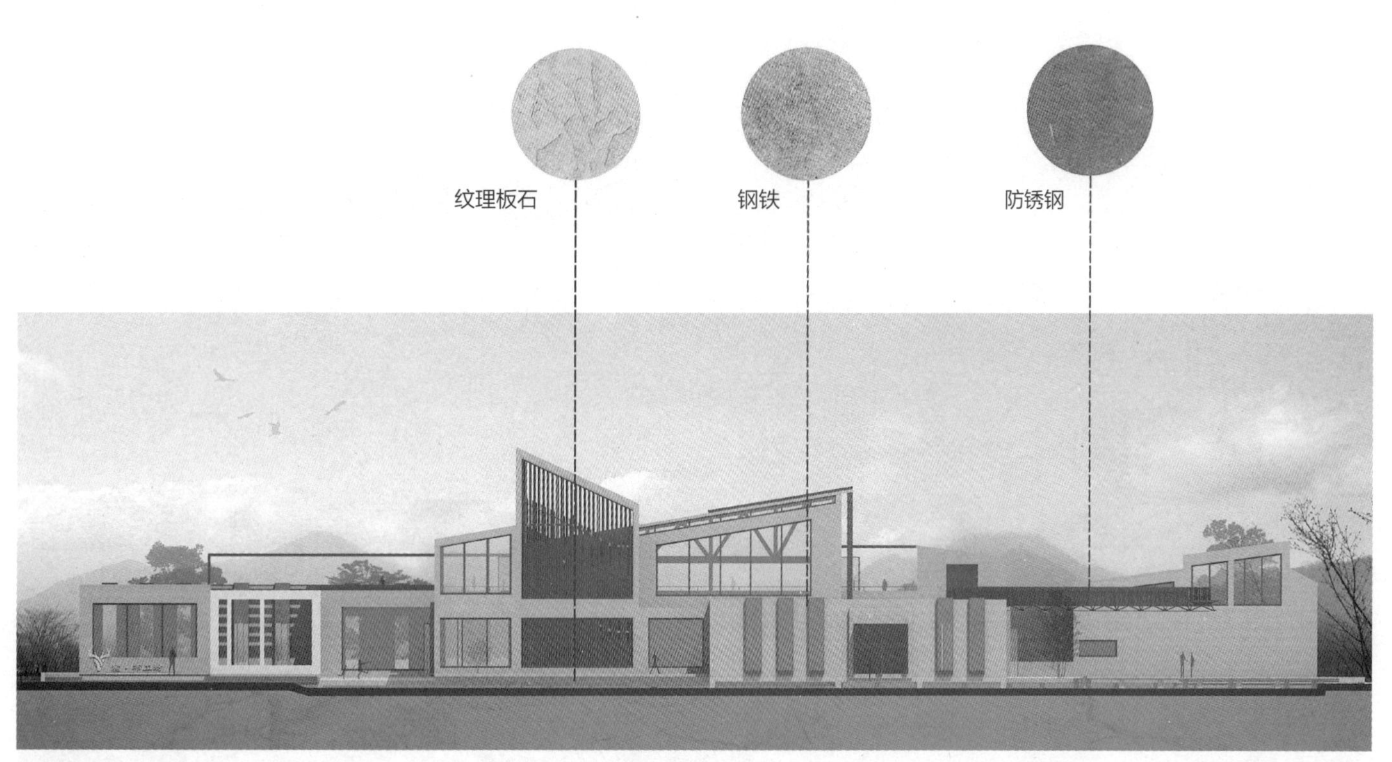

西立面图

主入口效果图

栈桥效果图

建筑景观

次入口效果图

二楼室内走廊效果图

入口休闲区效果图

从二楼走廊望主展厅

连接山体天桥入口效果图

风景旅游区的魅力——Orfu养鱼场

Design Attraction for Tourists

—Fish-Farm at Ofu

匈牙利佩奇大学工程与信息学院

University of Pecs, MIK Institute of Architecture,

Pecs, Hungary

Hajnalka Juhasz

姓　名：Hajnalka Juhasz

导　师：Ildiko Sike

学　校：University of Pecs, Hungary

专　业：MIK Institute of Architecture

位置介绍

规划区域在Orfu。这个小村庄距离佩奇大学20公里，200公里可到达匈牙利的首都布达佩斯。这里拥有三个著名的人工湖泊，用于钓鱼、游泳和其他空闲活动。所以旅游和自然环境在这个区域非常重要。

The planning area was take place at Orfu. This little village is twenty kilometres far from university of Pecs, and more than two hundred kilometres far from Budapest, the capital city of Hungary. The place is famous about the 3 artificial lakes which are used for fishing, swimming and other free-time activities. So the tourism and the natural environment is very important at this area.

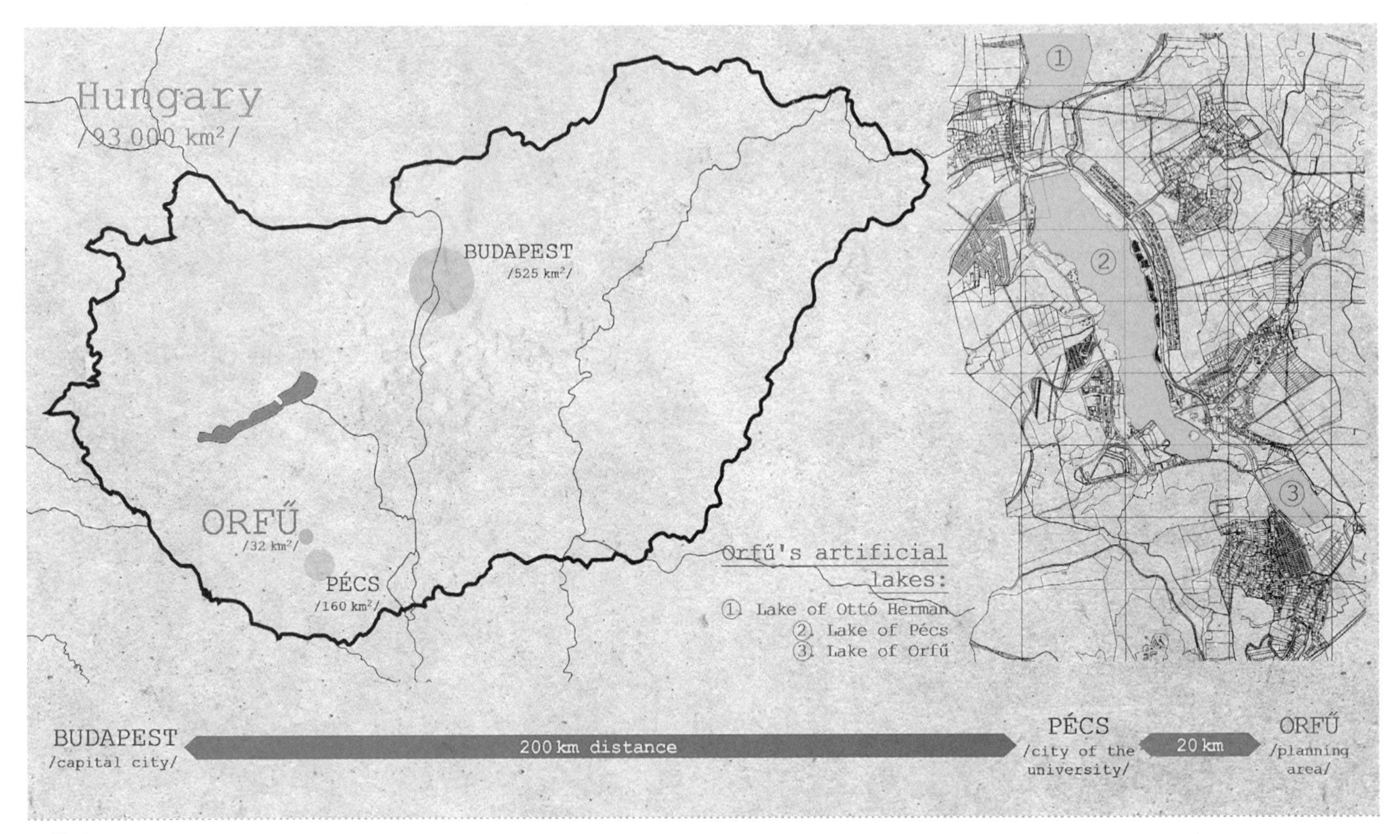

区位图

基地鸟瞰图

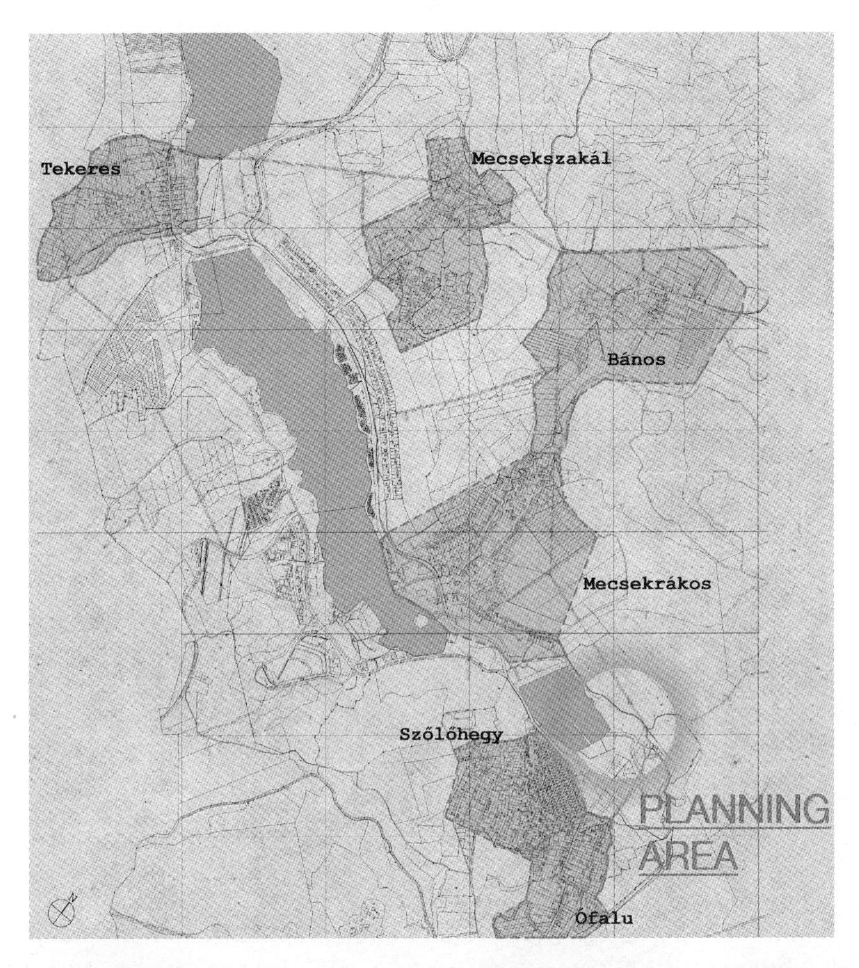

规划区域位置

Orfu有六个主要组成部分，规划区域人口900人。

Orfu's six main parts and the planning area have 900 habitants in all.

规划的任务是为景点吸引游客，包括发展可行性。项目重点是使开发规划区域不仅限于夏天，而是整年可使用。我的理念是创建一个养鱼场，游客可以看到鱼的全生命周期。除了称为“trout-house”的养鱼场，我计划四个“key-houses”住宿，和一个新的通往自然景观的小径，连接不同的功能。

传统建筑特色凸显了该区域建筑形象。例如著名的斜屋顶，以及材料使用：新房子有木材包层，以减少建筑和环境的对比。

The planning task was to design attractions for tourists, included useable developments. At the project the main point was to develop the planning area and make it useable not just in the summer but in the whole year. My concept was to create a fish-farm with trouts where the tourists can see the life periods of the fish. In addition to the fish-farm which called “trout-house” I planned four “key-houses” like accommodation, and a new nature-trail to make connection between the different functions.

The building-shape shows similarities with the traditional building features of the area. For example the well-known pitched roof. And about the material use: the new houses got timber cladding to reduce the contrast between the building and the environment.

场地现状

基地建筑特色

传统建筑特点是斜屋顶的一或两层楼的房子，木材包覆或白色抹灰。

Traditional building features: one or two-storey houses with pitched roof, timber cladding or white plastering.

1. 建筑博物馆
2. 穆勒博物馆的建筑
3. 传统的房子
4. Orfu湖

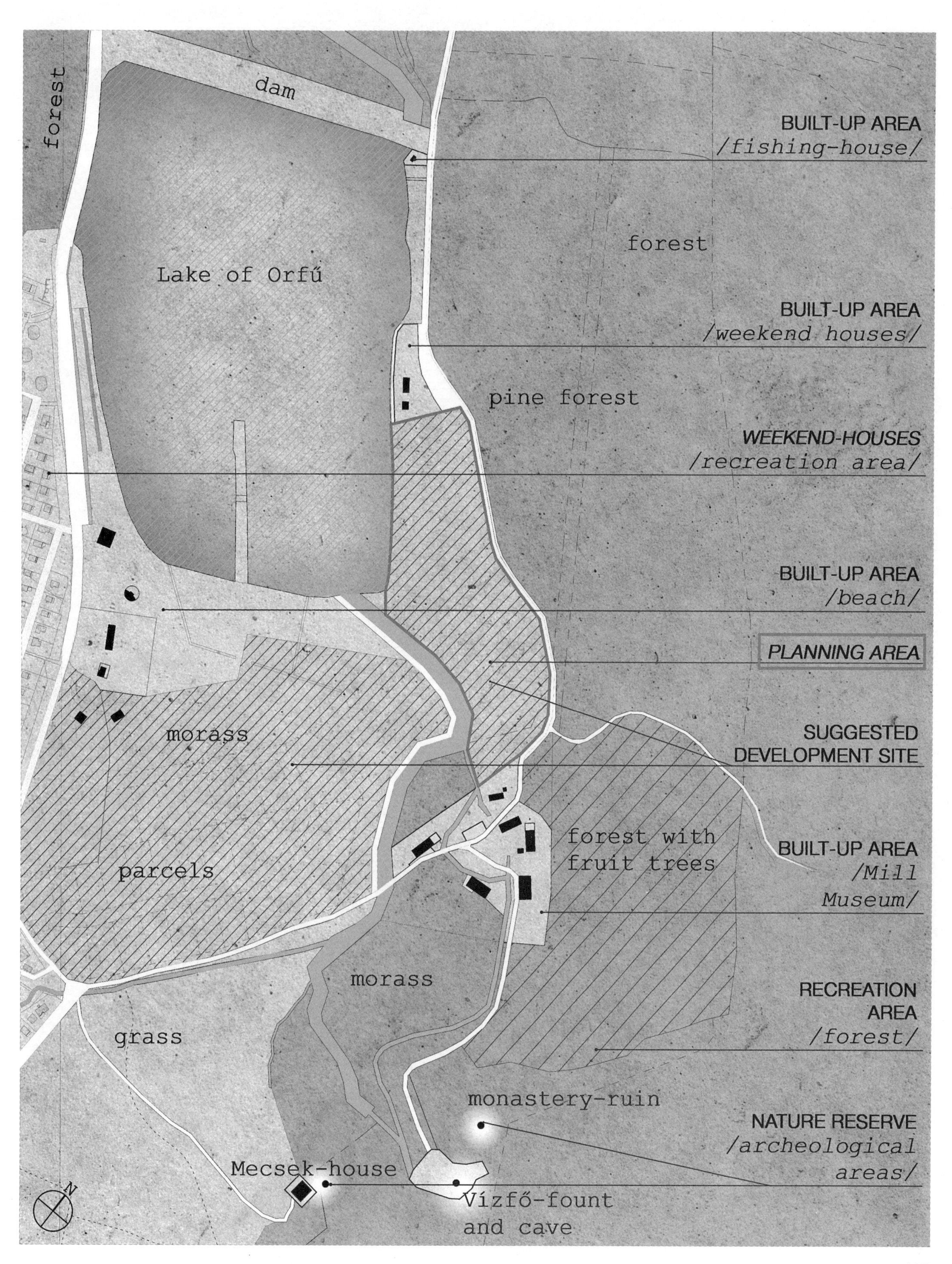
forest
dam
Lake of Orfű
forest
BUILT-UP AREA
/fishing-house/
BUILT-UP AREA
/weekend houses/
pine forest
WEEKEND-HOUSES
/recreation area/
BUILT-UP AREA
/beach/
PLANNING AREA
morass
SUGGESTED
DEVELOPMENT SITE
forest with
fruit trees
parcels
BUILT-UP AREA
/Mill
Museum/
morass
RECREATION
AREA
/forest/
grass
monastery-ruin
NATURE RESERVE
/archeological
areas/
Mecsek-house
Vízfő-fount
and cave
N

环境

Orfu森林覆盖率为70%。这个区域（湖泊、河道、山洞穴,等等）是一个自然保护区域。

70% of Orfu is covered by trees. This site (with lakes, watercourses, hills, caves, etc.) is part of a protected natural area.

1. Orfu水道
2. 沼泽
3. Orfu湖
4. 铺路
5. 规划区域

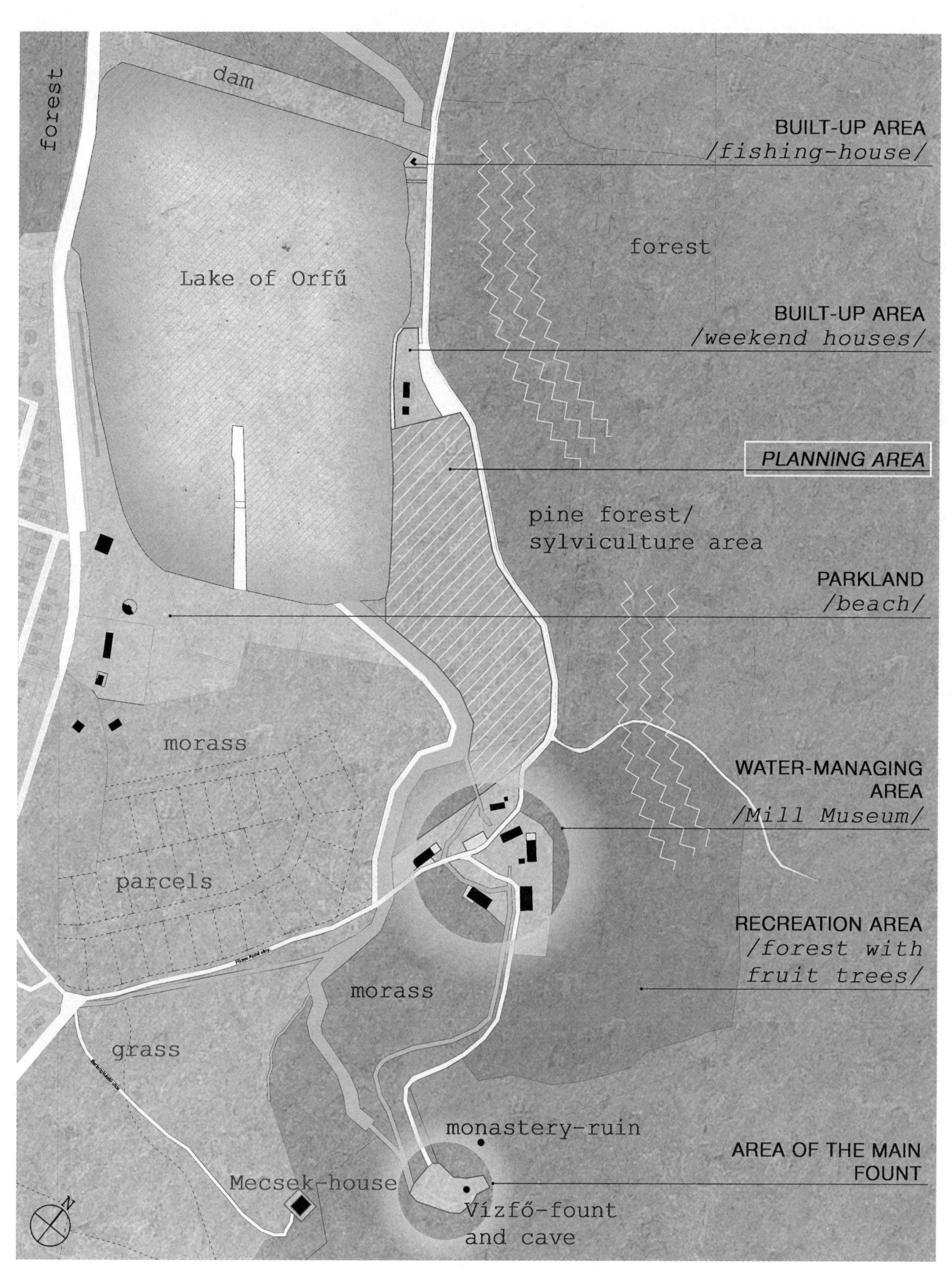

forest
dam
Lake of Orfű
BUILT-UP AREA
/fishing-house/
forest
BUILT-UP AREA
/weekend houses/
PLANNING AREA
pine forest/
sylviculture area
PARKLAND
/beach/
morass
parcels
WATER-MANAGING
AREA
/Mill Museum/
RECREATION AREA
/forest with
fruit trees/
morass
grass
monastery-ruin
AREA OF THE MAIN
FOUNT
Mecsek-house
Vízfő-fount
and cave
N

交通分析

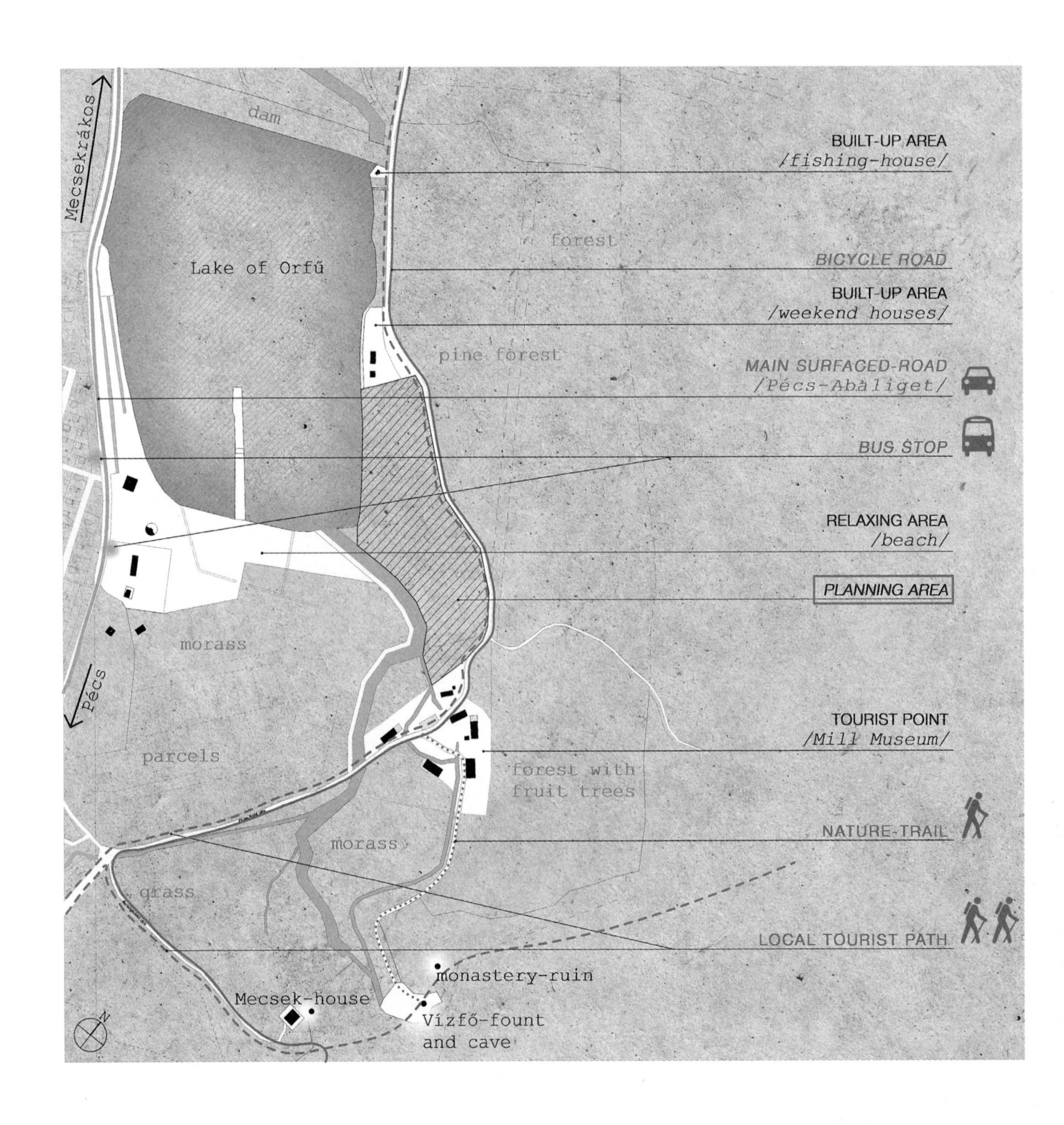

Mecsekrákos
dam
Lake of Orfű
forest
pine forest
morass
Pécs
parcels
forest with fruit trees
morass
grass
Mecsek-house
monastery-ruin
Vízfő-fount and cave
BUILT-UP AREA /fishing-house/
BICYCLE ROAD
BUILT-UP AREA /weekend houses/
MAIN SURFACED-ROAD /Pécs-Abàliget/
BUS STOP
RELAXING AREA /beach/
PLANNING AREA
TOURIST POINT /Mill Museum/
NATURE-TRAIL
LOCAL TOURIST PATH

区域分析

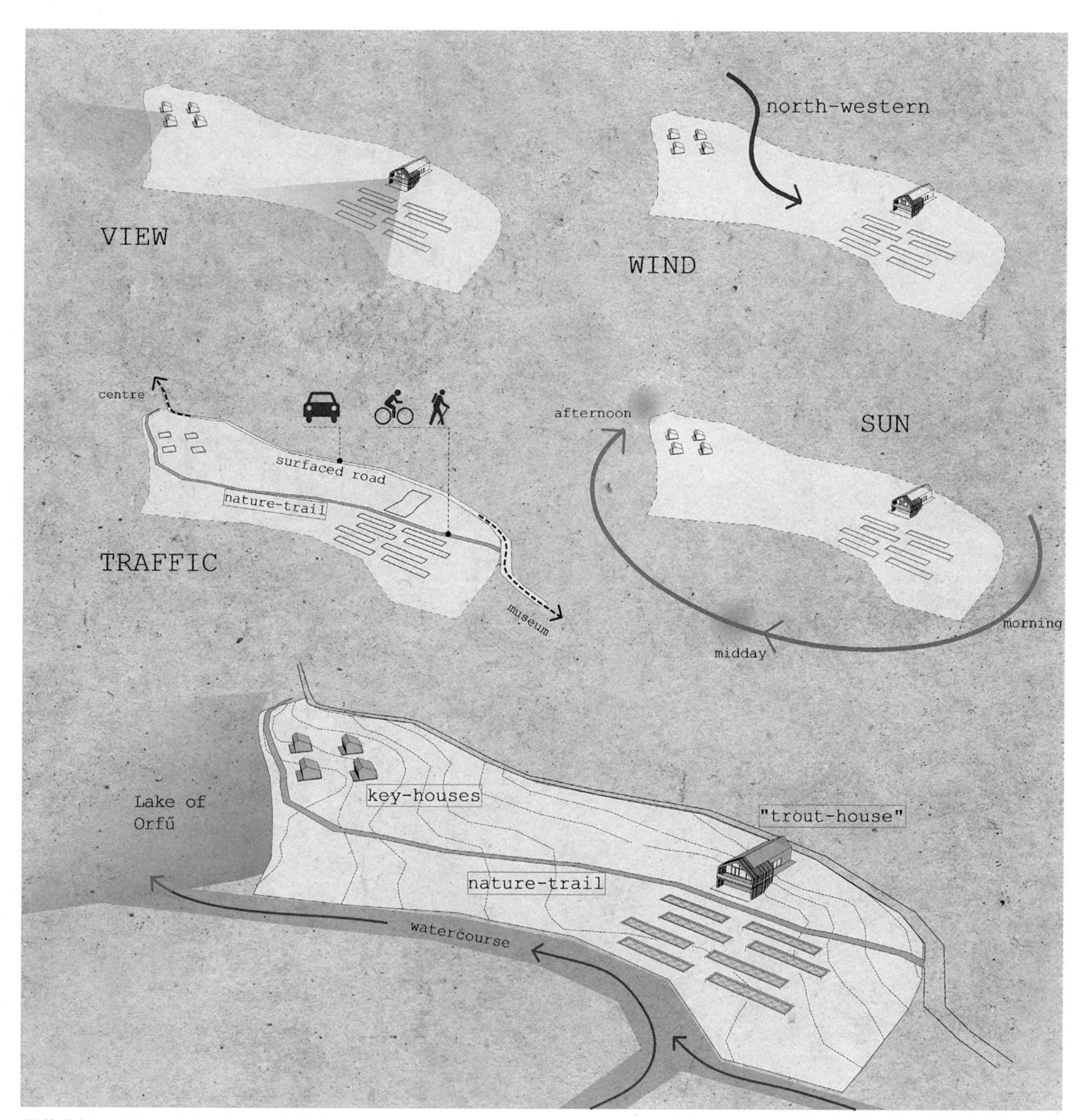

视线分析、交通、风向、光照、河道分析

4个“key-houses”住宿

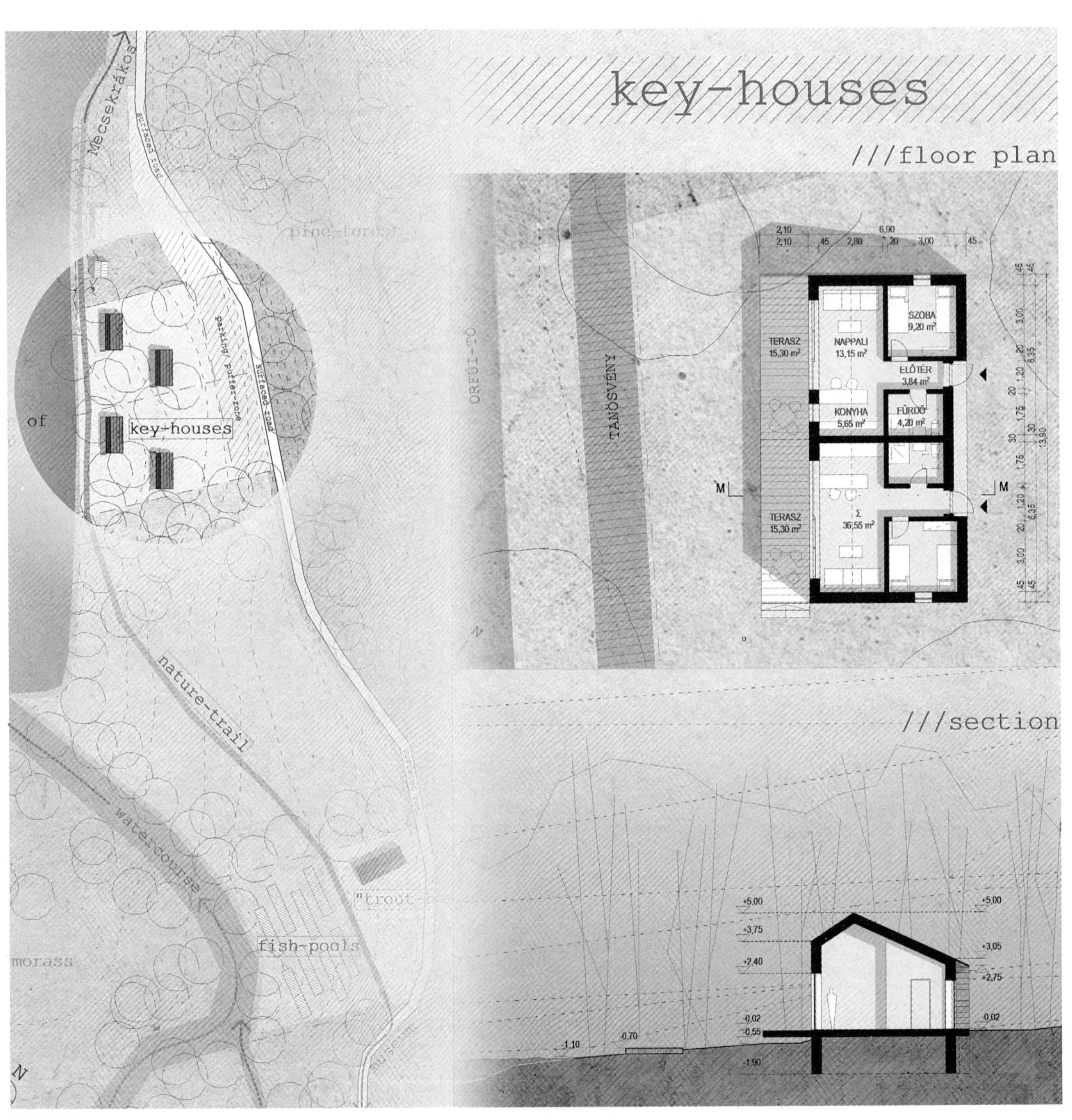

总平面图
建筑平面图
剖面图

立面图

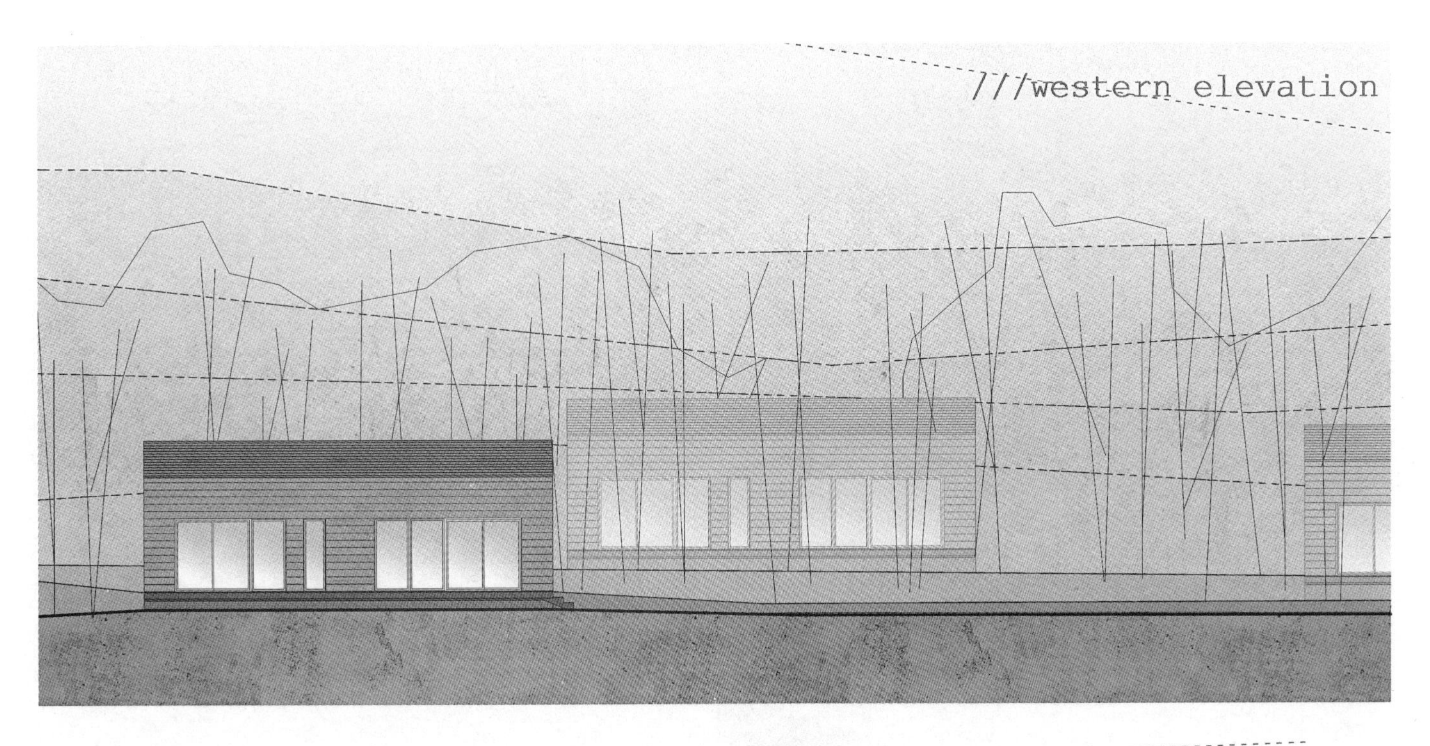
///western elevation

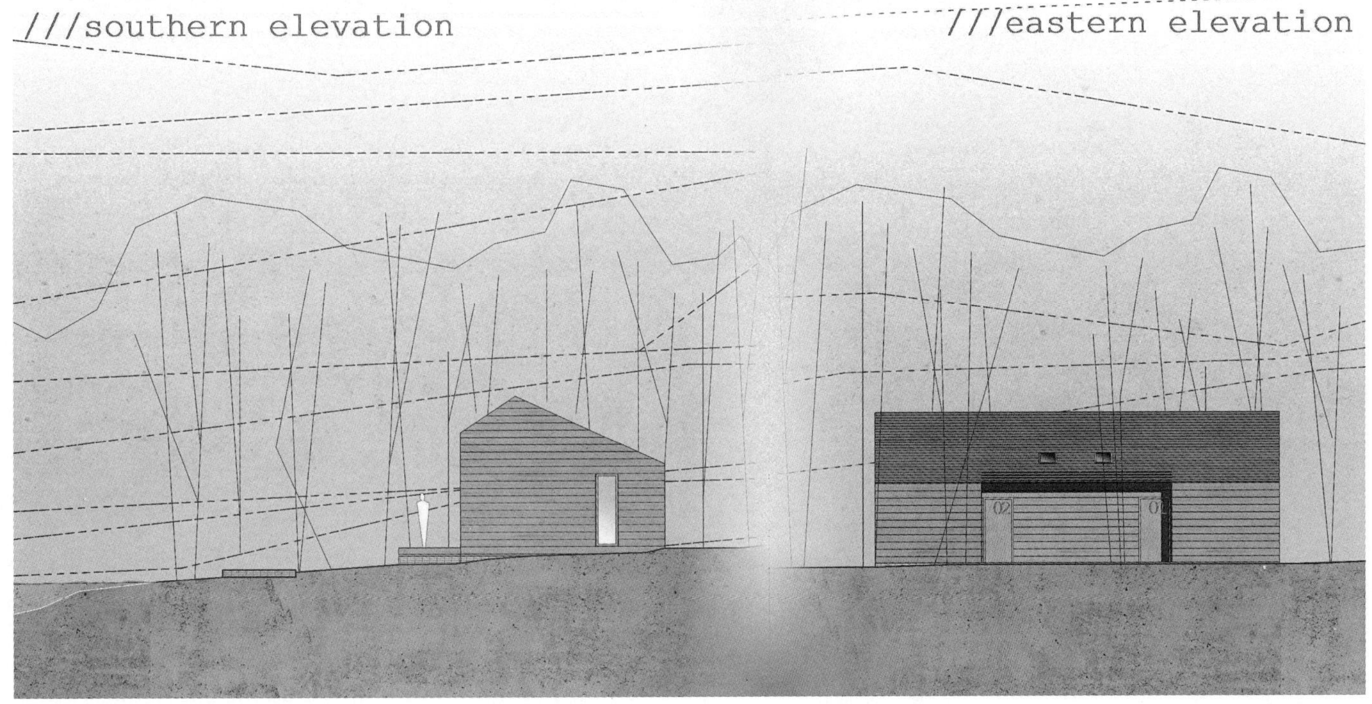
///southern elevation
///eastern elevation
02
02

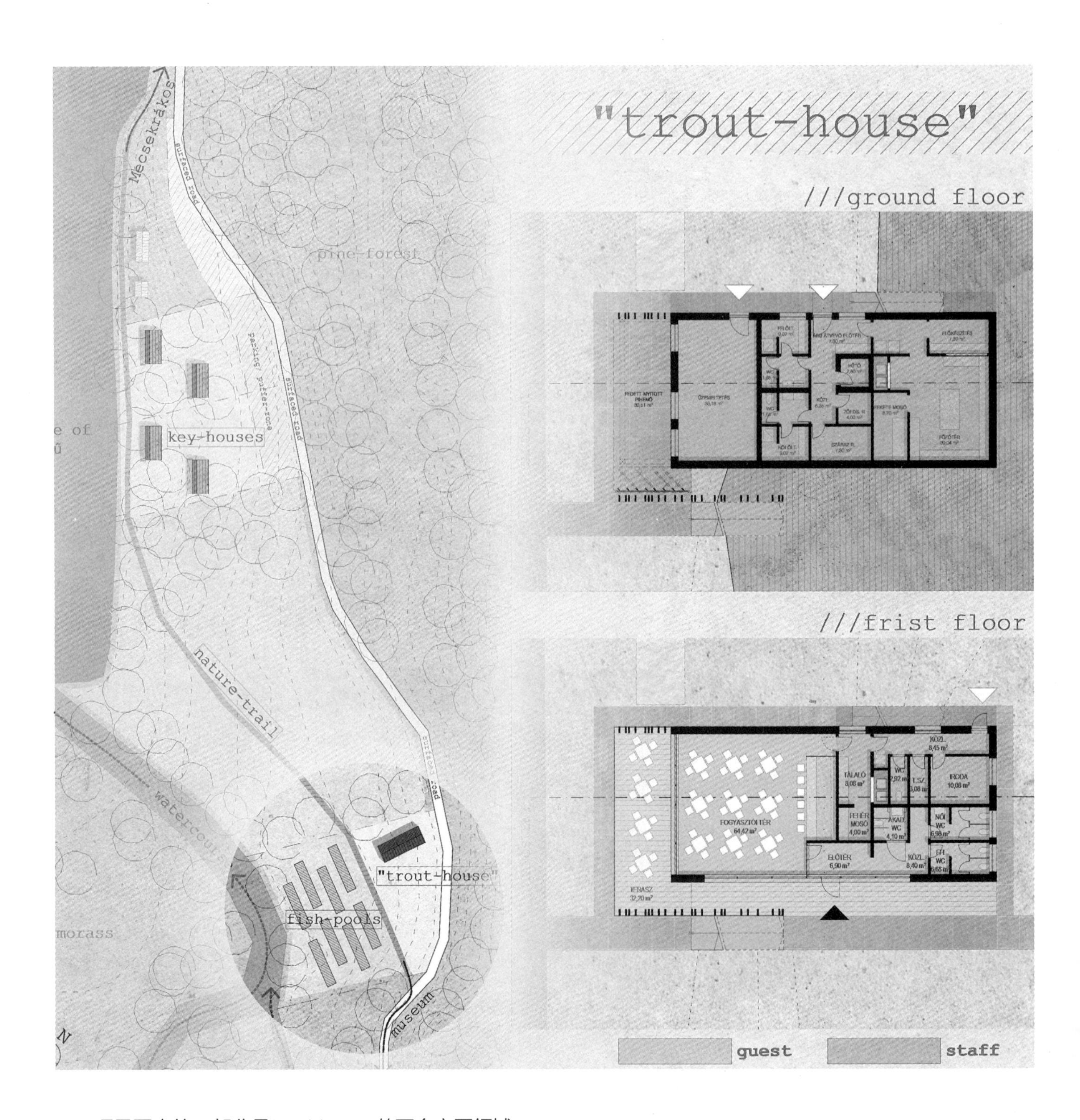

项目更大的一部分是trout-house的两个主要领域：

1. 游客区域，提供休息或在餐厅吃鱼。

2. 员工工作区域。

The bigger part of the project was the trout-house which has two main area: 1. The guest area contains places where visitors can have a break or eat some fish in the restaurant. 2. The other one for the staff, is to keep working the place.

地面层平面图

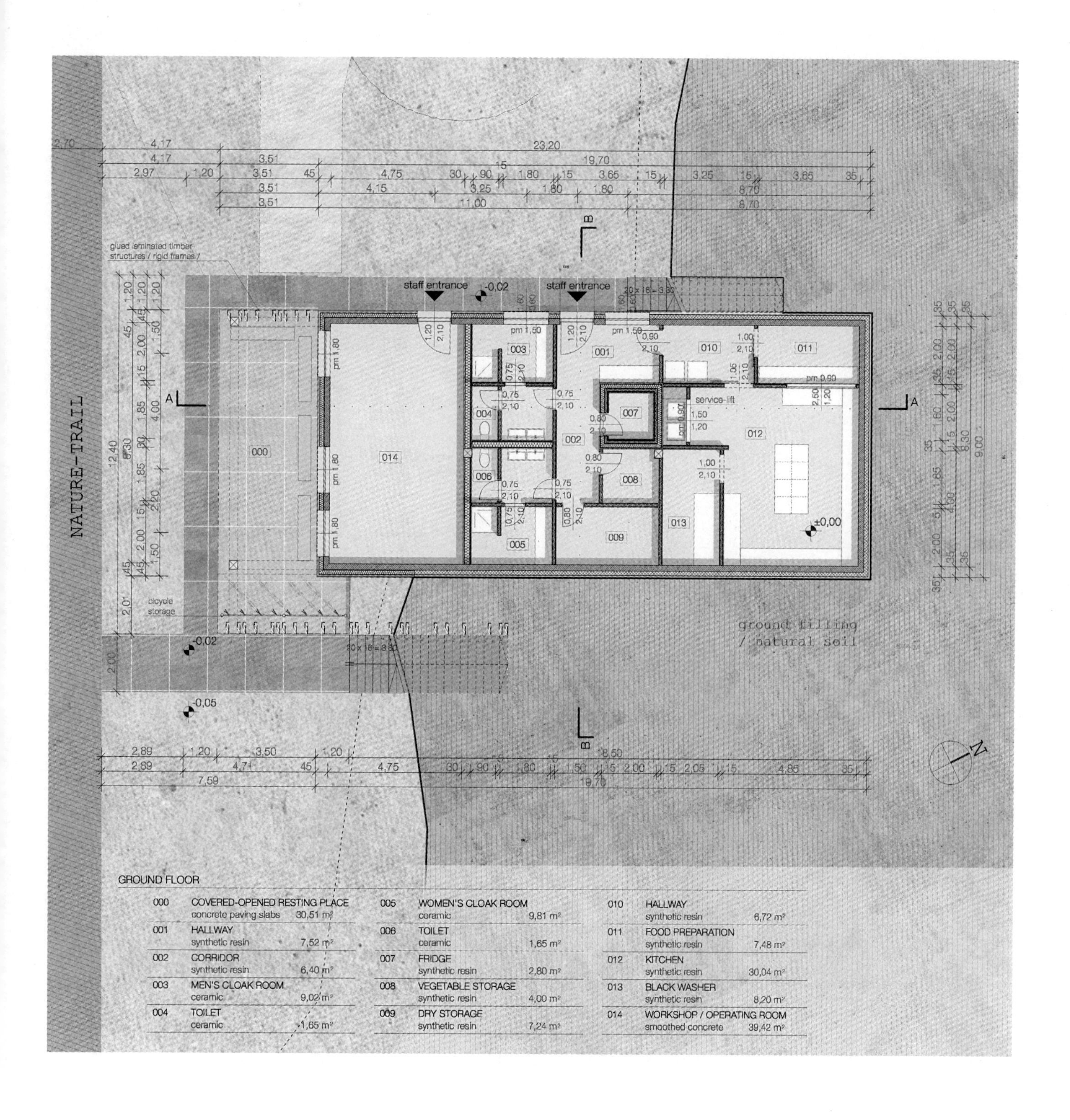
NATURE-TRAIL
glued laminated timber structures / rigid frames /
staff entrance
staff entrance
service-lift
bicycle storage
ground filling / natural soil
GROUND FLOOR
000 COVERED-OPENED RESTING PLACE
concrete paving slabs 30,51 m²
001 HALLWAY
synthetic resin 7,52 m²
002 CORRIDOR
synthetic resin 6,40 m²
003 MEN'S CLOAK ROOM
ceramic 9,02 m²
004 TOILET
ceramic 1,65 m²
005 WOMEN'S CLOAK ROOM
ceramic 9,81 m²
006 TOILET
ceramic 1,65 m²
007 FRIDGE
synthetic resin 2,80 m²
008 VEGETABLE STORAGE
synthetic resin 4,00 m²
009 DRY STORAGE
synthetic resin 7,24 m²
010 HALLWAY
synthetic resin 6,72 m²
011 FOOD PREPARATION
synthetic resin 7,48 m²
012 KITCHEN
synthetic resin 30,04 m²
013 BLACK WASHER
synthetic resin 8,20 m²
014 WORKSHOP / OPERATING ROOM
smoothed concrete 39,42 m²

一层平面图

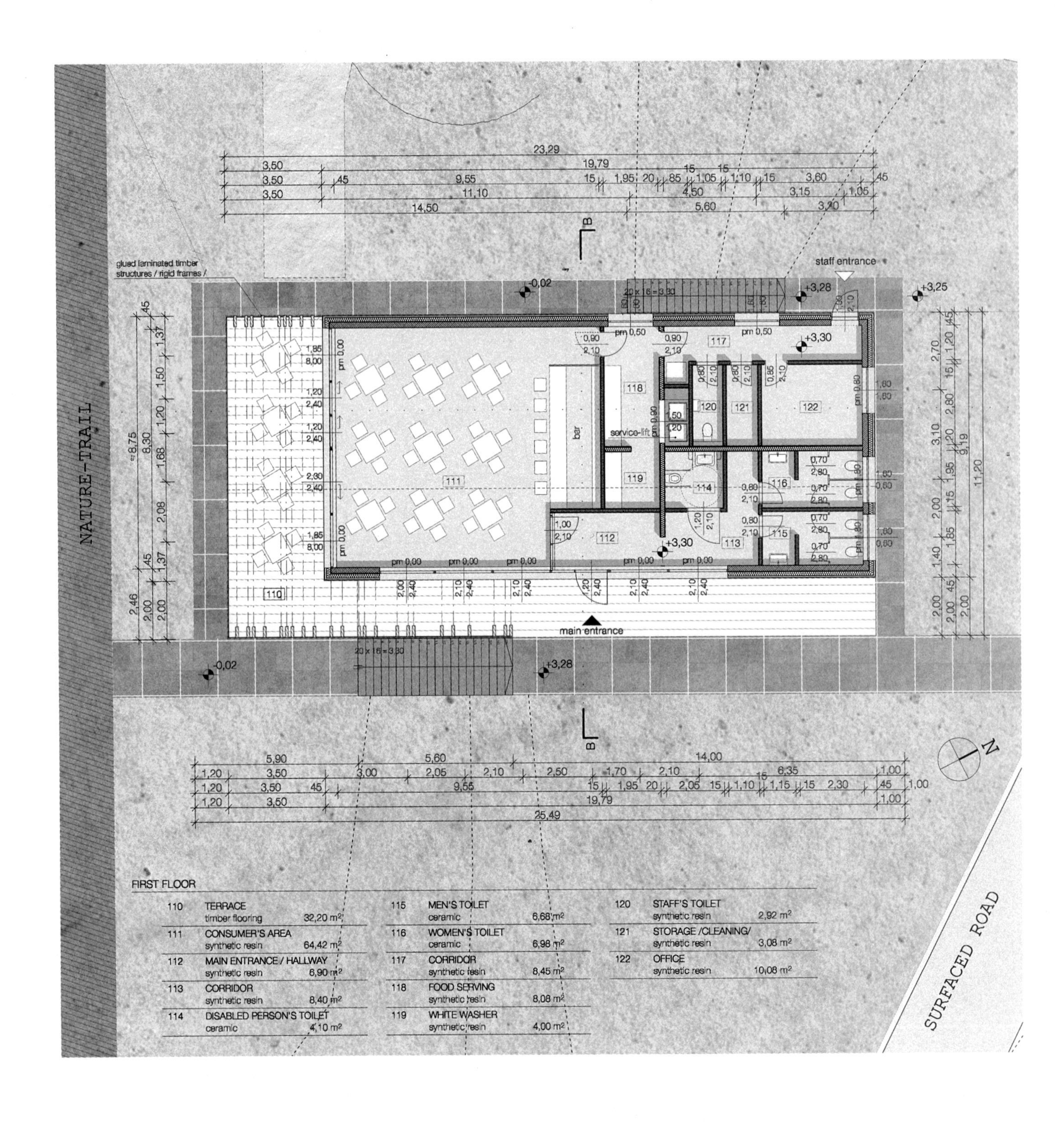
NATURE-TRAIL
SURFACED ROAD
glued laminated timber structures / rigid frames /
staff entrance
main entrance
service-lift
bar
FIRST FLOOR
110 TERRACE
timber flooring 32,20 m²
111 CONSUMER'S AREA
synthetic resin 64,42 m²
112 MAIN ENTRANCE / HALLWAY
synthetic resin 6,90 m²
113 CORRIDOR
synthetic resin 8,40 m²
114 DISABLED PERSON'S TOILET
ceramic 4,10 m²
115 MEN'S TOILET
ceramic 6,68 m²
116 WOMEN'S TOILET
ceramic 6,98 m²
117 CORRIDOR
synthetic resin 8,45 m²
118 FOOD SERVING
synthetic resin 8,08 m²
119 WHITE WASHER
synthetic resin 4,00 m²
120 STAFF'S TOILET
synthetic resin 2,92 m²
121 STORAGE /CLEANING/
synthetic resin 3,08 m²
122 OFFICE
synthetic resin 10,08 m²

剖面图

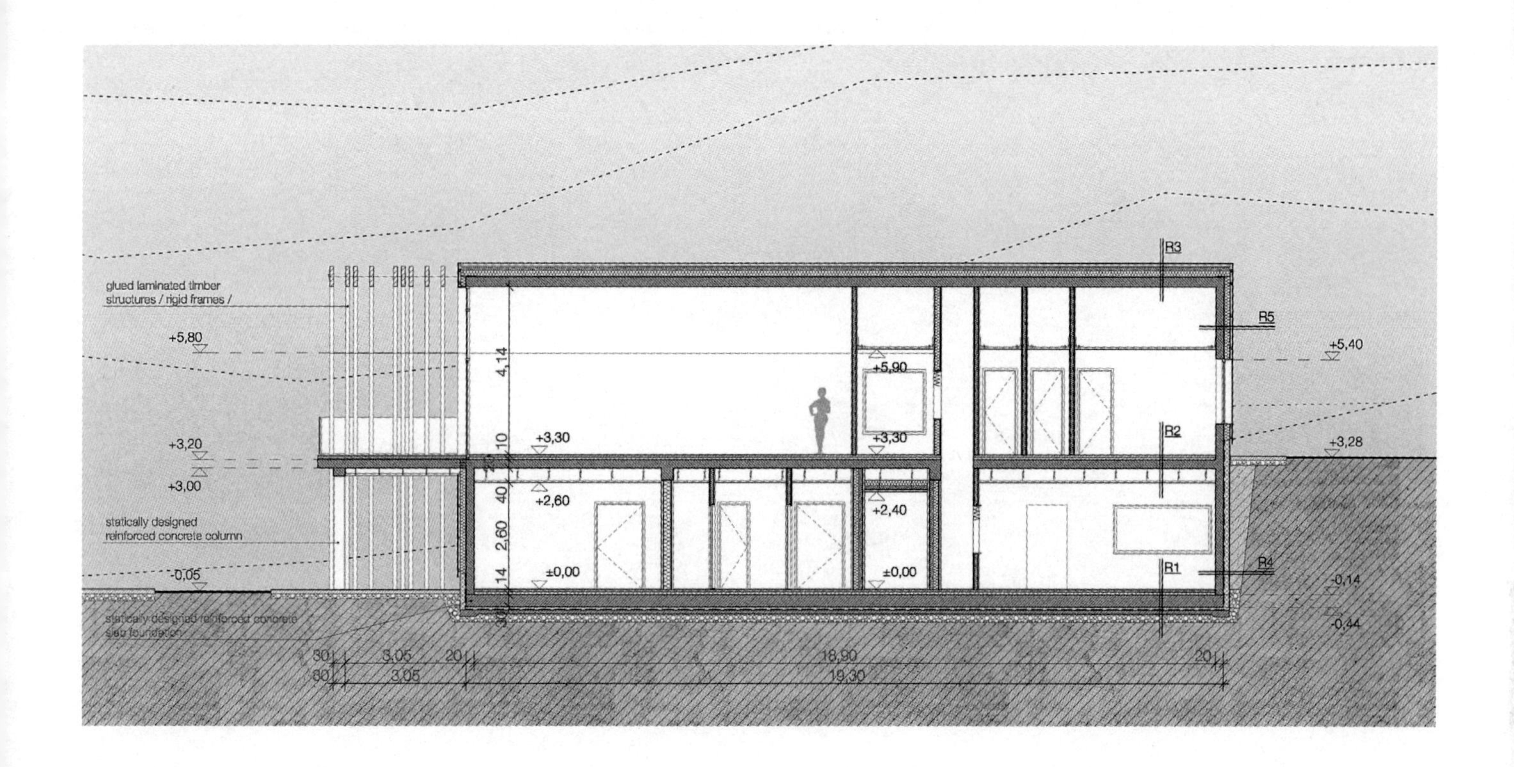

glued laminated timber structures / rigid frames /
+5,80
+3,20
+3,00
statically designed reinforced concrete column
-0,05
statically designed reinforced concrete slab foundation
+5,90
+3,30
+3,30
+2,60
+2,40
±0,00
±0,00
R3
R5
R2
R1
R4
+5,40
+3,28
-0,14
-0,44
4,14
2,60
18,90
19,30
3,05

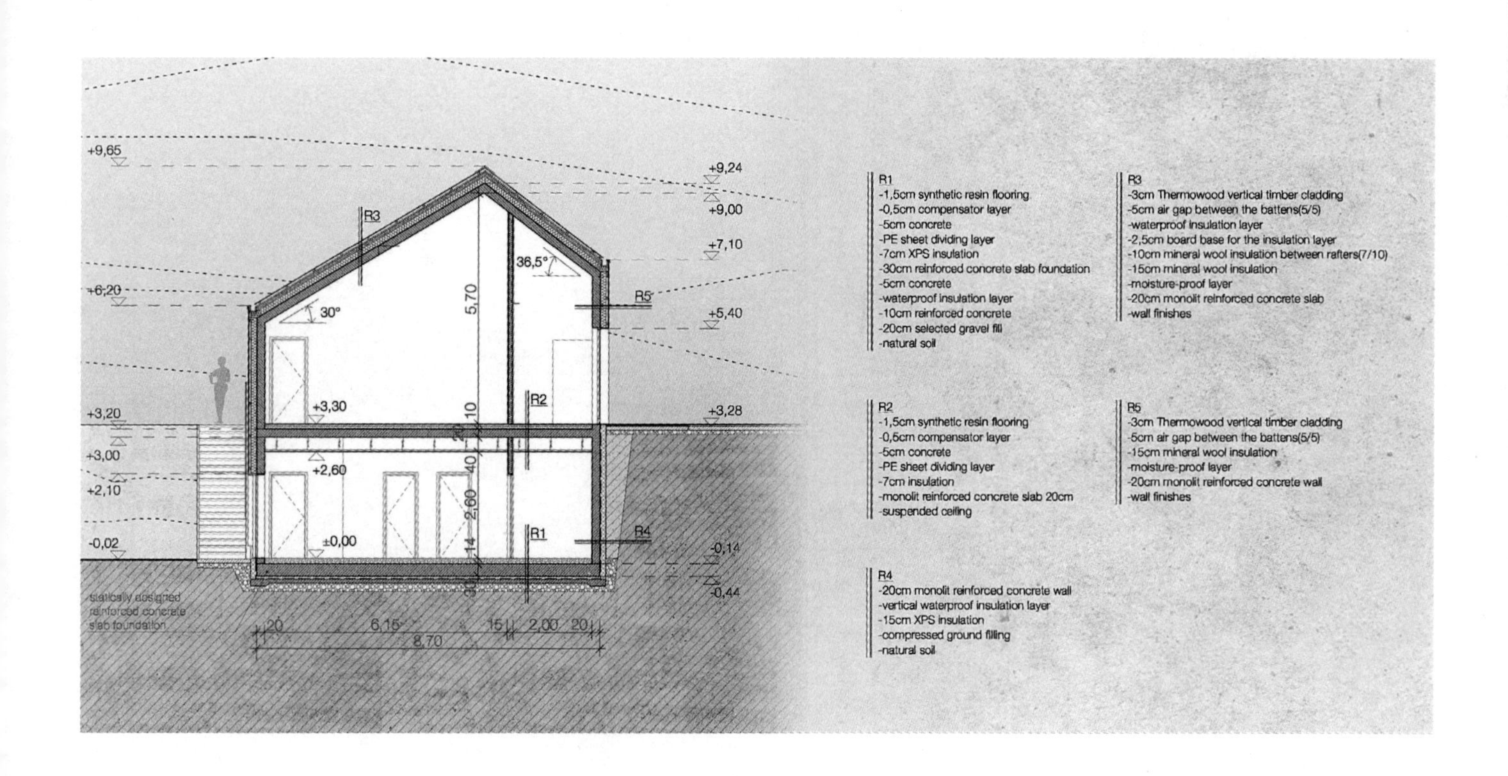

+9,65
+9,24
+9,00
+7,10
+6,20
+5,40
36,5°
30°
5,70
R3
R5
R2
R1
R4
+3,20
+3,00
+2,10
+3,30
+2,60
±0,00
-0,02
+3,28
-0,14
-0,44
statically designed reinforced concrete slab foundation
6,15
2,00
8,70
R1
-1,5cm synthetic resin flooring
-0,5cm compensator layer
-5cm concrete
-PE sheet dividing layer
-7cm XPS insulation
-30cm reinforced concrete slab foundation
-5cm concrete
-waterproof insulation layer
-10cm reinforced concrete
-20cm selected gravel fill
-natural soil
R3
-3cm Thermowood vertical timber cladding
-5cm air gap between the battens(5/5)
-waterproof insulation layer
-2,5cm board base for the insulation layer
-10cm mineral wool insulation between rafters(7/10)
-15cm mineral wool insulation
-moisture-proof layer
-20cm monolit reinforced concrete slab
-wall finishes
R2
-1,5cm synthetic resin flooring
-0,5cm compensator layer
-5cm concrete
-PE sheet dividing layer
-7cm insulation
-monolit reinforced concrete slab 20cm
-suspended ceiling
R5
-3cm Thermowood vertical timber cladding
-5cm air gap between the battens(5/5)
-15cm mineral wool insulation
-moisture-proof layer
-20cm monolit reinforced concrete wall
-wall finishes
R4
-20cm monolit reinforced concrete wall
-vertical waterproof insulation layer
-15cm XPS insulation
-compressed ground filling
-natural soil

“TROUT-HOUSE”效果示意

后记·探索教育高品质

Afterword: Exploring Education of Hi-Quality

中央美术学院建筑设计研究院院长　博士生导师　王铁教授

Central Academy of Fine Arts , Pro.Wang Tie

4×4实验教学在金秋时节迎来了丰硕成果，11月2日上午带着两本书稿到中国建筑工业出版社交稿，一路上思绪万千，回顾走过九年的实验教学课题，一幕幕如同看电影，在佩奇大学终期答辩结束后，责任导师面对影像中的照片，相互对视着白发，同一个瞬间发问对方“你怎么老了呢?”九年对于人生是非常有重要意义的，相当于初级教育小学三年级，4×4实验教学课题就如同小学生走过了初级阶段。

探索一词在4×4实验教学课题责任导师的头脑中如同钢印，留下责任感和使命感的痕迹。品质一词始终是4×4实验教学课题责任导师追求的目标。空间设计无界限理念的价值驱动广义环境设计教育，探索与品质捆绑在一起，决定了实验教学课题的价值。研究证明参加课题的院校互动教学是打破壁垒障碍的合作，课题始终强调相互兼顾与协调性。环境设计走完了中级阶段完成了历史使命，下一步智能科技融入发展中的环境设计理论，对接数字科技空间设计将走进全新的阶段，彰显出强大人工智能的价值，跨进无界限的空间设计领域，展现新的魅力，集中触动在广义环境设计教育理念指导下宽视野的设计教育，形成多维度下的国际空间设计教育课题，丰富高等院校环境设计学科的内核。

特色是中国最爱采用的名词，环境设计教育体系和未来中国设计产业链如何对接？在高等教育中目前的环境设计专业已悄悄地成为换代产品，今后环境设计专业将是广义空间设计概念，新疆域观念在当下有序的学科建设中涵盖全学科，设计无界限可更新的广域平台需要实验教学课题支撑，探索教育高品质将是每一位4×4实验教学课题导师的使命。

由于地域不同、师资构成不同，高等院校工学科和艺术学科在专业设计教育方面有一定差异，针对目前国内教师群体的知识结构问题、学生群体艺考生问题，课题组提出设计教育究竟该如何走进智能中国高等教育设计教学，关键的时间和节点就在眼前。 人们不禁要问环境设计专业未来的发展方向在何处？与之配套的新学科需要新的师资框架、新的教学理念全都具备了吗？科学调整培养目标已到时候，下一步环境设计教学将随着新的教学理念，升级到空间设计教育的广域探索平台。减少校际、地域间差别是高等教育追求的目标和基本原则。学校教育的围墙一旦拆除，转向高等教育国际化将畅通，实现多种办学条件下的推陈出新理念就不是梦想。

国家兴衰决定教育的好坏，师资的综合能力决定学校的品质，学苗的素质决定培养人才兴旺与否。放慢和调整引进教师现象在全国各地院校呈现表象，各大学官方网站都在向全世界招收教师，问题是缺少相关符合要求的人才，开放与落空的就像没有物品的仓库常年闲置。各地院校招生名额逐年减少的现象证明，高等院校环境设计教育已跨进调整大门。面对如何解决现阶段全国各地院校普遍存在师资队伍梯队建设、学历相近、年龄平均、业绩平均等问题。面对智能科技时代中国高等教育环境设计专业的发展，重新再认同已到关键时刻。

对本次实验教学各校学生优点与缺点的评价，定位于实践教学中的综合表现，参加课题教师与学生在互动中暴露出学生之间的差距，部分学生在理性思维方面有优势，但是缺少工学基础。部分学生设计创意滞后，论文写作能力有欠缺，逻辑框架和理论研究能力不足，研究成果无法收尾。

这是非常值得一阅的专业教学用书。出版不仅仅是总结教学成果，也是学科建设与发展的需要，成果是全体师生共同的财富，是向深圳创想基金会的真情回报，特别是对于4×4实验教学课题一直给予支持的院校负责教学管理的校长、教师、设计研究机构和关心环境设计教育的爱好者的汇报。本次课题以研究生中期设计实践与主题论文写作为基础，研究高等院校环境设计教育的发展趋势，完善与中国现行国力相匹配的环境设计教学体系，引导从事环境设计教育的青年学生掌握设计研究方法，建立工学知识基础，提高审美能力，融入智能科技概念，提倡不同学校教师之间相互学习，探索高品质的环境设计教学。

2017年10月27日北京